经济应用数学基础（一）

U0681980

微积分

第四版　学习参考

赵树嫄　胡显佑　陆启良　褚永增 / 编著

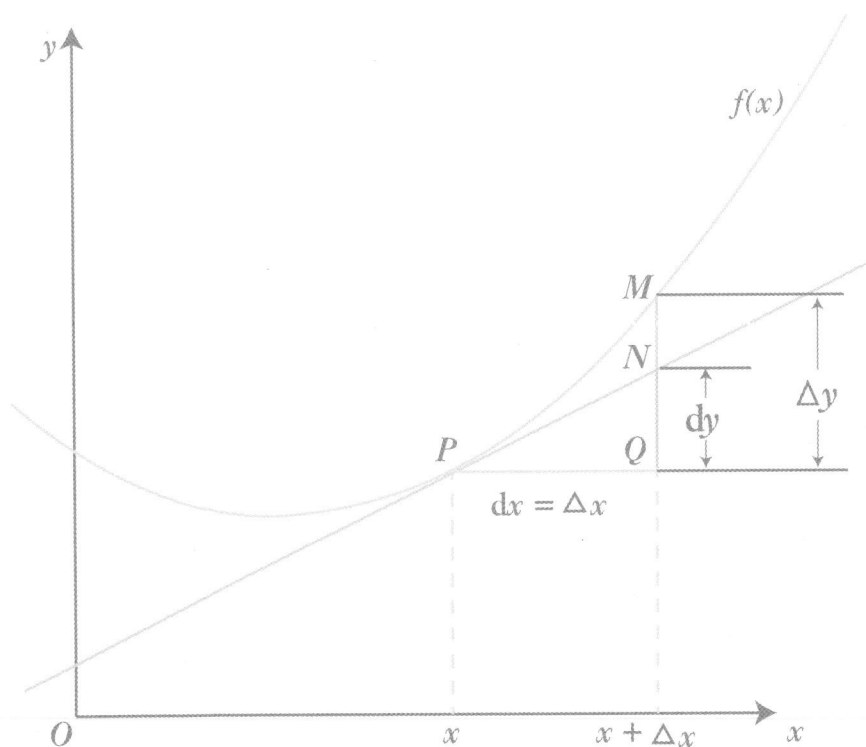

中国人民大学出版社
· 北京 ·

出 版 说 明

由赵树嫄教授主编的"经济应用数学基础"系列教材，30多年来深受广大读者喜爱，发行量极大，影响很广。该套教材的读者既有在校师生，也有很多自学读者。为适应读者学习或参考的需要，我社听取了许多方面的意见和建议，为此教材提供配套的学习辅导和教学参考读物。

为适应公共数学教学形势的发展，我社邀请赵树嫄教授主持对《微积分》第三版的修订工作，推出了第四版。同时，为了满足广大读者尤其是自学读者的学习需要，我们邀请赵树嫄、胡显佑、陆启良、褚永增等老师编写了这本《微积分》（第四版）的学习参考读物，本书是一本教与学的参考书。

这里要特别指出的是，编写、出版学习参考书的目的是使读者更加清晰、准确地把握正确的解题思路和方法，扩大知识面，加深对教材内容的理解，及时纠正在解题中出现的错误，克服在一些习题求解过程中遇到的困难，读者一定要本着对自己负责的态度，先自己做教材中的习题，不要先看解答或抄袭解答，在独立思考、独立解答的基础上，再参考本书，并领会注释中的点评，总结规律、加深对基本概念的理解、提高解题能力。

《微积分(第四版)学习参考》各章内容均分为两部分。

（一）习题解答与注释

该部分基本上对《微积分》（第四版）中的习题给出了解答，并结合教与学作了大量注释。通过这些注释，读者可以深刻领会教材中的基本概念的准确含义，开阔解题思路、掌握解题方法，避免在容易发生错误的环节上出现问题，从而提高解题能力，培养良好的数学思维。

（二）参考题（附解答）

该部分编写了一些难度略大且有参考意义的题目，目的是给愿意多学一些、多练一些的学生及准备考研的读者提供一些自学材料，也为教师在复习、考试等环节的命题工作提供一些参考资料。

本书给出了较多的单项选择题。单项选择题是答案唯一且不要求考核推理步骤的题型，因此，不论用什么方法（诸如排除法、图形法、计算法、逐项检查法，等等），只要能找出正确选项即可。在必须使用逐项检查法时，只要检查到符合题目要求的选项，就可得出答案，停止检查，不必将所有选项全部检查完。但是选择题的各个选项恰恰是概念模糊不易辨别的内容或计算容易出错的环节，恰恰是需要读者搞清楚的问题，所以本书作为辅导书，在使用逐项检查法时，对四个选项均做了探讨，目的是使读者不仅能解答这个题目，而且能对这个题目有更全面、更准确的认识，通过总结规律，提高知识水平与解题技能。必须提醒读者，在参加考试时，一旦辨别出所要求的选项，即可停止探讨，不必继续往下讨论，以免浪费考试时间。

本书是我社出版的《微积分》(第四版)的配套参考书，但它本身独立成书，选用其他微积分教材的读者也可以选做参考书，同时也适合自学读者或准备考研的读者作为自学和练习的读物。

由于多方面原因，书中不妥之处在所难免，我们衷心欢迎广大读者批评指正。

中国人民大学出版社

2018 年 4 月

目 录

第一章　函数 ……………………………………………………………………………… 1
　　(一)习题解答与注释 …………………………………………………………………… 1
　　(二)参考题(附解答) …………………………………………………………………… 30

第二章　极限与连续 ……………………………………………………………………… 43
　　(一)习题解答与注释 …………………………………………………………………… 43
　　(二)参考题(附解答) …………………………………………………………………… 75

第三章　导数与微分 ……………………………………………………………………… 86
　　(一)习题解答与注释 …………………………………………………………………… 86
　　(二)参考题(附解答) …………………………………………………………………… 127

第四章　中值定理与导数的应用 ………………………………………………………… 142
　　(一)习题解答与注释 …………………………………………………………………… 142
　　(二)参考题(附解答) …………………………………………………………………… 184

第五章　不定积分 ………………………………………………………………………… 198
　　(一)习题解答与注释 …………………………………………………………………… 198
　　(二)参考题(附解答) …………………………………………………………………… 227

第六章　定积分 …………………………………………………………………………… 238
　　(一)习题解答与注释 …………………………………………………………………… 238
　　(二)参考题(附解答) …………………………………………………………………… 274

第七章　无穷级数 ………………………………………………………………………… 286
　　(一)习题解答与注释 …………………………………………………………………… 286
　　(二)参考题(附解答) …………………………………………………………………… 317

第八章　多元函数 ………………………………………………………………………… 331
　　(一)习题解答与注释 …………………………………………………………………… 331
　　(二)参考题(附解答) …………………………………………………………………… 372

第九章 微分方程与差分方程简介 …………………………………………… 389
(一)习题解答与注释 …………………………………… 389
(二)参考题(附解答) …………………………………… 417

第一章 函 数

(一)习题解答与注释

(A)

1. 按下列要求举例：

(1) 一个有限集合

(2) 一个无限集合

(3) 一个空集

(4) 一个集合是另一个集合的子集

解：略.

2. 用集合的描述法表示下列集合：

(1) 大于 5 的所有实数集合

(2) 方程 $x^2 - 7x + 12 = 0$ 的根的集合

(3) 圆 $x^2 + y^2 = 25$ 内部(不包括圆周)一切点的集合

(4) 抛物线 $y = x^2$ 与直线 $x - y = 0$ 交点的集合

解：下面的 x, y 都是实数.

(1) $\{x \mid x > 5\}$

(2) $\{x \mid x^2 - 7x + 12 = 0\}$

(3) $\{(x, y) \mid x^2 + y^2 < 25\}$

(4) $\{(x, y) \mid y = x^2 \text{ 且 } x - y = 0\}$

3. 用列举法表示下列集合：

(1) 方程 $x^2 - 7x + 12 = 0$ 的根的集合

(2) 抛物线 $y = x^2$ 与直线 $x - y = 0$ 交点的集合

(3) 集合 $\{x \mid |x - 1| \leqslant 5, x \text{ 为整数}\}$

解：(1) 方程 $x^2 - 7x + 12 = 0$ 的根为 $x = 3$，$x = 4$，故方程 $x^2 - 7x + 12 = 0$ 的根的集合为 $\{3, 4\}$.

(2) 求抛物线 $y = x^2$ 与直线 $x - y = 0$ 的交点，得 $(0, 0)$，$(1, 1)$，故抛物线 $y = x^2$ 与直线 $x - y = 0$ 交点的集合为 $\{(0, 0), (1, 1)\}$.

(3) $|x - 1| \leqslant 5$，即 $-5 \leqslant x - 1 \leqslant 5$，也就是 $-4 \leqslant x \leqslant 6$. 由于 x 为整数，故集合 $\{x \mid |x - 1| \leqslant 5, x \text{ 为整数}\}$ 用列举法表示为 $\{-4, -3, -2, -1, 0, 1, 2, 3, 4, 5, 6\}$.

4. 写出 $A = \{0, 1, 2\}$ 的一切子集.

解: A 的子集有: $\varnothing$, $\{0\}$, $\{1\}$, $\{2\}$, $\{0, 1\}$, $\{0, 2\}$, $\{1, 2\}$, $\{0, 1, 2\}$.

注释: 不要忘记空集是任何集合的子集, 即 $\varnothing \subset A$; 任何集合都是它自身的子集, 即 $A \subset A$. 这是因为, 如果 $A \subset B$, 则有"如果 $x \notin B$, 则 $x \notin A$", 对于空集 $\varnothing$ 来说, $x \notin \varnothing$ 永远成立, 所以对任何集合 A, 都有 $\varnothing \subset A$; 根据子集的定义, 对任何集合, 都有 $A \subset A$.

5. 设 $A = \{1, 2, 3\}$, $B = \{1, 3, 5\}$, $C = \{2, 4, 6\}$, 求:

(1) $A \bigcup B$　　　(2) $A \bigcap B$　　　(3) $A \bigcup B \bigcup C$

(4) $A \bigcap B \bigcap C$　　　(5) $A - B$

解: (1) $A \bigcup B = \{1, 2, 3, 5\}$

(2) $A \bigcap B = \{1, 3\}$

(3) $A \bigcup B \bigcup C = \{1, 2, 3, 4, 5, 6\}$

(4) $A \bigcap B \bigcap C = \varnothing$

(5) $A - B = \{2\}$

6. 如果 $A = \{x \mid 3 < x < 5\}$, $B = \{x \mid x > 4\}$, 求:

(1) $A \bigcup B$　　　(2) $A \bigcap B$　　　(3) $A - B$

解: (1) $A \bigcup B = \{x \mid x > 3\}$

(2) $A \bigcap B = \{x \mid 4 < x < 5\}$

(3) $A - B = \{x \mid 3 < x \leqslant 4\}$

7. 设集合 $A = \{(x, y) \mid x + y - 1 = 0\}$, 集合 $B = \{(x, y) \mid x - y + 1 = 0\}$, 求 $A \bigcap B$.

解: $A \bigcap B = \{(x, y) \mid x + y - 1 = 0$ 且 $x - y + 1 = 0\}$.

解方程组 $\begin{cases} x + y - 1 = 0 \\ x - y + 1 = 0 \end{cases}$, 得 $\begin{cases} x = 0 \\ y = 1 \end{cases}$, 于是有

$A \bigcap B = \{(x, y) \mid x + y - 1 = 0$ 且 $x - y + 1 = 0\} = \{(0, 1)\}$

8. 如果 $A = \{(x, y) \mid x - y + 2 \geqslant 0\}$

$B = \{(x, y) \mid 2x + 3y - 6 \geqslant 0\}$

$C = \{(x, y) \mid x - 4 \leqslant 0\}$

在坐标平面上标出集合 $A \bigcap B \bigcap C$ 的区域.

解: 集合 A 在坐标平面上直线 $x - y + 2 = 0$ 的右下方, 包括直线上的点; 集合 B 在直线 $2x + 3y - 6 = 0$ 的右上方, 包括直线上的点; 集合 C 在直线 $x - 4 = 0$ 的左方, 包括直线上的点.

因此, 集合 $A \bigcap B \bigcap C$ 是由三条直线围成的、包括边界在内的、用阴影表示的三角形区域, 如图 1—1 所示.

注释: 用下面的方法判断 $Ax + By + C > 0$ (或 < 0) 的解集.

直线 $Ax + By + C = 0$ 将坐标平面分成两个半平面, 把原点 $(0, 0)$ 代入 $Ax + By + C = 0$, 若得 $Ax + By + C > 0$ (或 <0), 则原点所在的半平面为 $Ax + By + C > 0$ (或 < 0) 的解集, 另外一个半平面为 $Ax + By + C < 0$ (或 > 0) 的解集. 不等式为"$<$"或"$>$"时不包括直线上的点, 不等式为"$\leqslant$"或"$\geqslant$"时包括直线

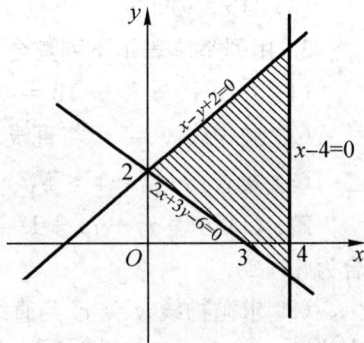

图 1—1

上的点. 若直线过原点，另选其他点检验.

9. 设全集 $U = \{1, 2, 3, 4, 5, 6\}$，$A = \{1, 2, 3\}$，$B = \{2, 4, 6\}$，求：

(1) $\overline{A}$　　(2) $\overline{B}$　　(3) $\overline{A} \bigcup \overline{B}$　　(4) $\overline{A} \bigcap \overline{B}$

解： (1) $\overline{A} = \{4, 5, 6\}$

(2) $\overline{B} = \{1, 3, 5\}$

(3) $\overline{A} \bigcup \overline{B} = \{1, 3, 4, 5, 6\}$

(4) $\overline{A} \bigcap \overline{B} = \{5\}$

10. 已知 $A = \{a, 2, 3, 4\}$，$B = \{1, 3, 5, b\}$，若 $A \bigcap B = \{1, 2, 3\}$，求 a 和 b.

解： 由 $A \bigcap B = \{1, 2, 3\}$ 可知集合 A，B 中都必有元素 $1, 2, 3$，因此可知 $a = 1$，$b = 2$.

11. 用集合的运算律证明：$X \bigcup \overline{\overline{X} \bigcap Y} \bigcup Y = U$.

证： 根据摩根律 $\overline{A \bigcap B} = \overline{A} \bigcup \overline{B}$ 和结合律 $(A \bigcup B) \bigcup C = A \bigcup (B \bigcup C)$，得

$$X \bigcup \overline{\overline{X} \bigcap Y} \bigcup Y = X \bigcup (X \bigcup \overline{Y}) \bigcup Y$$
$$= [(X \bigcup \overline{X}) \bigcup \overline{Y}] \bigcup Y$$
$$= (U \bigcup \overline{Y}) \bigcup Y$$
$$= U \bigcup Y = U$$

12. 如果 $A = \{a, b, c, d\}$，$B = \{a, b, c\}$，求 $A \times B$.

解： $A \times B = \{(a, a), (a, b), (a, c), (b, a), (b, b), (b, c), (c, a), (c, b), (c, c), (d, a), (d, b), (d, c)\}$

13. 如果 $X = Y = \{3, 0, 2\}$，求 $X \times Y$.

解： $X \times Y = \{(3, 3), (3, 0), (3, 2), (0, 3), (0, 0), (0, 2), (2, 3), (2, 0), (2, 2)\}$

14. 设集合 $A = \{北京, 上海\}$，$B = \{南京, 广州, 深圳\}$，求 $A \times B$ 与 $B \times A$.

解： $A \times B = \{(北京, 南京), (北京, 广州), (北京, 深圳), (上海, 南京), (上海, 广州), (上海, 深圳)\}$

$B \times A = \{(南京, 北京), (南京, 上海), (广州, 北京), (广州, 上海), (深圳, 北京), (深圳, 上海)\}$

15. 设集合 $X = \{x_1, x_2, x_3\}$，$Y = \{y_1, y_2\}$，$Z = \{z_1, z_2\}$，求 $X \times Y \times Z$.

解： $X \times Y \times Z = \{(x_1, y_1, z_1), (x_1, y_1, z_2), (x_1, y_2, z_1), (x_1, y_2, z_2), (x_2, y_1, z_1), (x_2, y_1, z_2), (x_2, y_2, z_1), (x_2, y_2, z_2), (x_3, y_1, z_1), (x_3, y_1, z_2), (x_3, y_2, z_1), (x_3, y_2, z_2)\}$

16. 解下列不等式：

(1) $x^2 < 9$　　(2) $|x - 4| < 7$　　(3) $0 < (x - 2)^2 < 4$

(4) $|ax - x_0| < \delta$　$(a > 0, \delta > 0, x_0$ 为常数)

解： (1) $x^2 < 9$，即 $|x| < 3$，所以有 $-3 < x < 3$.

(2) $|x - 4| < 7$，即 $-7 < x - 4 < 7$，所以有 $-3 < x < 11$.

(3) $0 < (x - 2)^2 < 4$，即 $(x - 2)^2 < 4$ 且 $(x - 2)^2 > 0$，那么有 $|x - 2| < 2$ 且 $x \neq 2$，也就是 $-2 < x - 2 < 2$ 且 $x \neq 2$，即 $0 < x < 4$ 且 $x \neq 2$.

(4) $|ax - x_0| < \delta$，即 $-\delta < ax - x_0 < \delta$，也即 $x_0 - \delta < ax < x_0 + \delta$，又因为 $a > 0$，

所以有 $\dfrac{x_0-\delta}{a}<x<\dfrac{x_0+\delta}{a}$.

17. 用区间表示满足下列不等式的所有 x 的集合：

(1) $|x|\leqslant 3$ (2) $|x-2|\leqslant 1$

(3) $|x-a|<\varepsilon$ (a 为常数，$\varepsilon>0$)

(4) $|x|\geqslant 5$ (5) $|x+1|>2$

解：(1) 由 $|x|\leqslant 3$，有 $-3\leqslant x\leqslant 3$，故 $x\in[-3,3]$.

(2) 由 $|x-2|\leqslant 1$，有 $-1\leqslant x-2\leqslant 1$，即 $1\leqslant x\leqslant 3$，故 $x\in[1,3]$.

(3) 由 $|x-a|<\varepsilon$，有 $-\varepsilon<x-a<\varepsilon$，即 $a-\varepsilon<x<a+\varepsilon$，故 $x\in(a-\varepsilon,a+\varepsilon)$.

(4) 由 $|x|\geqslant 5$，有 $x\leqslant-5$ 或 $x\geqslant 5$，即 $x\in(-\infty,-5]\bigcup[5,+\infty)$.

(5) 由 $|x+1|>2$，有 $x+1<-2$ 或 $x+1>2$，也就是 $x<-3$ 或 $x>1$，即 $x\in(-\infty,-3)\bigcup(1,+\infty)$.

18. 用区间表示下列实数集合：

(1) $I_1=\{x\,|\,|x+3|<2\}$

(2) $I_2=\{x\,|\,1<|x-2|<3\}$

(3) $I_3=\{x\,|\,|x-2|<|x+3|\}$

解：(1) 由 $|x+3|<2$，有 $-2<x+3<2$，也就是 $-5<x<-1$，即 $x\in(-5,-1)$，于是可得 $I_1=(-5,-1)$.

(2) 由 $|x-2|<3$，有 $-3<x-2<3$，即 $-1<x<5$；由 $|x-2|>1$，有 $x-2>1$ 或 $x-2<-1$，即 $x>3$ 或 $x<1$，那么有 $-1<x<1$ 或 $3<x<5$，即 $x\in(-1,1)\bigcup(3,5)$，于是可得：$I_2=(-1,1)\bigcup(3,5)$.

(3) 由 $|x-2|<|x+3|$ 可得

$$x+3>|x-2| \qquad ①$$
或 $$x+3<-|x-2| \qquad ②$$

由式① 有 $\begin{cases} x-2<x+3 \\ x-2>-x-3 \end{cases}$，可得 $x>-\dfrac{1}{2}$；

由式② 有 $|x-2|<-x-3$，即 $\begin{cases} x-2<-3-x \\ x-2>x+3 \end{cases}$，无解.

故 $|x-2|<|x+3|$ 的解集为 $x\in\left(-\dfrac{1}{2},+\infty\right)$，于是可得 $I_3=\left(-\dfrac{1}{2},+\infty\right)$.

注释：第 18 题(3)亦可采用如下解法：

$|x-2|<|x+3|$，即 $\sqrt{(x-2)^2}<\sqrt{(x+3)^2}$，那么有：$(x-2)^2<(x+3)^2$. 化简得 $10x>-5$，所以 $x>-\dfrac{1}{2}$，即 $x\in\left(-\dfrac{1}{2},+\infty\right)$.

注释：解绝对值不等式时要设法去掉绝对值符号，主要常用的是绝对值的定义与性质，当 $a>0$ 时，$|x|<a\Longleftrightarrow-a<x<a$，$|x|>a\Longleftrightarrow x<-a$ 或 $x>a$. 有时也可用不等式两边平方.

19. 下列给出的关系是不是函数关系？

(1) $y = \sqrt{-x}$ (2) $y = \lg(-x^2)$

(3) $y = \sqrt{-x^2-1}$ (4) $y = \sqrt{-x^2+1}$

(5) $y = \arcsin(x^2+2)$ (6) $y^2 = x+1$

解：(1) $y = \sqrt{-x}$

$-x \geqslant 0$，即 $x \leqslant 0$，所以 $y = \sqrt{-x}$ 是定义域 $(-\infty, 0]$ 上的函数关系.

(2) $y = \lg(-x^2)$

对数的真数要求大于零，但 $-x^2 \leqslant 0$，所以 $y = \lg(-x^2)$ 不是函数关系.

(3) $y = \sqrt{-x^2-1}$

偶次根号下要求大于等于零，但 $-x^2-1 = -(x^2+1) < 0$，所以 $y = \sqrt{-x^2-1}$ 不是函数关系.

(4) $y = \sqrt{-x^2+1}$

$-x^2+1 \geqslant 0$，$x^2 \leqslant 1$，$|x| \leqslant 1$，$-1 \leqslant x \leqslant 1$，所以 $y = \sqrt{-x^2+1}$ 是定义域 $[-1, 1]$ 上的函数关系.

(5) $y = \arcsin(x^2+2)$

反正弦函数要求 $|x^2+2| \leqslant 1$，但 $|x^2+2| > 1$，所以 $y = \arcsin(x^2+2)$ 不是函数关系.

(6) $y^2 = x+1$

$y = \pm\sqrt{x+1}$，$x+1 \geqslant 0$，$x \geqslant -1$. 对于 $x \in [-1, +\infty)$ 中的每一个 x 值，变量 y 都有两个值与之对应，所以 $y^2 = x+1$ 不是（单值）函数关系.

注释：讨论给定关系是不是函数关系，要看下列两点：

（ⅰ）定义域非空；

（ⅱ）对应规则能使定义域中每一个自变量的值都有唯一确定的因变量的实数值与之对应.

20. 下列给出的各对函数是不是相同的函数？

(1) $y = \dfrac{x^2-1}{x-1}$ 与 $y = x+1$

(2) $y = \lg x^2$ 与 $y = 2\lg x$

(3) $y = \sqrt{x^2(1-x)}$ 与 $y = x\sqrt{1-x}$

(4) $y = \sqrt[3]{x^3(1-x)}$ 与 $y = x\sqrt[3]{1-x}$

(5) $y = \sqrt{x(x-1)}$ 与 $y = \sqrt{x}\sqrt{x-1}$

(6) $y = \sqrt{x(1-x)}$ 与 $y = \sqrt{x}\sqrt{1-x}$

解：(1) $y = \dfrac{x^2-1}{x-1}$ 的定义域要求 $x \neq 1$，即定义域为 $(-\infty, 1) \bigcup (1, +\infty)$，$y = x+1$ 的定义域为 $(-\infty, +\infty)$，故二者不是相同的函数.

(2) $y = \lg x^2$ 的定义域为 $(-\infty, 0) \bigcup (0, +\infty)$，$y = 2\lg x$ 的定义域为 $(0, +\infty)$，故二者不是相同的函数.

(3) $y = \sqrt{x^2(1-x)}$ 的定义域为 $(-\infty, 1]$，$y = x\sqrt{1-x}$ 的定义域为 $(-\infty, 1]$，$y =$

$\sqrt{x^2(1-x)}$ 与 $y = x\sqrt{1-x}$ 的定义域虽然相同,但其对应规则不同,$y = \sqrt{x^2(1-x)}$ 的值域为 $[0, +\infty)$,而 $y = x\sqrt{1-x}$ 的值域为 $(-\infty, \dfrac{2\sqrt{3}}{9})$,故二者不是相同的函数.

(4) $y = \sqrt[3]{x^3(1-x)}$ 与 $y = x\sqrt[3]{1-x}$ 的定义域皆为 $(-\infty, +\infty)$,且其对应规则相同,故二者是相同的函数.

(5) $y = \sqrt{x(x-1)}$ 的定义域要求满足 $\begin{cases} x \geqslant 0 \\ x-1 \geqslant 0 \end{cases}$ 或 $\begin{cases} x \leqslant 0 \\ x-1 \leqslant 0 \end{cases}$,即 $\begin{cases} x \geqslant 0 \\ x \geqslant 1 \end{cases}$ 或 $\begin{cases} x \leqslant 0 \\ x \leqslant 1 \end{cases}$,亦即 $x \geqslant 1$ 或 $x \leqslant 0$. 因此,$y = \sqrt{x(x-1)}$ 的定义域为 $(-\infty, 0] \cup [1, +\infty)$;而 $y = \sqrt{x}\sqrt{x-1}$ 的定义域要求满足 $\begin{cases} x \geqslant 0 \\ x-1 \geqslant 0 \end{cases}$,即 $x \geqslant 1$,因此,$y = \sqrt{x}\sqrt{x-1}$ 的定义域为 $[1, +\infty)$,所以二者不是相同的函数.

(6) $y = \sqrt{x(1-x)}$ 的定义域要求满足 $\begin{cases} x \geqslant 0 \\ 1-x \geqslant 0 \end{cases}$ 或 $\begin{cases} x \leqslant 0 \\ 1-x \leqslant 0 \end{cases}$,即 $\begin{cases} x \geqslant 0 \\ x \leqslant 1 \end{cases}$ 或 $\begin{cases} x \leqslant 0 \\ x \geqslant 1 \end{cases}$,亦即 $0 \leqslant x \leqslant 1$. 因此,$y = \sqrt{x(1-x)}$ 的定义域为 $[0, 1]$,$y = \sqrt{x}\sqrt{1-x}$ 的定义域为 $[0, 1]$,二者对应规则亦相同,故二者是相同的函数.

注释: 函数的两要素是定义域与对应规则,只有两要素均相同的函数,才是相同的函数,判别两函数是否相同就从这两方面着手:

(ⅰ)验证定义域是否相同;

(ⅱ)判别对应规则是否一致.

仅当二者完全相同时,两函数才是相同的函数.

相同函数的定义域相同且对应规则相同,而对应规则相同则值域肯定相同,因为对应规则相同就表现在相同的自变量的值对应相同的函数值上. 因此,如果值域不同,则对应规则肯定不同. 在判别两函数的对应规则是否相同时,能由值域不同得出对应规则不同的结论. 但值域相同,对应规则不一定相同. 例如 $y = x^2$ 与 $y = x^4$,定义域皆为 $(-\infty, +\infty)$,值域皆为 $[0, +\infty)$,但对应规则不同,所以,不能用值域相同来说明对应规则相同.

21. 已知 $f(x) = x^2 - 3x + 2$,求: $f(0)$, $f(1)$, $f(2)$, $f(-x)$, $f\left(\dfrac{1}{x}\right)$ $(x \neq 0)$, $f(x+1)$.

解: $f(0) = 2$, $f(1) = 0$, $f(2) = 0$, $f(-x) = x^2 + 3x + 2$

$$f\left(\dfrac{1}{x}\right) = \dfrac{1}{x^2} - \dfrac{3}{x} + 2 \quad (x \neq 0)$$

$$f(x+1) = (x+1)^2 - 3(x+1) + 2 = x^2 - x$$

22. 设 $f(x) = \dfrac{x}{1-x}$,求: $f[f(x)]$, $f\{f[f(x)]\}$.

解: $f[f(x)] = \dfrac{f(x)}{1-f(x)} = \dfrac{\dfrac{x}{1-x}}{1 - \dfrac{x}{1-x}} = \dfrac{x}{1-2x}$

$$f\{f[f(x)]\} = \frac{f[f(x)]}{1 - f[f(x)]} = \frac{\dfrac{x}{1-2x}}{1 - \dfrac{x}{1-2x}} = \frac{x}{1-3x}$$

23. 如果 $f(x) = \dfrac{e^{-x}-1}{e^{-x}+1}$，证明 $f(-x) = -f(x)$．（e 是一个常数，它是无理数，e $\approx$ 2.718 28．）

证：$f(-x) = \dfrac{e^x-1}{e^x+1} = \dfrac{1-e^{-x}}{1+e^{-x}} = -\dfrac{e^{-x}-1}{e^{-x}+1} = -f(x)$

24. 如果 $f(x) = \dfrac{1-x^2}{\cos x}$，证明 $f(-x) = f(x)$．

证：$f(-x) = \dfrac{1-(-x)^2}{\cos(-x)} = \dfrac{1-x^2}{\cos x} = f(x)$

25. 如果 $f(x) = a^x (a > 0 \ 且 \ a \neq 1)$，证明：

$$f(x) \cdot f(y) = f(x+y), \qquad \frac{f(x)}{f(y)} = f(x-y)$$

证：$f(x) \cdot f(y) = a^x \cdot a^y = a^{x+y} = f(x+y)$

$$\frac{f(x)}{f(y)} = \frac{a^x}{a^y} = a^{x-y} = f(x-y)$$

26. 如果 $f(x) = \log_a x (a > 0 \ 且 \ a \neq 1)$，证明：

$$f(x) + f(y) = f(xy), \qquad f(x) - f(y) = f\left(\frac{x}{y}\right)$$

证：$f(x) + f(y) = \log_a x + \log_a y = \log_a(xy) = f(xy)$

$$f(x) - f(y) = \log_a x - \log_a y = \log_a \frac{x}{y} = f\left(\frac{x}{y}\right)$$

27. 确定下列函数的定义域：

(1) $y = \sqrt{9-x^2}$

(2) $y = \dfrac{1}{1-x^2} + \sqrt{x+2}$

(3) $y = \dfrac{-5}{x^2+4}$

(4) $y = \arcsin \dfrac{x-1}{2}$

(5) $y = 1 - 2^{1-x^2}$

(6) $y = \dfrac{\lg(3-x)}{\sqrt{|x|-1}}$

(7) $y = \sqrt{\lg \dfrac{5x-x^2}{4}}$

(8) $y = \dfrac{\arccos \dfrac{2x-1}{7}}{\sqrt{x^2-x-6}}$

(9) $y = \lg[\lg(\lg x)]$

解：(1) $9-x^2 \geqslant 0$，即 $x^2 \leqslant 9$，$|x| \leqslant 3$，所以函数定义域为 $[-3, 3]$．

(2) $\begin{cases} 1-x^2 \neq 0 \\ x+2 \geqslant 0 \end{cases}$，即 $\begin{cases} x \neq \pm 1 \\ x \geqslant -2 \end{cases}$，所以函数定义域为 $[-2, -1) \cup (-1, 1) \cup (1, +\infty)$．

(3) $x^2+4 \neq 0$，x 可取任意实数，所以函数定义域为 $(-\infty, +\infty)$．

(4) $\left|\dfrac{x-1}{2}\right| \leqslant 1$，即 $-1 \leqslant \dfrac{x-1}{2} \leqslant 1$，亦即 $-2 \leqslant x-1 \leqslant 2$，因此有 $-1 \leqslant x \leqslant 3$，所以函数定义域为 $[-1,3]$.

(5) x 可取任意实数，所以函数定义域为 $(-\infty,+\infty)$.

(6) $\begin{cases} 3-x>0 \\ |x|-1>0 \end{cases}$，即 $\begin{cases} x<3 \\ x<-1\ 或\ x>1 \end{cases}$，所以函数定义域为 $(-\infty,-1)\bigcup(1,3)$.

(7) $\lg\dfrac{5x-x^2}{4} \geqslant 0$，即 $\dfrac{5x-x^2}{4} \geqslant 1$，即 $x^2-5x+4 \leqslant 0$，即 $(x-1)(x-4) \leqslant 0$. 只要 $\begin{cases} x-1 \leqslant 0 \\ x-4 \geqslant 0 \end{cases}$ 或 $\begin{cases} x-1 \geqslant 0 \\ x-4 \leqslant 0 \end{cases}$，即 $\begin{cases} x \leqslant 1 \\ x \geqslant 4 \end{cases}$ 或 $\begin{cases} x \geqslant 1 \\ x \leqslant 4 \end{cases}$，因此有 $1 \leqslant x \leqslant 4$，所以函数定义域为 $[1,4]$.

(8) $\begin{cases} \left|\dfrac{2x-1}{7}\right| \leqslant 1 \\ x^2-x-6>0 \end{cases}$，即 $\begin{cases} |2x-1| \leqslant 7 & ① \\ (x+2)(x-3)>0 & ② \end{cases}$.

由式 ① 有 $-7 \leqslant 2x-1 \leqslant 7$，即 $-6 \leqslant 2x \leqslant 8$，即 $-3 \leqslant x \leqslant 4$.

由式 ② 有 $\begin{cases} x+2>0 \\ x-3>0 \end{cases}$ 或 $\begin{cases} x+2<0 \\ x-3<0 \end{cases}$，即 $\begin{cases} x>-2 \\ x>3 \end{cases}$ 或 $\begin{cases} x<-2 \\ x<3 \end{cases}$，只要 $x>3$ 或 $x<-2$.

因此有 $\begin{cases} -3 \leqslant x \leqslant 4 \\ x<-2\ 或\ x>3 \end{cases}$，即 $-3 \leqslant x<-2$ 或 $3<x \leqslant 4$，所以函数定义域为 $[-3,-2)\bigcup(3,4]$.

(9) $\begin{cases} x>0 \\ \lg x>0 \\ \lg(\lg x)>0 \end{cases}$，即 $\begin{cases} x>0 \\ x>1 \\ \lg x>1 \end{cases}$，亦即 $\begin{cases} x>0 \\ x>1 \\ x>10 \end{cases}$，所以函数定义域为 $(10,+\infty)$.

注释：对应规则由公式表示的函数的自然定义域是使因变量有唯一确定实数值与之对应的全体自变量数值的集合，求函数定义域要考虑：

（ⅰ）分式的分母不等于零；

（ⅱ）负数不能开偶次方；

（ⅲ）对数的真数大于零；

（ⅳ）正切函数的定义域 $x \neq k\pi+\dfrac{\pi}{2}\ (k=0,\pm1,\cdots)$；

（ⅴ）余切函数的定义域 $x \neq k\pi\ (k=0,\pm1,\cdots)$；

（ⅵ）反正弦函数($\arcsin x$)和反余弦函数($\arccos x$)要求 $|x| \leqslant 1$.

注释：函数的运算仅在相同的区域内才能进行，因此如果函数表达式由若干项代数和、差、积组成，则其定义域是各项定义区间的交集.

复合函数的定义域：根据基本初等函数的定义域列出满足复合函数表达式中各部分要求的不等式组，解不等式组即可得到复合函数的定义域.

28. 如果函数 $f(x)$ 的定义域为 $(-1,0)$，求函数 $f(x^2-1)$ 的定义域.

解：因 $f(x)$ 的定义域为 $(-1, 0)$，那么 $f(x^2-1)$ 的定义域要求满足 $-1 < x^2-1 < 0$，即 $0 < x^2 < 1$，因此有 $|x| < 1$ 且 $x \neq 0$，故 $f(x^2-1)$ 的定义域为 $(-1, 0) \bigcup (0, 1)$.

注释：设函数 $f(x)$ 的定义域为 $[a, b]$，则 $f[\varphi(x)]$ 的定义域满足 $a \leqslant \varphi(x) \leqslant b$，从中解出 x，即得出 $f[\varphi(x)]$ 的定义域.

29. 确定下列函数的定义域，并作出函数的图形.

(1) $f(x) = \begin{cases} 1, & x > 0 \\ 0, & x = 0 \\ 1, & x < 0 \end{cases}$

(2) $f(x) = \begin{cases} \sqrt{1-x^2}, & |x| \leqslant 1 \\ x-1, & 1 < |x| < 2 \end{cases}$

解：(1) $f(x)$ 的定义域为 $(-\infty, +\infty)$，图形如图 1—2 所示.

(2) $f(x)$ 的定义域为 $(-2, 2)$，图形如图 1—3 所示.

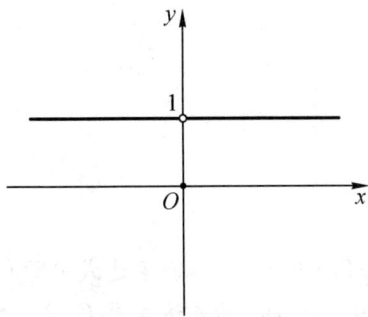

图 1—2

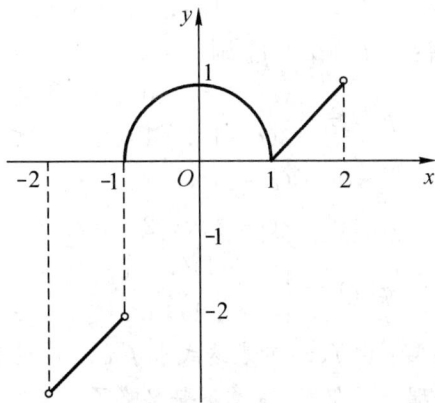

图 1—3

注释：对应于不同的区间，函数有不同的表达式，这样的函数称为分段函数. 分段函数表示一个函数而不是几个函数，分段函数的定义域是各分段区间的定义区间的并集.

30. 设 $f(x) = \begin{cases} x+3, & x \geqslant 1 \\ x^2-1, & x < 1 \end{cases}$，求：$f(0)$，$f(2)$，$f(x-1)$.

解： $f(0) = -1$，$f(2) = 5$

$$f(x-1) = \begin{cases} (x-1)+3, & x-1 \geqslant 1 \\ (x-1)^2-1, & x-1 < 1 \end{cases}$$

$$= \begin{cases} x+2, & x \geqslant 2 \\ x^2-2x, & x < 2 \end{cases}$$

31. 设 $f(x) = \begin{cases} 1, & x < 0 \\ 0, & x = 0 \\ 1, & x > 0 \end{cases}$，求：$f(x+1)$，$f(x^2-1)$.

解：$f(x+1) = \begin{cases} 1, & x+1 < 0 \\ 0, & x+1 = 0 \\ 1, & x+1 > 0 \end{cases}$

$\qquad\qquad = \begin{cases} 1 & x < -1 \\ 0, & x = -1 \\ 1, & x > -1 \end{cases}$

$\qquad f(x^2-1) = \begin{cases} 1, & x^2-1 < 0 \\ 0, & x^2-1 = 0 \\ 1, & x^2-1 > 0 \end{cases}$

$\qquad\qquad = \begin{cases} 1, & |x| < 1 \\ 0, & |x| = 1 \\ 1, & |x| > 1 \end{cases}$

32. 设 $\varphi(x+1) = \begin{cases} x^2, & 0 \leqslant x \leqslant 1 \\ 2x, & 1 < x \leqslant 2 \end{cases}$，求 $\varphi(x)$.

解： 令 $t = x+1$，则 $x = t-1$.

$$\varphi(t) = \begin{cases} (t-1)^2, & 0 \leqslant t-1 \leqslant 1 \\ 2(t-1), & 1 < t-1 \leqslant 2 \end{cases}$$

$$= \begin{cases} (t-1)^2, & 1 \leqslant t \leqslant 2 \\ 2(t-1), & 2 < t \leqslant 3 \end{cases}$$

即 $\qquad \varphi(x) = \begin{cases} (x-1)^2, & 1 \leqslant x \leqslant 2 \\ 2(x-1), & 2 < x \leqslant 3 \end{cases}$

注释： 由 $f(x)$ 的表达式求 $f[\varphi(x)]$ 的表达式时将 $\varphi(x)$ 代入 $f(x)$ 的表达式中所有的 x 处，整理一下即可，注意不要忽略了定义区间的变化. 由 $f[\varphi(x)]$ 的表达式求 $f(x)$，令 $t = \varphi(x)$. 解出 $x = \varphi^{-1}(t)$，代入 $f[\varphi(t)]$ 中可得出 $f(t)$ 的表达式，然后利用"函数关系与用什么字母表示无关"，将 $f(t)$ 中所有的 t 改为 x，即可得出 $f(x)$ 的表达式.

33. 将函数 $y = 5 - |2x-1|$ 用分段形式表示，并作出函数图形.

解： 当 $2x-1 \geqslant 0$ 时，$|2x-1| = 2x-1$；当 $2x-1 < 0$ 时，$|2x-1| = 1-2x$. 所以有 $y = \begin{cases} 5-2x+1, & 2x-1 \geqslant 0 \\ 5+2x-1, & 2x-1 < 0 \end{cases}$

$$= \begin{cases} 6-2x, & x \geqslant \dfrac{1}{2} \\ 4+2x, & x < \dfrac{1}{2} \end{cases}$$

函数图形如图 1—4 所示.

34. 作 $x^2 + (y-3)^2 = 1$ 的图形，并求出两个 y 是 x 的函数的单值支的显函数关系.

解： $x^2 + (y-3)^2 = 1$，即 $(x-0)^2 + (y-3)^2 = 1^2$，其图形是以 $(0, 3)$ 为圆心，以 1 为半径的圆周，如图 1—5 所示.

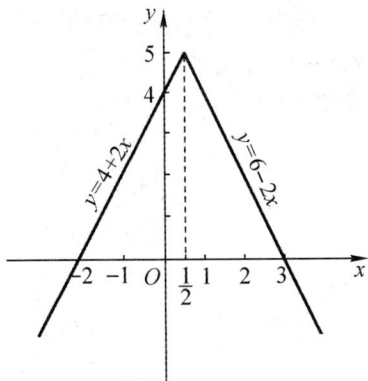

图 1—4

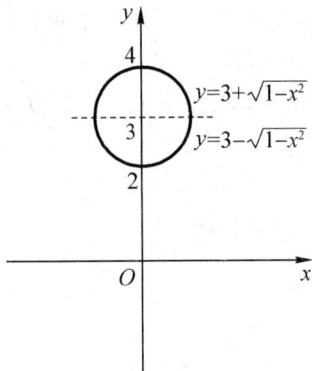

图 1—5

由 $x^2 + (y-3)^2 = 1$ 解出 $y = 3 \pm \sqrt{1-x^2}$. 因此，得出两个单值函数：$y = 3 + \sqrt{1-x^2}$，其图形为圆周的上半部分；$y = 3 - \sqrt{1-x^2}$，其图形为圆周的下半部分.

35. 设一矩形面积为 A，试将其周长 S 表示为宽 x 的函数，并求其定义域.

解：矩形面积为 A，宽为 x，则长为 $\dfrac{A}{x}$，因此有

$$S = 2\left(x + \frac{A}{x}\right), \ x \in (0, +\infty)$$

注释：实际应用问题中的函数的定义域是有实际意义的全体自变量取值的集合.

36. 在半径为 r 的球内嵌入一个圆柱，试将圆柱的体积表示为其高的函数，并确定此函数的定义域.

解：设圆柱的体积为 V，高为 h，底半径为 r_1，那么 $r_1 = \sqrt{r^2 - \left(\dfrac{h}{2}\right)^2}$，$r_1^2 = r^2 - \dfrac{h^2}{4}$，于是有

$$V = \pi h\left(r^2 - \frac{h^2}{4}\right), \quad 0 < h < 2r$$

37. 用铁皮做一个容积为 V 的圆柱形罐头筒，试将它的全面积表示成底半径的函数，并确定此函数的定义域.

解：设罐头筒的全面积为 A，底半径为 r，则其高为 $\dfrac{V}{\pi r^2}$，于是有

$$A = 2\pi r^2 + 2\pi rh = 2\left(\pi r^2 + \frac{V}{r}\right), \quad 0 < r < +\infty$$

38. 拟建一个容积为 V 的长方体水池，设它的底为正方形，如果池底单位面积的造价是四周单位面积造价的 2 倍，试将总造价表示成底边长的函数，并确定此函数的定义域.

解：设总造价为 P，底边长为 x，四周单位面积造价为 a，则水池深为 $\dfrac{V}{x^2}$，四周面积为 $4x \cdot \dfrac{V}{x^2} = \dfrac{4V}{x}$，于是有

$$P = 2ax^2 + a \cdot \frac{4V}{x} = 2a\left(x^2 + \frac{2V}{x}\right), \quad 0 < x < +\infty$$

39. 设生产与销售某产品的总收益 R 是产量 x 的二次函数，经统计得知：当产量 $x = 0$，2，4 时，总收益 $R = 0$，6，8，试确定总收益 R 与产量 x 的函数关系.

解： 设 $R = ax^2 + bx + c$，将 $x = 0$，2，4 代入，则有

$$\begin{cases} c = 0 \\ 4a + 2b + c = 6 \\ 16a + 4b + c = 8 \end{cases}$$

解方程组可得 $a = -\dfrac{1}{2}$，$b = 4$，$c = 0$.

于是得到总收益函数为 $R = -\dfrac{1}{2}x^2 + 4x$.

40. 某商品供给量 Q 对价格 P 的函数关系为

$$Q = Q(P) = a + bc^P \quad (c \neq 1)$$

已知当 $P = 2$ 时，$Q = 30$；当 $P = 3$ 时，$Q = 50$；当 $P = 4$ 时，$Q = 90$. 求供给量 Q 对价格 P 的函数关系.

解： 由 $Q = Q(P) = a + bc^P$，有

$$\begin{cases} a + bc^2 = 30 & ① \\ a + bc^3 = 50 & ② \\ a + bc^4 = 90 & ③ \end{cases}$$

③ － ②，得 $bc^3(c-1) = 40$ ④

② － ①，得 $bc^2(c-1) = 20$ ⑤

因 $c \neq 1$，④ ÷ ⑤，得 $c = 2$，代入 ⑤，得 $b = 5$，将 $c = 2$，$b = 5$ 代入 ①，得 $a = 10$.

因此，供给函数为 $Q = 10 + 5 \times 2^P$.

41. 某化肥厂生产某种产品 1 000 吨，每吨定价为 130 元，销售量在 700 吨以下时，按原价出售，超过 700 吨时，超过的部分打九折出售，试将销售总收益与总销售量的函数关系用数学表达式表示出来.

解： 设销售总收益为 R，总销售量为 x，则有

$$R = \begin{cases} 130x, & 0 \leqslant x \leqslant 700 \\ 130 \times 700 + 130 \times 0.9(x - 700), & 700 < x \leqslant 1\,000 \end{cases}$$

整理得

$$R = \begin{cases} 130x, & 0 \leqslant x \leqslant 700 \\ 117x + 9\,100, & 700 < x \leqslant 1\,000 \end{cases}$$

42. 某网络电商以每件 P 元的价格销售某种商品，如买家一次购买 5 件以上，则超出 5 件的商品以每件 7 折的价格出售，试将一次成交的销售收入 R 表示为销售量 x 的函数.

解： 已知一次销售收入 R 元，销售量为 x 件，则有

$$R = \begin{cases} Px, & 0 \leqslant x \leqslant 5 \\ 5P + 0.7P(x - 5), & x > 5 \end{cases}$$

注释： 第 41 题与第 42 题是同样类型的题目，不同之处是第 41 题的自变量 x 在所求出的区间内可取有理数，严格写出其答案应为

$$R = \begin{cases} 130x, & 0 \leqslant x \leqslant 700 \\ 117x + 9\,100, & 700 < x \leqslant 1\,000 \end{cases} \quad (x \text{ 为有理数})$$

而第 42 题的自变量 x 在所求出的区间内只能取正整数，其答案应为

$$R = \begin{cases} Px, & 0 \leqslant x \leqslant 5 \\ 5P + 0.7P(x-5), & x > 5 \end{cases} \quad (x \text{ 为正整数})$$

本书在实际应用问题中，自变量所取的单位与题目中相应的已知量单位一致，故在答案中只求出自变量的变化区间，而未证明其在实数中的种类.

43. 某运输公司的一辆运输车在一年中其单车保险、司机固定工资等费用支出共 90 000 元，若该车每公里油耗费用为 0.42 元，司机每公里驾驶补贴为 0.1 元. 将一年中该车每公里的总支出表示为行驶公里的函数，试写出函数表达式.

解： 设行驶公里数为 x，总支出为 y，那么每公里平均固定费用为 $\dfrac{90\,000}{x}$. 每公里油耗费用为 0.42 元，司机每公里驾驶补贴为 0.1 元，故每公里行驶总支出为

$$y = \frac{90\,000}{x} + 0.42 + 0.1$$

即

$$y = \frac{90\,000}{x} + 0.52 \ (x > 0)$$

44. 判断下列函数的奇偶性（其中 a 为常数）：

(1) $f(x) = \dfrac{|x|}{x}$

(2) $f(x) = xa^{x^2}$

(3) $f(x) = 2^x$

(4) $f(x) = \dfrac{a^x + a^{-x}}{2}$

(5) $f(x) = \dfrac{a^x - 1}{a^x + 1}$

(6) $f(x) = x^2 \cos x$

(7) $f(x) = x + \sin x$

(8) $f(x) = \lg(\sqrt{x^2+1} - x)$

(9) $f(x) = \lg\dfrac{1-x}{1+x}$

(10) $f(x) = \begin{cases} 1-x, & x \leqslant 0 \\ 1+x, & x > 0 \end{cases}$

(11) $f(x) = \begin{cases} 1, & x \geqslant 0 \\ -1, & x < 0 \end{cases}$

(12) $f(x) = \begin{cases} -x^2+x, & x > 0 \\ x^2+x, & x < 0 \end{cases}$

解： (1) $f(-x) = \dfrac{|-x|}{-x} = -\dfrac{|x|}{x} = -f(x)$，所以 $f(x)$ 为奇函数.

(2) $f(-x) = (-x)a^{(-x)^2} = -xa^{x^2} = -f(x)$，所以 $f(x)$ 为奇函数.

(3) $f(-x) = 2^{-x}$，$f(-x) \neq f(x)$，$f(-x) \neq -f(x)$，所以 $f(x)$ 为非奇非偶函数.

(4) $f(-x) = \dfrac{a^{-x} + a^{-(-x)}}{2} = \dfrac{a^{-x} + a^x}{2} = f(x)$，所以 $f(x)$ 为偶函数.

(5) $f(-x) = \dfrac{a^{-x} - 1}{a^{-x} + 1} = \dfrac{1 - a^x}{1 + a^x} = -\dfrac{a^x - 1}{a^x + 1} = -f(x)$，所以 $f(x)$ 为奇函数.

(6) $f(-x) = (-x)^2 \cos(-x) = x^2 \cos x = f(x)$，所以 $f(x)$ 为偶函数.

(7) $f(-x) = (-x) + \sin(-x) = -x - \sin x = -(x + \sin x) = -f(x)$，所以 $f(x)$ 为

奇函数.

(8) $f(-x) = \lg[\sqrt{(-x)^2+1} - (-x)] = \lg(\sqrt{x^2+1} + x) = \lg\dfrac{1}{\sqrt{x^2+1}-x} =$

$-\lg(\sqrt{x^2+1} - x) = -f(x)$，所以 $f(x)$ 为奇函数.

(9) $f(-x) = \lg\dfrac{1-(-x)}{1+(-x)} = \lg\dfrac{1+x}{1-x} = -\lg\dfrac{1-x}{1+x} = -f(x)$，所以 $f(x)$ 为奇函数.

(10) $f(-x) = \begin{cases} 1+x, & -x \leqslant 0 \\ 1-x, & -x > 0 \end{cases}$

$\qquad\quad = \begin{cases} 1+x, & x \geqslant 0 \\ 1-x, & x < 0 \end{cases}$

$\qquad\quad = \begin{cases} 1+x, & x > 0 \\ 1-x, & x \leqslant 0 \end{cases}$

$\qquad\quad = f(x)$

所以 $f(x)$ 为偶函数.

(11) $f(-x) = \begin{cases} 1, & -x \geqslant 0 \\ -1, & -x < 0 \end{cases}$

$\qquad\quad = \begin{cases} 1, & x \leqslant 0 \\ -1, & x > 0 \end{cases}$

因为 $f(-x) \neq f(x)$，$f(-x) \neq -f(x)$，所以 $f(x)$ 为非奇非偶函数.

(12) $f(-x) = \begin{cases} -(-x)^2+(-x), & -x > 0 \\ (-x)^2+(-x), & -x < 0 \end{cases}$

$\qquad\quad = \begin{cases} -(x^2+x), & x < 0 \\ -(-x^2+x), & x > 0 \end{cases}$

$\qquad\quad = -f(x)$

所以 $f(x)$ 为奇函数.

45. 函数 $f(x)$ 在 $(-\infty, +\infty)$ 内有定义，$f(x)$ 不恒等于 1，下列给出的函数中，哪些必为奇函数？哪些必为偶函数？

(1) $f(x^2)$ $\qquad\qquad$ (2) $xf(x^2)$

(3) $x^2 f(x)$ $\qquad\qquad$ (4) $f^2(x)$

(5) $f(|x|)$ $\qquad\qquad$ (6) $|f(x)|$

(7) $f(x) + f(-x)$ $\quad$ (8) $f(x) - f(-x)$

解: (1) $f(x^2)$，(5) $f(|x|)$，(7) $f(x) + f(-x)$ 必为偶函数；

(2) $xf(x^2)$，(8) $f(x) - f(-x)$ 必为奇函数；

(3) $x^2 f(x)$，(4) $f^2(x)$，(6) $|f(x)|$ 不一定为偶函数或奇函数.

46. 设 $F(x) = f(x)\left(\dfrac{1}{2^x+1} - \dfrac{1}{2}\right)$，已知 $f(x)$ 为奇函数，判断 $F(x)$ 的奇偶性.

解: 设 $\varphi(x) = \dfrac{1}{2^x+1} - \dfrac{1}{2}$，那么 $\varphi(-x) = \dfrac{1}{2^{-x}+1} - \dfrac{1}{2} = \dfrac{2^x}{1+2^x} - \dfrac{1}{2} = \dfrac{2^x+1-1}{1+2^x} -$

$\dfrac{1}{2}=-\dfrac{1}{1+2^x}+\dfrac{1}{2}=-\left(\dfrac{1}{1+2^x}-\dfrac{1}{2}\right)=-\varphi(x)$，所以 $\varphi(x)$ 是奇函数. 因为 $f(x)$ 是奇函数，故有 $F(-x)=f(-x)\cdot\varphi(-x)=-f(x)\cdot[-\varphi(x)]=f(x)\varphi(x)=F(x)$，所以 $F(x)$ 为偶函数.

注释： 关于函数的奇偶性，要注意：

（ⅰ）函数的奇偶性是就函数的定义域关于原点对称时而言的，若函数的定义域关于原点不对称，则函数无奇偶性可言，那么函数既不是奇函数也不是偶函数.

（ⅱ）判断函数的奇偶性一般是用函数奇偶性的定义：若对所有的 $x\in D(f)$，$f(-x)=f(x)$ 成立，则 $f(x)$ 为偶函数；若对所有的 $x\in D(f)$，$f(-x)=-f(x)$ 成立，则 $f(x)$ 为奇函数；若 $f(-x)=f(x)$ 或 $f(-x)=-f(x)$ 不能对所有的 $x\in D(f)$ 成立，则 $f(x)$ 既不是奇函数也不是偶函数.

（ⅲ）奇偶函数的运算性质：两偶函数之和是偶函数；两奇函数之和是奇函数；一奇一偶函数之和是非奇非偶函数（两函数均不恒等于零）；两奇（或两偶）函数之积是偶函数；一奇一偶函数之积是奇函数.

第 46 题在判断了 $\varphi(x)$ 为奇函数后，亦可根据奇偶函数的运算性质得到 $F(x)$ 是偶函数的结论.

47. 判断下列函数的单调性：

(1) $y=2x+1$　　　　　　　　(2) $y=\left(\dfrac{1}{2}\right)^x$

(3) $y=\log_a x\,(a>0,\,a\neq 1)$　　(4) $y=1-3x^2$

(5) $y=x+\lg x$

解：(1) 任取 x_1，$x_2\in(-\infty,+\infty)$，设 $x_1<x_2$，

$$y_2-y_1=2x_2+1-2x_1-1=2(x_2-x_1)$$

因为 $x_1<x_2$，所以 $x_2-x_1>0$，因此 $y_2-y_1>0$，即 $y_1<y_2$，所以 $y=2x+1$ 在 $(-\infty,+\infty)$ 内单调增加.

(2) 任取 x_1，$x_2\in(-\infty,+\infty)$，设 $x_1<x_2$，

$$y_2-y_1=\left(\dfrac{1}{2}\right)^{x_2}-\left(\dfrac{1}{2}\right)^{x_1}=\dfrac{1}{2^{x_2}}-\dfrac{1}{2^{x_1}}=\dfrac{2^{x_1}-2^{x_2}}{2^{x_1+x_2}}$$

因为 $x_1<x_2$，所以 $2^{x_1}<2^{x_2}$，又因为 $2^{x_1+x_2}>0$，于是 $y_2-y_1<0$，即 $y_2<y_1$，所以 $y=\left(\dfrac{1}{2}\right)^x$ 在 $(-\infty,+\infty)$ 内单调减少.

(3) 任取 x_1，$x_2\in(0,+\infty)$，设 $x_1<x_2$，

$$y_2-y_1=\log_a x_2-\log_a x_1=\log_a\dfrac{x_2}{x_1}$$

因 $x_2>x_1$，故 $\dfrac{x_2}{x_1}>1$.

（ⅰ）若 $a>1$，则 $\log_a\dfrac{x_2}{x_1}>0$，即 $y_2>y_1$，所以 $y=\log_a x$ 在 $(0,+\infty)$ 内单调增加.

（ⅱ）若 $0<a<1$，则 $\log_a\dfrac{x_2}{x_1}<0$，即 $y_2<y_1$，所以 $y=\log_a x$ 在 $(0,+\infty)$ 内单调

减少.

(4) 任取 $x_1, x_2 \in (-\infty, +\infty)$, 设 $x_1 < x_2$,
$$y_2 - y_1 = 1 - 3x_2^2 - 1 + 3x_1^2 = 3(x_1^2 - x_2^2)$$
$$= 3(x_1 + x_2)(x_1 - x_2)$$

当 $x_1 < x_2 \leqslant 0$ 时, 有 $y_2 - y_1 > 0$, 即 $y_2 > y_1$, 所以 $y = 1 - 3x^2$ 在 $(-\infty, 0)$ 内单调增加; 当 $0 \leqslant x_1 < x_2$ 时, 有 $y_2 - y_1 < 0$, 即 $y_2 < y_1$, 所以 $y = 1 - 3x^2$ 在 $(0, +\infty)$ 内单调减少. 因此, 在 $(-\infty, +\infty)$ 内, $y = 1 - 3x^2$ 不是单调函数.

(5) 任取 $x_1, x_2 \in (0, +\infty)$, 设 $x_1 < x_2$,
$$y_2 - y_1 = x_2 + \lg x_2 - x_1 - \lg x_1 = (x_2 - x_1) + \lg \frac{x_2}{x_1}$$

因为 $x_2 - x_1 > 0$, $\lg \frac{x_2}{x_1} > 0$, 所以 $y_2 - y_1 > 0$, 于是可知 $y = x + \lg x$ 在 $(0, +\infty)$ 内单调增加.

注释: 关于函数单调性的判别, 第四章将会给出更方便的方法. 在这里我们常采取的是任取 $x_1, x_2 \in (a, b)$, 设 $x_1 < x_2$, 将 $f(x_2) - f(x_1)$ 与零进行比较, 根据定义判别 $f(x)$ 在 (a, b) 内的单调性.

48. 已知 $f(x)$ 为周期函数, 那么下列函数是否都是周期函数?

(1) $f^2(x)$ (2) $f(2x)$

(3) $f(x+2)$ (4) $f(x)+2$

解: 设 $f(x)$ 的周期为 T.

(1) $f^2(x+T) = f(x+T) \cdot f(x+T) = f(x) \cdot f(x) = f^2(x)$, 所以 $f^2(x)$ 是以 T 为周期的周期函数.

(2) $f\left[2\left(x + \frac{T}{2}\right)\right] = f(2x + T) = f(2x)$, 所以 $f(2x)$ 是以 $\frac{T}{2}$ 为周期的周期函数.

(3) $f[(x+T)+2] = f[(x+2)+T] = f(x+2)$, 所以 $f(x+2)$ 是以 T 为周期的周期函数.

(4) $f(x+T) + 2 = f(x) + 2$, 所以 $f(x) + 2$ 是以 T 为周期的周期函数.

注释: 若函数 $f(x)$ 是以 T 为周期的周期函数, 则 $f(kx)(k > 0)$ 是以 $\frac{T}{k}$ 为周期的周期函数, 那么有

(i) $\left.\begin{array}{l} y = \sin kx \\ y = \cos kx \end{array}\right\}(k \neq 0)$ 的周期为 $\frac{2\pi}{|k|}$;

(ii) $\left.\begin{array}{l} y = \tan kx \\ y = \cot kx \end{array}\right\}(k \neq 0)$ 的周期为 $\frac{\pi}{|k|}$.

49. 求函数 $y = \cos^4 x - \sin^4 x$ 的周期.

解: $y = \cos^4 x - \sin^4 x = (\cos^2 x + \sin^2 x)(\cos^2 x - \sin^2 x) = \cos^2 x - \sin^2 x = \cos 2x$.

因为 $\cos x$ 的周期为 2π, 所以 $\cos 2x$ 的周期为 $\frac{2\pi}{2} = \pi$, 因此可知 $y = \cos^4 x - \sin^4 x$ 的周期为 π.

50. 证明下列函数是有界函数：

(1) $y = \dfrac{x^2}{1+x^2}$ (2) $y = \dfrac{x}{1+x^2}$

证：(1) $y = \dfrac{x^2}{1+x^2}$ 的定义域为 $(-\infty, +\infty)$

$$|y| = \left| \frac{x^2}{1+x^2} \right| = \frac{1+x^2-1}{1+x^2} = 1 - \frac{1}{1+x^2} < 1$$

所以 $y = \dfrac{x^2}{1+x^2}$ 为有界函数.

(2) $y = \dfrac{x}{1+x^2}$ 的定义域为 $(-\infty, +\infty)$

$$|y| = \frac{|x|}{1+x^2} = \frac{1}{2} \cdot \frac{2|x|}{1+x^2} \leqslant \frac{1}{2} \quad （因 1+x^2 \geqslant 2|x|）$$

所以 $y = \dfrac{x}{1+x^2}$ 是有界函数.

注释：一个函数的有界性不仅与函数表达式有关，而且与考察的区间有关. 一个函数可能在某个区间内无界，在另一个区间内有界. 第 50 题中未指明考察区间，就意味着在整个定义域内考察其有界性.

51. 讨论函数 $f(x) = e^{-x^2}$ 的奇偶性、有界性、单调性、周期性. （$e \approx 2.71828$）

解：奇偶性：$f(x)$ 的定义域为 $(-\infty, +\infty)$.

$$f(-x) = e^{-(-x)^2} = e^{-x^2} = f(x)$$

所以 $f(x)$ 是偶函数.

有界性：$0 < |e^{-x^2}| \leqslant 1$，所以 $f(x)$ 为有界函数.

单调性：对于任意的 $x_1 < x_2 < 0$，有 $x_1^2 > x_2^2$，那么 $e^{-x_2^2} > e^{-x_1^2}$，即 $f(x_2) > f(x_1)$，所以 $f(x) = e^{-x^2}$ 在 $(-\infty, 0)$ 内单调增加.

对于任意的 $0 < x_1 < x_2$，有 $x_1^2 < x_2^2$，$e^{-x_2^2} < e^{-x_1^2}$，即 $f(x_2) < f(x_1)$，所以 $f(x) = e^{-x^2}$ 在 $(0, +\infty)$ 内单调减少.

因此，$f(x) = e^{-x^2}$ 在 $(-\infty, +\infty)$ 内不是单调函数.

周期性：$f(x) = e^{-x^2}$ 显然不是周期函数.

52. 求下列函数的反函数：

(1) $y = 2x + 1$ (2) $y = \dfrac{x+2}{x-2}$

(3) $y = x^3 + 2$ (4) $y = 1 + \lg(x+2)$

(5) $y = 1 + 2\sin\dfrac{x-1}{x+1}$

解：(1) 由 $y = 2x + 1$，得 $x = \dfrac{y-1}{2}$，所以 $y = 2x + 1$ 的反函数为 $y = \dfrac{x-1}{2}$.

(2) 由 $y = \dfrac{x+2}{x-2}$，得 $(y-1)x = 2(y+1)$，$x = \dfrac{2(y+1)}{y-1}$，所以 $y = \dfrac{x+2}{x-2}$ 的反函数为 $y = \dfrac{2(x+1)}{x-1}$.

(3) 由 $y = x^3 + 2$，得 $x = \sqrt[3]{y-2}$，所以 $y = x^3 + 2$ 的反函数为 $y = \sqrt[3]{x-2}$.

(4) 由 $y = 1 + \lg(x+2)$，得 $\lg(x+2) = y - 1$，$x = 10^{y-1} - 2$，所以 $y = 1 + \lg(x+2)$ 的反函数为 $y = 10^{x-1} - 2$.

(5) 由 $y = 1 + 2\sin\dfrac{x-1}{x+1}$，得 $\dfrac{y-1}{2} = \sin\dfrac{x-1}{x+1}$，故

$$\frac{x-1}{x+1} = \arcsin\frac{y-1}{2}, \quad x - 1 = x\arcsin\frac{y-1}{2} + \arcsin\frac{y-1}{2}$$

于是 $x = \dfrac{1 + \arcsin\dfrac{y-1}{2}}{1 - \arcsin\dfrac{y-1}{2}}$，所以 $y = 1 + 2\sin\dfrac{x-1}{x+1}$ 的反函数为 $y = \dfrac{1 + \arcsin\dfrac{x-1}{2}}{1 - \arcsin\dfrac{x-1}{2}}$.

注释：关于反函数要注意以下几点.

（i）给定 y 是 x 的函数 $y = f(x)$，x 是自变量，y 是因变量. 由 $y = f(x)$ 解出 x（用 y 的关系式表达），得出一个 x 是 y 的函数的表达式 $x = f^{-1}(y)$，此时 y 是自变量，x 是因变量. 将 x 换成 y，y 换成 x，即得 $y = f(x)$ 的反函数 $y = f^{-1}(x)$. 此时两函数均以 x 为自变量，y 为因变量.

（ii）解出 x 后，若有偶次方根，要注意根据 $y = f(x)$ 的定义域决定根号前应取的符号.

（iii）$y = f(x)$ 的定义域为 $D(f)$，值域为 $Z(f)$，$y = f^{-1}(x)$ 的定义域为 $D(f^{-1}) = Z(f)$，值域为 $Z(f^{-1}) = D(f)$.

（iv）$y = f(x)$ 与 $y = f^{-1}(x)$ 的图形关于直线 $y = x$ 对称.

（v）只有一一对应的函数，才有反函数.

（vi）分段函数的反函数，要分段求，特别注意分段点的变化.

53. 设函数

$$y = f(x) = \begin{cases} -4x^2, & -3 \leqslant x < 0 \\ x, & 0 < x \leqslant 4 \\ \dfrac{x^2}{4}, & x > 4 \end{cases}$$

求 $y = f(x)$ 的反函数 $y = f^{-1}(x)$ 的定义域.

解：函数 $y = f^{-1}(x)$ 的定义域即函数 $y = f(x)$ 的值域，考察函数 $y = f(x)$ 的值域.

当 $-3 \leqslant x < 0$ 时，有 $-36 \leqslant y < 0$.

当 $0 < x \leqslant 4$ 时，有 $0 < y \leqslant 4$.

当 $x > 4$ 时，有 $y > 4$.

所以可得 $y = f(x)$ 的值域为 $[-36, 0) \bigcup (0, +\infty)$，即 $y = f^{-1}(x)$ 的定义域为 $[-36, 0) \bigcup (0, +\infty)$.

54. 如果 $y = u^2$，$u = \log_a x$，将 y 表示成 x 的函数.

解：$y = (\log_a x)^2 = \log_a^2 x$

55. 如果 $y = \sqrt{u}$，$u = 2 + v^2$，$v = \cos x$，将 y 表示成 x 的函数.

解：$y = \sqrt{2 + \cos^2 x}$

56. 如果 $f(x) = 3x^3 + 2x$，$\varphi(t) = \lg(1+t)$，求 $f[\varphi(t)]$.

解： $f[\varphi(t)] = 3\varphi^3(t) + 2\varphi(t) = 3\lg^3(1+t) + 2\lg(1+t)$

57. 下列函数可以看成由哪些简单函数复合而成的?(其中 a 为常数，$e \approx 2.71828$)

(1) $y = \sqrt{3x-1}$ (2) $y = a\sqrt[3]{1+x}$

(3) $y = (1+\lg x)^5$ (4) $y = e^{-x^2}$

(5) $y = \sqrt{\lg\sqrt{x}}$ (6) $y = \lg^2\arccos x^3$

解： (1) $y = \sqrt{u}$，$u = 3x - 1$.

(2) $y = a\sqrt[3]{u}$，$u = 1 + x$.

(3) $y = u^5$，$u = 1 + v$，$v = \lg x$.

(4) $y = e^u$，$u = e^v$，$v = -x^2$.

(5) $y = \sqrt{u}$，$u = \lg v$，$v = \sqrt{x}$.

(6) $y = u^2$，$u = \lg v$，$v = \arccos t$，$t = x^3$.

58. 分别就 $a = 2$，$a = \dfrac{1}{2}$，$a = -2$ 讨论 $y = \lg(a - \sin x)$ 是不是复合函数. 如果是复合函数，求其定义域.

解： 要使 $y = \lg(a - \sin x)$ 能成为复合函数，必须满足 $a - \sin x > 0$，即 $\sin x < a$，因此有下列结论：

当 $a = 2$ 时，因为 $-1 \leqslant \sin x \leqslant 1$，所以 $2 - \sin x > 0$ 总成立，因此 $y = \lg(2 - \sin x)$ 是复合函数，定义域为 $(-\infty, +\infty)$.

当 $a = \dfrac{1}{2}$ 时，要使 $\dfrac{1}{2} - \sin x > 0$，即 $\sin x < \dfrac{1}{2}$，只要 $2n\pi - \dfrac{7}{6}\pi < x < 2n\pi + \dfrac{\pi}{6}$（$n = 0, \pm 1, \pm 2, \cdots$），所以 $y = \lg\left(\dfrac{1}{2} - \sin x\right)$ 是复合函数，其定义域满足：

$$2n\pi - \dfrac{7}{6}\pi < x < 2n\pi + \dfrac{\pi}{6}，n = 0, \pm 1, \pm 2, \cdots$$

当 $a = -2$ 时，x 取任何实数，均不能使 $-2 - \sin x > 0$ 成立，即满足 $-2 - \sin x > 0$ 的实数集合为空集，所以 $y = \lg(-2 - \sin x)$ 不是复合函数.

注释： $y = f(u)$，$u = \varphi(x)$ 并不一定能复合成复合函数 $y = f[\varphi(x)]$，$y = f[\varphi(x)]$ 能成为复合函数的条件是 $D(f) \bigcap Z(\varphi)$ 非空. 如第58题中，$a = 2$ 时，$y = \lg u$，$u = 2 - \sin x$，$D(f) = (0, +\infty)$，$Z(\varphi) = [1, 3]$，$D(f) \bigcap Z(\varphi) \neq \varnothing$；而当 $a = -2$ 时，$y = \lg u$，$u = -2 - \sin x$，$D(f) = (0, +\infty)$，$Z(\varphi) = [-3, -1]$，$D(f) \bigcap Z(\varphi) = \varnothing$.

※59. 先作 $y = x^2$ 及 $y = \dfrac{1}{x}$ 的图形，再由这两个函数的图形叠加出函数 $y = x^2 + \dfrac{1}{x}$ 的图形.

解： 如图 1—6 所示.

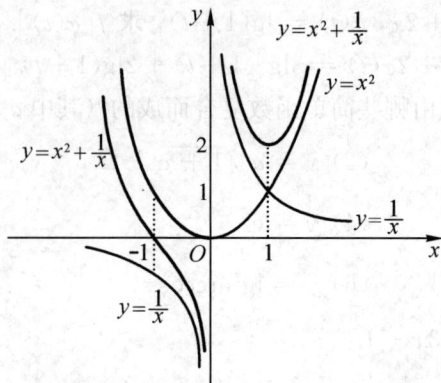

图 1—6

※**60.** 由 $y = 2^x$ 的图形作下列函数的图形：

(1) $y = 3 \times 2^x$　　(2) $y = 2^x + 4$　　(3) $y = -2^x$　　(4) $y = 2^{-x}$

解： 如图 1—7 所示．

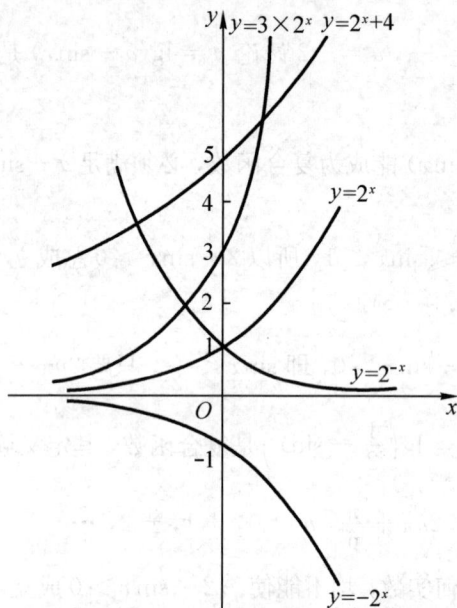

图 1—7

※**61.** 由函数 $y = \lg x$ 的图形作下列函数的图形：

(1) $y = 2\lg x$　　　(2) $y = \lg x^2$　　　(3) $y = \lg \sqrt{x}$　　(4) $y = \lg \dfrac{1}{x}$

解： 如图 1—8 所示．

※**62.** 由 $y = \sin x$ 的图形作下列函数的图形：

(1) $y = \sin 2x$　　　(2) $y = 2\sin 2x$　　　(3) $y = 1 - 2\sin 2x$

解： 如图 1—9 所示．

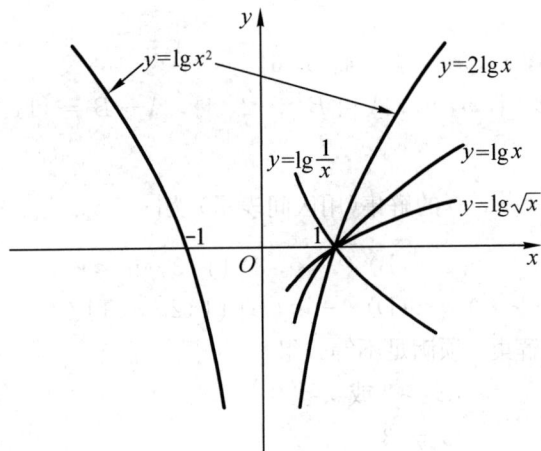

图 1—8

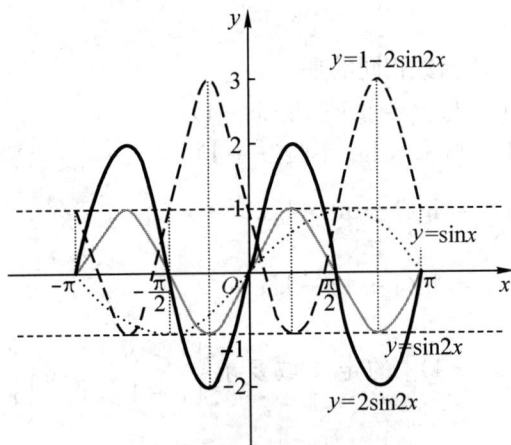

图 1—9

(B)

1. 设集合 $A = \{1, 2, a, b\}$，$B = \{2, 4, c, d\}$，已知 $A \bigcup B = \{1, 2, 3, 4, 5, 6\}$，$A \bigcap B = \{2, 4\}$，$A - B = \{1, 3\}$，那么 a，b，c，d 可以是［　　］.

(A) $a = 3$，$b = 5$，$c = 1$，$d = 5$　　(B) $a = 5$，$b = 6$，$c = 3$，$d = 5$

(C) $a = 4$，$b = 5$，$c = 3$，$d = 6$　　(D) $a = 3$，$b = 4$，$c = 5$，$d = 6$

解：(A) $A = \{1, 2, 3, 5\}$，$B = \{2, 4, 1, 5\}$

$A \bigcup B = \{1, 2, 3, 4, 5\}$ 与已知条件不符.

(B) $A = \{1, 2, 5, 6\}$，$B = \{2, 4, 3, 5\}$

$A \bigcup B = \{1, 2, 3, 4, 5, 6\}$ 与已知条件相符.

$A \bigcap B = \{2, 5\}$ 与已知条件不符.

(C) $A = \{1, 2, 4, 5\}$，$B = \{2, 4, 3, 6\}$

$A \bigcup B = \{1, 2, 3, 4, 5, 6\}$，$A \bigcap B = \{2, 4\}$ 与已知条件相符. $A - B = \{1, 5\}$ 与已

知条件不符.

(D) $A=\{1,2,3,4\}$，$B=\{2,4,5,6\}$

$A\bigcup B=\{1,2,3,4,5,6\}$，$A\bigcap B=\{2,4\}$，$A-B=\{1,3\}$与已知条件相符.

故本题应选(D).

2. 不等式 $\dfrac{|x-1|-1}{|x-3|}>0$ 的解集(用区间表示)为[   ].

(A) $(-\infty,0)$ 　　　　　(B) $(-\infty,3)\bigcup(3,+\infty)$

(C) $(2,3)\bigcup(3,+\infty)$ 　　(D) $(-\infty,0)\bigcup(2,3)\bigcup(3,+\infty)$

解：给定不等式的解集，须满足不等式组

$$\begin{cases}|x-1|-1>0\\|x-3|\neq0\end{cases}，解得\begin{cases}x>2\text{ 或 }x<0\\x\neq3\end{cases}$$

于是可得 $\dfrac{|x-1|-1}{|x-3|}>0$ 的解集为 $(-\infty,0)\bigcup(2,3)\bigcup(3,+\infty)$.

故本题应选(D).

3. 下列各对函数中，两函数相同的是[   ].

(A) $y=\lg[x(x-1)]$ 与 $y=\lg x+\lg(x-1)$

(B) $y=\lg[x(x+1)]$ 与 $y=\lg x+\lg(x+1)$

(C) $y=\lg\dfrac{1-x}{x}$ 与 $y=\lg(1-x)-\lg x$

(D) $y=\lg\dfrac{1+x}{x}$ 与 $y=\lg(1+x)-\lg x$

解：(A) $y=\lg[x(x-1)]$ 的定义域要求 $\begin{cases}x>0\\x-1>0\end{cases}$ 或 $\begin{cases}x<0\\x-1<0\end{cases}$，即 $\begin{cases}x>0\\x>1\end{cases}$ 或 $\begin{cases}x<0\\x<1\end{cases}$，也就是 $x>1$ 或 $x<0$，所以 $y=\lg[x(x-1)]$ 的定义域为 $(-\infty,0)\bigcup(1,+\infty)$.

$y=\lg x+\lg(x-1)$ 的定义域要求 $\begin{cases}x>0\\x-1>0\end{cases}$，即 $x>1$，所以 $y=\lg x+\lg(x-1)$ 的定义域为 $(1,+\infty)$. 两函数定义域不同，故不是相同的函数.

(B) 用与(A)中同样的方法，可以求出 $y=\lg[x(x+1)]$ 的定义域为 $(-\infty,-1)\bigcup(0,+\infty)$，而 $y=\lg x+\lg(x+1)$ 的定义域为 $(0,+\infty)$，两函数定义域不同，故不是相同的函数.

(C) 用同样的方法可以求出 $y=\lg\dfrac{1-x}{x}$ 与 $y=\lg(1-x)-\lg x$ 的定义域均为 $(0,1)$，且其对应规则相同，故 $y=\lg\dfrac{1-x}{x}$ 与 $y=\lg(1-x)-\lg x$ 是相同的函数. 故本题应选(C).

读者可用同样的方法，验证(D)中两函数不是相同的函数.

4. 下列论述中正确的是[   ].

(A) 因 $\dfrac{\sin2x}{\cos x}=\dfrac{2\sin x\cos x}{\cos x}=2\sin x$，故 $y=\dfrac{\sin2x}{\cos x}$ 与 $y=2\sin x$ 是相同的函数

(B) 因 $\tan x = \dfrac{\sin x}{\cos x}$，故 $y = \tan x$ 与 $y = \dfrac{\sin x}{\cos x}$ 是相同的函数

(C) 因 $\sqrt{\dfrac{x-3}{x-2}} = \dfrac{\sqrt{x-3}}{\sqrt{x-2}}$，故 $y = \sqrt{\dfrac{x-3}{x-2}}$ 与 $y = \dfrac{\sqrt{x-3}}{\sqrt{x-2}}$ 是相同的函数

(D) 因 $\sqrt{(x-2)^2} = x-2$，故 $y = \sqrt{(x-2)^2}$ 与 $y = x-2$ 是相同的函数

解：(A) $y = 2\sin x$ 的定义域为 $(-\infty, +\infty)$，$y = \dfrac{\sin 2x}{\cos x}$ 的定义域要求 $\cos x \neq 0$，即 $x \neq (2n+1) \cdot \dfrac{\pi}{2}$ $(n = 0, \pm 1, \cdots)$. 两函数定义域不同，故 $y = \dfrac{\sin 2x}{\cos x}$ 与 $y = 2\sin x$ 不是相同的函数.

(B) $y = \tan x$ 与 $y = \dfrac{\sin x}{\cos x}$ 的定义域相同，均为 $x \neq (2n+1) \cdot \dfrac{\pi}{2}$ $(n = 0, \pm 1, \cdots)$，且其对应规则相同，所以 $y = \tan x$ 与 $y = \dfrac{\sin x}{\cos x}$ 是相同的函数. 故本题应选(B).

(C) $y = \sqrt{\dfrac{x-3}{x-2}}$ 的定义域要求满足 $\begin{cases} x-3 \geqslant 0 \\ x-2 > 0 \end{cases}$ 或 $\begin{cases} x-3 \leqslant 0 \\ x-2 < 0 \end{cases}$，即 $\begin{cases} x \geqslant 3 \\ x > 2 \end{cases}$ 或 $\begin{cases} x \leqslant 3 \\ x < 2 \end{cases}$，亦即 $x \geqslant 3$ 或 $x < 2$. 因此，$y = \sqrt{\dfrac{x-3}{x-2}}$ 的定义域为 $(-\infty, 2) \bigcup [3, +\infty)$.

$y = \dfrac{\sqrt{x-3}}{\sqrt{x-2}}$ 的定义域要求满足 $\begin{cases} x-3 \geqslant 0 \\ x-2 > 0 \end{cases}$，即 $\begin{cases} x \geqslant 3 \\ x > 2 \end{cases}$，亦即 $x \geqslant 3$. 因此，$y = \dfrac{\sqrt{x-3}}{\sqrt{x-2}}$ 的定义域为 $[3, +\infty)$.

两函数定义域不同，所以 $y = \sqrt{\dfrac{x-3}{x-2}}$ 与 $y = \dfrac{\sqrt{x-3}}{\sqrt{x-2}}$ 不是相同的函数.

(D) $y = \sqrt{(x-2)^2}$ 的定义域是 $(-\infty, +\infty)$. $y = x-2$ 的定义域是 $(-\infty, +\infty)$.

两函数的定义域虽然相同，但其对应规则不同，$y = \sqrt{(x-2)^2}$ 的值域为 $[0, +\infty)$，而 $y = x-2$ 的值域为 $(-\infty, +\infty)$，故 $y = \sqrt{(x-2)^2}$ 与 $y = x-2$ 不是相同的函数.

注释：第 4 题中，(A) $\dfrac{\sin 2x}{\cos x} = 2\sin x$ 只有在 $x \neq (2n+1)\dfrac{\pi}{2}$ $(n = 0, \pm 1, \pm 2, \cdots)$ 的条件下才成立；(B) 中 $\sqrt{\dfrac{x-3}{x-2}} = \dfrac{\sqrt{x-3}}{\sqrt{x-2}}$ 只有在 $x \geqslant 3$ 的条件下才成立；(D) 中 $\sqrt{(x-2)^2} = |x-2| \neq x-2$，$\sqrt{(x-2)^2} = x-2$ 只有在 $x \geqslant 2$ 时才成立.

5. 若 $f(x-1) = x^2(x-1)$，则 $f(x) = [\quad]$.

(A) $x(x+1)^2$ (B) $x(x-1)^2$ (C) $x^2(x+1)$ (D) $x^2(x-1)$

解：令 $x-1 = t$，则 $x = t+1$，那么有
$$f(t) = (t+1)^2 t, \text{ 即 } f(x) = x(x+1)^2$$
故本题应选(A).

6. $f(x) = \dfrac{1}{\lg |x-5|}$ 的定义域是 $[\quad]$.

(A) $(-\infty, 5) \bigcup (5, +\infty)$

(B) $(-\infty, 6) \bigcup (6, +\infty)$

(C) $(-\infty, 4) \bigcup (4, +\infty)$

(D) $(-\infty, 4) \bigcup (4, 5) \bigcup (5, 6) \bigcup (6, +\infty)$

解： $f(x)$ 的定义域要求满足

$$\begin{cases} x \neq 5 \\ x - 5 \neq 1 \\ x - 5 \neq -1 \end{cases}, \quad 即 \quad \begin{cases} x \neq 5 \\ x \neq 6 \\ x \neq 4 \end{cases}$$

因此，$f(x)$ 的定义域是 $(-\infty, 4) \bigcup (4, 5) \bigcup (5, 6) \bigcup (6, +\infty)$.

故本题应选(D).

7. 如果函数 $f(x)$ 的定义域为 $[1, 2]$，则函数 $f(x) + f(x^2)$ 的定义域为 [　　].

(A) $[1, 2]$　　　　　　　　　(B) $[1, \sqrt{2}]$

(C) $[-\sqrt{2}, \sqrt{2}]$　　　　　(D) $[-\sqrt{2}, -1] \bigcup [1, \sqrt{2}]$

解： $f(x)$ 的定义域为 $[1, 2]$，故 $f(x^2)$ 的定义域应满足 $1 \leqslant x^2 \leqslant 2$，即 $1 \leqslant |x| \leqslant \sqrt{2}$，

也就是 $\begin{cases} |x| \leqslant \sqrt{2} \\ |x| \geqslant 1 \end{cases}$，即 $\begin{cases} -\sqrt{2} \leqslant x \leqslant \sqrt{2} \\ x \leqslant -1 或 x \geqslant 1 \end{cases}$，所以 $f(x^2)$ 的定义域为 $[-\sqrt{2}, -1] \bigcup [1, \sqrt{2}]$.

$f(x) + f(x^2)$ 的定义域为 $f(x)$ 的定义域与 $f(x^2)$ 的定义域的交集 $[1, \sqrt{2}]$. 故本题应选(B).

8. 如果函数 $f(x)$ 的定义域为 $[0, 1]$，则函数 $g(x) = f\left(x + \dfrac{1}{4}\right) + f\left(x - \dfrac{1}{4}\right)$ 的定义域是 [　　].

(A) $[0, 1]$　　　　　　　　　(B) $\left[-\dfrac{1}{4}, \dfrac{3}{4}\right]$

(C) $\left[\dfrac{1}{4}, \dfrac{3}{4}\right]$　　　　　　　(D) $\left[-\dfrac{1}{4}, \dfrac{5}{4}\right]$

解： $f(x)$ 的定义域是 $[0, 1]$，那么 $g(x)$ 的定义域应该满足 $\begin{cases} 0 \leqslant x + \dfrac{1}{4} \leqslant 1 \\ 0 \leqslant x - \dfrac{1}{4} \leqslant 1 \end{cases}$，即

$\begin{cases} -\dfrac{1}{4} \leqslant x \leqslant \dfrac{3}{4} \\ \dfrac{1}{4} \leqslant x \leqslant \dfrac{5}{4} \end{cases}$，所以 $g(x)$ 的定义域为 $\left[-\dfrac{1}{4}, \dfrac{3}{4}\right] \bigcap \left[\dfrac{1}{4}, \dfrac{5}{4}\right] = \left[\dfrac{1}{4}, \dfrac{3}{4}\right]$. 故本题应选(C).

9. 设 $f(x) = \dfrac{1}{\sqrt{3-x}} + \lg(x-2)$，那么 $f(x+a) + f(x-a)$ $\left(0 < a < \dfrac{1}{2}\right)$ 的定义域是 [　　].

(A) $(2-a, 3-a)$　　　　　　(B) $(2+a, 3+a)$

(C) $(2+a, 3-a)$　　　　　　(D) $(2-a, 3+a)$

解： 先求 $f(x)$ 的定义域. $f(x)$ 的定义域要求满足 $\begin{cases} 3-x>0 \\ x-2>0 \end{cases}$，即 $2<x<3$，即 $f(x)$

的定义域为 $(2，3)$，那么 $f(x+a)+f(x-a)$ 的定义域应满足 $\begin{cases} 2<x+a<3 \\ 2<x-a<3 \end{cases}$，即

$\begin{cases} 2-a<x<3-a \\ 2+a<x<3+a \end{cases}$，亦即 $2+a<x<3-a$，所以 $f(x+a)+f(x-a)$ 的定义域为 $(2+$

$a，3-a)$ $\left(0<a<\dfrac{1}{2}\right)$. 故本题应选(C).

10. 下列函数中是偶函数的是 [   ].

(A) $f(x)=\begin{cases} 1, & x>0 \\ 0, & x=0 \\ -1, & x<0 \end{cases}$ 　　　　(B) $f(x)=\begin{cases} x-1, & x>0 \\ 0, & x=0 \\ x+1, & x<0 \end{cases}$

(C) $f(x)=\begin{cases} 1-x, & x\leqslant 0 \\ 1+x, & x>0 \end{cases}$ 　　　　(D) $f(x)=\begin{cases} 2x^2, & x\leqslant 0 \\ -2x^2, & x>0 \end{cases}$

解： (A) $f(-x)=\begin{cases} 1, & -x>0 \\ 0, & -x=0 \\ -1, & -x<0 \end{cases}$

$\qquad\qquad = \begin{cases} 1, & x<0 \\ 0, & x=0 \\ -1, & x>0 \end{cases}$

$\qquad\qquad = -f(x)$

所以 $f(x)$ 是奇函数.

(B) $f(-x)=\begin{cases} -x-1, & -x>0 \\ 0, & -x=0 \\ -x+1, & x<0 \end{cases}$

$\qquad\qquad = \begin{cases} -(x+1), & x<0 \\ 0, & x=0 \\ -(x-1), & x>0 \end{cases}$

$\qquad\qquad = -f(x)$

所以 $f(x)$ 是奇函数.

(C) $f(-x)=\begin{cases} 1+x, & -x\leqslant 0 \\ 1-x, & -x>0 \end{cases}$

$\qquad\qquad = \begin{cases} 1+x, & x\geqslant 0 \\ 1-x, & x<0 \end{cases}$

$\qquad\qquad = \begin{cases} 1+x, & x>0 \\ 1-x, & x\leqslant 0 \end{cases}$

$\qquad\qquad = f(x)$

所以 $f(x)$ 是偶函数. 故本题应选(C).

(D) $f(-x) = \begin{cases} 2(-x)^2, & -x \leqslant 0 \\ -2(-x)^2, & -x > 0 \end{cases}$

$= \begin{cases} 2x^2, & x \geqslant 0 \\ -2x^2, & x < 0 \end{cases}$

$= \begin{cases} 2x^2, & x > 0 \\ -2x^2, & x \leqslant 0 \end{cases}$

$= -f(x)$

所以 $f(x)$ 是奇函数.

11. 函数 $y = \lg(\sqrt{x^2+1}+x) + \lg(\sqrt{x^2+1}-x)$ [   ].

(A) 是奇函数，非偶函数   (B) 是偶函数，非奇函数

(C) 既非奇函数，又非偶函数   (D) 既是奇函数，又是偶函数

解： $y = \lg(\sqrt{x^2+1}+x) + \lg(\sqrt{x^2+1}-x) = \lg(x^2+1-x^2) = \lg 1 = 0$，所以 $y = \lg(\sqrt{x^2+1}+x) + \lg(\sqrt{x^2+1}-x)$ 既是奇函数，又是偶函数. 故本题应选(D).

注释： 一个函数可能是奇函数，也可能是偶函数，也可能既不是奇函数也不是偶函数，但只有一个函数既是奇函数也是偶函数.

设 $f(x)$ 既是奇函数又是偶函数，那么 $f(x)$ 满足

$$\begin{cases} f(-x) = f(x) \\ f(-x) = -f(x) \end{cases}$$

两式相减有：$2f(x) = 0$，即 $f(x) = 0$.

所以既是奇函数又是偶函数的函数必为 $y = 0$，仅此一个.

12. 设 $f(x)$ 是 $(-\infty, +\infty)$ 内的偶函数，并且当 $x \in (-\infty, 0)$ 时，有 $f(x) = x + 2$，则当 $x \in (0, +\infty)$ 时，$f(x)$ 的表达式是 [   ].

(A) $x+2$ (B) $-x+2$ (C) $x-2$ (D) $-x-2$

解： 当 $x \in (0, +\infty)$ 时，$-x \in (-\infty, 0)$，那么 $f(-x) = -x + 2$. 由于 $f(x)$ 是偶函数，因此当 $x \in (0, +\infty)$ 时，有

$$f(x) = f(-x) = -x + 2$$

故本题应选(B).

13. 设 $f(x)$ 是以 T 为周期的函数，则函数 $f(x) + f(2x) + f(3x) + f(4x)$ 的周期是 [   ].

(A) T (B) $2T$ (C) $12T$ (D) $\dfrac{T}{12}$

解： $f(x)$ 的周期是 T，$f(2x)$ 的周期是 $\dfrac{T}{2}$，$f(3x)$ 的周期是 $\dfrac{T}{3}$，$f(4x)$ 的周期是 $\dfrac{T}{4}$，而 $T, \dfrac{T}{2}, \dfrac{T}{3}, \dfrac{T}{4}$ 同时能整除的最小正数为 T，故 $f(x) + f(2x) + f(3x) + f(4x)$ 的周期是 T. 故本题应选(A).

14. 设 $f(x) = \sin 2x + \tan \dfrac{x}{2}$，则 $f(x)$ 的周期是 [   ].

(A) $\dfrac{\pi}{2}$　　　　(B) π　　　　(C) 2π　　　　(D) 4π

解：$\sin 2x$ 的周期是 π，$\tan \dfrac{x}{2}$ 的周期是 2π，能被 π 与 2π 同时整除的最小正数为 2π，所以 $f(x)$ 的周期是 2π. 故本题应选(C).

15. 设函数 $f(x) = 2^{\cos x}$，$g(x) = \left(\dfrac{1}{2}\right)^{\sin x}$，在区间 $\left(0, \dfrac{\pi}{2}\right)$ 内 [　　].

(A) $f(x)$ 是增函数，$g(x)$ 是减函数

(B) $f(x)$ 是减函数，$g(x)$ 是增函数

(C) $f(x)$ 与 $g(x)$ 都是增函数

(D) $f(x)$ 与 $g(x)$ 都是减函数

解：在 $\left(0, \dfrac{\pi}{2}\right)$ 内，$\cos x$ 是减函数，所以 $2^{\cos x}$ 是减函数；$\sin x$ 是增函数，$\left(\dfrac{1}{2}\right)^{x}$ 是减函数，所以 $\left(\dfrac{1}{2}\right)^{\sin x}$ 是减函数. 故本题应选(D).

16. 下列给定区间中是函数 $f(x) = |x^2 - 1|$ 的单调有界区间的是 [　　].

(A) $[-1, 1]$　　　　(B) $(1, +\infty)$

(C) $[-2, -1]$　　　　(D) $[-2, 0]$

解：$f(x) = |x^2 - 1|$ 的图形如图 1—10 所示，可以看出，$f(x)$ 在 $[-1, 1]$ 上有界但非单调，在 $(1, +\infty)$ 内单调但无界，在 $[-2, 0]$ 上有界但非单调，而在 $[-2, -1]$ 上单调减少且有界. 故本题应选(C).

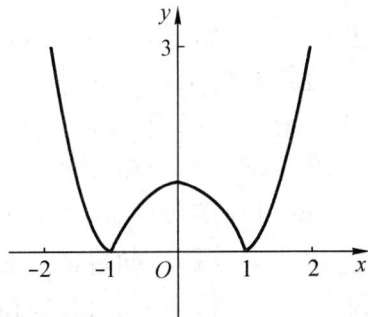

图 1—10

17. 函数 $f(x) = e^{\cos x}$（$e \approx 2.718\,28$）不是 [　　].

(A) 偶函数　　　　(B) 单调函数

(C) 有界函数　　　　(D) 周期函数

解：(A) $f(-x) = e^{\cos(-x)} = e^{\cos x} = f(x)$，所以 $f(x)$ 为偶函数.

(C) 因 $|\cos x| \leqslant 1$，因此 $e^{-1} \leqslant e^{\cos x} \leqslant e$，所以 $f(x)$ 有界.

(D) $f(x + 2\pi) = e^{\cos(x + 2\pi)} = e^{\cos x} = f(x)$，所以 $f(x)$ 是以 2π 为周期的周期函数.

(A)、(C)、(D) 均成立.

$f(x)$ 为偶函数，又是周期函数，就不可能是单调函数（严格单调），所以(B)不成立. 故本题应选(B).

18. 函数 $f(x) = -\sqrt{1 - x^2}$（$0 \leqslant x \leqslant 1$）的反函数 $f^{-1}(x) = $ [　　].

(A) $\sqrt{1 - x^2}$

(B) $-\sqrt{1 - x^2}$

(C) $\sqrt{1 - x^2}$ $(-1 \leqslant x \leqslant 0)$

(D) $-\sqrt{1 - x^2}$ $(-1 \leqslant x \leqslant 0)$

解：设 $y = f(x) = -\sqrt{1 - x^2}$（图形如图 1—11 所示），可得 $x = \pm\sqrt{1 - y^2}$. 因给定函数

$f(x)$ 的定义域为 $0 \leqslant x \leqslant 1$，即 x 为区间 $[0,1]$ 内的非负数，故上式根号前应取正号，即 $x = \sqrt{1-y^2}$，所以可得：

$$y = f^{-1}(x) = \sqrt{1-x^2}$$

又因给定函数的值域为 $-1 \leqslant y \leqslant 0$，即反函数的定义域为 $[-1, 0]$，因此，所求反函数为 $y = \sqrt{1-x^2}$ $(-1 \leqslant x \leqslant 0)$. 故本题应选(C).

注释：第 18 题求出的反函数的定义域不是函数 $y = \sqrt{1-x^2}$ 的自然定义域，而是自然定义域的一部分 $[-1, 0]$，故不选(A)，而选(C).

19. 函数 $f(x) = \dfrac{e^x - e^{-x}}{2}$ 的反函数 $f^{-1}(x)$ 是[   ].

(A) 奇函数
(B) 偶函数
(C) 既是奇函数，也是偶函数
(D) 既非奇函数，也非偶函数

解：$f(-x) = \dfrac{e^{-x} - e^x}{2} = -\dfrac{e^x - e^{-x}}{2} = -f(x)$，故 $f(x)$ 为奇函数，$f(x)$ 与 $f^{-1}(x)$ 关于 $y=x$ 对称，因此 $f^{-1}(x)$ 也必是奇函数. 故本题应选(A).

20. 函数 $y = f(x)$ 与 $y = \sqrt{x-1}$ 的图形关于直线 $y=x$ 对称，则 $f(x) = [$ $]$.

(A) $-\sqrt{x-1}$ $(x \geqslant 1)$
(B) $x^2 + 1$ $(-\infty < x < +\infty)$
(C) $x^2 + 1$ $(x \leqslant 0)$
(D) $x^2 + 1$ $(x \geqslant 0)$

解：根据题设可知 $y = f(x)$ 与 $y = \sqrt{x-1}$ 互为反函数. 由 $y = \sqrt{x-1}$ 可得 $y^2 = x-1$，即 $x = y^2 + 1$，因此有 $y = x^2 + 1$. 因 $y = \sqrt{x-1}$ 的值域为 $[0, +\infty)$，因而 $y = f(x) = x^2 + 1$ 的定义域为 $[0, +\infty)$，即 $x \geqslant 0$，如图 1—12 所示. 故本题应选(D).

21. 下列函数 $y = f(u)$，$u = \varphi(x)$ 中能构成复合函数 $y = f[\varphi(x)]$ 的是[   ].

(A) $y = f(u) = \dfrac{1}{\sqrt{u-1}}$，$\quad u = \varphi(x) = -x^2 + 1$

(B) $y = f(u) = \lg(1-u)$，$\quad u = \varphi(x) = x^2 + 1$

(C) $y = f(u) = \arcsin u$，$\quad u = \varphi(x) = x^2 + 2$

(D) $y = f(u) = \arccos u$，$\quad u = \varphi(x) = -x^2 + 2$

解：(A) $y = f(u) = \dfrac{1}{\sqrt{u-1}}$，$D(f) = (1, +\infty)$

$\quad u = \varphi(x) = -x^2 + 1$，$\quad Z(\varphi) = (-\infty, 1]$

$\quad D(f) \cap Z(\varphi) = \varnothing$

所以 $y = \dfrac{1}{\sqrt{u-1}}$，$u = -x^2 + 1$ 不能构成复合函数，即 $y = \dfrac{1}{\sqrt{-x^2+1-1}} = \dfrac{1}{\sqrt{-x^2}}$ 不是

函数关系.

    (B) $y = f(u) = \lg(1-u)$，$D(f) = (-\infty, 1)$

          $u = \varphi(x) = x^2 + 1$， $Z(\varphi) = [1, +\infty)$

          $D(f) \bigcap Z(\varphi) = \varnothing$

所以 $y = \lg(1-u)$，$u = x^2 + 1$ 不能构成复合函数，即 $y = \lg(1 - x^2 - 1) = \lg(-x^2)$ 不是函数关系.

    (C) $y = f(u) = \arcsin u$，$D(f) = [-1, 1]$

          $u = \varphi(x) = x^2 + 2$，$Z(\varphi) = [2, +\infty)$

          $D(f) \bigcap Z(\varphi) = \varnothing$

所以 $y = \arcsin u$，$u = x^2 + 2$ 不能构成复合函数，即 $y = \arcsin(x^2 + 2)$ 不是函数关系.

    (D) $y = f(u) = \arccos u$，$D(f) = [-1, 1]$

          $u = \varphi(x) = -x^2 + 2$，$Z(\varphi) = (-\infty, 2]$

          $D(f) \bigcap Z(\varphi) \neq \varnothing$

所以 $y = \arccos u$，$u = -x^2 + 2$ 可以构成复合函数 $y = \arccos(-x^2 + 2)$. 其定义域满足 $|-x^2 + 2| \leqslant 1$，即 $\begin{cases} |x| \leqslant \sqrt{3} \\ |x| \geqslant 1 \end{cases}$，所以 $y = \arccos(-x^2 + 2)$ 为定义在 $[-\sqrt{3}, -1] \bigcup [1, \sqrt{3}]$ 上的复合函数. 故本题应选(D).

22. 函数 $y = \sqrt{1 - u^2}$ 与 $u = \lg x$ 能构成复合函数 $y = \sqrt{1 - \lg^2 x}$ 的区间是 [   ].

    (A) $(0, +\infty)$ (B) $\left[\dfrac{1}{10}, 10\right]$ (C) $\left[\dfrac{1}{10}, +\infty\right)$ (D) $(0, 10)$

解：要使 $y = \sqrt{1 - \lg^2 x}$ 是复合函数，须满足

$\begin{cases} 1 - \lg^2 x \geqslant 0 \\ x > 0 \end{cases}$，即 $\begin{cases} \lg^2 x \leqslant 1 \\ x > 0 \end{cases}$，亦即 $\begin{cases} |\lg x| \leqslant 1 \\ x > 0 \end{cases}$．只要 $\begin{cases} -1 \leqslant \lg x \leqslant 1 \\ x > 0 \end{cases}$，即 $\dfrac{1}{10} \leqslant x \leqslant$

10 即可. 所以当 $x \in \left[\dfrac{1}{10}, 10\right]$ 时，$y = \sqrt{1 - \lg^2 x}$ 是复合函数. 故本题应选(B).

23. 下列关系中，是复合函数关系的是 [   ].

    (A) $y = x + \sin x$ (B) $y = 2x^2 \mathrm{e}^x$

    (C) $y = \sqrt{\sin x - 2}$ (D) $y = \cos\sqrt{x}$

    解：(A) $y = x + \sin x$ 是基本初等函数 x 与 $\sin x$ 之和，非复合函数.

    (B) $y = 2x^2 \mathrm{e}^x$ 是基本初等函数 2，x^2 及 e^x 之积，非复合函数.

    (C) $y = \sqrt{\sin x - 2}$，因 $\sin x < 2$，偶次方根号下为负数，定义域为空集，不能构成函数关系.

    (D) $y = \cos\sqrt{x}$ 是由 $y = \cos u$，$u = \sqrt{x}$ 复合而成的复合函数，定义域为 $[0, +\infty)$. 故本题应选(D).

24. 下列函数中不是初等函数的是 [   ].

    (A) $y = x^x$ (B) $y = |x|$

(C) $y = \mathrm{sgn}x$ （D）$\mathrm{e}^x + xy - 1 = 0$

解：（A）$y = x^x = \mathrm{e}^{x\ln x}$ 是初等函数.

（B）$y = |x| = \sqrt{x^2}$ 是初等函数.

（C）$y = \mathrm{sgn}x = \begin{cases} 1, & x > 0 \\ 0, & x = 0 \\ -1, & x < 0 \end{cases}$ 不是初等函数.

故本题应选（C）.

（D）$\mathrm{e}^x + xy - 1 = 0$，$y = \dfrac{1 - \mathrm{e}^x}{x}$ 是初等函数.

注释： 如果隐函数不能表示成显函数形式，则它不是初等函数.

25. 已知 $y = f(x)$ 的图形如图 1—13 所示，那么 $y = \dfrac{1}{2}\big[\,|f(x)| + f(x)\big]$ 的图形是 [　　].

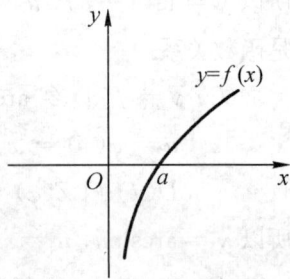

图 1—13

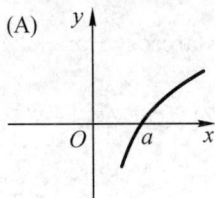

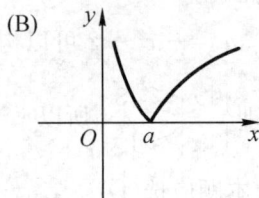

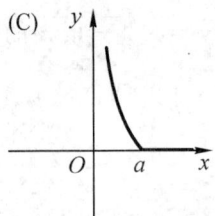

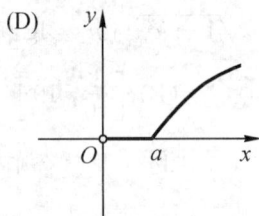

解： 在 $(0, a)$ 内，$f(x) < 0$，所以 $\dfrac{1}{2}\big[\,|f(x)| + f(x)\big] = 0$；在 $[a, +\infty)$ 内，$f(x) \geqslant 0$，所以 $\dfrac{1}{2}\big[\,|f(x)| + f(x)\big] = \dfrac{1}{2} \times 2f(x) = f(x)$. 故本题应选（D）.

（二）参考题（附解答）

（A）

1. 用区间表示满足关系式 $|(x+1)(x-3)| = (x+1)(x-3)$ 的解集.

解： 根据实数绝对值的定义，若 $|(x+1)(x-3)| = (x+1)(x-3)$，则必有 $(x+1)(x-3) \geqslant 0$，否则若 $(x+1)(x-3) < 0$，则应有 $|(x+1)(x-3)| > (x+1)(x-3)$（或 $|(x+1)(x-3)| = -(x+1)(x-3)$).

解不等式 $(x+1)(x-3) \geqslant 0$，解集应满足

$$\begin{cases} x+1 \geqslant 0 \\ x-3 \geqslant 0 \end{cases} \text{或} \begin{cases} x+1 \leqslant 0 \\ x-3 \leqslant 0 \end{cases}, \text{即} \begin{cases} x \geqslant -1 \\ x \geqslant 3 \end{cases} \text{或} \begin{cases} x \leqslant -1 \\ x \leqslant 3 \end{cases}$$

从而有 $x \geqslant 3$ 或 $x \leqslant -1$，所以可得关系式 $|(x+1)(x-3)| = (x+1)(x-3)$ 的解集为 $(-\infty, -1] \bigcup [3, +\infty)$.

2. 已知 $f(x) = \begin{cases} 0, & x < 0 \\ 1, & x \geqslant 0 \end{cases}$，求 $f(x) + f(x+1)$.

解： $f(x+1) = \begin{cases} 0, & x+1 < 0 \\ 1, & x+1 \geqslant 0 \end{cases}$

$$= \begin{cases} 0, & x < -1 \\ 1, & x \geqslant -1 \end{cases}$$

当 $x < -1$ 时，$f(x) + f(x+1) = 0 + 0 = 0$.

当 $-1 \leqslant x < 0$ 时，$f(x) + f(x+1) = 0 + 1 = 1$.

当 $x \geqslant 0$ 时，$f(x) + f(x+1) = 1 + 1 = 2$.

所以　　　$f(x) + f(x+1) = \begin{cases} 0, & x < -1 \\ 1, & -1 \leqslant x < 0 \\ 2, & x \geqslant 0 \end{cases}$

3. 设 $f(x) = \begin{cases} 1 - |x|, & |x| \leqslant 1 \\ 0, & |x| > 1 \end{cases}$，求当 $a = 0, 1, 2$ 时，$f(x) \cdot f(a-x)$ 的表达式，并作出图形.

解： $f(x) = \begin{cases} 1+x, & -1 \leqslant x \leqslant 0 \\ 1-x, & 0 < x \leqslant 1 \\ 0, & |x| > 1 \end{cases}$

(1) 当 $a = 0$ 时

$$f(0-x) = f(-x) = \begin{cases} 1-x, & -1 \leqslant -x \leqslant 0 \\ 1+x, & 0 < -x \leqslant 1 \\ 0, & |-x| > 1 \end{cases}$$

$$= \begin{cases} 1-x, & 0 \leqslant x \leqslant 1 \\ 1+x, & -1 \leqslant x < 0 \\ 0, & |x| > 1 \end{cases}$$

$$= \begin{cases} 1+x, & -1 \leqslant x \leqslant 0 \\ 1-x, & 0 < x \leqslant 1 \\ 0, & |x| > 1 \end{cases}$$

那么　　$f(x) \cdot f(-x) = \begin{cases} (1+x)^2, & -1 \leqslant x \leqslant 0 \\ (1-x)^2, & 0 < x \leqslant 1 \\ 0, & |x| > 1 \end{cases}$

图形如图 1—14 所示.

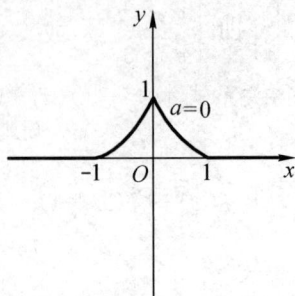

图 1—14

（2）当 $a = 1$ 时

$$f(1-x) = \begin{cases} 2-x, & -1 \leqslant 1-x \leqslant 0 \\ x, & 0 < 1-x \leqslant 1 \\ 0, & |1-x| > 1 \end{cases}$$

$$= \begin{cases} x, & 0 \leqslant x \leqslant 1 \\ 2-x, & 1 < x \leqslant 2 \\ 0, & x < 0 \text{ 或 } x > 2 \end{cases}$$

$$f(x) \cdot f(1-x) = \begin{cases} x(1-x), & 0 \leqslant x \leqslant 1 \\ 0, & 1 < x \leqslant 2 \\ 0, & x < 0 \text{ 或 } x > 2 \end{cases}$$

$$= \begin{cases} x(1-x), & 0 \leqslant x \leqslant 1 \\ 0, & x < 0 \text{ 或 } x > 1 \end{cases}$$

图形如图 1—15 所示.

（3）当 $a = 2$ 时

$$f(2-x) = \begin{cases} 3-x, & -1 \leqslant 2-x \leqslant 0 \\ -1+x, & 0 < 2-x \leqslant 1 \\ 0, & |2-x| > 1 \end{cases}$$

$$= \begin{cases} 3-x, & 2 \leqslant x \leqslant 3 \\ -1+x, & 1 \leqslant x < 2 \\ 0, & x < 1 \text{ 或 } x > 3 \end{cases}$$

$$f(x) \cdot f(2-x) = \begin{cases} 0, & 1 \leqslant x < 2 \\ 0, & 2 \leqslant x \leqslant 3 \\ 0, & x < 1 \text{ 或 } x > 3 \end{cases}$$

$$= 0 \quad (-\infty < x < +\infty)$$

图形如图 1—16 所示.

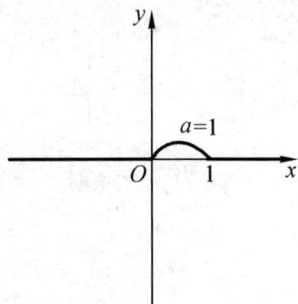

图 1—15

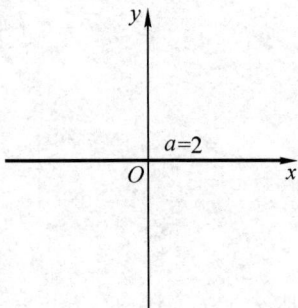

图 1—16

4. 设 $f(x)$ 满足关系式 $2f(x) - f(1-x) = x^2 - 1$，$x \in (-\infty, +\infty)$，求 $f(x)$.

解：已知 $2f(x) - f(1-x) = x^2 - 1$，则令 $1-x = t$，$x =$

$1-t$，代入上式有
$$2f(1-t)-f(t)=(1-t)^2-1=t^2-2t$$
即　　　　$2f(1-x)-f(x)=x^2-2x$

解方程组
$$\begin{cases} 2f(x)-f(1-x)=x^2-1 & ① \\ -f(x)+2f(1-x)=x^2-2x & ② \end{cases}$$

$2\times①+②$，得 $3f(x)=3x^2-2x-2$.

于是可得 $f(x)=\dfrac{1}{3}(3x^2-2x-2)$.

5. 求函数 $y=\sqrt{1-\left|\dfrac{x-4}{x}\right|}$ 的定义域.

解：若函数有定义，则需要满足：
$$\left|\frac{x-4}{x}\right|\leqslant 1$$

若 $x\geqslant 4$，则须有 $x-4\leqslant x$，则 $-4\leqslant 0$，此式恒成立；
若 $0<x<4$，则须有 $x-4\geqslant -x$，则 $x\geqslant 2$；
若 $x<0$，则须有 $x-4\geqslant x$，则 $-4\geqslant 0$，此式不成立.
故函数要有定义，须有 $x\geqslant 2$. 因此，函数定义域为 $[2,+\infty)$.

6. 求 $y=2^{\frac{1}{x}}+\arcsin[\lg(1-x)]$ 的定义域.

解：对于 $2^{\frac{1}{x}}$，要求 $x\neq 0$.

对于 $\arcsin[\lg(1-x)]$，要求 $\begin{cases} |\lg(1-x)|\leqslant 1 \\ 1-x>0 \end{cases}$.

解不等式组 $\begin{cases} -1\leqslant\lg(1-x)\leqslant 1 \\ 1-x>0 \\ x\neq 0 \end{cases}$，　即　$\begin{cases} \dfrac{1}{10}\leqslant 1-x\leqslant 10 \\ x<1 \\ x\neq 0 \end{cases}$，

亦即 $\begin{cases} 1-10\leqslant x\leqslant 1-\dfrac{1}{10} \\ x<1 \\ x\neq 0 \end{cases}$，　于是得　$\begin{cases} -9\leqslant x\leqslant\dfrac{9}{10}, \\ x\neq 0 \end{cases}$

所以所求函数的定义域为 $[-9,0)\cup\left(0,\dfrac{9}{10}\right]$.

7. 研究函数 $f(x)=\mathrm{e}^{|x|}$ 的单调性（$\mathrm{e}\approx 2.71828$）.

解：$f(x)=\mathrm{e}^{|x|}=\begin{cases} \mathrm{e}^x, & x\geqslant 0 \\ \mathrm{e}^{-x}, & x<0 \end{cases}$，定义域为 $(-\infty,+\infty)$.

当 $x<0$ 时，设 x_1,x_2 为 $(-\infty,0)$ 内任意两点，且 $x_1<x_2$.
$$f(x_2)-f(x_1)=\mathrm{e}^{-x_2}-\mathrm{e}^{-x_1}<0，\text{即 } f(x_1)>f(x_2)$$

所以 $f(x)$ 在 $(-\infty, 0)$ 内单调减少.

当 $x \geqslant 0$ 时, 设 x_1, x_2 为 $[0, +\infty)$ 内任意两点, 且 $x_1 < x_2$.

$$f(x_2) - f(x_1) = e^{x_2} - e^{x_1} > 0, \text{ 即 } f(x_1) < f(x_2)$$

所以 $f(x)$ 在 $[0, +\infty)$ 内单调增加.

8. 讨论函数 $f(x) = \sqrt{2x - x^2}$ 的奇偶性、单调性、有界性及周期性.

解：定义域： $f(x)$ 的定义域要求满足：

$$\begin{cases} x \geqslant 0 \\ 2 - x \geqslant 0 \end{cases} \text{ 或 } \begin{cases} x \leqslant 0 \\ 2 - x \leqslant 0 \end{cases}$$

由此可得函数的定义域为 $[0, 2]$.

奇偶性： $f(-x) = \sqrt{-x(2+x)}$, 既不等于 $f(x)$, 也不等于 $-f(x)$, 故 $f(x)$ 为非奇非偶函数.

单调性： 任取 $x_1, x_2 \in [0, 2]$, $x_1 < x_2$, 则

$$\begin{aligned} f(x_2) - f(x_1) &= \sqrt{2x_2 - x_2^2} - \sqrt{2x_1 - x_1^2} \\ &= \frac{2x_2 - x_2^2 - 2x_1 + x_1^2}{\sqrt{2x_2 - x_2^2} + \sqrt{2x_1 - x_1^2}} \\ &= \frac{2(x_2 - x_1) - (x_2^2 - x_1^2)}{\sqrt{2x_2 - x_2^2} + \sqrt{2x_1 - x_1^2}} \\ &= \frac{(x_2 - x_1)[2 - (x_2 + x_1)]}{\sqrt{2x_2 - x_2^2} + \sqrt{2x_1 - x_1^2}} \end{aligned}$$

由于 $x_2 - x_1 > 0$, 因此, 若 $x_1, x_2 \in (0, 1)$, 则 $2 - (x_2 + x_1) > 0$, 从而有 $f(x_2) > f(x_1)$, 所以 $f(x)$ 单调增加.

若 $x_1, x_2 \in (1, 2)$, 则 $2 - (x_2 + x_1) < 0$, 从而有 $f(x_2) < f(x_1)$, 所以 $f(x)$ 单调减少.

可见 $f(x)$ 在 $[0, 2]$ 上是非单调函数.

有界性：

$$f^2(x) = 2x - x^2 - 1 + 1 = 1 - (x - 1)^2 \leqslant 1$$

故 $|f(x)| \leqslant 1$, 所以 $f(x)$ 有界.

周期性： $f(x)$ 的定义域为 $[0, 2]$, 显然 $f(x)$ 是非周期函数.

9. 求函数 $f(x) = \begin{cases} x^2 - 9, & 0 \leqslant x \leqslant 3 \\ x^2, & -3 \leqslant x < 0 \end{cases}$ 的反函数 $f^{-1}(x)$.

解： 设 $y = f(x) = \begin{cases} x^2 - 9, & 0 \leqslant x \leqslant 3 \\ x^2, & -3 \leqslant x < 0 \end{cases}$.

当 $0 \leqslant x \leqslant 3$ 时, 由 $y = x^2 - 9$ 得出 $x = \pm\sqrt{y + 9}$. 由于 $x \in [0, 3]$, x 为正数, 故 $x = \pm\sqrt{y + 9}$ 中根号前应取正号, 即 $x = \sqrt{y + 9}$, $-9 \leqslant y \leqslant 0$. 所以, 当 $0 \leqslant x \leqslant 3$ 时, $f(x)$ 的反函数 $f^{-1}(x) = \sqrt{x + 9}$, $-9 \leqslant x \leqslant 0$.

当 $-3 \leqslant x < 0$ 时, 由 $y = x^2$ 得出 $x = \pm\sqrt{y}$. 由于 $x \in [-3, 0)$, x 为负数, 故 $x =$

$\pm\sqrt{y}$ 的根号前应取负号，即 $x=-\sqrt{y}$，$0<y\leqslant 9$. 所以，当 $-3\leqslant x<0$ 时，$f(x)$ 的反函数 $f^{-1}(x)=-\sqrt{x}$，$0<x\leqslant 9$.

从而可得，在 $[-3,3]$ 上 $f(x)$ 的反函数为

$$f^{-1}(x)=\begin{cases}\sqrt{x+9}, & -9\leqslant x\leqslant 0\\ -\sqrt{x}, & 0<x\leqslant 9\end{cases}$$

如图 1—17 所示.

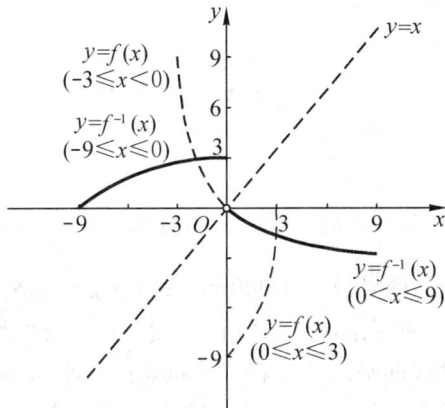

图 1—17

10. 已知 $f\left(\dfrac{1}{x}\right)=\dfrac{x+1}{x}$，求 $f(x)$ 的反函数 $f^{-1}(x)$.

解：令 $\dfrac{1}{x}=t$，则 $x=\dfrac{1}{t}$，那么有 $f(t)=1+t$，将 t 换成 x 得 $f(x)=1+x$. 设 $y=f(x)$，即 $y=1+x$，解出 $x=y-1$. x 与 y 互换可得 $y=x-1$，即 $f^{-1}(x)=x-1$.

11. 求函数 $f(x)=(1+x^2)\mathrm{sgn}x$ 的反函数 $f^{-1}(x)$.

解：设 $y=f(x)=(1+x^2)\mathrm{sgn}x=\begin{cases}1+x^2, & x>0\\ 0, & x=0.\\ -(1+x^2), & x<0\end{cases}$

当 $x>0$ 时，由 $y=1+x^2$ 解出 $x=\sqrt{y-1}$（因 $x>0$，故根号前取正号），$y>1$.

当 $x=0$ 时，$y=0$.

当 $x<0$ 时，由 $y=-(1+x^2)$ 解出 $x=-\sqrt{-y-1}$（因 $x<0$，故根号前取负号），$y<-1$.

x 与 y 互换可得

$$y=f^{-1}(x)=\begin{cases}\sqrt{x-1}, & x>1\\ 0, & x=0\\ -\sqrt{-x-1}, & x<-1\end{cases}$$

12. 求函数 $y=\dfrac{10^x-10^{-x}}{10^x+10^{-x}}$ 的值域.

解：函数的值域即反函数的定义域，先求给定函数的反函数：

$$10^{2x} \cdot y + y = 10^{2x} - 1, \quad 10^{2x}(1-y) = 1+y, \quad 10^{2x} = \frac{1+y}{1-y}$$

于是可得 $x = \frac{1}{2}\lg\frac{1+y}{1-y}$. x 与 y 互换，得反函数为 $y = \frac{1}{2}\lg\frac{1+x}{1-x}$，其定义域满足

$\frac{1+x}{1-x} > 0$，即 $\begin{cases} 1+x>0 \\ 1-x>0 \end{cases}$ 或 $\begin{cases} 1+x<0 \\ 1-x<0 \end{cases}$，亦即 $\begin{cases} x>-1 \\ x<1 \end{cases}$ 或 $\begin{cases} x<-1 \\ x>1 \end{cases}$. 于是可得 $-1<x<1$.

所以反函数 $y = \frac{1}{2}\lg\frac{1+x}{1-x}$ 的定义域为 $(-1, 1)$，即函数 $y = \frac{10^x - 10^{-x}}{10^x + 10^{-x}}$ 的值域为 $(-1, 1)$.

13. 求由 $y = f(u) = \arctan u^2$，$u = \varphi(v) = \tan v$，$v = \psi(x) = a^2 + x^2$ 复合成的复合函数 $y = f\{\varphi[\psi(x)]\}$ 及其定义域.

解：$y = \arctan[\tan^2(a^2 + x^2)]$

其定义域 $D = \{x \mid a^2 + x^2 \neq k\pi + \frac{\pi}{2}, k \text{ 为整数}\}$.

14. 某公司全年需购进某型号设备 1 000 台，每台购进价格为 3 500 元. 若分若干批进货，每批进货台数相同，则一批商品销售完后，马上进下一批货，每进货一次需消耗费用 1 500 元，商品均匀投放市场（即平均年库存量为批量的一半），该商品每年每台库存费为进货价格的 5%，试将公司每年在该商品上的投资总额表示为每批进货量的函数.

解：设每批进货量为 x 台，总投资为 y 元，则全年进货批数为 $\frac{1\,000}{x}$，则有

全年进货费用为 $\frac{1\,000}{x} \times 1\,500$ 元

全年库存费用为 $\frac{x}{2} \times 3\,500 \times 5\%$ 元

全年商品付款为 $1\,000 \times 3\,500$ 元

于是可得总投资为

$$y = 1\,000 \times 3\,500 + \frac{x}{2} \times 3\,500 \times 5\% + \frac{1\,000}{x} \times 1\,500$$

即

$$y = 3\,500\,000 + \frac{175}{2}x + \frac{1\,500\,000}{x} \quad (x > 0)$$

15. 某产品产量的增长函数是 $Q = 1\,000 \times 1.1^t$，式中 t 为年数，Q 为产量. 问几年后该产品的产量可以翻一番？

解：当 $t = 0$ 时，$Q = 1\,000$，即原产量为 1 000，要翻一番，即产量达到 $Q = 2\,000$.

求 $Q = 1\,000 \times 1.1^t$ 的反函数.

$$\lg Q = \lg 1\,000 + t\lg 1.1$$

那么可得 $t = \frac{\lg Q - 3}{\lg 1.1}$.

当 $Q = 2\,000$ 时，$t = \frac{\lg 2\,000 - 3}{\lg 1.1} = \frac{3 + \lg 2 - 3}{\lg 1.1} = \frac{\lg 2}{\lg 1.1} \approx \frac{0.301\,0}{0.041\,4} \approx 7.27$，即约在 7.27 年后，产量可以翻一番。

注释：$t = \dfrac{\lg Q - 3}{\lg 1.1}$（$Q$ 为自变量，t 为因变量）就是 $Q = 1\,000 \times 1.1^t$（t 为自变量，Q 为因变量）的反函数.

一般情况下写为 $Q = \dfrac{\lg t - 3}{\lg 1.1}$（$t$ 为自变量，Q 为因变量），但在做应用问题时，不要改变自变量与因变量的字母.

(B)

1. 下列 y 与 x 的关系中不是函数关系的是 [　　].

(A) $y = \begin{cases} x, & x < 0 \\ -x, & x \geqslant 0 \end{cases}$

(B) $y = \begin{cases} 1 + f^2(x), & f(x) > 1 \\ 1 - f^2(x), & f(x) \leqslant 1 \end{cases}$，其中 $f(x) = |x|$

(C) $y = f(x)$，已知 $f(x+1) = \begin{cases} 1, & 0 \leqslant x \leqslant 2 \\ -1, & 2 < x \leqslant 4 \end{cases}$

(D) $y = f(2x) + f(x-5)$，其中 $f(x) = \begin{cases} 1, & 0 \leqslant x \leqslant 2 \\ -1, & 2 < x \leqslant 4 \end{cases}$

解：(A) $y = \begin{cases} x, & x < 0 \\ -x, & x \geqslant 0 \end{cases}$，$y$ 与 x 是定义在 $(-\infty, +\infty)$ 上的函数关系.

(B) $y = \begin{cases} 1 + f^2(x), & f(x) > 1 \\ 1 - f^2(x), & f(x) \leqslant 1 \end{cases}$

$\quad = \begin{cases} 1 + x^2, & |x| > 1 \\ 1 - x^2, & |x| \leqslant 1 \end{cases}$

y 与 x 是定义在 $(-\infty, +\infty)$ 上的函数关系.

(C) $f(x+1) = \begin{cases} 1, & 0 \leqslant x \leqslant 2 \\ -1, & 2 < x \leqslant 4 \end{cases}$，令 $x + 1 = t$，则 $x = t - 1$.

那么有 $f(t) = \begin{cases} 1, & 0 \leqslant t - 1 \leqslant 2 \\ -1, & 2 < t - 1 \leqslant 4 \end{cases}$

$\quad = \begin{cases} 1, & 1 \leqslant t \leqslant 3 \\ -1, & 3 < t \leqslant 5 \end{cases}$

即 $f(x) = \begin{cases} 1, & 1 \leqslant x \leqslant 3 \\ -1, & 3 < x \leqslant 5 \end{cases}$，所以 y 与 x 是定义在 $[1, 5]$ 上的函数关系.

(D) $f(x)$ 的定义域是 $[0, 4]$，$y = f(2x) + f(x-5)$ 若是 y 与 x 的函数关系，则其定义域应满足：

$$\begin{cases} 0 \leqslant 2x \leqslant 4 \\ 0 \leqslant x - 5 \leqslant 4 \end{cases}，\text{即} \begin{cases} 0 \leqslant x \leqslant 2 \\ 5 \leqslant x \leqslant 9 \end{cases}，$$

此不等式组无解，即解集为空集.

所以 $y = f(2x) + f(x-5)$ 不是 y 与 x 的函数关系.

故本题应选(D).

2. 下列结论正确的是[   ].

(A) $S = \sin^2\alpha + \cos^2\alpha$ 和 $y = \dfrac{\sqrt{x^2}}{x}$ 都与 $y = 1$ 是相同的函数

(B) $y = \sqrt{x^4}$ 和 $y = x\sqrt{x^2}$ 都与 $y = x^2$ 是相同的函数

(C) $y = |x|$ 和 $y = x\operatorname{sgn}x$ 都与 $y = \begin{cases} x, & x \geqslant 0 \\ -x, & x < 0 \end{cases}$ 是相同的函数

(D) $y = \arcsin(\sin x)$ 和 $y = \sin(\arcsin x)$ 都与 $y = x$ 是相同的函数

解: (A) $S = \sin^2\alpha + \cos^2\alpha$ 与 $y = 1$ 的定义域均为 $(-\infty, +\infty)$，值域均为 $\{1\}$，$y = \dfrac{\sqrt{x^2}}{x}$ 的定义域为 $(-\infty, 0) \bigcup (0, +\infty)$，值域为 $\{-1, 1\}$. 所以 $S = \sin^2\alpha + \cos^2\alpha$ 与 $y = 1$ 是相同的函数，而 $y = \dfrac{\sqrt{x^2}}{x}$ 与 $y = 1$ 不是相同的函数.

(B) $y = \sqrt{x^4}$ 与 $y = x^2$ 的定义域均为 $(-\infty, +\infty)$，值域均为 $[0, +\infty)$，且对应规则相同. $y = x\sqrt{x^2}$ 的定义域为 $(-\infty, +\infty)$，值域为 $(-\infty, +\infty)$. 所以 $y = \sqrt{x^4}$ 与 $y = x^2$ 是相同的函数，而 $y = x\sqrt{x^2}$ 与 $y = x^2$ 不是相同的函数.

(C) $y = |x|$，$y = x\operatorname{sgn}x$ 与 $y = \begin{cases} x, & x \geqslant 0 \\ -x, & x < 0 \end{cases}$ 的定义域均为 $(-\infty, +\infty)$，值域均为 $[0, +\infty)$，对应规则相同，所以 $y = |x|$ 和 $y = x\operatorname{sgn}x$ 均与 $y = \begin{cases} x, & x \geqslant 0 \\ -x, & x < 0 \end{cases}$ 是相同的函数. 故本题应选(C).

继续考察(D)：$y = x$ 的定义域为 $(-\infty, +\infty)$，值域为 $(-\infty, +\infty)$；$y = \arcsin(\sin x)$ 的定义域为 $(-\infty, +\infty)$，值域为 $\left[-\dfrac{\pi}{2}, \dfrac{\pi}{2}\right]$；$y = \sin(\arcsin x)$ 的定义域为 $[-1, 1]$. 三者皆非相同的函数.

3. 设 $f(x) = \begin{cases} 2-x, & x \leqslant 0 \\ 2+x, & x > 0 \end{cases}$，$\varphi(x) = \begin{cases} x^2, & x < 0 \\ -x, & x \geqslant 0 \end{cases}$，则 $f[\varphi(x)] = [$ $]$.

(A) $\begin{cases} 2+x^2, & x < 0 \\ 2-x, & x \geqslant 0 \end{cases}$ (B) $\begin{cases} 2-x^2, & x < 0 \\ 2+x, & x \geqslant 0 \end{cases}$

(C) $\begin{cases} 2-x^2, & x < 0 \\ 2-x, & x \geqslant 0 \end{cases}$ (D) $\begin{cases} 2+x^2, & x < 0 \\ 2+x, & x \geqslant 0 \end{cases}$

解: $f[\varphi(x)] = \begin{cases} 2-\varphi(x), & \varphi(x) \leqslant 0 \\ 2+\varphi(x), & \varphi(x) > 0 \end{cases}$

当 $x < 0$ 时，$\varphi(x) = x^2 > 0$；当 $x \geqslant 0$ 时，$\varphi(x) = -x \leqslant 0$.

故 $f[\varphi(x)] = \begin{cases} 2+x^2, & x < 0 \\ 2+x, & x \geqslant 0 \end{cases}$.

故本题应选(D).

4. 已知函数 $f(x)$ 的定义域为 $(-1, 0)$，则下列函数中定义域仍是 $(-1, 0)$ 的函数是[ ].

(A) $f(x^2-1)$ (B) $[f(x)]^2$ (C) $f(2x)$ (D) $f(x-1)$

解：(A) $f(x^2-1)$ 的定义域满足 $-1 < x^2-1 < 0$，即 $0 < x^2 < 1$，所以有 $-1 < x < 1$ 且 $x \neq 0$，即 $f(x^2-1)$ 的定义域为 $(-1, 0) \cup (0, 1)$.

(B) $[f(x)]^2$ 的定义域仍为 $(-1, 0)$. 故本题应选(B).

(C) $f(2x)$ 的定义域满足 $-1 < 2x < 0$，即 $-\dfrac{1}{2} < x < 0$，所以 $f(2x)$ 的定义域为 $\left(-\dfrac{1}{2}, 0\right)$.

(D) $f(x-1)$ 的定义域满足 $-1 < x-1 < 0$，即 $0 < x < 1$，所以 $f(x-1)$ 的定义域为 $(0, 1)$.

5. 设 $f(x) = e^{x^2}$，$f[\varphi(x)] = 1-x$，且 $\varphi(x) \geqslant 0$，则 $\varphi(x)$ 的定义域是[ ].

(A) $(1, +\infty)$ (B) $(-\infty, 0]$ (C) $(-\infty, +\infty)$ (D) $(0, +\infty)$

解：$f[\varphi(x)] = e^{\varphi^2(x)} = 1-x$，那么

$$\varphi^2(x) = \ln(1-x), \text{ 即 } \varphi(x) = \sqrt{\ln(1-x)}$$

$\varphi(x)$ 的定义域要求满足：

$$\begin{cases} \ln(1-x) \geqslant 0 \\ 1-x > 0 \end{cases}, \text{ 即 } \begin{cases} 1-x \geqslant 1 \\ 1-x > 0 \end{cases}, \text{ 亦即 } x \leqslant 0$$

故本题应选(B).

6. 设函数 $f(x) = \begin{cases} 1, & 0 \leqslant x \leqslant 1 \\ 2, & 1 < x \leqslant 2 \end{cases}$，给定四个函数：

(1) $f(x)$ (2) $f(2x)$ (3) $f(x-2)$ (4) $f(2x-2)$

及四个定义域：

(a) $[1, 2]$ (b) $[2, 4]$ (c) $[0, 1]$ (d) $[0, 2]$

四个函数与四个定义域的对应关系为[ ].

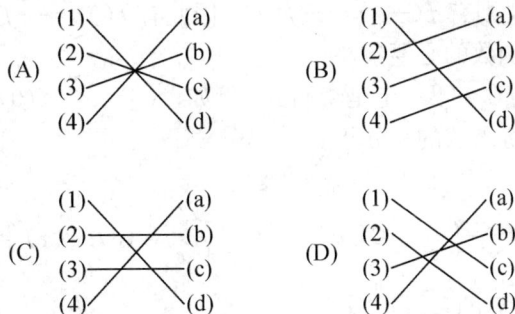

解：本题应选(A).

7. 下列函数中只是偶函数不是奇函数的是[ ].

(A) $y = D(x) = \begin{cases} 1, & x \text{ 为有理数} \\ 0, & x \text{ 为无理数} \end{cases}$

(B) $y = \operatorname{sgn} x = \begin{cases} 1, & x > 0 \\ 0, & x = 0 \\ -1, & x < 0 \end{cases}$

(C) $y = [x]$ ($[x]$ 表示不超过 x 的最大整数)

(D) $y = 0$

解：(A) 当 x 为有理数时，$-x$ 也为有理数，故有 $D(-x) = D(x) = 1$；当 x 为无理数时，$-x$ 也为无理数，故有 $D(-x) = D(x) = 0$，所以

$$y = D(x) = \begin{cases} 1, & x \text{ 为有理数} \\ 0, & x \text{ 为无理数} \end{cases}$$

是偶函数，不是奇函数. 故本题应选(A).

(B) $\operatorname{sgn}(-x) = \begin{cases} 1, & -x > 0 \\ 0, & -x = 0 \\ -1, & -x < 0 \end{cases}$

$\qquad\qquad = \begin{cases} 1, & x < 0 \\ 0, & x = 0 \\ -1, & x > 0 \end{cases}$

$\qquad\qquad = -\operatorname{sgn}(x)$

所以 $y = \operatorname{sgn} x$ 是奇函数.

(C) $[-x] \neq [x]$ 且 $[-x] \neq -[x]$. 例如，$x = 3.1$，$[3.1] = 3$，$[-3.1] = -4$，$-[3.1] = -3$，所以 $y = [x]$ 既不是偶函数，也不是奇函数.

(D) $y = 0$ 既是偶函数，又是奇函数.

8. $f(0) = 0$ 是定义在 $(-a, a)$ 内的函数 $f(x)$ 为奇函数的[　　].

(A) 必要条件　　　　　　　　　　(B) 充分条件

(C) 充分且必要条件　　　　　　　(D) 无关条件

解： $f(x)$ 为奇函数，则有 $f(-x) = -f(x)$，因此有 $f(0) = -f(0)$，即 $f(0) = 0$，所以 $f(0) = 0$ 是 $f(x)$ 为奇函数的必要条件.

但满足 $f(0) = 0$，$f(x)$ 不一定是奇函数. 例如，$y = x^2$，$f(0) = 0$，但非奇函数，故 $f(0) = 0$ 不是 $f(x)$ 是奇函数的充分条件.

故本题应选(A).

9. 函数 (1) $f(x) = \dfrac{x}{1+x}$，(2) $\varphi(x) = \dfrac{x^2}{1+x^2}$，(3) $g(x) = \dfrac{x}{1+x^2}$，(4) $h(x) = \dfrac{x^3}{1+x^2}$，在其定义域内有界的是[　　].

(A) (1) 与 (2)　　　　　　　　　(B) (2) 与 (3)

(C) (1) 与 (3)　　　　　　　　　(D) (1)，(2) 与 (3)

解：(1) 取 $x = -1 + \varepsilon$（ε 为任意小的正数），则 $|f(x)| = \left| \dfrac{-1+\varepsilon}{\varepsilon} \right| = \dfrac{1-\varepsilon}{\varepsilon} = \dfrac{1}{\varepsilon} - 1$，

可以任意大，故 $f(x)$ 无界.

(2) $|\varphi(x)| = \left| \dfrac{x^2}{1+x^2} \right| < \dfrac{1+x^2}{1+x^2} = 1$，故 $\varphi(x)$ 有界.

(3) $|g(x)| = \left| \dfrac{x}{1+x^2} \right| = \dfrac{|x|}{1+x^2} \leqslant \dfrac{1}{2}$，故 $g(x)$ 有界.

(4) $|h(x)| = \left| \dfrac{x^3}{1+x^2} \right| = \dfrac{|x|^3}{1+x^2} > \dfrac{|x|^3}{2x^2} = \dfrac{1}{2}|x|\,(|x|>1$ 时$)$，可以任意大，故 $h(x)$ 无界.

因此，本题应选(B).

10. 下列函数中是无界函数的是[　　].

(A) $f(x) = \mathrm{sgn}x \cdot \sin\dfrac{1}{x}$　$(x \neq 0)$　(B) $f(x) = \dfrac{[x]}{x}$　$(x > 0)$

(C) $f(x) = \dfrac{\mathrm{e}^x}{1+\cos x}$　　　　　　(D) $y = \dfrac{x\cos x}{1+x^2}$

解： (A) 因为 $|\mathrm{sgn}x| \leqslant 1$，$\left| \sin\dfrac{1}{x} \right| \leqslant 1$，因此

$$\left| \mathrm{sgn}x \cdot \sin\dfrac{1}{x} \right| = |\mathrm{sgn}x| \cdot \left| \sin\dfrac{1}{x} \right| \leqslant 1$$

所以 $f(x) = \mathrm{sgn}x \cdot \sin\dfrac{1}{x}$　$(x \neq 0)$ 是有界函数.

(B) 当 $x > 0$ 时，$0 \leqslant \dfrac{[x]}{x} \leqslant 1$，所以 $f(x) = \dfrac{[x]}{x}$ 是有界函数.

(C) $f(x) = \dfrac{\mathrm{e}^x}{1+\cos x}$，对任给的 $M > 0$，总可以找到 $x \in (-\infty, +\infty)$，使 $\left| \dfrac{\mathrm{e}^x}{1+\cos x} \right| > M$，所以 $f(x) = \dfrac{\mathrm{e}^x}{1+\cos x}$ 无界. 故本题应选(C).

(D) $|y| = \dfrac{|x\cos x|}{1+x^2} \leqslant \dfrac{|x|}{1+x^2} \leqslant \dfrac{1}{2}$，所以 $f(x) = \dfrac{x\cos x}{1+x^2}$ 是有界函数.

11. 下列函数中不是周期函数的是[　　].

(A) $f(x) = \sin(x+1)$　　　　(B) $f(x) = |\sin x|$

(C) $f(x) = x\cos x$　　　　　　(D) $f(x) = 1 + \sin\pi x$

解： (A) $f(x+2\pi) = \sin(x+2\pi+1) = \sin[(x+1)+2\pi] = \sin(x+1) = f(x)$，所以 $f(x) = \sin(x+1)$ 是以 2π 为周期的周期函数.

(B) $f(x+\pi) = |\sin(x+\pi)| = |-\sin x| = |\sin x| = f(x)$，所以 $f(x) = |\sin x|$ 是以 π 为周期的周期函数.

(C) 因 $\cos x$ 以 2π 为周期

$$f(x+2k\pi) = (x+2k\pi)\cos(x+2k\pi)$$
$$= (x+2k\pi)\cos x \neq f(x)\quad(k \neq 0)$$

所以 $f(x)$ 不是周期函数. 故本题应选(C).

(D) $f(x+2) = 1 + \sin[\pi(x+2)] = 1 + \sin(\pi x + 2\pi) = 1 + \sin\pi x = f(x)$，所以 $f(x) = 1 + \sin\pi x$ 是以 2 为周期的周期函数.

12. 若对任意的 x，恒有 $f(x+2) = -f(x)$，那么[   ].

(A) $f(x)$ 不一定是周期函数

(B) $f(x)$ 一定不是周期函数

(C) $f(x)$ 一定是周期函数，且周期为 2

(D) $f(x)$ 一定是周期函数，且周期为 4

解： 若 $f(x+2) = -f(x)$，则 $f(x+4) = -f(x+2) = f(x)$，所以 $f(x)$ 是以 4 为周期的周期函数

故本题应选(D).

13. 下列区间中不能使 $y = f(u) = \arcsin(|u|-2)$ 与 $u = \varphi(x) = 2-|x|$ 构成复合函数 $y = f[\varphi(x)]$ 的区间是[   ].

(A) $[-1, 1]$　　(B) $[-3, 3]$　　(C) $[3, 5]$　　(D) $[-5, -3]$

解： $y = \arcsin(|u|-2)$ 的定义域要求 $-1 \leqslant |u|-2 \leqslant 1$，即 $1 \leqslant |u| \leqslant 3$，即 $-3 \leqslant u \leqslant -1$ 或 $1 \leqslant u \leqslant 3$.

若 $-3 \leqslant u \leqslant -1$，即 $-3 \leqslant 2-|x| \leqslant -1$，则有 $-5 \leqslant x \leqslant -3$ 或 $3 \leqslant x \leqslant 5$.

若 $1 \leqslant u \leqslant 3$，即 $1 \leqslant 2-|x| \leqslant 3$，则有 $-1 \leqslant x \leqslant 1$.

因此，$x \in [-5, -3]$，$x \in [3, 5]$，$x \in [-1, 1]$ 均可使 $y = \arcsin(|u|-2)$ 与 $u = 2-|x|$ 构成复合函数 $y = f[\varphi(x)]$，只有 $x \in [-3, 3]$ 不能使 $y = \arcsin(|u|-2)$ 与 $u = 2-|x|$ 构成复合函数 $y = f[\varphi(x)]$.

故本题应选(B).

第二章 极限与连续

（一）习题解答与注释

（A）

1. 写出下列数列的前五项：

(1) $y_n = 1 - \dfrac{1}{2^n}$　　　　　　(2) $y_n = \left(1 + \dfrac{1}{n}\right)^n$

(3) $y_n = \dfrac{1}{n}\sin\dfrac{\pi}{n}$　　　　　　(4) $y_n = \dfrac{n^2(2n+1)}{n^3+n+4}$

(5) $y_n = \dfrac{m(m-1)\cdots(m-n+1)}{n!}$

解：略.

2. 用数列极限的定义证明下列极限：

(1) $\lim\limits_{n\to\infty}\dfrac{n}{n+1}=1$　　(2) $\lim\limits_{n\to\infty}\left(1-\dfrac{1}{2^n}\right)=1$　　(3) $\lim\limits_{n\to\infty}\dfrac{1}{\sqrt{n}}=0$

证：(1) 任给 $\varepsilon>0$，要使 $\left|\dfrac{n}{n+1}-1\right|=\dfrac{1}{n+1}<\varepsilon$，只需 $n+1>\dfrac{1}{\varepsilon}$，即 $n>\dfrac{1}{\varepsilon}-1$.

取 $N=\left[\dfrac{1}{\varepsilon}-1\right]$，当 $n>N$ 时，总有 $\left|\dfrac{n}{n+1}-1\right|<\varepsilon$. 根据数列极限的定义，有：

$$\lim_{n\to\infty}\frac{n}{n+1}=1$$

(2) 任给 $\varepsilon>0$，要使 $\left|1-\dfrac{1}{2^n}-1\right|=\dfrac{1}{2^n}<\varepsilon$，只需 $2^n>\dfrac{1}{\varepsilon}$，即 $n>\log_2\dfrac{1}{\varepsilon}$. 取 $N=\left[\log_2\dfrac{1}{\varepsilon}\right]$，当 $n>N$ 时，总有 $\left|1-\dfrac{1}{2^n}-1\right|<\varepsilon$. 根据数列极限的定义有：

$$\lim_{n\to\infty}\left(1-\frac{1}{2^n}\right)=1$$

(3) 任给 $\varepsilon>0$，要使 $\left|\dfrac{1}{\sqrt{n}}-0\right|<\varepsilon$，即 $\dfrac{1}{\sqrt{n}}<\varepsilon$，只要 $\sqrt{n}>\dfrac{1}{\varepsilon}$，即 $n>\dfrac{1}{\varepsilon^2}$. 取 $N=\left[\dfrac{1}{\varepsilon^2}\right]$，

当 $n>N$ 时，总有 $\left|\dfrac{1}{\sqrt{n}}-0\right|<\varepsilon$. 根据数列极限的定义有：

$$\lim_{n\to\infty}\frac{1}{\sqrt{n}}=0$$

3. 用观察的方法判断下列数列是否收敛：

(1) $y_n: -\dfrac{1}{3}, \dfrac{3}{5}, -\dfrac{5}{7}, \dfrac{7}{9}, -\dfrac{9}{11}, \cdots$

(2) $y_n: 1, \dfrac{3}{2}, \dfrac{1}{3}, \dfrac{5}{4}, \dfrac{1}{5}, \dfrac{7}{6}, \cdots$

(3) $y_n: 0, \dfrac{1}{2}, 0, \dfrac{1}{4}, 0, \dfrac{1}{6}, 0, \dfrac{1}{8}, \cdots$

解：(1) $y_n = (-1)^n \dfrac{2n-1}{2n+1}$，当 $n \to \infty$ 时，$y_{2n-1} \to -1$，$y_{2n} \to 1$，所以数列发散.

(2) $y_n = \begin{cases} \dfrac{1}{n}, & n \text{ 为奇数} \\ \dfrac{n+1}{n}, & n \text{ 为偶数} \end{cases}$

当 $n \to \infty$ 时，$y_{2n-1} \to 0$，$y_{2n} \to 1$，所以数列发散.

(3) $y_n = \begin{cases} 0, & n \text{ 为奇数} \\ \dfrac{1}{n}, & n \text{ 为偶数} \end{cases}$

当 $n \to \infty$ 时，$y_{2n-1} \to 0$，$y_{2n} \to 0$，即 $\lim\limits_{n \to \infty} y_n = 0$，所以数列收敛.

4. 用函数极限的定义证明下列极限：

(1) $\lim\limits_{x \to 3}(3x-1) = 8$ 　　　　(2) $\lim\limits_{x \to \infty} \dfrac{2x+3}{x} = 2$

(3) $\lim\limits_{x \to -2} \dfrac{x^2-4}{x+2} = -4$ 　　　　(4) $\lim\limits_{x \to -\infty} 2^x = 0$

证：(1) 任给 $\varepsilon > 0$，要使 $|3x-1-8| = 3|x-3| < \varepsilon$，只需 $|x-3| < \dfrac{\varepsilon}{3}$. 取 $\delta = \dfrac{\varepsilon}{3}$，则当 $0 < |x-3| < \delta$ 时，总有 $|3x-1-8| < \varepsilon$. 根据函数极限的定义有 $\lim\limits_{x \to 3}(3x-1) = 8$.

(2) 任给 $\varepsilon > 0$，要使 $\left| \dfrac{2x+3}{x} - 2 \right| = \left| \dfrac{3}{x} \right| < \varepsilon$，只需 $|x| > \dfrac{3}{\varepsilon}$. 取 $M = \dfrac{3}{\varepsilon}$，则当 $|x| > M$ 时，总有 $\left| \dfrac{2x+3}{x} - 2 \right| < \varepsilon$. 根据函数极限的定义有 $\lim\limits_{x \to \infty} \dfrac{2x+3}{x} = 2$.

(3) $x \to -2$，$x \neq -2$，所以 $\dfrac{x^2-4}{x+2} = x-2$. 任给 $\varepsilon > 0$，要使 $\left| \dfrac{x^2-4}{x+2} - (-4) \right| = |x-2+4| = |x+2| < \varepsilon$，只需取 $\delta = \varepsilon$，则当 $0 < |x-(-2)| < \delta$ 时，总有 $\left| \dfrac{x^2-4}{x+2} - (-4) \right| < \varepsilon$. 根据函数极限的定义有 $\lim\limits_{x \to -2} \dfrac{x^2-4}{x+2} = -4$.

(4) 任给 $\varepsilon > 0$(不妨设 $0 < \varepsilon < 1$)，要使 $|2^x - 0| = 2^x < \varepsilon$，只需 $x < \log_2 \varepsilon$. 取 $M = -\log_2 \varepsilon$，则当 $x < -M$ 时，总有 $|2^x - 0| < \varepsilon$. 根据函数极限的定义有 $\lim\limits_{x \to -\infty} 2^x = 0$.

5. 设 $f(x) = \begin{cases} x, & x < 3 \\ 3x-1, & x \geqslant 3 \end{cases}$，作 $f(x)$ 的图形，并讨论当 $x \to 3$ 时，$f(x)$ 的左、右极限(利用第 4 题(1) 的结果).

解： $\lim\limits_{x \to 3^-} f(x) = \lim\limits_{x \to 3^-} x = 3$

$$\lim_{x \to 3^+} f(x) = \lim_{x \to 3^+} (3x - 1) = 8 \quad (\text{根据第 4 题 (1)})$$

$f(x)$ 的图形如图 2—1 所示.

6. 证明 $\lim\limits_{x \to 0} \dfrac{|x|}{x}$ 不存在.

证: $\lim\limits_{x \to 0^-} \dfrac{|x|}{x} = \lim\limits_{x \to 0^-} \dfrac{-x}{x} = -1$

$\qquad \lim\limits_{x \to 0^+} \dfrac{|x|}{x} = \lim\limits_{x \to 0^+} \dfrac{x}{x} = 1$

$\qquad \lim\limits_{x \to 0^-} \dfrac{|x|}{x} \neq \lim\limits_{x \to 0^+} \dfrac{|x|}{x}$

所以 $\lim\limits_{x \to 0} \dfrac{|x|}{x}$ 不存在.

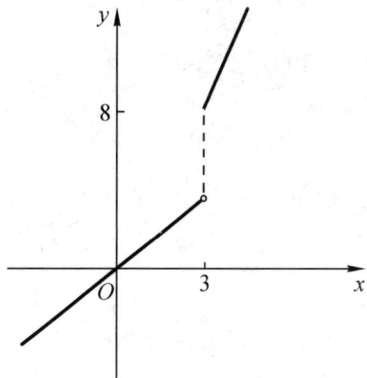

图 2—1

7. 函数 $y = \dfrac{1}{(x-1)^2}$ 在什么变化过程中是无穷大量? 又在什么变化过程中是无穷小量?

解: $\lim\limits_{x \to 1} \dfrac{1}{(x-1)^2} = +\infty$

所以当 $x \to 1$ 时, $y = \dfrac{1}{(x-1)^2}$ 是无穷大量.

$\qquad \lim\limits_{x \to \infty} \dfrac{1}{(x-1)^2} = 0$

所以当 $x \to \infty$ 时, $y = \dfrac{1}{(x-1)^2}$ 是无穷小量.

8. 以下数列在 $n \to \infty$ 时是否为无穷小量?

(1) $y_n = (-1)^{n+1} \dfrac{1}{2^n}$ (2) $y_n = \dfrac{1 + (-1)^n}{n}$ (3) $y_n = \dfrac{1}{n^2}$

解: (1), (2), (3) 中均有 $\lim\limits_{n \to \infty} y_n = 0$, 所以当 $n \to \infty$ 时, 它们都是无穷小量.

9. 当 $x \to 0$ 时, 下列变量中哪些是无穷小量? 哪些是无穷大量? 哪些既不是无穷小量也不是无穷大量?

$$100x^2, \ \sqrt[3]{x}, \ \sqrt{x+1}, \ \dfrac{2}{x}, \ \dfrac{x}{x^2}, \ \dfrac{x^2}{x}, \ 0,$$

$$x^2 + 0.01, \ \dfrac{1}{x-1}, \ x^2 + \dfrac{1}{2}x, \ \dfrac{x-1}{x+1}$$

解: $100x^2, \ \sqrt[3]{x}, \ \dfrac{x^2}{x}, \ 0, \ x^2 + \dfrac{1}{2}x$ 是无穷小量.

$\dfrac{2}{x}, \ \dfrac{x}{x^2}$ 是无穷大量.

$\sqrt{x+1}, \ x^2 + 0.01, \ \dfrac{1}{x-1}, \ \dfrac{x-1}{x+1}$ 既不是无穷小量, 也不是无穷大量.

10. 当 $x \to +\infty$ 时, 上题中的变量, 哪些是无穷小量? 哪些是无穷大量? 哪些既不是无穷小量也不是无穷大量?

解: $\dfrac{2}{x}$，$\dfrac{x}{x^2}$，0，$\dfrac{1}{x-1}$ 是无穷小量.

$100x^2$，$\sqrt[3]{x}$，$\sqrt{x+1}$，$\dfrac{x^2}{x}$，$x^2+0.01$，$x^2+\dfrac{1}{2}x$ 是无穷大量.

$\dfrac{x-1}{x+1}$ 既不是无穷小量，也不是无穷大量.

11. 求下列各极限：

(1) $\lim\limits_{x\to-2}(3x^2-5x+2)$

(2) $\lim\limits_{x\to0}\left(1-\dfrac{2}{x-3}\right)$

(3) $\lim\limits_{x\to\sqrt{3}}\dfrac{x^2-3}{x^4+x^2+1}$

(4) $\lim\limits_{x\to2}\dfrac{x^2-3}{x-2}$

(5) $\lim\limits_{x\to1}\dfrac{x^2-1}{2x^2-x-1}$

(6) $\lim\limits_{x\to0}\dfrac{4x^3-2x^2+x}{3x^2+2x}$

(7) $\lim\limits_{x\to1}\dfrac{x^2-3x+2}{1-x^2}$

(8) $\lim\limits_{h\to0}\dfrac{(x+h)^3-x^3}{h}$

(9) $\lim\limits_{x\to1}\dfrac{x^n-1}{x-1}$ （n 为正整数）

(10) $\lim\limits_{x\to\frac{\pi}{6}}\dfrac{2\sin^2x+\sin x-1}{2\sin^2x-3\sin x+1}$

(11) $\lim\limits_{x\to\infty}\dfrac{2x+3}{6x-1}$

(12) $\lim\limits_{x\to\infty}\dfrac{1\,000x}{1+x^2}$

(13) $\lim\limits_{n\to\infty}\dfrac{(n-1)^2}{n+1}$

(14) $\lim\limits_{u\to+\infty}\dfrac{\sqrt[4]{1+u^3}}{1+u}$

(15) $\lim\limits_{x\to\infty}\dfrac{2x+1}{\sqrt[5]{x^3+x^2-2}}$

(16) $\lim\limits_{x\to+\infty}\dfrac{(\sqrt{x^2+1}+2x)^2}{3x^2+1}$

(17) $\lim\limits_{x\to\infty}\dfrac{(2x-1)^{30}(3x-2)^{20}}{(2x+1)^{50}}$

(18) $\lim\limits_{x\to0}\dfrac{x^2}{1-\sqrt{1+x^2}}$

(19) $\lim\limits_{x\to0}\dfrac{\sqrt[n]{1+x}-1}{\dfrac{x}{n}}$

(20) $\lim\limits_{x\to-8}\dfrac{\sqrt{1-x}-3}{2+\sqrt[3]{x}}$

(21) $\lim\limits_{x\to4}\dfrac{\sqrt{2x+1}-3}{\sqrt{x-2}-\sqrt{2}}$

(22) $\lim\limits_{x\to1}\left(\dfrac{3}{1-x^3}-\dfrac{1}{1-x}\right)$

(23) $\lim\limits_{x\to+\infty}(\sqrt{x^2+x+1}-\sqrt{x^2-x+1})$

(24) $\lim\limits_{x\to+\infty}(\sqrt{(x+p)(x+q)}-x)$

(25) $\lim\limits_{n\to\infty}\left(\dfrac{1}{n^2}+\dfrac{2}{n^2}+\cdots+\dfrac{n}{n^2}\right)$

(26) $\lim\limits_{n\to\infty}\dfrac{1+3+5+\cdots+(2n-1)}{2+4+6+\cdots+2n}$

(27) $\lim\limits_{n\to\infty}(\sqrt{2}\cdot\sqrt[4]{2}\cdot\sqrt[8]{2}\cdots\sqrt[2^n]{2})$

(28) $\lim\limits_{x\to\infty}\dfrac{x^2+1}{x^3+x}(3+\cos x)$

(29) $\lim\limits_{x\to1}\left(\dfrac{1}{x+1}+\dfrac{1}{x^2-1}\right)$

(30) $\lim\limits_{x\to\infty}\dfrac{\sin x^2+x}{\cos^2x-x}$

解: (1) $\lim\limits_{x\to-2}(3x^2-5x+2)=\lim\limits_{x\to-2}3x^2-\lim\limits_{x\to-2}5x+\lim\limits_{x\to-2}2$

$=3\times(-2)^2-5\times(-2)+2=24$

(2) $\lim\limits_{x \to 0}\left(1 - \dfrac{2}{x-3}\right) = \lim\limits_{x \to 0}1 - \lim\limits_{x \to 0}\dfrac{2}{x-3} = 1 - \left(-\dfrac{2}{3}\right) = \dfrac{5}{3}$

(3) 分子的极限 $\lim\limits_{x \to \sqrt{3}}(x^2 - 3) = \lim\limits_{x \to \sqrt{3}}x^2 - \lim\limits_{x \to \sqrt{3}}3 = 3 - 3 = 0.$ 分母的极限 $\lim\limits_{x \to \sqrt{3}}(x^4 + x^2 + 1) = \lim\limits_{x \to \sqrt{3}}x^4 + \lim\limits_{x \to \sqrt{3}}x^2 + \lim\limits_{x \to \sqrt{3}}1 = 9 + 3 + 1 = 13 \neq 0.$

由极限运算法则有

$$\lim\limits_{x \to \sqrt{3}}\dfrac{x^2-3}{x^4+x^2+1} = \dfrac{\lim\limits_{x \to \sqrt{3}}x^2 - \lim\limits_{x \to \sqrt{3}}3}{\lim\limits_{x \to \sqrt{3}}x^4 + \lim\limits_{x \to \sqrt{3}}x^2 + \lim\limits_{x \to \sqrt{3}}1} = \dfrac{3-3}{9+3+1} = \dfrac{0}{13} = 0$$

(4) 分母的极限 $\lim\limits_{x \to 2}(x-2) = 0$，分子的极限 $\lim\limits_{x \to 2}(x^2 - 3) = 1 \neq 0$，$\lim\limits_{x \to 2}\dfrac{x-2}{x^2-3} = 0$，当

$x \to 2$ 时，$\dfrac{x-2}{x^2-3}$ 为无穷小量，无穷小量的倒数为无穷大量，故有

$$\lim\limits_{x \to 2}\dfrac{x^2-3}{x-2} = \infty$$

注释: 若分式分子的极限为 0，分母的极限不为 0，则此分式的极限等于 0；若分子的极限不为 0，分母的极限为 0，则此分式的极限为 ∞.

(5) $\lim\limits_{x \to 1}\dfrac{x^2-1}{2x^2-x-1} = \lim\limits_{x \to 1}\dfrac{(x-1)(x+1)}{(x-1)(2x+1)} = \lim\limits_{x \to 1}\dfrac{x+1}{2x+1} = \dfrac{2}{3}$

(6) $\lim\limits_{x \to 0}\dfrac{4x^3-2x^2+x}{3x^2+2x} = \lim\limits_{x \to 0}\dfrac{x(4x^2-2x+1)}{x(3x+2)}$

$\qquad\qquad = \lim\limits_{x \to 0}\dfrac{4x^2-2x+1}{3x+2} = \dfrac{1}{2}$

(7) $\lim\limits_{x \to 1}\dfrac{x^2-3x+2}{1-x^2} = \lim\limits_{x \to 1}\dfrac{(x-1)(x-2)}{(1-x)(1+x)}$

$\qquad\qquad = \lim\limits_{x \to 1}\dfrac{-(x-2)}{1+x} = \dfrac{1}{2}$

注释: 求分子、分母的极限都是零的"$\dfrac{0}{0}$"型极限，常用方法是将分子、分母因式分解，消去分子、分母中趋向于零的公因子，再求极限.

(8) $\lim\limits_{h \to 0}\dfrac{(x+h)^3-x^3}{h} = \lim\limits_{h \to 0}\dfrac{[(x+h)-x][(x+h)^2+x(x+h)+x^2]}{h}$

$\qquad\qquad = \lim\limits_{h \to 0}[(x+h)^2 + x(x+h) + x^2] = 3x^2$

注释: 注意第 (8) 题中求极限的自变量是 h，而不是 x.

(9) $\lim\limits_{x \to 1}\dfrac{x^n-1}{x-1} = \lim\limits_{x \to 1}\dfrac{(x-1)(x^{n-1}+x^{n-2}+\cdots+x+1)}{x-1}$

$\qquad\qquad = \lim\limits_{x \to 1}(x^{n-1}+x^{n-2}+\cdots+x+1) = n$

(10) $\lim\limits_{x \to \frac{\pi}{6}}\dfrac{2\sin^2 x + \sin x - 1}{2\sin^2 x - 3\sin x + 1} = \lim\limits_{x \to \frac{\pi}{6}}\dfrac{(2\sin x - 1)(\sin x + 1)}{(2\sin x - 1)(\sin x - 1)}$

$\qquad\qquad = \lim\limits_{x \to \frac{\pi}{6}}\dfrac{\sin x + 1}{\sin x - 1} = -3$

(11) $\lim\limits_{x\to\infty}\dfrac{2x+3}{6x-1}=\lim\limits_{x\to\infty}\dfrac{2+\dfrac{3}{x}}{6-\dfrac{1}{x}}=\dfrac{1}{3}$

(12) $\lim\limits_{x\to\infty}\dfrac{1\,000x}{1+x^2}=\lim\limits_{x\to\infty}\dfrac{\dfrac{1\,000}{x}}{\dfrac{1}{x^2}+1}=0$

(13) $\lim\limits_{n\to\infty}\dfrac{(n-1)^2}{n+1}=\lim\limits_{n\to\infty}\dfrac{n^2-2n+1}{n+1}$

仿(12)题的方法，有

$$\lim\limits_{n\to\infty}\dfrac{n+1}{n^2-2n+1}=\lim\limits_{n\to\infty}\dfrac{\dfrac{1}{n}+\dfrac{1}{n^2}}{1-\dfrac{2}{n}+\dfrac{1}{n^2}}=0$$

所以　　$\lim\limits_{n\to\infty}\dfrac{(n-1)^2}{n+1}=+\infty$

注释：对于分子、分母都是多项式函数且当自变量趋向于 ∞ 时，分子、分母都趋向于 ∞ 的"$\dfrac{\infty}{\infty}$"型极限，有下列结论：

$$\lim\limits_{x\to\infty}\dfrac{a_0x^n+a_1x^{n-1}+\cdots+a_{n-1}x+a_n}{b_0x^m+b_1x^{m-1}+\cdots+b_{m-1}x+b_m}=\begin{cases}0,&n<m\\\dfrac{a_0}{b_0},&n=m\\\infty,&n>m\end{cases}$$

$$(a_0,b_0\text{为不等于零的常数})$$

这个结论是说：分子最高次项的指数低于分母最高次项的指数时，结果为 0；分子最高次项的指数高于分母最高次项的指数时，结果为 ∞；分子、分母最高次项的指数相等时，结果为最高次项的系数比. 此结论也适用于 m 和 n 不是正整数的情况.

(14) $\lim\limits_{u\to+\infty}\dfrac{\sqrt[4]{1+u^3}}{1+u}=\lim\limits_{u\to+\infty}\dfrac{\sqrt[4]{\dfrac{1}{u^4}+\dfrac{1}{u}}}{\dfrac{1}{u}+1}=0$

注释：第(14)题中分子最高次项的指数为 $\dfrac{3}{4}$，分母最高次项的指数为 1，分子最高次项的指数低于分母最高次项的指数，故结果为 0.

(15) $\lim\limits_{x\to\infty}\dfrac{2x+1}{\sqrt[5]{x^3+x^2-2}}=\infty$

注释：第(15)题分子最高次项的指数为 1，分母最高次项的指数为 $\dfrac{3}{5}$，分子最高次项的指数高于分母最高次项的指数，故结果为 ∞.

(16) $\lim\limits_{x\to+\infty}\dfrac{(\sqrt{x^2+1}+2x)^2}{3x^2+1}=\lim\limits_{x\to+\infty}\dfrac{x^2+1+4x\sqrt{x^2+1}+4x^2}{3x^2+1}$

$$= \lim_{x \to +\infty} \frac{5x^2 + 4x\sqrt{x^2+1} + 1}{3x^2 + 1}$$

$$= \lim_{x \to +\infty} \frac{5 + 4\sqrt{1 + \dfrac{1}{x^2}} + \dfrac{1}{x^2}}{3 + \dfrac{1}{x^2}}$$

$$= \frac{9}{3} = 3$$

注释： 第(16)题中分子、分母最高次项的指数相等，结果为最高次项的系数比，注意，当 $x \to +\infty$ 时分子最高次项的系数是 $5 + 4 = 9$.

(17) $\displaystyle \lim_{x \to \infty} \frac{(2x-1)^{30}(3x-2)^{20}}{(2x+1)^{50}} = \lim_{x \to \infty} \frac{\left(2 - \dfrac{1}{x}\right)^{30}\left(3 - \dfrac{2}{x}\right)^{20}}{\left(2 + \dfrac{1}{x}\right)^{50}}$

$$= \frac{2^{30} \times 3^{20}}{2^{50}} = \left(\frac{3}{2}\right)^{20}$$

(18) $\displaystyle \lim_{x \to 0} \frac{x^2}{1 - \sqrt{1+x^2}} = \lim_{x \to 0} \frac{x^2(1 + \sqrt{1+x^2})}{(1 - \sqrt{1+x^2})(1 + \sqrt{1+x^2})}$

$$= \lim_{x \to 0} \frac{x^2(1 + \sqrt{1+x^2})}{1 - (1+x^2)}$$

$$= \lim_{x \to 0} \left[-(1 + \sqrt{1+x^2})\right] = -2$$

(19) $\displaystyle \lim_{x \to 0} \frac{\sqrt[n]{1+x} - 1}{\dfrac{x}{n}}$

$$= \lim_{x \to 0} \frac{n(1 + x - 1)}{x\left[\sqrt[n]{(1+x)^{n-1}} + \sqrt[n]{(1+x)^{n-2}} + \cdots + \sqrt[n]{1+x} + 1\right]}$$

$$= \lim_{x \to 0} \frac{n}{\sqrt[n]{(1+x)^{n-1}} + \sqrt[n]{(1+x)^{n-2}} + \cdots + \sqrt[n]{1+x} + 1} = 1$$

(20) $\displaystyle \lim_{x \to -8} \frac{\sqrt{1-x} - 3}{2 + \sqrt[3]{x}}$

$$= \lim_{x \to -8} \frac{(\sqrt{1-x} - 3)(\sqrt{1-x} + 3)(4 - 2\sqrt[3]{x} + \sqrt[3]{x^2})}{(2 + \sqrt[3]{x})(4 - 2\sqrt[3]{x} + \sqrt[3]{x^2})(\sqrt{1-x} + 3)}$$

$$= \lim_{x \to -8} \frac{-(x+8)(4 - 2\sqrt[3]{x} + \sqrt[3]{x^2})}{(8+x)(\sqrt{1-x} + 3)} = -\lim_{x \to -8} \frac{4 - 2\sqrt[3]{x} + \sqrt[3]{x^2}}{\sqrt{1-x} + 3}$$

$$= \frac{-12}{6} = -2$$

(21) $\displaystyle \lim_{x \to 4} \frac{\sqrt{2x+1} - 3}{\sqrt{x-2} - \sqrt{2}}$

$$= \lim_{x \to 4} \frac{(\sqrt{2x+1} - 3)(\sqrt{2x+1} + 3)(\sqrt{x-2} + \sqrt{2})}{(\sqrt{x-2} - \sqrt{2})(\sqrt{x-2} + \sqrt{2})(\sqrt{2x+1} + 3)}$$

$$= \lim_{x \to 4} \frac{2(x-4)(\sqrt{x-2}+\sqrt{2})}{(x-4)(\sqrt{2x+1}+3)} = \lim_{x \to 4} \frac{2(\sqrt{x-2}+\sqrt{2})}{\sqrt{2x+1}+3} = \frac{2}{3}\sqrt{2}$$

注释：求分子或分母或分子与分母含有根式，且分子、分母的极限均为零的"$\frac{0}{0}$"型极限时，常用有理化分子或分母的方法，消去分子、分母中趋向于零的公因子.

(22) $\lim\limits_{x \to 1}\left(\dfrac{3}{1-x^3} - \dfrac{1}{1-x}\right) = \lim\limits_{x \to 1}\dfrac{3-1-x-x^2}{(1-x)(1+x+x^2)}$

$$= \lim_{x \to 1} \frac{(1-x)(2+x)}{(1-x)(1+x+x^2)} = \lim_{x \to 1} \frac{2+x}{1+x+x^2} = \frac{3}{3} = 1$$

(23) $\lim\limits_{x \to +\infty}\left(\sqrt{x^2+x+1} - \sqrt{x^2-x+1}\right)$

$$= \lim_{x \to +\infty} \frac{x^2+x+1-x^2+x-1}{\sqrt{x^2+x+1}+\sqrt{x^2-x+1}}$$

$$= \lim_{x \to +\infty} \frac{2x}{\sqrt{x^2+x+1}+\sqrt{x^2-x+1}}$$

$$= \lim_{x \to +\infty} \frac{2}{\sqrt{1+\dfrac{1}{x}+\dfrac{1}{x^2}}+\sqrt{1-\dfrac{1}{x}+\dfrac{1}{x^2}}} = 1$$

注释：求分式相减或根式相减，且每项都趋于 ∞ 的"$\infty-\infty$"型极限时，常常要先通分或有理化.

(24) $\lim\limits_{x \to +\infty}\left(\sqrt{(x+p)(x+q)} - x\right)$

$$= \lim_{x \to +\infty} \frac{(\sqrt{(x+p)(x+q)}-x)(\sqrt{(x+p)(x+q)}+x)}{\sqrt{(x+p)(x+q)}+x}$$

$$= \lim_{x \to +\infty} \frac{(p+q)x+pq}{\sqrt{(x+p)(x+q)}+x} = \lim_{x \to +\infty} \frac{p+q+\dfrac{pq}{x}}{\sqrt{\left(1+\dfrac{p}{x}\right)\left(1+\dfrac{q}{x}\right)}+1}$$

$$= \frac{p+q}{2}$$

(25) $\lim\limits_{n \to \infty}\left(\dfrac{1}{n^2} + \dfrac{2}{n^2} + \cdots + \dfrac{n}{n^2}\right) = \lim\limits_{n \to \infty}\dfrac{1}{n^2}(1+2+\cdots+n)$

$$= \lim_{n \to \infty} \frac{1}{n^2} \cdot \frac{n(n+1)}{2} = \frac{1}{2}$$

(26) $\lim\limits_{n \to \infty}\dfrac{1+3+5+\cdots+(2n-1)}{2+4+6+\cdots+2n} = \lim\limits_{n \to \infty}\dfrac{\dfrac{n}{2}(1+2n-1)}{\dfrac{n}{2}(2+2n)}$

$$= \lim_{n \to \infty} \frac{2n}{2+2n} = 1$$

(27) $\lim\limits_{n \to \infty}(\sqrt{2} \cdot \sqrt[4]{2} \cdot \sqrt[8]{2} \cdot \cdots \cdot \sqrt[2^n]{2}) = \lim\limits_{n \to \infty}(2^{\frac{1}{2}} \cdot 2^{\frac{1}{4}} \cdot 2^{\frac{1}{8}} \cdot \cdots \cdot 2^{\frac{1}{2^n}})$

$$= \lim_{n \to \infty} 2^{\left(\frac{1}{2} + \frac{1}{2^2} + \frac{1}{2^3} + \cdots + \frac{1}{2^n}\right)}$$

$\dfrac{1}{2} + \dfrac{1}{2^2} + \dfrac{1}{2^3} + \cdots + \dfrac{1}{2^n}$ 是公比为 $\dfrac{1}{2}$ 的几何级数，于是有

$$\frac{1}{2} + \frac{1}{2^2} + \frac{1}{2^3} + \cdots + \frac{1}{2^n} = \frac{1}{2} \cdot \frac{1 - \dfrac{1}{2^n}}{1 - \dfrac{1}{2}} = 1 - \frac{1}{2^n}$$

所以　　　$\lim\limits_{n \to \infty}(\sqrt{2} \cdot \sqrt[4]{2} \cdot \sqrt[8]{2} \cdots \sqrt[2^n]{2}) = \lim\limits_{n \to \infty} 2^{1 - \frac{1}{2^n}} = 2$

注释：第(25)题～(27)题均为当 $n \to \infty$ 时 n 项和的极限．因为是无穷多项和，不能使用代数和的极限法则．如第(25)题，假如使用代数和的极限法则，有：

$$\lim_{n \to \infty}\left(\frac{1}{n^2} + \frac{2}{n^2} + \cdots + \frac{n}{n^2}\right) = \lim_{n \to \infty}\frac{1}{n^2} + \lim_{n \to \infty}\frac{2}{n^2} + \cdots + \lim_{n \to \infty}\frac{n}{n^2}$$
$$= 0 + 0 + \cdots + 0 = 0$$

这是错误的．对无穷多项和求极限，必须酌情处理，将和式化简．第(25)题和第(26)题使用了等差数列前 n 项和的公式

$$S_n = \frac{n}{2}(a_1 + a_n) \quad (n \text{ 为项数}，a_1 \text{ 为首项}，a_n \text{ 为末项})$$

第(27)题使用了等比数列前 n 项和的公式

$$S_n = \begin{cases} \dfrac{a_1(1 - q^n)}{1 - q}， & q \neq 1 \\ na_1， & q = 1 \end{cases} \quad (a_1 \text{ 为首项}，q \text{ 为公比}).$$

(28) $\lim\limits_{x \to \infty}\dfrac{x^2 + 1}{x^3 + x} = 0$，所以当 $x \to \infty$ 时，$\dfrac{x^2 + 1}{x^3 + x}$ 是无穷小量；$3 + \cos x$ 为有界变量．由于无穷小量与有界变量的乘积为无穷小量，所以可得

$$\lim_{x \to \infty}\frac{x^2 + 1}{x^3 + x}(3 + \cos x) = 0$$

注释：第(28)题中，当 $x \to \infty$ 时，$3 + \cos x$ 的极限不存在，故不能写成

$$\lim_{x \to \infty}\frac{x^2 + 1}{x^3 + x}(3 + \cos x) = \lim_{x \to \infty}\frac{x^2 + 1}{x^3 + x} \cdot \lim_{x \to \infty}(3 + \cos x) = 0$$

(29) $\lim\limits_{x \to -1}\left(\dfrac{1}{x + 1} + \dfrac{1}{x^2 - 1}\right) = \lim\limits_{x \to -1}\dfrac{x - 1 + 1}{x^2 - 1} = \lim\limits_{x \to -1}\dfrac{x}{x^2 - 1} = \infty$

注释：第(29)题中，当 $x \to -1$ 时，$\dfrac{1}{x + 1}$ 与 $\dfrac{1}{x^2 - 1}$ 的极限均不存在，故不能写成

$$\lim_{x \to -1}\left(\frac{1}{x + 1} + \frac{1}{x^2 - 1}\right) = \lim_{x \to -1}\frac{1}{x + 1} + \lim_{x \to -1}\frac{1}{x^2 - 1} - \infty + \infty = \infty$$

(30) $\lim\limits_{x \to \infty}\dfrac{\sin x^2 + x}{\cos^2 x - x} = \lim\limits_{x \to \infty}\dfrac{\dfrac{1}{x}\sin x^2 + 1}{\dfrac{1}{x}\cos^2 x - 1} = \dfrac{0 + 1}{0 - 1} = -1$

注释：第(30)题中，当 $x \to \infty$ 时，$\dfrac{1}{x}\sin x^2$ 与 $\dfrac{1}{x}\cos^2 x$ 均利用无穷小量与有界变量之积为无穷小量的性质，故极限为 0.

12. 设 $f(x) = \sqrt{x}$，求 $\lim\limits_{h \to 0} \dfrac{f(x+h)-f(x)}{h}$.

解： $\lim\limits_{h \to 0} \dfrac{f(x+h)-f(x)}{h} = \lim\limits_{h \to 0} \dfrac{\sqrt{x+h}-\sqrt{x}}{h}$

$$= \lim_{h \to 0}\left(\dfrac{(\sqrt{x+h}-\sqrt{x})(\sqrt{x+h}+\sqrt{x})}{h(\sqrt{x+h}+\sqrt{x})}\right)$$

$$= \lim_{h \to 0} \dfrac{h}{h(\sqrt{x+h}+\sqrt{x})} = \dfrac{1}{2\sqrt{x}}$$

13. 设

$$f(x) = \begin{cases} 3x+2, & x \leqslant 0 \\ x^2+1, & 0 < x \leqslant 1 \\ \dfrac{2}{x}, & x > 1 \end{cases}$$

分别讨论 $x \to 0$ 及 $x \to 1$ 时，$f(x)$ 的极限是否存在.

解： $\lim\limits_{x \to 0^-} f(x) = \lim\limits_{x \to 0^-}(3x+2) = 2$

$\lim\limits_{x \to 0^+} f(x) = \lim\limits_{x \to 0^+}(x^2+1) = 1$

$\lim\limits_{x \to 0^-} f(x) \neq \lim\limits_{x \to 0^+} f(x)$

所以 $\lim\limits_{x \to 0} f(x)$ 不存在.

$\lim\limits_{x \to 1^-} f(x) = \lim\limits_{x \to 1^-}(x^2+1) = 2$

$\lim\limits_{x \to 1^+} f(x) = \lim\limits_{x \to 1^+} \dfrac{2}{x} = 2$

$\lim\limits_{x \to 1^-} f(x) = \lim\limits_{x \to 1^+} f(x)$

所以 $\lim\limits_{x \to 1} f(x)$ 存在且 $\lim\limits_{x \to 1} f(x) = 2$.

$f(x)$ 的图形如图 2—2 所示.

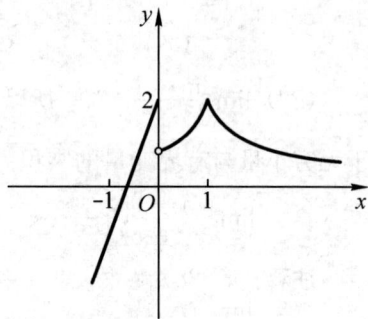

图 2—2

14. 设

$$f(x) = \begin{cases} \dfrac{1}{x^2}, & x < 0 \\ x^2-2x, & 0 \leqslant x \leqslant 2 \\ 3x-6, & x > 2 \end{cases}$$

讨论 $x \to 0$，$x \to 1$ 及 $x \to 2$ 时，$f(x)$ 的极限是否存在，并且求 $\lim\limits_{x \to -\infty} f(x)$ 及 $\lim\limits_{x \to +\infty} f(x)$.

解： $\lim\limits_{x \to 0^-} f(x) = \lim\limits_{x \to 0^-} \dfrac{1}{x^2} = +\infty$

$\lim\limits_{x \to 0^+} f(x) = \lim\limits_{x \to 0^+}(x^2-2x) = 0$

所以 $\lim\limits_{x \to 0} f(x)$ 不存在.

$$\lim_{x \to 1} f(x) = \lim_{x \to 1}(x^2 - 2x) = -1$$

所以 $\lim\limits_{x \to 1} f(x)$ 存在，且 $\lim\limits_{x \to 1} f(x) = -1$.

$$\lim_{x \to 2^-} f(x) = \lim_{x \to 2^-}(x^2 - 2x) = 0$$

$$\lim_{x \to 2^+} f(x) = \lim_{x \to 2^+}(3x - 6) = 0$$

由于 $\lim\limits_{x \to 2^-} f(x) = \lim\limits_{x \to 2^+} f(x)$，所以 $\lim\limits_{x \to 2} f(x)$ 存在且 $\lim\limits_{x \to 2} f(x) = 0$.

$$\lim_{x \to -\infty} f(x) = \lim_{x \to -\infty} \frac{1}{x^2} = 0$$

$$\lim_{x \to +\infty} f(x) = \lim_{x \to +\infty}(3x - 6) = +\infty$$

$f(x)$ 的图形如图 2—3 所示.

注释：求分段函数在点 $x = x_0$ 处的极限时要注意点 $x = x_0$ 在分段函数的哪一个分段区间内，求极限时要用该区间内相应的函数表达式. 如果点 $x = x_0$ 恰好是分段区间的分界点，就需要求出函数在该点的左、右极限，如果左、右极限存在且相等，则该点极限存在；如果左、右极限不全存在，或存在而不相等，则该点极限不存在.

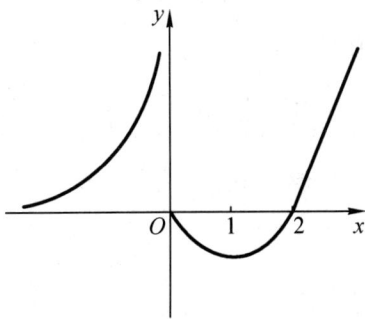

图 2—3

15. 已知 $\lim\limits_{x \to c} f(x) = 4$，$\lim\limits_{x \to c} g(x) = 1$，$\lim\limits_{x \to c} h(x) = 0$，求：

(1) $\lim\limits_{x \to c} \dfrac{g(x)}{f(x)}$　　　　　(2) $\lim\limits_{x \to c} \dfrac{h(x)}{f(x) - g(x)}$

(3) $\lim\limits_{x \to c}[f(x) \cdot g(x)]$　　　(4) $\lim\limits_{x \to c}[f(x) \cdot h(x)]$

(5) $\lim\limits_{x \to c} \dfrac{g(x)}{h(x)}$　　$(h(x) \ne 0)$

解：(1) $\lim\limits_{x \to c} \dfrac{g(x)}{f(x)} = \dfrac{\lim\limits_{x \to c} g(x)}{\lim\limits_{x \to c} f(x)} = \dfrac{1}{4}$

(2) $\lim\limits_{x \to c} \dfrac{h(x)}{f(x) - g(x)} = \dfrac{\lim\limits_{x \to c} h(x)}{\lim\limits_{x \to c} f(x) - \lim\limits_{x \to c} g(x)} = \dfrac{0}{4 - 1} = 0$

(3) $\lim\limits_{x \to c}[f(x) \cdot g(x)] = \lim\limits_{x \to c} f(x) \cdot \lim\limits_{x \to c} g(x) = 4 \times 1 = 4$

(4) $\lim\limits_{x \to c}[f(x) \cdot h(x)] = \lim\limits_{x \to c} f(x) \cdot \lim\limits_{x \to c} h(x) = 4 \times 0 = 0$

(5) 因 $\lim\limits_{x \to c} \dfrac{h(x)}{g(x)} = 0$，所以 $\lim\limits_{x \to c} \dfrac{g(x)}{h(x)} = \infty$.

16. 若 $\lim\limits_{x \to 3} \dfrac{x^2 - 2x + k}{x - 3} = 4$，求 k 的值.

解：题中分式的分母极限为零，且分式的极限为一个有限数，那么分子的极限必为零，否则，若分子极限不为零，则分式极限必为 ∞，所以有

$$\lim_{x \to 3}(x^2 - 2x + k) = 9 - 6 + k = 3 + k = 0$$

于是可得 $k = -3$.

17. 若 $\lim\limits_{x \to 1} \dfrac{x^2 + ax + b}{1 - x} = 5$，求 a，b 的值.

解：题中分式的分母极限为零，且分式的极限为一个有限数，那么分子的极限必为零，所以有

$$\lim_{x \to 1}(x^2 + ax + b) = 1 + a + b = 0$$

由此可得 $b = -1 - a$，代入给定的分式极限中，得

$$\lim_{x \to 1}\frac{x^2 + ax - a - 1}{1 - x} = \lim_{x \to 1}\frac{(x-1)(x+a+1)}{1-x}$$
$$= -\lim_{x \to 1}(x + a + 1) = -2 - a = 5$$

所以 $a = -7$，$b = 6$.

18. 若 $\lim\limits_{x \to \infty}\left(\dfrac{x^2+1}{x+1} - ax - b\right) = 0$，求 a，b 的值.

解：$\lim\limits_{x \to \infty}\left(\dfrac{x^2+1}{x+1} - ax - b\right) = \lim\limits_{x \to \infty}\dfrac{x^2 + 1 - ax^2 - ax - bx - b}{x+1}$

$$= \lim_{x \to \infty}\frac{(1-a)x^2 - (a+b)x + 1 - b}{x+1}$$
$$= 0$$

当 $x \to \infty$ 时，若分子最高次项的指数低于分母最高次项的指数，则该极限才能为 0，故必有

$$\begin{cases} 1 - a = 0 \\ a + b = 0 \end{cases}, \text{解之可得 } a = 1, b = -1.$$

19. 已知 $f(x) = \dfrac{px^2 - 2}{x^2 + 1} + 3qx + 5$，当 $x \to \infty$ 时，p，q 取何值时 $f(x)$ 为无穷小量？p，q 取何值时 $f(x)$ 为无穷大量？

解：$\lim\limits_{x \to \infty}\dfrac{px^2 - 2}{x^2 + 1} + 3qx + 5$

$$= \lim_{x \to \infty}\frac{px^2 - 2 + 3qx^3 + 3qx + 5x^2 + 5}{x^2 + 1}$$
$$= \lim_{x \to \infty}\frac{3qx^3 + (p+5)x^2 + 3qx + 3}{x^2 + 1}$$

当 $x \to \infty$ 时，若分子最高次项的指数低于分母最高次项的指数，则 $f(x)$ 的极限为 0，此时必有 $3q = 0$，$p + 5 = 0$. 所以若 $p = -5$，$q = 0$，则当 $x \to \infty$ 时，$f(x)$ 为无穷小量.

当 $x \to \infty$ 时，若分子最高次项的指数高于分母最高次项的指数，则 $f(x)$ 的极限为 ∞，此时必有 $3q \neq 0$，即 $q \neq 0$. 所以若 $q \neq 0$，p 为任意实数，则当 $x \to \infty$ 时，$f(x)$ 为无穷大量.

20. 由理由：$\lim\limits_{x \to -\infty}\dfrac{1}{x}\sqrt{\dfrac{x^3}{x-1}}$ 存在，且 $\lim\limits_{x \to +\infty}\dfrac{1}{x}\sqrt{\dfrac{x^3}{x-1}}$ 存在，得出结论：$\lim\limits_{x \to \infty}\dfrac{1}{x}\sqrt{\dfrac{x^3}{x-1}}$ 存在.

上述推论是否正确？如不正确，错在何处？

解：由题设理由，不能得出题中结论.

因为 $\lim\limits_{x \to -\infty}\dfrac{1}{x}\sqrt{\dfrac{x^3}{x-1}} = \lim\limits_{x \to -\infty}\dfrac{-x}{x}\sqrt{\dfrac{x}{x-1}} = -1$

$$\lim_{x \to +\infty} \frac{1}{x} \sqrt{\frac{x^3}{x-1}} = \lim_{x \to +\infty} \frac{x}{x} \sqrt{\frac{x}{x-1}} = 1$$

$$\lim_{x \to -\infty} \frac{1}{x} \sqrt{\frac{x^3}{x-1}} \neq \lim_{x \to +\infty} \frac{1}{x} \sqrt{\frac{x^3}{x-1}}$$

所以 $\lim\limits_{x \to \infty} \dfrac{1}{x} \sqrt{\dfrac{x^3}{x-1}}$ 不存在.

只有 $\lim\limits_{x \to -\infty} \dfrac{1}{x} \sqrt{\dfrac{x^3}{x-1}}$ 与 $\lim\limits_{x \to +\infty} \dfrac{1}{x} \sqrt{\dfrac{x^3}{x-1}}$ 都存在且相等时,$\lim\limits_{x \to \infty} \dfrac{1}{x} \sqrt{\dfrac{x^3}{x-1}}$ 才存在.

注释: $\lim\limits_{x \to \infty} \dfrac{1}{x} \sqrt{\dfrac{x^3}{x-1}} = \lim\limits_{x \to \infty} \dfrac{|x|}{x} \sqrt{\dfrac{x}{x-1}}$,不要将"$x \to \infty$"误作为"$x \to +\infty$",而出现

$\lim\limits_{x \to \infty} \dfrac{1}{x} \sqrt{\dfrac{x^3}{x-1}} = \lim\limits_{x \to \infty} \dfrac{x}{x} \sqrt{\dfrac{x}{x-1}} = 1.$

21. 当 $x \to 0$ 时,试将下列无穷小量与无穷小量 x 进行比较:

(1) $x^2 + 1\,000x$ (2) $\sqrt{1+x} - \sqrt{1-x}$

解: (1) $\lim\limits_{x \to 0} \dfrac{x^2 + 1\,000x}{x} = \lim\limits_{x \to 0} (x + 1\,000) = 1\,000$

所以当 $x \to 0$ 时,$x^2 + 1\,000x$ 与 x 是同阶非等价无穷小量.

(2) $\begin{aligned}[t] \lim\limits_{x \to 0} \dfrac{\sqrt{1+x} - \sqrt{1-x}}{x} &= \lim\limits_{x \to 0} \dfrac{1+x-1+x}{x(\sqrt{1+x} + \sqrt{1-x})} \\ &= \lim\limits_{x \to 0} \dfrac{2}{\sqrt{1+x} + \sqrt{1-x}} = 1 \end{aligned}$

所以当 $x \to 0$ 时,$\sqrt{1+x} - \sqrt{1-x}$ 与 x 是等价无穷小量.

注释: 不是任意两个无穷小量都可以进行比较. 例如,$\lim\limits_{x \to 0} x = 0$,$\lim\limits_{x \to 0} x \sin\dfrac{1}{x} = 0$,即

当 $x \to 0$ 时,x 与 $x \sin\dfrac{1}{x}$ 都是无穷小量,但是 $\lim\limits_{x \to 0} \dfrac{x \sin\dfrac{1}{x}}{x} = \lim\limits_{x \to 0} \sin\dfrac{1}{x}$,该极限不存在,且不

是无穷大量,那么 $x \sin\dfrac{1}{x}$ 与 x 就不能进行比较.

22. 求 $\lim\limits_{n \to \infty} \left(\dfrac{1}{n^2+n+1} + \dfrac{2}{n^2+n+2} + \cdots + \dfrac{n}{n^2+n+n} \right)$.

解: $\displaystyle\sum_{i=1}^{n} \frac{i}{n^2+n+n} \leqslant \sum_{i=1}^{n} \frac{i}{n^2+n+i} \leqslant \sum_{i=1}^{n} \frac{i}{n^2+n+1}$

$\displaystyle\lim_{n \to \infty} \sum_{i=1}^{n} \frac{i}{n^2+n+n} = \lim_{n \to \infty} \frac{1}{n^2+2n} \cdot \frac{n(n+1)}{2} = \frac{1}{2}$

$\displaystyle\lim_{n \to \infty} \sum_{i=1}^{n} \frac{i}{n^2+n+1} = \lim_{n \to \infty} \frac{1}{n^2+n+1} \frac{n(n+1)}{2} = \frac{1}{2}$

所以 $\displaystyle\lim_{n \to \infty} \sum_{i=1}^{n} \frac{n}{n^2+n+i}$

$\displaystyle = \lim_{n \to \infty} \left(\frac{1}{n^2+n+1} + \frac{2}{n^2+n+2} + \cdots + \frac{n}{n^2+n+n} \right) = \frac{1}{2}$

23. 求下列极限：

(1) $\lim\limits_{x \to 0} \dfrac{\tan x - \sin x}{x}$

(2) $\lim\limits_{x \to 0} \dfrac{\sin 2x}{\sin 3x}$

(3) $\lim\limits_{x \to 0} \dfrac{x - \sin x}{x + \sin x}$

(4) $\lim\limits_{x \to 0} \dfrac{2\arcsin x}{3x}$

(5) $\lim\limits_{x \to 0} \dfrac{\tan x - \sin x}{\sin^3 x}$

(6) $\lim\limits_{x \to a} \dfrac{\cos x - \cos a}{x - a}$

(7) $\lim\limits_{x \to \infty} x \cdot \sin \dfrac{1}{x}$

解： (1) $\lim\limits_{x \to 0} \dfrac{\tan x - \sin x}{x} = \lim\limits_{x \to 0} \dfrac{\dfrac{\sin x}{\cos x} - \sin x}{x} = \lim\limits_{x \to 0} \dfrac{\sin x(1 - \cos x)}{x \cos x}$

$$= \lim\limits_{x \to 0} \dfrac{\sin x}{x} \cdot \dfrac{1 - \cos x}{\cos x} = 1 \times 0 = 0$$

(2) $\lim\limits_{x \to 0} \dfrac{\sin 2x}{\sin 3x} = \lim\limits_{x \to 0} \left(\dfrac{\sin 2x}{2x} \cdot \dfrac{2x}{3x} \cdot \dfrac{3x}{\sin 3x} \right)$

$$= \lim\limits_{x \to 0} \dfrac{\sin 2x}{2x} \cdot \lim\limits_{x \to 0} \dfrac{2x}{3x} \cdot \lim\limits_{x \to 0} \dfrac{3x}{\sin 3x}$$

$$= 1 \cdot \dfrac{2}{3} \cdot 1 = \dfrac{2}{3}$$

(3) $\lim\limits_{x \to 0} \dfrac{x - \sin x}{x + \sin x} = \lim\limits_{x \to 0} \dfrac{1 - \dfrac{\sin x}{x}}{1 + \dfrac{\sin x}{x}} = \dfrac{1 - 1}{1 + 1} = 0$

(4) $\lim\limits_{x \to 0} \dfrac{2\arcsin x}{3x} \xlongequal{x = \sin t} \lim\limits_{x \to 0} \dfrac{2t}{3\sin t} = \dfrac{2}{3} \lim\limits_{t \to 0} \dfrac{t}{\sin t} = \dfrac{2}{3}$

(5) $\lim\limits_{x \to 0} \dfrac{\tan x - \sin x}{\sin^3 x} = \lim\limits_{x \to 0} \dfrac{\sin x(1 - \cos x)}{\cos x \sin^3 x} = \lim\limits_{x \to 0} \dfrac{1 - \cos x}{\sin^2 x} \cdot \lim\limits_{x \to 0} \dfrac{1}{\cos x}$

$$= \lim\limits_{x \to 0} \dfrac{2\sin^2 \dfrac{x}{2} \left(\dfrac{x}{2} \right)^2}{\left(\dfrac{x}{2} \right)^2 \sin^2 x}$$

$$= \dfrac{1}{2} \lim\limits_{x \to 0} \dfrac{\sin^2 \dfrac{x}{2}}{\left(\dfrac{x}{2} \right)^2} \lim\limits_{x \to 0} \dfrac{x^2}{\sin^2 x} = \dfrac{1}{2}$$

(6) $\lim\limits_{x \to a} \dfrac{\cos x - \cos a}{x - a} = \lim\limits_{x \to a} \dfrac{-2\sin \dfrac{x - a}{2} \sin \dfrac{x + a}{2}}{x - a}$

$$= -\lim\limits_{x \to a} \dfrac{\sin \dfrac{x - a}{2}}{\dfrac{x - a}{2}} \cdot \lim\limits_{x \to a} \sin \dfrac{x + a}{2}$$

$$= -1 \cdot \sin a = -\sin a$$

(7) $\lim\limits_{x\to\infty}x\sin\dfrac{1}{x}=\lim\limits_{\frac{1}{x}\to0}\dfrac{\sin\frac{1}{x}}{\frac{1}{x}}=1$

注释： 公式 $\lim\limits_{x\to0}\dfrac{\sin x}{x}=1$ 是一个 "$\dfrac{0}{0}$" 型极限，如果公式中所有的 x 处都换作 $\varphi(x)$，那么当 $\varphi(x)\to0$ 时，公式 $\lim\limits_{\varphi(x)\to0}\dfrac{\sin\varphi(x)}{\varphi(x)}=1$ 仍然成立.

某些三角函数可以通过三角恒等变换，凑成 $\dfrac{\sin\varphi(x)}{\varphi(x)}$ 的形式，只要在 $x\to0$ 的变化过程中能保证 $\varphi(x)\to0$，就可以使用公式 $\lim\limits_{\varphi(x)\to0}\dfrac{\sin\varphi(x)}{\varphi(x)}=1$. 当 $x\to x_0$ 或 $x\to\infty$ 时，有 $\varphi(x)\to0$，此时 $\lim\limits_{\varphi(x)\to0}\dfrac{\sin\varphi(x)}{\varphi(x)}=1$ 亦成立.

24. 求下列极限：

(1) $\lim\limits_{x\to\infty}\left(1+\dfrac{2}{x}\right)^{2x}$

(2) $\lim\limits_{x\to\infty}\left(1-\dfrac{2}{x}\right)^{\frac{x}{2}-1}$

(3) $\lim\limits_{x\to0}\left(\dfrac{2-x}{2}\right)^{\frac{2}{x}}$

(4) $\lim\limits_{x\to\infty}\left(\dfrac{x-1}{x+1}\right)^{x}$

(5) $\lim\limits_{x\to+\infty}\left(1-\dfrac{1}{x}\right)^{\sqrt{x}}$

(6) $\lim\limits_{n\to\infty}\{n[\ln(n+2)-\ln n]\}$

(7) $\lim\limits_{x\to0}\dfrac{\ln(1+2x)}{\sin3x}$

（**提示：** 解题过程中需用到"极限符号与函数符号交换位置"，其理由在教材 §2.8 中给出.）

解：(1) $\lim\limits_{x\to\infty}\left(1+\dfrac{2}{x}\right)^{2x}=\lim\limits_{x\to\infty}\left[\left(1+\dfrac{2}{x}\right)^{\frac{x}{2}}\right]^{4}=e^{4}$

(2) $\lim\limits_{x\to\infty}\left(1-\dfrac{2}{x}\right)^{\frac{x}{2}-1}=\lim\limits_{x\to\infty}\left\{\left[\left(1+\dfrac{-2}{x}\right)^{-\frac{x}{2}}\right]^{-1}\left(1-\dfrac{2}{x}\right)^{-1}\right\}=e^{-1}$

(3) $\lim\limits_{x\to0}\left(\dfrac{2-x}{2}\right)^{\frac{2}{x}}=\lim\limits_{x\to0}\left[\left(1-\dfrac{x}{2}\right)^{-\frac{2}{x}}\right]^{-1}=e^{-1}$

(4) $\lim\limits_{x\to\infty}\left(\dfrac{x-1}{x+1}\right)^{x}=\lim\limits_{x\to\infty}\left\{\left[\left(1-\dfrac{2}{x+1}\right)^{-\frac{x+1}{2}}\right]^{-2}\cdot\left(1-\dfrac{2}{x+1}\right)^{-1}\right\}=e^{-2}$

或　　$\lim\limits_{x\to\infty}\left(\dfrac{x-1}{x+1}\right)^{x}=\lim\limits_{x\to\infty}\dfrac{\left(1-\frac{1}{x}\right)^{x}}{\left(1+\frac{1}{x}\right)^{x}}=\dfrac{e^{-1}}{e}=e^{-2}$

(5) $\lim\limits_{x\to+\infty}\left(1-\dfrac{1}{x}\right)^{\sqrt{x}}=\lim\limits_{x\to+\infty}\left[\left(1-\dfrac{1}{x}\right)^{-x}\right]^{-\frac{1}{\sqrt{x}}}=e^{0}=1$

(6) $\lim\limits_{n\to\infty}\{n[\ln(n+2)-\ln n]\}=\lim\limits_{n\to\infty}\ln\left(\dfrac{n+2}{n}\right)^{n}$

$=\lim\limits_{n\to\infty}\ln\left[\left(1+\dfrac{2}{n}\right)^{\frac{n}{2}}\right]^{2}=\ln e^{2}=2$

(7) $\lim\limits_{x\to0}\dfrac{\ln(1+2x)}{\sin3x}=\lim\limits_{x\to0}\ln(1+2x)^{\frac{1}{\sin3x}}$

$$=\lim\limits_{x\to0}\ln\left[(1+2x)^{\frac{1}{2x}\cdot\frac{3x}{\sin3x}\cdot\frac{2x}{3x}}\right]$$

$$=\ln\lim\limits_{x\to0}\left[(1+2x)^{\frac{1}{2x}}\right]^{\frac{3x}{\sin3x}\cdot\frac{2}{3}}=\ln e^{\frac{2}{3}}=\frac{2}{3}$$

注释：公式 $\lim\limits_{n\to\infty}\left(1+\dfrac{1}{n}\right)^{n}=e$ 或 $\lim\limits_{x\to0}(1+x)^{\frac{1}{x}}=e$ 都是形如"$(1+无穷小量)^{无穷大量}$"的"1^{∞}"型极限，公式中无穷小量部分必须与指数位置的无穷大量部分互为倒数．

在上面两公式中，若将所有的"n"或"x"换作"$\varphi(x)$"，那么当 $\varphi(x)\to\infty$ 时，公式 $\lim\limits_{\varphi(x)\to\infty}\left[1+\dfrac{1}{\varphi(x)}\right]^{\varphi(x)}=e$ 成立；当 $\varphi(x)\to0$（$\varphi(x)\neq0$）时，公式 $\lim\limits_{\varphi(x)\to0}[1+\varphi(x)]^{\frac{1}{\varphi(x)}}=e$ 成立．

25. 求下列极限：

(1) $\lim\limits_{x\to1}x^{\frac{1}{1-x}}$　　　　　(2) $\lim\limits_{x\to0}(1+\sin x)^{\frac{1}{x}}$

解：(1) $\lim\limits_{x\to1}x^{\frac{1}{1-x}}=\lim\limits_{x\to1}[1+(x-1)]^{\frac{1}{1-x}}$

$$=\lim\limits_{x\to1}\left\{[1+(x-1)]^{\frac{1}{x-1}}\right\}^{-1}=e^{-1}$$

(2) $\lim\limits_{x\to0}(1+\sin x)^{\frac{1}{x}}=\lim\limits_{x\to0}\left[(1+\sin x)^{\frac{1}{\sin x}}\right]^{\frac{\sin x}{x}}=e^{1}=e$

26. 当 $x\to\infty$ 时，下列变量中，哪些是无穷小量？哪些是无穷大量？哪些既非无穷小量也非无穷大量？

(1) $\left(1+\dfrac{1}{x^{3}}\right)^{x}$　　　　　(2) $\left(1-\dfrac{1}{x^{3}}\right)^{x}$

(3) $\left(1+\dfrac{1}{x}\right)^{x^{3}}$　　　　　(4) $\left(1-\dfrac{1}{x}\right)^{x^{3}}$

解：(1) $\lim\limits_{x\to\infty}\left(1+\dfrac{1}{x^{3}}\right)^{x}=\lim\limits_{x\to\infty}\left[\left(1+\dfrac{1}{x^{3}}\right)^{x^{3}}\right]^{\frac{1}{x^{2}}}=e^{0}=1$

所以当 $x\to\infty$ 时，$\left(1+\dfrac{1}{x^{3}}\right)^{x}$ 既非无穷小量，也非无穷大量．

(2) $\lim\limits_{x\to\infty}\left(1-\dfrac{1}{x^{3}}\right)^{x}=\lim\limits_{x\to\infty}\left[\left(1-\dfrac{1}{x^{3}}\right)^{-x^{3}}\right]^{-\frac{1}{x^{2}}}=e^{0}=1$

所以当 $x\to\infty$ 时，$(1-\dfrac{1}{x^{3}})^{x}$ 既非无穷小量，也非无穷大量．

(3) $\lim\limits_{x\to\infty}\left(1+\dfrac{1}{x}\right)^{x^{3}}=\lim\limits_{x\to\infty}\left[\left(1+\dfrac{1}{x}\right)^{x}\right]^{x^{2}}=+\infty$

所以当 $x\to\infty$ 时，$\left(1+\dfrac{1}{x}\right)^{x^{3}}$ 是无穷大量．

(4) $\lim\limits_{x\to\infty}\left(1-\dfrac{1}{x}\right)^{x^{3}}=\lim\limits_{x\to\infty}\left[\left(1-\dfrac{1}{x}\right)^{-x}\right]^{-x^{2}}=0$

所以当 $x\to\infty$ 时，$\left(1-\dfrac{1}{x}\right)^{x^{3}}$ 是无穷小量．

27. 下列无穷小量在给定的变化过程中与 x 相比是什么阶的无穷小量?

(1) $x + \sin x^2$ $(x \to 0)$ 　　　　　(2) $\sqrt{x} + \sin x$ $(x \to 0^+)$

(3) $\dfrac{(x+1)x}{4+\sqrt[3]{x}}$ $(x \to 0)$ 　　　(4) $\ln(1+2x)$ $(x \to 0)$

解: (1) $\lim\limits_{x \to 0} \dfrac{x + \sin x^2}{x} = \lim\limits_{x \to 0}\left(1 + x\dfrac{\sin x^2}{x^2}\right) = 1$

所以当 $x \to 0$ 时,$x + \sin x^2$ 与 x 是等价无穷小量.

(2) $\lim\limits_{x \to 0^+} \dfrac{\sqrt{x} + \sin x}{x} = \lim\limits_{x \to 0^+}\left(\dfrac{1}{\sqrt{x}} + \dfrac{\sin x}{x}\right) = +\infty$

所以当 $x \to 0^+$ 时,$\sqrt{x} + \sin x$ 是比 x 低阶的无穷小量.

(3) $\lim\limits_{x \to 0} \dfrac{\dfrac{(x+1)x}{4+\sqrt[3]{x}}}{x} = \lim\limits_{x \to 0} \dfrac{x+1}{4+\sqrt[3]{x}} = \dfrac{1}{4}$

所以当 $x \to 0$ 时,$\dfrac{(x+1)x}{4+\sqrt[3]{x}}$ 是 x 的同阶非等价无穷小量.

(4) $\lim\limits_{x \to 0} \dfrac{\ln(1+2x)}{x} = \lim\limits_{x \to 0}\ln(1+2x)^{\frac{1}{x}} = \lim\limits_{x \to 0}\ln\left[(1+2x)^{\frac{1}{2x}}\right]^2 = \ln e^2 = 2$

所以当 $x \to 0$ 时,$\ln(1+2x)$ 是 x 的同阶非等价无穷小量.

28. 用等价无穷小量代换求下列极限:

(1) $\lim\limits_{x \to 0} \dfrac{1-\cos x}{x\sin x}$ 　　　　(2) $\lim\limits_{x \to 0} \dfrac{(\sqrt{1+2x}-1)\arcsin x}{\tan x^2}$

(3) $\lim\limits_{x \to 0} \dfrac{\tan x - \sin x}{\sqrt{2+x^2}(e^{x^3}-1)}$ 　　(4) $\lim\limits_{x \to a} \dfrac{\cos x - \cos a}{x-a}$

(5) $\lim\limits_{x \to 0^+} \dfrac{1-\sqrt{\cos x}}{x(1-\cos\sqrt{x})}$

解: (1) 因为 $\sin x \sim x$ $(x \to 0)$,$1-\cos x \sim \dfrac{x^2}{2}$ $(x \to 0)$,所以

$$\lim\limits_{x \to 0} \dfrac{1-\cos x}{x\sin x} = \lim\limits_{x \to 0} \dfrac{\dfrac{x^2}{2}}{x \cdot x} = \dfrac{1}{2}$$

(2) 因为 $\sqrt{1+x}-1 \sim \dfrac{x}{2}$ $(x \to 0)$,故有 $\sqrt{1+2x}-1 \sim \dfrac{2x}{2}$ $(x \to 0)$;因为 $\tan x \sim x$ $(x \to 0)$,故有 $\tan x^2 \sim x^2$ $(x \to 0)$,$\arcsin x \sim x$ $(x \to 0)$,所以

$$\lim\limits_{x \to 0} \dfrac{(\sqrt{1+2x}-1)\arcsin x}{\tan x^2} = \lim\limits_{x \to 0} \dfrac{x \cdot x}{x^2} = 1$$

(3) $\lim\limits_{x \to 0} \dfrac{\tan x - \sin x}{\sqrt{2+x^2}(e^{x^3}-1)} = \lim\limits_{x \to 0} \dfrac{\sin x(1-\cos x)}{\cos x \cdot \sqrt{2+x^2}(e^{x^3}-1)}$

$\sin x \sim x$ $(x \to 0)$,　　$1-\cos x \sim \dfrac{x^2}{2}$ $(x \to 0)$

因 $e^x - 1 \sim x$ $(x \to 0)$,故有 $e^{x^3} - 1 \sim x^3$ $(x \to 0)$,所以

$$\lim_{x \to 0} \frac{\sin x (1 - \cos x)}{\cos x \cdot \sqrt{2 + x^2} (e^{x^3} - 1)} = \lim_{x \to 0} \frac{x \cdot \dfrac{x^2}{2}}{\cos x \cdot \sqrt{2 + x^2} \cdot x^3}$$

$$= \lim_{x \to 0} \frac{1}{2\sqrt{2 + x^2} \cos x} = \frac{1}{2\sqrt{2}}$$

即
$$\lim_{x \to 0} \frac{\tan x - \sin x}{\sqrt{2 + x^2} (e^{x^3} - 1)} = \frac{1}{2\sqrt{2}}$$

(4) $\displaystyle \lim_{x \to a} \frac{\cos x - \cos a}{x - a} = \lim_{x \to a} \frac{-2\sin \dfrac{x - a}{2} \sin \dfrac{x + a}{2}}{x - a}$

因为当 $x \to a$ 时，$\dfrac{x - a}{2} \to 0$，所以有 $\sin \dfrac{x - a}{2} \sim \dfrac{x - a}{2}(x \to a)$，因此

$$\lim_{x \to a} \frac{-2\sin \dfrac{x - a}{2} \sin \dfrac{x + a}{2}}{x - a} = \lim_{x \to a} \frac{-2 \cdot \dfrac{x - a}{2} \cdot \sin \dfrac{x + a}{2}}{x - a}$$

$$= \lim_{x \to a} \left(-\sin \frac{x + a}{2} \right) = -\sin a$$

注释： 第(4)题与第 23(6) 题是一样的，但其求得极限值的渠道却是不同的. 第 23(6) 题使用的是两个重要极限，第 28(4) 题使用的是无穷小量代换，得到的结果是相同的.

注释： 第(4)题中 $\sin \dfrac{x - a}{2}$ 用等价无穷小量 $\dfrac{x - a}{2}$ 代换，而 $\sin \dfrac{x + a}{2}$ 不能用 $\dfrac{x + a}{2}$ 代换，因为 $x \to a$ 时，$\dfrac{x - a}{2} \to 0$，因而有 $\sin \dfrac{x - a}{2} \sim \dfrac{x - a}{2}(x \to a)$，而当 $x \to a$ 时，$\dfrac{x + a}{2} \to a \neq 0$，即当 $x \to a$ 时，$\sin \dfrac{x + a}{2}$ 与 $\dfrac{x + a}{2}$ 均非无穷小量.

(5) $\displaystyle \lim_{x \to 0^+} \frac{1 - \sqrt{\cos x}}{x(1 - \cos \sqrt{x})} = \lim_{x \to 0^+} \frac{1 - \cos x}{x(1 - \cos \sqrt{x})(1 + \sqrt{\cos x})}$

因为 $1 - \cos x \sim \dfrac{x^2}{2}(x \to 0)$，故有 $1 - \cos \sqrt{x} \sim \dfrac{(\sqrt{x})^2}{2}(x \to 0^+)$，所以

$$\lim_{x \to 0^+} \frac{1 - \cos x}{x(1 - \cos \sqrt{x})(1 + \sqrt{\cos x})} = \lim_{x \to 0^+} \frac{\dfrac{x^2}{2}}{x \cdot \dfrac{x}{2}(1 + \sqrt{\cos x})} = \frac{1}{2}$$

即
$$\lim_{x \to 0^+} \frac{1 - \sqrt{\cos x}}{x(1 - \cos \sqrt{x})} = \frac{1}{2}$$

29. 用求极限的方法将循环小数 $0.123\,412\,341\,234\cdots$ 表示为分数形式.

解： $0.123\,412\,341\,234\cdots$

$$= \frac{1\,234}{10^4} + \frac{1\,234}{(10^4)^2} + \frac{1\,234}{(10^4)^3} + \cdots + \frac{1\,234}{(10^4)^n} + \cdots$$

$$= \lim_{n \to \infty} \frac{\dfrac{1\,234}{10^4} \left[1 - \left(\dfrac{1}{10^4} \right)^n \right]}{1 - \dfrac{1}{10^4}}$$

$$= \frac{1\ 234}{10^4 - 1}\left[1 - \lim_{n \to \infty}\left(\frac{1}{10^4}\right)^n\right] = \frac{1\ 234}{9\ 999}$$

30. 证明下列函数在 $(-\infty, +\infty)$ 内是连续函数.

(1) $y = 3x^2 + 1$ \qquad (2) $y = \cos x$

证： (1) $y = 3x^2 + 1$，$x \in (-\infty, +\infty)$

设 x_0 是 $(-\infty, +\infty)$ 内任意一点，当 x 从 x_0 产生改变量 Δx 时，函数改变量为

$$\Delta y = 3(x_0 + \Delta x)^2 + 1 - 3x_0^2 - 1 = 6x_0\Delta x + 3(\Delta x)^2$$

$$\lim_{\Delta x \to 0}\Delta y = \lim_{\Delta x \to 0}\left[6x_0\Delta x + 3(\Delta x)^2\right] = 0$$

因此，根据函数连续的定义，$y = 3x^2 + 1$ 在点 $x = x_0$ 处连续，由于 x_0 是 $(-\infty, +\infty)$ 内的任意点，所以 $y = 3x^2 + 1$ 在 $(-\infty, +\infty)$ 内连续.

(2) $y = \cos x$，$x \in (-\infty, +\infty)$

设 x_0 是 $(-\infty, +\infty)$ 内任意一点，当 x 从 x_0 产生改变量 Δx 时，函数改变量为

$$\begin{aligned}
\Delta y &= \cos(x_0 + \Delta x) - \cos x_0 \\
&= \cos x_0 \cos \Delta x - \sin x_0 \sin \Delta x - \cos x_0 \\
&= \cos x_0(\cos \Delta x - 1) - \sin x_0 \sin \Delta x
\end{aligned}$$

$$\lim_{\Delta x \to 0}\Delta y = \lim_{\Delta x \to 0}\left[\cos x_0(\cos \Delta x - 1) - \sin x_0 \sin \Delta x\right] = 0$$

因此，根据函数连续的定义，$y = \cos x$ 在点 $x = x_0$ 处连续，由于 x_0 是 $(-\infty, +\infty)$ 内的任意点，所以 $y = \cos x$ 在 $(-\infty, +\infty)$ 内连续.

31. 求下列函数的间断点，并判断间断点的类型.

(1) $y = \dfrac{1}{(x+2)^2}$ \qquad (2) $y = \dfrac{x^2 - 1}{x^2 - 3x + 2}$

(3) $y = \dfrac{\sin x}{x}$ \qquad (4) $y = \begin{cases} \dfrac{1-x^2}{1-x}, & x \neq 1 \\ 0, & x = 1 \end{cases}$

(5) $y = \begin{cases} 0, & x < 1 \\ 2x + 1, & 1 \leqslant x < 2 \\ 1 + x^2, & 2 \leqslant x \end{cases}$ \qquad (6) $y = \begin{cases} \dfrac{\sin x}{x}, & x < 0 \\ 0, & x = 0 \\ e^{-x}, & x > 0 \end{cases}$

解： (1) 在点 $x = -2$ 处，函数无定义. 因 $\lim\limits_{x \to -2} y = +\infty$，极限不存在，所以点 $x = -2$ 是函数 $y = \dfrac{1}{(x+2)^2}$ 的第二类间断点且为无穷间断点.

(2) $y = \dfrac{x^2 - 1}{x^2 - 3x + 2} = \dfrac{(x-1)(x+1)}{(x-1)(x-2)}$

当 $x = 1$，$x = 2$ 时，函数无定义.

$$\lim_{x \to 1} y = \lim_{x \to 1}\frac{x^2 - 1}{x^2 - 3x + 2} = \lim_{x \to 1}\frac{x+1}{x-2} = -2$$

所以点 $x = 1$ 是函数 $y = \dfrac{x^2 - 1}{x^2 - 3x + 2}$ 的第一类间断点且为可去间断点.

$$\lim_{x \to 2} y = \lim_{x \to 2} \frac{x^2 - 1}{x^2 - 3x + 2} = \infty$$

所以点 $x = 2$ 为函数 $y = \dfrac{x^2 - 1}{x^2 - 3x + 2}$ 的第二类间断点且为无穷间断点.

(3) 在点 $x = 0$ 处, 函数无定义.

$$\lim_{x \to 0} y = \lim_{x \to 0} \frac{\sin x}{x} = 1$$

所以点 $x = 0$ 是函数 $y = \dfrac{\sin x}{x}$ 的第一类间断点且为可去间断点.

(4) $\lim\limits_{x \to 1} y = \lim\limits_{x \to 1} \dfrac{1 - x^2}{1 - x} = \lim\limits_{x \to 1}(1 + x) = 2$

而 $y|_{x=1} = 0$, 即 $\lim\limits_{x \to 1} y \neq y|_{x=1}$, 所以点 $x = 1$ 是函数的第一类间断点且为可去间断点.

(5) 考察在分段点 $x = 1$ 及 $x = 2$ 处函数的连续性.

在点 $x = 1$ 处:

$$\lim_{x \to 1^-} y = 0, \quad \lim_{x \to 1^+} y = \lim_{x \to 1^+}(2x + 1) = 3$$

$$\lim_{x \to 1^-} y \neq \lim_{x \to 1^+} y$$

所以点 $x = 1$ 是函数 $y = \begin{cases} 0, & x < 1 \\ 2x + 1, & 1 \leqslant x < 2 \\ 1 + x^2, & 2 \leqslant x \end{cases}$ 的第一类间断点且为跳跃间断点.

在点 $x = 2$ 处:

$$\lim_{x \to 2^-} y = \lim_{x \to 2^-}(2x + 1) = 5, \quad \lim_{x \to 2^+} y = \lim_{x \to 2^+}(1 + x^2) = 5$$

$$\lim_{x \to 2} y = 5 = y|_{x=2}$$

所以点 $x = 2$ 为函数 $y = \begin{cases} 0, & x < 1 \\ 2x + 1, & 1 \leqslant x < 2 \\ 1 + x^2, & 2 \leqslant x \end{cases}$ 的连续点, 非间断点.

(6) 考察在分段点 $x = 0$ 处函数的连续性。

$$\lim_{x \to 0^-} y = \lim_{x \to 0^-} \frac{\sin x}{x} = 1$$

$$\lim_{x \to 0^+} y = \lim_{x \to 0^+} e^{-x} = 1$$

$$\lim_{x \to 0^-} y = \lim_{x \to 0^+} y = \lim_{x \to 0} y = 1 \neq y|_{x=0}$$

所以 $x = 0$ 是函数 $y = \begin{cases} \dfrac{\sin x}{x}, & x < 0 \\ 0, & x = 0 \\ e^{-x}, & x > 0 \end{cases}$ 的第一类间断点且为可去间断点.

32. 函数 $f(x) = \begin{cases} x - 1, & x \leqslant 0 \\ x^2, & x > 0 \end{cases}$ 在点 $x = 0$ 处是否连续? 作出 $f(x)$ 的图形.

解：$\lim\limits_{x\to 0^-}f(x)=\lim\limits_{x\to 0^-}(x-1)=-1$

$\quad\lim\limits_{x\to 0^+}f(x)=\lim\limits_{x\to 0^+}x^2=0$

$\quad\lim\limits_{x\to 0^-}f(x)\neq\lim\limits_{x\to 0^+}f(x)$

所以 $f(x)$ 在点 $x=0$ 处不连续，图形如图 2—4 所示.

33. 函数 $f(x)=\begin{cases}2x, & 0\leqslant x<1\\ 3-x, & 1\leqslant x\leqslant 2\end{cases}$ 在闭区间 $[0,2]$

上是否连续? 作出 $f(x)$ 的图形.

解：$f(x)$ 在 $(0,1)$ 及 $(1,2)$ 内为初等函数，$f(x)$ 连续.

考察在分段点 $x=1$ 处函数的连续性.

$$\lim\limits_{x\to 1^-}f(x)=\lim\limits_{x\to 1^-}(2x)=2$$

$$\lim\limits_{x\to 1^+}f(x)=\lim\limits_{x\to 1^+}(3-x)=2$$

$$\lim\limits_{x\to 1^-}f(x)=\lim\limits_{x\to 1^+}f(x)=2=f(1)$$

所以在分段点 $x=1$ 处 $f(x)$ 连续.

$$\lim\limits_{x\to 0^+}f(x)=\lim\limits_{x\to 0^+}2x=0=f(0)$$

所以函数在定义区间左端点 $x=0$ 处右连续.

$$\lim\limits_{x\to 2^-}f(x)=\lim\limits_{x\to 2^-}(3-x)=1=f(2)$$

所以函数在定义区间右端点 $x=2$ 处左连续.

因此，函数 $y=\begin{cases}2x, & 0\leqslant x<1\\ 3-x, & 1\leqslant x\leqslant 2\end{cases}$ 在 $[0,2]$ 上连续，图形

如图 2—5 所示.

34. 函数 $f(x)=\begin{cases}|x|, & |x|\leqslant 1\\ \dfrac{x}{|x|}, & 1<|x|\leqslant 3\end{cases}$ 在其定义域内是否连续? 作出 $f(x)$ 的图形.

解：$f(x)$ 的定义域为 $[-3,3]$.

在 $(-3,-1)$，$(-1,1)$，$(1,3)$ 内 $f(x)$ 为连续函数.

下面考察函数在定义域区间端点及分段点的连续性：

$$\lim\limits_{x\to -3^+}f(x)=\lim\limits_{x\to -3^+}\left(\frac{x}{|x|}\right)=\lim\limits_{x\to -3^+}\left(\frac{x}{-x}\right)=-1=f(-3)$$

所以 $f(x)$ 在定义区间左端点 $x=-3$ 处右连续.

$$\lim\limits_{x\to 3^-}f(x)=\lim\limits_{x\to 3^-}\frac{x}{|x|}=\lim\limits_{x\to 3^-}\frac{x}{x}=1=f(3)$$

所以 $f(x)$ 在定义区间右端点 $x=3$ 处左连续.

$$\lim\limits_{x\to -1^-}f(x)=\lim\limits_{x\to -1^-}\frac{x}{|x|}=\lim\limits_{x\to -1^-}\left(\frac{x}{-x}\right)=-1$$

$$\lim\limits_{x\to -1^+}f(x)=\lim\limits_{x\to -1^+}|x|=\lim\limits_{x\to -1^+}(-x)=1$$

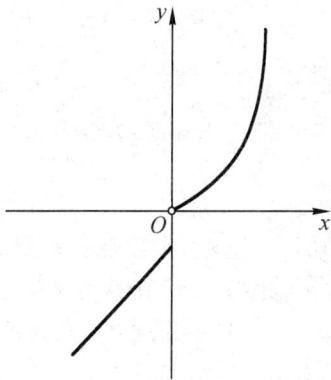

图 2—4

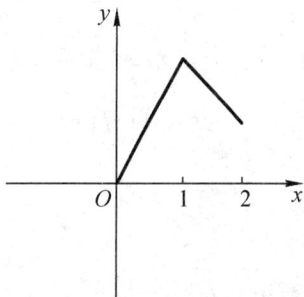

图 2—5

$$\lim_{x \to -1^-} f(x) \neq \lim_{x \to -1^+} f(x)$$

所以，在分段点 $x = -1$ 处 $f(x)$ 不连续.

$$\lim_{x \to 1^-} f(x) = \lim_{x \to 1^-} |x| = 1, \ \lim_{x \to 1^+} f(x) = \lim_{x \to 1^+} \frac{x}{|x|} = 1$$

$$\lim_{x \to 1^-} f(x) = \lim_{x \to 1^+} f(x) = \lim_{x \to 1} f(x) = 1 = f(1)$$

所以 $f(x)$ 在分段点 $x = 1$ 处连续.

函数 $f(x)$ 在其定义域 $[-3, 3]$ 内除在一个分段点 $x = -1$ 处不连续外，在其他点均连续，图形如图 2—6 所示.

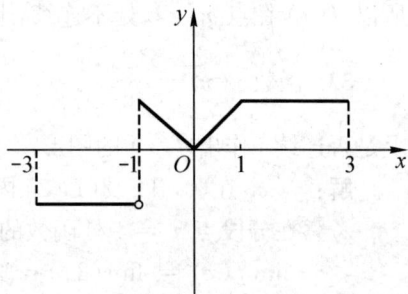

图 2—6

35. 给下列函数 $f(x)$ 补充定义 $f(0)$ 等于一个什么数值，能使修改后的函数 $f(x)$ 在点 $x = 0$ 处连续?

(1) $f(x) = \dfrac{\sqrt{1+x} - \sqrt{1-x}}{x}$

(2) $f(x) = \sin x \cos \dfrac{1}{x}$

(3) $f(x) = \ln(1 + kx)^{\frac{m}{x}}$ （k, m 为常数）

解: (1) $\lim_{x \to 0} f(x) = \lim_{x \to 0} \dfrac{\sqrt{1+x} - \sqrt{1-x}}{x}$

$$= \lim_{x \to 0} \frac{2x}{x(\sqrt{1+x} + \sqrt{1-x})}$$

$$= 1$$

所以补充定义 $f(0) = 1$，可使修改后的 $f(x)$ 在点 $x = 0$ 处连续.

(2) $\lim_{x \to 0} f(x) = \lim_{x \to 0} \sin x \cos \dfrac{1}{x} = 0$

所以补充定义 $f(0) = 0$，可使修改后的 $f(x)$ 在点 $x = 0$ 处连续.

(3) $\lim_{x \to 0} f(x) = \lim_{x \to 0} \ln(1 + kx)^{\frac{m}{x}} = \lim_{x \to 0} \ln \left[(1 + kx)^{\frac{1}{kx}} \right]^{mk} = \ln e^{mk} = mk$

所以补充定义 $f(0) = mk$，可使修改后的 $f(x)$ 在点 $x = 0$ 处连续.

36. 设 $f(x) = \begin{cases} \dfrac{1}{x} \sin x, & x < 0 \\ k, & x = 0 \\ x \sin \dfrac{1}{x} + 1, & x > 0 \end{cases}$ （其中 k 为常数），问 k 为何值时，函数 $f(x)$

在其定义域内连续? 为什么?

解: $f(x)$ 的定义域为 $(-\infty, +\infty)$，$f(x)$ 在 $x \neq 0$ 处均连续，要使 $f(x)$ 在定义域内连续，只要 $f(x)$ 在点 $x = 0$ 处连续即可.

$$\lim_{x \to 0^-} f(x) = \lim_{x \to 0^-} \frac{1}{x} \sin x = 1$$

$$\lim_{x \to 0^+} f(x) = \lim_{x \to 0^+} x \sin \frac{1}{x} + 1 = 1$$

所以只要定义 $f(0)=k=1$，就有 $\lim\limits_{x\to0}f(x)=f(0)$，则 $f(x)$ 在点 $x=0$ 处连续，所以当 $k=1$ 时，$f(x)$ 在定义域 $(-\infty,+\infty)$ 内连续.

37. 设 $f(x)=\begin{cases}\dfrac{\sin2x}{x}, & x<0 \\ 3x^2-2x+k, & x\geq0\end{cases}$ （其中 k 为常数），问 k 为何值时，函数 $f(x)$ 在其定义域内连续？为什么？

解： $f(x)$ 的定义域为 $(-\infty,+\infty)$，$f(x)$ 在 $x\neq0$ 处均连续，要使 $f(x)$ 在定义域内连续，只要 $f(x)$ 在点 $x=0$ 处连续即可.

显然不论 k 为何值，$f(x)$ 在点 $x=0$ 处均右连续，因此只要 $f(0)=k$ 的值等于 $f(x)$ 在点 $x=0$ 处的左极限值即可.

$$\lim_{x\to0^-}\frac{\sin2x}{x}=2$$

因此，当 $k=2$ 时，就有 $\lim\limits_{x\to0}f(x)=f(0)$，则 $f(x)$ 在点 $x=0$ 处连续，所以当 $k=2$ 时，$f(x)$ 就在其定义域 $(-\infty,+\infty)$ 内连续.

38. 下列函数 $f(x)$ 在点 $x=0$ 处是否连续？为什么？

(1) $f(x)=\begin{cases}x^2\sin\dfrac1x, & x\neq0 \\ 0, & x=0\end{cases}$

(2) $f(x)=\begin{cases}\mathrm{e}^{-\frac{1}{x^2}}, & x\neq0 \\ 0, & x=0\end{cases}$

(3) $f(x)=\begin{cases}\dfrac{\sin x}{|x|}, & x\neq0 \\ 1, & x=0\end{cases}$

(4) $f(x)=\begin{cases}\mathrm{e}^x, & x\leq0 \\ \dfrac{\sin x}{x}, & x>0\end{cases}$

解： (1) $\lim\limits_{x\to0}f(x)=\lim\limits_{x\to0}x^2\sin\dfrac1x=0=f(0)$

所以 $f(x)$ 在点 $x=0$ 处连续.

(2) $\lim\limits_{x\to0}f(x)=\lim\limits_{x\to0}\mathrm{e}^{-\frac{1}{x^2}}=0=f(0)$

所以 $f(x)$ 在点 $x=0$ 处连续.

(3) $\lim\limits_{x\to0^-}f(x)=\lim\limits_{x\to0^-}\dfrac{\sin x}{-x}=-1$

$\lim\limits_{x\to0^+}f(x)=\lim\limits_{x\to0^+}\dfrac{\sin x}{x}=1$

$\lim\limits_{x\to0}f(x)$ 不存在，所以 $f(x)$ 在点 $x=0$ 处不连续.

(4) 显然 $f(x)$ 在点 $x=0$ 处左连续，即 $\lim\limits_{x\to0^-}f(x)=1=f(0)$

$\lim\limits_{x\to0^+}f(x)=\lim\limits_{x\to0^+}\dfrac{\sin x}{x}=1=f(0)$

所以 $f(x)$ 在点 $x=0$ 处右连续. 因此，$f(x)$ 在点 $x=0$ 处连续.

39. 证明方程 $x^5-3x=1$ 在 1 与 2 之间至少存在一个实根.

证：设 $f(x)=x^5-3x-1$，则 $f(x)$ 在闭区间 $[1,2]$ 上连续，且 $f(1)=1-3-1=$ $-3<0$，$f(2)=32-6-1=25>0$，由闭区间上连续函数的介值定理可知，至少存在一个 $x\in(1,2)$，使 $f(x)=0$，即方程 $x^5-3x=1$ 在 1 与 2 之间至少有一个实根.

40. 证明曲线 $y=x^4-3x^2+7x-10$ 在 $x=1$ 与 $x=2$ 之间至少与 x 轴有一个交点.

证：设 $y=y(x)=x^4-3x^2+7x-10$，显然，$y(x)$ 在 $[1,2]$ 上连续，且 $y(1)=$ $-5<0$，$y(2)=8>0$，所以至少存在一个 $x\in(1,2)$，使 $y(x)=0$，即曲线 $y=x^4-3x^2+7x-10$ 在 $x=1$ 与 $x=2$ 之间与 x 轴至少有一个交点.

41. 设 $f(x)=e^x-2$，求证在区间 $(0,2)$ 内至少有一点 x_0，使 $e^{x_0}-2=x_0$.

证：设 $\varphi(x)=e^x-2-x$，那么 $\varphi(x)$ 在 $[0,2]$ 上连续，$\varphi(0)=e^0-2-0=-1<0$，$\varphi(2)=e^2-2-2=e^2-4>0$，所以在区间 $(0,2)$ 内至少有一点 x_0，使 $\varphi(x_0)=e^{x_0}-2-x_0=0$，于是可得 $e^{x_0}-2=x_0$.

42. 求下列极限：

$(1)\ \lim\limits_{x\to0}\dfrac{\ln(1+x^2)}{\sin(1+x^2)}$
$\qquad\qquad (2)\ \lim\limits_{x\to0}\left[\dfrac{\lg(100+x)}{a^x+\arcsin x}\right]^{\frac{1}{2}}$

解：$(1)\ f(x)=\dfrac{\ln(1+x^2)}{\sin(1+x^2)}$ 是初等函数，在 $x=0$ 处连续，所以

$$\lim_{x\to0}\frac{\ln(1+x^2)}{\sin(1+x^2)}=\frac{\ln(1+0)}{\sin(1+0)}=\frac{0}{\sin1}=0$$

$(2)\ f(x)=\left[\dfrac{\lg(100+x)}{a^x+\arcsin x}\right]^{\frac{1}{2}}$ 是初等函数，在 $x=0$ 处连续，所以

$$\lim_{x\to0}\left[\frac{\lg(100+x)}{a^x+\arcsin x}\right]^{\frac{1}{2}}=\left[\frac{\lg(100+0)}{a^0+\arcsin0}\right]^{\frac{1}{2}}=\sqrt{\frac{2}{1}}=\sqrt{2}$$

(B)

1. 下列数列收敛的是[　　].

$(A)\ f(n)=(-1)^{n+1}\dfrac{n}{n+1}$
$\qquad (B)\ f(n)=\begin{cases}\dfrac{1}{n}+1,&n\text{ 为奇数}\\[2mm]\dfrac{1}{n}-1,&n\text{ 为偶数}\end{cases}$

$(C)\ f(n)=\begin{cases}\dfrac{1}{n},&n\text{ 为奇数}\\[2mm]\dfrac{1}{n+1},&n\text{ 为偶数}\end{cases}$
$\qquad (D)\ f(n)=\begin{cases}\dfrac{1+2^n}{2^n},&n\text{ 为奇数}\\[2mm]\dfrac{1-2^n}{2^n},&n\text{ 为偶数}\end{cases}$

解：(A)，(B)，(D) 中的数列 $f(n)$ 都是奇数项趋向于 1 且偶数项趋向于 -1，故都是发散的，只有 (C) 中数列 $f(n)$ 以 0 为极限.

故本题应选 (C).

2. 下列数列发散的是[   ].

(A) $1, 0, 1, 0, \cdots$

(B) $\dfrac{1}{2}, 0, \dfrac{1}{4}, 0, \cdots$

(C) $\dfrac{3}{2}, \dfrac{2}{3}, \dfrac{5}{4}, \dfrac{4}{5}, \cdots$

(D) $1, \dfrac{1}{3}, \dfrac{1}{2}, \dfrac{1}{5}, \dfrac{1}{3}, \dfrac{1}{7}, \dfrac{1}{4}, \dfrac{1}{9}, \cdots$

解：(A) $1, 0, 1, 0, \cdots$ 发散；

(B) $\dfrac{1}{2}, 0, \dfrac{1}{4}, 0, \cdots$ 收敛于零；

(C) $\dfrac{3}{2}, \dfrac{2}{3}, \dfrac{5}{4}, \dfrac{4}{5}, \cdots$ 收敛于 1；

(D) $1, \dfrac{1}{3}, \dfrac{1}{2}, \dfrac{1}{5}, \dfrac{1}{3}, \dfrac{1}{7}, \dfrac{1}{4}, \dfrac{1}{9}, \cdots$ 收敛于零.

故本题应选(A).

3. 设 $y_n = 0.\underbrace{11\cdots1}_{n \uparrow 1}$，则当 $n \to \infty$ 时，数列 y_n[   ].

(A) 收敛于 0.1

(B) 收敛于 0.2

(C) 收敛于 $\dfrac{1}{9}$

(D) 发散

解：因为 $y_n = 0.11\cdots1 = \dfrac{1}{10} + \dfrac{1}{10^2} + \cdots + \dfrac{1}{10^n} = \dfrac{\dfrac{1}{10}\left(1 - \dfrac{1}{10^n}\right)}{1 - \dfrac{1}{10}}$

$$= \dfrac{1}{9}\left(1 - \dfrac{1}{10^n}\right)$$

所以 $\quad \lim\limits_{n \to \infty} y_n = \lim\limits_{n \to \infty} \dfrac{1}{9}\left(1 - \dfrac{1}{10^n}\right) = \dfrac{1}{9}$

故本题应选(C).

4. 数列 x_n 与 y_n 的极限分别为 A 与 B，且 $A \neq B$，那么数列 $x_1, y_1, x_2, y_2, x_3, y_3, \cdots$ 的极限是[   ].

(A) A　　　　(B) B　　　　(C) $A+B$　　　　(D) 不存在

解：数列 $x_1, y_1, x_2, y_2, x_3, y_3, \cdots$ 的奇数项趋向于 A，偶数项趋于 B，由于 $A \neq B$，因此给定数列的极限不存在.

故本题应选(D).

5. "$f(x)$ 在点 $x = x_0$ 处有定义"是当 $x \to x_0$ 时 $f(x)$ 有极限的[   ].

(A) 必要条件

(B) 充分条件

(C) 充分必要条件

(D) 无关条件

解：函数 $f(x)$ 在点 $x = x_0$ 处极限是否存在，与 $f(x)$ 在点 $x = x_0$ 处是否有定义无关.

故本题应选(D).

6. $\lim\limits_{x \to 2} \dfrac{|x-2|}{x-2} = $[   ].

(A) -1　　　　(B) 1　　　　(C) ∞　　　　(D) 不存在

解：$\lim\limits_{x\to 2^-}\dfrac{|x-2|}{x-2}=\lim\limits_{x\to 2^-}\dfrac{2-x}{x-2}=-1$

$\qquad\lim\limits_{x\to 2^+}\dfrac{|x-2|}{x-2}=\lim\limits_{x\to 2^+}\dfrac{x-2}{x-2}=1$

所以 $\lim\limits_{x\to 2}\dfrac{|x-2|}{x-2}$ 不存在.

故本题应选(D).

7. $\lim\limits_{x\to\infty}e^x=[\qquad]$.

(A) 0 　　　　(B) $+\infty$ 　　(C) ∞ 　　　　(D) 不存在

解：$\lim\limits_{x\to-\infty}e^x=0$，$\lim\limits_{x\to+\infty}e^x=+\infty$，所以$\lim\limits_{x\to\infty}e^x$不存在.

故本题应选(D).

8. $\lim\limits_{x\to 1}\dfrac{x^2-1}{x-1}e^{\frac{1}{x-1}}=[\qquad]$.

(A) ∞ 　　　　(B) $+\infty$ 　　(C) 0 　　　　(D) 不存在

解：因 $\lim\limits_{x\to 1}\dfrac{x^2-1}{x-1}=2$

$\qquad\lim\limits_{x\to 1^+}e^{\frac{1}{x-1}}=+\infty$，$\lim\limits_{x\to 1^-}e^{\frac{1}{x-1}}=0$

故 $\qquad\lim\limits_{x\to 1^+}\dfrac{x^2-1}{x-1}e^{\frac{1}{x-1}}=+\infty$

$\qquad\quad\lim\limits_{x\to 1^-}\dfrac{x^2-1}{x-1}e^{\frac{1}{x-1}}=0$

所以 $\lim\limits_{x\to 1}\dfrac{x^2-1}{x-1}e^{\frac{1}{x-1}}$ 不存在.

故本题应选(D).

注释：(ⅰ) $x\to x_0$（包括 $x\to x_0^-$ 与 $x\to x_0^+$）.

当 $\lim\limits_{x\to x_0^-}f(x)=\lim\limits_{x\to x_0^+}f(x)=A$（或 ∞）时才有 $\lim\limits_{x\to x_0}f(x)=A$（或 ∞）.

(ⅱ) $x\to\infty$ 是指 x 的绝对值无限增大（包括 $x\to-\infty$ 与 $x\to+\infty$）.

当 $\lim\limits_{x\to-\infty}f(x)=\lim\limits_{x\to+\infty}f(x)=A$（或 ∞）时才有 $\lim\limits_{x\to\infty}f(x)=A$（或 ∞）.

9. 下列极限存在的是[　　　].

(A) $\lim\limits_{x\to\infty}\dfrac{x(x+1)}{x^2}$ 　　　　　　(B) $\lim\limits_{x\to 0}\dfrac{1}{2^x-1}$

(C) $\lim\limits_{x\to 0}e^{\frac{1}{x}}$ 　　　　　　　　(D) $\lim\limits_{x\to+\infty}\sqrt{\dfrac{x^2+1}{x}}$

解：(A) $\lim\limits_{x\to\infty}\dfrac{x(x+1)}{x^2}=1$，故本题应选(A).

(B) 中极限为 ∞，(D) 中极限为 $+\infty$，(C) 中左极限为零，右极限为 $+\infty$，极限不存在.

10. 已知 $\lim\limits_{x\to 2}\dfrac{x^2+ax+b}{x^2-x-2}=2$，则 a，b 的值是[　　　].

(A) $a = -8, b = 2$ (B) $a = 2, b$ 为任意值

(C) $a = 2, b = -8$ (D) a, b 均为任意值

解： 由 $\lim\limits_{x \to 2} \dfrac{x^2 + ax + b}{x^2 - x - 2} = 2$ 且 $\lim\limits_{x \to 2}(x^2 - x - 2) = 0$，必有 $\lim\limits_{x \to 2}(x^2 + ax + b) = 4 + 2a + b = 0$，于是有 $b = -2a - 4$，代入原式，有

$$\lim_{x \to 2} \frac{x^2 + ax - 2a - 4}{x^2 - x - 2} = \lim_{x \to 2} \frac{(x-2)(x+2+a)}{(x-2)(x+1)}$$

$$= \lim_{x \to 2} \frac{x+2+a}{x+1} = \frac{4+a}{3} = 2$$

所以可得 $a = 2, b = -8$.

故本题应选（C）.

11. $\lim\limits_{x \to \infty} \dfrac{x^2 + 2x - \sin x}{2x^2 + \sin x} = [\qquad]$.

(A) $\dfrac{1}{2}$ (B) 2 (C) 0 (D) 不存在

解： $\lim\limits_{x \to \infty} \dfrac{x^2 + 2x - \sin x}{2x^2 + \sin x} = \lim\limits_{x \to \infty} \dfrac{1 + \dfrac{2}{x} - \dfrac{\sin x}{x^2}}{2 + \dfrac{\sin x}{x^2}} = \dfrac{1}{2}$

（其中 $\lim\limits_{x \to \infty} \dfrac{\sin x}{x^2} = 0$ 是利用"无穷小量与有界变量的乘积极限为 0"的性质.）

本题应选（A）.

12. 下列变量在给定的变化过程中，不是无穷大量的是[   ].

(A) $e^{-\frac{1}{x}}$ $(x \to 0^-)$ (B) $\dfrac{x}{\sqrt{x^3 + 1}}$ $(x \to +\infty)$

(C) $\lg x$ $(x \to 0^+)$ (D) $\lg x$ $(x \to +\infty)$

解： (A) $\lim\limits_{x \to 0^-} e^{-\frac{1}{x}} = +\infty$

(B) $\lim\limits_{x \to +\infty} \dfrac{x}{\sqrt{x^3 + 1}} = \lim\limits_{x \to +\infty} \dfrac{1}{\sqrt{x + \dfrac{1}{x^2}}} = 0$

故本题应选（B）.

(C) $\lim\limits_{x \to 0^+} \lg x = -\infty$

(D) $\lim\limits_{x \to +\infty} \lg x = +\infty$

13. 数列 $f(n) = \begin{cases} \dfrac{n^2 + \sqrt{n}}{n}, & n \text{ 为奇数} \\ \dfrac{1}{n}, & n \text{ 为偶数} \end{cases}$，当 $n \to \infty$ 时，$f(n)$ 是[   ].

(A) 无穷大量   (B) 无穷小量

(C) 有界变量，但非无穷小量   (D) 无界变量，但非无穷大量

解： 当 n 为奇数时，$\lim\limits_{n \to \infty} f(n) = \lim\limits_{n \to \infty} \dfrac{n^2 + \sqrt{n}}{n} = +\infty$；当 n 为偶数时，$\lim\limits_{n \to \infty} f(n) = \lim\limits_{n \to \infty} \dfrac{1}{n} = $

0，所以 $f(n)$ 无界，但非无穷大量.

本题应选(D).

14. 当 $x \to 0$ 时，无穷小量 $\alpha = x^2$ 与 $\beta = 1 - \sqrt{1 - 2x^2}$ 的关系是[   ].

(A) β 与 α 是等价无穷小量   (B) β 与 α 是同阶非等价无穷小量

(C) β 是比 α 高阶的无穷小量   (D) β 是比 α 低阶的无穷小量

解：$\displaystyle\lim_{x \to 0} \frac{1 - \sqrt{1 - 2x^2}}{x^2} = \lim_{x \to 0} \frac{1 - 1 + 2x^2}{x^2(1 + \sqrt{1 - 2x^2})}$

$$= \lim_{x \to 0} \frac{2}{1 + \sqrt{1 - 2x^2}} = 1$$

所以 β 与 α 是等价无穷小量.

故本题应选(A).

15. 当 $x \to \infty$ 时，若 $\dfrac{1}{ax^2 + bx + c} = o\left(\dfrac{1}{x+1}\right)$，则 a, b, c 的值一定为[   ].

(A) $a = 0, b = 1, c = 1$ (B) $a \neq 0, b = 1, c$ 为任意常数

(C) $a \neq 0, b, c$ 为任意常数   (D) a, b, c 均为任意常数

解：根据题设

$$\lim_{x \to \infty} \frac{\dfrac{1}{ax^2 + bx + c}}{\dfrac{1}{x+1}} = \lim_{x \to \infty} \frac{x+1}{ax^2 + bx + c} = 0$$

只有当 $a \neq 0$ 时，上式才能为 0. 当 $a \neq 0$ 时，b, c 取任何常数对上面的极限都没有影响.

故本题应选(C).

16. 当 $x \to \infty$ 时，若 $\dfrac{1}{ax^2 + bx + c} \sim \dfrac{1}{x+1}$，则 a, b, c 的值一定是[   ].

(A) $a = 0, b = 1, c = 1$ (B) $a = 0, b = 1, c$ 为任意常数

(C) $a = 0, b, c$ 为任意常数   (D) a, b, c 均为任意常数

解：根据题设

$$\lim_{x \to \infty} \frac{\dfrac{1}{ax^2 + bx + c}}{\dfrac{1}{x+1}} = \lim_{x \to \infty} \frac{x+1}{ax^2 + bx + c} = 1$$

若 $a \neq 0$，则上式极限应为 0，所以只能 $a = 0$；但若 $b \neq 1$，则上式极限为 $\dfrac{1}{b}$，故必须有 $b = 1$；当 $a = 0, b = 1$ 时，c 为任意常数，上式极限均为 1.

故本题应选(B).

17. 已知当 $x \to 0$ 时，$f(x)$ 是无穷大量，下列变量当 $x \to 0$ 时一定是无穷小量的是[   ].

(A) $x \cdot f(x)$ (B) $x + f(x)$

(C) $\dfrac{x}{f(x)}$ (D) $f(x) - \dfrac{1}{x}$

解：(A) $x \cdot f(x)$ 是无穷小量与无穷大量的乘积，不一定是无穷小量. 例如，$f(x) = \dfrac{1}{x}$ 当 $x \to 0$ 时是无穷大量，但 $x \cdot f(x) = x \cdot \dfrac{1}{x} = 1$ 不是无穷小量；$f(x) = \dfrac{1}{\sqrt{x}}$ 当 $x \to 0$ 时是无穷大量，但 $xf(x) = x \cdot \dfrac{1}{\sqrt{x}} = \sqrt{x}$ $(x > 0)$ 当 $x \to 0$ 时是无穷小量，故 $x \cdot f(x)$ 有可能是无穷小量，但不一定是无穷小量.

(B) $x + f(x)$ 是无穷小量与无穷大量之和，是无界变量，不是无穷小量.

(C) $\lim\limits_{x \to 0} \dfrac{x}{f(x)} = \lim\limits_{x \to 0} x \lim\limits_{x \to 0} \dfrac{1}{f(x)} = 0$，所以当 $x \to 0$ 时，$\dfrac{x}{f(x)}$ 是无穷小量.

故本题应选(C).

(D) $f(x) - \dfrac{1}{x}$ 是无穷大量与无穷大量之差，不一定是无穷小量. 例如，$f(x) = \dfrac{2}{x}$ 是无穷大量，但 $f(x) - \dfrac{1}{x} = \dfrac{2}{x} - \dfrac{1}{x} = \dfrac{1}{x}$ 是无穷大量；但如果 $f(x) = \dfrac{1}{x}$，那么 $f(x) - \dfrac{1}{x} = 0$ 是无穷小量，即 $f(x) - \dfrac{1}{x}$ 有可能是无穷小量，但不一定是无穷小量.

18. 下列变量在给定的变化过程中为无穷大量的是[　　].

(A) $x\sin\dfrac{1}{x}$ $(x \to 0)$ 　　　　(B) $\dfrac{1}{x}\sin x$ $(x \to 0)$

(C) $x\cos x$ $(x \to \infty)$ 　　　　(D) $\dfrac{1}{x}\cos x$ $(x \to 0)$

解：(A) $\lim\limits_{x \to 0} x\sin\dfrac{1}{x} = 0$

(B) $\lim\limits_{x \to 0} \dfrac{1}{x}\sin x = 1$

(C) 当 $x \to \infty$ 时，$x\cos x$ 的绝对值虽然有时可以大于任意给定的正数 M，但因 $\cos x$ 的值周期性地等于零，故 $x\cos x$ 不能保证以后永远大于 M，所以当 $x \to \infty$ 时，$x\cos x$ 无界，但不是无穷大量.

(D) $\lim\limits_{x \to 0} \dfrac{1}{x}\cos x = \infty$

故本题应选(D).

19. 如果 $\lim\limits_{x \to 0} \dfrac{3\sin mx}{2x} = \dfrac{2}{3}$，则 $m = $ [　　].

(A) $\dfrac{2}{3}$ 　　　　(B) $\dfrac{3}{2}$ 　　　　(C) $\dfrac{4}{9}$ 　　　　(D) $\dfrac{9}{4}$

解：$\lim\limits_{x \to 0} \dfrac{3\sin mx}{2x} = \dfrac{3}{2} \lim\limits_{x \to 0} \dfrac{m\sin mx}{mx} = \dfrac{3}{2} m = \dfrac{2}{3}$

所以 $m = \dfrac{4}{9}$.

故本题应选(C).

20. $\lim\limits_{x \to 1} \dfrac{\sin(x^2 - 1)}{x - 1} = $ [　　].

(A) 1　　　　(B) 2　　　　(C) $\dfrac{1}{2}$　　　　(D) 0

解：$\lim\limits_{x\to 1}\dfrac{\sin(x^2-1)}{x-1}=\lim\limits_{x\to 1}\dfrac{(x+1)\sin(x^2-1)}{x^2-1}=2$

故本题应选(B).

21. 当 $x\to 0$ 时，下列变量是 $\sin^2 x$ 的等价无穷小量的是[　　].

(A) $\sqrt{x}$　　　　(B) x　　　　(C) x^2　　　　(D) x^3

解：(A) $\lim\limits_{x\to 0}\dfrac{\sin^2 x}{\sqrt{x}}=\lim\limits_{x\to 0}\dfrac{\sin^2 x}{x^2}\cdot x\cdot\sqrt{x}=0$

(B) $\lim\limits_{x\to 0}\dfrac{\sin^2 x}{x}=\lim\limits_{x\to 0}\dfrac{\sin^2 x}{x^2}\cdot x=0$

(C) $\lim\limits_{x\to 0}\dfrac{\sin^2 x}{x^2}=1$

故本题应选(C).

(D) $\lim\limits_{x\to 0}\dfrac{\sin^2 x}{x^3}=\lim\limits_{x\to 0}\dfrac{\sin^2 x}{x^2}\dfrac{1}{x}=\infty$

22. 当 $x\to\infty$ 时，下列变量中不是无穷小量的是[　　].

(A) $\dfrac{x\sin(1-x^2)}{1-x^2}$　　　　　　(B) $(1-x^2)\sin\dfrac{x}{1-x^2}$

(C) $\dfrac{(1-x^2)\sin\dfrac{1}{1-x^2}}{x}$　　　　(D) $\dfrac{1}{1-x^2}\sin\dfrac{1-x^2}{x}$

解：(A) $\lim\limits_{x\to\infty}\dfrac{x\sin(1-x^2)}{1-x^2}=\lim\limits_{x\to\infty}\dfrac{x}{1-x^2}\sin(1-x^2)=0$

(B) $\lim\limits_{x\to\infty}(1-x^2)\sin\dfrac{x}{1-x^2}=\lim\limits_{x\to\infty}\dfrac{x\sin\dfrac{x}{1-x^2}}{\dfrac{x}{1-x^2}}=\infty$

故本题应选(B).

(C) $\lim\limits_{x\to\infty}\dfrac{(1-x^2)\sin\dfrac{1}{1-x^2}}{x}=\lim\limits_{x\to\infty}\dfrac{1}{x}\dfrac{\sin\dfrac{1}{1-x^2}}{\dfrac{1}{1-x^2}}=0$

(D) $\lim\limits_{x\to\infty}\dfrac{1}{1-x^2}\sin\dfrac{1-x^2}{x}=\lim\limits_{x\to\infty}\dfrac{1}{x}\cdot\dfrac{\sin\dfrac{1-x^2}{x}}{\dfrac{1-x^2}{x}}=0$

23. 下面结论正确的是[　　].

(A) $\lim\limits_{x\to\infty}\left(1-\dfrac{1}{x}\right)^x=\mathrm{e}$　　　　(B) $\lim\limits_{x\to\infty}\left(1+\dfrac{1}{x}\right)^{-x}=\mathrm{e}$

(C) $\lim\limits_{x\to\infty}\left(1-\dfrac{1}{x}\right)^{1-x}=\mathrm{e}$　　　　(D) $\lim\limits_{x\to\infty}\left(1+\dfrac{1}{x}\right)^{2x}=\mathrm{e}$

解：(A) $\lim\limits_{x\to\infty}\left(1-\dfrac{1}{x}\right)^{x}=\lim\limits_{x\to\infty}\left[\left(1-\dfrac{1}{x}\right)^{-x}\right]^{-1}=\mathrm{e}^{-1}$

(B) $\lim\limits_{x\to\infty}\left(1+\dfrac{1}{x}\right)^{-x}=\lim\limits_{x\to\infty}\left[\left(1+\dfrac{1}{x}\right)^{x}\right]^{-1}=\mathrm{e}^{-1}$

(C) $\lim\limits_{x\to\infty}\left(1-\dfrac{1}{x}\right)^{1-x}=\lim\limits_{x\to\infty}\left(1-\dfrac{1}{x}\right)^{-x}\left(1-\dfrac{1}{x}\right)=\mathrm{e}$

故本题应选(C).

(D) $\lim\limits_{x\to\infty}\left(1+\dfrac{1}{x}\right)^{2x}=\lim\limits_{x\to\infty}\left[\left(1+\dfrac{1}{x}\right)^{x}\right]^{2}=\mathrm{e}^{2}$

24. 下列极限中结果等于 e 的是[　　].

(A) $\lim\limits_{x\to0}\left(1+\dfrac{\sin x}{x}\right)^{\frac{x}{\sin x}}$ 　　　　(B) $\lim\limits_{x\to\infty}\left(1+\dfrac{\sin x}{x}\right)^{\frac{x}{\sin x}}$

(C) $\lim\limits_{x\to\infty}\left(1-\dfrac{\sin x}{x}\right)^{-\frac{x}{x}}$ 　　　　(D) $\lim\limits_{x\to0}\left(1+\dfrac{\sin x}{x}\right)^{\frac{\sin x}{x}}$

解：(A) $\lim\limits_{x\to0}\left(1+\dfrac{\sin x}{x}\right)^{\frac{x}{\sin x}}=2$

(B) $\lim\limits_{x\to\infty}\left(1+\dfrac{\sin x}{x}\right)^{\frac{x}{\sin x}}=\mathrm{e}$

故本题应选(B).

(C) $\lim\limits_{x\to\infty}\left(1-\dfrac{\sin x}{x}\right)^{-\frac{x}{x}}=1$

(D) $\lim\limits_{x\to0}\left(1+\dfrac{\sin x}{x}\right)^{\frac{\sin x}{x}}=2$

25. 函数 $f(x)=\begin{cases}\mathrm{e}^{-\frac{1}{x-1}}, & x\neq1\\ 0, & x=1\end{cases}$ 在点 $x=1$ 处[　　].

(A) 连续 　　　　　　(B) 不连续，但右连续

(C) 不连续，但左连续 　　(D) 左、右都不连续

解：$\lim\limits_{x\to1^{-}}f(x)=\lim\limits_{x\to1^{-}}\mathrm{e}^{-\frac{1}{x-1}}=+\infty$

$\lim\limits_{x\to1^{+}}f(x)=\lim\limits_{x\to1^{+}}\mathrm{e}^{-\frac{1}{x-1}}=0=f(1)$

所以 $f(x)$ 在点 $x=1$ 处不连续，但右连续.

故本题应选(B).

26. 设 $f(x)=\begin{cases}\dfrac{1}{x}\sin x, & x<0\\ a, & x=0 \\ x\sin\dfrac{1}{x}+b, & x>0\end{cases}$，在 $x=0$ 处，下列结论不一定正确的

是[　　].

(A) 当 $a=1$ 时 $f(x)$ 左连续 　　(B) 当 $a=b$ 时 $f(x)$ 右连续

(C) 当 $b=1$ 时 $f(x)$ 必连续   (D) 当 $a=b=1$ 时 $f(x)$ 必连续

解：因 $\lim\limits_{x\to 0^-}f(x)=\lim\limits_{x\to 0^-}\dfrac{1}{x}\sin x=1$，$\lim\limits_{x\to 0^+}f(x)=\lim\limits_{x\to 0^+}\left(x\sin\dfrac{1}{x}+b\right)=b$，所以(A)，(B)，(D) 均正确，只有(C) 不一定正确．

故本题应选(C).

27. 函数 $y=\dfrac{1}{\ln|x|}$ 的间断点有[   ].

(A) 1 个   (B) 2 个   (C) 3 个   (D) 4 个

解：点 $x=0$，$x=-1$，$x=1$ 为 $y=\dfrac{1}{\ln|x|}$ 的间断点．

故本题应选(C).

28. 下列函数在点 $x=0$ 处均不连续，其中点 $x=0$ 是 $f(x)$ 的可去间断点的是[   ].

(A) $f(x)=1+\dfrac{1}{x}$ (B) $f(x)=\dfrac{1}{x}\sin x$

(C) $f(x)=\mathrm{e}^{\frac{1}{x}}$ (D) $f(x)=\begin{cases}\mathrm{e}^{\frac{1}{x}}, & x<0 \\ \mathrm{e}^x, & x\geqslant 0\end{cases}$

解：(A) $\lim\limits_{x\to 0}\left(1+\dfrac{1}{x}\right)=\infty$，$\lim\limits_{x\to 0}f(x)$ 不存在，所以点 $x=0$ 是 $f(x)$ 的第二类间断点．

(B) $\lim\limits_{x\to 0}\left(\dfrac{1}{x}\sin x\right)=1$，$\lim\limits_{x\to 0}f(x)$ 存在，$f(x)$ 在点 $x=0$ 处无定义，点 $x=0$ 是 $f(x)$ 的可去间断点．

故本题应选(B).

(C) $\lim\limits_{x\to 0^-}\mathrm{e}^{\frac{1}{x}}=0$，$\lim\limits_{x\to 0^+}\mathrm{e}^{\frac{1}{x}}=+\infty$，$\lim\limits_{x\to 0}f(x)$ 不存在，所以点 $x=0$ 是 $f(x)$ 的第二类间断点．

(D) $\lim\limits_{x\to 0^-}\mathrm{e}^{\frac{1}{x}}=0$，$\lim\limits_{x\to 0^+}\mathrm{e}^x=1$，$\lim\limits_{x\to 0}f(x)$ 不存在，所以点 $x=0$ 是 $f(x)$ 的第一类间断点且为跳跃间断点．

29. 若要修补 $f(x)=\dfrac{1-\sqrt{1-x}}{1-\sqrt[3]{1-x}}$，使其在点 $x=0$ 处连续，则要补充定义 $f(0)=$ [   ].

(A) $\dfrac{3}{2}$ (B) $\dfrac{1}{2}$ (C) 3   (D) 1

解：$f(0)=\lim\limits_{x\to 0}f(x)=\lim\limits_{x\to 0}\dfrac{1-\sqrt{1-x}}{1-\sqrt[3]{1-x}}$

$\qquad =\lim\limits_{x\to 0}\dfrac{[1-(1-x)][1+\sqrt[3]{1-x}+\sqrt[3]{(1-x)^2}]}{(1+\sqrt{1-x})[1-(1-x)]}$

$\qquad =\lim\limits_{x\to 0}\dfrac{1+\sqrt[3]{1-x}+\sqrt[3]{(1-x)^2}}{1+\sqrt{1-x}}=\dfrac{3}{2}$

故本题应选(A).

（二）参考题（附解答）

（A）

1. 用数列极限定义证明：

数列 0.9，0.99，0.999，$\cdots$，$0.\underbrace{99\cdots9}_{n\uparrow 9}$，$\cdots$ 以 1 为极限.

证： 令 $y_n = 1 - \dfrac{1}{10^n}$，$n = 1, 2, 3, \cdots$.

任给 $\varepsilon > 0$，不妨设 $0 < \varepsilon < 1$，要使 $\left| 1 - \dfrac{1}{10^n} - 1 \right| = \dfrac{1}{10^n} < \varepsilon$，只需 $10^n > \dfrac{1}{\varepsilon}$，即 $n > \lg\dfrac{1}{\varepsilon}$. 取 $N = \left[\lg\dfrac{1}{\varepsilon} \right]$，则当 $n > N$ 时就有 $\left| 1 - \dfrac{1}{10^n} - 1 \right| < \varepsilon$，根据数列极限定义有

$$\lim_{n \to \infty} y_n = \lim_{n \to \infty} \left(1 - \dfrac{1}{10^n} \right) = 1$$

即数列 0.9，0.99，0.999，$\cdots$，$0.\underbrace{99\cdots9}_{n\uparrow 9}$，$\cdots$ 以 1 为极限.

2. 用函数极限定义证明 $\lim\limits_{x \to \infty} \dfrac{\sin x}{x} = 0$.

证： 任给 $\varepsilon > 0$，若要 $\left| \dfrac{\sin x}{x} - 0 \right| = \left| \dfrac{\sin x}{x} \right| < \varepsilon$，由于 $|\sin x| \leqslant 1$，所以只需 $\left| \dfrac{\sin x}{x} \right| \leqslant \dfrac{1}{|x|} < \varepsilon$ 即可，亦即 $|x| > \dfrac{1}{\varepsilon}$. 取 $M = \dfrac{1}{\varepsilon}$，则当 $|x| > M$ 时，就有 $\left| \dfrac{\sin x}{x} \right| < \varepsilon$，根据函数极限定义有

$$\lim_{x \to \infty} \dfrac{\sin x}{x} = 0$$

3. 就 x 的不同取值考察 $\lim\limits_{n \to \infty} x^n$ 的结果.

解： $\lim\limits_{n \to \infty} x^n = \begin{cases} 0, & |x| < 1 \\ \text{不存在}, & x = -1 \\ \infty, & x < -1 \\ 1, & x = 1 \\ +\infty, & x > 1 \end{cases}$

4. 求 $\lim\limits_{x \to 1} \dfrac{n - (x + x^2 + \cdots + x^n)}{x - 1}$.

解： $\lim\limits_{x \to 1} \dfrac{n - (x + x^2 + \cdots + x^n)}{x - 1}$

$$= -\lim_{x \to 1} \dfrac{(x - 1) + (x^2 - 1) + \cdots + (x^n - 1)}{x - 1}$$

$$= -\lim_{x \to 1} \left[1 + (x + 1) + (x^2 + x + 1) + \cdots + (x^{n-1} + x^{n-2} + \cdots + 1) \right]$$

$$= -(1+2+3+\cdots+n) = -\frac{n}{2}(n+1)$$

5. 求 $\lim\limits_{n\to\infty}\left[\sqrt{1+2+\cdots+n} - \sqrt{1+2+\cdots+(n-1)}\right].$

解: $\lim\limits_{n\to\infty}\left[\sqrt{1+2+\cdots+n} - \sqrt{1+2+\cdots+(n-1)}\right]$

$$= \lim\limits_{n\to\infty}\left(\sqrt{\frac{n(n+1)}{2}} - \sqrt{\frac{n(n-1)}{2}}\right)$$

$$= \lim\limits_{n\to\infty}\frac{\dfrac{n(n+1)}{2} - \dfrac{n(n-1)}{2}}{\sqrt{\dfrac{n(n+1)}{2}} + \sqrt{\dfrac{n(n-1)}{2}}}$$

$$= \lim\limits_{n\to\infty}\frac{n}{\sqrt{\dfrac{n(n+1)}{2}} + \sqrt{\dfrac{n(n-1)}{2}}}$$

$$= \lim\limits_{n\to\infty}\frac{1}{\sqrt{\dfrac{1}{2}\left(1+\dfrac{1}{n}\right)} + \sqrt{\dfrac{1}{2}\left(1-\dfrac{1}{n}\right)}}$$

$$= \frac{\sqrt{2}}{2}$$

6. 求 $\lim\limits_{n\to\infty}\left(\dfrac{1}{n^k} + \dfrac{2}{n^k} + \cdots + \dfrac{n}{n^k}\right)$ （k 为常数）.

解: $\lim\limits_{n\to\infty}\left(\dfrac{1}{n^k} + \dfrac{2}{n^k} + \cdots + \dfrac{n}{n^k}\right) = \lim\limits_{n\to\infty}\dfrac{1}{n^k}\dfrac{n(n+1)}{2}$

$$= \lim\limits_{n\to\infty}\left(\frac{n^2}{2n^k} + \frac{n}{2n^k}\right) = \lim\limits_{n\to\infty}\left(\frac{1}{2n^{k-2}} + \frac{1}{2n^{k-1}}\right)$$

$$= \begin{cases} 0, & k > 2 \\ \dfrac{1}{2}, & k = 2 \\ +\infty, & k < 2 \end{cases}$$

7. 求 $\lim\limits_{x\to-\infty} x\left(\sqrt{x^2+100} + x\right).$

解: $\lim\limits_{x\to-\infty} x\left(\sqrt{x^2+100} + x\right) = \lim\limits_{x\to-\infty}\dfrac{100x}{\sqrt{x^2+100} - x}$

为避免发生错误, 不妨设 $x = -t$, 则

$$原式 = \lim\limits_{t\to+\infty}\frac{-100t}{\sqrt{t^2+100} + t} = \lim\limits_{t\to+\infty}\frac{-100}{\sqrt{1+\dfrac{100}{t^2}} + 1} = -50$$

8. 设 $x_n = \dfrac{1}{2+1} + \dfrac{1}{2^2+1} + \cdots + \dfrac{1}{2^n+1}$, 证明 $\lim\limits_{n\to\infty} x_n$ 存在.

证: $x_{n+1} = x_n + \dfrac{1}{2^{n+1}+1}$, $x_n < x_{n+1}$, 所以 x_n 为单调增加数列.

又 $\qquad x_n = \dfrac{1}{2+1} + \dfrac{1}{2^2+1} + \cdots + \dfrac{1}{2^n+1} < \dfrac{1}{2} + \dfrac{1}{2^2} + \cdots + \dfrac{1}{2^n}$

$$= 1 - \frac{1}{2^n} < 1$$

所以 x_n 有上界.

由 x_n 单调增加有上界，可知 $\lim\limits_{n\to\infty} x_n$ 存在.

9. 求 $\lim\limits_{n\to\infty} \sqrt[n]{1 + 2^n + 3^n + \cdots + 100^n}$.

解： $\sqrt[n]{100^n} \leqslant \sqrt[n]{1 + 2^n + 3^n + \cdots + 100^n}$

$$\leqslant \sqrt[n]{100^n + 100^n + \cdots + 100^n}$$

$$100 \leqslant \sqrt[n]{1 + 2^n + 3^n + \cdots + 100^n} \leqslant 100 \sqrt[n]{100}$$

由　　$\lim\limits_{n\to\infty} 100 = 100, \lim\limits_{n\to\infty} 100 \sqrt[n]{100} = 100$

所以　　$\lim\limits_{n\to\infty} \sqrt[n]{1 + 2^n + 3^n + \cdots + 100^n} = 100$

10. 判断下面的做法有无错误，如果有错误请改正.

$$\lim\limits_{x\to\infty} \frac{x^2 \sin\frac{1}{x}}{3x - 2} = \lim\limits_{x\to\infty} \frac{\sin\frac{1}{x}}{\frac{3}{x} - \frac{2}{x^2}} = \infty$$

解： 正确做法：

$$\lim\limits_{x\to\infty} \frac{x^2 \sin\frac{1}{x}}{3x - 2} = \lim\limits_{x\to\infty} \frac{x}{3x - 2} \cdot \frac{\sin\frac{1}{x}}{\frac{1}{x}} = \lim\limits_{x\to\infty} \frac{x}{3x - 2} \cdot \lim\limits_{x\to\infty} \frac{\sin\frac{1}{x}}{\frac{1}{x}}$$

$$= \frac{1}{3} \times 1 = \frac{1}{3}$$

11. 在 x 的什么变化过程中，下列变量为无穷小量？

(1) $\dfrac{\sqrt{1-x}}{x+1}$ 　　(2) $e^{\frac{1}{1-x}}$ 　　(3) $\dfrac{1}{\ln(1-x)}$ 　　(4) $\dfrac{(\sqrt{x}+1)^2}{x^2+1}$

解： (1) $\lim\limits_{x\to 1^-} \dfrac{\sqrt{1-x}}{x+1} = 0, \lim\limits_{x\to -\infty} \dfrac{\sqrt{1-x}}{x+1} = 0$

所以当 $x \to 1^-$ 及 $x \to -\infty$ 时，$\dfrac{\sqrt{1-x}}{x+1}$ 为无穷小量.

(2) $\lim\limits_{x\to 1^+} e^{\frac{1}{1-x}} = 0$

所以当 $x \to 1^+$ 时，$e^{\frac{1}{1-x}}$ 为无穷小量.

(3) $\lim\limits_{x\to 1^-} \dfrac{1}{\ln(1-x)} = 0, \lim\limits_{x\to -\infty} \dfrac{1}{\ln(1-x)} = 0$

所以当 $x \to 1^-$ 及 $x \to -\infty$ 时，$\dfrac{1}{\ln(1-x)}$ 为无穷小量.

(4) $\lim\limits_{x\to +\infty} \dfrac{(\sqrt{x}+1)^2}{x^2+1} = 0$

所以当 $x \to +\infty$ 时，$\dfrac{(\sqrt{x}+1)^2}{x^2+1}$ 为无穷小量.

12. 求 $\lim\limits_{x \to 0} \dfrac{5x - \sin 3x}{\tan 2x}$.

解： $\lim\limits_{x \to 0} \dfrac{5x - \sin 3x}{\tan 2x} = \lim\limits_{x \to 0} \left(\dfrac{5x}{\tan 2x} - \dfrac{\sin 3x}{\tan 2x} \right)$

$$= \lim\limits_{x \to 0} \left(\dfrac{2x}{\tan 2x} \times \dfrac{5}{2} - \dfrac{\sin 3x}{3x} \cdot \dfrac{2x}{\tan 2x} \times \dfrac{3}{2} \right)$$

$$= \dfrac{5}{2} - \dfrac{3}{2} = 1$$

13. 求 $\lim\limits_{x \to 0} \left[\tan\left(\dfrac{\pi}{4} - x \right) \right]^{\cot x}$.

解： $\lim\limits_{x \to 0} \left[\tan\left(\dfrac{\pi}{4} - x \right) \right]^{\cot x} = \lim\limits_{x \to 0} \left(\dfrac{1 - \tan x}{1 + \tan x} \right)^{\frac{1}{\tan x}}$

$$= \lim\limits_{x \to 0} \dfrac{\left[(1 - \tan x)^{-\frac{1}{\tan x}} \right]^{-1}}{(1 + \tan x)^{\frac{1}{\tan x}}} = \dfrac{e^{-1}}{e} = e^{-2}$$

14. 求 $\lim\limits_{x \to 0^+} \dfrac{\ln(1 + \sqrt{x \sin x})}{\tan x}$.

解： 因 $\ln(1 + x) \sim x \, (x \to 0)$，$\sin x \sim x \, (x \to 0)$，故有

$$\ln(1 + \sqrt{x \sin x}) \sim \sqrt{x \sin x} \sim \sqrt{x \cdot x} = |x| \quad (x \to 0)$$

$$\tan x \sim x \quad (x \to 0)$$

所以 $\quad \lim\limits_{x \to 0^+} \dfrac{\ln(1 + \sqrt{x \sin x})}{\tan x} = \lim\limits_{x \to 0^+} \dfrac{|x|}{x} = \lim\limits_{x \to 0^+} \dfrac{x}{x} = 1$

15. 求 $\lim\limits_{x \to 0} \dfrac{\cos mx - \cos nx}{\sin^2 px}$ （p，m，n 为常数，且 $p \neq 0$，$m \neq \pm n$）.

解： $\lim\limits_{x \to 0} \dfrac{\cos mx - \cos nx}{\sin^2 px} = \lim\limits_{x \to 0} \dfrac{-2 \sin \dfrac{m+n}{2} x \sin \dfrac{m-n}{2} x}{\sin^2 px}$

因 $\quad \sin x \sim x \quad (x \to 0)$

故有 $\quad \sin \dfrac{m+n}{2} x \sim \dfrac{m+n}{2} x \quad (x \to 0)$

$$\sin \dfrac{m-n}{2} x \sim \dfrac{m-n}{2} x \quad (x \to 0)$$

$$\sin px \sim px \quad (x \to 0)$$

所以 $\quad \lim\limits_{x \to 0} \dfrac{\cos mx - \cos nx}{\sin^2 px} = \lim\limits_{x \to 0} \dfrac{-2 \dfrac{m+n}{2} x \cdot \dfrac{m-n}{2} x}{px \cdot px}$

$$= \lim\limits_{x \to 0} \dfrac{n^2 - m^2}{2p^2}$$

16. 求 $\lim\limits_{x \to 0} (1 + x e^x)^{\frac{1}{x}}$.

解： $\lim\limits_{x \to 0} (1 + x e^x)^{\frac{1}{x}} = e^{\lim\limits_{x \to 0} \frac{\ln(1 + x e^x)}{x}}$

因 $\ln(1+x) \sim x\ (x \to 0)$，故有 $\ln(1+x\mathrm{e}^x) \sim x\mathrm{e}^x\ (x \to 0)$

从而　　　　$\displaystyle\lim_{x \to 0} \frac{\ln(1+x\mathrm{e}^x)}{x} = \lim_{x \to 0} \frac{x\mathrm{e}^x}{x} = 1$

所以　　　　$\displaystyle\lim_{x \to 0}(1+x\mathrm{e}^x)^{\frac{1}{x}} = \mathrm{e}^1 = \mathrm{e}$

17. 求 $\displaystyle\lim_{x \to 1} \frac{x^x - 1}{x\ln x}$.

解：令 $t = x\ln x$，则 $x^x = \mathrm{e}^t$，当 $x \to 1$，$t \to 0$，$\mathrm{e}^t - 1 \sim t\ (t \to 0)$

所以　　　　$\displaystyle\lim_{x \to 1} \frac{x^x - 1}{x\ln x} = \lim_{t \to 0} \frac{\mathrm{e}^t - 1}{t} = \lim_{t \to 0} \frac{t}{t} = 1$

18. 求 $\displaystyle\lim_{x \to +\infty} \frac{\ln\left(1 + \dfrac{1}{x}\right)}{\mathrm{arccot}x}$.

解：令 $\mathrm{arccot}x = t$，则 $x = \cot t$，当 $x \to +\infty$ 时，$t \to 0^+$，所以

$$\lim_{x \to +\infty} \frac{\ln\left(1 + \dfrac{1}{x}\right)}{\mathrm{arccot}x} = \lim_{t \to 0^+} \frac{\ln(1 + \tan t)}{t}$$

因 $\ln(1+x) \sim x\ (x \to 0)$，故有 $\ln(1+\tan t) \sim \tan t\quad (t \to 0^+)$，所以

$$\lim_{x \to +\infty} \frac{\ln\left(1 + \dfrac{1}{x}\right)}{\mathrm{arccot}x} = \lim_{t \to 0^+} \frac{\tan t}{t} = 1$$

19. 设 $f(x) = \begin{cases} \dfrac{\sin x}{x}, & x < 0 \\ 1, & x = 0 \\ 1 + x\mathrm{e}^{\frac{1}{x-1}}, & x > 0,\quad x \neq 1 \end{cases}$，求 $f(x)$ 的间断点及连续区间.

解：在点 $x = 1$ 处，$f(x)$ 无定义，所以点 $x = 1$ 为 $f(x)$ 的间断点.

再讨论分段函数在分段点 $x = 0$ 处的连续性.

$$\lim_{x \to 0^-} f(x) = \lim_{x \to 0^-} \frac{\sin x}{x} = 1$$

$$\lim_{x \to 0^+} f(x) = \lim_{x \to 0^+} (1 + x\mathrm{e}^{\frac{1}{x-1}}) = 1$$

即　　　　$\displaystyle\lim_{x \to 0} f(x) = 1 = f(0)$

所以 $f(x)$ 在点 $x = 0$ 处连续.

$f(x)$ 在 $(-\infty, 0)$，$(0, 1)$，$(1, +\infty)$ 内为初等函数，所以 $f(x)$ 连续，故 $f(x)$ 在其定义域 $(-\infty, 1) \bigcup (1, +\infty)$ 内连续.

20. 讨论 $f(x) = \begin{cases} x^\alpha \sin \dfrac{1}{x}, & x > 0 \\ \mathrm{e}^x + \beta, & x \leqslant 0 \end{cases}$ 在点 $x = 0$ 处的连续性.

解：$f(x)$ 在点 $x = 0$ 处左连续，即有

$$\lim_{x \to 0^-} f(x) = \lim_{x \to 0^-} (\mathrm{e}^x + \beta) = 1 + \beta = f(0)$$

$$\lim_{x \to 0^+} f(x) = \lim_{x \to 0^+} x^{\alpha} \sin \frac{1}{x} = \begin{cases} 0, & \alpha > 0 \\ \text{不存在}, & \alpha \leqslant 0 \end{cases}$$

所以当 $\alpha > 0$ 时，若 $\lim_{x \to 0} f(x) = 0 = 1 + \beta$，则 $f(x)$ 在点 $x = 0$ 处右连续.

因此，当 $\alpha > 0$ 且 $\beta = -1$ 时，$f(x)$ 在点 $x = 0$ 处连续；当 $\alpha \leqslant 0$ 或 $\beta \neq -1$ 时，$f(x)$ 在点 $x = 0$ 处间断.

21. 做一系列圆的图形(如图 2—7 所示)，相邻两圆中后一个圆的半径是前一个圆半径的一半，已知最大的那个圆的半径为 r，若无止境地做下去，则所有圆的面积总和是多少？

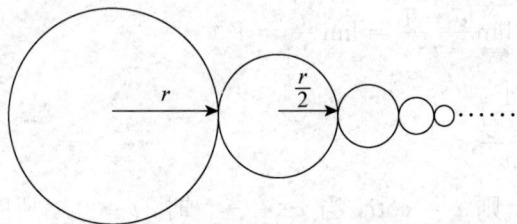

图 2—7

解： 设所有圆的面积总和是 S，则有

$$S = \pi r^2 + \pi \left(\frac{r}{2}\right)^2 + \pi \left(\frac{r}{4}\right)^2 + \cdots$$

$$= \pi r^2 \lim_{n \to \infty} \left(1 + \frac{1}{4} + \left(\frac{1}{4}\right)^2 + \cdots + \left(\frac{1}{4}\right)^n\right)$$

括号内是一个首项为 $a = 1$，公比 $q = \frac{1}{4}$ 的收敛几何级数. 故

$$S = \pi r^2 \lim_{n \to \infty} \frac{1 - \left(\frac{1}{4}\right)^n}{1 - \frac{1}{4}} = \frac{4}{3} \pi r^2$$

故所有圆面积之和为 $S = \frac{4}{3} \pi r^2$.

(B)

1. $\lim_{x \to \infty} (\sqrt{1 + x + x^2} - \sqrt{1 - x + x^2}) = [\quad\quad]$.

(A) 1   (B) -1 (C) 0   (D) 不存在

解： $\lim_{x \to \infty} (\sqrt{1 + x + x^2} - \sqrt{1 - x + x^2})$

$$= \lim_{x \to \infty} \frac{2x}{\sqrt{1 + x + x^2} + \sqrt{1 - x + x^2}}$$

$$= \lim_{x \to \infty} \frac{2x}{\left(\sqrt{\frac{1}{x^2} + \frac{1}{x} + 1} + \sqrt{\frac{1}{x^2} - \frac{1}{x} + 1}\right) |x|}$$

当 $x \to +\infty$ 时，原式 $= \lim_{x \to +\infty} \dfrac{2x}{\left(\sqrt{\dfrac{1}{x^2} + \dfrac{1}{x} + 1} + \sqrt{\dfrac{1}{x^2} - \dfrac{1}{x} + 1}\right) x} = 1.$

当 $x \to -\infty$ 时, 原式 $= \lim\limits_{x \to -\infty} \dfrac{2x}{\left(\sqrt{\dfrac{1}{x^2} + \dfrac{1}{x} + 1} + \sqrt{\dfrac{1}{x^2} - \dfrac{1}{x} + 1}\right)(-x)}$

$$= -1.$$

所以 $\lim\limits_{x \to \infty} (\sqrt{1 + x + x^2} - \sqrt{1 - x + x^2})$ 不存在.

故本题应选(D).

注释: 本题容易误选(A), 将 $x \to \infty$ 误作 $x \to +\infty$, 忽略了从根号中提出来的因子是 $|x|$ 而不是 x.

2. $\lim\limits_{n \to \infty} \sqrt[n]{\dfrac{2 + (-1)^n}{2^n}} = [\qquad]$.

(A) 不存在   (B) $\dfrac{1}{2}$ (C) 1   (D) 0

解: $\lim\limits_{n \to \infty} \sqrt[n]{\dfrac{2 + (-1)^n}{2^n}} = \lim\limits_{n \to \infty} \dfrac{1}{2} \sqrt[n]{2 + (-1)^n}$

$$= \begin{cases} \dfrac{1}{2} \lim\limits_{n \to \infty} \sqrt[n]{1}, & n \text{ 为奇数} \\[2mm] \dfrac{1}{2} \lim\limits_{n \to \infty} \sqrt[n]{3}, & n \text{ 为偶数} \end{cases}$$

因为 $\lim\limits_{n \to \infty} \sqrt[n]{1} = 1, \lim\limits_{n \to \infty} \sqrt[n]{3} = 1$, 所以

$$\lim\limits_{n \to \infty} \sqrt[n]{\dfrac{2 + (-1)^n}{2^n}} = \dfrac{1}{2}$$

故本题应选(B).

3. 设 $x \in (0, 3)$, $f(x) = [x]$, 在下列变化过程中, $f(x)$ 的极限不存在的是 $[\qquad]$.

(A) $x \to 0.9$ (B) $x \to 1$ (C) $x \to \dfrac{3}{2}$ (D) $x \to 2.01$

解: $f(x) = [x]$, $x \in (0, 3)$, 则有

$$f(x) = \begin{cases} 0, & 0 < x < 1 \\ 1, & 1 \leqslant x < 2 \\ 2, & 2 \leqslant x < 3 \end{cases}$$

(A) $\lim\limits_{x \to 0.9} f(x) = 0$

(B) $\lim\limits_{x \to 1^-} f(x) = 0$, $\lim\limits_{x \to 1^+} f(x) = 1$, 所以 $\lim\limits_{x \to 1} f(x)$ 不存在.

故本题应选(B).

(C) $\lim\limits_{x \to \frac{3}{2}} f(x) = 1$

(D) $\lim\limits_{x \to 2.01} f(x) = 2$

4. $\lim\limits_{x \to a^+} \dfrac{\sqrt{x} - \sqrt{a} + \sqrt{x - a}}{\sqrt{x^2 - a^2}} = [\qquad]$.

(A) 1　　　　(B) 0　　　　(C) $\dfrac{1}{\sqrt{2a}}$　　　　(D) $\dfrac{1}{2\sqrt{a}}$

解：$\lim\limits_{x \to a^+} \dfrac{\sqrt{x} - \sqrt{a} + \sqrt{x-a}}{\sqrt{x^2 - a^2}} = \lim\limits_{x \to a^+} \dfrac{1}{\sqrt{x+a}} \left(\dfrac{\sqrt{x} - \sqrt{a}}{\sqrt{x-a}} + 1 \right)$

$\qquad = \lim\limits_{x \to a^+} \dfrac{1}{\sqrt{x+a}} \left(\dfrac{x-a}{\sqrt{x-a}(\sqrt{x}+\sqrt{a})} + 1 \right)$

$\qquad = \lim\limits_{x \to a^+} \dfrac{1}{\sqrt{x+a}} \left(\dfrac{\sqrt{x-a}}{\sqrt{x}+\sqrt{a}} + 1 \right) = \dfrac{1}{\sqrt{2a}}$

故本题应选(C).

5. $\lim\limits_{x \to 0} \dfrac{1}{x} \ln(1 + x + x^2 + x^3) = [\quad]$.

(A) 1　　　　(B) 0　　　　(C) e　　　　(D) ∞

解：当 $x \to 0$ 时，$\ln(1 + x + x^2 + x^3) \sim x + x^2 + x^3$，所以

$\qquad \lim\limits_{x \to 0} \dfrac{\ln(1 + x + x^2 + x^3)}{x}$

$\qquad = \lim\limits_{x \to 0} \dfrac{x + x^2 + x^3}{x} = \lim\limits_{x \to 0} (1 + x + x^2) = 1$

故本题应选(A).

6. 设 $a > 0$ 且 $a \neq 1$，$\lim\limits_{x \to +\infty} (\sqrt{a^x + 4} - \sqrt{a^x + 1}) = [\quad]$.

(A) 0　　　　(B) 1　　　　(C) 不存在　　　　(D) $\begin{cases} 1, & 0 < a < 1 \\ 0, & a > 1 \end{cases}$

解：$\lim\limits_{x \to +\infty} (\sqrt{a^x + 4} - \sqrt{a^x + 1}) = \lim\limits_{x \to +\infty} \dfrac{3}{\sqrt{a^x + 4} + \sqrt{a^x + 1}}$

$\qquad\qquad\qquad\qquad = \begin{cases} 1, & 0 < a < 1 \\ 0, & a > 1 \end{cases}$

故本题应选(D).

7. 下列结论错误的是[　　].

(A) 两个无穷小量的和仍是无穷小量

(B) 两个无穷大量的和仍是无穷大量

(C) 两个无穷小量之积仍是无穷小量

(D) 两个无穷大量之积仍是无穷大量

解：根据无穷小量的性质，(A)、(C) 的结论正确.

(B) 两个无穷大量的和不一定是无穷大量.

反例：当 $x \to 0$ 时，$f_1(x) = \dfrac{1}{x}$ 及 $f_2(x) = -\dfrac{1}{x}$ 均为无穷大量，但当 $x \to 0$ 时，$f_1(x) + f_2(x) = 0$ 不是无穷大量.

故本题应选(B).

(D) 两个无穷大量的积仍是无穷大量.

设在同一变化过程中，y_1 与 y_2 均为无穷大量，因此，对给定的 $M > 0$，总有一个时刻，在这个时刻后之后，$|y_1| > \sqrt{M}$；也总有一个时刻，在这个时刻之后 $|y_2| > \sqrt{M}$，故而在两时刻中较后的那个时刻之后有 $|y_1| > \sqrt{M}$，$|y_2| > \sqrt{M}$. 那么有 $|y_1 \cdot y_2| = |y_1| \cdot |y_2| > \sqrt{M}\sqrt{M} = M$，即 $y_1 \cdot y_2$ 为无穷大量.

8. 当 $x \to 0$ 时，$\sin(2\tan x) = [\quad]$.

(A) $o(x)$　　(B) $x + o(x)$　　(C) $2x + o(x)$　　(D) $2 + o(x)$

解： $\lim\limits_{x \to 0} \dfrac{\sin(2\tan x)}{2x} = \lim\limits_{x \to 0} \dfrac{2\tan x}{2x} = 1$，即当 $x \to 0$ 时，$\sin(2\tan x)$ 与 $2x$ 是等价无穷小量，所以当 $x \to 0$ 时，$\sin(2\tan x) = 2x + o(x)$.

故本题应选 (C).

9. 当 $x \to 0$ 时，下列无穷小量中，不能与 x 比较阶的高低的无穷小量是 $[\quad]$.

(A) $x + \sin x$　(B) $x\sin x$　　(C) $x\sin\dfrac{1}{x}$　　(D) $x^2\sin\dfrac{1}{x}$

解： (A) $\lim\limits_{x \to 0} \dfrac{x + \sin x}{x} = 2$，所以 $x + \sin x$ 与 x 是同阶无穷小量.

(B) $\lim\limits_{x \to 0} \dfrac{x\sin x}{x} = 0$，所以 $x\sin x$ 是比 x 高阶的无穷小量.

(C) $\lim\limits_{x \to 0} \dfrac{x\sin\dfrac{1}{x}}{x}$ 不存在，所以 $x\sin\dfrac{1}{x}$ 不能与 x 比较阶的高低.

故本题应选 (C).

(D) $\lim\limits_{x \to 0} \dfrac{x^2\sin\dfrac{1}{x}}{x} = \lim\limits_{x \to 0} x\sin\dfrac{1}{x} = 0$，所以 $x^2\sin\dfrac{1}{x}$ 是比 x 高阶的无穷小量.

10. 当 $x \to 0$ 时，下列四个无穷小量中比其他三个更高阶的无穷小量是 $[\quad]$.

(A) x^2　　(B) $1 - \cos x$　　(C) $\sqrt{1 + x^2} - 1$　　(D) $x^2 - \sin^2 x$

解： 当 $x \to 0$ 时，$1 - \cos x \sim \dfrac{x^2}{2}$，$\sqrt{1 + x^2} - 1 \sim \dfrac{x^2}{2}$，可见 (A)，(B)，(C) 中的三个无穷小量皆为同阶无穷小量.

因为 $\lim\limits_{x \to 0} \dfrac{x^2 - \sin^2 x}{x^2} = \lim\limits_{x \to 0} \left(1 - \dfrac{\sin^2 x}{x^2}\right) = 0$，所以 (D) 中的无穷小量是比 x^2 高阶的无穷小量，因此是比其他三个更高阶的无穷小量.

故本题应选 (D).

11. 设 $f(x) = 2^x + 3^x - 2$，则当 $x \to 0$ 时，$[\quad]$.

(A) $f(x)$ 与 x 是等价无穷小量

(B) $f(x)$ 与 x 是同阶但非等价无穷小量

(C) $f(x)$ 是比 x 高阶的无穷小量

(D) $f(x)$ 是比 x 低阶的无穷小量

解： $\lim\limits_{x \to 0} \dfrac{2^x + 3^x - 2}{x} = \lim\limits_{x \to 0} \left(\dfrac{2^x - 1}{x} + \dfrac{3^x - 1}{x}\right) = \ln 2 + \ln 3 = \ln 6$

所以 $f(x)$ 是与 x 同阶但非等价的无穷小量.

故本题应选(B).

注释: $\lim\limits_{x \to 0} \dfrac{a^x - 1}{x} = \lim\limits_{y \to 0} \dfrac{y}{\log_a(1+y)} = \lim\limits_{y \to 0} \dfrac{1}{\log_a(1+y)^{\frac{1}{y}}} = \dfrac{1}{\log_a e} = \ln a.$

12. 已知 a_1, a_2 均大于零,那么 $\lim\limits_{n \to \infty}(a_1^n + a_2^n)^{\frac{1}{n}} = [\quad]$.

(A) a_1 (B) a_2

(C) $\max(a_1, a_2)$ (a_1, a_2 中较大者)

(D) $\min(a_1, a_2)$ (a_1, a_2 中较小者)

解: 若 $a_1 \geqslant a_2$,那么 $0 < \left(\dfrac{a_2}{a_1}\right)^n \leqslant 1$,又由于

$$(1+0)^{\frac{1}{n}} < \left[1 + \left(\dfrac{a_2}{a_1}\right)^n\right]^{\frac{1}{n}} \leqslant (1+1)^{\frac{1}{n}}$$

由夹逼定理可得 $\lim\limits_{n \to \infty}\left[1 + \left(\dfrac{a_2}{a_1}\right)^n\right]^{\frac{1}{n}} = 1$,故

$$\lim\limits_{n \to \infty}(a_1^n + a_2^n)^{\frac{1}{n}} = \lim\limits_{n \to \infty} a_1 \left[1 + \left(\dfrac{a_2}{a_1}\right)^n\right]^{\frac{1}{n}} = a_1$$

同理,若 $a_2 > a_1$,那么

$$\lim\limits_{n \to \infty}(a_1^n + a_2^n)^{\frac{1}{n}} = \lim\limits_{n \to \infty} a_2 \left[\left(\dfrac{a_1}{a_2}\right)^n + 1\right]^{\frac{1}{n}} = a_2$$

所以 $\lim\limits_{n \to \infty}(a_1^n + a_2^n)^{\frac{1}{n}} = \max(a_1, a_2)$

故本题应选(C).

13. 设函数 $f(x) = \dfrac{e^x - b}{(x-a)(x-1)}$,若在点 $x = 0$ 处函数有无穷间断点,则 a, b 之值满足 $[\quad]$.

(A) $a = 0, b = 1$ (B) $a = 0, b \neq 1$

(C) $a = 1, b = 0$ (D) $a = 1, b = e$

解: $\lim\limits_{x \to 0} \dfrac{e^x - b}{(x-a)(x-1)} = \dfrac{1-b}{a}$

所以当 $a = 0$, $b \neq 1$ 时,$\lim\limits_{x \to 0} f(x) = \infty$.

故本题应选(B).

14. 设 $f(x) = \begin{cases} e^{1+x}, & x \leqslant 0 \\ \dfrac{\ln(1+x)}{x}, & x > 0 \end{cases}$,点 $x = 0$ 是 $f(x)$ 的 $[\quad]$.

(A) 连续点

(B) 第一类间断点中的可去间断点

(C) 第一类间断点中的跳跃间断点

(D) 第二类间断点

解: $\lim\limits_{x \to 0^-} f(x) = \lim\limits_{x \to 0^-} e^{1+x} = e$

$\lim\limits_{x \to 0^+} f(x) = \lim\limits_{x \to 0^+} \dfrac{\ln(1+x)}{x} = 1$

所以点 $x=0$ 是 $f(x)$ 的第一类间断点中的跳跃间断点.

故本题应选(C).

15. 设函数 $f(x)=\lim\limits_{n\to\infty}\dfrac{1+x}{1+x^{2n}}$，关于 $f(x)$ 间断点的结论正确的是 [   ].

(A) 不存在间断点   (B) 点 $x=1$ 是间断点

(C) 点 $x=0$ 是间断点   (D) 点 $x=-1$ 是间断点

解： 当 $|x|>1$ 时，$\lim\limits_{n\to\infty}x^{2n}=+\infty$，所以 $f(x)=0$.

当 $|x|<1$ 时，$\lim\limits_{n\to\infty}x^{2n}=0$，所以 $f(x)=1+x$.

当 $x=-1$ 时，$f(-1)=0$.

当 $x=1$ 时，$f(1)=1$.

于是有 $\quad f(x)=\begin{cases}0, & x\leqslant-1\\ 1+x, & -1<x<1\\ 1, & x=1\\ 0, & x>1\end{cases}$

对于 $x=-1$，$f(-1)=0$，$\lim\limits_{x\to-1^-}f(x)=0$，$\lim\limits_{x\to-1^+}f(x)=0$，即

$$\lim\limits_{x\to-1^-}f(x)=\lim\limits_{x\to-1^+}f(x)=f(-1)=0$$

所以 $f(x)$ 在点 $x=-1$ 处连续.

对于 $x=1$，$f(1)=1$，$\lim\limits_{x\to1^-}f(x)=\lim\limits_{x\to1^-}(1+x)=2\neq f(1)$，所以 $f(x)$ 在点 $x=1$ 处间断.

点 $x=0$ 为 $f(x)$ 的连续点.

故本题应选(B).

16. 设 $f(x)=x^3+4x^2-3x-1$，则对方程 $f(x)=0$ 来说，下列结论错误的是 [   ].

(A) 在 $(0,1)$ 内有一个实根

(B) 在 $(-1,0)$ 内有一个实根

(C) 在 $(-\infty,0)$ 内有两个不同实根

(D) 在 $(0,+\infty)$ 内有两个不同实根

解： 因为 $f(-5)=-11<0$，$f(-1)=5>0$，$f(0)=-1<0$，$f(1)=1>0$，$f(x)$ 在 $[-5,-1]$，$[-1,0]$，$[0,1]$ 上连续，所以 $f(x)$ 在 $(-5,-1)$，$(-1,0)$，$(0,1)$ 内均至少有一点 x，分别设为 x_1，x_2，x_3，使 $f(x_i)=0(i=1,2,3)$. 三次方程最多有三个实根，因而 $(1,+\infty)$ 内不存在实根，即 $(0,+\infty)$ 内有一个实根，$(-\infty,0)$ 内有两个不同实根.

故本题应选(D).

第三章 导数与微分

(一) 习题解答与注释

(A)

1. 用导数的定义求函数 $y = 1 - 2x^2$ 在点 $x = 1$ 处的导数.

解: $\Delta y = 1 - 2(1 + \Delta x)^2 - (1 - 2 \times 1^2) = -4\Delta x - 2(\Delta x)^2$

$$\frac{\Delta y}{\Delta x} = -4 - 2\Delta x$$

$$\lim_{\Delta x \to 0} \frac{\Delta y}{\Delta x} = \lim_{\Delta x \to 0}(-4 - 2\Delta x) = -4$$

所以 $\quad y'\Big|_{x=1} = -4$

2. 用导数的定义求下列函数的导(函)数:

(1) $y = 1 - 2x^2$ (2) $y = \dfrac{1}{x^2}$ (3) $y = \sqrt[3]{x^2}$

解: (1) $y = 1 - 2x^2$

$$\Delta y = -4x\Delta x - 2(\Delta x)^2$$

$$\frac{\Delta y}{\Delta x} = -4x - 2\Delta x$$

$$\lim_{\Delta x \to 0} \frac{\Delta y}{\Delta x} = \lim_{\Delta x \to 0}(-4x - 2\Delta x) = -4x$$

所以 $\quad y' = -4x$

(2) $y = \dfrac{1}{x^2}$

$$y + \Delta y = \frac{1}{(x + \Delta x)^2}$$

$$\Delta y = \frac{1}{(x + \Delta x)^2} - \frac{1}{x^2} = -\frac{\Delta x(2x + \Delta x)}{x^2(x + \Delta x)^2}$$

$$\frac{\Delta y}{\Delta x} = -\frac{2x + \Delta x}{x^2(x + \Delta x)^2}$$

$$\lim_{\Delta x \to 0} \frac{\Delta y}{\Delta x} = -\lim_{\Delta x \to 0} \frac{2x + \Delta x}{x^2(x + \Delta x)^2} = -\frac{2}{x^3}$$

(3) $y = \sqrt[3]{x^2}$

$$y + \Delta y = \sqrt[3]{(x + \Delta x)^2}$$

$$\Delta y = \sqrt[3]{(x+\Delta x)^2} - \sqrt[3]{x^2}$$

$$\frac{\Delta y}{\Delta x} = \frac{\sqrt[3]{(x+\Delta x)^2} - \sqrt[3]{x^2}}{\Delta x}$$

$$= \frac{(x+\Delta x)^2 - x^2}{\Delta x(\sqrt[3]{(x+\Delta x)^4} + \sqrt[3]{x^2(x+\Delta x)^2} + \sqrt[3]{x^4})}$$

$$= \frac{2x+\Delta x}{\sqrt[3]{(x+\Delta x)^4} + \sqrt[3]{x^2(x+\Delta x)^2} + \sqrt[3]{x^4}}$$

$$\lim_{\Delta x \to 0} \frac{\Delta y}{\Delta x} = \lim_{\Delta x \to 0} \frac{2x+\Delta x}{\sqrt[3]{(x+\Delta x)^4} + \sqrt[3]{x^2(x+\Delta x)^2} + \sqrt[3]{x^4}}$$

$$= \frac{2x}{3\sqrt[3]{x^4}} = \frac{2}{3\sqrt[3]{x}}$$

3. 给定函数 $f(x) = ax^2 + bx + c$，其中 a, b, c 为常数，求：

$$f'(x), \quad f'(0), \quad f'(\frac{1}{2}), \quad f'(-\frac{b}{2a})$$

解：设 $y = f(x) = ax^2 + bx + c$

$$\Delta y = a(x+\Delta x)^2 + b(x+\Delta x) + c - ax^2 - bx - c$$

$$= 2ax\Delta x + a(\Delta x)^2 + b\Delta x$$

$$\frac{\Delta y}{\Delta x} = 2ax + a\Delta x + b$$

$$\lim_{\Delta x \to 0} \frac{\Delta y}{\Delta x} = \lim_{\Delta x \to 0}(2ax + a\Delta x + b) = 2ax + b$$

所以 $\quad f'(x) = 2ax + b$

那么 $\quad f'(0) = b, f'(\frac{1}{2}) = a + b, f'\left(-\frac{b}{2a}\right) = 0$

注释：$f'(x)$ 是函数 $f(x)$ 在点 x(动点)处的导数，是随着 x 的变化而变化的变量，是 x 的函数，其中，x 是自变量，$f'(x)$ 是因变量.

$f'(x_0)$ 是函数 $f(x)$ 在点 x_0(定点)处的导数，它是一个具体的数值. 在几何上，它表示曲线 $y = f(x)$ 在点 x_0 处的切线的斜率.

两者的关系是：函数 $f(x)$ 在点 $x = x_0$ 处的导数就是函数 $f(x)$ 的导(函)数 $f'(x)$ 在点 $x = x_0$ 处的函数值.

4. 一物体的运动方程为 $s = t^3 + 10$，求该物体在 $t = 3$ 时的瞬时速度.

解：物体在 t 时刻的瞬时速度 $v_t = s'_t$，

$$s'_t = \lim_{\Delta t \to 0} \frac{\Delta s}{\Delta t} = \lim_{\Delta t \to 0} \frac{(t+\Delta t)^3 + 10 - (t^3 + 10)}{\Delta t}$$

$$= \lim_{\Delta t \to 0}\left[3t^2 + 3t\Delta t + (\Delta t)^2\right] = 3t^2$$

所以 $t = 3$ 时物体的瞬时速度 $v\Big|_{t=3} = s'\Big|_{t=3} = 27$.

5. 求在抛物线 $y = x^2$ 上横坐标为 3 的点处的切线方程.

解：抛物线 $y = x^2$ 上横坐标 $x = 3$ 的点为 $(3, 9)$，由于

$$y' = \lim_{\Delta x \to 0} \frac{\Delta y}{\Delta x} = \lim_{\Delta x \to 0} \frac{(x + \Delta x)^2 - x^2}{\Delta x}$$
$$= \lim_{\Delta x \to 0} (2x + \Delta x) = 2x$$

所以过点 $(3, 9)$ 的切线斜率为 $y'\big|_{x=3} = 6$，于是可得切线方程为 $y - 9 = 6(x - 3)$，即 $6x - y - 9 = 0$.

6. 求曲线 $y = \sqrt[3]{x^2}$ 上点 $(1, 1)$ 处的切线方程与法线方程.

解： 由第 2 题可知 $y = \sqrt[3]{x^2}$ 的导数为 $y' = \frac{2}{3}x^{-\frac{1}{3}}$，那么曲线 $y = \sqrt[3]{x^2}$ 上过点 $(1, 1)$ 的切线斜率为 $y'\big|_{x=1} = \frac{2}{3}$，法线斜率为 $-\frac{3}{2}$.

于是可得切线方程为 $y - 1 = \frac{2}{3}(x - 1)$，即 $2x - 3y + 1 = 0$.

法线方程为 $y - 1 = -\frac{3}{2}(x - 1)$，即 $3x + 2y - 5 = 0$.

7. 求过点 $(\frac{3}{2}, 0)$ 与曲线 $y = \frac{1}{x^2}$ 相切的直线方程.

解： 点 $(\frac{3}{2}, 0)$ 不在曲线 $y = \frac{1}{x^2}$ 上，即 $(\frac{3}{2}, 0)$ 不是切点，设切点为 (x_1, y_1). 由第 2 题可知函数 $y = \frac{1}{x^2}$ 的导数为 $y' = -\frac{2}{x^3}$. 那么过点 (x_1, y_1) 的切线斜率为 $y'\big|_{x=x_1} = -\frac{2}{x_1^3}$，因此可知切线方程为 $y - y_1 = -\frac{2}{x_1^3}(x - x_1)$，其中，$y_1 = \frac{1}{x_1^2}$.

因切线过点 $(\frac{3}{2}, 0)$，于是有

$$0 - \frac{1}{x_1^2} = -\frac{2}{x_1^3}\left(\frac{3}{2} - x_1\right)$$

由此可得 $x_1 = 1$，$y_1 = 1$，即切点为 $(1, 1)$. 过点 $(1, 1)$ 的切线斜率为 $y'\big|_{x=1} = -2$，从而得到切线方程为 $y - 1 = -2(x - 1)$，即 $2x + y - 3 = 0$.

注释： 过给定的一点 (x_0, y_0)，求曲线的切线方程，如果这个点在曲线上，即这个点就是切点，那么根据导数的几何意义，切线的斜率为 $f'(x_0)$，切线方程为 $y - y_0 = f'(x_0)(x - x_0)$，法线方程为 $y - y_0 = -\frac{1}{f'(x_0)}(x - x_0)$；如果给定点不在给定曲线上，即给定点不是切点，那么我们要像第 7 题那样，先找出切点，再按上面的方法求切线方程和法线方程.

8. 自变量 x 取哪些值时，曲线 $y = x^2$ 与 $y = x^3$ 的切线平行？

解： 对 $y = x^2$，根据第 5 题有

$$y' = 2x$$

对 $y = x^3$，有

$$y' = \lim_{\Delta x \to 0} \frac{\Delta y}{\Delta x} = \lim_{\Delta x \to 0} \frac{(x + \Delta x)^3 - x^3}{\Delta x}$$

$$= \lim_{\Delta x \to 0} (3x^2 + 3x\Delta x + (\Delta x)^2) = 3x^2$$

即　　　$y' = 3x^2$

两曲线的切线互相平行,其斜率相等,因此自变量应满足 $2x = 3x^2$,由此解出 $x = 0$,

$x = \dfrac{2}{3}$,即当 $x = 0$ 或 $x = \dfrac{2}{3}$ 时,曲线 $y = x^2$ 与 $y = x^3$ 的切线互相平行.

9. 讨论函数 $y = x|x|$ 在点 $x = 0$ 处的可导性.

解: $y = x|x| = \begin{cases} -x^2, & x < 0 \\ x^2, & x \geqslant 0 \end{cases}$

$$\lim_{x \to 0^-} y = \lim_{x \to 0^-} (-x^2) = 0, \qquad \lim_{x \to 0^+} y = \lim_{x \to 0^+} x^2 = 0$$

函数 y 当 $x \to 0$ 时的左、右极限相等且等于 $x = 0$ 时的函数值,所以 $y = x|x|$ 在点 $x = 0$ 处连续.

$$y'_-(0) = \lim_{\Delta x \to 0^-} \frac{\Delta y}{\Delta x} = \lim_{\Delta x \to 0^-} \frac{-(0 + \Delta x)^2 - 0}{\Delta x} = \lim_{\Delta x \to 0^-} (-\Delta x) = 0$$

$$y'_+(0) = \lim_{\Delta x \to 0^+} \frac{\Delta y}{\Delta x} = \lim_{\Delta x \to 0^+} \frac{(0 + \Delta x)^2 - 0}{\Delta x} = \lim_{\Delta x \to 0^+} \Delta x = 0$$

$y = x|x|$ 在点 $x = 0$ 处的左、右导数存在且相等,所以 $y = x|x|$ 在点 $x = 0$ 处可导,且导数等于 0.

10. 函数 $f(x) = \begin{cases} x^2 + 1, & 0 \leqslant x < 1 \\ 3x - 1, & 1 \leqslant x \end{cases}$ 在点 $x = 1$ 处是否可导? 为什么?

解: $\lim_{x \to 1^-} f(x) = \lim_{x \to 1^-} (x^2 + 1) = 2$

$\lim_{x \to 1^+} f(x) = \lim_{x \to 1^+} (3x - 1) = 2$

$\lim_{x \to 1^-} f(x) = \lim_{x \to 1^+} f(x) = \lim_{x \to 1} f(x) = 2 = f(1)$

所以 $f(x)$ 在点 $x = 1$ 处连续.

$$f'_-(1) = \lim_{x \to 1^-} \frac{f(x) - f(1)}{x - 1} = \lim_{x \to 1^-} \frac{x^2 + 1 - 2}{x - 1}$$

$$= \lim_{x \to 1^-} (x + 1) = 2$$

$$f'_+(1) = \lim_{x \to 1^+} \frac{f(x) - f(1)}{x - 1} = \lim_{x \to 1^+} \frac{3x - 1 - 2}{x - 1}$$

$$= \lim_{x \to 1^+} \frac{3(x - 1)}{x - 1} = 3$$

$f(x)$ 在点 $x = 1$ 处的左、右导数均存在,但不相等,因此 $f(x)$ 在点 $x = 1$ 处不可导.

注释: 讨论函数 $f(x)$ 在点 $x = x_0$ 处是否可导,要先考察 $f(x)$ 在点 $x = x_0$ 处是否连续,若连续,再考察可导性.

考察函数在点 $x = x_0$ 处是否可导，可根据导数定义选择 $f'(x_0) = \lim\limits_{\Delta x \to 0} \dfrac{f(x_0 + \Delta x) - f(x_0)}{\Delta x}$ 或 $\lim\limits_{x \to x_0} \dfrac{f(x) - f(x_0)}{x - x_0}$ 中适当的形式，考察极限是否存在.

有下列情况时，$f(x)$ 在点 $x = x_0$ 处不可导：

（ⅰ）$f(x)$ 在点 $x = x_0$ 处不连续.

（ⅱ）$f(x)$ 在点 $x = x_0$ 处的左、右导数至少有一个不存在（即使 $f(x)$ 在点 $x = x_0$ 处连续）.

（ⅲ）$f(x)$ 在点 $x = x_0$ 处的左、右导数不相等（即使 $f(x)$ 在点 $x = x_0$ 处连续，且左、右导数均存在）.

对分段函数，若 $x = x_0$ 恰是分段函数的分段点，且分段点两侧函数表达式不同，则必须考察分段点 $x = x_0$ 处的左、右导数，以判断该分段点是否可导.

11. 用导数定义求 $f(x) = \begin{cases} x, & x < 0 \\ \ln(1+x), & x \geqslant 0 \end{cases}$ 在点 $x = 0$ 处的导数.

解： $\lim\limits_{x \to 0^-} f(x) = \lim\limits_{x \to 0^+} f(x) = 0 = f(0)$

所以 $f(x)$ 在点 $x = 0$ 处连续.

$$f'_-(0) = \lim_{x \to 0^-} \frac{f(x) - f(0)}{x} = \lim_{x \to 0^-} \frac{x}{x} = 1$$

$$f'_+(0) = \lim_{x \to 0^+} \frac{f(x) - f(0)}{x} = \lim_{x \to 0^+} \frac{\ln(1+x)}{x} = 1$$

$$f'_-(0) = f'_+(0) = 1$$

所以 $\qquad f'(0) = 1$

因此，$f(x)$ 在点 $x = 0$ 处可导，且 $f'(0) = 1$.

12. 设 $f(x) = \begin{cases} \ln(1+x), & -1 < x \leqslant 0 \\ \sqrt{1+x} - \sqrt{1-x}, & 0 < x < 1 \end{cases}$，讨论 $f(x)$ 在点 $x = 0$ 处的连续性与可导性.

解： $\lim\limits_{x \to 0^-} f(x) = \lim\limits_{x \to 0^-} \ln(1+x) = 0$

$\lim\limits_{x \to 0^+} f(x) = \lim\limits_{x \to 0^+} (\sqrt{1+x} - \sqrt{1-x}) = 0$

$\lim\limits_{x \to 0^-} f(x) = \lim\limits_{x \to 0^+} f(x) = 0 = f(0)$

所以 $f(x)$ 在点 $x = 0$ 处连续.

$$f'_-(0) = \lim_{x \to 0^-} \frac{f(x) - f(0)}{x} = \lim_{x \to 0^-} \frac{\ln(1+x)}{x} = 1$$

$$f'_+(0) = \lim_{x \to 0^+} \frac{f(x) - f(0)}{x}$$

$$= \lim_{x \to 0^+} \frac{\sqrt{1+x} - \sqrt{1-x}}{x}$$

$$= \lim_{x \to 0^+} \frac{2x}{x(\sqrt{1+x} + \sqrt{1-x})} = 1$$

$$f'_-(0) = f'_+(0) = f'(0)$$

所以 $f(x)$ 在点 $x = 0$ 处可导, 且 $f'(0) = 1$.

13. 函数 $f(x) = \begin{cases} x^2 \sin \dfrac{1}{x}, & x \neq 0 \\ 0, & x = 0 \end{cases}$ 在点 $x = 0$ 处是否连续? 是否可导?

解: $\lim\limits_{x \to 0} f(x) = \lim\limits_{x \to 0} x^2 \sin \dfrac{1}{x} = 0 = f(0)$, 所以 $f(x)$ 在点 $x = 0$ 处连续.

$$f'(0) = \lim_{x \to 0} \frac{f(x) - f(0)}{x} = \lim_{x \to 0} x \sin \frac{1}{x} = 0$$

所以 $f(x)$ 在点 $x = 0$ 处可导, 且 $f'(0) = 0$.

注释: 第 13 题虽为分段函数, 但分段点两侧函数表达式相同, 故不必求左、右导数.

14. 讨论函数 $f(x) = \begin{cases} 1, & x \leqslant 0 \\ 2x + 1, & 0 < x \leqslant 1 \\ x^2 + 2, & 1 < x \leqslant 2 \\ x, & 2 < x \end{cases}$ 在点 $x = 0$, $x = 1$, $x = 2$ 处的连续性

与可导性.

解: 在点 $x = 0$, $x = 1$, $x = 2$ 处函数均为左连续, 故只讨论各点是否右连续.

$$\lim_{x \to 0^+} f(x) = \lim_{x \to 0^+} (2x + 1) = 1 = f(0)$$

所以 $f(x)$ 在点 $x = 0$ 处连续.

$$\lim_{x \to 1^+} f(x) = \lim_{x \to 1^+} (x^2 + 2) = 3 = f(1)$$

所以 $f(x)$ 在点 $x = 1$ 处连续.

$$\lim_{x \to 2^+} f(x) = \lim_{x \to 2^+} x = 2 \neq f(2)$$

所以 $f(x)$ 在 $x = 2$ 处不连续.

下面考察 $f(x)$ 在点 $x = 0$, $x = 1$, $x = 2$ 处的可导性:

$$f'_-(0) = \lim_{x \to 0^-} \frac{f(x) - f(0)}{x} = \lim_{x \to 0^-} \frac{1 - 1}{x} = 0$$

$$f'_+(0) = \lim_{x \to 0^+} \frac{f(x) - f(0)}{x} = \lim_{x \to 0^+} \frac{2x}{x} = 2$$

$f'_-(0) \neq f'_+(0)$, 所以 $f(x)$ 在点 $x = 0$ 处不可导.

$$f'_-(1) = \lim_{x \to 1^-} \frac{f(x) - f(1)}{x - 1} = \lim_{x \to 1^-} \frac{2x + 1 - 3}{x - 1} = \lim_{x \to 1^-} \frac{2x - 2}{x - 1} = 2$$

$$f'_+(1) = \lim_{x \to 1^+} \frac{f(x) - f(1)}{x - 1} = \lim_{x \to 1^+} \frac{x^2 + 2 - 3}{x - 1} = \lim_{x \to 1^+} (x + 1) = 2$$

$f'_-(1) = f'_+(1) = 2$, 所以 $f(x)$ 在点 $x = 1$ 处可导, 且 $f'(1) = 2$. $f(x)$ 在点 $x = 2$ 处不连续, 从而不可导.

概括起来有: $f(x)$ 在点 $x = 0$ 处, 连续但不可导; 在点 $x = 1$ 处, 连续并且可导; 在点 $x = 2$ 处, 不连续, 从而不可导. $f(x)$ 的图形如图 3—1 所示.

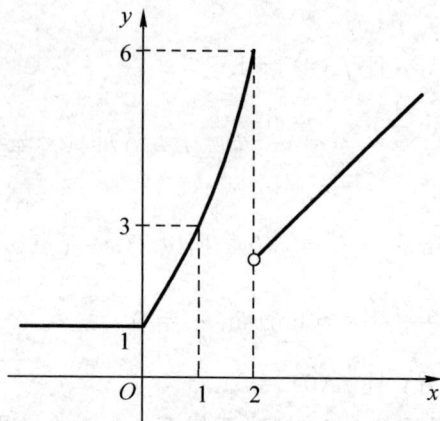

图 3—1

15. 求下列各函数的导数（其中，a，b 为常数）：

(1) $y = 3x^2 - x + 5$

(2) $y = x^{a+b}$

(3) $y = 2\sqrt{x} - \dfrac{1}{x} + 4\sqrt{3}$

(4) $y = \dfrac{x^2}{2} + \dfrac{2}{x^2}$

(5) $y = \dfrac{1-x^3}{\sqrt{x}}$

(6) $y = x^2(2x-1)$

(7) $y = (\sqrt{x}+1)\left(\dfrac{1}{\sqrt{x}}-1\right)$

(8) $y = (x+1)\sqrt{2x}$

(9) $y = \dfrac{ax+b}{a+b}$

(10) $y = (x-a)(x-b)$

(11) $y = (1+ax^b)(1+bx^a)$

解：(1) $y = 3x^2 - x + 5$

$\qquad y' = 6x - 1$

(2) $y = x^{a+b}$

$\qquad y' = (a+b)x^{a+b-1}$

(3) $y = 2\sqrt{x} - \dfrac{1}{x} + 4\sqrt{3}$

$\qquad y' = \dfrac{2}{2\sqrt{x}} - \left(\dfrac{-1}{x^2}\right) = \dfrac{1}{\sqrt{x}} + \dfrac{1}{x^2}$

(4) $y = \dfrac{x^2}{2} + \dfrac{2}{x^2} = \dfrac{1}{2}x^2 + 2x^{-2}$

$\qquad y' = \dfrac{1}{2}(2x) + 2(-2)x^{-3} = x - \dfrac{4}{x^3}$

(5) $y = \dfrac{1-x^3}{\sqrt{x}} = x^{-\frac{1}{2}} - x^{\frac{5}{2}}$

$\qquad y' = -\dfrac{1}{2}x^{-\frac{3}{2}} - \dfrac{5}{2}x^{\frac{3}{2}} = -\dfrac{1}{2\sqrt{x^3}} - \dfrac{5}{2}\sqrt{x^3} = -\dfrac{1+5x^3}{2x\sqrt{x}}$

(6) $y = x^2(2x-1) = 2x^3 - x^2$

$$y' = 6x^2 - 2x$$

(7) $y = (\sqrt{x}+1)\left(\dfrac{1}{\sqrt{x}}-1\right) = 1 + \dfrac{1}{\sqrt{x}} - \sqrt{x} - 1 = \dfrac{1}{\sqrt{x}} - \sqrt{x}$

$\quad y' = -\dfrac{1}{2\sqrt{x^3}} - \dfrac{1}{2\sqrt{x}} = -\dfrac{1}{2\sqrt{x}}\left(1 + \dfrac{1}{x}\right)$

(8) $y = (x+1)\sqrt{2x} = \sqrt{2}\left(x^{\frac{3}{2}} + x^{\frac{1}{2}}\right)$

$\quad y' = \sqrt{2}\left(\dfrac{3}{2}x^{\frac{1}{2}} + \dfrac{1}{2}x^{-\frac{1}{2}}\right) = \dfrac{\sqrt{2}}{2}\left(3\sqrt{x} + \dfrac{1}{\sqrt{x}}\right) = \dfrac{1}{\sqrt{2x}}(3x+1)$

(9) $y = \dfrac{ax+b}{a+b} = \dfrac{1}{a+b}(ax+b)$

$\quad y' = \dfrac{a}{a+b}$

(10) $y = (x-a)(x-b) = x^2 - (a+b)x + ab$

$\quad y' = 2x - (a+b)$

(11) $y = (1+ax^b)(1+bx^a) = 1 + ax^b + bx^a + abx^{a+b}$

$\quad y' = abx^{b-1} + abx^{a-1} + ab(a+b)x^{a+b-1}$

注释: 第 15 题要求熟练掌握函数代数和的导数公式及幂函数的导数公式.

16. 求下列各函数的导数 (其中, a, b, c, n 为常数):

(1) $y = (x+1)(x+2)(x+3)$ (2) $y = x\ln x$

(3) $y = x^n \ln x$ (4) $y = \log_a \sqrt{x}$

(5) $y = \dfrac{x+1}{x-1}$ (6) $y = \dfrac{5x}{1+x^2}$

(7) $y = 3x - \dfrac{2x}{2-x}$ (8) $y = \dfrac{a}{b+cx^n}$

(9) $y = \dfrac{1-\ln x}{1+\ln x}$ (10) $y = \dfrac{1+x-x^2}{1-x+x^2}$

解: (1) $y = (x+1)(x+2)(x+3)$

$\quad y' = (x+2)(x+3) + (x+1)(x+3) + (x+1)(x+2)$

$\quad\quad = x^2 + 5x + 6 + x^2 + 4x + 3 + x^2 + 3x + 2$

$\quad\quad = 3x^2 + 12x + 11$

或 $y = (x^2 + 3x + 2)(x+3) = x^3 + 6x^2 + 11x + 6$

$\quad y' = 3x^2 + 12x + 11$

(2) $y = x\ln x$

$\quad y' = x'\ln x + (\ln x)'x = \ln x + 1$

(3) $y = x^n \ln x$

$\quad y' = nx^{n-1}\ln x + \dfrac{1}{x} \cdot x^n = nx^{n-1}\ln x + x^{n-1} = x^{n-1}(n\ln x + 1)$

(4) $y = \log_a \sqrt{x}$

$\quad y = \log_a \sqrt{x} = \dfrac{1}{2}\log_a x$

$$y' = \frac{1}{2x\ln a}$$

(5) $y = \dfrac{x+1}{x-1}$

$$y' = \frac{(x+1)'(x-1)-(x-1)'(x+1)}{(x-1)^2}$$

$$= \frac{x-1-x-1}{(x-1)^2} = -\frac{2}{(x-1)^2}$$

(6) $y = \dfrac{5x}{1+x^2}$

$$y' = \frac{5(1+x^2)-2x \cdot 5x}{(1+x^2)^2} = \frac{5(1-x^2)}{(1+x^2)^2}$$

(7) $y = 3x - \dfrac{2x}{2-x}$

$$y' = 3 - \frac{2(2-x)+2x}{(2-x)^2} = 3 - \frac{4}{(2-x)^2}$$

(8) $y = \dfrac{a}{b+cx^n}$

$$y' = -\frac{acnx^{n-1}}{(b+cx^n)^2}$$

(9) $y = \dfrac{1-\ln x}{1+\ln x}$

$$y' = \frac{-\dfrac{1}{x}(1+\ln x)-\dfrac{1}{x}(1-\ln x)}{(1+\ln x)^2} = -\frac{2}{x(1+\ln x)^2}$$

(10) $y = \dfrac{1+x-x^2}{1-x+x^2}$

$$y' = \frac{(1-2x)(1-x+x^2)-(-1+2x)(1+x-x^2)}{(1-x+x^2)^2}$$

$$= \frac{2-4x}{(1-x+x^2)^2}$$

注释： 第 16 题要求熟练掌握乘、除法的导数公式及对数函数的导数公式.
第 16(1) 题使用了公式 $(uvw)' = u'vw + uv'w + uvw'$.

17. 求下列各函数的导数：

(1) $y = x\sin x + \cos x$ (2) $y = \dfrac{x}{1-\cos x}$

(3) $y = \tan x - x\tan x$ (4) $y = \dfrac{5\sin x}{1+\cos x}$

(5) $y = \dfrac{\sin x}{x} + \dfrac{x}{\sin x}$ (6) $y = x\sin x \cdot \ln x$

解： (1) $y = x\sin x + \cos x$

$$y' = \sin x + x\cos x - \sin x = x\cos x$$

(2) $y = \dfrac{x}{1 - \cos x}$

$$y' = \dfrac{1 - \cos x - x\sin x}{(1 - \cos x)^2}$$

(3) $y = \tan x - x\tan x$

$$y' = \sec^2 x - \tan x - x\sec^2 x = (1 - x)\sec^2 x - \tan x$$

(4) $y = \dfrac{5\sin x}{1 + \cos x}$

$$y' = 5 \times \dfrac{\cos x(1 + \cos x) + \sin^2 x}{(1 + \cos x)^2}$$

$$= \dfrac{5(\cos x + 1)}{(1 + \cos x)^2} = \dfrac{5}{1 + \cos x}$$

(5) $y = \dfrac{\sin x}{x} + \dfrac{x}{\sin x}$

$$y' = \dfrac{x\cos x - \sin x}{x^2} + \dfrac{\sin x - x\cos x}{\sin^2 x}$$

(6) $y = x\sin x\ln x$

$$y' = \sin x\ln x + x\cos x\ln x + \sin x$$

注释：第 17 题要求熟练掌握三角函数的导数公式.

18. 求曲线 $y = \sin x$ 在点 $x = \pi$ 处的切线方程.

解：$x = \pi$ 时的切线斜率为

$$y'\Big|_{x=\pi} = \cos x\Big|_{x=\pi} = -1$$

$x = \pi$ 时曲线上的点为 $(\pi, 0)$，所以该点的切线方程为 $y - 0 = -(x - \pi)$，即 $x + y - \pi = 0$.

19. 在曲线 $y = \dfrac{1}{1 + x^2}$ 上求一点，使通过该点的切线平行于 x 轴.

解：切线平行于 x 轴，则切线斜率为 0，$y' = \dfrac{-2x}{(1 + x^2)^2}$，令 $y' = 0$，得 $x = 0$，代入曲线方程得 $y = 1$.

由此可知，曲线 $y = \dfrac{1}{1 + x^2}$ 上点 $(0, 1)$ 处的切线平行于 x 轴.

20. a 为何值时 $y = ax^2$ 与 $y = \ln x$ 相切？

解：欲使两曲线相切，两曲线须过同一点，且在该点处两函数的导数相等，即 $2ax = \dfrac{1}{x}$，$x = \dfrac{1}{\sqrt{2a}}$，那么有 $a\left(\dfrac{1}{\sqrt{2a}}\right)^2 = \ln\dfrac{1}{\sqrt{2a}}$，即 $\dfrac{1}{2} = -\dfrac{1}{2}\ln 2a$，得 $\ln 2a = -1$，于是 $a = \dfrac{1}{2e}$.

因此，当 $a = \dfrac{1}{2e}$ 时，两曲线相切.

21. 求下列各函数的导数（其中，a，n 为常数）：

(1) $y = (1 + x^2)^5$ 　　　　　　(2) $y = (1 - x)(1 - 2x)$

(3) $y = (3x + 5)^3(5x + 4)^5$ 　　(4) $y = (2 + 3x^2)\sqrt{1 + 5x^2}$

(5) $y = \dfrac{(x+4)^2}{x+3}$ (6) $y = \sqrt{x^2 - a^2}$

(7) $y = \dfrac{x}{\sqrt{1-x^2}}$ (8) $y = \log_a(1+x^2)$

(9) $y = \ln(a^2 - x^2)$ (10) $y = \ln\sqrt{x} + \sqrt{\ln x}$

(11) $y = \ln\dfrac{1+\sqrt{x}}{1-\sqrt{x}}$ (12) $y = \sin nx$

(13) $y = \sin x^n$ (14) $y = \sin^n x$

(15) $y = \sin^n x \cdot \cos nx$ (16) $y = \cos^3 \dfrac{x}{2}$

(17) $y = \tan\dfrac{x}{2} - \dfrac{x}{2}$ (18) $y = \ln\tan\dfrac{x}{2}$

(19) $y = x^2 \sin\dfrac{1}{x}$ (20) $y = \ln\ln x$

(21) $y = \lg(x - \sqrt{x^2 - a^2})$ (22) $y = \dfrac{1}{\cos^n x}$

(23) $y = \dfrac{\sin x - x\cos x}{\cos x + x\sin x}$ (24) $y = \sec^2\dfrac{x}{a} + \csc^2\dfrac{x}{a}$

解： (1) $y = (1+x^2)^5$

$$y' = 5(1+x^2)^4(1+x^2)' = 10x(1+x^2)^4$$

(2) $y = (1-x)(1-2x)$

$$y' = (1-x)'(1-2x) + (1-2x)'(1-x)$$

$$= -(1-2x) - 2(1-x) = 4x - 3$$

(3) $y = (3x+5)^3(5x+4)^5$

$$y' = 3(3x+5)^2(3x+5)'(5x+4)^5 + 5(5x+4)^4(5x+4)'(3x+5)^3$$

$$= 9(3x+5)^2(5x+4)^5 + 25(5x+4)^4(3x+5)^3$$

$$= (3x+5)^2(5x+4)^4(45x+36+75x+125)$$

$$= (3x+5)^2(5x+4)^4(120x+161)$$

(4) $y = (2+3x^2)\sqrt{1+5x^2}$

$$y' = 6x\sqrt{1+5x^2} + \frac{(1+5x^2)'}{2\sqrt{1+5x^2}}(2+3x^2)$$

$$= 6x\sqrt{1+5x^2} + \frac{5x}{\sqrt{1+5x^2}}(2+3x^2)$$

$$= \frac{6x+30x^3+10x+15x^3}{\sqrt{1+5x^2}}$$

$$= \frac{16x+45x^3}{\sqrt{1+5x^2}}$$

(5) $y = \dfrac{(x+4)^2}{x+3}$

$$y' = \frac{2(x+4)(x+3) - (x+4)^2}{(x+3)^2}$$

$$= \frac{(x+4)(2x+6-x-4)}{(x+3)^2}$$

$$= \frac{(x+4)(x+2)}{(x+3)^2}$$

(6) $y = \sqrt{x^2 - a^2}$

$$y' = \frac{2x}{2\sqrt{x^2-a^2}} = \frac{x}{\sqrt{x^2-a^2}}$$

(7) $y = \dfrac{x}{\sqrt{1-x^2}}$

$$y' = \frac{\sqrt{1-x^2} + \dfrac{2x^2}{2\sqrt{1-x^2}}}{1-x^2} = \frac{1-x^2+x^2}{(1-x^2)\sqrt{1-x^2}}$$

$$= \frac{1}{\sqrt{(1-x^2)^3}}$$

(8) $y = \log_a(1+x^2)$

$$y' = \frac{2x}{1+x^2}\log_a e = \frac{2x}{(1+x^2)\ln a}$$

(9) $y = \ln(a^2 - x^2)$

$$y' = -\frac{2x}{a^2-x^2}$$

(10) $y = \ln\sqrt{x} + \sqrt{\ln x} = \dfrac{1}{2}\ln x + \sqrt{\ln x}$

$$y' = \frac{1}{2x} + \frac{1}{2x\sqrt{\ln x}} = \frac{1}{2x}\left(1 + \frac{1}{\sqrt{\ln x}}\right)$$

(11) $y = \ln\dfrac{1+\sqrt{x}}{1-\sqrt{x}} = \ln(1+\sqrt{x}) - \ln(1-\sqrt{x})$

$$y' = \frac{1}{1+\sqrt{x}} \cdot \frac{1}{2\sqrt{x}} + \frac{1}{1-\sqrt{x}} \cdot \frac{1}{2\sqrt{x}} = \frac{1}{\sqrt{x}(1-x)}$$

(12) $y = \sin nx$

$$y' = \cos nx\,(nx)' = n\cos nx$$

(13) $y = \sin x^n$

$$y' = \cos x^n\,(x^n)' = nx^{n-1}\cos x^n$$

(14) $y = \sin^n x$

$$y' = n\sin^{n-1}x \cdot (\sin x)' = n\cos x\sin^{n-1}x$$

(15) $y = \sin^n x\cos nx$

$$y' = n\sin^{n-1}x\cos x\cos nx - n\sin nx\sin^n x$$

$$= n\sin^{n-1}x(\cos x\cos nx - \sin x\sin nx)$$

$$= n\sin^{n-1}x \cdot \cos(n+1)x$$

(16) $y = \cos^3 \dfrac{x}{2}$

$$y' = 3\cos^2 \dfrac{x}{2}\left(-\sin \dfrac{x}{2}\right) \cdot \dfrac{1}{2} = -\dfrac{3}{2}\cos^2 \dfrac{x}{2}\sin \dfrac{x}{2}$$

(17) $y = \tan \dfrac{x}{2} - \dfrac{x}{2}$

$$y' = \dfrac{1}{2}\sec^2 \dfrac{x}{2} - \dfrac{1}{2}$$

$$= \dfrac{1}{2}\left(\sec^2 \dfrac{x}{2} - 1\right) = \dfrac{1}{2}\tan^2 \dfrac{x}{2}$$

(18) $y = \ln\tan \dfrac{x}{2}$

$$y' = \dfrac{1}{\tan \dfrac{x}{2}} \cdot \dfrac{1}{2}\sec^2 \dfrac{x}{2} = \dfrac{1}{2\sin \dfrac{x}{2}\cos \dfrac{x}{2}} = \dfrac{1}{\sin x} = \csc x$$

(19) $y = x^2 \sin \dfrac{1}{x}$

$$y' = 2x\sin \dfrac{1}{x} + x^2 \cos \dfrac{1}{x}\left(-\dfrac{1}{x^2}\right) = 2x\sin \dfrac{1}{x} - \cos \dfrac{1}{x}$$

(20) $y = \ln\ln x$

$$y' = \dfrac{1}{\ln x} \cdot \dfrac{1}{x} = \dfrac{1}{x\ln x}$$

(21) $y = \lg(x - \sqrt{x^2 - a^2})$

$$y' = \dfrac{1}{\ln 10}\dfrac{1}{x - \sqrt{x^2 - a^2}}\left(1 - \dfrac{2x}{2\sqrt{x^2 - a^2}}\right)$$

$$= \dfrac{1}{x - \sqrt{x^2 - a^2}}\dfrac{\sqrt{x^2 - a^2} - x}{\sqrt{x^2 - a^2}}\lg e$$

$$= \dfrac{-1}{\sqrt{x^2 - a^2}}\lg e$$

(22) $y = \dfrac{1}{\cos^n x} = \sec^n x$

$$y' = n\sec^{n-1} x \cdot \sec x\tan x = \dfrac{n\sin x}{\cos^{n+1} x}$$

(23) $y = \dfrac{\sin x - x\cos x}{\cos x + x\sin x}$

$$y' = \dfrac{x\sin x(\cos x + x\sin x) - x\cos x(\sin x - x\cos x)}{(\cos x + x\sin x)^2}$$

$$= \dfrac{x^2}{(\cos x + x\sin x)^2}$$

(24) $y = \sec^2 \dfrac{x}{a} + \csc^2 \dfrac{x}{a}$

$$y' = 2\sec \dfrac{x}{a}\sec \dfrac{x}{a}\tan \dfrac{x}{a} \cdot \dfrac{1}{a} + 2\csc \dfrac{x}{a}\left(-\csc \dfrac{x}{a}\cot \dfrac{x}{a}\right) \cdot \dfrac{1}{a}$$

$$= \dfrac{2}{a}\left(\sec^2 \dfrac{x}{a}\tan \dfrac{x}{a} - \csc^2 \dfrac{x}{a}\cot \dfrac{x}{a}\right)$$

注释：（ⅰ）对复合函数求导，首先要搞清楚复合关系，搞清楚函数是由哪几个简单初等函数复合而成的，搞清楚复合的层次，然后由外层开始向内层一层一层地用公式对中间变量求导，直到对自变量求导为止，最重要的是不要遗漏了对某个层次的中间变量求导.

（ⅱ）注意复合函数的导数符号，不要搞乱.

设 $y = f[\varphi(x)]$，那么 $f'[\varphi(x)]$ 表示 y 对中间变量 $\varphi(x)$ 求导，即 $y'_{\varphi(x)} = \dfrac{\mathrm{d}y}{\mathrm{d}\varphi(x)}$；$\{f[\varphi(x)]\}'$ 表示 y 对自变量 x 求导，即 $y'_x = \dfrac{\mathrm{d}y}{\mathrm{d}x}$.

$$\{f[\varphi(x)]\}' = f'[\varphi(x)] \cdot \varphi'(x)，\text{即 } y'_x = \frac{\mathrm{d}y}{\mathrm{d}x} = \frac{\mathrm{d}y}{\mathrm{d}\varphi(x)} \cdot \frac{\mathrm{d}\varphi(x)}{\mathrm{d}x}$$

例如，$y = u^3$，$u = \sin v$，$v = 2x$，即 $y = \sin^3 2x$，那么

$$y'_u = (\sin^3 2x)'_{\sin 2x} = 3\sin^2 2x$$
$$y'_v = (\sin^3 2x)'_{2x} = 3\sin^2 2x \cos 2x$$
$$y'_x = (\sin^3 2x)'_x = 3\sin^2 2x \cos 2x \cdot 2 = 6\sin^2 2x \cos 2x$$

22. 求曲线 $y = (x+1)\sqrt[3]{3-x}$ 在 $A(-1, 0)$，$B(2, 3)$，$C(3, 0)$ 三点处的切线方程.

解： $y' = \sqrt[3]{3-x} + \dfrac{1}{3}(3-x)^{-\frac{2}{3}}(3-x)'(x+1)$

$$= \sqrt[3]{3-x} - \frac{x+1}{3\sqrt[3]{(3-x)^2}}$$

$$y'\Big|_{x=-1} = \sqrt[3]{4}，\quad y'\Big|_{x=2} = 0，\quad y'\Big|_{x=3} \text{不存在}$$

所以曲线 $y = (x+1)\sqrt[3]{3-x}$ 在点 $A(-1, 0)$，$B(2, 3)$ 及 $C(3, 0)$ 处的切线方程分别为 $y = \sqrt[3]{4}(x+1)$，$y = 3$ 及 $x = 3$.

23. 求下列各函数的导数：

(1) $y = \arcsin \dfrac{x}{2}$ (2) $y = \operatorname{arccot} \dfrac{1}{x}$

(3) $y = \arctan \dfrac{2x}{1-x^2}$ (4) $y = \dfrac{\arccos x}{\sqrt{1-x^2}}$

(5) $y = \left(\arcsin \dfrac{x}{2}\right)^2$ (6) $y = x\sqrt{1-x^2} + \arcsin x$

(7) $y = \arcsin x + \arccos x$

解：(1) $y = \arcsin \dfrac{x}{2}$

$$y' = \frac{\dfrac{1}{2}}{\sqrt{1 - \left(\dfrac{x}{2}\right)^2}} = \frac{1}{\sqrt{4-x^2}}$$

(2) $y = \operatorname{arccot} \dfrac{1}{x}$

$$y' = -\frac{1}{1 + \dfrac{1}{x^2}}\left(-\frac{1}{x^2}\right) = \frac{1}{1+x^2}$$

(3) $y = \arctan \dfrac{2x}{1-x^2}$

$$y' = \frac{1}{1+\left(\dfrac{2x}{1-x^2}\right)^2} \cdot \frac{2(1-x^2)+4x^2}{(1-x^2)^2}$$

$$= \frac{2(1+x^2)}{(1-x^2)^2+4x^2} = \frac{2(1+x^2)}{(1+x^2)^2} = \frac{2}{1+x^2}$$

(4) $y = \dfrac{\arccos x}{\sqrt{1-x^2}}$

$$y' = \frac{\dfrac{-1}{\sqrt{1-x^2}} \cdot \sqrt{1-x^2} + \dfrac{x}{\sqrt{1-x^2}}\arccos x}{1-x^2}$$

$$= \frac{x\arccos x - \sqrt{1-x^2}}{\sqrt{(1-x^2)^3}}$$

(5) $y = \left(\arcsin \dfrac{x}{2}\right)^2$

$$y' = 2\arcsin \frac{x}{2} \cdot \frac{\dfrac{1}{2}}{\sqrt{1-\left(\dfrac{x}{2}\right)^2}} = \frac{2\arcsin\dfrac{x}{2}}{\sqrt{4-x^2}}$$

(6) $y = x\sqrt{1-x^2} + \arcsin x$

$$y' = \sqrt{1-x^2} - \frac{x^2}{\sqrt{1-x^2}} + \frac{1}{\sqrt{1-x^2}}$$

$$= \frac{1-x^2-x^2+1}{\sqrt{1-x^2}} = 2\sqrt{1-x^2}$$

(7) $y = \arcsin x + \arccos x$

$$y' = \frac{1}{\sqrt{1-x^2}} + \frac{-1}{\sqrt{1-x^2}} = 0$$

注释：第 23 题要求熟练掌握反三角函数的导数公式，若为复合函数，则应认清中间变量，先对中间变量求导，再乘以中间变量对自变量的导数.

24. 下列各题中的方程均确定 y 是 x 的函数，求 y'_x（其中，a，b 为常数）.

(1) $x^2 + y^2 - xy = 1$　　　　(2) $y^2 - 2axy + b = 0$

(3) $y = x + \ln y$　　　　　　　(4) $y = 1 + x\mathrm{e}^y$

(5) $\arcsin y = \mathrm{e}^{x+y}$

解：(1) $x^2 + y^2 - xy = 1$

方程两边对 x 求导，有

$$2x + 2yy' - y - xy' = 0, \quad 即 \ (2y-x)y' = y - 2x$$

解出 y'，得 $y' = \dfrac{y-2x}{2y-x}$.

(2) $y^2 - 2axy + b = 0$

方程两边对 x 求导，有
$$2yy' - 2ay - 2axy' = 0$$

解出 y'，得 $y' = \dfrac{ay}{y - ax}$.

(3) $y = x + \ln y$

方程两边对 x 求导，有
$$y' = 1 + \frac{y'}{y}, \quad yy' - y' = y$$

解出 y'，得 $y' = \dfrac{y}{y - 1}$.

(4) $y = 1 + xe^y$

方程两边对 x 求导，有
$$y' = e^y + xe^y y', \quad y' - xe^y y' = e^y$$

解出 y'，得 $y' = \dfrac{e^y}{1 - xe^y}$.

(5) $\arcsin y = e^{x+y}$

方程两边对 x 求导，有
$$\frac{y'}{\sqrt{1 - y^2}} = e^{x+y}(1 + y')$$

解出 y'，得 $y' = \dfrac{\sqrt{1 - y^2}\, e^{x+y}}{1 - \sqrt{1 - y^2}\, e^{x+y}}$.

注释： 由方程 $F(x, y) = 0$ 确定 y 是 x 的函数，求 y 对 x 的导数，方程两边对 x 求导，遇到 y 时，要注意 y 是 x 的函数，遇到 y 的函数时，看成是 x 的复合函数，即凡是含有 y 的项对 y 求导后，要乘上 y 对 x 的导数 y'，然后得到一个含有 y' 的关系式，从中解出 y'. y' 中允许含有 y，不必化为用 x 的关系式表达的显函数形式.

25. 求曲线 $y^3 + y^2 = 2x$ 在点 $(1, 1)$ 处的切线方程与法线方程.

解： 点 $(1, 1)$ 在曲线上，即 $(1, 1)$ 点为切点，故切线斜率为 $y' \big|_{x=1}$.

方程两边对 x 求导，有
$$3y^2 y' + 2yy' = 2$$

解出 y'，得 $y' = \dfrac{2}{3y^2 + 2y}$.

于是得出点 $(1, 1)$ 处的切线斜率为 $y' \big|_{\substack{x=1 \\ y=1}} = \dfrac{2}{5}$，从而得切线方程为
$$y - 1 = \frac{2}{5}(x - 1)$$

即 $\qquad 2x - 5y + 3 = 0$

法线方程为
$$y - 1 = -\frac{5}{2}(x - 1)$$

即 $\qquad 5x + 2y - 7 = 0$

26. 求下列各函数的导数(其中 a 为常数):

(1) $y = e^{4x}$ (2) $y = a^x e^x$

(3) $y = e^{-x^2}$ (4) $y = e^{e^{-x}}$

(5) $y = x^a + a^x + a^a$ (6) $y = e^{-\frac{1}{x}}$

(7) $y = e^{-x}\cos 3x$ (8) $y = \sin e^{x^2+x-2}$

(9) $y = e^{\tan\frac{1}{x}}$ (10) $y = \dfrac{e^x - e^{-x}}{e^x + e^{-x}}$

(11) $y = e^{x\ln x}$ (12) $y = x^2 e^{-2x}\sin 3x$

解:(1) $y = e^{4x}$

$$y' = e^{4x}(4x)' = 4e^{4x}$$

(2) $y = a^x e^x$

$$y' = (a^x)'e^x + (e^x)'a^x = a^x e^x \ln a + a^x e^x = a^x e^x(\ln a + 1)$$

或 $y' = (ae)^x \ln(ae) = a^x e^x(\ln a + 1)$

(3) $y = e^{-x^2}$

$$y' = e^{-x^2}(-x^2)' = -2x e^{-x^2}$$

(4) $y = e^{e^{-x}}$

$$y' = e^{e^{-x}}(e^{-x})' = e^{e^{-x}}e^{-x}(-x)' = -e^{-x}e^{e^{-x}}$$

(5) $y = x^a + a^x + a^a$

$$y' = ax^{a-1} + a^x \ln a + 0 = ax^{a-1} + a^x \ln a$$

(6) $y = e^{-\frac{1}{x}}$

$$y' = e^{-\frac{1}{x}}\left(-\frac{1}{x}\right)' = \frac{1}{x^2}e^{-\frac{1}{x}}$$

(7) $y = e^{-x}\cos 3x$

$$y' = -e^{-x}\cos 3x - 3e^{-x}\sin 3x$$
$$= -e^{-x}(\cos 3x + 3\sin 3x)$$

(8) $y = \sin e^{x^2+x-2}$

$$y' = \cos e^{x^2+x-2}(e^{x^2+x-2})'$$
$$= e^{x^2+x-2}\cos e^{x^2+x-2}(x^2+x-2)'$$
$$= (2x+1)e^{x^2+x-2}\cos e^{x^2+x-2}$$

(9) $y = e^{\tan\frac{1}{x}}$

$$y' = e^{\tan\frac{1}{x}}\left(\tan\frac{1}{x}\right)' = e^{\tan\frac{1}{x}}\sec^2\frac{1}{x}\left(\frac{1}{x}\right)'$$
$$= -\frac{1}{x^2}e^{\tan\frac{1}{x}}\sec^2\frac{1}{x}$$

(10) $y = \dfrac{e^x - e^{-x}}{e^x + e^{-x}}$

$$y' = \frac{(e^x+e^{-x})^2 - (e^x-e^{-x})^2}{(e^x+e^{-x})^2} = \frac{4}{(e^x+e^{-x})^2}$$

(11) $y = e^{x\ln x}$

$$y' = e^{x\ln x}(x\ln x)'$$
$$= e^{x\ln x}(1+\ln x)$$
$$= x^x(\ln x+1)$$

(12) $y = x^2 e^{-2x}\sin 3x$

$$y' = 2xe^{-2x}\sin 3x - 2x^2 e^{-2x}\sin 3x + 3x^2 e^{-2x}\cos 3x$$
$$= xe^{-2x}(2\sin 3x - 2x\sin 3x + 3x\cos 3x)$$

注释： 第 26 题要求熟练掌握指数函数的导数公式.

27. 利用取对数求导法求下列函数的导数（其中，a_1，a_2，$\cdots$，a_n，n 为常数）：

(1) $y = x\sqrt{\dfrac{1-x}{1+x}}$

(2) $y = \dfrac{x^2}{1-x} \cdot \sqrt[3]{\dfrac{3-x}{(3+x)^2}}$

(3) $y = (x+\sqrt{1+x^2})^n$

(4) $y = (x-a_1)^{a_1}(x-a_2)^{a_2}\cdots(x-a_n)^{a_n}$

(5) $y = (\sin x)^{\tan x}$

解： (1) $y = x\sqrt{\dfrac{1-x}{1+x}}$

方程两边取自然对数

$$\ln y = \ln x + \frac{1}{2}\ln(1-x) - \frac{1}{2}\ln(1+x)$$

两边对 x 求导

$$\frac{1}{y}y' = \frac{1}{x} - \frac{1}{2(1-x)} - \frac{1}{2(1+x)} = \frac{1}{x} - \frac{1}{1-x^2}$$

因此得 $y' = r\sqrt{\dfrac{1-x}{1+x}}\left(\dfrac{1}{x} - \dfrac{1}{1-x^2}\right)$

(2) $y = \dfrac{x^2}{1-x}\sqrt[3]{\dfrac{3-x}{(3+x)^2}}$

方程两边取自然对数

$$\ln y = 2\ln x - \ln(1-x) + \frac{1}{3}\ln(3-x) - \frac{2}{3}\ln(3+x)$$

两边对 x 求导

$$\frac{1}{y}y' = \frac{2}{x} + \frac{1}{1-x} - \frac{1}{3(3-x)} - \frac{2}{3(3+x)}$$
$$= \frac{2-x}{x(1-x)} - \frac{9-x}{3(9-x^2)}$$

因此得 $y' = \dfrac{x^2}{1-x}\sqrt[3]{\dfrac{3-x}{(3+x)^2}}\left[\dfrac{2-x}{x(1-x)} - \dfrac{9-x}{3(9-x^2)}\right]$

(3) $y = (x+\sqrt{1+x^2})^n$

方程两边取自然对数

$$\ln y = n\ln(x + \sqrt{1+x^2})$$

两边对 x 求导

$$\frac{1}{y}y' = \frac{n}{x+\sqrt{1+x^2}}(x+\sqrt{1+x^2})'$$

$$= \frac{n}{x+\sqrt{1+x^2}}\left(1+\frac{x}{\sqrt{1+x^2}}\right)$$

$$= \frac{n}{x+\sqrt{1+x^2}}\frac{\sqrt{1+x^2}+x}{\sqrt{1+x^2}} = \frac{n}{\sqrt{1+x^2}}$$

因此得　　$y' = (x+\sqrt{1+x^2})^n \dfrac{n}{\sqrt{1+x^2}}$

（4）$y = (x-a_1)^{a_1}(x-a_2)^{a_2}\cdots(x-a_n)^{a_n}$

方程两边取自然对数

$$\ln y = a_1\ln(x-a_1) + a_2\ln(x-a_2) + \cdots + a_n\ln(x-a_n)$$

两边对 x 求导

$$\frac{1}{y}y' = \frac{a_1}{x-a_1} + \frac{a_2}{x-a_2} + \cdots + \frac{a_n}{x-a_n}$$

因此得　　$y' = (x-a_1)^{a_1}(x-a_2)^{a_2}\cdots(x-a_n)^{a_n}\left(\dfrac{a_1}{x-a_1} + \dfrac{a_2}{x-a_2} + \cdots + \dfrac{a_n}{x-a_n}\right)$

$$= \prod_{i=1}^{n}(x-a_i)^{a_i}\sum_{i=1}^{n}\frac{a_i}{x-a_i}$$

（5）$y = (\sin x)^{\tan x}$

方程两边取自然对数

$$\ln y = \tan x \cdot \ln\sin x$$

两边对 x 求导

$$\frac{1}{y}y' = \tan x \frac{1}{\sin x}\cos x + \sec^2 x \cdot \ln\sin x$$

因此得　　$y' = (\sin x)^{\tan x}(1 + \sec^2 x \cdot \ln\sin x)$

或　　　　$y = e^{\tan x \cdot \ln\sin x}$

$$y' = e^{\tan x \cdot \ln\sin x}(\tan x \cdot \ln\sin x)'$$

$$= e^{\tan x \cdot \ln\sin x}\left(\tan x \frac{1}{\sin x}\cos x + \sec^2 x \cdot \ln\sin x\right)$$

$$= (\sin x)^{\tan x}(1 + \sec^2 x \cdot \ln\sin x)$$

注释：对数求导法是对给定函数的表达式两边取自然对数，然后按隐函数求导法求导.

如果求导的函数是由若干个因式的积、商、乘方或开方组成的，那么用对数求导法可以利用对数性质简化求导步骤.

形如 $[u(x)]^{v(x)}$（$u(x)$，$v(x)$ 是 x 的可导函数）的函数叫作幂指函数，可用对数求导法求导. 幂指函数 $[u(x)]^{v(x)}$ 也可将函数化为 $e^{v(x)\ln u(x)}$ 的形式，利用复合函数求导法求导.

28. 方程 $y^{\sin x} = (\sin x)^y$ 确定 y 是 x 的函数，求 y'_x.

解：方程两边取自然对数，有

$$\sin x \cdot \ln y = y \ln \sin x$$

两边对 x 求导，得

$$\cos x \cdot \ln y + \sin x \cdot \frac{1}{y} y' = y' \ln \sin x + y \frac{\cos x}{\sin x}$$

整理后得 $\quad \left(\dfrac{\sin x}{y} - \ln \sin x \right) y' = y \cot x - \cos x \cdot \ln y$

解出 y'，得 $\quad y' = \dfrac{y \cot x - \cos x \cdot \ln y}{\dfrac{\sin x}{y} - \ln \sin x}$

即 $\quad y' = \dfrac{y(y \cot x - \cos x \cdot \ln y)}{\sin x - y \ln \sin x}$

29. 求下列各函数的导数(其中 f 可导)：

(1) $y = \cos \ln(1 + 2x)$，求 y'.

(2) $y = (\ln x)^x$，求 y'.

(3) $y = x^{x^2} + \mathrm{e}^{x^2} + x^{\mathrm{e}^x} + \mathrm{e}^{\mathrm{e}^x}$，求 y'.

(4) $y = f(\mathrm{e}^x) \mathrm{e}^{f(x)}$，求 y'_x.

(5) $y = f\left(\arcsin \dfrac{1}{x}\right)$，求 y'_x.

(6) $y = f(\mathrm{e}^x + x^{\mathrm{e}})$，求 y'_x.

(7) $y = f(\sin^2 x) + f(\cos^2 x)$，求 y'_x.

(8) 已知 $f\left(\dfrac{1}{x}\right) = \dfrac{x}{1+x}$，求 $f'(x)$.

解： (1) $y = \cos \ln(1 + 2x)$

$$y' = -\sin \ln(1 + 2x) \cdot [\ln(1 + 2x)]'$$
$$= -\frac{2 \sin \ln(1 + 2x)}{1 + 2x}$$

(2) $y = (\ln x)^x$

$$\ln y = x \ln \ln x$$

$$\frac{1}{y} y' = \ln \ln x + \frac{1}{\ln x}$$

$$y' = (\ln x)^x \left(\ln \ln x + \frac{1}{\ln x} \right)$$

(3) $y = x^{x^2} + \mathrm{e}^{x^2} + x^{\mathrm{e}^x} + \mathrm{e}^{\mathrm{e}^x}$

设 $y_1 = x^{x^2}$，$y_2 = \mathrm{e}^{x^2}$，$y_3 = x^{\mathrm{e}^x}$，$y_4 = \mathrm{e}^{\mathrm{e}^x}$，分别求 y'_1，y'_2，y'_3，y'_4.

$$\ln y_1 = x^2 \ln x, \qquad \frac{1}{y_1} y'_1 = 2x \ln x + x$$

$$y'_1 = x^{x^2}(2x \ln x + x)$$

$$y'_2 = 2x \mathrm{e}^{x^2}$$

$$\ln y_3 = \mathrm{e}^x \ln x, \qquad \frac{1}{y_3} y'_3 = \mathrm{e}^x \ln x + \frac{\mathrm{e}^x}{x}$$

$$y'_3 = x^{\mathrm{e}^x}\left(\mathrm{e}^x \ln x + \frac{\mathrm{e}^x}{x}\right) = \mathrm{e}^x x^{\mathrm{e}^x}\left(\ln x + \frac{1}{x}\right)$$

$$y_4' = e^x e^{e^x}$$

$$y' = y_1' + y_2' + y_3' + y_4'$$

$$= x^{x^2}(2x\ln x + x) + 2xe^{x^2} + e^x x^{e^x}\left(\ln x + \frac{1}{x}\right) + e^x e^{e^x}$$

$$= x^{x^2+1}(2\ln x + 1) + 2xe^{x^2} + e^x x^{e^x}\left(\ln x + \frac{1}{x}\right) + e^{e^x + x}$$

或　　　$y = e^{x^2\ln x} + e^{x^2} + e^{e^x\ln x} + e^{e^x}$

$$y' = (e^{x^2\ln x})' + (e^{x^2})' + (e^{e^x\ln x})' + (e^{e^x})'$$

$$= e^{x^2\ln x}(2x\ln x + x) + 2xe^{x^2} + e^{e^x\ln x}\left(e^x\ln x + \frac{e^x}{x}\right) + e^x e^{e^x}$$

$$= x^{x^2}(2x\ln x + x) + 2xe^{x^2} + e^x x^{e^x}\left(\ln x + \frac{1}{x}\right) + e^x e^{e^x}$$

$$= x^{x^2+1}(2\ln x + 1) + 2xe^{x^2} + e^x x^{e^x}\left(\ln x + \frac{1}{x}\right) + e^{e^x + x}$$

(4)　　$y = f(e^x)e^{f(x)}$

$$y' = f'(e^x)e^x e^{f(x)} + e^{f(x)}f'(x)f(e^x)$$

$$= e^{f(x)}\left[f'(e^x)e^x + f'(x)f(e^x)\right]$$

(5)　　$y = f\left(\arcsin\dfrac{1}{x}\right)$

$$y' = f'\left(\arcsin\frac{1}{x}\right)\left(\arcsin\frac{1}{x}\right)'$$

$$= f'\left(\arcsin\frac{1}{x}\right)\frac{1}{\sqrt{1-\dfrac{1}{x^2}}}\left(-\frac{1}{x^2}\right)$$

$$= -\frac{1}{|x|\sqrt{x^2-1}}f'\left(\arcsin\frac{1}{x}\right)$$

(6)　　$y = f(e^x + x^e)$

$$y' = f'(e^x + x^e)(e^x + ex^{e-1})$$

(7)　　$y = f(\sin^2 x) + f(\cos^2 x)$

$$y' = f'(\sin^2 x)2\sin x\cos x + f'(\cos^2 x)2\cos x(-\sin x)$$

$$= \sin 2x[f'(\sin^2 x) - f'(\cos^2 x)]$$

(8) 由 $f\left(\dfrac{1}{x}\right) = \dfrac{x}{1+x} = \dfrac{1}{\dfrac{1}{x}+1}$

得　　　$f(x) = \dfrac{1}{1+x}$

所以　　$f'(x) = -\dfrac{1}{(1+x)^2}$

30. 求下列函数的导数：

(1) 已知 $\begin{cases} x = 2t - t^2 \\ y = 3t - t^3 \end{cases}$，求 $\dfrac{\mathrm{d}y}{\mathrm{d}x}$.

(2) 已知 $\begin{cases} x = a\sin3\theta\cos\theta \\ y = a\sin3\theta\sin\theta \end{cases}$ （其中 a 为常数），求 $\dfrac{\mathrm{d}y}{\mathrm{d}x}\Big|_{\theta=\frac{\pi}{3}}$.

解： (1) $\dfrac{\mathrm{d}y}{\mathrm{d}x} = \dfrac{\dfrac{\mathrm{d}y}{\mathrm{d}t}}{\dfrac{\mathrm{d}x}{\mathrm{d}t}} = \dfrac{(3t-t^3)'_t}{(2t-t^2)'_t} = \dfrac{3-3t^2}{2-2t} = \dfrac{3(1+t)}{2}$

(2) $\dfrac{\mathrm{d}y}{\mathrm{d}x} = \dfrac{\dfrac{\mathrm{d}y}{\mathrm{d}\theta}}{\dfrac{\mathrm{d}x}{\mathrm{d}\theta}} = \dfrac{(a\sin3\theta\sin\theta)'_\theta}{(a\sin3\theta\cos\theta)'_\theta} = \dfrac{3a\cos3\theta\sin\theta + a\sin3\theta\cos\theta}{3a\cos3\theta\cos\theta + a\sin3\theta(-\sin\theta)}$

$\qquad = \dfrac{3\cos3\theta\sin\theta + \sin3\theta\cos\theta}{3\cos3\theta\cos\theta - \sin3\theta\sin\theta}$

$\qquad \dfrac{\mathrm{d}y}{\mathrm{d}x}\Big|_{\theta=\frac{\pi}{3}} = \dfrac{-3\times\dfrac{\sqrt{3}}{2}}{-3\times\dfrac{1}{2}} = \sqrt{3}$

31. 求函数 $f(x) = |x^2-1|$ 在点 $x = x_0$ 处的导数.

解： $f(x) = \begin{cases} x^2-1, & |x| \geqslant 1 \\ 1-x^2, & |x| < 1 \end{cases}$

函数 $f(x)$ 的图形见图 3—2.

当 $x_0 < -1$ 或 $x_0 > 1$ 时，$f'(x_0) = 2x_0$.

当 $-1 < x_0 < 1$ 时，$f'(x_0) = -2x_0$.

当 $x_0 = 1$ 时

$\qquad f'_-(1) = \lim\limits_{x\to1^-}\dfrac{f(x)-f(1)}{x-1} = \lim\limits_{x\to1^-}\dfrac{1-x^2-0}{x-1}$

$\qquad\quad = \lim\limits_{x\to1^-}-(1+x)$

$\qquad\quad = -2$

$\qquad f'_+(1) = \lim\limits_{x\to1^+}\dfrac{f(x)-f(1)}{x-1}$

$\qquad\quad = \lim\limits_{x\to1^+}\dfrac{x^2-1-0}{x-1}$

$\qquad\quad = \lim\limits_{x\to1^+}(x+1) = 2$

$f'_-(1) \neq f'_+(1)$，所以 $f'(1)$ 不存在.

同理可知 $f'(-1)$ 也不存在.

从而可得：$f'(x_0) = \begin{cases} 2x_0, & |x_0| > 1 \\ -2x_0, & |x_0| < 1 \end{cases}$.

当 $x_0 = \pm1$ 时，$f'(x_0)$ 不存在.

32. 设 $f(x) = 2^{|x-a|}$（其中 a 为常数），求 $f'(x)$.

解： $f(x) = \begin{cases} 2^{x-a}, & x \geqslant a \\ 2^{a-x}, & x < a \end{cases}$

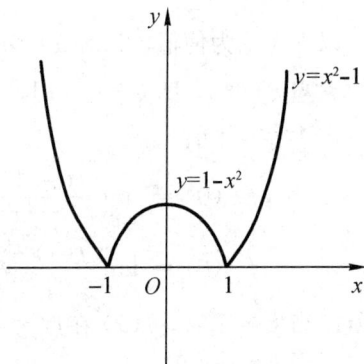

图 3—2

当 $x > a$ 时，$f'(x) = 2^{x-a}\ln2(x-a)' = 2^{x-a}\ln2$.

当 $x < a$ 时，$f'(x) = 2^{a-x}\ln2(a-x)' = -2^{a-x}\ln2$.

在 $x = a$ 处，$f'_-(a) = \lim\limits_{x \to a^-} \dfrac{f(x)-f(a)}{x-a} = \lim\limits_{x \to a^-} \dfrac{2^{a-x}-1}{x-a}$，令 $2^{a-x}-1 = t$，则 $a-x = \log_2(1+t)$. 当 $x \to a^-$ 时，$t \to 0^+$. 于是有

$$f'_-(a) = \lim_{t \to 0^+} \frac{t}{-\log_2(1+t)} = -\lim_{t \to 0^+} \frac{1}{\log_2(1+t)^{\frac{1}{t}}}$$

$$= -\frac{1}{\log_2 e} = -\ln2$$

同理可得 $\quad f'_+(a) = \ln2$

因为 $f'_-(a) \neq f'_+(a)$，所以 $f(x)$ 在点 $x = a$ 处不可导. 因此有

$$f'(x) = \begin{cases} 2^{x-a}\ln2, & x > a \\ -2^{a-x}\ln2, & x < a \end{cases}$$

当 $x = a$ 时，$f'(x)$ 不存在.

33. 设有函数 $f(x) = \begin{cases} x+1, & x < 0 \\ k^2, & x = 0 \\ kxe^x+1, & x > 0 \end{cases}$，试分析在点 $x = 0$ 处，k 为何值时，$f(x)$

有极限；k 为何值时，$f(x)$ 连续；k 为何值时，$f(x)$ 可导.

解： $f(x) = \begin{cases} x+1, & x < 0 \\ k^2, & x = 0 \\ kxe^x+1, & x > 0 \end{cases}$

$$\lim_{x \to 0^-} f(x) = \lim_{x \to 0^-}(x+1) = 1, \qquad \lim_{x \to 0^+} f(x) = \lim_{x \to 0^+}(kxe^x+1) = 1$$

所以 k 无论为何值，$\lim\limits_{x \to 0} f(x)$ 均存在且 $\lim\limits_{x \to 0} f(x) = 1$.

当 $k^2 = 1$，即 $k = \pm1$ 时，有 $\lim\limits_{x \to 0} f(x) = f(0)$，所以 $f(x)$ 在点 $x = 0$ 处连续.

当 $k = 1$ 时

$$f'_-(0) = \lim_{x \to 0^-} \frac{f(x)-f(0)}{x} = \lim_{x \to 0^-} \frac{x+1-1}{x} = 1$$

$$f'_+(0) = \lim_{x \to 0^+} \frac{f(x)-f(0)}{x} = \lim_{x \to 0^+} \frac{xe^x+1-1}{x} = 1$$

所以当 $k = 1$ 时，$f(x)$ 在点 $x = 0$ 处可导，且 $f'(0) = 1$.

当 $k = -1$ 时

$$f'_-(0) = \lim_{x \to 0^-} \frac{f(x)-f(0)}{x} = \lim_{x \to 0^-} \frac{x+1-1}{x} = 1$$

$$f'_+(0) = \lim_{x \to 0^+} \frac{f(x)-f(0)}{x} = \lim_{x \to 0^+} \frac{-xe^x+1-1}{x} = -1$$

所以当 $k = -1$ 时，$f(x)$ 在点 $x = 0$ 处不可导.

综上讨论，有下列结论：

当 k 为任意值时，$f(x)$ 在点 $x = 0$ 处都有极限；

当 $k = \pm1$ 时，$f(x)$ 在点 $x = 0$ 处连续；

当 $k = 1$ 时，$f(x)$ 在点 $x = 0$ 处可导.

34. 设 $f(x) = \begin{cases} x^2 - 1, & x \leq 1 \\ ax + b, & x > 1 \end{cases}$ 在点 $x = 1$ 处可导，求 a, b 的值.

解： $\lim\limits_{x \to 1^-} f(x) = \lim\limits_{x \to 1^-} (x^2 - 1) = 0$

$\lim\limits_{x \to 1^+} f(x) = \lim\limits_{x \to 1^+} (ax + b) = a + b$

题设 $f(x)$ 在点 $x = 1$ 处可导，则必连续，故有 $a + b = 0$，即 $b = -a$.

$$f'_-(1) = \lim_{x \to 1^-} \frac{f(x) - f(1)}{x - 1} = \lim_{x \to 1^-} \frac{x^2 - 1 - 0}{x - 1}$$
$$= \lim_{x \to 1^-} (x + 1) = 2$$
$$f'_+(1) = \lim_{x \to 1^+} \frac{f(x) - f(1)}{x - 1} = \lim_{x \to 1^+} \frac{ax + b - 0}{x - 1}$$
$$= \lim_{x \to 1^+} \frac{ax - a}{x - 1} = a$$

因 $f(x)$ 在点 $x = 0$ 处可导，故有 $f'_-(x) = f'_+(x)$，即 $a = 2$，那么 $b = -2$.

所以当 $a = 2, b = -2$ 时，$f(x)$ 在点 $x = 1$ 处可导，且 $f'(1) = 2$.

35. 证明：$(\log_a |x|)' = \dfrac{1}{x \ln a}$　$(x \neq 0, a > 0, a \neq 1)$.

证： 当 $x > 0$ 时，有

$$(\log_a |x|)' = (\log_a x)' = \frac{1}{x \ln a}$$

当 $x < 0$ 时，有

$$(\log_a |x|)' = [\log_a(-x)]' = \frac{1}{-x \ln a}(-x)' = \frac{1}{x \ln a}$$

所以　　$(\log_a |x|)' = \dfrac{1}{x \ln a}$

36. 设 $f(x)$ 在点 $x = a$ 处可导，证明：

$$\lim_{x \to a} \frac{xf(a) - af(x)}{x - a} = f(a) - af'(a)$$

证：　$\lim\limits_{x \to a} \dfrac{xf(a) - af(x)}{x - a}$

$$= \lim_{x \to a} \left[\frac{xf(a) - af(a)}{x - a} - \frac{af(x) - af(a)}{x - a} \right]$$
$$= f(a) \lim_{x \to a} \frac{x - a}{x - a} - a \lim_{x \to a} \frac{f(x) - f(a)}{x - a}$$
$$= f(a) - af'(a)$$

37. 证明：

(1) 可导的偶函数的导数是奇函数；

(2) 可导的奇函数的导数是偶函数；

(3) 可导周期函数的导数是具有相同周期的周期函数.

证：(1) 设 $f(x)$ 为可导的偶函数，则

$$f(x) = f(-x)$$

两边对 x 求导

$$f'(x) = f'(-x)(-x)' = -f'(-x)$$

所以 $f'(x)$ 为奇函数.

（2）设 $f(x)$ 为可导的奇函数,则

$$f(x) = -f(-x)$$

两边对 x 求导

$$f'(x) = -f'(-x)(-x)' = f'(-x)$$

所以 $f'(x)$ 为偶函数.

（3）设 $f(x)$ 为以 T 为周期的可导函数,则

$$f(x) = f(x+T)$$

两边对 x 求导

$$f'(x) = f'(x+T)(x+T)' = f'(x+T)$$

所以 $f'(x)$ 是以 T 为周期的周期函数.

38. 设 $f(x)$ 是可导偶函数,且 $f'(0)$ 存在,求证 $f'(0) = 0$.

证：根据第 37 题的证明,可导偶函数的导数为奇函数,故有 $f'(x) = -f'(-x)$. 由题设 $f'(0)$ 存在,因此有 $f'(0) = -f'(0)$,即 $2f'(0) = 0$,所以 $f'(0) = 0$.

39. 设 $f(x)$ 在 $(-\infty, +\infty)$ 内可导,且 $F(x) = f(x^2-1) + f(1-x^2)$,证明 $F'(1) = F'(-1)$.

证：$F'(x) = f'(x^2-1)(x^2-1)' + f'(1-x^2)(1-x^2)'$

$$= 2xf'(x^2-1) - 2xf'(1-x^2)$$

$$F'(1) = 2f'(0) - 2f'(0) = 0$$

$$F'(-1) = -2f'(0) + 2f'(0) = 0$$

所以　　$F'(1) = F'(-1)$

40. 求椭圆 $\dfrac{x^2}{a^2} + \dfrac{y^2}{b^2} = 1$ 上点 $M(x_1, y_1)$ 处的切线方程.

解：由 $\dfrac{2x}{a^2} + \dfrac{2y}{b^2} y' = 0$

解出　　$y' = -\dfrac{b^2 x}{a^2 y}$

$$y' \bigg|_{\substack{x=x_1 \\ y=y_1}} = -\dfrac{b^2 x_1}{a^2 y_1}$$

从而切线方程为

$$y - y_1 = -\dfrac{b^2 x_1}{a^2 y_1}(x - x_1)$$

即　　$\dfrac{x_1 x}{a^2} + \dfrac{y_1 y}{b^2} = 1$

41. 求曲线 $x^y = x^2 y$ 在点 $(1, 1)$ 处的切线方程与法线方程.

解：点 $(1, 1)$ 在给定曲线上,故曲线过点 $(1, 1)$ 的切线斜率为 $y' \big|_{\substack{x=1 \\ y=1}}$.

方程两边取自然对数

$$y\ln x = 2\ln x + \ln y$$

两边对 x 求导

$$y'\ln x + \frac{y}{x} = \frac{2}{x} + \frac{1}{y}y'$$

解出 y' 得

$$y' = \frac{(2-y)y}{x(y\ln x - 1)}$$

$$y'\Big|_{\substack{x=1\\y=1}} = -1$$

从而切线方程为 $y-1 = -(x-1)$，即 $x+y-2 = 0$；

法线方程为 $y-1 = x-1$，即 $x-y = 0$.

42. 证明曲线 $\sqrt{x} + \sqrt{y} = \sqrt{a}$（$a$ 为常数）上任一点的切线在两坐标轴上的截距之和为常数.

解：$\sqrt{x} + \sqrt{y} = \sqrt{a}$

两边对 x 求导

$$\frac{1}{2\sqrt{x}} + \frac{1}{2\sqrt{y}}y' = 0$$

于是有　$y' = -\sqrt{\frac{y}{x}}$

过曲线上任一点 (x_0, y_0) 的切线斜率为 $y'\Big|_{\substack{x=x_0\\y=y_0}} = -\sqrt{\frac{y_0}{x_0}}$，从而切线方程为

$$y - y_0 = -\sqrt{\frac{y_0}{x_0}}(x - x_0)$$

令 $y=0$，得切线在 x 轴上的截距为 $x_0 + \sqrt{x_0 y_0}$.

令 $x=0$，得切线在 y 轴上的截距为 $y_0 + \sqrt{x_0 y_0}$.

两截距之和为 $x_0 + y_0 + 2\sqrt{x_0 y_0} = (\sqrt{x_0} + \sqrt{y_0})^2 = (\sqrt{a})^2 = a$，故两截距之和为常数 a.

43. 甲、乙两船同时从一码头出发，甲船以 $30\,\text{km/h}$ 的速度向北行驶，乙船以 $40\,\text{km/h}$ 的速度向东行驶，求两船间的距离增加的速度.

解：设横轴正向为东，纵轴正向为北（如图 3—3 所示）.

t 小时后两船距离为

$$s = \sqrt{(30t)^2 + (40t)^2} = 50t$$

$$\frac{ds}{dt} = 50$$

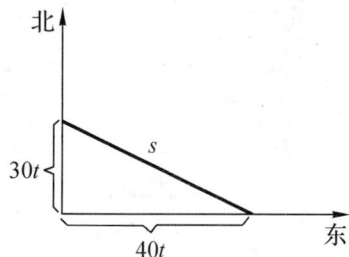

图 3—3

所以两船间的距离 s 增加的速度为 $50\,\text{km/h}$.

44. 在中午 12 点整，甲船以 $6\,\text{km/h}$ 的速度向东行驶，乙船在甲船之北 $16\,\text{km}$ 处以 8

km/h 的速度向南行驶,求下午 1 点整两船之间距离的变化
速度.

解:设横轴正向为东,纵轴正向为北(如图 3—4 所示).
t 小时后两船距离为

$$s = \sqrt{(6t)^2 + (16 - 8t)^2}$$

$$\frac{\mathrm{d}s}{\mathrm{d}t} = \frac{36t + 64t - 128}{\sqrt{(6t)^2 + (16 - 8t)^2}}$$

$$\frac{\mathrm{d}s}{\mathrm{d}t}\bigg|_{t=1} = -2.8$$

故下午 1 点整两船距离的变化速度为 -2.8 km/h.

45. 一长方形的两边长分别以 x 与 y 表示,若 x 边以
0.01 m/s 的速度减少,y 边以 0.02 m/s 的速度增加,试求
在 $x = 20$ m,$y = 15$ m 时,长方形面积的变化速度及对角线长度的变化速度.

图 3—4

解:设矩形面积为 S,对角线长为 l,则

$$S = xy, \quad l = \sqrt{x^2 + y^2}$$

x, y 是时间 t 的函数 $x = x(t)$,$y = y(t)$.

根据题设知 $x'(t) = -0.01$,$y'(t) = 0.02$,

$$S = x(t)y(t), l = \sqrt{x^2(t) + y^2(t)}$$

$$S' = x'(t)y(t) + x(t)y'(t)$$

$$l' = \frac{x(t)x'(t) + y(t)y'(t)}{\sqrt{x^2(t) + y^2(t)}}$$

将 $x = 20$,$y = 15$,$x'(t) = -0.01$,$y'(t) = 0.02$ 代入 S' 和 l',得

$$S' = 15 \times (-0.01) + 20 \times 0.02 = 0.25$$

$$l' = \frac{20 \times (-0.01) + 15 \times 0.02}{\sqrt{20^2 + 15^2}} = 0.004$$

即长方形面积的变化速度为 0.25 m²/s,对角线长度的变化速度为 0.004 m/s.

46. 求下列各函数的 n 阶导数(其中,a, m 为常数):

(1) $y = a^x$ (2) $y = \ln(1 + x)$

(3) $y = \cos x$ (4) $y = (1 + x)^m$

(5) $y = x\mathrm{e}^x$

解:(1) $y = a^x$

$$y' = a^x \ln a, \quad y'' = a^x \ln^2 a, \quad y''' = a^x \ln^3 a, \cdots$$

$$y^{(n)} = a^x \ln^n a$$

(2) $y = \ln(1 + x)$

$$y' = \frac{1}{1 + x}, \quad y'' = \frac{-1}{(1 + x)^2}, \quad y''' = \frac{1 \cdot 2}{(1 + x)^3}, \cdots$$

$$y^{(n)} = \frac{(-1)^{n-1}(n-1)!}{(1 + x)^n}$$

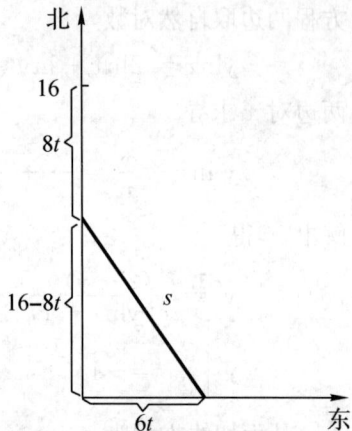

(3) $y = \cos x$

$$y' = -\sin x = \cos\left(x + \frac{\pi}{2}\right)$$

$$y'' = -\sin\left(x + \frac{\pi}{2}\right) = \cos\left(x + \frac{2\pi}{2}\right)$$

$$y''' = -\sin\left(x + \frac{2\pi}{2}\right) = \cos\left(x + \frac{3}{2}\pi\right)$$

……

$$y^{(n)} = \cos\left(x + \frac{n\pi}{2}\right)$$

(4) $y = (1+x)^m$

$$y' = m(1+x)^{m-1}$$

$$y'' = m(m-1)(1+x)^{m-2}$$

$$y''' = m(m-1)(m-2)(1+x)^{m-3}$$

……

$$y^{(n)} = m(m-1)\cdots(m-n+1)(1+x)^{m-n}$$

注释：第(4)题中当 n 为正整数时，若 $m > n$，结果与第(4)题中结果相同；若 $m = n$，$y^{(n)} = m!$；若 $m < n$，$y^{(n)} = 0$.

(5) $y = xe^x$

$$y' = e^x + xe^x = (1+x)e^x$$

$$y'' = e^x + (1+x)e^x = (2+x)e^x$$

$$y''' = e^x + (2+x)e^x = (3+x)e^x$$

……

$$y^{(n)} = (n+x)e^x$$

47. 求下列各函数的二阶导数：

(1) $y = \ln(1+x^2)$ (2) $y = x\ln x$

(3) $y = (1+x^2)\arctan x$ (4) $y = xe^{x^2}$

解：(1) $y = \ln(1+x^2)$

$$y' = \frac{2x}{1+x^2}$$

$$y'' = \frac{2(1+x^2) - 4x^2}{(1+x^2)^2} = \frac{2(1-x^2)}{(1+x^2)^2}$$

(2) $y = x\ln x$

$$y' = \ln x + 1, \quad y'' = \frac{1}{x}$$

(3) $y = (1+x^2)\arctan x$

$$y' = 2x\arctan x + 1, \quad y'' = 2\arctan x + \frac{2x}{1+x^2}$$

(4) $y = xe^{x^2}$

$$y' = e^{x^2} + 2x^2 e^{x^2} = (1+2x^2)e^{x^2}$$

$$y'' = 4x e^{x^2} + 2x(1+2x^2)e^{x^2}$$
$$= 2x(3+2x^2)e^{x^2}$$

48. 一质点按规律 $s = a e^{-kt}$ 作直线运动，求它的速度和加速度，以及初始速度和初始加速度.

解：速度为 $s' = -ak e^{-kt}$.

加速度为 $s'' = ak^2 e^{-kt}$.

初始速度为 $s' \big|_{t=0} = -ak$.

初始加速度为 $s'' \big|_{t=0} = ak^2$.

49. 一质点按规律 $s = \dfrac{1}{2}(e^t - e^{-t})$ 作直线运动，试证它的加速度 a 等于 s.

证：$a = s'' = (s')' = \dfrac{1}{2}(e^t + e^{-t})' = \dfrac{1}{2}(e^t - e^{-t}) = s$

50. 已知函数 $x^2 + y^2 = a^2 (y > 0)$，求 y 对 x 的二阶导数.

解：方程两边对 x 求导，得

$$2x + 2yy' = 0, \text{从而有 } y' = -\frac{x}{y}$$

两边再对 x 求导，得

$$y'' = -\frac{y - xy'}{y^2} = -\frac{y - x\left(-\dfrac{x}{y}\right)}{y^2} = -\frac{y^2 + x^2}{y^3} = -\frac{a^2}{y^3}$$

51. 方程 $y - x e^y = 1$ 确定 y 是 x 的函数，求 $y'' \big|_{x=0}$.

解：方程两边对 x 求导，得

$$y' - e^y - x e^y y' = 0 \tag{①}$$

在上式两边再对 x 求导，得

$$y'' - e^y y' - (e^y y' + x e^y (y')^2 + x e^y y'') = 0 \tag{②}$$

将 $x = 0$ 代入给定的原方程，可得 $y = 1$. 再把 $x = 0$，$y = 1$ 代入式①，得

$$y' \big|_{x=0} - e = 0, \text{即 } y' \big|_{x=0} = e$$

把 $x = 0$，$y = 1$，$y' = e$ 代入式②，得

$$y'' \big|_{x=0} - e^2 - e^2 = 0, \text{即 } y'' \big|_{x=0} = 2e^2$$

52. 方程 $xy - \sin(\pi y^2) = 0$ 确定 y 是 x 的函数，求 $y' \big|_{\substack{x=0 \\ y=-1}}$ 及 $y'' \big|_{\substack{x=0 \\ y=-1}}$.

解：方程两边对 x 求导

$$y + xy' - \cos(\pi y^2) 2\pi y y' = 0 \tag{①}$$

将 $x = 0$，$y = -1$ 代入式①，得 $y' \big|_{\substack{x=0 \\ y=-1}} = -\dfrac{1}{2\pi}$.

式①两边再对 x 求导，得

$$y' + y' + xy'' + \sin(\pi y^2) \cdot 2\pi y y' \cdot 2\pi y y' - \cos(\pi y^2) 2\pi (y')^2 - \cos(\pi y^2) 2\pi y y'' = 0$$

即 　　　　$2y' + xy'' + (2\pi yy')^2 \sin(\pi y^2) - 2\pi(y')^2 \cos(\pi y^2) - 2\pi yy'' \cos(\pi y^2) = 0$　　　②

将 $x = 0$，$y = -1$，$y'\big|_{\substack{x=0 \\ y=-1}} = -\dfrac{1}{2\pi}$ 代入式 ②，得

$$y''\big|_{\substack{x=0 \\ y=-1}} = -\frac{1}{4\pi^2}$$

53. 设 y 的 $n-2$ 阶导数 $y^{(n-2)} = \dfrac{x}{\ln x}$，求 y 的 n 阶导数 $y^{(n)}$.

解： $y^{(n-2)} = \dfrac{x}{\ln x}$

$$y^{(n-1)} = \frac{\ln x - 1}{\ln^2 x}$$

$$y^{(n)} = \frac{\dfrac{1}{x}\ln^2 x - 2\ln x \cdot \dfrac{1}{x}(\ln x - 1)}{\ln^4 x} = \frac{2 - \ln x}{x\ln^3 x}$$

54. 设 $y = f(x^2 + b)$，其中 b 为常数，f 存在二阶导数，求 y''.

解： $y' = 2xf'(x^2 + b)$

$y'' = 2f'(x^2 + b) + 4x^2 f''(x^2 + b)$

55. 验证：$y = \mathrm{e}^x \sin x$ 满足关系式 $y'' - 2y' + 2y = 0$.

解： $y = \mathrm{e}^x \sin x$

$y' = \mathrm{e}^x \sin x + \mathrm{e}^x \cos x = \mathrm{e}^x(\sin x + \cos x)$

$y'' = \mathrm{e}^x(\sin x + \cos x) + \mathrm{e}^x(\cos x - \sin x)$

　　$= 2\mathrm{e}^x \cos x$

$y'' - 2y' + 2y = 2\mathrm{e}^x \cos x - 2\mathrm{e}^x \sin x - 2\mathrm{e}^x \cos x + 2\mathrm{e}^x \sin x = 0$

56. 当 $x = 1$，且 (1) $\Delta x = 1$，(2) $\Delta x = 0.1$，(3) $\Delta x = 0.01$ 时，分别求出函数 $f(x) = x^2 - 3x + 5$ 的改变量及微分，并加以比较，是否能得出结论：当 Δx 越小时，二者越近似?

解： $\Delta y = f(1 + \Delta x) - f(1)$

　　　　$= (1 + \Delta x)^2 - 3(1 + \Delta x) + 5 - 1^2 + 3 \times 1 - 5$

　　　　$= (\Delta x)^2 - \Delta x$

$f'(x) = 2x - 3$，　　$\mathrm{d}y = (2x - 3)\mathrm{d}x$

$\mathrm{d}y\big|_{x=1} = -\mathrm{d}x = -\Delta x$

(1) $\Delta x = 1$

　　$\Delta y = 1^2 - 1 = 0$，　　$\mathrm{d}y = -1$，　　　　$|\Delta y - \mathrm{d}y| = 1$

(2) $\Delta x = 0.1$

　　$\Delta y = -0.09$，　　$\mathrm{d}y = -0.1$，　　$|\Delta y - \mathrm{d}y| = 0.01$

(3) $\Delta x = 0.01$

　　$\Delta y = -0.0099$，　　$\mathrm{d}y = -0.01$，　　$|\Delta y - \mathrm{d}y| = 0.0001$

可以得出结论：当 Δx 越小时，Δy 与 $\mathrm{d}y$ 越近似.

57. 求下列各函数的微分：

(1) $y = 3x^2$ (2) $y = \sqrt{1-x^2}$

(3) $y = \ln x^2$ (4) $y = \dfrac{x}{1-x^2}$

(5) $y = e^{-x}\cos x$ (6) $y = \arcsin\sqrt{x}$

(7) $y = \ln\sqrt{1-x^3}$ (8) $y = (e^x + e^{-x})^2$

(9) $y = \tan\dfrac{x}{2}$

解：(1) $y = 3x^2$

$$dy = 6x\,dx$$

(2) $y = \sqrt{1-x^2}$

$$dy = \frac{-x}{\sqrt{1-x^2}}\,dx$$

(3) $y = \ln x^2$

$$dy = \frac{2}{x}\,dx$$

(4) $y = \dfrac{x}{1-x^2}$

$$dy = \frac{1+x^2}{(1-x^2)^2}\,dx$$

(5) $y = e^{-x}\cos x$

$$dy = (-e^{-x}\cos x - e^{-x}\sin x)\,dx$$
$$= -e^{-x}(\cos x + \sin x)\,dx$$

(6) $y = \arcsin\sqrt{x}$

$$dy = \frac{1}{\sqrt{1-x}}\,d\sqrt{x} = \frac{1}{2\sqrt{x(1-x)}}\,dx$$

(7) $y = \ln\sqrt{1-x^3}$

$$dy = -\frac{3x^2}{2(1-x^3)}\,dx$$

(8) $y = (e^x + e^{-x})^2$

$$dy = 2(e^x + e^{-x})(e^x - e^{-x})\,dx = 2(e^{2x} - e^{-2x})\,dx$$

(9) $y = \tan\dfrac{x}{2}$

$$dy = \frac{1}{2}\sec^2\frac{x}{2}\,dx$$

注释：对可微函数 $y = f(u)$，不论 u 是独立自变量还是中间变量(即 u 是自变量的函数)都有 $dy = f'(u)du$，这就叫作一阶微分形式不变性.

例如，第 57(2) 题中 $y = \sqrt{1-x^2}$，x 是独立自变量，有 $dy = f'(x)dx = \dfrac{-x}{\sqrt{1-x^2}}dx$；

但如果看成 $y = \sqrt{u}$，$u = 1 - x^2$，u 是中间变量，也有 $dy = f'(u)du = \dfrac{1}{2\sqrt{u}}du =$

$\dfrac{1}{2\sqrt{1-x^2}}d(1-x^2) = \dfrac{-x}{\sqrt{1-x^2}}dx$.

要特别注意，导数不具备这种不变性，对 $y = f(u)$，若 u 是独立自变量，则 $y' = f'(u)$；若 u 不是独立自变量，而是中间变量(设 u 是独立自变量 x 的函数)，则 y 对自变量 x 的导数 $y'_x \neq f'(u)$ ($f'(u)$ 是 y 对中间变量 u 的导数 y'_u)，而 y 对自变量 x 的导数是 $y'_x = f'(u) \cdot u'_x$，或写作 $y'_x = y'_u \cdot u'_x$，即先求 y 对中间变量的导数，再乘以中间变量对自变量的导数. 因此，求复合函数的导数时，总是要考虑哪个步骤应对哪个变量求导.

对隐函数求微分，可根据微分形式不变性及微分法则求微分.

58. 求隐函数 $xy = e^{x+y}$ 的微分 dy.

解: 根据微分形式不变性及微分法则，有

$$d(xy) = de^{x+y}$$
$$ydx + xdy = e^{x+y}d(x+y)$$
$$ydx + xdy = e^{x+y}(dx + dy)$$
$$(x - e^{x+y})dy = (e^{x+y} - y)dx$$

所以 $\quad dy = \dfrac{e^{x+y} - y}{x - e^{x+y}}dx$

将 $e^{x+y} = xy$ 代入上式，可得

$$dy = \dfrac{xy - y}{x - xy}dx = \dfrac{y(x-1)}{x(1-y)}dx$$

也可以先求 y'，按 $dy = y'dx$ 求 dy，做法如下：

$$xy = e^{x+y}$$

两边对 x 求导

$$y + xy' = e^{x+y}(x+y)'$$
$$y + xy' = e^{x+y}(1+y')$$
$$(x - e^{x+y})y' = e^{x+y} - y$$

于是 $\quad y' = \dfrac{e^{x+y} - y}{x - e^{x+y}} = \dfrac{y(x-1)}{x(1-y)}$

所以 $\quad dy = \dfrac{y(x-1)}{x(1-y)}dx$

59. 正立方体的棱长 $x = 10\,\text{m}$，如果棱长增加 $0.1\,\text{m}$，求此正立方体体积增加的精确值与近似值.

解: 设正立方体的体积为 V，则

$$V = x^3, \quad dV = 3x^2dx$$

体积增加的精确值

$$\Delta V = 10.1^3 - 10^3 = 30.301\ (\text{m}^3)$$

体积增加的近似值

$$dV = 3 \times 10^2 \times 0.1 = 30 \ (m^3)$$

60. 一平面圆环形，其内半径为 10 cm，宽为 0.1 cm，求其面积的精确值与近似值.

解： 设圆形的面积为 A，半径为 r，则

$$A = \pi r^2, \quad dA = 2\pi r dr$$

圆环形的面积的精确值为

$$\Delta A = \pi(10 + 0.1)^2 - \pi \times 10^2 = 2.01\pi \ (cm^2)$$

圆环形的面积的近似值为

$$dA = 2\pi \times 10 \times 0.1 = 2\pi \ (cm^2)$$

61. 证明当 $|x|$ 很小时，下列各近似公式成立：

(1) $e^x \approx 1 + x$ (2) $\sqrt[n]{1+x} \approx 1 + \dfrac{x}{n}$

(3) $\sin x \approx x$ (4) $\ln(1+x) \approx x$

证： 当 $|\Delta x|$ 很小时，

$$f(x_0 + \Delta x) \approx f(x_0) + f'(x_0)\Delta x$$

当 $x_0 = 0$，$\Delta x = x$，$|x|$ 很小时，有

$$f(x) \approx f(0) + f'(0) \cdot x$$

(1) 设 $f(x) = e^x$，$f'(x) = e^x$，$f(0) = e^0 = 1$，$f'(0) = e^0 = 1$，所以有

$$e^x \approx 1 + x \quad (当 |x| 很小时).$$

(2) 设 $f(x) = \sqrt[n]{1+x}$，$f'(x) = \dfrac{1}{n}(1+x)^{\frac{1}{n}-1}$，$f(0) = 1$，$f'(0) = \dfrac{1}{n}$，所以有

$$\sqrt[n]{1+x} \approx 1 + \dfrac{x}{n} \quad (当 |x| 很小时).$$

(3) 设 $f(x) = \sin x$，$f'(x) = \cos x$，$f(0) = 0$，$f'(0) = 1$，所以有

$$\sin x \approx x \quad (当 |x| 很小时).$$

(4) 设 $f(x) = \ln(1+x)$，$f'(x) = \dfrac{1}{1+x}$，$f(0) = 0$，$f'(0) = 1$，所以有

$$\ln(1+x) \approx x \quad (当 |x| 很小时).$$

注释： 第 61 题中的各公式在第二章中已基本上得到证明. 此处是当 $|\Delta x|$ 足够小时，利用近似公式 $f(x_0 + \Delta x) \approx f(x_0) + f'(x_0)\Delta x$，令公式中的 $x_0 = 0$，$\Delta x = x$，得到公式 $f(x) \approx f(0) + f'(0)x$，再加以证明.

62. 求下列各式的近似值：

(1) $\sqrt[5]{0.95}$ (2) $\sqrt[3]{8.02}$ (3) $\ln 1.01$

(4) $e^{0.05}$ (5) $\cos 60°20'$ (6) $\arctan 1.02$

解： 利用公式 $f(x_0 + \Delta x) \approx f(x_0) + f'(x_0)\Delta x$.

(1) 设 $f(x) = \sqrt[5]{x}$，$f'(x) = \dfrac{1}{5}x^{-\frac{4}{5}}$

$$x_0 = 1, \quad \Delta x = -0.05$$

所以 $\sqrt[5]{0.95} \approx \sqrt[5]{1} + \dfrac{1}{5} \times 1^{-\frac{4}{5}} \times (-0.05) = 0.99$

(2) 设 $f(x) = \sqrt[3]{x}$，$f'(x) = \dfrac{1}{3}x^{-\frac{2}{3}}$

$\qquad x_0 = 8, \quad \Delta x = 0.02$

所以 $\qquad \sqrt[3]{8.02} \approx \sqrt[3]{8} + \dfrac{1}{3} \times 8^{-\frac{2}{3}} \times 0.02$

$\qquad\qquad\qquad = 2 + \dfrac{1}{12} \times 0.02 \approx 2.0017$

(3) 设 $f(x) = \ln x$，$f'(x) = \dfrac{1}{x}$

$\qquad x_0 = 1, \quad \Delta x = 0.01$

所以 $\qquad \ln 1.01 \approx \ln 1 + \dfrac{1}{1} \times 0.01 = 0.01$

(4) 设 $f(x) = \mathrm{e}^x$，$f'(x) = \mathrm{e}^x$

$\qquad x_0 = 0, \quad \Delta x = 0.05$

所以 $\qquad \mathrm{e}^{0.05} \approx \mathrm{e}^0 + \mathrm{e}^0 \times 0.05 = 1 + 0.05 = 1.05$

(5) 设 $f(x) = \cos x$，$f'(x) = -\sin x$

$\qquad x_0 = 60°, \quad \Delta x = 20' = \dfrac{\pi}{540}$

所以 $\qquad \cos 60°20' \approx \cos 60° - \sin 60° \times \dfrac{\pi}{540}$

$\qquad\qquad\qquad = \dfrac{1}{2} - \dfrac{\sqrt{3}}{2} \times \dfrac{3.1416}{540} \approx 0.495$

(6) 设 $f(x) = \arctan x$，$f'(x) = \dfrac{1}{1+x^2}$

$\qquad x_0 = 1, \quad \Delta x = 0.02$

所以 $\qquad \arctan 1.02 \approx \arctan 1 + \dfrac{1}{1+1} \times 0.02$

$\qquad\qquad\qquad = \dfrac{\pi}{4} + 0.01$

$\qquad\qquad\qquad \approx 0.7954 \text{（弧度）} \approx 45°34'$

注释： 利用 $f(x_0+\Delta x) \approx f(x_0) + f'(x_0)\Delta x$ 求 $f(x_0+\Delta x)$ 的近似值时，所选择的 x_0 要使 $f(x_0)$ 及 $f'(x_0)$ 都能很容易求出，并且 $|\Delta x|$ 要尽可能地小.

(B)

1. 若 $f(x)$ 在点 $x = x_0$ 处可导，则下列各式中结果等于 $f'(x_0)$ 的是 [　　].

(A) $\lim\limits_{\Delta x \to 0} \dfrac{f(x_0) - f(x_0+\Delta x)}{\Delta x}$

(B) $\lim\limits_{\Delta x \to 0} \dfrac{f(x_0-\Delta x) - f(x_0)}{\Delta x}$

(C) $\lim\limits_{\Delta x \to 0} \dfrac{f(x_0+2\Delta x) - f(x_0)}{\Delta x}$

(D) $\lim\limits_{\Delta x \to 0} \dfrac{f(x_0 + 2\Delta x) - f(x_0 + \Delta x)}{\Delta x}$

解：(A) $\lim\limits_{\Delta x \to 0} \dfrac{f(x_0) - f(x_0 + \Delta x)}{\Delta x}$

$$= -\lim\limits_{\Delta x \to 0} \dfrac{f(x_0 + \Delta x) - f(x_0)}{\Delta x} = -f'(x_0)$$

(B) $\lim\limits_{\Delta x \to 0} \dfrac{f(x_0 - \Delta x) - f(x_0)}{\Delta x}$

$$= -\lim\limits_{\Delta x \to 0} \dfrac{f(x_0 - \Delta x) - f(x_0)}{-\Delta x}$$

$$= -f'(x_0)$$

(C) $\lim\limits_{\Delta x \to 0} \dfrac{f(x_0 + 2\Delta x) - f(x_0)}{\Delta x}$

$$= 2\lim\limits_{\Delta x \to 0} \dfrac{f(x_0 + 2\Delta x) - f(x_0)}{2\Delta x} = 2f'(x_0)$$

(D) $\lim\limits_{\Delta x \to 0} \dfrac{f(x_0 + 2\Delta x) - f(x_0 + \Delta x)}{\Delta x}$

$$= \lim\limits_{\Delta x \to 0} \dfrac{f(x_0 + 2\Delta x) - f(x_0) - f(x_0 + \Delta x) + f(x_0)}{\Delta x}$$

$$= 2\lim\limits_{\Delta x \to 0} \dfrac{f(x_0 + 2\Delta x) - f(x_0)}{2\Delta x} - \lim\limits_{\Delta x \to 0} \dfrac{f(x_0 + \Delta x) - f(x_0)}{\Delta x}$$

$$= 2f'(x_0) - f'(x_0) = f'(x_0)$$

故本题应选(D).

注释：导数是一种特定形式的极限，常常呈现为 $f'(x_0) = \lim\limits_{h \to 0} \dfrac{f(x_0 + h) - f(x_0)}{h}$（$h$ 是一个变量），但在给定的变化过程中必须有 $h \to 0$. 所求极限中若分母为 h，那么只要分子中 $f(x_0 + \Delta x)$ 部分为 $f(x_0 + h)$，且 $h \to 0$，则 $\lim\limits_{h \to 0} \dfrac{f(x_0 + h) - f(x_0)}{h}$ 就等于 $f'(x_0)$.

2. 下列条件中，当 $\Delta x \to 0$ 时，使 $f(x)$ 在点 $x = x_0$ 处不可导的条件是[　　].

(A) Δy 与 Δx 是等价无穷小量

(B) Δy 与 Δx 是同阶无穷小量

(C) Δy 是比 Δx 高阶的无穷小量

(D) Δy 是比 Δx 低阶的无穷小量

解：(A) 若 Δy 与 Δx 是等价无穷小量，则有 $\lim\limits_{\Delta x \to 0} \dfrac{\Delta y}{\Delta x} = 1$，即 $f'(x_0) = 1$，所以 $f(x)$ 在点 $x = x_0$ 处可导.

(B) 若 Δy 与 Δx 是同阶无穷小量，则有 $\lim\limits_{\Delta x \to 0} \dfrac{\Delta y}{\Delta x} = c$（$c \neq 0$），即 $f'(x_0) = c$，所以 $f(x)$ 在点 $x = x_0$ 处可导.

(C) 若 Δy 是比 Δx 高阶的无穷小量，则有 $\lim\limits_{x \to x_0} \dfrac{\Delta y}{\Delta x} = 0$，即 $f'(x_0) = 0$，所以 $f(x)$ 在点 $x = x_0$ 处可导.

(D) 若 Δy 是比 Δx 低阶的无穷小量，则有 $\lim\limits_{x \to x_0} \dfrac{\Delta y}{\Delta x} = \infty$，$f'(x_0)$ 不存在，所以 $f(x)$ 在点 $x = x_0$ 处不可导.

故本题应选(D).

3. 下列结论错误的是[　　].

(A) 如果函数 $f(x)$ 在点 $x = x_0$ 处连续，则 $f(x)$ 在点 $x = x_0$ 处可导

(B) 如果函数 $f(x)$ 在点 $x = x_0$ 处不连续，则 $f(x)$ 在点 $x = x_0$ 处不可导

(C) 如果函数 $f(x)$ 在点 $x = x_0$ 处可导，则 $f(x)$ 在点 $x = x_0$ 处连续

(D) 如果函数 $f(x)$ 在点 $x = x_0$ 处不可导，则 $f(x)$ 在点 $x = x_0$ 处也可能连续

解： 根据函数连续与可导的关系进行分析.

函数在一点连续，函数在该点不一定可导，例如 $y = x^{\frac{1}{3}}$ 在点 $x = 0$ 处连续，但不可导. 但函数在一点可导，则函数在该点必定连续.

函数在一点不可导，函数在该点可能连续也可能不连续. 例如，$y = x^{\frac{1}{3}}$ 在点 $x = 0$ 处不可导，但 $y = x^{\frac{1}{3}}$ 在该点连续；再例如 $y = \dfrac{1}{x}$ 在点 $x = 0$ 处不可导，$y = \dfrac{1}{x}$ 在该点也不连续.

总之，连续是可导的必要条件但非充分条件；可导是连续的充分条件但非必要条件.

综上所述，应否定(A)，肯定(B)，(C)，(D).

故本题应选(A).

4. 设 $f(x) = \begin{cases} x^2, & x \leqslant 0 \\ x^{\frac{1}{3}}, & x > 0 \end{cases}$，则 $f(x)$ 在点 $x = 0$ 处[　　].

(A) 左导数不存在，右导数存在

(B) 右导数不存在，左导数存在

(C) 左、右导数都存在

(D) 左、右导数都不存在

解： $\lim\limits_{x \to 0^-} f(x) = \lim\limits_{x \to 0^+} f(x) = 0 = f(0)$，所以 $f(x)$ 在点 $x = 0$ 处连续.

$$f'_-(0) = \lim_{x \to 0^-} \frac{f(x) - f(0)}{x} = \lim_{x \to 0^-} \frac{x^2}{x} = \lim_{x \to 0^-} x = 0$$

$$f'_+(0) = \lim_{x \to 0^+} \frac{f(x) - f(0)}{x} = \lim_{x \to 0^+} \frac{x^{\frac{1}{3}}}{x} = \lim_{x \to 0^+} x^{-\frac{2}{3}} \text{ 不存在}$$

所以 $f(x)$ 在点 $x = 0$ 处左导数存在，右导数不存在.

故本题应选(B).

5. 曲线 $y = x^2 + 2x - 3$ 上切线斜率为 6 的点是[　　].

(A) $(1, 0)$ 　　(B) $(-3, 0)$ 　　(C) $(2, 5)$ 　　(D) $(-2, -3)$

解： $y' = 2x + 2$，令 $y' = 6$，得 $x = 2$，代入题设曲线方程，得 $y = 5$，即曲线上切线斜率为 6 的点为 $(2, 5)$.

故本题应选(C).

6. 若曲线 $y = x^2 + ax + b$ 和 $y = x^3 + x$ 在点 $(1, 2)$ 处相切（其中，a，b 是常数），则 a，b 之值为[　　].

(A) $a=2, b=-1$ (B) $a=1, b=-3$

(C) $a=0, b=-2$ (D) $a=-3, b=1$

解: 对 $y=x^2+ax+b$, 有

$$y'=2x+a, \quad y'\Big|_{x=1}=2+a$$

对 $y=x^3+x$, 有

$$y'=3x^2+1, \quad y'\Big|_{x=1}=4$$

令 $2+a=4$, 得 $a=2$.

将 $a=2, x=1, y=2$ 代入 $y=x^2+ax+b$, 可得 $b=-1$.

故本题应选(A).

7. 设 $f(x)=\begin{cases} 1, & x>0 \\ 0, & x=0, \\ 2, & x<0 \end{cases}$ 则 $f'(x)=[\qquad]$.

(A) 不存在, $x\in(-\infty, +\infty)$

(B) 存在且为连续函数, $x\in(-\infty, +\infty)$

(C) 等于 0, $x\in(-\infty, +\infty)$

(D) 等于 0, $x\in(-\infty, 0)\bigcup(0, +\infty)$

解: 显然 $f(x)$ 在点 $x=0$ 处不连续, 从而也不可导, 当 $x\neq 0$ 时 $f'(x)=0$, 当 $x=0$ 时 $f'(0)$ 不存在.

故本题应选(D).

8. 在曲线 $y=\ln x$ 与直线 $x=e$ 的交点处, 曲线 $y=\ln x$ 的切线方程是$[\qquad]$.

(A) $x-ey=0$ (B) $x-ey-2=0$

(C) $ex-y=0$ (D) $ex-y-e=0$

解: 曲线 $y=\ln x$ 与直线 $x=e$ 的交点为 $(e, 1)$, $y'=\dfrac{1}{x}$, $y'\Big|_{x=e}=\dfrac{1}{e}$, 故过点 $(e, 1)$ 且斜率为 $\dfrac{1}{e}$ 的切线方程为 $y-1=\dfrac{1}{e}(x-e)$, 即 $x-ey=0$.

故本题应选(A).

9. 设 $f(x)=x(x+1)(x+2)(x+3)$, 则 $f'(0)=[\qquad]$.

(A) 6 (B) 3 (C) 2 (D) 0

解: $f'(x)=x'(x+1)(x+2)(x+3)+x[(x+1)(x+2)(x+3)]'$

$\qquad =(x+1)(x+2)(x+3)+x[(x+1)(x+2)(x+3)]'$

$\qquad f'(0)=1\cdot 2\cdot 3+0=6$

故本题应选(A).

10. 函数 $f(x)=|x-1|[\qquad]$.

(A) 在点 $x=1$ 处连续可导 (B) 在点 $x=1$ 处不连续

(C) 在点 $x=0$ 处连续可导 (D) 在点 $x=0$ 处不连续

解: $f(x)=\begin{cases} 1-x, & x<1 \\ x-1, & x\geq 1 \end{cases}$

$$\lim_{x \to 1^-} f(x) = \lim_{x \to 1^-} (1-x) = 0$$

$$\lim_{x \to 1^+} f(x) = \lim_{x \to 1^+} (x-1) = 0$$

$$\lim_{x \to 1} f(x) = 0 = f(1)$$

所以 $f(x)$ 在点 $x=1$ 处连续，否定(B).

$$f'_-(1) = \lim_{x \to 1^-} \frac{f(x) - f(1)}{x-1} = \lim_{x \to 1^-} \frac{1-x-0}{x-1} = -1$$

$$f'_+(1) = \lim_{x \to 1^+} \frac{f(x) - f(1)}{x-1} = \lim_{x \to 1^+} \frac{x-1-0}{x-1} = 1$$

所以 $f(x)$ 在点 $x=1$ 处不可导，因此否定(A).

点 $x=0$ 在分段函数的分段区间 $x<1$ 内部，由于 $f(x) = 1-x$ 为初等函数，显然连续可导，可以求出 $f'(x) = -1$，所以 $f(x)$ 在点 $x=0$ 处连续可导.

故本题应选(C).

注释： 第 10 题中点 $x=0$ 是在 $f(x)$ 的 $x<1$ 的分段区间内部，求导数时，不必求左、右导数，可直接用公式求出 $f'(x)$，再求出 $f'(0)$ 即可. 而点 $x=1$ 是 $f(x)$ 的分段点，且分段点左、右两侧函数表达式不同，因此必须求左、右导数.

11. 若 $f(x) = \begin{cases} x\sin\dfrac{1}{x}, & x \neq 0 \\ 0, & x = 0 \end{cases}$，$g(x) = \begin{cases} x^2\sin\dfrac{1}{x}, & x \neq 0 \\ 0, & x = 0 \end{cases}$，则在点 $x=0$ 处 [　　].

(A) $f(x)$ 可导，$g(x)$ 不可导

(B) $f(x)$ 不可导，$g(x)$ 可导

(C) $f(x)$ 和 $g(x)$ 都可导

(D) $f(x)$ 和 $g(x)$ 都不可导

解： $f(x)$ 与 $g(x)$ 在点 $x=0$ 处均连续.

$$\lim_{x \to 0} \frac{f(x) - f(0)}{x} = \lim_{x \to 0} \frac{x\sin\dfrac{1}{x}}{x} = \lim_{x \to 0} \sin\frac{1}{x}$$

极限不存在，所以 $f(x)$ 在点 $x=0$ 处不可导.

$$\lim_{x \to 0} \frac{g(x) - g(0)}{x} = \lim_{x \to 0} \frac{x^2\sin\dfrac{1}{x}}{x} = \lim_{x \to 0} x\sin\frac{1}{x} = 0$$

所以 $g(x)$ 在点 $x=0$ 处可导，且 $g'(0) = 0$.

故本题应选(B).

注释： 我们对 $f(x) = \begin{cases} x^n\sin\dfrac{1}{x}, & x \neq 0 \\ 0, & x = 0 \end{cases}$ 在点 $x=0$ 处的可导性作如下一般性的

讨论：

$$f'(0) = \lim_{x \to 0} \frac{f(x) - f(0)}{x} = \lim_{x \to 0} \frac{x^n\sin\dfrac{1}{x}}{x}$$

$$= \lim_{x \to 0} x^{n-1} \sin \frac{1}{x} = \begin{cases} 0, & n > 1 \\ \text{不存在}, & n \leqslant 1 \end{cases}$$

即当 $n > 1$ 时，$f(x)$ 在点 $x = 0$ 处可导；当 $n \leqslant 1$ 时，$f(x)$ 在点 $x = 0$ 处不可导.

12. 设 $f(x) = \sin x$，$g(x) = \cos x$，则在 $\left[0, \dfrac{\pi}{4}\right]$ 上有 [   ].

(A) $f(x) \geqslant g(x)$，$f'(x) > g'(x)$

(B) $f(x) \geqslant g(x)$，$f'(x) < g'(x)$

(C) $f(x) \leqslant g(x)$，$f'(x) > g'(x)$

(D) $f(x) \leqslant g(x)$，$f'(x) < g'(x)$

解： 在 $\left[0, \dfrac{\pi}{4}\right]$ 上

$$f(x) = \sin x \leqslant \frac{\sqrt{2}}{2}, \quad g(x) = \cos x \geqslant \frac{\sqrt{2}}{2}$$

所以 $\qquad f(x) \leqslant g(x)$

$$f'(x) = \cos x > 0, \quad g'(x) = -\sin x \leqslant 0$$

所以 $\qquad f'(x) > g'(x)$

故本题应选(C).

13. 设 $f(x) = \cos x$，则 $\lim\limits_{\Delta x \to 0} \dfrac{f(a) - f(a - \Delta x)}{\Delta x} = $ [   ].

(A) $\sin a$ $\qquad$ (B) $-\sin a$ $\qquad$ (C) $\cos a$ $\qquad$ (D) $-\cos a$

解： $\lim\limits_{\Delta x \to 0} \dfrac{f(a) - f(a - \Delta x)}{\Delta x} = \lim\limits_{\Delta x \to 0} \dfrac{f(a - \Delta x) - f(a)}{-\Delta x} = f'(a)$

因 $\qquad f(x) = \cos x, \quad f'(x) = -\sin x$

所以 $\qquad f'(a) = -\sin a$，即 $\lim\limits_{\Delta x \to 0} \dfrac{f(a) - f(a - \Delta x)}{\Delta x} = -\sin a$.

故本题应选(B).

14. 设 $f(x) = \begin{cases} \sqrt{|x|} \cos \dfrac{1}{x^2}, & x \neq 0 \\ 0, & x = 0 \end{cases}$，则 $f(x)$ 在点 $x = 0$ 处 [   ].

(A)极限不存在 $\qquad\qquad$ (B)极限存在但不连续

(C)连续但不可导 $\qquad\qquad$ (D)可导

解： $f(x) = \begin{cases} \sqrt{-x} \cos \dfrac{1}{x^2}, & x < 0 \\ 0, & x = 0 \\ \sqrt{x} \cos \dfrac{1}{x^2}, & x > 0 \end{cases}$

$$\lim_{x \to 0^-} f(x) = \lim_{x \to 0^-} \sqrt{-x} \cos \frac{1}{x^2} = 0$$

$$\lim_{x \to 0^+} f(x) = \lim_{x \to 0^+} \sqrt{x} \cos \frac{1}{x^2} = 0$$

即 $\lim\limits_{x \to 0} f(x) = 0 = f(0)$

所以 $f(x)$ 在点 $x = 0$ 处连续.

$$f'_-(0) = \lim_{x \to 0^-} \frac{f(x) - f(0)}{x} = \lim_{x \to 0^-} \frac{\sqrt{-x}\cos\dfrac{1}{x^2}}{x} = \lim_{x \to 0^-} -\frac{\cos\dfrac{1}{x^2}}{\sqrt{-x}}$$

此极限不存在, 即 $f(x)$ 在点 $x = 0$ 处左导数不存在, 所以 $f(x)$ 在点 $x = 0$ 处不可导.

故本题应选(C).

15. 设 $f(x)$ 二阶可导, $y = f(\ln x)$, 则 $y'' = [\qquad]$.

(A) $f''(\ln x)$ (B) $f''(\ln x)\dfrac{1}{x^2}$

(C) $\dfrac{1}{x^2}[f''(\ln x) + f'(\ln x)]$ (D) $\dfrac{1}{x^2}[f''(\ln x) - f'(\ln x)]$

解: $y' = f'(\ln x)\dfrac{1}{x}$

$$y'' = f''(\ln x)\frac{1}{x} \cdot \frac{1}{x} + f'(\ln x)\left(-\frac{1}{x^2}\right)$$

$$= \frac{1}{x^2}[f''(\ln x) - f'(\ln x)]$$

故本题应选(D).

16. 设 $y = x\ln x$, 则 $y^{(10)} = [\qquad]$.

(A) $-\dfrac{1}{x^9}$ (B) $\dfrac{1}{x^9}$ (C) $\dfrac{8!}{x^9}$ (D) $-\dfrac{8!}{x^9}$

解: $y' = \ln x + 1, \quad y'' = \dfrac{1}{x}, \quad y''' = -\dfrac{1}{x^2}, \quad y^{(4)} = \dfrac{1 \times 2}{x^3},$

$$y^{(5)} = -\frac{1 \times 2 \times 3}{x^4}, \cdots, y^{(10)} = \frac{8!}{x^9}$$

故本题应选(C).

17. 设 $y = 3x^4 e^{10}$, 则 $y^{(10)} = [\qquad]$.

(A) 0   (B) 1   (C) e^{10} (D) e

解: $y' = 12x^3 e^{10}, \quad y'' = 36x^2 e^{10}, \quad y''' = 72x e^{10}$

$\quad y^{(4)} = 72 e^{10}, \quad y^{(5)} = y^{(6)} = \cdots = y^{(10)} = 0$

故本题应选(A).

18. 已知 $f(x)$ 具有任意阶导数, 且 $f'(x) = [f(x)]^2$, 则当 n 为大于 2 的正整数时, $f(x)$ 的 n 阶导数 $f^{(n)}(x) = [\qquad]$.

(A) $n[f(x)]^{n+1}$ (B) $n![f(x)]^{n+1}$

(C) $n[f(x)]^{2n}$ (D) $n![f(x)]^{2n}$

解: $f'(x) = [f(x)]^2$

$\quad f''(x) = 2f(x)f'(x) = 2[f(x)]^3$

$\quad f'''(x) = 1 \cdot 2 \cdot 3[f(x)]^2 f'(x) = 3![f(x)]^4$

$\quad \cdots\cdots$

$$f^{(n)}(x) = n! [f(x)]^{n+1}$$

故本题应选(B).

19. 设 $f(x) = \begin{cases} x, & x < 0 \\ xe^x, & x \geqslant 0 \end{cases}$,在点 $x = 0$ 处,下列结论错误的是[　　].

(A) 连续　　　(B) 可导　　　(C) 不可导　　　(D) 可微

解: $\lim\limits_{x \to 0^-} f(x) = \lim\limits_{x \to 0^-} x = 0$, $\lim\limits_{x \to 0^+} f(x) = \lim\limits_{x \to 0^+} xe^x = 0$, $\lim\limits_{x \to 0^-} f(x) = \lim\limits_{x \to 0^+} f(x) = 0 = f(0)$,

所以 $f(x)$ 在点 $x = 0$ 处连续.

$$f'_-(0) = \lim_{x \to 0^-} \frac{f(x) - f(0)}{x} = \lim_{x \to 0^-} \frac{x - 0}{x} = 1$$

$$f'_+(0) = \lim_{x \to 0^+} \frac{f(x) - f(0)}{x} = \lim_{x \to 0^+} \frac{xe^x - 0}{x} = \lim_{x \to 0^+} e^x = 1$$

$$f'_-(0) = f'_+(0) = f'(0) = 1$$

所以 $f(x)$ 在点 $x = 0$ 处可导,因此也可微.

故本题应选(C).

注释: 第19题亦可由以下理由得出结论:因(B)和(D)等价,由于单项选择题答案唯一,故不选(B)和(D),(B)和(D)成立则(A)必成立,因而只有选(C).

20. $y = \cos^2 2x$,则 $dy = [\quad]$.

(A) $(\cos^2 2x)'(2x)'dx$ 　　　　　(B) $(\cos^2 2x)'d\cos 2x$

(C) $-2\cos 2x \sin 2x dx$ 　　　　　(D) $2\cos 2x d\cos 2x$

解: (A) $dy = (\cos^2 2x)'dx \neq (\cos^2 2x)'(2x)'dx$

(B) $dy = (\cos^2 2x)'dx \neq (\cos^2 2x)'d\cos 2x$

(C) $dy = -2\cos 2x \sin 2x d(2x) \neq -2\cos 2x \sin 2x dx$

(D) $dy = 2\cos 2x d\cos 2x$

故本题应选(D).

21. 若 $f(u)$ 可导,且 $y = f(e^x)$,则有 $dy = [\quad]$.

(A) $f'(e^x)dx$ 　　　　　(B) $f'(e^x)de^x$

(C) $[f(e^x)]'de^x$ 　　　　　(D) $[f(e^x)]'e^x dx$

解: $dy = [f(e^x)]'dx$ 或 $dy = f'(e^x)de^x$ 或 $dy = e^x f'(e^x)dx$.

故本题应选(B).

22. 设函数 $y = f(x)$ 在点 $x = x_0$ 处可微,$\Delta y = f(x_0 + \Delta x) - f(x_0)$,则当 $\Delta x \to 0$ 时,必有[　　].

(A) dy 是比 Δx 高阶的无穷小量

(B) dy 是比 Δx 低阶的无穷小量

(C) $\Delta y - dy$ 是比 Δx 高阶的无穷小量

(D) $\Delta y - dy$ 是与 Δx 同阶的无穷小量

解: 根据 $y = f(x)$ 在点 x_0 处可微的定义,$\dfrac{dy}{dx} = f'(x_0)$,所以(A),(B)不一定成立,

又因为

$$\Delta y = f'(x_0)\Delta x + o(\Delta x) = \mathrm{d}y + o(\Delta x)$$

那么　　$\Delta y - \mathrm{d}y = o(\Delta x)$

所以 $\Delta y - \mathrm{d}y$ 是比 Δx 高阶的无穷小量.

故本题应选(C).

23. $f(x)$ 在点 $x=x_0$ 处可微是 $f(x)$ 在点 $x=x_0$ 处连续的[　　].

(A) 充分且必要条件　　　　(B) 必要非充分条件

(C) 充分非必要条件　　　　(D) 既非充分也非必要条件

解： $f(x)$ 在点 $x=x_0$ 处可微,则 $f(x)$ 在点 $x=x_0$ 处一定连续,反之不一定成立.

故本题应选(C).

(二) 参考题(附解答)

(A)

1. 设 $f(x) = \begin{cases} x^2+4, & x \leqslant 0 \\ ax^3+bx^2+cx+d, & 0<x<1 \\ x^2-x, & x \geqslant 1 \end{cases}$ 在 $(-\infty, +\infty)$ 内可导,求常数 a,

b, c, d.

解： $f(x)$ 在 $(-\infty, +\infty)$ 内可导,则必连续.

由 $f(x)$ 在 $x=0$ 处连续,有

$$\lim_{x\to 0^+} f(x) = \lim_{x\to 0^+}(ax^3+bx^2+cx+d) = d = f(0) = 4$$

可得 $d=4$.

由 $f(x)$ 在点 $x=1$ 处连续,有

$$\lim_{x\to 1^-} f(x) = \lim_{x\to 1^-}(ax^3+bx^2+cx+d)$$
$$= a+b+c+d = f(1) = 0$$

可得 $a+b+c+4=0$.

由 $f(x)$ 在点 $x=0$ 处可导,有

$$\lim_{x\to 0^+} \frac{f(x)-f(0)}{x} = \lim_{x\to 0^+} \frac{ax^3+bx^2+cx+4-4}{x}$$
$$= \lim_{x\to 0^+}(ax^2+bx+c) = c$$
$$\lim_{x\to 0^-} \frac{f(x)-f(0)}{x} = \lim_{x\to 0^-} \frac{x^2+4-4}{x}$$
$$= \lim_{x\to 0^-} x = 0$$

可得 $c=0$.

由 $f(x)$ 在点 $x=1$ 处可导,有

$$\lim_{x\to 1^+} \frac{f(x)-f(1)}{x-1} = \lim_{x\to 1^+} \frac{x^2-x-0}{x-1} = \lim_{x\to 1^+} x = 1$$

$$\lim_{x \to 1^-} \frac{f(x) - f(1)}{x - 1} = \lim_{x \to 1^-} \frac{ax^3 + bx^2 + 4 - 0}{x - 1}$$

$$= \lim_{x \to 1^-} \frac{ax^3 - ax^2 + (a+b)x^2 + 4}{x - 1}$$

$$= \lim_{x \to 1^-} \frac{ax^2(x-1) - 4(x^2-1)}{x - 1}$$

$$= \lim_{x \to 1^-} [ax^2 - 4(x+1)]$$

$$= a - 8 \quad (利用了 a+b = -4)$$

可得 $a - 8 = 1$，所以 $a = 9$. 由 $a + b = -4$ 可得 $b = -13$.

所以得出 $a = 9$, $b = -13$, $c = 0$, $d = 4$.

2. 设 $f(x) = |x|\varphi(x)$，若 $\varphi(x)$ 在点 $x = 0$ 处连续，且 $\varphi(0) \neq 0$. 证明：无论 $\varphi(x)$ 在点 $x = 0$ 处是否可导，$f(x)$ 在点 $x = 0$ 处总不可导.

证：$f(x) = \begin{cases} x\varphi(x), & x \geq 0 \\ -x\varphi(x), & x < 0 \end{cases}$，因为 $\varphi(x)$ 在点 $x = 0$ 处连续，并且 $\varphi(0) \neq 0$，因此，$\lim_{x \to 0} \varphi(x) = \varphi(0) \neq 0$. 又因为

$$f'_-(0) = \lim_{x \to 0^-} \frac{f(x) - f(0)}{x} = \lim_{x \to 0^-} \frac{-x\varphi(x)}{x} = -\varphi(0)$$

$$f'_+(0) = \lim_{x \to 0^+} \frac{f(x) - f(0)}{x} = \lim_{x \to 0^+} \frac{x\varphi(x)}{x} = \varphi(0)$$

所以 $f'_-(0) \neq f'_+(0)$，即 $f'(0)$ 不存在，所以 $f(x)$ 在点 $x = 0$ 处不可导.

3. 设 $\varphi(x)$ 在点 $x = a$ 处连续，则下列函数 $f(x)$ 中哪些在点 $x = a$ 处一定可导？

(1) $f(x) = \varphi(x)$

(2) $f(x) = (x-a)\varphi(x)$

(3) $f(x) = |x-a|\varphi(x)$

(4) $f(x) = (x-a)|\varphi(x)|$

解：(1) $f(x) = \varphi(x)$ 不一定可导.

(2) $f(x) = (x-a)\varphi(x)$

$$\lim_{x \to a} \frac{f(x) - f(a)}{x - a} = \lim_{x \to a} \frac{(x-a)\varphi(x) - f(a)}{x - a}$$

$$= \lim_{x \to a} \frac{(x-a)\varphi(x)}{x - a}$$

$$= \lim_{x \to a} \varphi(x) = \varphi(a)$$

所以 $f(x) = (x-a)\varphi(x)$ 在点 $x = a$ 处可导.

(3) $f(x) = |x-a|\varphi(x)$

$$= \begin{cases} (a-x)\varphi(x), & x < a \\ (x-a)\varphi(x), & x \geq a \end{cases}$$

$$f'_-(a) = \lim_{x \to a^-} \frac{f(x) - f(a)}{x - a}$$

$$= \lim_{x \to a^-} \frac{(a-x)\varphi(x)}{x - a} = -\varphi(a)$$

$$f'_+(a) = \lim_{x \to a^+} \frac{f(x) - f(a)}{x - a}$$

$$= \lim_{x \to a^+} \frac{(x-a)\varphi(x)}{x-a} = \varphi(a)$$

$$f'_-(a) \neq f'_+(a)$$

所以 $f(x)$ 在点 $x = a$ 处不可导.

(4) $f(x) = (x-a)|\varphi(x)|$

$$f'(a) = \lim_{x \to a} \frac{f(x) - f(a)}{x - a}$$

$$= \lim_{x \to a} \frac{(x-a)|\varphi(x)|}{x-a}$$

$$= \lim_{x \to a} |\varphi(x)| = |\varphi(a)|$$

所以 $f(x)$ 在点 $x = a$ 处可导.

4. 设 $y = |(x-1)^2(x+1)^3|$，求 y'.

解： $y = y(x) = \begin{cases} (x-1)^2(x+1)^3, & x \geqslant -1 \\ -(x-1)^2(x+1)^3, & x < -1 \end{cases}$

当 $x \neq -1$ 时

$$y' = \begin{cases} (x-1)(x+1)^2(5x-1), & x > -1 \\ -(x-1)(x+1)^2(5x-1), & x < -1 \end{cases}$$

当 $x = -1$ 时

$$y'_+(-1) = \lim_{x \to -1^+} \frac{y(x) - y(-1)}{x+1}$$

$$= \lim_{x \to -1^+} \frac{(x-1)^2(x+1)^3}{x+1}$$

$$= \lim_{x \to -1^+} (x-1)^2(x+1)^2 = 0$$

$$y'_-(-1) = \lim_{x \to -1^-} \frac{y(x) - y(-1)}{x+1}$$

$$= \lim_{x \to -1^-} \frac{-(x-1)^2(x+1)^3}{x+1}$$

$$= \lim_{x \to -1^-} [-(x-1)^2(x+1)^2] = 0$$

所以 $y'(-1) = 0$.

于是可得 $y' = \begin{cases} (x-1)(x+1)^2(5x-1), & x \geqslant -1 \\ -(x-1)(x+1)^2(5x-1), & x < -1 \end{cases}$.

5. 设 $f(x) = x^{\frac{2}{3}} \sin x$，用下面的方法求 $f'(x)$ 是否有错误？若有错误，应如何求 $f'(x)$？

$$f'(x) = (x^{\frac{2}{3}} \sin x)' = \frac{2}{3\sqrt[3]{x}} \sin x + \sqrt[3]{x^2} \cos x$$

解： 因 $\sqrt[3]{x^2}$ 在点 $x = 0$ 处不可导，所以不能使用乘积的求导法则，正确做法如下：

当 $x \neq 0$ 时，$f'(x) = \frac{2}{3\sqrt[3]{x}} \sin x + \sqrt[3]{x^2} \cos x$

当 $x = 0$ 时，$f'(0) = \lim\limits_{x \to 0} \dfrac{f(x) - f(0)}{x - 0} = \lim\limits_{x \to 0} \dfrac{\sqrt[3]{x^2} \sin x}{x}$

$$= \lim\limits_{x \to 0} \sqrt[3]{x^2} \, \frac{\sin x}{x} = 0$$

所以 $f'(x) = \begin{cases} \dfrac{2}{3\sqrt[3]{x}} \sin x + \sqrt[3]{x^2} \cos x, & x \neq 0 \\ 0, & x = 0 \end{cases}$.

6. 设 $y = \sin x^2$，求 $\dfrac{\mathrm{d}y}{\mathrm{d}x}$，$\dfrac{\mathrm{d}y}{\mathrm{d}x^2}$，$\dfrac{\mathrm{d}y}{\mathrm{d}x^3}$.

解： $\dfrac{\mathrm{d}y}{\mathrm{d}x} = (\sin x^2)'_x = \cos x^2 (x^2)' = 2x \cos x^2$

$\dfrac{\mathrm{d}y}{\mathrm{d}x^2} = (\sin x^2)'_{x^2} = \dfrac{\mathrm{d}y}{\mathrm{d}x} \Big/ \dfrac{\mathrm{d}x^2}{\mathrm{d}x} = \dfrac{2x \cos x^2}{2x} = \cos x^2$

$\dfrac{\mathrm{d}y}{\mathrm{d}x^3} = (\sin x^2)'_{x^3} = \dfrac{\mathrm{d}y}{\mathrm{d}x} \Big/ \dfrac{\mathrm{d}x^3}{\mathrm{d}x} = \dfrac{2x \cos x^2}{3x^2} = \dfrac{2\cos x^2}{3x}(x \neq 0)$

当 $x = 0$ 时，令 $x^3 = t$，则 $x = t^{\frac{1}{3}}$，$y = \sin t^{\frac{2}{3}}$

$$\dfrac{\mathrm{d}y}{\mathrm{d}x^3}\bigg|_{x=0} = \dfrac{\mathrm{d}y}{\mathrm{d}t}\bigg|_{t=0} = \lim\limits_{t \to 0} \dfrac{\sin t^{\frac{2}{3}} - 0}{t - 0} = \infty$$

7. 设函数 $f(x)$ 在 $x = 0$ 邻近处有定义，并且 $f(0) = 0$，$f'(0) = 1$，求 $\lim\limits_{x \to 0} \dfrac{f(x)}{x}$，$\lim\limits_{x \to 0} \dfrac{f(2x)}{x}$，$\lim\limits_{x \to 0} \dfrac{f(2x) - f(-2x)}{x}$.

解： $\lim\limits_{x \to 0} \dfrac{f(x)}{x} = \lim\limits_{x \to 0} \dfrac{f(x) - f(0)}{x - 0} = f'(0) = 1$

$\lim\limits_{x \to 0} \dfrac{f(2x)}{x} = \lim\limits_{x \to 0} \dfrac{2[f(2x) - f(0)]}{2x} = 2f'(0) = 2 \times 1 = 2$

$\lim\limits_{x \to 0} \dfrac{f(2x) - f(-2x)}{x}$

$= \lim\limits_{x \to 0} \dfrac{2[f(2x) - f(0)]}{2x} + \lim\limits_{x \to 0} \dfrac{2[f(-2x) - f(0)]}{-2x}$

$= 2f'(0) + 2f'(0) = 2 \times 1 + 2 \times 1 = 4$.

8. 求通过坐标原点与 $y = \ln x$ 相切的直线方程.

解： 曲线 $y = \ln x$ 不过原点，故原点不是切点，设切点为 (x_0, y_0)，则切线斜率为

$$k = y'\bigg|_{x=x_0} = \dfrac{1}{x}\bigg|_{x=x_0} = \dfrac{1}{x_0}$$

于是切线方程为 $y - y_0 = \dfrac{1}{x_0}(x - x_0)$.

因切线过原点，所以 $x = 0$，$y = 0$ 满足切线方程，由此可得 $y_0 = 1$. 代入 $y = \ln x$ 中得 $x_0 = \mathrm{e}$，即切点为 $(\mathrm{e}, 1)$，切线斜率为 $\dfrac{1}{\mathrm{e}}$，于是可得所求直线方程为

$$y - 1 = \dfrac{1}{\mathrm{e}}(x - \mathrm{e})$$

即 $y = \dfrac{x}{\mathrm{e}}$

9. 求曲线 $y = x^2$ 与 $y = \dfrac{1}{x}$ 的公切线方程.

解：设公切线与曲线 $y = x^2$ 相切于 (x_1, y_1)，与曲线 $y = \dfrac{1}{x}$ 相切于 (x_2, y_2)，则有

$$y_1 = x_1^2, \quad y_2 = \frac{1}{x_2}$$

对于 $y = x^2$，公切线的斜率为 $(x^2)' \big|_{x=x_1} = 2x_1$.

对于 $y = \dfrac{1}{x}$，公切线的斜率为 $\left(\dfrac{1}{x}\right)' \big|_{x=x_2} = -\dfrac{1}{x_2^2}$.

因此有 $2x_1 = -\dfrac{1}{x_2^2}$. ①

公切线过 (x_1, y_1) 且斜率为 $2x_1$，所以切线方程为 $y - y_1 = 2x_1(x - x_1)$，而 $y_1 = x_1^2$，故切线方程为 $y - x_1^2 = 2x_1(x - x_1)$. 因 (x_2, y_2) 在公切线上，即 $\left(x_2, \dfrac{1}{x_2}\right)$ 满足公切线方程，因此有

$$\frac{1}{x_2} - x_1^2 = 2x_1(x_2 - x_1)$$ ②

解方程组 $\begin{cases} 2x_1 = -\dfrac{1}{x_2^2} \\ \dfrac{1}{x_2} - x_1^2 = 2x_1(x_2 - x_1) \end{cases}$ 得 $x_1 = -2, \quad x_2 = -\dfrac{1}{2}$.

当 $x_1 = -2$ 时，$y_1 = 4$，过点 $(-2, 4)$ 的切线斜率为 $(2x) \big|_{x=-2} = -4$，于是可得切线方程为 $y - 4 = -4(x + 2)$，即 $4x + y + 4 = 0$.

10. 已知 $y = \sqrt{x - a}$ 与 $y = b\mathrm{e}^x$ 在点 $x = 1$ 处相切，求 a, b 的值.

解：$y = \sqrt{x - a}$，$y' = \dfrac{1}{2\sqrt{x - a}}$，$y = b\mathrm{e}^x$，$y' = b\mathrm{e}^x$. 两曲线相切，点 $x = 1$ 处为其公切点. 在公切点处二者函数值相同，导数值相同，故有

$$\begin{cases} \sqrt{1 - a} = b\mathrm{e} \\ \dfrac{1}{2\sqrt{1 - a}} = b\mathrm{e} \end{cases}, \text{得}$$

$$\sqrt{1 - a} = \frac{1}{2\sqrt{1 - a}}, \quad \text{解得 } a = \frac{1}{2}$$

所以 $\sqrt{1 - \dfrac{1}{2}} = b\mathrm{e}$，得 $b = \dfrac{1}{\sqrt{2}\mathrm{e}}$.

11. 求 $y = \ln[\ln^2(\ln^3 x)]$ 的导数 y'.

解：$\ln[\ln^2(\ln^3 x)] = 2[\ln\ln(\ln^3 x)] = 2\ln[3\ln\ln x]$

$$= 2(\ln 3 + \ln\ln\ln x)$$

$$y' = \{\ln[\ln^2(\ln^3 x)]\}' = 2(\ln 3 + \ln\ln\ln x)'$$

$$= 2 \cdot \frac{1}{\ln\ln x}(\ln\ln x)' = \frac{2}{\ln\ln x}\frac{1}{\ln x}(\ln x)'$$

$$= \frac{2}{x \cdot \ln x \cdot \ln\ln x}$$

12. 设 $f(x) = x(x-1)(x-2)\cdots(x-n)$，求 $f'(n)$.

解： $f'(x) = [x(x-1)(x-2)\cdots(x-n+1)]'(x-n) + (x-n)'[x(x-1)(x-2)\cdots(x-n+1)]$，所以

$$f'(n) = n(n-1)(n-2)\cdots 1 = n!$$

13. 已知 $y = f\left(\frac{3x-2}{3x+2}\right)$，$f'(x) = \arctan x^2$，求 $\frac{\mathrm{d}y}{\mathrm{d}x}\Big|_{x=0}$.

解：
$$\frac{\mathrm{d}y}{\mathrm{d}x} = f'\left(\frac{3x-2}{3x+2}\right)\left(\frac{3x-2}{3x+2}\right)'$$

$$= f'\left(\frac{3x-2}{3x+2}\right)\frac{3(3x+2)-3(3x-2)}{(3x+2)^2}$$

$$= f'\left(\frac{3x-2}{3x+2}\right)\frac{12}{(3x+2)^2}$$

$$\frac{\mathrm{d}y}{\mathrm{d}x}\Big|_{x=0} = 3f'(-1)$$

根据题设 $f'(x) = \arctan x^2$，从而有 $f'(-1) = \arctan 1 = \frac{\pi}{4}$，所以可得

$$\frac{\mathrm{d}y}{\mathrm{d}x}\Big|_{x=0} = 3 \times \frac{\pi}{4} = \frac{3}{4}\pi$$

14. 设 $f(t) = \lim\limits_{x \to \infty} t\left(\frac{x+t}{x-t}\right)^x$，求 $f'(t)$.

解： $f(t) = \lim\limits_{x \to \infty} t\left[\left(1 + \frac{2t}{x-t}\right)^{\frac{x-t}{2t}}\right]^{\frac{2tx}{x-t}} = te^{2t}$

即 $\qquad f(t) = te^{2t}$

那么 $\qquad f'(t) = e^{2t} + 2te^{2t} = e^{2t}(1+2t)$

15. 方程 $y^2 f(x) + xf(y) - x^2 = 0$ 确定 y 是 x 的可导函数，其中 $f(x)$ 是可导函数，且 $2yf(x) + xf'(y) \neq 0$，求 $\frac{\mathrm{d}y}{\mathrm{d}x}$.

解： $y^2 f(x) + xf(y) - x^2 = 0$

两边对 x 求导，可得
$$2yy'f(x) + y^2 f'(x) + f(y) + xf'(y)y' - 2x = 0$$

从而有
$$[2yf(x) + xf'(y)]y' = 2x - y^2 f'(x) - f(y)$$

$$2yf(x) + xf'(y) \neq 0$$

所以 $\qquad y' = \dfrac{2x - y^2 f'(x) - f(y)}{2yf(x) + xf'(y)}$

16. 方程 $\ln(x^2 + y) = x^3 y + \sin x$ 确定 y 是 x 的可导函数，求 $\frac{\mathrm{d}y}{\mathrm{d}x}\Big|_{x=0}$.

解：将 $x=0$ 代入给定方程，可得 $y=1$.

给定等式两边对 x 求导，可得

$$\frac{2x+y'}{x^2+y}=3x^2y+x^3y'+\cos x$$

将 $x=0$，$y=1$ 代入上式，得

$$y'\Big|_{x=0}=1$$

即

$$\frac{\mathrm{d}y}{\mathrm{d}x}\Big|_{x=0}=1$$

注释：此题也可以先解出 y'，再代入 $x=0$，$y=1$，求出 $y'|_{x=0}$，但计算较为复杂.

17. 设 $f(x)=3(x-1)^2+(x-1)|x-1|$，求 $f'(1)$，$f''(1)$.

解：$f(x)=\begin{cases}2(x-1)^2, & x<1\\4(x-1)^2, & x\geq1\end{cases}$

当 $x\neq1$ 时

$$f'(x)=\begin{cases}4(x-1), & x<1\\8(x-1), & x>1\end{cases}$$

当 $x=1$ 时

$$f'_-(1)=\lim_{x\to1^-}\frac{f(x)-f(1)}{x-1}=\lim_{x\to1^-}\frac{2(x-1)^2}{x-1}$$
$$=\lim_{x\to1^-}2(x-1)=0$$

$$f'_+=\lim_{x\to1^+}\frac{f(x)-f(1)}{x-1}=\lim_{x\to1^+}\frac{4(x-1)^2}{x-1}$$
$$=\lim_{x\to1^+}4(x-1)=0$$

所以　　$f'(1)=0$

于是有　$f'(x)=\begin{cases}4(x-1), & x<1\\8(x-1), & x\geq1\end{cases}$

$$f''_-(1)=\lim_{x\to1^-}\frac{f'(x)-f'(1)}{x-1}=\lim_{x\to1^-}\frac{4(x-1)}{x-1}=4$$

$$f''_+(1)=\lim_{x\to1^+}\frac{f'(x)-f'(1)}{x-1}=\lim_{x\to1^+}\frac{8(x-1)}{x-1}=8$$

所以 $f''(1)$ 不存在.

18. 方程 $x\mathrm{e}^{f(y)}=\mathrm{e}^y$ 确定 y 是 x 的函数，其中 f 具有二阶导数，且 $f'(x)\neq1$，求 $\dfrac{\mathrm{d}^2y}{\mathrm{d}x^2}$.

解：$x\mathrm{e}^{f(y)}=\mathrm{e}^y$

等式两边取自然对数，有

$$\ln x+f(y)=y$$

等式两边对 x 求导，有

$$\frac{1}{x}+f'(y)y'=y'$$

于是可得 $\quad y' = \dfrac{1}{x[1-f'(y)]}$

$$y'' = -\frac{1-f'(y)-xf''(y)y'}{x^2[1-f'(y)]^2} = -\frac{1-f'(y)-\dfrac{xf''(y)}{x[1-f'(y)]}}{x^2[1-f'(y)]^2}$$

$$= -\frac{[1-f'(y)]^2 - f''(y)}{x^2[1-f'(y)]^3}$$

19. 求函数 $y = \sin^2 x$ 的 n 阶导数.

解：$y = \sin^2 x$

$\quad y' = 2\sin x \cos x = \sin 2x$

$\quad y'' = 2\cos 2x = 2\sin\left(2x + \dfrac{\pi}{2}\right)$

$\quad y''' = -2^2 \sin 2x = 2^2 \sin\left(2x + 2 \times \dfrac{\pi}{2}\right)$

$\quad \cdots\cdots$

$\quad y^{(n)} = 2^{n-1}\sin\left[2x + (n-1)\dfrac{\pi}{2}\right]$

20. 求 $y = \dfrac{1-x}{1+x}$ 的 n 阶导数.

解：$y = \dfrac{1-x}{1+x} = \dfrac{2}{1+x} - 1 = 2(1+x)^{-1} - 1$

$\quad y' = -1 \cdot 2(1+x)^{-2}$

$\quad y'' = (-1)(-2) \cdot 2(1+x)^{-3}$

$\quad \cdots\cdots$

$\quad y^{(n)} = (-1)(-2)\cdots(-n) \cdot 2 \cdot (1+x)^{-(n+1)}$

$\qquad = 2 \cdot \dfrac{(-1)^n n!}{(1+x)^{n+1}}$

21. 设 $f(x) = \dfrac{1}{x^2 - 3x - 4}$，求 $f^{(n)}(0)$.

解：$\dfrac{1}{x^2 - 3x - 4} = \dfrac{1}{(x+1)(x-4)} = \dfrac{1}{5}\left(\dfrac{1}{x-4} - \dfrac{1}{x+1}\right)$

由 $\quad \left(\dfrac{1}{x+a}\right)' = -(x+a)^{-2}$

$\quad \left(\dfrac{1}{x+a}\right)'' = 2 \times 1 \times (x+a)^{-3}$

$\quad \cdots\cdots$

$\quad \left(\dfrac{1}{x+a}\right)^{(n)} = \dfrac{(-1)^n n!}{(x+a)^{n+1}}$

有 $\quad f^{(n)}(x) = \dfrac{1}{5}\left[\dfrac{(-1)^n n!}{(x-4)^{n+1}} - \dfrac{(-1)^n n!}{(x+1)^{n+1}}\right]$

$\quad f^{(n)}(0) = \dfrac{n!}{5}\left[\dfrac{(-1)^n}{(-4)^{n+1}} - \dfrac{(-1)^n}{1^{n+1}}\right] = \dfrac{n!}{5}\left[(-1)^{n+1} - \dfrac{1}{4^{n+1}}\right]$

22. 求满足关系式 $(x+1)\mathrm{d}x = \mathrm{d}f(x)$ 的未知函数 $f(x)$，已知 $f(0) = 0$.

解：$(x+1)\mathrm{d}x = (x+1)\mathrm{d}(x+1) = \mathrm{d}\left[\dfrac{1}{2}(x+1)^2\right]$

由题设条件有　$\mathrm{d}f(x) = \mathrm{d}\left[\dfrac{1}{2}(x+1)^2\right]$

对比等式两端有　$f(x) = \dfrac{1}{2}(x+1)^2 + C$　（C 为任意常数）

根据 $f(0) = 0$，可得 $C = -\dfrac{1}{2}$，于是有

$$f(x) = \frac{1}{2}(x+1)^2 - \frac{1}{2}$$

　　注释：这里使用的方法叫"凑微分"法，在后面的章节里将被使用. 满足 $\mathrm{d}f(x) = \mathrm{d}\left[\dfrac{1}{2}(x+1)^2\right]$ 的 $f(x)$ 不仅有 $\dfrac{1}{2}(x+1)^2$，而且有 $\dfrac{1}{2}(x+1)^2 + C$，因为相差一个常数 C 的函数的微分相等.

　　23. 设 $y = f(\ln x)\mathrm{e}^{f(x)}$，其中 f 可微，求 $\mathrm{d}y$.

　　解：$\mathrm{d}y = \mathrm{e}^{f(x)}\mathrm{d}f(\ln x) + f(\ln x)\mathrm{d}\mathrm{e}^{f(x)}$

$$\begin{aligned}
&= \mathrm{e}^{f(x)}f'(\ln x)\mathrm{d}\ln x + f(\ln x)\mathrm{e}^{f(x)}\mathrm{d}f(x)\\
&= \mathrm{e}^{f(x)}f'(\ln x)\frac{1}{x}\mathrm{d}x + f(\ln x)\mathrm{e}^{f(x)}f'(x)\mathrm{d}x\\
&= \mathrm{e}^{f(x)}\left[\frac{1}{x}f'(\ln x) + f'(x)f(\ln x)\right]\mathrm{d}x.
\end{aligned}$$

　　24. 方程 $\ln(x^2 + y^2) = \arctan\dfrac{y}{x}$ 确定 y 是 x 的函数，求 $\mathrm{d}y$，$\mathrm{d}y\Big|_{\substack{x=1\\y=0}}$ 及函数在点 $(1, 0)$ 的切线方程与法线方程.

　　解：$\ln(x^2 + y^2) = \arctan\dfrac{y}{x}$

利用微分法则等式两边对 x 求微分，得

$$\frac{\mathrm{d}(x^2 + y^2)}{x^2 + y^2} = \frac{\mathrm{d}\left(\dfrac{y}{x}\right)}{1 + \left(\dfrac{y}{x}\right)^2}$$

$$\frac{2x\mathrm{d}x + 2y\mathrm{d}y}{x^2 + y^2} = \frac{\dfrac{x\mathrm{d}y - y\mathrm{d}x}{x^2}}{1 + \dfrac{y^2}{x^2}}$$

$$2x\mathrm{d}x + 2y\mathrm{d}y = x\mathrm{d}y - y\mathrm{d}x$$

可得　$\mathrm{d}y = -\dfrac{y + 2x}{2y - x}\mathrm{d}x$

那么　$\mathrm{d}y\Big|_{\substack{x=1\\y=0}} = 2\mathrm{d}x$

$$y' = -\frac{y + 2x}{2y - x},\quad y'\Big|_{\substack{x=1\\y=0}} = 2$$

所以过点 $(1, 0)$ 的切线方程为

$$y = 2(x - 1)$$

即 $\qquad 2x - y - 2 = 0$

法线方程为 $y = -\dfrac{1}{2}(x - 1)$

即 $\qquad x + 2y - 1 = 0$

(B)

1. 函数 $f(x)$ 可导，且 $\lim\limits_{x \to 0} \dfrac{f(1) - f(1-x)}{2x} = -1$，则 $y = f(x)$ 的图形上点 $x = 1$ 处的法线斜率为 [ ].

(A) 2 　　　(B) -2 　　　(C) $\dfrac{1}{2}$ 　　　(D) $-\dfrac{1}{2}$

解： $y = f(x)$ 的图形上点 $x = 1$ 处的法线斜率为 $k = -\dfrac{1}{f'(1)}$.

$$\lim_{x \to 0} \frac{f(1) - f(1-x)}{2x} = \frac{1}{2} \lim_{x \to 0} \frac{f(1-x) - f(1)}{-x}$$

$$\x!\xlongequal{t = 1-x} \frac{1}{2} \lim_{t \to 1} \frac{f(t) - f(1)}{t - 1}$$

$$= \frac{1}{2} f'(1) = -1$$

所以 $f'(1) = -2$，因此法线斜率为 $-\dfrac{1}{-2} = \dfrac{1}{2}$.

故本题应选 (C).

2. 使得 $f(x) = \begin{cases} \mathrm{e}^x, & x < 0 \\ a + bx, & x \geqslant 0 \end{cases}$ 在点 $x = 0$ 处可导的 a，b 值为 [ ].

(A) $a = b = 0$ 　　　　　　(B) $a = b = 1$

(C) $a = 0$，$b = 1$ 　　　　(D) $a = 1$，$b = 0$

解： $f(x)$ 在点 $x = 0$ 处可导，则必连续.

由 $\qquad \lim\limits_{x \to 0^-} f(x) = \lim\limits_{x \to 0^-} \mathrm{e}^x = 1$

$\qquad\qquad \lim\limits_{x \to 0^+} f(x) = \lim\limits_{x \to 0^+}(a + bx) = a$

可得 $\qquad a = 1$

$$\lim_{x \to 0^-} \frac{f(x) - f(0)}{x} = \lim_{x \to 0^-} \frac{\mathrm{e}^x - a}{x} = \lim_{x \to 0^-} \frac{\mathrm{e}^x - 1}{x} = \lim_{x \to 0^-} \frac{x}{x} = 1$$

$$\lim_{x \to 0^+} \frac{f(x) - f(0)}{x} = \lim_{x \to 0^+} \frac{a + bx - a}{x} = b$$

可得 $\qquad b = 1$

故本题应选 (B).

3. 曲线 $y = \cos x \left(|x| \leqslant \dfrac{\pi}{2} \right)$ 的切线中与 $(1, 0)$ 和 $(-1, -1)$ 连线平行的切线的切点是 [ ].

(A) $\left(\dfrac{\pi}{6},\dfrac{\sqrt{3}}{2}\right)$ (B) $\left(\dfrac{\pi}{3},\dfrac{1}{2}\right)$

(C) $\left(-\dfrac{\pi}{6},\dfrac{\sqrt{3}}{2}\right)$ (D) $\left(-\dfrac{\pi}{3},\dfrac{1}{2}\right)$

解： $(1,0)$ 和 $(-1,-1)$ 两点连线的斜率为 $k=\dfrac{-1-0}{-1-1}=\dfrac{1}{2}$，又 $y'=-\sin x$，根据题

设，即有 $-\sin x=\dfrac{1}{2}$，所以 $x=\dfrac{-\pi}{6}$，从而所求之点为 $\left(-\dfrac{\pi}{6},\dfrac{\sqrt{3}}{2}\right)$.

故本题应选(C).

4. 设函数

$$f(x)=\begin{cases} e^{\sqrt[3]{x}}\cdot\sin x, & x<0 \\ \sqrt{1+x}-\sqrt{1-x}, & 0\leqslant x<1 \end{cases}$$

在点 $x=0$ 处下列结论不成立的是[　　].

(A) 极限存在   (B) 连续

(C) 可导   (D) 不可导

解： (A) $\lim\limits_{x\to 0^-}f(x)=\lim\limits_{x\to 0^-}e^{\sqrt[3]{x}}\cdot\sin x=0$

$$\lim\limits_{x\to 0^+}f(x)=\lim\limits_{x\to 0^+}(\sqrt{1+x}-\sqrt{1-x})=0$$

所以 $\lim\limits_{x\to 0}f(x)$ 存在.

(B) $\lim\limits_{x\to 0}f(x)=0=f(0)$

所以 $f(x)$ 在点 $x=0$ 处连续.

(C) $f'_-(0)=\lim\limits_{x\to 0^-}\dfrac{f(x)-f(0)}{x}=\lim\limits_{x\to 0^-}e^{\sqrt[3]{x}}\dfrac{\sin x}{x}=1$

$$f'_+(0)=\lim\limits_{x\to 0^+}\dfrac{f(x)-f(0)}{x}=\lim\limits_{x\to 0^+}\dfrac{\sqrt{1+x}-\sqrt{1-x}}{x}$$

$$=\lim\limits_{x\to 0^+}\dfrac{2}{\sqrt{1+x}+\sqrt{1-x}}=1$$

$$f'_+(0)=f'_-(0)$$

所以 $f(x)$ 在点 $x=0$ 处可导，从而肯定(C)否定(D).

故本题应选(D).

5. 设 $f(x)=\arctan\sqrt{x}$，则 $\lim\limits_{x\to 0}\dfrac{f(x_0-x)-f(x_0)}{x}=$[　　].

(A) $\dfrac{1}{1+x_0}$ (B) $-\dfrac{1}{1+x_0^2}$

(C) $\dfrac{2\sqrt{x_0}}{1+x_0}$ (D) $\dfrac{-1}{2\sqrt{x_0}(1+x_0)}$

解： 因为 $\lim\limits_{x\to 0}\dfrac{f(x_0-x)-f(x_0)}{x}=-\lim\limits_{x\to 0}\dfrac{f(x_0-x)-f(x_0)}{-x}$

$$=-f'(x_0)$$

而 $\quad f'(x_0)=\dfrac{1}{1+x_0}\cdot\dfrac{1}{2\sqrt{x_0}}=\dfrac{1}{2\sqrt{x_0}(1+x_0)}$

所以 $\quad \lim\limits_{x\to0}\dfrac{f(x_0-x)-f(x_0)}{x}=-\dfrac{1}{2\sqrt{x_0}(1+x_0)}$

故本题应选(D).

6. 设 $f(x)=\mathrm{e}^{-\frac{1}{x}}$，则 $\lim\limits_{\Delta x\to0}\dfrac{f'(2-\Delta x)-f'(2)}{\Delta x}=[\quad]$.

(A) $\dfrac{1}{16\sqrt{\mathrm{e}}}$ \qquad (B) $\dfrac{-1}{16\sqrt{\mathrm{e}}}$ \qquad (C) $\dfrac{3}{16\sqrt{\mathrm{e}}}$ \qquad (D) $\dfrac{-3}{16\sqrt{\mathrm{e}}}$

解： $\lim\limits_{\Delta x\to0}\dfrac{f'(2-\Delta x)-f'(2)}{\Delta x}=-f''(2)$

而 $\quad f(x)=\mathrm{e}^{-\frac{1}{x}},\ f'(x)=\dfrac{1}{x^2}\mathrm{e}^{-\frac{1}{x}},\ f''(x)=\dfrac{(1-2x)\mathrm{e}^{-\frac{1}{x}}}{x^4}$

所以 $\quad -f''(2)=-\dfrac{-3\mathrm{e}^{-\frac{1}{2}}}{16}=\dfrac{3}{16\sqrt{\mathrm{e}}}$

故本题应选(C).

7. 设 $\dfrac{\mathrm{d}}{\mathrm{d}x}f\left(\dfrac{1}{x^2}\right)=\dfrac{1}{x}$，则 $f'\left(\dfrac{1}{2}\right)=[\quad]$.

(A) 1 \qquad (B) -1 \qquad (C) 2 \qquad (D) $\dfrac{1}{2}$

解： $\dfrac{\mathrm{d}}{\mathrm{d}x}f\left(\dfrac{1}{x^2}\right)=f'\left(\dfrac{1}{x^2}\right)\left(\dfrac{1}{x^2}\right)'=-\dfrac{2}{x^3}f'\left(\dfrac{1}{x^2}\right)$

由题设有 $-\dfrac{2}{x^3}f'\left(\dfrac{1}{x^2}\right)=\dfrac{1}{x}$，所以

$$f'\left(\dfrac{1}{x^2}\right)=-\dfrac{1}{2}x^2$$

令 $t=\dfrac{1}{x^2}$，则有 $f'(t)=-\dfrac{1}{2t}$，于是有

$$f'\left(\dfrac{1}{2}\right)=-1$$

故本题应选(B).

8. 若 $f'(x)=\dfrac{2x}{\sqrt{a^2-x^2}}$，那么 $\dfrac{\mathrm{d}}{\mathrm{d}x}f(\sqrt{a^2-x^2})=[\quad]$.

(A) 2 \qquad (B) -2 \qquad (C) $\dfrac{-2x}{|x|}$ \qquad (D) $\dfrac{2\sqrt{a^2-x^2}}{|x|}$

解： $\dfrac{\mathrm{d}}{\mathrm{d}x}f(\sqrt{a^2-x^2})=f'(\sqrt{a^2-x^2})(\sqrt{a^2-x^2})'$

$$=f'(\sqrt{a^2-x^2})\dfrac{-x}{\sqrt{a^2-x^2}}$$

用 $\sqrt{a^2-x^2}$ 代替 $f'(x)=\dfrac{2x}{\sqrt{a^2-x^2}}$ 中的 x，可得

$$f'(\sqrt{a^2-x^2}) = \frac{2\sqrt{a^2-x^2}}{\sqrt{x^2}} = \frac{2\sqrt{a^2-x^2}}{|x|}$$

所以有 $\dfrac{\mathrm{d}}{\mathrm{d}x}f(\sqrt{a^2-x^2}) = \dfrac{2\sqrt{a^2-x^2}}{|x|} \cdot \dfrac{-x}{\sqrt{a^2-x^2}} = \dfrac{-2x}{|x|}$

故本题应选(C).

9. 设 $f(x) = 3x^3 + x^2 \cdot |x|$，则使 $f^{(n)}(0)$ 存在的最高阶导数的阶数为[   ].

(A) 1   (B) 2   (C) 3   (D) 4

解: $f(x) = \begin{cases} 4x^3, & x \geq 0 \\ 2x^3, & x < 0 \end{cases}$

$$f'_-(0) = \lim_{x \to 0^-} \frac{f(x) - f(0)}{x} = \lim_{x \to 0^-} \frac{2x^3 - 0}{x} = 0$$

$$f'_+(0) = \lim_{x \to 0^+} \frac{f(x) - f(0)}{x} = \lim_{x \to 0^+} \frac{4x^3 - 0}{x} = 0$$

所以 $f'(0) = 0$，那么 $f'(x) = \begin{cases} 12x^2, & x \geq 0 \\ 6x^2, & x < 0 \end{cases}$.

$$f''_-(0) = \lim_{x \to 0^-} \frac{f'(x) - f'(0)}{x} = \lim_{x \to 0^-} \frac{6x^2 - 0}{x} = 0$$

$$f''_+(0) = \lim_{x \to 0^+} \frac{f'(x) - f'(0)}{x} = \lim_{x \to 0^+} \frac{12x^2 - 0}{x} = 0$$

所以 $f''(0) = 0$，那么 $f''(x) = \begin{cases} 24x, & x \geq 0 \\ 12x, & x < 0 \end{cases}$.

$$f'''_-(0) = \lim_{x \to 0^-} \frac{f''(x) - f(0)}{x} = \lim_{x \to 0^-} \frac{12x - 0}{x} = 12$$

$$f'''_+(0) = \lim_{x \to 0^+} \frac{f''(x) - f(0)}{x} = \lim_{x \to 0^+} \frac{24x - 0}{x} = 24$$

$f'''_-(0) \neq f'''_+(0)$，所以 $f'''(0)$ 不存在.

故本题应选(B).

10. 设 $f(x) = \begin{cases} x^\alpha \sin\dfrac{1}{x}, & x \neq 0 \\ 0, & x = 0 \end{cases}$，下列结论中错误的是[   ].

(A) $\alpha \leq 0$ 时，当 $x \to 0$ 时 $f(x)$ 的极限不存在

(B) $\alpha > 0$ 时，$f(x)$ 在点 $x = 0$ 处连续

(C) $\alpha > 1$ 时，$f(x)$ 在点 $x = 0$ 处可导

(D) $\alpha > 2$ 时，$f'(x)$ 在点 $x = 0$ 处可导

解: (A) $\lim_{x \to 0} f(x) = \lim_{x \to 0} x^\alpha \sin\dfrac{1}{x}$

当 $\alpha \leq 0$ 时，$\lim_{x \to 0} f(x)$ 不存在.

(B) 当 $\alpha > 0$ 时，$\lim_{x \to 0} f(x) = \lim_{x \to 0} x^\alpha \sin\dfrac{1}{x} = 0 = f(0)$，所以 $f(x)$ 在点 $x = 0$ 处连续.

(C) $f'(0) = \lim_{x \to 0} \frac{f(x) - f(0)}{x} = \lim_{x \to 0} \frac{x^{\alpha} \sin \frac{1}{x}}{x} = \lim_{x \to 0} x^{\alpha - 1} \sin \frac{1}{x}$

当 $\alpha > 1$ 时, $f'(0)$ 存在且 $f'(0) = 0$.

(D) 当 $x \neq 0$ 时, $f'(x) = \alpha x^{\alpha-1} \sin \frac{1}{x} - x^{\alpha-2} \cos \frac{1}{x}$.

当 $\alpha \leqslant 2$ 时, $\lim_{x \to 0} f'(x)$ 不存在; 当 $\alpha > 2$ 时, $\lim_{x \to 0} f'(x) = 0 = f'(0)$. 所以当 $\alpha > 2$ 时, $f'(x)$ 在点 $x = 0$ 处连续.

$$f''(0) = \lim_{x \to 0} \frac{\alpha x^{\alpha-1} \sin \frac{1}{x} - x^{\alpha-2} \cos \frac{1}{x}}{x}$$

$$= \lim_{x \to 0} \left(\alpha x^{\alpha-2} \sin \frac{1}{x} - x^{\alpha-3} \cos \frac{1}{x} \right)$$

所以当 $\alpha > 2$ 时, $f'(x)$ 未必可导, 例如当 $\alpha = 3$ 时, $f''(0)$ 不存在; 只有当 $\alpha > 3$ 时 $f''(0)$ 才存在.

故本题应选(D).

11. 已知 $y = f(x)$ 为可导偶函数且 $\lim_{x \to 0} \frac{f(1+x) - f(1)}{2x} = -2$, 则曲线 $y = f(x)$ 在 $(-1, 2)$ 处的切线方程是 [ ].

(A) $y = 4x + 6$ (B) $y = -4x - 2$

(C) $y = x + 3$ (D) $y = -x + 1$

解: 因为 $\lim_{x \to 0} \frac{f(1+x) - f(1)}{2x} = \frac{1}{2} f'(1) = -2$, 所以

$$f'(1) = -4$$

又因 $f(x)$ 为偶函数, 因此 $f'(x)$ 为奇函数.

于是可知 $f'(-1) = 4$, 因此所求切线方程为

$$y - 2 = 4(x + 1)$$

即 $y = 4x + 6$

故本题应选(A).

12. 设 $f(x)$ 对任意的 x 满足 $f(1 + x) = af(x)$, 且有 $f'(0) = b$, 其中 a, b 为非零常数, 则 $f(x)$ 在点 $x = 1$ 处 [ ].

(A) 不可导 (B) 可导且 $f'(1) = a$

(C) 可导且 $f'(1) = b$ (D) 可导且 $f'(1) = ab$

解: $f'(1) = \lim_{\Delta x \to 0} \frac{f(1 + \Delta x) - f(1)}{\Delta x}$

$$= \lim_{\Delta x \to 0} \frac{af(\Delta x) - af(0)}{\Delta x}$$

$$= a \lim_{\Delta x \to 0} \frac{f(0 + \Delta x) - f(0)}{\Delta x}$$

$$= af'(0) = ab.$$

所以 $f(x)$ 在点 $x = 1$ 处可导, 且 $f'(1) = ab$.

故本题应选(D)

注释： 此题不能这样做：$f(1 + x) = af(x)$，等式两边对 x 求导，得 $f'(1+x) = af'(x)$，令 $x=0$，得 $f'(1) = af'(0) = ab$. 因题中只给出了 $f'(0) = b$，只说明 $f(x)$ 在点 $x=0$ 处可导，其他点是否可导，未给出，而对两边求导，应在 $f(x)$ 可导的前提下.

第四章　中值定理与导数的应用

（一）习题解答与注释

(A)

1. 下列函数在给定区间上是否满足罗尔定理的所有条件？若满足，请求出定理中的数值 ξ.

(1) $f(x) = 2x^2 - x - 3$　　　$[-1, 1.5]$

(2) $f(x) = \dfrac{1}{1+x^2}$　　　$[-2, 2]$

(3) $f(x) = x\sqrt{3-x}$　　　　$[0, 3]$

(4) $f(x) = e^{x^2} - 1$　　　　$[-1, 1]$

解：(1) $f(x) = 2x^2 - x - 3$, $f'(x) = 4x - 1$

显然，$f(x)$ 在 $[-1, 1.5]$ 上连续，在 $(-1, 1.5)$ 内可导，且 $f(-1) = f(1.5) = 0$，所以 $f(x)$ 在 $[-1, 1.5]$ 上满足罗尔定理的条件. 那么至少存在一点 $\xi \in (-1, 1.5)$，使 $f'(\xi) = 0$.

由 $f'(\xi) = 4\xi - 1 = 0$, 得 $\xi = \dfrac{1}{4}$.

(2) $f(x) = \dfrac{1}{1+x^2}$, 　$f'(x) = \dfrac{-2x}{(1+x^2)^2}$

$f(x)$ 在 $[-2, 2]$ 上连续，在 $(-2, 2)$ 内可导，且 $f(-2) = f(2) = \dfrac{1}{5}$，所以 $f(x)$ 在 $[-2, 2]$ 上满足罗尔定理的条件，那么至少存在一点 $\xi \in (-2, 2)$，使得 $f'(\xi) = 0$.

由 $f'(\xi) = \dfrac{-2\xi}{(1+\xi^2)^2} = 0$, 得 $\xi = 0$.

(3) $f(x) = x\sqrt{3-x}$, $f'(x) = \sqrt{3-x} - \dfrac{x}{2\sqrt{3-x}} = \dfrac{6-3x}{2\sqrt{3-x}}$

$f(x)$ 在 $[0, 3]$ 上连续，在 $(0, 3)$ 内可导，且 $f(0) = f(3) = 0$，所以 $f(x)$ 在 $[0, 3]$ 上满足罗尔定理的条件.

由 $f'(\xi) = \dfrac{6-3\xi}{2\sqrt{3-\xi}} = 0$, 得 $\xi = 2$.

(4) $f(x) = e^{x^2} - 1$, $f'(x) = 2xe^{x^2}$

$f(x)$ 在 $[-1, 1]$ 上连续，在 $(-1, 1)$ 内可导，且 $f(-1) = f(1) = e-1$，所以 $f(x)$ 在 $[-1, 1]$ 上满足罗尔定理的条件.

由 $f'(\xi) = 2\xi e^{\xi^2} = 0$，得 $\xi = 0$.

2. 下列函数在给定区间上是否满足拉格朗日定理的所有条件? 若满足，请求出定理中的数值 ξ.

(1) $f(x) = x^3$ $[0, a]$ $(a > 0)$

(2) $f(x) = \ln x$ $[1, 2]$

(3) $f(x) = x^3 - 5x^2 + x - 2$ $[-1, 0]$

解: (1) $f(x) = x^3$，$f'(x) = 3x^2$

$f(x)$ 在 $[0, a]$ 上连续，在 $(0, a)$ 内可导，所以 $f(x)$ 在 $[0, a]$ 上满足拉格朗日定理的条件.

由 $f'(\xi) = 3\xi^2 = \dfrac{f(a) - f(0)}{a - 0} = \dfrac{a^3 - 0}{a} = a^2$，可得 $\xi = \dfrac{a}{\sqrt{3}}$.

(2) $f(x) = \ln x$，$f'(x) = \dfrac{1}{x}$

$f(x)$ 在 $[1, 2]$ 上连续，在 $(1, 2)$ 内可导，所以 $f(x)$ 在 $[1, 2]$ 上满足拉格朗日定理的条件.

由 $f'(\xi) = \dfrac{1}{\xi} = \dfrac{f(2) - f(1)}{2 - 1} = \dfrac{\ln 2 - \ln 1}{1} = \ln 2$，可得 $\xi = \dfrac{1}{\ln 2}$.

(3) $f(x) = x^3 - 5x^2 + x - 2$，$f'(x) = 3x^2 - 10x + 1$

$f(x)$ 在 $[-1, 0]$ 上连续，在 $(-1, 0)$ 内可导，所以 $f(x)$ 在 $[-1, 0]$ 上满足拉格朗日定理的条件.

由 $f'(\xi) = 3\xi^2 - 10\xi + 1 = \dfrac{f(0) - f(-1)}{0 - (-1)} = -2 + 9 = 7$，即

$$3\xi^2 - 10\xi - 6 = 0, \quad \text{解得 } \xi = \dfrac{5 \pm \sqrt{43}}{3}$$

由于 $\dfrac{5 + \sqrt{43}}{3}$ 在区间 $(-1, 0)$ 外，故舍去，所以 $\xi = \dfrac{5 - \sqrt{43}}{3}$.

3. 函数 $f(x) = x^3$ 与 $g(x) = x^2 + 1$ 在区间 $[1, 2]$ 上是否满足柯西定理的所有条件? 如果满足，请求出定理中的数值 ξ.

解: $f(x) = x^3$， $g(x) = x^2 + 1$

      $f'(x) = 3x^2$， $g'(x) = 2x$

$f(x)$ 与 $g(x)$ 在 $[1, 2]$ 上连续，在 $(1, 2)$ 内可导，在 $[1, 2]$ 上 $g'(x) \neq 0$. 由 $\dfrac{f'(\xi)}{g'(\xi)} =$

$\dfrac{3\xi^2}{2\xi} = \dfrac{f(2) - f(1)}{g(2) - g(1)} = \dfrac{7}{3}$，即 $\dfrac{3}{2}\xi = \dfrac{7}{3}$，解得 $\xi = \dfrac{14}{9}$.

4. 若四次方程 $a_0 x^4 + a_1 x^3 + a_2 x^2 + a_3 x + a_4 = 0$ 有四个不同的实根，试证明 $4a_0 x^3 + 3a_1 x^2 + 2a_2 x + a_3 = 0$ 的所有根皆为实根.

证: 设 $f(x) = a_0 x^4 + a_1 x^3 + a_2 x^2 + a_3 x + a_4$，则

$$f'(x) = 4a_0 x^3 + 3a_1 x^2 + 2a_2 x + a_3$$

设 x_1, x_2, x_3, x_4 是 $f(x)$ 的四个不同的实根，且 $x_1 < x_2 < x_3 < x_4$，即 $f(x_1) = f(x_2) = f(x_3) = f(x_4) = 0$. 由于 $f(x)$ 在区间 $[x_1, x_2]$，$[x_2, x_3]$，$[x_3, x_4]$ 上都满足罗尔定理的

条件，所以 $f'(x) = 0$ 在 (x_1, x_2)，(x_2, x_3)，(x_3, x_4) 内至少各有一个实根，即 $f'(x) = 0$ 至少有三个实根，但 $f'(x) = 0$ 为三次方程，最多有三个根，因此方程 $f'(x) = 0$ 的所有根皆为实根.

注释：*判断某个方程根的存在问题常借助中值定理. 罗尔定理的结论说明"存在 $\xi \in (a, b)$，使 $f'(\xi) = 0$，即方程 $f'(x) = 0$ 在 (a, b) 内有实根"，拉格朗日定理的结论说明"存在 $\xi \in (a, b)$，使 $f(b) - f(a) = f'(\xi)(b - a)$，即方程 $f(b) - f(a) = f'(x)(b - a)$ 在 (a, b) 内有实根".*

5. 用拉格朗日定理证明：若 $\lim\limits_{x \to 0^+} f(x) = f(0) = 0$，且当 $x > 0$ 时，$f'(x) > 0$，则当 $x > 0$ 时，$f(x) > 0$.

证：对任何 $x > 0$，$f(x)$ 在 $[0, x]$ 上连续，在 $(0, x)$ 内可导，由拉格朗日定理有

$$\frac{f(x) - f(0)}{x} = \frac{f(x) - 0}{x} = \frac{f(x)}{x} = f'(\xi) \quad (0 < \xi < x)$$

即 $\qquad f(x) = x \cdot f'(\xi)$

因 $\xi > 0$，于是 $f'(\xi) > 0$，所以，当 $x > 0$ 时，$f(x) > 0$.

6. 证明不等式：

$$|\sin x_2 - \sin x_1| \leqslant |x_2 - x_1|$$

证：设 $f(x) = \sin x$，对任意的 $x_1, x_2 \in \mathbf{R}$（不妨设 $x_1 < x_2$），$f(x)$ 在 $[x_1, x_2]$ 上连续，在 (x_1, x_2) 内可导，由拉格朗日定理有

$$\sin x_2 - \sin x_1 = f'(\xi)(x_2 - x_1) \quad (x_1 < \xi < x_2)$$

即 $\qquad \sin x_2 - \sin x_1 = \cos \xi (x_2 - x_1) \quad (x_1 < \xi < x_2)$

由于 $|\cos \xi| \leqslant 1$，于是可得

$$|\sin x_2 - \sin x_1| \leqslant |x_2 - x_1|$$

7. 证明不等式：

$$nb^{n-1}(a - b) < a^n - b^n < na^{n-1}(a - b) \quad (n > 1, a > b > 0)$$

证：设 $f(x) = x^n (n > 1)$，因 $f(x)$ 在 $[b, a]$ 上连续，在 (b, a) 内可导，由拉格朗日定理有 $\qquad a^n - b^n = f'(\xi)(a - b) \quad (b < \xi < a)$

即 $\qquad a^n - b^n = n\xi^{n-1}(a - b) \quad (b < \xi < a)$

因为 $\qquad n > 1, 0 < b < \xi < a$

所以 $\qquad b^{n-1} < \xi^{n-1} < a^{n-1}$

从而有 $\qquad nb^{n-1}(a - b) < n\xi^{n-1}(a - b) < na^{n-1}(a - b)$

于是有 $\qquad nb^{n-1}(a - b) < a^n - b^n < na^{n-1}(a - b)$

8. 证明不等式：

$$2\sqrt{x} > 3 - \frac{1}{x} \quad (x > 0 \text{ 且 } x \neq 1)$$

证：设 $y = 2\sqrt{x} - 3 + \frac{1}{x}$，$y\big|_{x=1} = 0$

$$y' = \frac{1}{\sqrt{x}} - \frac{1}{x^2} = \frac{x\sqrt{x} - 1}{x^2}$$

当 $x > 1$ 时，$y' > 0$，y 单调增加，所以

$$y > y\Big|_{x=1} = 0$$

当 $0 < x < 1$ 时，$y' < 0$，y 单调减少，所以

$$y > y\Big|_{x=1} = 0$$

因此对一切 $x > 0$ 且 $x \neq 1$，都有 $y > 0$，即

$$2\sqrt{x} > 3 - \frac{1}{x} \quad (x > 0 \text{ 且 } x \neq 1)$$

9. 利用洛必达法则求下列极限：

(1) $\lim\limits_{x \to 0} \dfrac{e^x - e^{-x}}{x}$ (2) $\lim\limits_{x \to 1} \dfrac{\ln x}{x - 1}$

(3) $\lim\limits_{x \to 1} \dfrac{x^3 - 3x^2 + 2}{x^3 - x^2 - x + 1}$ (4) $\lim\limits_{x \to \frac{\pi}{2}^+} \dfrac{\ln\left(x - \dfrac{\pi}{2}\right)}{\tan x}$

(5) $\lim\limits_{x \to a} \dfrac{ax^3 - x^4}{a^4 - 2a^3 x + 2ax^3 - x^4} \quad (a \neq 0)$

(6) $\lim\limits_{x \to +\infty} \dfrac{x^n}{e^{ax}} \quad (a > 0, n \text{ 为正整数})$

(7) $\lim\limits_{x \to +\infty} \dfrac{\ln\left(1 + \dfrac{1}{x}\right)}{\text{arccot} x}$ (8) $\lim\limits_{x \to 0^+} x^m \ln x \quad (m > 0)$

(9) $\lim\limits_{x \to 0} \left(\dfrac{1}{x} - \dfrac{1}{e^x - 1}\right)$ (10) $\lim\limits_{x \to 0} (1 + \sin x)^{\frac{1}{x}}$

(11) $\lim\limits_{x \to 0^+} \left(\ln \dfrac{1}{x}\right)^x$ (12) $\lim\limits_{x \to 0^+} x^{\sin x}$

(13) $\lim\limits_{x \to 0} \left(\dfrac{a^x + b^x}{2}\right)^{\frac{3}{x}} \quad (a > 0, b > 0 \text{ 且 } a \neq 1, b \neq 1)$

解：(1) $\lim\limits_{x \to 0} \dfrac{e^x - e^{-x}}{x} \overset{\frac{0}{0}}{=\!=\!=} \lim\limits_{x \to 0} \dfrac{e^x + e^{-x}}{1} = 2$

(2) $\lim\limits_{x \to 1} \dfrac{\ln x}{x - 1} \overset{\frac{0}{0}}{=\!=\!=} \lim\limits_{x \to 1} \dfrac{1}{x} = 1$

(3) $\lim\limits_{x \to 1} \dfrac{x^3 - 3x^2 + 2}{x^3 - x^2 - x + 1} \overset{\frac{0}{0}}{=\!=\!=} \lim\limits_{x \to 1} \dfrac{3x^2 - 6x}{3x^2 - 2x - 1} = \infty$

(4) $\lim\limits_{x \to \frac{\pi}{2}^+} \dfrac{\ln\left(x - \dfrac{\pi}{2}\right)}{\tan x} \overset{\frac{\infty}{\infty}}{=\!=\!=} \lim\limits_{x \to \frac{\pi}{2}^+} \dfrac{\cos^2 x}{x - \dfrac{\pi}{2}} \overset{\frac{0}{0}}{=\!=\!=} \lim\limits_{x \to \frac{\pi}{2}^+} \dfrac{-2\cos x \sin x}{1} = 0$

(5) $\lim\limits_{x \to a} \dfrac{ax^3 - x^4}{a^4 - 2a^3 x + 2ax^3 - x^4} \overset{\frac{0}{0}}{=\!=\!=} \lim\limits_{x \to a} \dfrac{3ax^2 - 4x^3}{-2a^3 + 6ax^2 - 4x^3} = \infty$

(6) $\lim\limits_{x \to +\infty} \dfrac{x^n}{\mathrm{e}^{ax}} \overset{\frac{\infty}{\infty}}{=\!=\!=} \lim\limits_{x \to +\infty} \dfrac{nx^{n-1}}{a\mathrm{e}^{ax}} \overset{\frac{\infty}{\infty}}{=\!=\!=} \lim\limits_{x \to +\infty} \dfrac{n(n-1)x^{n-2}}{a^2 \mathrm{e}^{ax}}$

$\qquad = \cdots \overset{\frac{\infty}{\infty}}{=\!=\!=} \lim\limits_{x \to +\infty} \dfrac{n!}{a^n \mathrm{e}^{ax}} = 0$

(7) $\lim\limits_{x \to +\infty} \dfrac{\ln\left(1 + \dfrac{1}{x}\right)}{\mathrm{arccot}\, x} \overset{\frac{0}{0}}{=\!=\!=} \lim\limits_{x \to +\infty} \dfrac{\dfrac{1}{x+1} - \dfrac{1}{x}}{-\dfrac{1}{1+x^2}} = \lim\limits_{x \to +\infty} \dfrac{-\dfrac{1}{x(1+x)}}{-\dfrac{1}{1+x^2}}$

$\qquad = \lim\limits_{x \to +\infty} \dfrac{1+x^2}{x(1+x)} = 1$

注释：使用洛必达法则求"$\dfrac{0}{0}$"型或"$\dfrac{\infty}{\infty}$"型未定式的极限时首先要检查所求极限是否符合洛必达法则的全部条件.

如果连续使用洛必达法则，每次使用都要检查是否符合洛必达法则的要求，直到不是未定式，或者不能使用洛必达法则，或者可以用别的更简便的方法为止. 只有"$\dfrac{0}{0}$"型和"$\dfrac{\infty}{\infty}$"型未定式才可以直接使用洛必达法则，其他型未定式必须改变为"$\dfrac{0}{0}$"型或"$\dfrac{\infty}{\infty}$"型才能使用洛必达法则.

(8) $\lim\limits_{x \to 0^+} x^m \ln x \overset{0 \cdot \infty}{=\!=\!=} \lim\limits_{x \to 0^+} \dfrac{\ln x}{x^{-m}} \overset{\frac{\infty}{\infty}}{=\!=\!=} \lim\limits_{x \to 0^+} \dfrac{\dfrac{1}{x}}{-mx^{-m-1}}$

$\qquad = \lim\limits_{x \to 0^+} \dfrac{-x^m}{m} = 0$

(9) $\lim\limits_{x \to 0}\left(\dfrac{1}{x} - \dfrac{1}{\mathrm{e}^x - 1}\right) \overset{\infty - \infty}{=\!=\!=} \lim\limits_{x \to 0} \dfrac{\mathrm{e}^x - 1 - x}{x(\mathrm{e}^x - 1)} \overset{\frac{0}{0}}{=\!=\!=} \lim\limits_{x \to 0} \dfrac{\mathrm{e}^x - 1}{\mathrm{e}^x - 1 + x\mathrm{e}^x}$

$\qquad \overset{\frac{0}{0}}{=\!=\!=} \lim\limits_{x \to 0} \dfrac{\mathrm{e}^x}{\mathrm{e}^x + \mathrm{e}^x + x\mathrm{e}^x} = \dfrac{1}{2}$

注释："$\infty - \infty$"型未定式可以通过通分或其他方法化为"$\dfrac{0}{0}$"型或"$\dfrac{\infty}{\infty}$"型. "$0 \cdot \infty$"型未定式可以将其中一个因子作为分子，另一个因子取倒数作为分母，改变为"$\dfrac{0}{0}$"型或"$\dfrac{\infty}{\infty}$"型，一般常选择比较复杂的因子作为分子，有时选择不当，会行不通. 例如

$$\lim\limits_{x \to 0^+} x\mathrm{e}^{\frac{1}{x}} \overset{0 \cdot \infty}{=\!=\!=} \lim\limits_{x \to 0^+} \dfrac{\mathrm{e}^{\frac{1}{x}}}{\dfrac{1}{x}} \overset{\frac{\infty}{\infty}}{=\!=\!=} \lim\limits_{x \to 0^+} \dfrac{\mathrm{e}^{\frac{1}{x}}\left(\dfrac{1}{x}\right)'}{\left(\dfrac{1}{x}\right)'} = \lim\limits_{x \to 0^+} \mathrm{e}^{\frac{1}{x}} = +\infty$$

但如果按下面的选择，有

$$\lim\limits_{x \to 0^+} x\mathrm{e}^{\frac{1}{x}} \overset{0 \cdot \infty}{=\!=\!=} \lim\limits_{x \to 0^+} \dfrac{x}{\mathrm{e}^{-\frac{1}{x}}} \overset{\frac{0}{0}}{=\!=\!=} \lim\limits_{x \to 0^+} \dfrac{1}{\left(\mathrm{e}^{-\frac{1}{x}}\right)\dfrac{1}{x^2}} = \lim\limits_{x \to 0^+} \dfrac{x^2}{\mathrm{e}^{-\frac{1}{x}}}$$

这就比原来的题目更麻烦了.

(10) $\lim\limits_{x\to0}(1+\sin x)^{\frac{1}{x}}\overset{1^\infty}{=\!=\!=}\lim\limits_{x\to0}e^{\frac{1}{x}\ln(1+\sin x)}=e^{\lim\limits_{x\to0}\frac{1}{x}\ln(1+\sin x)}$

其中 $\quad\lim\limits_{x\to0}\dfrac{1}{x}\ln(1+\sin x)\overset{0\cdot\infty}{=\!=\!=}\lim\limits_{x\to0}\dfrac{\ln(1+\sin x)}{x}\overset{\frac{0}{0}}{=\!=\!=}\lim\limits_{x\to0}\dfrac{\frac{\cos x}{1+\sin x}}{1}=1$

所以 $\quad\lim\limits_{x\to0}(1+\sin x)^{\frac{1}{x}}=e^1=e$

(11) $\lim\limits_{x\to0^+}\left(\ln\dfrac{1}{x}\right)^x\overset{\infty^0}{=\!=\!=}\lim\limits_{x\to0^+}e^{x\ln\ln\frac{1}{x}}=e^{\lim\limits_{x\to0^+}\frac{\ln(-\ln x)}{\frac{1}{x}}}$

其中 $\quad\lim\limits_{x\to0^+}\dfrac{\ln(-\ln x)}{\frac{1}{x}}\overset{\frac{\infty}{\infty}}{=\!=\!=}\lim\limits_{x\to0^+}\dfrac{\frac{1}{-\ln x}\left(\frac{-1}{x}\right)}{-\frac{1}{x^2}}=\lim\limits_{x\to0^+}\dfrac{-x}{\ln x}=0$

所以 $\quad\lim\limits_{x\to0^+}\left(\ln\dfrac{1}{x}\right)^x=e^0=1$

(12) $\lim\limits_{x\to0^+}x^{\sin x}\overset{0^0}{=\!=\!=}\lim\limits_{x\to0^+}e^{\sin x\cdot\ln x}=e^{\lim\limits_{x\to0^+}\sin x\cdot\ln x}$

其中 $\quad\lim\limits_{x\to0^+}\sin x\cdot\ln x\overset{0\cdot\infty}{=\!=\!=}\lim\limits_{x\to0^+}\dfrac{\ln x}{\frac{1}{\sin x}}\overset{\frac{\infty}{\infty}}{=\!=\!=}\lim\limits_{x\to0^+}\dfrac{\frac{1}{x}}{\frac{-\cos x}{\sin^2 x}}$

$\qquad=\lim\limits_{x\to0^+}\dfrac{-\sin x}{x}\cdot\dfrac{\sin x}{\cos x}=0$

所以 $\quad\lim\limits_{x\to0^+}x^{\sin x}=e^0=1$

(13) $\lim\limits_{x\to0}\left(\dfrac{a^x+b^x}{2}\right)^{\frac{3}{x}}\overset{1^\infty}{=\!=\!=}\lim\limits_{x\to0}e^{\frac{3}{x}\ln\frac{a^x+b^x}{2}}=e^{\lim\limits_{x\to0}\frac{3}{x}[\ln(a^x+b^x)-\ln2]}$

其中 $\quad\lim\limits_{x\to0}\dfrac{3}{x}\big[\ln(a^x+b^x)-\ln2\big]\overset{\infty\cdot0}{=\!=\!=}3\lim\limits_{x\to0}\dfrac{\ln(a^x+b^x)-\ln2}{x}$

$\qquad\overset{\frac{0}{0}}{=\!=\!=}3\lim\limits_{x\to0}\dfrac{a^x\ln a+b^x\ln b}{a^x+b^x}=\dfrac{3}{2}\ln ab$

所以 $\quad\lim\limits_{x\to0}\left(\dfrac{a^x+b^x}{2}\right)^{\frac{3}{x}}=e^{\frac{3}{2}\ln ab}=(ab)^{\frac{3}{2}}$

注释：对 "1^∞"，"0^0"，"∞^0" 三种类型的未定式 $\lim f(x)^{g(x)}$，可用

$\qquad\lim f(x)^{g(x)}=\lim e^{g(x)\ln f(x)}=e^{\lim g(x)\ln f(x)}$

将所求极限改变为在指数上求 "$0\cdot\infty$" 型未定式的极限，然后再转化为 "$\dfrac{0}{0}$" 型或 "$\dfrac{\infty}{\infty}$" 型，即可使用洛必达法则.

若 $\lim g(x)\ln f(x)=k$（有限数），则 $\lim f(x)^{g(x)}=e^k$，若 $k=0$，则 $\lim f(x)^{g(x)}=1$;

若 $\lim g(x)\ln f(x)=-\infty$，则 $\lim f(x)^{g(x)}=0$;

若 $\lim g(x)\ln f(x)=+\infty$，则 $\lim f(x)^{g(x)}=+\infty$.

有时对某些未定式求极限时，需要将洛必达法则与其他求极限的方法结合起来使用.

10. 求下列极限：

(1) $\lim\limits_{x\to 0} \dfrac{\sqrt{1+x^3}-1}{1-\cos\sqrt{x-\sin x}}$ (2) $\lim\limits_{x\to 0} \dfrac{\sqrt{1+\tan x}-\sqrt{1+\sin x}}{x\ln(1+x)-x^2}$

解: (1) $\lim\limits_{x\to 0} \dfrac{\sqrt{1+x^3}-1}{1-\cos\sqrt{x-\sin x}}$

这是一个"$\dfrac{0}{0}$"型未定式的极限，先采用等价无穷小量代换，再使用洛必达法则.

因 $\sqrt[n]{1+x}-1\sim\dfrac{x}{n}$ $(x\to 0)$，故有 $\sqrt{1+x^3}-1\sim\dfrac{x^3}{2}$ $(x\to 0)$.

因 $1-\cos x\sim\dfrac{1}{2}x^2$ $(x\to 0)$，故有

$1-\cos\sqrt{x-\sin x}\sim\dfrac{1}{2}(\sqrt{x-\sin x})^2$ $(x\to 0)$

所以 $\quad \lim\limits_{x\to 0} \dfrac{\sqrt{1+x^3}-1}{1-\cos\sqrt{x-\sin x}}=\lim\limits_{x\to 0}\dfrac{\dfrac{1}{2}x^3}{\dfrac{1}{2}(x-\sin x)}\overset{\frac{0}{0}}{=\!=\!=}\lim\limits_{x\to 0}\dfrac{3x^2}{1-\cos x}$

$$\overset{\frac{0}{0}}{=\!=\!=}\lim\limits_{x\to 0}\dfrac{6x}{\sin x}=6$$

(2) $\lim\limits_{x\to 0} \dfrac{\sqrt{1+\tan x}-\sqrt{1+\sin x}}{x\ln(1+x)-x^2}$

这是一个"$\dfrac{0}{0}$"型未定式的极限，先将分子有理化，再把能用其他方法求出极限的部分以实值代入，然后使用洛必达法则.

$\qquad\lim\limits_{x\to 0} \dfrac{\sqrt{1+\tan x}-\sqrt{1+\sin x}}{x\ln(1+x)-x^2}$

$=\lim\limits_{x\to 0}\dfrac{\tan x-\sin x}{x[\ln(1+x)-x]}\cdot\dfrac{1}{\sqrt{1+\tan x}+\sqrt{1+\sin x}}$

$=\lim\limits_{x\to 0}\dfrac{1}{\sqrt{1+\tan x}+\sqrt{1+\sin x}}\cdot\lim\limits_{x\to 0}\left(\dfrac{\sin x}{x}\cdot\dfrac{1}{\cos x}\right)\cdot\lim\limits_{x\to 0}\dfrac{1-\cos x}{\ln(1+x)-x}$

$=\dfrac{1}{2}\lim\limits_{x\to 0}\dfrac{1-\cos x}{\ln(1+x)-x}$

$\overset{\frac{0}{0}}{=\!=\!=}\dfrac{1}{2}\lim\limits_{x\to 0}\dfrac{\sin x}{\dfrac{1}{1+x}-1}=\dfrac{1}{2}\lim\limits_{x\to 0}\dfrac{\sin x}{\dfrac{-x}{1+x}}$

$=-\dfrac{1}{2}\lim\limits_{x\to 0}(1+x)\cdot\lim\limits_{x\to 0}\dfrac{\sin x}{x}=-\dfrac{1}{2}$

注释: 把可以用其他方法求出极限的部分分离出来，以实值代入，以简化运算.

11. 设函数 $f(x)=\begin{cases}\dfrac{\ln(1+kx)}{x}, & x\neq 0 \\ -1, & x=0\end{cases}$，若 $f(x)$ 在点 $x=0$ 处可导，求 k 与 $f'(0)$ 的值.

解： $f(x)$ 在点 $x=0$ 处可导，则必连续，故有

$$\lim_{x\to0}f(x)=\lim_{x\to0}\frac{\ln(1+kx)}{x}\xlongequal{\frac{0}{0}}\lim_{x\to0}\frac{k}{1+kx}=k=f(0)=-1$$

所以可得 $k=-1$.

$$f'(0)=\lim_{x\to0}\frac{f(x)-f(0)}{x}=\lim_{x\to0}\frac{\dfrac{\ln(1-x)}{x}+1}{x}$$

$$=\lim_{x\to0}\frac{\ln(1-x)+x}{x^2}\xlongequal{\frac{0}{0}}\lim_{x\to0}\frac{-\dfrac{1}{1-x}+1}{2x}$$

$$=\lim_{x\to0}\frac{-x}{2x(1-x)}=\lim_{x\to0}\frac{-1}{2(1-x)}=-\frac{1}{2}$$

所以 $f'(0)=-\dfrac{1}{2}$.

12. 设函数 $f(x)=\begin{cases}\dfrac{1-\cos x}{x^2}, & x>0\\[2mm] k, & x=0\\[2mm] \dfrac{1}{x}-\dfrac{1}{e^x-1}, & x<0\end{cases}$，当 k 为何值时，$f(x)$ 在点 $x=0$ 处连续？

解： $\lim_{x\to0^+}f(x)=\lim_{x\to0^+}\dfrac{1-\cos x}{x^2}\xlongequal{\frac{0}{0}}\lim_{x\to0^+}\dfrac{\sin x}{2x}=\dfrac{1}{2}$

$$\lim_{x\to0^-}f(x)=\lim_{x\to0^-}\left(\frac{1}{x}-\frac{1}{e^x-1}\right)\xlongequal{\infty-\infty}\lim_{x\to0^-}\frac{e^x-1-x}{x(e^x-1)}$$

$$\xlongequal{\frac{0}{0}}\lim_{x\to0^-}\frac{e^x-1}{e^x-1+xe^x}\xlongequal{\frac{0}{0}}\lim_{x\to0^-}\frac{e^x}{e^x+e^x+xe^x}=\frac{1}{2}$$

若 $f(x)$ 在点 $x=0$ 处连续，则有 $\lim_{x\to0^-}f(x)=\lim_{x\to0^+}f(x)=f(0)$，即 $k=\dfrac{1}{2}$. 于是可得，

当 $k=\dfrac{1}{2}$ 时，$f(x)$ 在点 $x=0$ 处连续.

13. 设 $f(x)=\begin{cases}e^{-\frac{1}{x^2}}, & x\neq0\\[2mm] 0, & x=0\end{cases}$，证明 $f'(x)$ 在点 $x=0$ 处连续.

证： $f'(0)=\lim_{x\to0}\dfrac{f(x)-f(0)}{x}=\lim_{x\to0}\dfrac{e^{-\frac{1}{x^2}}-0}{x}$

$$=\lim_{x\to0}\frac{\dfrac{1}{x}}{e^{\frac{1}{x^2}}}\xlongequal{\frac{\infty}{\infty}}\lim_{x\to0}\frac{-\dfrac{1}{x^2}}{-\dfrac{2}{x^3}e^{\frac{1}{x^2}}}$$

$$=\lim_{x\to0}\frac{x}{2e^{\frac{1}{x^2}}}=0$$

所以 $f'(x) = \begin{cases} \dfrac{2}{x^3}e^{-\frac{1}{x^2}}, & x \neq 0 \\[3mm] 0, & x = 0 \end{cases}$

$$\lim_{x\to 0}f'(x) = \lim_{x\to 0}\left(\frac{2}{x^3}e^{-\frac{1}{x^2}}\right) \xlongequal{0\cdot\infty} \lim_{x\to 0}\frac{\frac{2}{x^3}}{e^{\frac{1}{x^2}}} \xlongequal{\frac{\infty}{\infty}} \lim_{x\to 0}\frac{\frac{-6}{x^4}}{-\frac{2}{x^3}e^{\frac{1}{x^2}}}$$

$$= \lim_{x\to 0}\frac{\frac{3}{x}}{e^{\frac{1}{x^2}}} \xlongequal{\frac{\infty}{\infty}} \lim_{x\to 0}\frac{\frac{-3}{x^2}}{-\frac{2}{x^3}e^{\frac{1}{x^2}}} = \lim_{x\to 0}\frac{3x}{2e^{\frac{1}{x^2}}} = 0$$

$$\lim_{x\to 0}f'(x) = 0 = f'(0)$$

所以 $f'(x)$ 在点 $x=0$ 处连续.

14. 求下列函数的单调增减区间:

(1) $y = 3x^2 + 6x + 5$　　　　(2) $y = x^3 + x$

(3) $y = x^4 - 2x^2 + 2$　　　　(4) $y = x - e^x$

(5) $y = \dfrac{x^2}{1+x}$　　　　　　(6) $y = 2x^2 - \ln x$

解: (1) $y = 3x^2 + 6x + 5$

$\qquad y' = 6x + 6 = 6(x+1)$

令 $y' = 0$, 得 $x = -1$.

当 $x \in (-\infty, -1)$ 时, $y' < 0$; 当 $x \in (-1, +\infty)$ 时, $y' > 0$.

所以在 $(-\infty, -1)$ 内函数单调减少; $(-1, +\infty)$ 内函数单调增加.

(2) $y = x^3 + x$

$\qquad y' = 3x^2 + 1$

对任意 $x \in (-\infty, +\infty)$, $y' > 0$, 所以在 $(-\infty, +\infty)$ 内函数单调增加.

(3) $y = x^4 - 2x^2 + 2$

$\qquad y' = 4x^3 - 4x = 4x(x^2 - 1)$

令 $y' = 0$, 得 $x = 0$, $x = \pm 1$.

$\qquad x \in (-\infty, -1)$, $y' < 0$; $x \in (-1, 0)$, $y' > 0$

$\qquad x \in (0, 1)$, $y' < 0$; $x \in (1, +\infty)$, $y' > 0$

所以在 $(-\infty, -1)$ 内及 $(0, 1)$ 内函数单调减少; 在 $(-1, 0)$ 内及 $(1, +\infty)$ 内函数单调增加.

(4) $y = x - e^x$

$\qquad y' = 1 - e^x$

令 $y' = 0$, 得 $x = 0$.

$\qquad x \in (-\infty, 0)$, $y' > 0$; $x \in (0, +\infty)$, $y' < 0$

所以在 $(-\infty, 0)$ 内函数单调增加; 在 $(0, +\infty)$ 内函数单调减少.

(5) $y = \dfrac{x^2}{1+x}$

$$y' = \frac{2x(1+x)-x^2}{(1+x)^2} = \frac{2x+x^2}{(1+x)^2}$$

令 $y'=0$，得 $x=0$，$x=-2$．依题意可知 $x \neq -1$，则

$$x \in (-\infty, -2),\ y' > 0$$
$$x \in (-2, -1) \bigcup (-1, 0),\ y' < 0$$
$$x \in (0, +\infty),\ y' > 0$$

所以在 $(-\infty, -2)$ 内及 $(0, +\infty)$ 内函数单调增加；在 $(-2, -1) \bigcup (-1, 0)$ 内函数单调减少．

(6) $y = 2x^2 - \ln x$

依题意可知 $x > 0$

$$y' = 4x - \frac{1}{x} = \frac{4x^2 - 1}{x}$$

令 $y'=0$，得 $x = \pm\frac{1}{2}$．$x = -\frac{1}{2}$ 不在定义域内，舍去．

$$x \in \left(0, \frac{1}{2}\right),\ y' < 0;\ x \in \left(\frac{1}{2}, +\infty\right),\ y' > 0$$

所以在 $\left(0, \frac{1}{2}\right)$ 内函数单调减少；在 $\left(\frac{1}{2}, +\infty\right)$ 内函数单调增加．

注释：函数的驻点、不可导点、间断点都有可能是单调区间的分界点．

15. 若 $0 < x_1 < x_2 < 2$，证明：

$$\frac{e^{x_1}}{x_1^2} > \frac{e^{x_2}}{x_2^2}$$

证：设 $f(x) = \frac{e^x}{x^2}$，$x \in (0, 2)$

$$f'(x) = \frac{x^2 e^x - 2x e^x}{x^4} = \frac{x e^x(x-2)}{x^4} < 0$$

所以 $f(x)$ 单调减少．根据题设 $0 < x_1 < x_2 < 2$，所以有

$$f(x_1) > f(x_2)$$

即　　$\dfrac{e^{x_1}}{x_1^2} > \dfrac{e^{x_2}}{x_2^2}$

16. 证明函数 $y = x - \ln(1+x^2)$ 单调增加．

证：函数定义域为 $(-\infty, +\infty)$．

$$y' = 1 - \frac{2x}{1+x^2} = \frac{(x-1)^2}{1+x^2} \geqslant 0$$

等号只在 $x=1$ 时成立，所以函数 $y = x - \ln(1+x^2)$ 在其定义域内单调增加．

17. 证明函数 $y = \sin x - x$ 单调减少．

证：函数定义域为 $(-\infty, +\infty)$．

$$y' = \cos x - 1 \leqslant 0$$

等号只在孤立点 $x = 2n\pi\ (n = 0, \pm1, \pm2, \cdots)$ 处成立，所以函数 $y = \sin x - x$ 在其定义域内单调减少．

18. 求下列函数的极值：

(1) $y = x^3 - 3x^2 + 7$ (2) $y = \dfrac{2x}{1+x^2}$

(3) $y = \sqrt{2+x-x^2}$ (4) $y = x^2 \mathrm{e}^{-x}$

(5) $y = (x+1)^{\frac{2}{3}}(x-5)^2$ (6) $y = 3 - \sqrt[3]{(x-2)^2}$

(7) $y = (x-1)\sqrt[3]{x^2}$ (8) $y = \dfrac{x^3}{(x-1)^2}$

解：(1) $y = x^3 - 3x^2 + 7$

$\qquad y' = 3x^2 - 6x$

令 $y' = 0$，得 $x = 0$，$x = 2$.

列表如下（见表 4—1）：

表 4—1

x	$(-\infty, 0)$	0	$(0, 2)$	2	$(2, +\infty)$
y'	$+$	0	$-$	0	$+$
y	↗	7 极大值	↘	3 极小值	↗

所以函数在点 $x = 0$ 处取得极大值 7；在点 $x = 2$ 处取得极小值 3.

(2) $y = \dfrac{2x}{1+x^2}$

$\qquad y' = \dfrac{2(1+x^2)-4x^2}{(1+x^2)^2} = \dfrac{2-2x^2}{(1+x^2)^2}$

令 $y' = 0$，得 $x = \pm 1$.

列表如下（见表 4—2）：

表 4—2

x	$(-\infty, -1)$	-1	$(-1, 1)$	1	$(1, +\infty)$
y'	$-$	0	$+$	0	$-$
y	↘	-1 极小值	↗	1 极大值	↘

所以函数在点 $x = -1$ 处取得极小值 -1，在点 $x = 1$ 处取得极大值 1.

(3) $y = \sqrt{2+x-x^2}$

$\qquad y' = \dfrac{1-2x}{2\sqrt{2+x-x^2}}$

令 $y' = 0$，得 $x = \dfrac{1}{2}$.

函数定义域为 $[-1, 2]$.

列表如下(见表 4—3):

表 4—3

x	$\left[-1, \dfrac{1}{2}\right)$	$\dfrac{1}{2}$	$\left(\dfrac{1}{2}, 2\right]$
y'	$+$	0	$-$
y	↗	$\dfrac{3}{2}$ 极大值	↘

所以函数在点 $x = \dfrac{1}{2}$ 处取得极大值 $\dfrac{3}{2}$.

(4) $y = x^2 e^{-x}$

$$y' = 2xe^{-x} - x^2 e^{-x} = x(2-x)e^{-x}$$

令 $y' = 0$,得 $x = 0$,$x = 2$.

列表如下(见表 4—4):

表 4—4

x	$(-\infty, 0)$	0	$(0, 2)$	2	$(2, +\infty)$
y'	$-$	0	$+$	0	$-$
y	↘	0 极小值	↗	$\dfrac{4}{e^2}$ 极大值	↘

所以函数在点 $x = 0$ 处取得极小值 0;在点 $x = 2$ 处取得极大值 $\dfrac{4}{e^2}$.

(5) $y = (x+1)^{\frac{2}{3}}(x-5)^2$

$$y' = \frac{2}{3}(x+1)^{-\frac{1}{3}}(x-5)^2 + 2(x-5)(x+1)^{\frac{2}{3}}$$

$$= \frac{2(x-5)(x-5+3x+3)}{3(x+1)^{\frac{1}{3}}}$$

$$= \frac{4(x-5)(2x-1)}{3(x+1)^{\frac{1}{3}}}$$

令 $y' = 0$,得 $x = 5$,$x = \dfrac{1}{2}$;令 $\dfrac{1}{y'} = 0$,得 $x = -1$.

在点 $x = -1$ 处函数不可导,但函数连续,而且导数经过点 $x = -1$ 时改变符号,所以 $x = -1$ 是极值点.

列表如下(见表 4—5):

表 4—5

x	$(-\infty,-1)$	-1	$\left(-1,\dfrac{1}{2}\right)$	$\dfrac{1}{2}$	$\left(\dfrac{1}{2},5\right)$	5	$(5,+\infty)$
y'	$-$	∞	$+$	0	$-$	0	$+$
y	$\searrow$	0 极小值	$\nearrow$	$\dfrac{81}{8}\sqrt[3]{18}$ 极大值	$\searrow$	0 极小值	$\nearrow$

所以函数在点 $x=-1$ 处取得极小值 0；在点 $x=\dfrac{1}{2}$ 处取得极大值 $\dfrac{81}{8}\sqrt[3]{18}$；在点 $x=5$ 处取得极小值 0.

(6) $y=3-\sqrt[3]{(x-2)^2}$

$$y'=-\frac{2}{3}(x-2)^{-\frac{1}{3}}=-\frac{2}{3\sqrt[3]{x-2}}$$

$y'\neq0$；令 $\dfrac{1}{y'}=0$，得 $x=2$.

列表如下(见表 4—6)：

表 4—6

x	$(-\infty,2)$	2	$(2,+\infty)$
y'	$+$	∞	$-$
y	$\nearrow$	3 极大值	$\searrow$

所以函数在点 $x=2$ 处取得极大值 3.

(7) $y=(x-1)\sqrt[3]{x^2}$

$$y'=\sqrt[3]{x^2}+\frac{2}{3}x^{-\frac{1}{3}}(x-1)=\frac{3x+2x-2}{3\sqrt[3]{x}}=\frac{5x-2}{3\sqrt[3]{x}}$$

令 $y'=0$，得 $x=\dfrac{2}{5}$；令 $\dfrac{1}{y'}=0$，得 $x=0$.

列表如下(见表 4—7)：

表 4—7

x	$(-\infty,0)$	0	$\left(0,\dfrac{2}{5}\right)$	$\dfrac{2}{5}$	$\left(\dfrac{2}{5},+\infty\right)$
y'	$+$	∞	$-$	0	$+$
y	$\nearrow$	0 极大值	$\searrow$	$-\dfrac{3}{25}\sqrt[3]{20}$ 极小值	$\nearrow$

所以函数在点 $x=0$ 处取得极大值 0；在点 $x=\dfrac{2}{5}$ 处取得极小值 $-\dfrac{3}{25}\sqrt[3]{20}$.

(8) $y = \dfrac{x^3}{(x-1)^2}$

$$y' = \frac{3x^2(x-1)^2 - 2(x-1)x^3}{(x-1)^4}$$

$$= \frac{x^3 - 3x^2}{(x-1)^3} = \frac{x^2(x-3)}{(x-1)^3}$$

令 $y' = 0$，得 $x = 0$，$x = 3$；令 $\dfrac{1}{y'} = 0$，得 $x = 1$.

列表如下（见表 4—8，由于 $x = 0$ 不改变 y' 的符号，不必将其列在表中讨论）：

表 4—8

x	$(-\infty, 1)$	1	$(1, 3)$	3	$(3, +\infty)$
y'	$+$	∞	$-$	0	$+$
y	↗	间断点	↘	$\dfrac{27}{4}$ 极小值	↗

所以函数在点 $x = 3$ 处取得极小值 $\dfrac{27}{4}$.

注释： 函数 $f(x)$ 在点 $x = x_0$ 处取得极值：

（ⅰ）必要条件：$f'(x_0) = 0$ 或 $f'(x_0)$ 不存在.

（ⅱ）充分条件（Ⅰ）：设点 $x = x_0$ 是 $f(x)$ 的驻点或不可导的连续点，且 $f(x)$ 在 x_0 的某空心邻域内可导. 若当 x 逐渐从小到大经过 x_0 时，$f'(x)$ 的符号由正（负）变负（正），则 $f(x_0)$ 是 $f(x)$ 的极大（小）值.

充分条件（Ⅱ）：$f'(x_0) = 0$ 且 $f''(x) \neq 0$，若 $f''(x_0) < 0 (f''(x) > 0)$，则 $f(x_0)$ 为 $f(x)$ 的极大（小）值.

（ⅲ）$f(x)$ 在驻点处取得极值，该点导数等于 0，因此切线平行于 x 轴，函数图形在该点为"光滑点". 在函数连续但导数不存在的点，如 $\dfrac{1}{f'(x_0)} = 0$，切线垂直于 x 轴；如果 $f'_-(x_0) \neq f'_+(x_0)$，切线不存在，函数图形在这些点处为"尖点"，如图 4—1 所示.

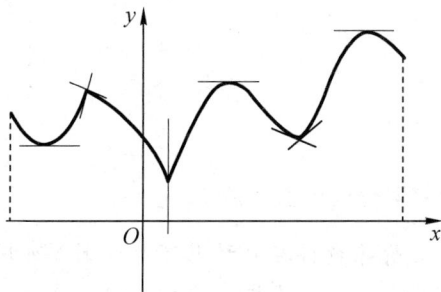

图 4—1

19. 利用二阶导数，判断下列函数的极值：

(1) $y = x^3 - 3x^2 - 9x - 5$ (2) $y = (x-3)^2(x-2)$

(3) $y = 2x - \ln(4x)^2$ (4) $y = 2\mathrm{e}^x + \mathrm{e}^{-x}$

解: (1) $y = x^3 - 3x^2 - 9x - 5$

$y' = 3x^2 - 6x - 9 = 3(x^2 - 2x - 3) = 3(x+1)(x-3)$

$y'' = 6x - 6$

令 $y' = 0$, 得 $x = -1$, $x = 3$.

$$y''\Big|_{x=-1} = -12 < 0, \quad y''\Big|_{x=3} = 12 > 0$$

所以在点 $x = -1$ 处函数取得极大值 0; 在点 $x = 3$ 处函数取得极小值 -32.

(2) $y = (x-3)^2(x-2)$

$y' = 2(x-3)(x-2) + (x-3)^2 = (x-3)(3x-7)$

$y'' = 3x - 7 + 3(x-3) = 6x - 16 = 2(3x-8)$

令 $y' = 0$, 得 $x = 3$, $x = \dfrac{7}{3}$.

$$y''\Big|_{x=3} = 2 > 0, \quad y'\Big|_{x=\frac{7}{3}} = -2 < 0$$

所以在点 $x = 3$ 处函数取得极小值 0, 在点 $x = \dfrac{7}{3}$ 处函数取得极大值 $\dfrac{4}{27}$.

(3) $y = 2x - \ln(4x)^2$

$y' = 2 - \dfrac{2}{x} = \dfrac{2(x-1)}{x}$

$y'' = \dfrac{2}{x^2}$

令 $y' = 0$, 得 $x = 1$.

$$y''\Big|_{x=1} = 2 > 0$$

所以在点 $x = 1$ 处函数取得极小值 $2 - 4\ln 2$.

(4) $y = 2\mathrm{e}^x + \mathrm{e}^{-x}$

$y' = 2\mathrm{e}^x - \mathrm{e}^{-x} = \mathrm{e}^{-x}(2\mathrm{e}^{2x} - 1)$

$y'' = 2\mathrm{e}^x + \mathrm{e}^{-x}$

令 $y' = 0$, 得 $x = -\dfrac{1}{2}\ln 2$.

$$y''\Big|_{x=-\frac{1}{2}\ln 2} = 2\sqrt{2} > 0$$

所以在点 $x = -\dfrac{1}{2}\ln 2$ 处函数取得极小值 $2\sqrt{2}$.

注释: 当函数在驻点处二阶导数存在且计算不麻烦时, 可用二阶导数判别极值, 即若 $f'(x_0) = 0$, 当 $f''(x_0) > 0$ 时, $f(x_0)$ 为极小值; 当 $f''(x_0) < 0$ 时, $f(x_0)$ 为极大值.

当 $f''(x_0) = 0$ 时, 须用其他方法判别.

20. 求下列函数在给定区间上的最大值与最小值:

(1) $y = x^4 - 2x^2 + 5$ $[-2, 2]$

(2) $y = \ln(x^2 + 1)$ $\qquad$ $[-1, 2]$

(3) $y = \dfrac{x^2}{1+x}$ $\qquad$ $\left[-\dfrac{1}{2}, 1\right]$

(4) $y = x + \sqrt{x}$ $\qquad$ $[0, 4]$

解：(1) $y = y(x) = x^4 - 2x^2 + 5$

$\qquad y' = 4x^3 - 4x = 4x(x^2 - 1)$

令 $y' = 0$，得驻点 $x = 0$，$x = \pm 1$.

讨论给定区间端点与驻点的函数值：

$\qquad y(-2) = 13$，$y(-1) = 4$，$y(0) = 5$，$y(1) = 4$，$y(2) = 13$

比较以上各函数值可知：

当 $x = \pm 2$ 时函数取得最大值 13；当 $x = \pm 1$ 时函数取得最小值 4.

(2) $y = y(x) = \ln(x^2 + 1)$

$\qquad y' = \dfrac{2x}{x^2 + 1}$

令 $y' = 0$，得驻点 $x = 0$.

计算给定区间端点与驻点的函数值：

$\qquad y(-1) = \ln 2$，$y(0) = 0$，$y(2) = \ln 5$

比较以上各函数值可知：

当 $x = 2$ 时函数取得最大值 $\ln 5$；当 $x = 0$ 时函数取得最小值 0.

(3) $y = y(x) = \dfrac{x^2}{1+x}$

$\qquad y' = \dfrac{2x(1+x) - x^2}{(1+x)^2} = \dfrac{x(2+x)}{(1+x)^2}$

令 $y' = 0$，得驻点 $x = 0$，$x = -2$（在题目给定范围之外，舍去）.

计算给定区间端点与驻点的函数值：

$\qquad y\left(-\dfrac{1}{2}\right) = \dfrac{1}{2}$，$y(0) = 0$，$y(1) = \dfrac{1}{2}$

比较以上各函数值可知：

当 $x = -\dfrac{1}{2}$ 及 $x = 1$ 时函数取得最大值 $\dfrac{1}{2}$；当 $x = 0$ 时函数取得最小值 0.

(4) $y = y(x) = x + \sqrt{x}$

$\qquad y' = 1 + \dfrac{1}{2\sqrt{x}} > 0$

函数在 $[0, 4]$ 内单调增加.

计算给定区间端点的函数值：

$\qquad y(0) = 0$，$y(4) = 6$

所以当 $x = 0$ 时函数取得最小值 0；当 $x = 4$ 时函数取得最大值 6.

注释：闭区间上的最大值与最小值可由函数的驻点、不可导的连续点及区间端点的函数值相比较得出. 闭区间上的单调函数的最大值与最小值在区间端点处取得. 某区间内的可导函数,若在该区间内仅有唯一极值,则该极大(小)值即最大(小)值.

21. 已知函数 $f(x) = ax^3 - 6ax^2 + b(a > 0)$,在区间 $[-1, 2]$ 上的最大值为 3,最小值为 -29,求 a, b 的值.

解: $f'(x) = 3ax^2 - 12ax$

令 $f'(x) = 0$,得驻点 $x = 0, x = 4$(在给定区间之外,舍去).

$$f(-1) = -7a + b, \quad f(0) = b, \quad f(2) = -16a + b$$

因题设 $a > 0$,那么有 $f(0) > f(-1) > f(2)$,所以 $f(0) = b$ 为最大值,$f(2) = -16a + b$ 为最小值.

根据题意可得 $b = 3, -16a + 3 = -29, a = 2$.

于是得出 $a = 2, b = 3$.

22. 欲做一个底为正方形,容积为 108 m^3 的长方体开口容器,怎样做所用材料最省?

解: 设底面正方形的边长为 x,则高

$$h = \frac{108}{x^2}$$

设容器的表面积为 A,则

$$A = x^2 + 4x \cdot \frac{108}{x^2} = x^2 + \frac{432}{x}$$

$$A' = 2x - \frac{432}{x^2}$$

令 $A' = 0$,得 $x = 6, h = 3$,极值唯一. 根据问题的实际意义,此时 A 取得最小值.

所以做一个以 6 m 为底面边长、3 m 为高的长方体容器所用材料最省.

23. 欲用围墙围成面积为 216 m^2 的一块矩形土地,并在正中用一堵墙将其隔成两块,问这块土地的长和宽选取多大的尺寸,才能使所用建筑材料最省?

解: 设矩形土地的长为 x,则宽 $y = \frac{216}{x}$. 设围墙总长度为 l,则

$$l = 2x + 3y = 2x + 3 \times \frac{216}{x}$$

$$l' = 2 - \frac{3 \times 216}{x^2} = \frac{2x^2 - 648}{x^2}$$

令 $l' = 0$,得 $2x^2 = 648, x = 18, y = 12$,极值唯一. 根据实际意义,此时 l 取得最小值.

所以矩形土地的长为 18 m、宽为 12 m 时所使用的建筑材料最省.

24. 欲做一个容积为 300 m^3 的无盖圆柱形蓄水池,已知池底单位造价为周围单位造价的两倍,问蓄水池的尺寸应怎样设计才能使总造价最低?

解: 设蓄水池的底圆半径为 r,高为 h,则 $h = \frac{300}{\pi r^2}$. 设周围单位造价为 a,总造价为 p,则

$$p = \pi r^2 2a + 2\pi r \times \frac{300}{\pi r^2} \cdot a = 2a\pi r^2 + 2a \times \frac{300}{r}$$

$$p' = 4a\pi r - \frac{600a}{r^2}$$

令 $p' = 0$,得 $r = \sqrt[3]{\frac{150}{\pi}}, h = 2r$,极值唯一. 根据实际意义,此时 p 取得最小值.

所以当蓄水池底圆半径为 $\sqrt[3]{\dfrac{150}{\pi}}$ m、高等于底圆直径时总造价最低.

25. 一工厂 A 与铁路的垂直距离为 a 千米, 它的垂足 B 到火车站 C 的铁路长度为 b 千米, 工厂的产品必须经火车站 C 才能转销外地, 现已知汽车运费为 m 元/(吨·千米), 火车运费为 n 元/(吨·千米)$(m>n)$. 为使运费最省, 准备在铁路上的 B、C 之间另修一小站 M 作为转运站, 问转运站应修在离火车站 C 多少千米处, 才能使运费最省?

解: 设 M 与 C 之间的距离为 x 千米, 如图 4—2 所示, 则 $AM = \sqrt{a^2 + (b-x)^2}$.

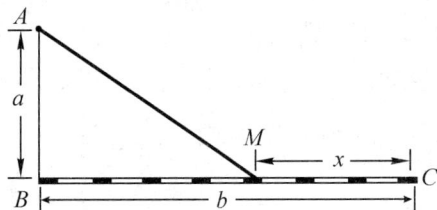

图 4—2

设从 A 经过 M 到 C 的总运费为 y, 则

$$y = m\sqrt{a^2 + (b-x)^2} + nx$$

$$y' = n - \frac{m(b-x)}{\sqrt{a^2 + (b-x)^2}}$$

令 $y' = 0$, 得 $x = b \pm \dfrac{na}{\sqrt{m^2 - n^2}}$. 因 $x < b$, 故 $x = b - \dfrac{na}{\sqrt{m^2 - n^2}}$, 舍去 $b + \dfrac{na}{\sqrt{m^2 - n^2}}$, 极值唯一. 根据实际意义, 此时 y 取得最小值.

所以转运站 M 建在距火车站 $C\left(b - \dfrac{na}{\sqrt{m^2 - n^2}}\right)$ 千米处时总运费最低.

26. 在一条公路的一侧有某单位的 A、B 两个加工点, A 到公路的距离 AC 为 $1\,\mathrm{km}$, B 到公路的距离 BD 为 $1.5\,\mathrm{km}$, CD 长为 $3\,\mathrm{km}$ (如图 4—3 所示). 该单位欲在公路旁边修建一个堆货场 M, 并从 A、B 两个点各修一条直线道路通往堆货场 M, 欲使 A 和 B 到 M 的道路总长最短, 堆货场 M 应修在何处?

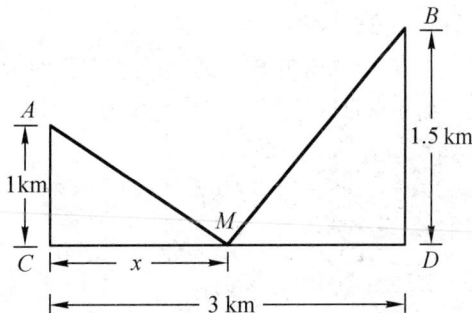

图 4—3

解：设 CM 为 x km，设从 A 和 B 到 M 的道路总长为 y，则

$$y = \sqrt{1+x^2} + \sqrt{1.5^2 + (3-x)^2}$$

$$y' = \frac{x}{\sqrt{1+x^2}} - \frac{3-x}{\sqrt{1.5^2+(3-x)^2}}$$

令 $y'=0$，得 $x=1.2$. 根据实际意义舍去负值，极值唯一，此时 y 取得最小值.

所以堆货场 M 建在 C 与 D 之间距离 C 点 1.2 km 处，从 A 和 B 到 M 的道路总长最短.

27. 用汽船拖载重相等的小船若干只，在两港之间来回运送货物. 已知每次拖 4 只小船，一日能来回 16 次，每次拖 7 只，则一日能来回 10 次. 如果小船增多的只数与来回减少的次数成正比，问每日来回多少次，每次拖多少只小船能使运货总量达到最大?

解：设每次拖 x 只小船，一日来回 y 次，则有 $\dfrac{7-4}{10-16} = \dfrac{x-4}{y-16}$，即

$$y = 24 - 2x$$

设一日的运货总量为 p，则

$$p = yx = (24-2x)x = 24x - 2x^2$$

$$p' = 24 - 4x$$

令 $p'=0$，得 $x=6$，$y=12$，极值唯一. 根据实际意义，此时 p 取得最大值.

所以当每次拖 6 只小船，每日来回 12 次时，运货总量最大.

28. 甲船以 20 km/h 的速度向东行驶，同一时间乙船在甲船正北 82 km 处以 16 km/h 的速度向南行驶，问经过多长时间两船距离最近?

解：设所经过的时间为 t，两船间的距离为 S，如图 4—4 所示，则

$$S = \sqrt{(82-16t)^2 + (20t)^2}$$

$$S' = \frac{-(82-16t)\times16 + (20t)\times20}{\sqrt{(82-16t)^2+(20t)^2}}$$

$$= \frac{656t - 1\,312}{\sqrt{(82t-16t)^2+(20t)^2}}$$

令 $S'=0$，得 $t=2$，极值唯一. 根据实际意义，此时 S 取得最小值.

所以经过 2 小时后，两船距离最近.

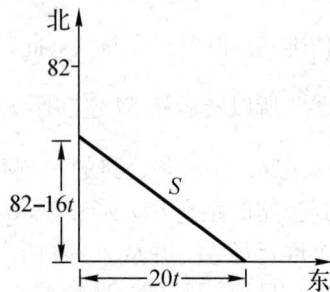

图 4—4

29. 对物体的长度进行了 n 次测量，得 n 个数 $x_1, x_2, \cdots, x_n$，现在要确定一个量 x，使得它与测得的数值之差的平方和为最小，x 应是多少?

解：设所要确定的量 x 与测得的数值之差的平方和为 y，则

$$y = (x-x_1)^2 + (x-x_2)^2 + \cdots + (x-x_n)^2$$

$$y' = 2(x-x_1) + 2(x-x_2) + \cdots + 2(x-x_n)$$

$$= 2[nx - (x_1+x_2+\cdots+x_n)]$$

令 $y'=0$，得 $x = \dfrac{x_1+x_2+\cdots+x_n}{n} = \dfrac{1}{n}\sum_{i=1}^{n} x_i$.

当 $x < \dfrac{1}{n}\sum_{i=1}^{n} x_i$ 时，$y'<0$；当 $x > \dfrac{1}{n}\sum_{i=1}^{n} x_i$ 时，$y'>0$.

因此，$x = \dfrac{1}{n} \displaystyle\sum_{i=1}^{n} x_i$ 时，y 取得极小值，极值唯一，且极小值即最小值.

所以 $x = \dfrac{1}{n} \displaystyle\sum_{i=1}^{n} x_i$ 与测得的数值之差的平方和最小.

30. 某厂生产某种商品，其年销售量为 100 万件，每批生产需增加准备费1 000 元，而每件的库存费为 0.05 元. 如果年销售率是均匀的，且上批销售完后，立即再生产下一批（此时商品库存数为批量的一半），问应分几批生产，能使生产准备费及库存费之和最少？

解：设 100 万件分 x 批生产，生产准备费及库存费之和为 y，则

$$y = 1\,000x + \frac{1\,000\,000}{2x} \times 0.05$$

$$= 1\,000x + \frac{25\,000}{x}$$

$$y' = 1\,000 - \frac{25\,000}{x^2} = \frac{1\,000(x^2 - 25)}{x^2}$$

令 $y' = 0$，得 $x = \pm 5$. 根据实际意义，舍去负值，此时 y 取得最小值.

所以分 5 批生产，能使生产准备费及库存费之和最少.

31. 某商店每年销售某种商品 a 件，每次购进的手续费为 b 元，而每件的库存费为 c 元／年. 若该商品均匀销售，且上批销完立即进下一批货，问商店应分几批购进此种商品，能使所用的手续费及库存费总和最少？

解：设分 x 批进货，手续费及库存费总和为 y，则

$$y = bx + \frac{a}{2x} \times c$$

$$y' = b - \frac{ac}{2x^2} = \frac{2bx^2 - ac}{2x^2}$$

令 $y' = 0$，得 $x = \pm\sqrt{\dfrac{ac}{2b}}$. 根据实际意义，舍去负值，极值唯一. 此时 y 取得最小值.

所以每年进货 $\sqrt{\dfrac{ac}{2b}}$ 批，手续费及库存费总和最少.

32. 确定下列曲线的凹向与拐点：

(1) $y = x^2 - x^3$　　　　(2) $y = 3x^5 - 5x^3$

(3) $y = \ln(1 + x^2)$　　　(4) $y = \dfrac{2x}{1 + x^2}$

(5) $y = x\mathrm{e}^x$　　　　　(6) $y = \mathrm{e}^{-x}$

(7) $y = x^{\frac{1}{3}}$

解：(1) $y = x^2 - x^3$

$$y' = 2x - 3x^2, \quad y'' = 2 - 6x$$

令 $y'' = 0$，得 $x = \dfrac{1}{3}$.

结果列表如下（见表 4—9）：

表 4—9

x	$\left(-\infty, \dfrac{1}{3}\right)$	$\dfrac{1}{3}$	$\left(\dfrac{1}{3}, +\infty\right)$
y''	$+$	0	$-$
y	$\cup$	$\dfrac{2}{27}$ 拐点	$\cap$

(2) $y = 3x^5 - 5x^3$

$\qquad y' = 15x^4 - 15x^2$

$\qquad y'' = 60x^3 - 30x = 30x(2x^2 - 1)$

令 $y'' = 0$, 得 $x = \pm\dfrac{\sqrt{2}}{2}$, $x = 0$.

结果列表如下(见表 4—10):

表 4—10

x	$\left(-\infty, -\dfrac{\sqrt{2}}{2}\right)$	$-\dfrac{\sqrt{2}}{2}$	$\left(-\dfrac{\sqrt{2}}{2}, 0\right)$	0	$\left(0, \dfrac{\sqrt{2}}{2}\right)$	$\dfrac{\sqrt{2}}{2}$	$\left(\dfrac{\sqrt{2}}{2}, +\infty\right)$
y''	$-$	0	$+$	0	$-$	0	$+$
y	$\cap$	$\dfrac{7}{8}\sqrt{2}$ 拐点	$\cup$	0 拐点	$\cap$	$-\dfrac{7}{8}\sqrt{2}$ 拐点	$\cup$

(3) $y = \ln(1 + x^2)$

$\qquad y' = \dfrac{2x}{1 + x^2}$

$\qquad y'' = \dfrac{2(1 + x^2) - 4x^2}{(1 + x^2)^2} = \dfrac{2 - 2x^2}{(1 + x^2)^2}$

令 $y'' = 0$, 得 $x = \pm 1$.

结果列表如下(见表 4—11):

表 4—11

x	$(-\infty, -1)$	-1	$(-1, 1)$	1	$(1, +\infty)$
y''	$-$	0	$+$	0	$-$
y	$\cap$	$\ln 2$ 拐点	$\cup$	$\ln 2$ 拐点	$\cap$

(4) $y = \dfrac{2x}{1 + x^2}$

$\qquad y' = \dfrac{2(1 + x^2) - 4x^2}{(1 + x^2)^2} = \dfrac{2(1 - x^2)}{(1 + x^2)^2}$

$$y'' = \frac{-4x(1+x^2)^2 - 8x(1+x^2)(1-x^2)}{(1+x^2)^4}$$

$$= \frac{-4x - 4x^3 - 8x + 8x^3}{(1+x^2)^3}$$

$$= \frac{4x(x^2-3)}{(1+x^2)^3}$$

令 $y'' = 0$，得 $x = \pm\sqrt{3}$，$x = 0$.

结果列表如下（见表 4—12）：

表 4—12

x	$(-\infty, -\sqrt{3})$	$-\sqrt{3}$	$(-\sqrt{3}, 0)$	0	$(0, \sqrt{3})$	$\sqrt{3}$	$(\sqrt{3}, +\infty)$
y''	$-$	0	$+$	0	$-$	0	$+$
y	$\cap$	$-\dfrac{\sqrt{3}}{2}$ 拐点	$\cup$	0 拐点	$\cap$	$\dfrac{\sqrt{3}}{2}$ 拐点	$\cup$

(5) $y = x\mathrm{e}^x$

$$y' = \mathrm{e}^x + x\mathrm{e}^x$$
$$y'' = \mathrm{e}^x(x+2)$$

令 $y'' = 0$，得 $x = -2$.

结果列表如下（见表 4—13）：

表 4—13

x	$(-\infty, -2)$	-2	$(-2, +\infty)$
y''	$-$	0	$+$
y	$\cap$	$-\dfrac{2}{\mathrm{e}^2}$ 拐点	$\cup$

(6) $y = \mathrm{e}^{-x}$

$$y' = -\mathrm{e}^{-x}$$
$$y'' = \mathrm{e}^{-x} > 0$$

所以 $y = \mathrm{e}^{-x}$ 在 $(-\infty, +\infty)$ 内上凹，无拐点.

(7) $y = x^{\frac{1}{3}}$

$$y' = \frac{1}{3}x^{-\frac{2}{3}}$$

$$y'' = -\frac{2}{9}x^{-\frac{5}{3}} = -\frac{2}{9x\sqrt[3]{x^2}}$$

$y'' \neq 0$；令 $\dfrac{1}{y''} = 0$，得 $x = 0$.

结果列表如下（见表 4—14）：

表 4—14

x	$(-\infty, 0)$	0	$(0, +\infty)$
y''	$+$	∞	$-$
y	$\cup$	0 拐点	$\cap$

注释：$(x_0, f(x_0))$ 为 $f(x)$ 的拐点的充分条件是：$f''(x_0) = 0$；或 $f''(x_0)$ 不存在，$f(x)$ 在 x_0 处连续，$f''(x)$ 在 x_0 左右邻近处异号.

33. 若曲线 $y = ax^3 + bx^2 + cx + d$ 在点 $x = 0$ 处有极值 $y = 0$，点 $(1, 1)$ 为拐点，求 a, b, c, d 的值.

解：$y = ax^3 + bx^2 + cx + d$

$\qquad y' = 3ax^2 + 2bx + c$

$\qquad y'' = 6ax + 2b$

由题设，点 $x = 0$ 处有极值 $y = 0$，即当 $x = 0$ 时 $y = 0$，可得 $d = 0$.

由 $x = 0$ 处有极值，可知 $y'\big|_{x=0} = 0$，可得 $c = 0$.

由题设，点 $(1, 1)$ 是拐点，则 $y''\big|_{x=1} = 0$，可得 $3a + b = 0$.

由 $x = 1$ 时 $y = 1$，有 $a + b = 1$.

解方程组 $\begin{cases} 3a + b = 0 \\ a + b = 1 \end{cases}$，可得 $a = -\dfrac{1}{2}$，$b = \dfrac{3}{2}$.

于是得出：$a = -\dfrac{1}{2}$，$b = \dfrac{3}{2}$，$c = 0$，$d = 0$.

34. 求曲线 $y = \dfrac{x}{e^x}$ 在拐点处的切线方程.

解：$y' = \dfrac{1-x}{e^x}$，$y'' = \dfrac{x-2}{e^x}$

令 $y'' = 0$，得 $x = 2$. 当 $x = 2$ 时，$y = \dfrac{2}{e^2}$.

当 $x < 2$ 时，$y'' < 0$，当 $x > 2$ 时，$y'' > 0$，所以 $\left(2, \dfrac{2}{e^2}\right)$ 是曲线的拐点.

点 $\left(2, \dfrac{2}{e^2}\right)$ 处的切线斜率为 $y'\big|_{x=2} = -\dfrac{1}{e^2}$，于是，切线方程为

$$y - \dfrac{2}{e^2} = -\dfrac{1}{e^2}(x - 2)$$

即 $\qquad y = \dfrac{1}{e^2}(4 - x)$

35. 求下列曲线的渐近线：

(1) $y = e^x$ 　　　　　　　(2) $y = e^{-x^2}$

(3) $y = \ln x$ 　　　　　　　(4) $y = e^{-\frac{1}{x}}$

(5) $y = \dfrac{e^x}{1+x}$ 　　　　(6) $y = x + e^{-x}$

(7) $y = xe^{\frac{1}{x^2}}$ 　　　　(8) $y = \dfrac{x^3}{(x-1)^2}$

解：(1) $y = e^x$

因为 $\lim\limits_{x \to -\infty} e^x = 0$，所以 $y = 0$ 是曲线 $y = e^x$ 的水平渐近线.

(2) $y = e^{-x^2}$

因为 $\lim\limits_{x \to \infty} e^{-x^2} = 0$，所以 $y = 0$ 是曲线 $y = e^{-x^2}$ 的水平渐近线.

(3) $y = \ln x$

因为 $\lim\limits_{x \to 0^+} \ln x = -\infty$，所以 $x = 0$ 是曲线 $y = \ln x$ 的铅垂渐近线.

(4) $y = e^{-\frac{1}{x}}$

因为 $\lim\limits_{x \to \infty} e^{-\frac{1}{x}} = 1$，$\lim\limits_{x \to 0^-} e^{-\frac{1}{x}} = +\infty$，所以 $y = 1$ 是曲线 $y = e^{-\frac{1}{x}}$ 的水平渐近线，$x = 0$ 是曲线 $y = e^{-\frac{1}{x}}$ 的铅垂渐近线.

(5) $y = \dfrac{e^x}{1+x}$

因为 $\lim\limits_{x \to -\infty} \dfrac{e^x}{1+x} = 0$，$\lim\limits_{x \to -1} \dfrac{e^x}{1+x} = \infty$，所以 $y = 0$ 是曲线 $y = \dfrac{e^x}{1+x}$ 的水平渐近线，$x = -1$ 是曲线 $y = \dfrac{e^x}{1+x}$ 的铅垂渐近线.

(6) $y = x + e^{-x}$

因为 $\lim\limits_{x \to +\infty} \dfrac{y}{x} = \lim\limits_{x \to +\infty} \dfrac{x + e^{-x}}{x} = \lim\limits_{x \to +\infty} \left(1 + \dfrac{1}{xe^x}\right) = 1$

$\lim\limits_{x \to +\infty} (y - 1 \times x) = \lim\limits_{x \to +\infty} (x + e^{-x} - x) = \lim\limits_{x \to +\infty} e^{-x} = 0$

所以 $y = x$ 是曲线 $y = x + e^{-x}$ 的斜渐近线.

(7) $y = xe^{\frac{1}{x^2}}$

因为 $\lim\limits_{x \to \infty} \dfrac{y}{x} = \lim\limits_{x \to \infty} \dfrac{xe^{\frac{1}{x^2}}}{x} = \lim\limits_{x \to \infty} e^{\frac{1}{x^2}} = 1$

$\lim\limits_{x \to \infty}(y - 1 \times x) = \lim\limits_{x \to \infty}(xe^{\frac{1}{x^2}} - x)$

$\xlongequal{\infty - \infty} \lim\limits_{x \to \infty} \dfrac{e^{\frac{1}{x^2}} - 1}{\dfrac{1}{x}} \xlongequal{\frac{0}{0}} \lim\limits_{x \to \infty} \dfrac{-\dfrac{2}{x^3}e^{\frac{1}{x^2}}}{-\dfrac{1}{x^2}} = \lim\limits_{x \to \infty} \dfrac{2e^{\frac{1}{x^2}}}{x} = 0$

所以 $y = x$ 是曲线 $y = xe^{\frac{1}{x^2}}$ 的斜渐近线.

因为 $\lim\limits_{x \to 0} xe^{\frac{1}{x^2}} \xlongequal{0 \cdot \infty} \lim\limits_{x \to 0} \dfrac{e^{\frac{1}{x^2}}}{\dfrac{1}{x}} \xlongequal{\frac{\infty}{\infty}} \lim\limits_{x \to 0} \dfrac{-\dfrac{2}{x^3}e^{\frac{1}{x^2}}}{-\dfrac{1}{x^2}} = \lim\limits_{x \to 0} \dfrac{2e^{\frac{1}{x^2}}}{x} = \infty$

所以 $x=0$ 是曲线 $y=xe^{\frac{1}{x^2}}$ 的铅垂渐近线.

(8) $y=\dfrac{x^3}{(x-1)^2}$

$$\lim_{x\to\infty}\frac{y}{x}=\lim_{x\to\infty}\frac{x^2}{(x-1)^2}=1$$

$$\lim_{x\to\infty}(y-1\times x)$$

$$=\lim_{x\to\infty}\left[\frac{x^3}{(x-1)^2}-x\right]\xlongequal{\infty-\infty}\lim_{x\to\infty}\frac{x^3-x^3+2x^2-x}{x^2-2x+1}$$

$$=\lim_{x\to\infty}\frac{2x^2-x}{x^2-2x+1}\xlongequal{\frac{\infty}{\infty}}2$$

所以 $y=x+2$ 是曲线 $y=\dfrac{x^3}{(x-1)^2}$ 的斜渐近线.

因为 $\lim\limits_{x\to 1}\dfrac{x^3}{(x-1)^2}=\infty$，所以 $x=1$ 是曲线 $y=\dfrac{x^3}{(x-1)^2}$ 的铅垂渐近线.

注释：（ⅰ）若 $\lim\limits_{x\to+\infty}f(x)=b$ 或 $\lim\limits_{x\to-\infty}f(x)=b$，则 $y=b$ 为 $y=f(x)$ 的水平渐近线.

（ⅱ）若 $\lim\limits_{x\to a^-}f(x)=\infty$ 或 $\lim\limits_{x\to a^+}f(x)=\infty$，则 $x=a$ 为 $y=f(x)$ 的铅垂渐近线.

（ⅲ）若 $k=\lim\limits_{x\to\pm\infty}\dfrac{f(x)}{x}\neq 0$，$b=\lim\limits_{x\to\pm\infty}[f(x)-kx]$，则 $y=kx+b$ 为 $y=f(x)$ 的斜渐近线.

36. 作下列函数的图形：

(1) $y=3x-x^3$

(2) $y=\dfrac{1}{1+x^2}$

(3) $y=\ln(1+x^2)$

(4) $y=\dfrac{2x}{1+x^2}$

(5) $y=xe^{-x}$

(6) $y=x\sqrt{3-x}$

(7) $y=\dfrac{8}{4-x^2}$

(8) $y=\dfrac{(x-3)^2}{4(x-1)}$

(9) $y=\dfrac{x^3}{(x-1)^2}$

(10) $y=\dfrac{3}{5}x^{\frac{5}{3}}-\dfrac{3}{2}x^{\frac{2}{3}}$

(11) $y=4\left(\dfrac{1}{e}\right)^{\frac{x}{2}}$

解：(1) $y=3x-x^3$

定义域为 $(-\infty,+\infty)$，是奇函数.

$$y'=3-3x^2=3(1-x^2),\quad y''=-6x$$

令 $y'=0$，得 $x=\pm 1$；令 $y''=0$，得 $x=0$.

结果列表如下（见表 4—15）：

表 4—15

x	$(-\infty,-1)$	-1	$(-1,0)$	0	$(0,1)$	1	$(1,+\infty)$
y'	$-$	0	$+$		$+$	0	$-$
y''	$+$		$+$	0	$-$		$-$
y	↘ ∪	-2 极小值	↗ ∪	0 拐点	↗ ∩	2 极大值	↘ ∩

图形经过 $(\sqrt{3},0)$，$(2,-2)$，…，如图 4—5 所示.

(2) $y=\dfrac{1}{1+x^2}$

定义域为 $(-\infty,+\infty)$，是偶函数.

$$y'=\frac{-2x}{(1+x^2)^2}$$

$$y''=\frac{-2(1+x^2)^2+8x^2(1+x^2)}{(1+x^2)^4}$$

$$=\frac{-2(1+x^2)+8x^2}{(1+x^2)^3}$$

$$=\frac{-2+6x^2}{(1+x^2)^3}$$

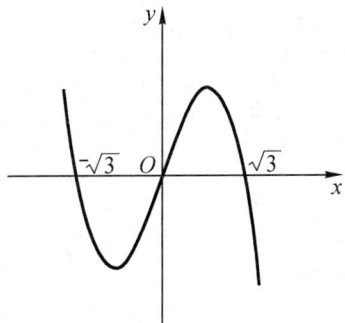

图 4—5

令 $y'=0$，得 $x=0$；令 $y''=0$，得 $x=\pm\dfrac{\sqrt{3}}{3}$.

结果列表如下(见表 4—16)：

表 4—16

x	$\left(-\infty,-\dfrac{\sqrt{3}}{3}\right)$	$-\dfrac{\sqrt{3}}{3}$	$\left(-\dfrac{\sqrt{3}}{3},0\right)$	0	$\left(0,\dfrac{\sqrt{3}}{3}\right)$	$\dfrac{\sqrt{3}}{3}$	$\left(\dfrac{\sqrt{3}}{3},+\infty\right)$
y'	$+$		$+$	0	$-$		$-$
y''	$+$	0	$-$		$-$	0	$+$
y	↗ ∪	$\dfrac{3}{4}$ 拐点	↗ ∩	1 极大值	↘ ∩	$\dfrac{3}{4}$ 拐点	↘ ∪

因为 $\lim\limits_{x\to\infty}\dfrac{1}{1+x^2}=0$，所以 $y=0$ 为图形的水平渐近线.

图形经过 $\left(\dfrac{1}{2},\dfrac{4}{5}\right)$，$\left(2,\dfrac{1}{5}\right)$，…，如图 4—6 所示.

(3) $y=\ln(1+x^2)$

定义域为 $(-\infty,+\infty)$，是偶函数.

$$y'=\frac{2x}{1+x^2}$$

$$y''=\frac{2(1+x^2)-4x^2}{(1+x^2)^2}=\frac{2(1-x^2)}{(1+x^2)^2}$$

令 $y' = 0$, 得 $x = 0$; $y'' = 0$, 得 $x = \pm 1$.

结果列表如下(见表 4—17):

表 4—17

x	$(-\infty, -1)$	-1	$(-1, 0)$	0	$(0, 1)$	1	$(1, +\infty)$
y'	$-$		$-$	0	$+$		$+$
y''	$-$	0	$+$		$+$	0	$-$
y	↘ ∩	ln2 拐点	↘ ∪	0 极小值	↗ ∪	ln2 拐点	↗ ∩

图形经过 $\left(\dfrac{1}{2}, \ln\dfrac{5}{4}\right)$, $(2, \ln 5)$, $\cdots$, 如图 4—7 所示.

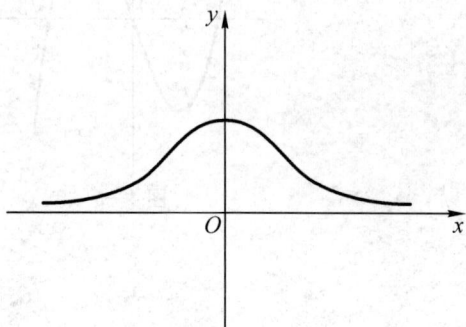

图 4—6

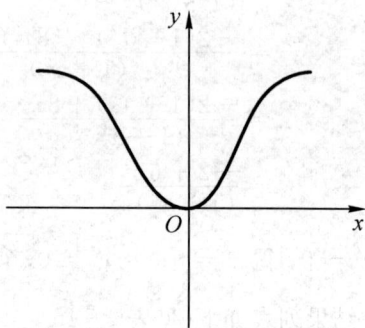

图 4—7

(4) $y = \dfrac{2x}{1 + x^2}$

定义域为 $(-\infty, +\infty)$, 是奇函数.

$$y' = \frac{2(1 - x^2)}{(1 + x^2)^2}$$

$$y'' = \frac{-4x(1 + x^2)^2 - 8x(1 + x^2)(1 - x^2)}{(1 + x^2)^4}$$

$$= \frac{-4x(1 + x^2) - 8x(1 - x^2)}{(1 + x^2)^3} = \frac{4x(x^2 - 3)}{(1 + x^2)^3}$$

令 $y' = 0$, 得 $x = \pm 1$; 令 $y'' = 0$, 得 $x = 0$, $x = \pm\sqrt{3}$.

结果列表如下(见表 4—18):

表 4—18

x	$(-\infty, -\sqrt{3})$	$-\sqrt{3}$	$(-\sqrt{3}, -1)$	-1	$(-1, 0)$	0
y'	$-$		$-$	0	$+$	
y''	$-$	0	$+$		$+$	0
y	↘ ∩	$-\dfrac{\sqrt{3}}{2}$ 拐点	↘ ∪	-1 极小值	↗ ∪	0 拐点

x	$(0,1)$	1	$(1,\sqrt{3})$	$\sqrt{3}$	$(\sqrt{3},+\infty)$
y'	$+$	0	$-$		$-$
y''	$-$		$-$	0	$+$
y	↗ $\cap$	1 极大值	↘ $\cap$	$\dfrac{\sqrt{3}}{2}$ 拐点	↘ $\cup$

因为 $\lim\limits_{x\to\infty}\dfrac{2x}{1+x^2}=0$，所以 $y=0$ 为水平渐近线.

图形经过 $\left(\dfrac{1}{2},\dfrac{4}{5}\right)$，$\left(2,\dfrac{4}{5}\right)$，$\left(3,\dfrac{3}{5}\right)$，…，如图 4—8 所示.

(5) $y=xe^{-x}$

定义域为 $(-\infty,+\infty)$.

$$y'=(1-x)e^{-x}$$
$$y''=(x-2)e^{-x}$$

令 $y'=0$，得 $x=1$；令 $y''=0$，得 $x=2$.

结果列表如下（见表 4—19）：

表 4—19

x	$(-\infty,1)$	1	$(1,2)$	2	$(2,+\infty)$
y'	$+$	0	$-$		$-$
y''	$-$		$-$	0	$+$
y	↗ $\cap$	$\dfrac{1}{e}$ 极大值	↘ $\cap$	$\dfrac{2}{e^2}$ 拐点	↘ $\cup$

因为 $\lim\limits_{x\to+\infty}xe^{-x}=0$，所以 $y=0$ 为水平渐近线.

图形经过 $(-1,-e)$，$\left(3,\dfrac{3}{e^3}\right)$，…，如图 4—9 所示.

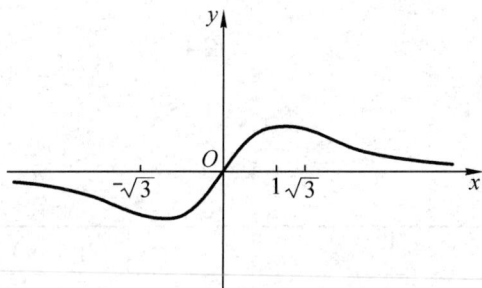

图 4—8

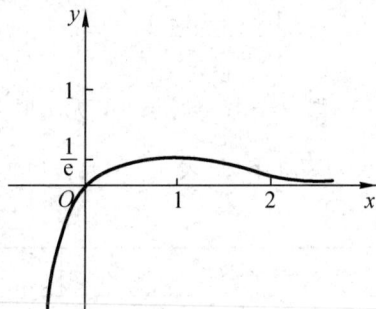

图 4—9

(6) $y=x\sqrt{3-x}$

定义域为 $(-\infty,3]$.

$$y' = \sqrt{3-x} - \frac{x}{2\sqrt{3-x}} = \frac{3(2-x)}{2\sqrt{3-x}}$$

$$y'' = \frac{3}{2} \cdot \frac{-\sqrt{3-x} + \frac{2-x}{2\sqrt{3-x}}}{3-x}$$

$$= \frac{3}{4} \cdot \frac{-2(3-x) + (2-x)}{\sqrt{(3-x)^3}}$$

$$= \frac{3}{4} \cdot \frac{x-4}{\sqrt{(3-x)^3}}$$

令 $y' = 0$，得 $x = 2$.

令 $y'' = 0$，得 $x = 4$(不在定义域之内，舍去)，$y'' < 0$.

结果列表如下(见表 4—20)：

表 4—20

x	$(-\infty, 2)$	2	$(2, 3)$	3
y'	$+$	0	$-$	
y''	$-$		$-$	
y	↗ ∩	2 极大值	↘ ∩	0

图形经过 $(-1, -2)$，$(1, \sqrt{2})$，…，如图 4—10 所示.

(7) $y = \dfrac{8}{4-x^2}$

定义域为 $(-\infty, -2) \bigcup (-2, 2) \bigcup (2, +\infty)$，是偶函数.

$$y' = \frac{16x}{(4-x^2)^2}$$

$$y'' = \frac{16(4-x^2)^2 + 64x^2(4-x^2)}{(4-x^2)^4}$$

$$= \frac{16(4-x^2 + 4x^2)}{(4-x^2)^3}$$

$$= \frac{16(4+3x^2)}{(4-x^2)^3}$$

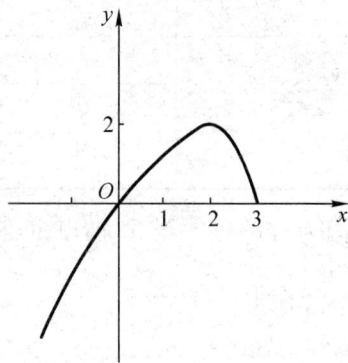

图 4—10

令 $y' = 0$，得 $x = 0$；令 $y'' = 0$，无实根；令 $\dfrac{1}{y''} = 0$，$x = \pm 2$.

结果列表如下(见表 4—21)：

表 4—21

x	$(-\infty, -2)$	-2	$(-2, 0)$	0	$(0, 2)$	2	$(2, +\infty)$
y'	$-$		$-$	0	$+$		$+$
y''	$-$		$+$		$+$		$-$
y	↘ ∩	间断点	↘ ∪	2 极小值	↗ ∪	间断点	↗ ∩

因为 $\lim\limits_{x \to \pm 2} \dfrac{8}{4-x^2} = \infty$，所以 $x = \pm 2$ 为两条铅垂渐近线；因为

$\lim\limits_{x \to \infty} \dfrac{8}{4-x^2} = 0$，所以 $y = 0$ 为水平渐近线.

图形经过 $\left(1, \dfrac{8}{3}\right)$, $\left(3, -\dfrac{8}{5}\right)$, $\cdots$, 如图 4—11 所示.

(8) $y = \dfrac{(x-3)^2}{4(x-1)}$

定义域为 $(-\infty, 1) \bigcup (1, +\infty)$.

$$y' = \frac{1}{4} \frac{2(x-3)(x-1) - (x-3)^2}{(x-1)^2} = \frac{(x+1)(x-3)}{4(x-1)^2}$$

$$y'' = \frac{1}{4} \cdot \frac{(2x-2)(x-1)^2 - 2(x-1)(x^2-2x-3)}{(x-1)^4}$$

$$= \frac{(x-1)(x-1) - (x^2-2x-3)}{2(x-1)^3} = \frac{2}{(x-1)^3}$$

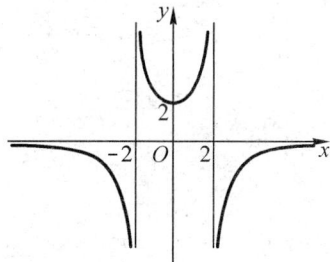

图 4—11

令 $y' = 0$，得 $x = -1$, $x = 3$；$y'' \neq 0$；令 $\dfrac{1}{y''} = 0$，得 $x = 1$.

结果列表如下（见表 4—22）：

表 4—22

x	$(-\infty, -1)$	-1	$(-1, 1)$	1	$(1, 3)$	3	$(3, +\infty)$
y'	$+$	0	$-$		$-$	0	$+$
y''	$-$		$-$		$+$		$+$
y	↗ ∩	-2 极大值	↘ ∩	间断点	↘ ∪	0 极小值	↗ ∪

因为 $\lim\limits_{x \to 1} \dfrac{(x-3)^2}{4(x-1)} = \infty$，所以 $x = 1$ 为铅垂渐近线.

$$\lim_{x \to \infty} \frac{y}{x} = \lim_{x \to \infty} \frac{(x-3)^2}{4x(x-1)} = \frac{1}{4}$$

$$\lim_{x \to \infty} \left(y - \frac{1}{4}x\right) = \lim_{x \to \infty} \left[\frac{(x-3)^2}{4(x-1)} - \frac{x}{4}\right]$$

$$= \lim_{x \to \infty} \frac{x^2 - 6x + 9 - x^2 + x}{4(x-1)} = -\frac{5}{4}$$

所以 $y = \dfrac{1}{4}x - \dfrac{5}{4}$ 为斜渐近线.

图形经过 $\left(0, -\dfrac{9}{4}\right)$, $\left(\dfrac{1}{2}, -\dfrac{25}{8}\right)$, $\left(2, \dfrac{1}{4}\right)$, $\left(4, \dfrac{1}{12}\right)$, $\cdots$,

如图 4—12 所示.

(9) $y = \dfrac{x^3}{(x-1)^2}$

定义域为 $(-\infty, 1) \bigcup (1, +\infty)$.

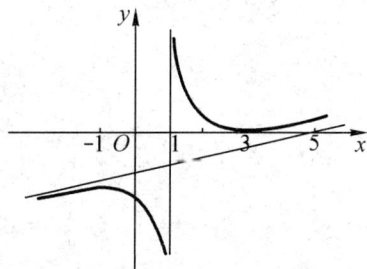

图 4—12

$$y' = \frac{3x^2(x-1)^2 - 2(x-1)x^3}{(x-1)^4}$$

$$= \frac{3x^2(x-1) - 2x^3}{(x-1)^3} = \frac{x^2(x-3)}{(x-1)^3}$$

$$y'' = \frac{(3x^2-6x)(x-1)^3 - 3(x-1)^2(x^3-3x^2)}{(x-1)^6}$$

$$= \frac{(3x^2-6x)(x-1) - 3(x^3-3x^2)}{(x-1)^4} = \frac{6x}{(x-1)^4}$$

令 $y' = 0$，得 $x = 0$，$x = 3$；令 $\dfrac{1}{y} = 0$，得 $x = 1$；令 $y'' = 0$，得 $x = 0$.

结果列表如下（见表 4—23）：

表 4—23

x	$(-\infty, 0)$	0	$(0, 1)$	1	$(1, 3)$	3	$(3, +\infty)$
y'	$+$	0	$+$		$-$	0	$+$
y''	$-$	0	$+$		$+$		$+$
y	↗ $\cap$	0 拐点	↗ $\cup$	间断点	↘ $\cup$	$\dfrac{27}{4}$ 极小值	↗ $\cup$

因为 $\lim\limits_{x\to1}\dfrac{x^3}{(x-1)^2} = \infty$，所以 $x = 1$ 为铅垂渐近线.

因为 $\lim\limits_{x\to\infty}\dfrac{y}{x} = \lim\limits_{x\to\infty}\dfrac{x^2}{(x-1)^2} = 1$

$$\lim_{x\to\infty}(y - 1\times x) = \lim_{x\to\infty}\left[\frac{x^3}{(x-1)^2} - x\right] = \lim_{x\to\infty}\frac{x^3 - x(x-1)^2}{(x-1)^2}$$

$$= \lim_{x\to\infty}\frac{2x^2 - x}{(x-1)^2} = 2$$

所以 $y = x + 2$ 为斜渐近线.

图形经过 $\left(-3, -\dfrac{27}{16}\right)$，$\left(-1, -\dfrac{1}{4}\right)$，$\left(\dfrac{1}{2}, \dfrac{1}{2}\right)$，$(2,$

$8)$，$\left(4, \dfrac{64}{9}\right)$，…，如图 4—13 所示.

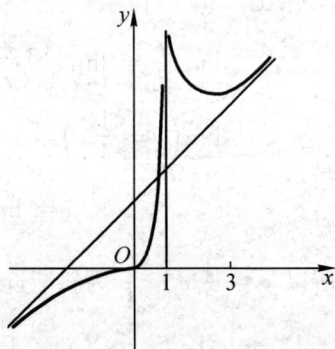

图 4—13

(10) $y = \dfrac{3}{5}x^{\frac{5}{3}} - \dfrac{3}{2}x^{\frac{2}{3}}$

定义域为 $(-\infty, +\infty)$.

$$y' = x^{\frac{2}{3}} - x^{-\frac{1}{3}} = \frac{x-1}{\sqrt[3]{x}}$$

$$y'' = \frac{2}{3}x^{-\frac{1}{3}} + \frac{1}{3}x^{-\frac{4}{3}} = \frac{2x+1}{3\sqrt[3]{x^4}}$$

令 $y' = 0$，得 $x = 1$；令 $\dfrac{1}{y} = 0$，得 $x = 0$；令 $y'' = 0$，得 $x = -\dfrac{1}{2}$.

结果列表如下（见表 4—24）：

表 4—24

x	$\left(-\infty, -\frac{1}{2}\right)$	$-\frac{1}{2}$	$\left(-\frac{1}{2}, 0\right)$	0	$(0,1)$	1	$(1,+\infty)$
y'	+		+	∞	−	0	+
y''	−	0	+		+		+
y	↗ ∩	$-\frac{9}{10}\sqrt[3]{2}$ 拐点	↗ ∪	0 极大值	↘ ∪	$-\frac{9}{10}$ 极小值	↗ ∪

图形经过 $\left(-1, -\frac{21}{10}\right)$, $\left(\frac{5}{2}, 0\right)$, $\left(3, \frac{3}{10}\sqrt[3]{9}\right)$, …, 如图 4—14 所示.

(11) $y = 4\left(\frac{1}{e}\right)^{\frac{x}{2}}$

定义域为 $(-\infty, +\infty)$.

$y' = -2e^{-\frac{x}{2}} < 0$, 函数单调减少; $y'' = e^{-\frac{x}{2}} > 0$, 图形上凹.

$\lim\limits_{x \to +\infty} 4\left(\frac{1}{e}\right)^{\frac{x}{2}} = 0$, 所以 $y = 0$ 为水平渐近线.

图形经过 $(-2, 4e)$, $(0, 4)$, $\left(2, \frac{4}{e}\right)$, …, 如图 4—15 所示.

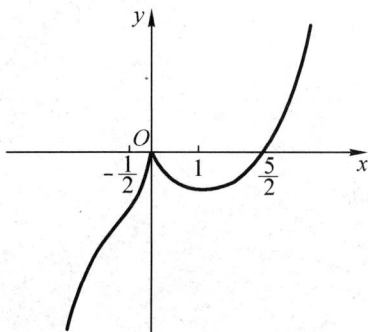

图 4—14

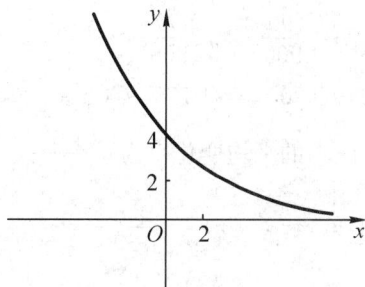

图 4—15

注释：讨论函数图形的增减、极值、凹向、拐点时，对于一阶或二阶导数不存在但会改变导数的符号的点，不论函数在该点是否连续，都需要列在表中进行讨论，因为它们会影响函数图形的增减或凹向. 如果在该点函数连续，若一阶导数不存在，则它可能是"尖点"极值，如第 36(10) 题；若二阶导数不存在，则它可能是拐点，如第 32(7) 题；如果该点函数不连续，则它是间断点. 如第 36(7) ~ (9) 题. 对于一阶或二阶导数不存在但不改变导数的符号的点，可以不讨论.

37. 某化工厂日产能力最高为 1 000 吨，每天的生产总成本 C (单位:元) 是日产量 x (单位:吨) 的函数：

$$C = C(x) = 1\,000 + 7x + 50\sqrt{x}, \quad x \in [0, 1\,000]$$

(1) 求当日产量为 100 吨时的边际成本；

(2) 求当日产量为 100 吨时的平均单位成本.

解：(1) $C = 1\,000 + 7x + 50\sqrt{x}$

$$C' = 7 + \frac{25}{\sqrt{x}}$$

$$C'\Big|_{x=100} = 9.5\ (\text{元})$$

(2) $\bar{C} = \dfrac{C(x)}{x} = \dfrac{1\,000}{x} + 7 + \dfrac{50}{\sqrt{x}}$

$$\bar{C}(100) = \frac{C(100)}{100} = 10 + 7 + \frac{50}{10} = 22\ (\text{元})$$

38. 生产 x 单位某产品的总成本 C 为 x 的函数：

$$C = C(x) = 1\,100 + \frac{1}{1\,200}x^2$$

求：(1) 生产 900 单位时的总成本和平均单位成本；

(2) 生产 $900 \sim 1\,000$ 单位时总成本的平均变化率；

(3) 生产 $900 \sim 1\,000$ 单位时的边际成本.

解：总成本函数为 $C = C(x) = 1\,100 + \dfrac{1}{1\,200}x^2$

(1) $C(900) = 1\,100 + \dfrac{810\,000}{1\,200} = 1\,775$

$$\frac{C(900)}{900} = \frac{1\,775}{900} \approx 1.97$$

(2) $C(900) = 1\,775,\ C(1\,000) \approx 1\,933$

总成本的平均变化率为 $\dfrac{C(1\,000) - C(900)}{1\,000 - 900} \approx 1.58.$

(3) $C' = C'(x) = \dfrac{2x}{1\,200} = \dfrac{x}{600}$

$$C'(900) = \frac{900}{600} = 1.5$$

$$C'(1\,000) = \frac{1\,000}{600} \approx 1.67$$

39. 设生产 x 单位某产品，总收益 R 为 x 的函数：

$$R = R(x) = 200x - 0.01x^2$$

求：生产 50 单位产品时的总收益、平均收益和边际收益.

解：总收益函数 $R = R(x) = 200x - 0.01x^2$

$$R(50) = 200 \times 50 - 0.01 \times 2\,500 = 9\,975$$

$$\bar{R}(50) = \frac{R(50)}{50} = \frac{9\,975}{50} = 199.5$$

边际收益为 $R' = R'(x) = 200 - 0.02x$

$$R'(50) = 200 - 1 = 199$$

40. 生产 x 单位某种商品的利润是 x 的函数：

$$L(x) = 5\,000 + x - 0.000\,01x^2$$

问生产多少单位时获得的利润最大?

解: $L(x) = 5\,000 + x - 0.000\,01x^2$

$L'(x) = 1 - 0.000\,02x$

令 $L'(x) = 0$,得 $x = 50\,000$.

$L''(x) = -0.000\,02 < 0$

因此,$x = 50\,000$ 时,$L(x)$ 取得极大值,极值唯一,此时 $L(50\,000)$ 即为最大值. 所以生产 $50\,000$ 单位时,获得的利润最大.

41. 某厂每批生产某种商品 x 单位的费用为

$$C(x) = 5x + 200$$

得到的收益是

$$R(x) = 10x - 0.01x^2$$

问每批生产多少单位时才能使利润最大?

解: 利润 $L(x) = R(x) - C(x) = 5x - 0.01x^2 - 200$

$L'(x) = 5 - 0.02x$

令 $L'(x) = 0$,得 $x = 250$.

$L''(x) = -0.02 < 0$

因此,$x = 250$ 时,$L(x)$ 取得极大值,极值唯一,此时 $L(250)$ 即为最大值. 所以每批生产 250 单位时,利润最大.

42. 某商品的价格 P 与需求量 Q 的关系为

$$P = 10 - \frac{Q}{5}$$

(1) 求需求量为 20 及 30 时的总收益 R、平均收益 $\bar{R}$ 及边际收益 R';

(2) Q 为多少时总收益最大?

解: $P = 10 - \dfrac{Q}{5}$

总收益函数为 $R = R(Q) = P \cdot Q = 10Q - \dfrac{Q^2}{5}$

平均收益函数为 $\bar{R} = \bar{R}(Q) = \dfrac{R(Q)}{Q} = 10 - \dfrac{Q}{5}$

边际收益函数为 $R' = R'(Q) = 10 - \dfrac{2}{5}Q$

(1) $R(20) = 200 - \dfrac{400}{5} = 120$,$\quad R(30) = 300 - \dfrac{900}{5} = 120$

$\bar{R}(20) = 10 - \dfrac{20}{5} = 6$,$\quad \bar{R}(30) = 10 - \dfrac{30}{5} = 4$

$R'(20) = 10 - \dfrac{40}{5} = 2$,$\quad R'(30) = 10 - \dfrac{60}{5} = -2$

(2) $R' = 10 - \dfrac{2}{5}Q$

令 $R'(Q) = 0$,得 $Q = 25$,$R''(Q) = -\dfrac{2}{5} < 0$,所以 $Q = 25$ 时,$R(Q)$ 取得极大值,极值唯

一，此时 $R(25)$ 即为最大值，所以当需求量 $Q=25$ 时，总收益 $R(Q)$ 最大.

43. 某人在家制作手工艺品，用以在网上销售. 每周制作 x 件的总成本 C 是制作量的函数 $C(x)=x^2+6x-10$（元），如果每件工艺品售价 30 元，且所制作的工艺品可以全部售出，求使利润最大的周制作量:

解: 总收益函数　$R(x)=P\cdot x=30x$

总成本函数　$C(x)=x^2+6x-10$

利润函数为　$L(x)=R(x)-C(x)=30x-(x^2+6x-10)=-x^2+24x+10$

$\qquad L'=-2x+24$

令 $L'=0$，得 $x=12$，$L''=-2<0$，所以 $x=12$ 时，$L(x)$ 取得极大值，极值唯一，此时 $L(12)$ 为最大值. 所以 $x=12$ 时，利润 L 最大.

※44. 设某商品需求量 Q 对价格 P 的函数关系为

$$Q=f(P)=1\,600\left(\frac{1}{4}\right)^P$$

求需求 Q 对于价格 P 的弹性函数.

解: $Q=f(P)=1\,600\left(\frac{1}{4}\right)^P$

$$Q'=f'(P)=-1\,600\left(\frac{1}{4}\right)^P\ln4$$

需求 Q 对于价格 P 的需求弹性为

$$\eta(P)=-f'(P)\frac{P}{Q}=1\,600\left(\frac{1}{4}\right)^P\ln4\cdot\frac{P}{1\,600\left(\frac{1}{4}\right)^P}=P\ln4$$

由此可知，弹性函数为 $\eta(P)=P\ln4$.

※45. 设某商品需求函数为 $Q=\mathrm{e}^{-\frac{P}{4}}$，求需求弹性函数及 $P=3$，$P=4$，$P=5$ 时的需求弹性.

解: $Q=\mathrm{e}^{-\frac{P}{4}}$

$$Q'=-\frac{1}{4}\mathrm{e}^{-\frac{P}{4}}$$

$$\eta(P)=-Q'\frac{P}{Q}=\frac{1}{4}\mathrm{e}^{-\frac{P}{4}}\cdot\frac{P}{\mathrm{e}^{-\frac{P}{4}}}=\frac{P}{4}$$

所以需求弹性函数为 $\eta(P)=\frac{P}{4}$.

当 $P=3,4,5$ 时的需求弹性分别为

$$\eta(3)=\frac{3}{4},\ \eta(4)=1,\ \eta(5)=\frac{5}{4}$$

※46. 设某商品的供给函数 $Q=2+3P$，求供给弹性函数及 $P=3$ 时的供给弹性.

解: $Q(P)=2+3P$

$\qquad Q'(P)=3$

$$\varepsilon(P)=Q'(P)\cdot\frac{P}{Q(P)}=3\times\frac{P}{2+3P}=\frac{3P}{2+3P}$$

所以供给弹性函数为 $\varepsilon(P)=\dfrac{3P}{2+3P}$.

当 $P=3$ 时,$\varepsilon(3)=\dfrac{9}{11}$.

※**47.** 某商品的需求函数为

$$Q=Q(P)=75-P^2$$

(1) 求 $P=4$ 时的边际需求,并说明其经济意义;

(2) 求 $P=4$ 时的需求弹性,并说明其经济意义;

(3) 当 $P=4$ 时,若价格 P 上涨 1%,总收益将变化百分之几?

(4) 当 $P=6$ 时,若价格 P 上涨 1%,总收益将变化百分之几?

(5) P 为多少时,总收益最大?

解:(1) $Q=Q(P)=75-P^2$

边际需求函数为 $Q'=Q'(P)=-2P$,

$\qquad Q'(4)=-8$

这说明当价格 $P=4$ 时,若价格上涨一个单位,需求会减少 8 个单位.

(2) 需求弹性函数为

$$\eta(P)=-Q'\cdot\frac{P}{Q}=2P\cdot\frac{P}{75-P^2}=\frac{2P^2}{75-P^2}$$

$$\eta(4)=\frac{32}{75-16}\approx 0.54$$

这说明当价格 $P=4$ 时,价格上涨 1%,需求减少 0.54%.

(3) 总收益函数为

$$R=R(P)=P\cdot Q=75P-P^3$$

$$R'=R'(P)=75-3P^2$$

$$\frac{ER}{EP}=R'(P)\cdot\frac{P}{R(P)}=(75-3P^2)\frac{P}{75P-P^3}=\frac{75-3P^2}{75-P^2}$$

$$\frac{ER}{EP}\Big|_{P=4}=\frac{75-3\times 16}{75-16}=\frac{27}{59}\approx 0.46$$

这说明当价格 $P=4$ 时,价格上涨 1%,总收益增加 0.46%.

(4) $\dfrac{ER}{EP}\Big|_{P=6}=\dfrac{75-3\times 36}{75-36}=-\dfrac{33}{39}\approx-0.85$

这说明当价格 $P=6$ 时,价格上涨 1%,总收益减少 0.85%.

(5) $R=R(P)=75P-P^3$

$\qquad R'=R'(P)=75-3P^2$

令 $R'=0$,得 $P=5$(负值舍去).

$\qquad R''=-6P,\ R''(5)=-30<0$

所以当价格 $P=5$ 时,R 取得极大值,即最大值.

这说明价格为 5 时,总收益最大.

(B)

1. 下列函数在给定区间上满足罗尔定理条件的是[　　].

    (A) $y = x^2 - 5x + 6$ $[2, 3]$

    (B) $y = \dfrac{1}{\sqrt{(x-1)^2}}$ $[0, 2]$

    (C) $y = x\mathrm{e}^{-x}$ $[0, 1]$

    (D) $y = \begin{cases} x+1, & x < 5 \\ 1, & x \geqslant 5 \end{cases}$ $[0, 5]$

解：(A) $y = x^2 - 5x + 6$ 显然在$[2, 3]$上连续，在$(2, 3)$内可导，且 $f(2) = f(3) = 0$，故 $y = x^2 - 5x + 6$ 在$[2, 3]$上满足罗尔定理的条件.

故本题应选(A).

继续考察(B)，(C)，(D).

(B) 给定函数在 $[0, 2]$ 上点 $x = 1$ 处不连续.

(C) 给定函数 $f(0) \neq f(1)$.

(D) 给定函数在 $[0, 5]$ 上点 $x = 5$ 处不左连续

2. 下列函数中，在$[-1, 1]$上满足罗尔定理条件的是[   ].

    (A) $f(x) = \begin{cases} \sin\dfrac{1}{x}, & x \neq 0 \\ 0, & x = 0 \end{cases}$ (B) $\varphi(x) = \begin{cases} x\sin\dfrac{1}{x}, & x \neq 0 \\ 0, & x = 0 \end{cases}$

    (C) $g(x) = \begin{cases} x^2\sin\dfrac{1}{x}, & x \neq 0 \\ 0, & x = 0 \end{cases}$ (D) $h(x) = \begin{cases} x^2\sin\dfrac{1}{x^2}, & x \neq 0 \\ 0, & x = 0 \end{cases}$

解：(A) $\lim\limits_{x \to 0} f(x) = \lim\limits_{x \to 0} \sin\dfrac{1}{x}$ 不存在，因此 $f(x)$ 在 $[-1, 1]$ 上点 $x = 0$ 处不连续.

(B) $\lim\limits_{x \to 0} \varphi(x) = \lim\limits_{x \to 0} x\sin\dfrac{1}{x} = 0 = \varphi(0)$

$$\lim_{x \to 0} \frac{\varphi(x) - \varphi(0)}{x} = \lim_{x \to 0} \frac{x\sin\dfrac{1}{x}}{x} = \lim_{x \to 0} \sin\dfrac{1}{x} \text{ 不存在.}$$

因而 $\varphi(x)$ 在 $[-1, 1]$ 上连续，但在点 $x = 0$ 处不可导.

(C) $\lim\limits_{x \to 0} g(x) = \lim\limits_{x \to 0} x^2\sin\dfrac{1}{x} = 0 = g(0)$

$$\lim_{x \to 0} \frac{g(x) - g(0)}{x} = \lim_{x \to 0} \frac{x^2\sin\dfrac{1}{x}}{x} = \lim_{x \to 0} x\sin\dfrac{1}{x} = 0 = g'(0)$$

$$g(-1) = -\sin 1, \ g(1) = \sin 1, \ g(-1) \neq g(1)$$

因而 $g(x)$ 在 $[-1, 1]$ 上连续，在$(-1, 1)$内可导，但 $g(-1) \neq g(1)$，故(A)，(B)，(C)中的函数在$[-1, 1]$上均不满足罗尔定理的条件.

(D) $\lim\limits_{x \to 0} h(x) = \lim\limits_{x \to 0} x^2\sin\dfrac{1}{x^2} = 0 = h(0)$

$$\lim_{x \to 0} \frac{h(x) - h(0)}{x} = \lim_{x \to 0} \frac{x^2\sin\dfrac{1}{x^2}}{x} = \lim_{x \to 0} x\sin\dfrac{1}{x^2} = 0 = h'(0)$$

$$h(-1) = \sin 1,\ h(1) = \sin 1,\ h(-1) = h(1)$$

因而，$h(x)$ 在 $[-1, 1]$ 上连续，在 $(-1, 1)$ 内可导，且 $h(-1) = h(1)$，所以 $h(x)$ 在 $[-1, 1]$ 上满足罗尔定理的条件.

故本题应选(D).

3. 函数 $f(x) = x - \dfrac{3}{2}x^{\frac{1}{3}}$ 在下列区间上不满足拉格朗日定理条件的是 [　　].

(A) $[0, 1]$　　(B) $[-1, 1]$　　(C) $\left[0, \dfrac{27}{8}\right]$　　(D) $[-1, 0]$

解： $f'(x) = 1 - \dfrac{1}{2}x^{-\frac{2}{3}}$

(A) $f(x)$ 显然在 $[0, 1]$ 上连续，在 $(0, 1)$ 内可导，所以 $f(x)$ 在 $[0, 1]$ 上满足拉格朗日定理的条件.

(B) $f(x)$ 在点 $x = 0$ 处不可导，所以 $f(x)$ 在 $[-1, 1]$ 上不满足拉格朗日定理的条件.

故本题应选(B).

继续考察(C)，(D)．显然，$f(x)$ 在(C)，(D)给定的闭区间上连续，在相应的开区间内可导，故均满足拉格朗日定理的条件.

4. 求下列极限，能直接使用洛必达法则的是 [　　].

(A) $\lim\limits_{x \to \infty} \dfrac{\sin x}{x}$　　　　　　　　(B) $\lim\limits_{x \to 0} \dfrac{\sin x}{x}$

(C) $\lim\limits_{x \to \frac{\pi}{2}} \dfrac{\tan 5x}{\sin 3x}$　　　　　　　　(D) $\lim\limits_{x \to 0} \dfrac{x^2 \sin \dfrac{1}{x}}{\sin x}$

解： (A) 当 $x \to \infty$ 时，$\sin x$ 振荡无极限，故 $\lim\limits_{x \to \infty} \dfrac{\sin x}{x}$ 不是"$\dfrac{0}{0}$"型或"$\dfrac{\infty}{\infty}$"型未定式.

(B) $\lim\limits_{x \to 0} \dfrac{\sin x}{x}$ 是"$\dfrac{0}{0}$"型未定式，满足洛必达法则的条件，可以使用洛必达法则.

故本题应选(B).

(C) 极限不是"$\dfrac{0}{0}$"型或"$\dfrac{\infty}{\infty}$"型未定式.

(D) $\lim\limits_{x \to 0} \dfrac{x^2 \sin \dfrac{1}{x}}{\sin x}$ 虽然是"$\dfrac{0}{0}$"型未定式，但其分子、分母的导数比的极限为

$$\lim_{x \to 0} \frac{2x \sin \dfrac{1}{x} - \cos \dfrac{1}{x}}{\cos x}$$

此极限不等于常数或 ∞，不符合洛必达法则的第三个条件，因此不能使用洛必达法则.

5. 设 $f(x) = 2^x + 3^x - 2$，则当 $x \to 0$ 时，[　　].

(A) $f(x)$ 与 x 是等价无穷小量

(B) $f(x)$ 与 x 是同阶非等价无穷小量

(C) $f(x)$ 是比 x 高阶的无穷小量

(D) $f(x)$ 是比 x 低阶的无穷小量

解：
$$\lim_{x \to 0} \frac{2^x + 3^x - 2}{x} \xlongequal{\frac{0}{0}} \lim_{x \to 0} \frac{2^x \ln 2 + 3^x \ln 3}{1}$$
$$= \ln 2 + \ln 3 = \ln 6 \neq 1$$

所以当 $x \to 0$ 时 $2^x + 3^x - 2$ 与 x 是同阶但非等价无穷小量.

故本题应选(B).

6. 函数 $f(x) = e^x + e^{-x}$ 在区间 $(-1, 1)$ 内 [　　].

(A) 单调增加　　　　　　　(B) 单调减少

(C) 不增不减　　　　　　　(D) 有增有减

解： $f'(x) = e^x - e^{-x} = \dfrac{e^{2x} - 1}{e^x}$.

令 $f'(x) = 0$, 得 $x = 0$.

$x \in (-1, 0)$ 时, $f'(x) < 0$, $f(x)$ 单调减少;

$x \in (0, 1)$ 时, $f'(x) > 0$, $f(x)$ 单调增加.

可见 $f(x)$ 在 $(-1, 1)$ 内有增有减.

故本题应选(D).

7. 函数 $f(x) = ax^2 + b$ 在区间 $(0, +\infty)$ 内单调增加, 则 a, b 应满足 [　　].

(A) $a < 0, b = 0$　　　　　(B) $a > 0, b$ 为任意实数

(C) $a < 0, b \neq 0$　　　　　(D) $a < 0, b$ 为任意实数

解： $f'(x) = 2ax$, 因 $x \in (0, +\infty)$, 要使 $f'(x) > 0$, 则 $a > 0$, b 可为任意实数.

故本题应选(B).

8. 函数 $y = \dfrac{x}{1 - x^2}$ 在 $(-1, 1)$ 内 [　　].

(A) 单调增加　　　　　　　(B) 单调减少

(C) 有极大值　　　　　　　(D) 有极小值

解： $y' = \dfrac{1 + x^2}{(1 - x^2)^2}$, 显然 $y' \neq 0$, $y' > 0$, 所以 $y = \dfrac{x}{1 - x^2}$ 在 $(-1, 1)$ 内单调增加, 无极值.

故本题应选(A).

9. 函数 $y = f(x)$ 在 $x = x_0$ 处取得极大值, 则必有 [　　].

(A) $f'(x_0) = 0$　　　　　　(B) $f''(x_0) < 0$

(C) $f'(x_0) = 0$ 且 $f''(x_0) < 0$　(D) $f'(x_0) = 0$ 或 $f'(x_0)$ 不存在

解： (A), (B), (C) 均非 $f(x)$ 在点 $x = x_0$ 处取得极大值的必要条件.

故本题应选(D).

10. $f'(x_0) = 0, f''(x_0) > 0$ 是函数 $f(x)$ 在点 $x = x_0$ 处取得极小值的一个 [　　].

(A) 充分必要条件　　　　　(B) 充分条件非必要条件

(C) 必要条件非充分条件　　(D) 既非必要也非充分条件

解： 本题应选(B).

11. 函数 $y = x^3 + 12x + 1$ 在定义域内 [　　].

(A) 单调增加　　　　　　　(B) 单调减少

　　(C) 图形上凹　　　　　　　　(D) 图形下凹

解： 函数定义域为 $(-\infty, +\infty)$.

$y' = 3x^2 + 12 > 0$，图形单调增加.

$y'' = 6x$

当 $x \in (-\infty, 0)$ 时，$y'' < 0$，图形下凹；

当 $x \in (0, +\infty)$ 时，$y'' > 0$，图形上凹.

故本题应选(A).

12. 设函数 $f(x)$ 在开区间 (a, b) 内有 $f'(x) < 0$ 且 $f''(x) < 0$，则 $y = f(x)$ 在 (a, b) 内〔　　〕.

　　(A) 单调增加，图形上凹　　　(B) 单调增加，图形下凹

　　(C) 单调减少，图形上凹　　　(D) 单调减少，图形下凹

解： 本题应选(D).

13. "$f''(x_0) = 0$" 是 $f(x)$ 的图形在 $x = x_0$ 处有拐点的〔　　〕.

　　(A) 充分必要条件　　　　　(B) 充分条件，非必要条件

　　(C) 必要条件，非充分条件　　(D) 既非必要条件也非充分条件

解： 本题应选(D).

14. 对曲线 $y = x^5 + x^3$，下列结论正确的是〔　　〕.

　　(A) 有 4 个极值点　　　　　(B) 有 3 个拐点

　　(C) 有 2 个极值点　　　　　(D) 有 1 个拐点

解： $y' = 5x^4 + 3x^2 = x^2(5x^2 + 3)$

$y'' = 20x^3 + 6x = 2x(10x^2 + 3)$

令 $y' = 0$，得 $x = 0$，为驻点，但非极值点. $y' \geqslant 0$，等号只在点 $x = 0$ 处取得，所以函数单调增大. 令 $y'' = 0$，得 $x = 0$，$(0, 0)$ 为拐点.

故本题应选(D).

15. $f(x) = \left| x^{\frac{1}{3}} \right|$，点 $x = 0$ 是 $f(x)$ 的〔　　〕.

　　(A) 间断点　　　　　　　　(B) 极小值点

　　(C) 极大值点　　　　　　　(D) 拐点

解： $f(x) = \begin{cases} -x^{\frac{1}{3}}, & x < 0 \\ x^{\frac{1}{3}}, & x \geqslant 0 \end{cases}$

$\lim\limits_{x \to 0^-} f(x) = \lim\limits_{x \to 0^-} (-x^{\frac{1}{3}}) = 0$

$\lim\limits_{x \to 0^+} f(x) = \lim\limits_{x \to 0^+} x^{\frac{1}{3}} = 0$

$\lim\limits_{x \to 0} f(x) = 0 = f(0)$

所以 $f(x)$ 在点 $x = 0$ 处连续.

$f'(0) = \lim\limits_{x \to 0^-} \dfrac{-x^{\frac{1}{3}} - 0}{x} = \lim\limits_{x \to 0^-} -x^{-\frac{2}{3}}$ （极限不存在）

所以 $f(x)$ 在点 $x = 0$ 处不可导.

$$f'(x) = \begin{cases} -\dfrac{1}{3}x^{-\frac{2}{3}}, & x < 0 \\[2mm] \dfrac{1}{3}x^{-\frac{2}{3}}, & x > 0 \end{cases}$$

当 $x < 0$ 时，$f'(x) < 0$；

当 $x > 0$ 时，$f'(x) > 0$.

所以 $f(x)$ 在点 $x = 0$ 处有极小值.

故本题应选(B).

继续考察(D)：

$$f''(x) = \begin{cases} \dfrac{2}{9}x^{-\frac{5}{3}}, & x < 0 \\[2mm] -\dfrac{2}{9}x^{-\frac{5}{3}}, & x > 0 \end{cases}$$

当 $x < 0$ 时，$f''(x) < 0$；当 $x > 0$ 时，$f''(x) < 0$，所以 $f(x)$ 无拐点.

16. 下列曲线中有拐点 $(0,0)$ 的是〔　　〕.

(A) $y = x^2$ 　　　(B) $y = x^3$ 　　　(C) $y = x^4$ 　　　(D) $y = x^{\frac{2}{3}}$

解： (A) $y = x^2$，$y' = 2x$，$y'' = 2$. 曲线上凹，点 $(0,0)$ 为极小值点，非拐点.

(B) $y = x^3$，$y' = 3x^2$，$y'' = 6x$. 令 $y'' = 0$，得 $x = 0$. 当 $x < 0$ 时，$y'' < 0$；当 $x > 0$ 时，$y'' > 0$，故点 $(0,0)$ 为曲线拐点.

故本题应选(B).

(C)，(D) 中点 $(0,0)$ 均非曲线拐点.

17. 设函数 $f(x) = x^3 + ax^2 + bx + c$，且 $f(0) = f'(0) = 0$，则下列结论不正确的是〔　　〕.

(A) $b = c = 0$

(B) 当 $a > 0$ 时，$f(0)$ 为极小值

(C) 当 $a < 0$ 时，$f(0)$ 为极大值

(D) 当 $a \neq 0$ 时，$(0, f(0))$ 为拐点

解： $f(x) = x^3 + ax^2 + bx + c$

$\qquad f'(x) = 3x^2 + 2ax + b$

$\qquad f''(x) = 6x + 2a$

由 $f(0) = 0$，可得 $c = 0$；由 $f'(0) = 0$，可得 $b = 0$. 故(A)正确.

当 $a > 0$ 时，$f''(0) > 0$，所以 $f(0)$ 为极小值；当 $a < 0$ 时，$f''(0) < 0$，所以 $f(0)$ 为极大值. 故(B)，(C)正确.

当 $a \neq 0$ 时，$f''(0) = 2a \neq 0$，因 $f(x)$ 为多项式函数，拐点必在 $f''(x) = 0$ 处取得，所以点 $(0, f(0))$ 非拐点.

故本题应选(D).

18. 曲线 $y = \dfrac{x}{1 - x^2}$ 的渐近线有〔　　〕.

(A) 1 条 　　　(B) 2 条 　　　(C) 3 条 　　　(D) 4 条

解：$\lim\limits_{x\to\infty}\dfrac{x}{1-x^2}=0$，所以 $y=0$ 为一条水平渐近线．$\lim\limits_{x\to\pm 1}\dfrac{x}{1-x^2}=\infty$，所以 $x=\pm 1$ 为

两条铅垂渐近线．$y=\dfrac{x}{1-x^2}$ 无斜渐近线．

故本题应选(C)．

19. 曲线 $y=\dfrac{1}{f(x)}$ 有水平渐近线的充分条件是[　]．

(A) $\lim\limits_{x\to\infty}f(x)=0$ 　　　　(B) $\lim\limits_{x\to\infty}f(x)=\infty$

(C) $\lim\limits_{x\to 0}f(x)=0$ 　　　　(D) $\lim\limits_{x\to 0}f(x)=\infty$

解：若 $\lim\limits_{x\to\infty}f(x)=\infty$，则有 $\lim\limits_{x\to\infty}\dfrac{1}{f(x)}=0$，于是 $y=0$ 是 $y=\dfrac{1}{f(x)}$ 的水平渐近线．

在(A)，(C)，(D) 中的条件下，$y=\dfrac{1}{f(x)}$ 无水平渐近线．

故本题应选(B)．

20. 曲线 $y=\dfrac{1}{f(x)}$ 有铅垂渐近线的充分条件是[　]．

(A) $\lim\limits_{x\to 0}f(x)=0$ 　　　　(B) $\lim\limits_{x\to\infty}f(x)=\infty$

(C) $\lim\limits_{x\to 0}f(x)=0$ 　　　　(D) $\lim\limits_{x\to 0}f(x)=\infty$

解：若 $\lim\limits_{x\to 0}f(x)=0$，则有 $\lim\limits_{x\to 0}\dfrac{1}{f(x)}=\infty$，于是 $x=0$ 是 $y=\dfrac{1}{f(x)}$ 的铅垂渐近线．

在(A)，(B)，(D) 中的条件下，$y=\dfrac{1}{f(x)}$ 无铅垂渐近线．

故本题应选(C)．

21. 设函数 $y=\dfrac{2x}{1+x^2}$，则下列结论中错误的是[　]．

(A) y 是奇函数，且是有界函数

(B) y 有两个极值点

(C) y 只有一个拐点

(D) y 只有一条水平渐近线

解：设 $y=f(x)=\dfrac{2x}{1+x^2}$．

(A) $f(-x)=\dfrac{-2x}{1+x^2}=-f(x)$，所以函数是奇函数，且因为 $|y|\leqslant 1$，所以函数有界．

(B) $y'=\dfrac{2(1+x^2)-4x^2}{(1+x^2)^2}=\dfrac{2(1-x^2)}{(1+x^2)^2}$

令 $y'=0$，得 $x=\pm 1$．当 $x<-1$ 时，$y'<0$；当 $-1<x<1$ 时，$y'>0$；当 $x>1$ 时，$y'<0$．

所以 $f(x)$ 有两个极值点，点 $x=-1$ 处有极小值，点 $x=1$ 处有极大值．

(C) $y''=\dfrac{-4x(1+x^2)^2-2(1+x^2)4x(1-x^2)}{(1+x^2)^4}=\dfrac{4x(x^2-3)}{(1+x^2)^3}$

令 $y''=0$，得 $x=0$，$x=\pm\sqrt{3}$．当 $x<-\sqrt{3}$ 时，$y''<0$；当 $-\sqrt{3}<x<0$ 时，$y''>0$；当

$0 < x < \sqrt{3}$ 时，$y'' < 0$；当 $\sqrt{3} < x$ 时，$y'' > 0$. 所以 $f(x)$ 有三个拐点 $\left(-\sqrt{3}, -\dfrac{\sqrt{3}}{2}\right)$，$(0,0)$，$\left(\sqrt{3}, \dfrac{\sqrt{3}}{2}\right)$.

故本题应选(C).

继续考察(D)

(D) $\lim\limits_{x \to \infty} \dfrac{2x}{1+x^2} = 0$，所以 $y = 0$ 为水平渐近线，无铅垂渐近线及斜渐近线.

22. 关于函数 $y = \dfrac{x^3}{1-x^2}$ 的结论错误的是[   ].

(A) 有一个零点   (B) 有两个极值点

(C) 有一个拐点   (D) 有两条渐近线

解：(A) 当 $x = 0$ 时 $y = 0$，函数有一个零点.

(B) $y' = \dfrac{3x^2(1-x^2)+2x^4}{(1-x^2)^2} = \dfrac{3x^2-x^4}{(1-x^2)^2} = \dfrac{x^2(3-x^2)}{(1-x^2)^2}$

令 $y' = 0$，得 $x = 0$，$x = \pm\sqrt{3}$. 当 $x < -\sqrt{3}$ 时，$y' < 0$；当 $-\sqrt{3} < x < \sqrt{3}$ 且 $x \neq \pm 1$ 时，$y' > 0$；当 $x > \sqrt{3}$ 时，$y' < 0$. 所以 $f(x)$ 有两个极值点，点 $x = -\sqrt{3}$ 处有极小值，点 $x = \sqrt{3}$ 处有极大值.

(C) $y'' = \dfrac{2x(3+x^2)}{(1-x^2)^3}$

令 $y'' = 0$，得 $x = 0$.

令 $\dfrac{1}{y''} = 0$，得 $x = \pm 1$ 为间断点，函数不连续.

当 $-1 < x < 0$ 时，$y'' < 0$；当 $0 < x < 1$ 时，$y'' > 0$，所以 $f(x)$ 有一个拐点 $(0,0)$.

(D) $\lim\limits_{x \to \pm 1} \dfrac{x^3}{1-x^2} = \infty$，所以 $x = \pm 1$ 是两条铅垂渐近线.

$$\lim\limits_{x \to \infty} \dfrac{f(x)}{x} = \lim\limits_{x \to \infty} \dfrac{x^2}{1-x^2} = -1$$

$$\lim\limits_{x \to \infty} \left(\dfrac{x^3}{1-x^2} + x\right) = \lim\limits_{x \to \infty} \dfrac{x}{1-x^2} = 0$$

所以 $y = -x$ 为斜渐近线. 因此，图形共有三条渐近线.

故本题应选(D).

(二) 参考题(附解答)

(A)

1. 证明：当 $x > 0$ 时，不等式 $\dfrac{x}{1+x} < \ln(1+x) < x$ 成立.

证：设 $f(x) = \ln(1+x)$.

当 $x > 0$ 时，$f(x)$ 在 $[0, x]$ 上满足拉格朗日定理的条件，因此有

$$f(x) - f(0) = f'(\xi)(x-0) \quad (0 < \xi < x)$$

而 $\quad f'(\xi) = \dfrac{1}{1+\xi}, \ f(0) = 0$

所以有 $\ln(1+x) = \dfrac{1}{1+\xi} \cdot x \quad (0 < \xi < x)$

由于 $\quad \dfrac{x}{1+x} < \dfrac{x}{1+\xi} < x$

因此对任何 $x > 0$ 有 $\dfrac{x}{1+x} < \ln(1+x) < x$.

2. 证明不等式 $1 - x + \dfrac{x^2}{2} > \mathrm{e}^{-x} > 1 - x \quad (x > 0)$.

证：(1) 设 $f(x) = \mathrm{e}^{-x}$.

当 $x > 0$ 时，$f(x)$ 在 $[0, x]$ 上满足拉格朗日定理的条件，因此有

$$\mathrm{e}^{-x} - \mathrm{e}^0 = -\mathrm{e}^{-\xi}(x-0) \quad (0 < \xi < x)$$

即 $\quad \dfrac{\mathrm{e}^{-x} - 1}{x} = -\mathrm{e}^{-\xi} > -1$

所以 $\quad \mathrm{e}^{-x} > 1 - x \, (x > 0)$

(2) 设 $g(x) = 1 - x + \dfrac{x^2}{2} - \mathrm{e}^{-x}$.

当 $x > 0$ 时，$g(x)$ 在 $[0, x]$ 上满足拉格朗日定理的条件，因此有

$$g'(\xi) = -1 + \xi + \mathrm{e}^{-\xi}$$
$$g(0) = 0$$

所以有 $\quad 1 - x + \dfrac{x^2}{2} - \mathrm{e}^{-x} = (-1 + \xi + \mathrm{e}^{-\xi})(x-0) \quad (0 < \xi < x)$

由(1) 知 $\mathrm{e}^{-\xi} - (1-\xi) > 0$，于是可得 $1 - x + \dfrac{x^2}{2} - \mathrm{e}^{-x} > 0$，从而有 $1 - x + \dfrac{x^2}{2} > \mathrm{e}^{-x}$.

由(1) 和(2)，对于 $x > 0$ 有 $1 - x + \dfrac{x^2}{2} > \mathrm{e}^{-x} > 1 - x$.

3. 设 $f''(x) > 0$，求证 $f(a+h) + f(a-h) \geqslant 2f(a)$.

证：不妨设 $h \geqslant 0$，利用拉格朗日定理

$$f(a+h) + f(a-h) - 2f(a)$$
$$= [f(a+h) - f(a)] + [f(a-h) - f(a)]$$
$$= f'(\xi_2)h - f'(\xi_1)h$$
$$= h[f'(\xi_2) - f'(\xi_1)]$$
$$= hf''(\xi)(\xi_2 - \xi_1)$$

其中 $\quad a - h < \xi_1 < a, \quad a < \xi_2 < a + h, \quad \xi_1 < \xi < \xi_2$

由题设 $\quad f''(\xi) > 0, \quad \xi_2 - \xi_1 > 0$

因此 $\quad f(a+h) + f(a-h) - 2f(a) \geqslant 0$

于是可得 $f(a+h) + f(a-h) \geqslant 2f(a)$

4. 求极限 $\lim\limits_{x \to 0} \dfrac{2^x + 2^{-x} - 2}{x^2}$.

解： $\lim\limits_{x \to 0} \dfrac{2^x + 2^{-x} - 2}{x^2} \xlongequal{\frac{0}{0}} \lim\limits_{x \to 0} \dfrac{2^x \ln 2 - 2^{-x} \ln 2}{2x}$

$$\xlongequal{\frac{0}{0}} \lim\limits_{x \to 0} \dfrac{2^x (\ln 2)^2 + 2^{-x} (\ln 2)^2}{2}$$

$$= (\ln 2)^2$$

5. 求极限 $\lim\limits_{x \to 0} (1 + x \mathrm{e}^x)^{\frac{1}{x}}$.

解： $\lim\limits_{x \to 0} (1 + x \mathrm{e}^x)^{\frac{1}{x}} \xlongequal{1^\infty} \lim\limits_{x \to 0} \mathrm{e}^{\frac{1}{x} \ln(1 + x\mathrm{e}^x)} = \mathrm{e}^{\lim\limits_{x \to 0} \frac{1}{x} \ln(1 + x\mathrm{e}^x)}$

其中 $\quad \lim\limits_{x \to 0} \dfrac{1}{x} \ln(1 + x\mathrm{e}^x) \xlongequal{0 \cdot \infty} \lim\limits_{x \to 0} \dfrac{\ln(1 + x\mathrm{e}^x)}{x}$

$$\xlongequal{\frac{0}{0}} \lim\limits_{x \to 0} \dfrac{\mathrm{e}^x + x\mathrm{e}^x}{1 + x\mathrm{e}^x} = 1$$

所以 $\quad \lim\limits_{x \to 0} (1 + x\mathrm{e}^x)^{\frac{1}{x}} = \mathrm{e}^1 = \mathrm{e}$

6. 求极限 $\lim\limits_{x \to +\infty} (x + \sqrt{1 + x^2})^{\frac{1}{x}}$.

解： $\lim\limits_{x \to +\infty} (x + \sqrt{1 + x^2})^{\frac{1}{x}} \xlongequal{\infty^0} \lim\limits_{x \to +\infty} \mathrm{e}^{\frac{1}{x} \ln(x + \sqrt{1+x^2})} = \mathrm{e}^{\lim\limits_{x \to +\infty} \frac{1}{x} \ln(x + \sqrt{1+x^2})}$

其中 $\quad \lim\limits_{x \to +\infty} \dfrac{1}{x} \ln(x + \sqrt{1 + x^2}) \xlongequal{0 \cdot \infty} \lim\limits_{x \to +\infty} \dfrac{\ln(x + \sqrt{1 + x^2})}{x}$

$$\xlongequal{\frac{\infty}{\infty}} \lim\limits_{x \to +\infty} \dfrac{1 + \dfrac{x}{\sqrt{1 + x^2}}}{x + \sqrt{1 + x^2}} = \lim\limits_{x \to +\infty} \dfrac{1}{\sqrt{1 + x^2}} = 0$$

所以 $\quad \lim\limits_{x \to +\infty} (x + \sqrt{1 + x^2})^{\frac{1}{x}} = \mathrm{e}^0 = 1$

7. 求极限 $\lim\limits_{x \to +\infty} \left(\dfrac{\pi}{2} - \arctan x \right)^{\frac{1}{\ln x}}$.

解： $\lim\limits_{x \to +\infty} \left(\dfrac{\pi}{2} - \arctan x \right)^{\frac{1}{\ln x}} \xlongequal{0^0} \lim\limits_{x \to +\infty} \mathrm{e}^{\frac{1}{\ln x} \left[\ln \left(\frac{\pi}{2} - \arctan x \right) \right]}$

$$= \mathrm{e}^{\lim\limits_{x \to +\infty} \frac{1}{\ln x} \left[\ln \left(\frac{\pi}{2} - \arctan x \right) \right]}$$

其中 $\quad \lim\limits_{x \to +\infty} \dfrac{1}{\ln x} \left[\ln \left(\dfrac{\pi}{2} - \arctan x \right) \right]$

$$\xlongequal{0 \cdot \infty} \lim\limits_{x \to +\infty} \dfrac{\ln \left(\dfrac{\pi}{2} - \arctan x \right)}{\ln x} \xlongequal{\frac{\infty}{\infty}} \lim\limits_{x \to +\infty} \dfrac{x \left(-\dfrac{1}{1 + x^2} \right)}{\dfrac{\pi}{2} - \arctan x}$$

$$= \lim\limits_{x \to +\infty} \dfrac{-x}{\left(\dfrac{\pi}{2} - \arctan x \right)(1 + x^2)}$$

$$= \lim_{x \to +\infty} \frac{-\dfrac{1}{x}}{\dfrac{\pi}{2} - \arctan x} \cdot \lim_{x \to +\infty} \frac{x^2}{1+x^2}$$

$$= \lim_{x \to +\infty} \frac{\dfrac{1}{x^2}}{-\dfrac{1}{1+x^2}} = -1$$

所以 $\quad \lim\limits_{x \to +\infty} \left(\dfrac{\pi}{2} - \arctan x \right)^{\frac{1}{\ln x}} = \mathrm{e}^{-1}$

8. 求极限 $\lim\limits_{x \to +\infty} x \left[\sin\ln\left(1+\dfrac{3}{x}\right) - \sin\ln\left(1+\dfrac{1}{x}\right) \right]$.

解： 令 $\dfrac{1}{x} = t$

$$\lim_{x \to +\infty} x \left[\sin\ln\left(1+\frac{3}{x}\right) - \sin\ln\left(1+\frac{1}{x}\right) \right]$$

$$= \lim_{t \to 0} \frac{\sin\ln(1+3t) - \sin\ln(1+t)}{t}$$

$$\xlongequal{\frac{0}{0}} \lim_{t \to 0} \left[\cos\ln(1+3t) \cdot \frac{3}{1+3t} - \cos\ln(1+t) \cdot \frac{1}{1+t} \right]$$

$$= \cos\ln(1+3\times 0) \times \frac{3}{1+3\times 0} - \cos\ln(1+0) \times \frac{1}{1+0} = 2$$

9. 求极限 $\lim\limits_{x \to 0} \left(\dfrac{\mathrm{e}^x + \mathrm{e}^{2x} + \cdots + \mathrm{e}^{nx}}{n} \right)^{\frac{1}{x}}$，其中 n 是给定正整数.

解： $\quad \lim\limits_{x \to 0} \left(\dfrac{\mathrm{e}^x + \mathrm{e}^{2x} + \cdots + \mathrm{e}^{nx}}{n} \right)^{\frac{1}{x}}$

$$= \lim_{x \to 0} \mathrm{e}^{\frac{1}{x} \ln \frac{\mathrm{e}^x + \mathrm{e}^{2x} + \cdots + \mathrm{e}^{nx}}{n}}$$

$$= \mathrm{e}^{\lim\limits_{x \to 0} \frac{1}{x} \ln \frac{\mathrm{e}^x + \mathrm{e}^{2x} + \cdots + \mathrm{e}^{nx}}{n}}$$

其中 $\quad \lim\limits_{x \to 0} \dfrac{1}{x} \ln \dfrac{\mathrm{e}^x + \mathrm{e}^{2x} + \cdots + \mathrm{e}^{nx}}{n}$

$$= \lim_{x \to 0} \frac{\ln(\mathrm{e}^x + \mathrm{e}^{2x} + \cdots + \mathrm{e}^{nx}) - \ln n}{x}$$

$$\xlongequal{\frac{0}{0}} \lim_{x \to 0} \frac{\mathrm{e}^x + 2\mathrm{e}^{2x} + \cdots + n\mathrm{e}^{nx}}{\mathrm{e}^x + \mathrm{e}^{2x} + \cdots + \mathrm{e}^{nx}}$$

$$= \frac{1 + 2 + \cdots + n}{n} = \frac{n+1}{2}$$

所以 $\quad \lim\limits_{x \to 0} \left(\dfrac{\mathrm{e}^x + \mathrm{e}^{2x} + \cdots + \mathrm{e}^{nx}}{n} \right)^{\frac{1}{x}} = \mathrm{e}^{\frac{n+1}{2}}$

10. 设 $b > a > \mathrm{e}$，证明：$a^b > b^a$.

证： 只需证 $b\ln a > a\ln b$.

设 $\quad f(x) = x\ln a - a\ln x \quad (x \geqslant a)$

$$f'(x) = \ln a - \frac{a}{x} > 1 - \frac{a}{x} \geqslant 0$$

所以 $f(x)$ 在 $x \geqslant a$ 时单调增加，因此 $f(b) > f(a)$.

而 $f(b) = b\ln a - a\ln b$, $f(a) = 0$, 于是得

$b\ln a - a\ln b > 0$, 即 $a^b > b^a$

11. 证明不等式 $e^x > ex$.

证: 设 $f(x) = e^x - ex$

$$f'(x) = e^x - e, \quad f''(x) = e^x$$

令 $f'(x) = 0$, 得 $x = 1$, 而 $f''(1) = e > 0$, 所以点 $x = 1$ 是 $f(x)$ 的极小值点, 因极值唯一, 所以也是最小值点. 而 $f(1) = 0$, 于是有 $f(x) \geqslant f(1) = 0$, 即得 $e^x \geqslant ex$.

12. 设 $f(x) = \dfrac{ax^2 + bx + a + 1}{x^2 + 1}$ 在点 $x = -\sqrt{3}$ 处取得极小值 0, 求 a, b 的值.

解: 因 $f(x) = \dfrac{ax^2 + bx + a + 1}{x^2 + 1} = a + \dfrac{bx + 1}{x^2 + 1}$

$$f'(x) = \frac{-bx^2 - 2x + b}{(x^2 + 1)^2}$$

根据题设, $f(x)$ 在点 $x = -\sqrt{3}$ 处取得极小值 0, 所以有

$$\begin{cases} f(-\sqrt{3}) = a + \dfrac{-\sqrt{3}b + 1}{4} = 0 \\[3mm] f'(-\sqrt{3}) = \dfrac{-3b + 2\sqrt{3} + b}{16} = 0 \end{cases}$$

解方程组, 得 $b = \sqrt{3}$, $a = \dfrac{1}{2}$.

容易验证, 当 $b = \sqrt{3}$, $a = \dfrac{1}{2}$ 时, $f''(-\sqrt{3}) > 0$, 即 $f(x)$ 在点 $x = -\sqrt{3}$ 处取得极小值.

13. 方程 $2y^3 - 2y^2 + 2xy - x^2 = 1$ 确定 y 是 x 的函数 $y = y(x)$, 讨论 $y = y(x)$ 的极值点.

解: $2y^3 - 2y^2 + 2xy - x^2 = 1$

方程两边对 x 求导

$$6y^2 y' - 4yy' + 2xy' + 2y - 2x = 0$$

即 $\quad 3y^2 y' - 2yy' + xy' + y - x = 0$

令 $y' = 0$, 得 $y = x$, 代入原方程, 有 $2x^3 - x^2 - 1 = 0$, 得 $x = 1$.

求 y'', 得 $(3y^2 - 2y + x)y'' + 2(3y - 1)(y')^2 + 2y' - 1 = 0$.

将 $x = 1$, $y = 1$, $y'\big|_{\substack{x=1 \\ y=1}} = 0$ 代入上式, 得 $y''\big|_{\substack{x=1 \\ y=1}} = \dfrac{1}{2} > 0$, 所以点 $(1, 1)$ 是 $y = y(x)$ 的极小值点.

14. 求函数 $y = x^{\frac{2}{3}} - (x^2 - 1)^{\frac{1}{3}}$ 在 $[0, 2]$ 上的最大值与最小值.

解: $y' = \dfrac{2}{3}x^{-\frac{1}{3}} - \dfrac{1}{3}(x^2 - 1)^{-\frac{2}{3}} \cdot 2x = \dfrac{2}{3\sqrt[3]{x}} - \dfrac{2x}{3\sqrt[3]{(x^2 - 1)^2}}$

$$= \frac{2\left[(x^2-1)^{\frac{2}{3}} - x^{\frac{4}{3}}\right]}{3\sqrt[3]{x(x^2-1)^2}}$$

令 $y'=0$, 得 $x=\pm\frac{1}{\sqrt{2}}$. $x=-\frac{1}{\sqrt{2}}$ 在 $[0,2]$ 之外, 舍去, 故得唯一驻点 $x=\frac{1}{\sqrt{2}}$.

令 $\frac{1}{y'}=0$, 得 $x=0$, $x=\pm1$. $x=-1$ 在 $[0,2]$ 之外, 舍去. $x=0$ 及 $x=1$ 为函数 y 的连续但不可导点.

求驻点、连续但不可导点及区间端点的函数值:

$$y\Big|_{x=\frac{1}{\sqrt{2}}} = \sqrt[3]{4}, \quad y\Big|_{x=0} = 1, \quad y\Big|_{x=1} = 1, \quad y\Big|_{x=2} = \sqrt[3]{4} - \sqrt[3]{3}$$

比较上面各值, 可得:

$$y = x^{\frac{2}{3}} - (x^2-1)^{\frac{1}{3}} \text{ 在 } [0,2] \text{ 上的最大值为 } y\Big|_{x=\frac{1}{\sqrt{2}}} = \sqrt[3]{4}, \text{ 最小值为 } y\Big|_{x=2} = \sqrt[3]{4} - \sqrt[3]{3}.$$

15. 讨论函数 $y = x + \arctan x$ 的定义域、增减区间、凹向、拐点及渐近线, 并作出函数的图形.

解: (1) 定义域: $(-\infty, +\infty)$.

(2) 奇偶性: $y(-x) = -x + \arctan(-x) = -(x+\arctan x) = -y(x)$, 所以函数为奇函数, 图形关于原点对称.

(3) $y' = 1 + \frac{1}{1+x^2} = \frac{2+x^2}{1+x^2} > 0$, 无极值, 函数单调增加.

(4) $y'' = \frac{-2x}{(1+x^2)^2}$, 由 $y''=0$ 得 $x=0$.

在 $(-\infty, 0)$ 内, $y'' > 0$, 曲线上凹; 在 $(0, +\infty)$ 内, $y'' < 0$, 曲线下凹. $(0,0)$ 点为曲线拐点.

(5) $\lim\limits_{x\to+\infty}(x+\arctan x) = +\infty$, $\lim\limits_{x\to-\infty}(x+\arctan x) = -\infty$

曲线没有水平渐近线.

$y = x + \arctan x$ 为连续函数, 无间断点, 所以也没有铅垂渐近线.

$$k = \lim_{x\to\infty}\frac{x+\arctan x}{x} = \lim_{x\to\infty}\left(1+\frac{\arctan x}{x}\right) = 1+0 = 1$$

$$b_1 = \lim_{x\to+\infty}(x+\arctan x - x)$$

$$= \lim_{x\to+\infty}\arctan x = \frac{\pi}{2}$$

$$b_2 = \lim_{x\to-\infty}(x+\arctan x - x)$$

$$= \lim_{x\to-\infty}\arctan x = -\frac{\pi}{2}$$

所以曲线有两条斜渐近线

$$y = x + \frac{\pi}{2} \quad \text{与} \quad y = x - \frac{\pi}{2}$$

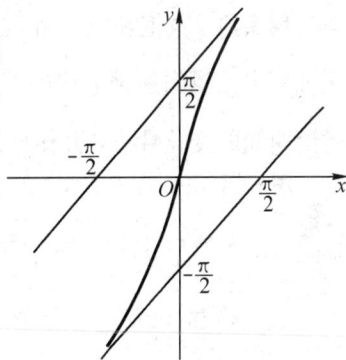

图 4—16

(6) 函数图形如图 4—16 所示.

16. 讨论函数 $y = \dfrac{x}{\ln x}$ 的定义域、增减区间、极值、凹向、拐点及渐近线,并作出函数的图形.

解: (1) 定义域:$(0, 1) \bigcup (1, +\infty)$.

(2) $y' = \dfrac{\ln x - 1}{(\ln x)^2}$,令 $y' = 0$,得 $x = e$.

(3) $y'' = \dfrac{2 - \ln x}{x(\ln x)^3}$,令 $y'' = 0$,得 $x = e^2$.

结果见表 4—25.

表 4—25

x	$(0, 1)$	1	$(1, e)$	e	(e, e^2)	e^2	$(e^2, +\infty)$
y'	$-$	∞	$-$	0	$+$	$+$	$+$
y''	$-$	∞	$+$		$+$	0	$-$
y	↘ $\cap$	间断点	↘ $\cup$	e 极小值	↗ $\cup$	$\dfrac{e^2}{2}$ 拐点	↗ $\cap$

(4) $\lim\limits_{x \to 1} \dfrac{x}{\ln x} = \infty$,所以 $x = 1$ 是铅垂渐近线.

$$\lim_{x \to +\infty} \frac{x}{\ln x} = \lim_{x \to +\infty} x = +\infty,$$

所以无水平渐近线.

$$\lim_{x \to +\infty} \frac{\frac{x}{\ln x}}{x} = \lim_{x \to +\infty} \frac{1}{\ln x} = 0,$$

所以无斜渐近线.

(5) 图形经过点 $\left(2, \dfrac{2}{\ln 2}\right)$,$(e, e)$,$\left(e^2, \dfrac{e^2}{2}\right)$,….

(6) 函数图形如图 4—17 所示.

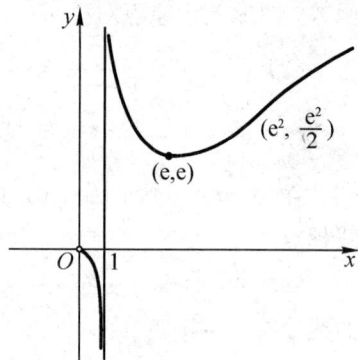

图 4—17

17. 在经济学及其他很多实际问题中,当变量的增长率与现实值 y 及饱和值 N 和现实值之差 $N - y$ 都成正比时,这种变量按逻辑斯蒂曲线的方程变化,其方程为 $y = \dfrac{N}{1 + be^{-ax}}$,当 $a = 2$,$b = e$,$N = 1$ 时,讨论曲线的变化性态,并作出图形.

解: 当 $a = 2$,$b = e$,$N = 1$ 时逻辑斯蒂曲线的方程为

$$y = \frac{1}{1 + ee^{-2x}} = \frac{1}{1 + e^{1-2x}}$$

$$y' = \frac{2e^{1-2x}}{(1 + e^{1-2x})^2} > 0$$

$$y'' = \frac{4e^{1-2x}(e^{1-2x} - 1)}{(1 + e^{1-2x})^3}$$

令 $y'' = 0$,得 $x = \dfrac{1}{2}$.

列表如表 4—26 所示.

表 4—26

x	$(-\infty, \frac{1}{2})$	$\frac{1}{2}$	$(\frac{1}{2}, +\infty)$
y'	+	+	+
y''	+	0	−
y	↗ ∪	拐点 $(\frac{1}{2}, \frac{1}{2})$	↗ ∩

$$\lim_{x \to -\infty} y = \lim_{x \to -\infty} \frac{1}{1 + e^{1-2x}} = 0, \quad \lim_{x \to +\infty} y = \lim_{x \to +\infty} \frac{1}{1 + e^{1-2x}} = 1$$

所以有两条水平渐近线 $y = 0$ 及 $y = 1$.

其图形如图 4—18 所示:

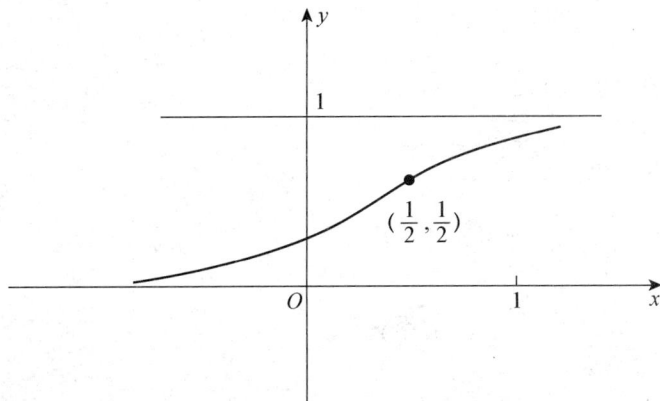

图 4—18

(B)

1. 若 $\lim\limits_{x \to 0} \dfrac{\sin 2x + e^{2ax} - 1}{x} = a \neq 0$, 则 $a = [\qquad]$.

(A) -2 (B) 2 (C) -1 (D) 1

解: $\lim\limits_{x \to 0} \dfrac{\sin 2x + e^{2ax} - 1}{x} \overset{\frac{0}{0}}{=\!=} \lim\limits_{x \to 0} \dfrac{2\cos 2x + 2ae^{2ax}}{1} = 2 + 2a$

根据题设 $2 + 2a = a$, 所以 $a = -2$.

故本题应选(A).

2. 函数 $y = e^{|x|}$ 在点 $x = 0$ 处$[\qquad]$.

(A) 可导, 有极小值   (B) 可导, 有极大值

(C) 不可导, 有极小值   (D) 不可导, 有极大值

解: $y = y(x) = \begin{cases} e^{-x}, & x < 0 \\ e^{x}, & x \geqslant 0 \end{cases}$

$$\lim_{x \to 0} y(x) = \lim_{x \to 0} e^{|x|} = 1 = y(0)$$

$$y'_-(0) = \lim_{x \to 0^-} \frac{e^{-x} - 1}{x} \overset{\frac{0}{0}}{=\!=\!=} \lim_{x \to 0^-} \frac{-e^{-x}}{1} = -1$$

$$y'_+(0) = \lim_{x \to 0^+} \frac{e^x - 1}{x} \overset{\frac{0}{0}}{=\!=\!=} \lim_{x \to 0^+} \frac{e^x}{1} = 1$$

$y'_-(0) \ne y'_+(0)$，所以 $f(x)$ 在点 $x = 0$ 处连续，但不可导.

$$y' = y'(x) = \begin{cases} -e^{-x}, & x < 0 \\ e^x, & x > 0 \end{cases}$$

当 $x < 0$ 时，$y' < 0$，当 $x > 0$ 时，$y' > 0$，所以函数 $y = e^{|x|}$ 在点 $x = 0$ 处有极小值. 故本题应选(C).

本题亦可作出函数 $y = e^{|x|}$ 的图形(如图4—19所示)，从图形上直接得出结论.

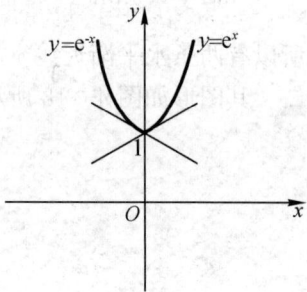

3. $\lim\limits_{x \to a} \dfrac{f(x) - f(a)}{(x-a)^2} = -1$，则在点 $x = a$ 处[   ].

(A) $f'(a)$ 不存在

(B) $f'(a)$ 存在，但不等于零

(C) $f(a)$ 为极大值

(D) $f(a)$ 为极小值

图 4—19

解：由 $\lim\limits_{x \to a} \dfrac{f(x) - f(a)}{(x-a)^2} = \lim\limits_{x \to a} \dfrac{\dfrac{f(x) - f(a)}{x - a}}{x - a} = -1$，必有

$$\lim_{x \to a} \frac{f(x) - f(a)}{x - a} = 0, \quad 即 \ f'(a) = 0$$

又由 $\lim\limits_{x \to a} \dfrac{f(x) - f(a)}{(x-a)^2} = -1$ 可知，在点 $x = a$ 的某邻域 $f(x) < f(a)$，所以 $f(a)$ 为极大值.

故本题应选(C).

4. 函数 $y = 12x^5 + 15x^4 - 40x^3$ 有[   ].

(A) 四个极值点，三个拐点   (B) 两个极值点，三个拐点

(C) 两个极值点，一个拐点   (D) 没有极值点，一个拐点

解：$y' = 60x^4 + 60x^3 - 120x^2 = 60x^2(x-1)(x+2)$

令 $y' = 0$，得驻点 $x = 0$，$x = 1$，$x = -2$.

x 经过 $x = 0$ 左右邻近处时 y' 符号不改变，故函数 y 在点 $x = 0$ 处没有极值. x 经过点 $x = 1$ 及 $x = -2$ 左右邻近处时 y' 符号改变，故函数 y 在点 $x = 1$ 及 $x = -2$ 处有两个极值.

$$y'' = 60x(4x^2 + 3x - 4)$$

令 $y'' = 0$，得 $x = 0$，$x = \dfrac{-3 \pm \sqrt{73}}{8}$，$x$ 经过 $x = 0$ 及 $x = \dfrac{-3 \pm \sqrt{73}}{8}$ 左右邻近处时 y'' 符号改变，所以函数 y 有三个拐点.

故本题应选(B).

5. 若 $f(-x) = f(x)(-\infty < x < +\infty)$，已知在 $(-\infty, 0)$ 内有 $f'(x) > 0$ 且 $f''(x) < 0$，

那么在 $(0,+\infty)$ 内 [　　].

(A) 函数单调增加,图形下凹　　　(B) 函数单调增加,图形上凹

(C) 函数单调减少,图形下凹　　　(D) 函数单调减少,图形上凹

解: 由题设 $f(-x)=f(x)$ 知,函数为偶函数,图形关于 y 轴对称,即在 $(0,+\infty)$ 内的图形与在 $(-\infty,0)$ 内的图形关于 y 轴对称. 又根据题设知 $f(x)$ 在 $(-\infty,0)$ 内函数单调增加,图形下凹,与之关于 y 轴对称的图形必为函数单调减少,图形下凹.

故本题应选(C).

6. 设 $f'(x_0)=f''(x_0)=0$,$f'''(x_0)>0$,则下列结论正确的是 [　　].

(A) $f'(x_0)$ 是 $f'(x)$ 的极大值

(B) $f(x_0)$ 是 $f(x)$ 的极大值

(C) $f(x_0)$ 是 $f(x)$ 的极小值

(D) $(x_0,f(x_0))$ 是曲线 $y=f(x)$ 的拐点

解: 由 $f''(x_0)=0$,$f'''(x_0)>0$ 可知,$f'(x_0)$ 是 $f'(x)$ 的极小值,排除(A). 由 $f'(x_0)$ 是 $f'(x)$ 的极小值可知,在 x_0 的某邻域内,$f'(x)>f'(x_0)$,即 $f'(x)>0$ ($x\neq x_0$). 那么 $f(x)$ 在 x_0 的某邻域内单调增加,故 $f(x_0)$ 不是 $f(x)$ 的极值,故排除(B),(C).

对于(D),

$$f'''(x_0)=\lim_{x\to x_0}\frac{f''(x)-f''(x_0)}{x-x_0}=\lim_{x\to x_0}\frac{f''(x)}{x-x_0}>0$$

可见,在 x_0 的某邻域内,当 $x<x_0$ 时,$f''(x)<0$,当 $x>x_0$ 时,$f''(x_0)>0$,故 $(x_0,f(x_0))$ 是曲线 $y=f(x)$ 的拐点.

故本题应选(D).

7. 设 $f'(x)=(x-1)(2x+1)$,$x\in(-\infty,+\infty)$,则在 $\left(\dfrac{1}{2},1\right)$ 内 [　　].

(A) $f(x)$ 单调增加,曲线上凹　　　(B) $f(x)$ 单调减少,曲线上凹

(C) $f(x)$ 单调增加,曲线下凹　　　(D) $f(x)$ 单调减少,曲线下凹

解: $f'(x)=(x-1)(2x+1)$

$$f''(x)=(2x+1)+2(x-1)=4x-1$$

在 $\left(\dfrac{1}{2},1\right)$ 内,$f'(x)<0$,$f''(x)>0$,所以 $f(x)$ 单调减少,曲线上凹.

故本题应选(B).

8. 曲线 $y=a-(x-b)^{\frac{1}{3}}$ [　　].

(A) 上凹,没有拐点　　　(B) 下凹,没有拐点

(C) 有拐点 (b,a)　　　(D) 有拐点 (a,b)

解: $y'=-\dfrac{1}{3}(x-b)^{-\frac{2}{3}}$,　$y''=\dfrac{2}{9}(x-b)^{-\frac{5}{3}}$

令 $\dfrac{1}{y''}=0$,得 $x=b$.

当 $x<b$ 时,$y''<0$,曲线下凹.

当 $x>b$ 时,$y''>0$,曲线上凹.

当 $x = b$ 时，$y = a$，$y''(b)$ 不存在，但函数在点 $x = b$ 处连续，所以点 (b, a) 为曲线的拐点.

故本题应选(C).

9. 如果点 $(0, 1)$ 是曲线 $y = ax^3 + bx^2 + c$ 的一个拐点，则有[ ].

(A) $a = 0, b \neq 0, c = 1$　　　　(B) $a \neq 0, b = 0, c = 1$

(C) a, b 为任意实数，$c = 1$　　(D) $a \neq 0, b \neq 0, c$ 为任意实数

解： 将 $x = 0, y = 1$ 代入题设函数表达式，可得 $c = 1$.
$$y' = 3ax^2 + 2bx, \quad y'' = 6ax + 2b$$

由 $y''\big|_{x=0} = 0$，有 $2b = 0$，可得 $b = 0$.

当 $b = 0$ 且 $a = 0$ 时，曲线 $y = 1$ 无拐点，所以 $a \neq 0, b = 0$.

故本题应选(B).

10. 设函数 $f(x) = x^3 + ax^2 + bx + c$，且 $f(0) = f'(0) = 0$，则下列结论错误的是[ ].

(A) $b = c = 0$　　　　　　(B) 当 $a > 0$ 时，$f(0)$ 为极小值

(C) 当 $a < 0$ 时，$f(0)$ 为极大值　(D) 当 $a \neq 0$ 时，$(0, f(0))$ 为拐点

解： $f(x) = x^3 + ax^2 + bx + c$
$$f'(x) = 3x^2 + 2ax + b$$
$$f''(x) = 6x + 2a$$

由 $f(0) = 0$，可得 $c = 0$；由 $f'(0) = 0$，可得 $b = 0$.

当 $a > 0$ 时，$f''(0) > 0$，所以 $f(0)$ 为极小值.

当 $a < 0$ 时，$f''(0) < 0$，所以 $f(0)$ 为极大值.

当 $a \neq 0$ 时，$f''(0) = 2a \neq 0$.

因为 $f(x)$ 为多项式函数，在 $(-\infty, +\infty)$ 内二阶可导，拐点必在 $f''(0) = 0$ 处取得，所以点 $(0, f(0))$ 不是曲线 $f(x)$ 的拐点.

故本题应选(D).

11. 设 $f(x) = e^x - kx \ (k > 0)$，那么在 $(-\infty, +\infty)$ 内[ ].

(A) $f(x)$ 单调增加　　　　　(B) $f(x)$ 有极大值

(C) $f(x)$ 有极小值　　　　　(D) $f(x)$ 有一个拐点

解： $f'(x) = e^x - k$，令 $f'(x) = 0$，得 $x = \ln k$.

$f''(x) = e^x$，$f''(\ln k) = k > 0$，所以 $f(x)$ 在 $x = \ln k$ 处取得极小值.

$f(x)$ 显然不单调，亦无极大值，且由 $f''(x) = e^x > 0$，曲线上凹，无拐点.

故本题应选(C).

12. 函数 $f(x) = |\ln x|$，点 $x = 1$ 不是 $f(x)$ 的[ ].

(A) 零点　　　(B) 驻点　　　(C) 极值点　　　(D) 拐点

解：(A) $f(1) = 0$，所以点 $x = 1$ 是 $f(x)$ 的零点.

(B) $f(x) = \begin{cases} -\ln x, & 0 < x < 1 \\ \ln x, & x \geq 1 \end{cases}$

$$\lim_{x \to 1^-} f(x) = \lim_{x \to 1^+} f(x) = 0 = f(1)，所以在点 x = 1 处，f(x) 连续.$$

$$f'_-(1) = \lim_{x \to 1^-} \frac{-\ln x - 0}{x - 1} \overset{\frac{0}{0}}{=} \lim_{x \to 1^-} \frac{-\dfrac{1}{x}}{1} = -1$$

$$f'_+(1) = \lim_{x \to 1^+} \frac{\ln x - 0}{x - 1} \overset{\frac{0}{0}}{=} \lim_{x \to 1^+} \frac{\dfrac{1}{x}}{1} = 1$$

$f'_-(1) \neq f'_+(1)$，所以 $f(x)$ 在点 $x = 1$ 处不可导，故 $x = 1$ 不是 $f(x)$ 的驻点.

故本题应选(B).

(C) $f'(x) = \begin{cases} -\dfrac{1}{x}, & 0 < x < 1 \\ \dfrac{1}{x}, & x > 1 \end{cases}$

$f'(1)$ 不存在，但 $f(x)$ 在点 $x = 1$ 处连续，且当 $0 < x < 1$ 时，$f'(x) < 0$，当 $x > 1$ 时，$f'(x) > 0$，所以 $f(x)$ 在点 $x = 1$ 处取得极小值.

(D) $f''(x) = \begin{cases} \dfrac{1}{x^2}, & 0 < x < 1 \\ -\dfrac{1}{x^2}, & x > 1 \end{cases}$

$f''(1)$ 不存在，但 $f(x)$ 在点 $x = 1$ 处连续，且当 $0 < x < 1$ 时，$f''(x) > 0$，当 $x > 1$ 时，$f''(x) < 0$，所以点 $(1, 0)$ 为 $f(x)$ 的拐点.

13. 关于函数 $y = f(x)$，下列结论正确的是〔　　〕.

(A) 若 $f'(x_0) = 0$（$f''(x_0) = 0$），则点 $(x_0, f(x_0))$ 必是 $f(x)$ 的极值点（拐点）

(B) 若 $f'(x_0) = f''(x_0) = 0$，那么点 x_0 既是 $f(x)$ 的极值点，又是拐点

(C) 一个点不可能既是极值点，又是拐点

(D) 上述(A)，(B)，(C) 三个结论均不正确

解：(A) $f'(x_0) = 0$（$f''(x_0) = 0$）只是一阶（二阶）可导函数在点 $x = x_0$ 处有极值（拐点）的必要条件，非充分条件.

例如，$y = x^3$（$y = x^4$），有 $y'\big|_{x=0} = 0$（$y''\big|_{x=0} = 0$），但点 $x = 0$ 不是 $y = x^3$（$y = x^4$）的极值点（拐点）.

(B) 反例：$y = x^3$，$y'\big|_{x=0} = y''\big|_{x=0} = 0$，在点 $x = 0$ 处 $y = x^3$ 有拐点但不是极值点；

$y = x^4$，$y'\big|_{x=0} = y''\big|_{x=0} = 0$，点 $x = 0$ 是 $y = x^4$ 的极值点但不是拐点.

(C) 一个点有可能既是函数的极值点又是函数的拐点.

例如，$y = |\ln x|$ 在点 $(1, 0)$ 处既有极小值又是拐点；$y = \begin{cases} \sqrt{x}, & 0 \leqslant x < 1 \\ \dfrac{1}{x}, & x \geqslant 1 \end{cases}$ 在点 $(1, 1)$

处既有极大值又是拐点.

故本题应选(D).

14. 设 $f(x) = \begin{cases} -x, & x \leqslant -1 \\ \sqrt{x+2}, & x > -1 \end{cases}$，则在 $x = -1$ 处，下列关于 $f(x)$ 的结论不正确的是[ ].

(A) 连续   (B) 可导

(C) 取得极小值   (D) 取得最小值

解：(A) $\lim\limits_{x \to -1^-} f(x) = \lim\limits_{x \to -1^-} (-x) = 1$

$\qquad \lim\limits_{x \to -1^+} f(x) = \lim\limits_{x \to -1^+} \sqrt{x+2} = 1$

$\qquad \lim\limits_{x \to -1} f(x) = 1 = f(-1)$，因而 $f(x)$ 在 $x = -1$ 处连续.

(B) $f'_-(-1) = \lim\limits_{x \to -1^-} \dfrac{f(x) - f(-1)}{x+1} = \lim\limits_{x \to -1^-} \dfrac{-x-1}{x+1} = -1$

$\qquad f'_+(-1) = \lim\limits_{x \to -1^+} \dfrac{f(x) - f(-1)}{x+1} = \lim\limits_{x \to -1^+} \dfrac{\sqrt{x+2}-1}{x+1}$

$\qquad\qquad = \lim\limits_{x \to -1^+} \dfrac{x+1}{(x+1)(\sqrt{x+2}+1)} = \dfrac{1}{2}$

$\qquad f'_-(-1) \neq f'_+(-1)$

所以在 $x = -1$ 处 $f(x)$ 不可导.

故本题应选(B).

(C), (D) $f'(x) = \begin{cases} -1, & x < -1 \\ \dfrac{1}{2\sqrt{x+2}}, & x > -1 \end{cases}$

$\qquad x < -1,\ f'(x) < 0;\ x > -1,\ f'(x) > 0$

所以 $f(x)$ 在 $x = -1$ 处取得极小值，且在 $f(x)$ 的定义域内只有唯一的极小值，无极大值，因而此极小值即最小值.

15. 曲线 $y = \dfrac{1 + \mathrm{e}^{-x^2}}{1 - \mathrm{e}^{-x^2}}$ [ ].

(A) 没有渐近线   (B) 仅有水平渐近线

(C) 仅有铅垂渐近线   (D) 既有铅垂渐近线，又有水平渐近线

解：因为 $\lim\limits_{x \to \infty} \dfrac{1 + \mathrm{e}^{-x^2}}{1 - \mathrm{e}^{-x^2}} = 1$，所以 $y = 1$ 为水平渐近线；又因为 $\lim\limits_{x \to 0} \dfrac{1 + \mathrm{e}^{-x^2}}{1 - \mathrm{e}^{-x^2}} = \infty$，所以 $x = 0$ 为铅垂渐近线.

故本题应选(D).

16. 曲线 $y = \mathrm{e}^{\frac{1}{x^2}} \arctan \dfrac{x^2 + x + 1}{(x-1)(x+2)}$ [ ].

(A) 只有一条铅垂渐近线 $x = 0$

(B) 共有三条铅垂渐近线 $x = 0$，$x = 1$，$x = -2$

(C) 只有一条水平渐近线 $y = \dfrac{\pi}{4}$

(D) 有一条铅垂渐近线 $x = 0$ 及一条水平渐近线 $y = \dfrac{\pi}{4}$

解: $\lim\limits_{x\to\infty}e^{\frac{1}{x^2}}\arctan\dfrac{x^2+x+1}{(x-1)(x+2)}=e^0\arctan 1=\dfrac{\pi}{4}$

所以 $y=\dfrac{\pi}{4}$ 是一条水平渐近线.

$$\lim\limits_{x\to 0}e^{\frac{1}{x^2}}\arctan\dfrac{x^2+x+1}{(x-1)(x+2)}=-\infty$$

所以 $x=0$ 是一条铅垂渐近线.

$$\lim\limits_{x\to 1^+}y=\dfrac{\pi}{2}e,\qquad \lim\limits_{x\to 1^-}y=-\dfrac{\pi}{2}e$$

$$\lim\limits_{x\to -2^+}y=-\dfrac{\pi}{2}\sqrt[4]{e},\qquad \lim\limits_{x\to -2^-}y=\dfrac{\pi}{2}\sqrt[4]{e}$$

所以 $x=1$ 及 $x=-2$ 均非渐近线.

故本题应选(D).

17. 关于函数 $y=\sqrt{\dfrac{x-1}{x+1}}$ 的说法正确的是[   ].

(A) 定义域为 $(-\infty,-1)\bigcup(1,+\infty)$

(B) 因 $y'=\dfrac{1}{\sqrt{(x+1)^3(x-1)}}$,点 $x=1$ 为间断点,在点 $x=1$ 处 y 有不可微的极值点

(C) 因 $y''=\dfrac{-(2x-1)}{\sqrt{(x+1)^5(x-1)^3}}$,点 $x=\dfrac{1}{2}$ 处有拐点

(D) $x=-1$ 为铅垂渐近线,$y=1$ 为水平渐近线

解:(A) 给定函数的定义域要求满足

$$\begin{cases}x-1\geqslant 0\\ x+1>0\end{cases}\quad\text{或}\quad\begin{cases}x-1\leqslant 0\\ x+1<0\end{cases}$$

即

$$\begin{cases}x\geqslant 1\\ x>-1\end{cases}\quad\text{或}\quad\begin{cases}x\leqslant 1\\ x<-1\end{cases}$$

即　　$x\geqslant 1$　或　$x<-1$

所以给定函数的定义域为 $(-\infty,-1)\bigcup[1,+\infty)$.

(B) $y'=\dfrac{1}{\sqrt{(x+1)^3(x-1)}}$,$x=1$ 为区间端点,不可能是极值点.

(C) $y''=\dfrac{-(2x-1)}{\sqrt{(x+1)^5(x-1)^3}}$,令 $y''=0$,得

$x=\dfrac{1}{2}$,不属于函数定义域,故函数无拐点.

(D) $\lim\limits_{x\to -1^-}y=+\infty$,所以 $x=-1$ 为铅垂渐近

线,$\lim\limits_{x\to\infty}y=1$,所以 $y=1$ 为水平渐近线.

故本题应选(D).

函数图形如图 4—20 所示.

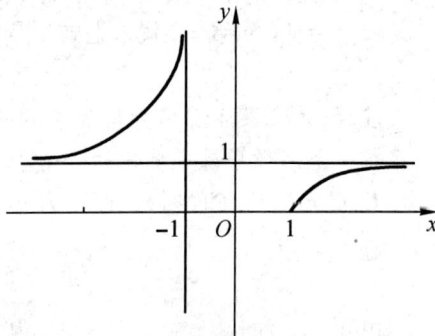

图 4—20

第五章　不定积分

（一）习题解答与注释

（A）

1. 已知曲线 $y = f(x)$ 在任一点 x 处的切线斜率为 k（k 为常数），求曲线的方程.

解： $y = f(x)$ 在任一点 x 处的斜率为 k，即 $y' = f'(x) = k$，因此有

$$y = \int k \mathrm{d}x = kx + C$$

故所求曲线方程为 $y = kx + C$（C 为任意常数）.

注释： 已知一个函数求导（函）数，其结果是唯一的，是一个函数；已知一个函数，求不定积分，其结果不是唯一的，是无穷多个函数.

第 1 题在任意点 x 处切线斜率为 k 的曲线有无穷多条，是一个曲线族，故答案中含有任意常数 C.

2. 已知函数 $y = f(x)$ 的导数等于 $x + 2$，且 $x = 2$ 时 $y = 5$，求这个函数.

解： 导数等于 $x + 2$ 的函数有

$$y = \int (x + 2) \mathrm{d}x = \frac{1}{2} x^2 + 2x + C \quad （C \text{ 为任意常数}）$$

将 $x = 2$，$y = 5$ 代入上式，得 $C = -1$，故所求函数方程为

$$y = \frac{1}{2} x^2 + 2x - 1$$

3. 已知曲线上任一点的切线斜率为 $2x$，并且曲线经过点 $(1, -2)$，求此曲线的方程.

解： 任一点 x 处斜率为 $2x$ 的曲线族方程为

$$y = \int 2x \mathrm{d}x = x^2 + C \quad （C \text{ 为任意常数}）$$

将 $x = 1$，$y = -2$ 代入上式，得 $C = -3$，故所求曲线方程为

$$y = x^2 - 3$$

注释： 第 2 题和第 3 题均为求不定积分，但都给定了一个初始条件，根据这个条件可以从无穷多个函数中确定其中的一个，故答案唯一.

4. 已知质点在时刻 t 的速度为 $v = 3t - 2$，且 $t = 0$ 时距离 $s = 5$，求此质点的运动方程.

解： $s = \int v \mathrm{d}t = \int (3t - 2) \mathrm{d}t = \frac{3}{2} t^2 - 2t + C$

已知 $t = 0$ 时 $s = 5$，代入上式，得 $C = 5$，所以可得该动点的运动方程为 $s = \frac{3}{2} t^2 - 2t + 5$.

5. 已知质点在时刻 t 的加速度为 $a = t^2 + 1$，且当 $t = 0$ 时，速度 $v = 1$，距离 $s = 0$，求此质点的运动方程.

解： 因 $s' = v$， $v' = a$

所以 $\quad v = \int a \mathrm{d}t = \int (t^2 + 1) \mathrm{d}t = \dfrac{t^3}{3} + t + C$

已知当 $t = 0$ 时，$v = 1$，代入上式，得 $C = 1$，于是可得

$$v = \frac{t^3}{3} + t + 1$$

那么 $\quad s = \int v \mathrm{d}t = \int \left(\dfrac{t^3}{3} + t + 1 \right) \mathrm{d}t = \dfrac{t^4}{12} + \dfrac{t^2}{2} + t + C_1$

已知当 $t = 0$ 时 $s = 0$，代入上式，得 $C_1 = 0$，于是得出质点的运动方程为

$$s = \frac{t^4}{12} + \frac{t^2}{2} + t$$

6. 已知某产品产量的变化率是时间 t 的函数 $f(t) = at + b$（a，b 是常数），设此产品 t 时的产量函数为 $P(t)$，已知 $P(0) = 0$，求 $P(t)$.

解： $P(t) = \int f(t) \mathrm{d}t = \int (at + b) \mathrm{d}t = \dfrac{a}{2} t^2 + bt + C$

已知 $P(0) = 0$，将 $t = 0$，$P(t) = 0$ 代入上式，得 $C = 0$. 所以可得

$$P(t) = \frac{a}{2} t^2 + bt$$

7. 求下列不定积分：

(1) $\displaystyle\int (1 - 3x^2) \mathrm{d}x$ 　　　　　 (2) $\displaystyle\int (2^x + x^2) \mathrm{d}x$

(3) $\displaystyle\int \left(\sqrt[3]{x} - \dfrac{1}{\sqrt{x}} \right) \mathrm{d}x$ 　　　 (4) $\displaystyle\int \left(\dfrac{x}{2} - \dfrac{1}{x} + \dfrac{3}{x^3} - \dfrac{4}{x^4} \right) \mathrm{d}x$

(5) $\displaystyle\int \sqrt{x} (x - 3) \mathrm{d}x$ 　　　 (6) $\displaystyle\int \dfrac{(t+1)^3}{t^2} \mathrm{d}t$

(7) $\displaystyle\int \dfrac{x^2 + \sqrt{x^3} + 3}{\sqrt{x}} \mathrm{d}x$ 　　 (8) $\displaystyle\int \dfrac{x^2}{x^2 + 1} \mathrm{d}x$

(9) $\displaystyle\int \sin^2 \dfrac{u}{2} \mathrm{d}u$ 　　　　 (10) $\displaystyle\int \cot^2 x \mathrm{d}x$

(11) $\displaystyle\int \dfrac{\cos 2x}{\cos x + \sin x} \mathrm{d}x$ 　　 (12) $\displaystyle\int \sqrt{x \sqrt{x \sqrt{x}}} \mathrm{d}x$

(13) $\displaystyle\int \dfrac{\mathrm{e}^{2t} - 1}{\mathrm{e}^t - 1} \mathrm{d}t$ 　　　　 (14) $\displaystyle\int \dfrac{\mathrm{d}x}{x^2 (1 + x^2)}$

解： (1) $\displaystyle\int (1 - 3x^2) \mathrm{d}x = \int 1 \mathrm{d}x - 3 \int x^2 \mathrm{d}x = x - x^3 + C$

(2) $\displaystyle\int (2^x + x^2) \mathrm{d}x = \int 2^x \mathrm{d}x + \int x^2 \mathrm{d}x = \dfrac{2^x}{\ln 2} + \dfrac{x^3}{3} + C$

(3) $\displaystyle\int \left(\sqrt[3]{x} - \dfrac{1}{\sqrt{x}} \right) \mathrm{d}x = \int \sqrt[3]{x} \mathrm{d}x - \int \dfrac{1}{\sqrt{x}} \mathrm{d}x = \int x^{\frac{1}{3}} \mathrm{d}x - \int x^{-\frac{1}{2}} \mathrm{d}x$

$$= \frac{3}{4}x^{\frac{4}{3}} - 2x^{\frac{1}{2}} + C$$

(4) $\int \left(\frac{x}{2} - \frac{1}{x} + \frac{3}{x^3} - \frac{4}{x^4} \right) \mathrm{d}x$

$$= \frac{1}{2}\int x\mathrm{d}x - \int \frac{\mathrm{d}x}{x} + 3\int x^{-3}\mathrm{d}x - 4\int x^{-4}\mathrm{d}x$$

$$= \frac{x^2}{4} - \ln|x| - \frac{3}{2}x^{-2} + \frac{4}{3}x^{-3} + C$$

$$= \frac{x^2}{4} - \ln|x| - \frac{3}{2x^2} + \frac{4}{3x^3} + C$$

注释：第 7 题中的各小题都属于基本积分法的应用，就是利用基本积分公式和积分运算法则直接求不定积分. 但有时并不是被积函数一开始就符合基本公式，需要对被积函数做适当的恒等变换. 如用代数运算或三角公式等关系对被积函数进行变形，使变形后的被积函数能直接利用基本公式和运算法则求出不定积分.

第 (1) ～ (4) 题为代数和的积分，可直接利用运算法则和基本公式求不定积分.

(5) $\int \sqrt{x}(x-3)\mathrm{d}x = \int (x^{\frac{3}{2}} - 3x^{\frac{1}{2}})\mathrm{d}x = \int x^{\frac{3}{2}}\mathrm{d}x - 3\int x^{\frac{1}{2}}\mathrm{d}x$

$$= \frac{2}{5}x^{\frac{5}{2}} - 2x^{\frac{3}{2}} + C$$

(6) $\int \frac{(t+1)^3}{t^2}\mathrm{d}t = \int \frac{t^3 + 3t^2 + 3t + 1}{t^2}\mathrm{d}t$

$$= \int t\mathrm{d}t + 3\int \mathrm{d}t + 3\int \frac{\mathrm{d}t}{t} + \int t^{-2}\mathrm{d}t$$

$$= \frac{t^2}{2} + 3t + 3\ln|t| - \frac{1}{t} + C$$

(7) $\int \frac{x^2 + \sqrt{x^3} + 3}{\sqrt{x}}\mathrm{d}x = \int (x^{\frac{3}{2}} + x + 3x^{-\frac{1}{2}})\mathrm{d}x$

$$= \int x^{\frac{3}{2}}\mathrm{d}x + \int x\mathrm{d}x + 3\int x^{-\frac{1}{2}}\mathrm{d}x$$

$$= \frac{2}{5}x^{\frac{5}{2}} + \frac{1}{2}x^2 + 6x^{\frac{1}{2}} + C$$

注释：第 (5) ～ (7) 题是利用代数运算变形后化为代数和的基本积分.

(8) $\int \frac{x^2}{x^2+1}\mathrm{d}x = \int \frac{x^2+1-1}{x^2+1}\mathrm{d}x = \int \left(1 - \frac{1}{x^2+1} \right)\mathrm{d}x$

$$= \int \mathrm{d}x - \int \frac{1}{1+x^2}\mathrm{d}x$$

$$= x - \arctan x + C$$

注释：对第 (8) 题的被积函数的分子加 1 再减 1，使积分化为两项差的基本积分. 这种加项、减项的做法经常被使用.

(9) $\int \sin^2 \frac{u}{2}\mathrm{d}u = \int \frac{1 - \cos u}{2}\mathrm{d}u = \int \frac{1}{2}\mathrm{d}u - \int \frac{\cos u}{2}\mathrm{d}u$

$$= \frac{u}{2} - \frac{1}{2}\sin u + C$$

(10) $\int \cot^2 x \, \mathrm{d}x = \int (\csc^2 x - 1) \, \mathrm{d}x = \int \csc^2 x \, \mathrm{d}x - \int \mathrm{d}x$

$$= -\cot x - x + C$$

(11) $\int \dfrac{\cos 2x}{\cos x + \sin x} \, \mathrm{d}x = \int \dfrac{\cos^2 x - \sin^2 x}{\cos x + \sin x} \, \mathrm{d}x$

$$= \int \frac{(\cos x + \sin x)(\cos x - \sin x)}{\cos x + \sin x} \, \mathrm{d}x$$

$$= \int (\cos x - \sin x) \, \mathrm{d}x = \sin x + \cos x + C$$

注释：第(9)～(11)题利用三角公式将积分化为可以利用基本积分公式和法则进行积分的形式.

(12) $\int \sqrt{x\sqrt{x\sqrt{x}}} \, \mathrm{d}x = \int \left[x \left(x x^{\frac{1}{2}} \right)^{\frac{1}{2}} \right]^{\frac{1}{2}} \mathrm{d}x = \int x^{\frac{7}{8}} \, \mathrm{d}x$

$$= \frac{8}{15} x^{\frac{15}{8}} + C = \frac{8}{15} x \sqrt{x\sqrt{x\sqrt{x}}} + C$$

(13) $\int \dfrac{\mathrm{e}^{2t} - 1}{\mathrm{e}^t - 1} \, \mathrm{d}t = \int \dfrac{(\mathrm{e}^t + 1)(\mathrm{e}^t - 1)}{\mathrm{e}^t - 1} \, \mathrm{d}t = \int (\mathrm{e}^t + 1) \, \mathrm{d}t$

$$= \int \mathrm{e}^t \, \mathrm{d}t + \int \mathrm{d}t = \mathrm{e}^t + t + C$$

(14) $\int \dfrac{\mathrm{d}x}{x^2(1 + x^2)} = \int \left(\dfrac{1}{x^2} - \dfrac{1}{1 + x^2} \right) \mathrm{d}x = \int \dfrac{1}{x^2} \, \mathrm{d}x - \int \dfrac{1}{1 + x^2} \, \mathrm{d}x$

$$= -\frac{1}{x} - \arctan x + C$$

注释：第(12)～(14)题用代数方法将积分化为可以利用基本公式和法则进行积分的形式.

8. 求下列不定积分：

(1) $\int (1 - 3x)^{\frac{5}{2}} \, \mathrm{d}x$

(2) $\int \dfrac{\mathrm{d}x}{(2x + 3)^2}$

(3) $\int \dfrac{x}{1 + x^2} \, \mathrm{d}x$

(4) $\int a^{3x} \, \mathrm{d}x$

(5) $\int \dfrac{(\ln x)^2}{x} \, \mathrm{d}x$

(6) $\int \mathrm{e}^{-x} \, \mathrm{d}x$

(7) $\int \dfrac{\mathrm{e}^{\frac{1}{x}}}{x^2} \, \mathrm{d}x$

(8) $\int u \sqrt{u^2 - 5} \, \mathrm{d}u$

(9) $\int \dfrac{\mathrm{d}v}{\sqrt{1 - 2v}}$

(10) $\int \dfrac{x^2}{\sqrt[3]{(x^3 - 5)^2}} \, \mathrm{d}x$

(11) $\int \dfrac{2x - 1}{x^2 - x + 3} \, \mathrm{d}x$

(12) $\int \dfrac{\mathrm{d}t}{t \ln t}$

(13) $\int \dfrac{\mathrm{e}^x}{\mathrm{e}^x + 1} \, \mathrm{d}x$

(14) $\int \dfrac{x - 1}{x^2 + 1} \, \mathrm{d}x$

(15) $\displaystyle\int \frac{\mathrm{d}x}{4+9x^2}$

(16) $\displaystyle\int \frac{\mathrm{d}x}{4x^2+4x+5}$

(17) $\displaystyle\int \frac{\mathrm{d}x}{\sqrt{4-9x^2}}$

(18) $\displaystyle\int \frac{\mathrm{d}x}{\sqrt{5-2x-x^2}}$

(19) $\displaystyle\int \frac{\mathrm{d}x}{4-x^2}$

(20) $\displaystyle\int \frac{\mathrm{d}x}{4-9x^2}$

(21) $\displaystyle\int \frac{\mathrm{d}x}{x^2-x-6}$

(22) $\displaystyle\int \sin 3x\,\mathrm{d}x$

(23) $\displaystyle\int \cos \frac{2}{3}x\,\mathrm{d}x$

(24) $\displaystyle\int \sin^2 3x\,\mathrm{d}x$

(25) $\displaystyle\int \mathrm{e}^{\sin x}\cos x\,\mathrm{d}x$

(26) $\displaystyle\int \mathrm{e}^x \cos \mathrm{e}^x\,\mathrm{d}x$

(27) $\displaystyle\int \sin^3 x\,\mathrm{d}x$

(28) $\displaystyle\int \cos^5 x\,\mathrm{d}x$

(29) $\displaystyle\int \sin^2 x\cos^5 x\,\mathrm{d}x$

(30) $\displaystyle\int \tan^4 x\,\mathrm{d}x$

(31) $\displaystyle\int \frac{\mathrm{d}x}{\sin^4 x}$

(32) $\displaystyle\int \tan^3 x\,\mathrm{d}x$

(33) $\displaystyle\int \frac{\mathrm{d}t}{\mathrm{e}^t+\mathrm{e}^{-t}}$

(34) $\displaystyle\int \frac{\mathrm{d}x}{\mathrm{e}^x-1}$

(35) $\displaystyle\int \frac{\mathrm{d}x}{\sqrt{\mathrm{e}^{2x}-1}}$

(36) $\displaystyle\int \frac{\ln x}{x\sqrt{1+\ln x}}\,\mathrm{d}x$

(37) $\displaystyle\int \frac{x+\ln x^2}{x}\,\mathrm{d}x$

(38) $\displaystyle\int \frac{1}{x(1+x^6)}\,\mathrm{d}x$

(39) $\displaystyle\int \frac{(\arctan x)^2}{1+x^2}\,\mathrm{d}x$

(40) $\displaystyle\int \frac{\mathrm{e}^x\,\mathrm{d}x}{\arcsin \mathrm{e}^x \cdot \sqrt{1-\mathrm{e}^{2x}}}$

解：(1) $\displaystyle\int (1-3x)^{\frac{5}{2}}\,\mathrm{d}x = \int (1-3x)^{\frac{5}{2}} \cdot \frac{1}{-3}\cdot(-3)\,\mathrm{d}x$

$$=-\frac{1}{3}\int (1-3x)^{\frac{5}{2}}\,\mathrm{d}(1-3x)$$

$$=-\frac{2}{21}(1-3x)^{\frac{7}{2}}+C$$

(2) $\displaystyle\int \frac{\mathrm{d}x}{(2x+3)^2} = \int (2x+3)^{-2}\cdot\frac{1}{2}\cdot 2\,\mathrm{d}x$

$$=\frac{1}{2}\int (2x+3)^{-2}\,\mathrm{d}(2x+3)$$

$$=\frac{-1}{2}(2x+3)^{-1}+C=\frac{-1}{2(2x+3)}+C$$

(3) $\displaystyle\int \frac{x}{1+x^2}\,\mathrm{d}x = \frac{1}{2}\int \frac{2x\,\mathrm{d}x}{1+x^2} = \frac{1}{2}\int \frac{\mathrm{d}(1+x^2)}{1+x^2}$

$$=\frac{\ln(1+x^2)}{2}+C$$

(4) $\displaystyle\int a^{3x}\,\mathrm{d}x = \frac{1}{3}\int a^{3x}\cdot 3\,\mathrm{d}x = \frac{1}{3}\int a^{3x}\,\mathrm{d}(3x) = \frac{a^{3x}}{3\ln a}+C$

(5) $\displaystyle\int \frac{(\ln x)^2}{x}\mathrm{d}x = \int (\ln x)^2 \mathrm{d}\ln x = \frac{1}{3}(\ln x)^3 + C$

注释：第8题是用第一类换元法进行积分.

设 $\displaystyle\int f(x)\mathrm{d}x = F(x) + C$，第一类换元法的积分过程是：

$$\int f[\varphi(x)]\varphi'(x)\mathrm{d}x \xrightarrow{\ \ \text{令}\,u=\varphi(x)\ \ } \int f(u)\mathrm{d}u$$

$$= F(u) + C \xrightarrow{\ \ u=\varphi(x)\ \ } F[\varphi(x)] + C$$

能利用第一类换元法的不定积分，要求被积表达式为 $f[\varphi(x)]\varphi'(x)\mathrm{d}x$ 的形式，这样才能令 $u = \varphi(x)$，有 $\displaystyle\int f[\varphi(x)]\varphi'(x)\mathrm{d}x = \int f[\varphi(x)]\mathrm{d}\varphi(x) = \int f(u)\mathrm{d}u$，但开始时我们遇到的被积表达式常常表面上并非恰好是 $\displaystyle\int f[\varphi(x)]\varphi'(x)\mathrm{d}x$ 的形式，需要进行加工整理，从而凑出 $\mathrm{d}\varphi(x)$.

如第 (1) 题 $\displaystyle\int (1-3x)^{\frac{5}{2}}\mathrm{d}x$ 表面上并不符合 $\displaystyle\int f[\varphi(x)]\mathrm{d}\varphi(x)$ 的形式，但经加工整理后变成 $-\dfrac{1}{3}\displaystyle\int (1-3x)^{\frac{5}{2}}\mathrm{d}(1-3x)$，就符合 $\displaystyle\int f[\varphi(x)]\mathrm{d}\varphi(x)$ 的形式了，即凑出了一个 $\mathrm{d}(1-3x)$；第 (2) 题中凑出了一个 $\mathrm{d}(2x+3)$；第 (3) 题中凑出了一个 $\mathrm{d}(1+x^2)$；等等. 因此，第一类换元法又叫"凑微分"法.

(6) $\displaystyle\int \mathrm{e}^{-x}\mathrm{d}x = -\int \mathrm{e}^{-x}\mathrm{d}(-x) = -\mathrm{e}^{-x} + C$

(7) $\displaystyle\int \frac{\mathrm{e}^{\frac{1}{x}}}{x^2}\mathrm{d}x = -\int \mathrm{e}^{\frac{1}{x}}\mathrm{d}\frac{1}{x} = -\mathrm{e}^{\frac{1}{x}} + C$

(8) $\displaystyle\int u\sqrt{u^2-5}\,\mathrm{d}u = \frac{1}{2}\int (u^2-5)^{\frac{1}{2}}2u\,\mathrm{d}u$

$$= \frac{1}{2}\int (u^2-5)^{\frac{1}{2}}\mathrm{d}(u^2-5)$$

$$= \frac{1}{2}\times\frac{2}{3}(u^2-5)^{\frac{3}{2}} + C = \frac{1}{3}(u^2-5)^{\frac{3}{2}} + C$$

$$= \frac{1}{3}\sqrt{(u^2-5)^3} + C$$

(9) $\displaystyle\int \frac{\mathrm{d}v}{\sqrt{1-2v}} = -\frac{1}{2}\int (1-2v)^{-\frac{1}{2}}(-2)\mathrm{d}v$

$$= -\frac{1}{2}\int (1-2v)^{-\frac{1}{2}}\mathrm{d}(1-2v)$$

$$= -\frac{1}{2}\times 2(1-2v)^{\frac{1}{2}} + C = -\sqrt{1-2v} + C$$

(10) $\displaystyle\int \frac{x^2}{\sqrt[3]{(x^3-5)^2}}\mathrm{d}x = \frac{1}{3}\int (x^3-5)^{-\frac{2}{3}}3x^2\,\mathrm{d}x$

$$= \frac{1}{3}\int (x^3-5)^{-\frac{2}{3}}\mathrm{d}(x^3-5)$$

$$= \frac{1}{3}\times 3(x^3-5)^{\frac{1}{3}} + C = \sqrt[3]{x^3-5} + C$$

(11) $\displaystyle\int \frac{2x-1}{x^2-x+3}\mathrm{d}x = \int \frac{1}{x^2-x+3}\mathrm{d}(x^2-x+3)$

$\qquad\qquad = \ln|x^2-x+3|+C$

(12) $\displaystyle\int \frac{\mathrm{d}t}{t\ln t} = \int \frac{1}{\ln t}\mathrm{d}\ln t = \ln|\ln t|+C$

(13) $\displaystyle\int \frac{\mathrm{e}^x}{\mathrm{e}^x+1}\mathrm{d}x = \int \frac{1}{\mathrm{e}^x+1}\mathrm{d}(\mathrm{e}^x+1) = \ln(\mathrm{e}^x+1)+C$

(14) $\displaystyle\int \frac{x-1}{x^2+1}\mathrm{d}x = \int \frac{x}{x^2+1}\mathrm{d}x - \int \frac{1}{1+x^2}\mathrm{d}x$

$\qquad\qquad = \frac{1}{2}\int \frac{2x\mathrm{d}x}{1+x^2} - \int \frac{1}{1+x^2}\mathrm{d}x$

$\qquad\qquad = \frac{1}{2}\int \frac{\mathrm{d}(1+x^2)}{1+x^2} - \int \frac{\mathrm{d}x}{1+x^2}$

$\qquad\qquad = \frac{1}{2}\ln(1+x^2) - \arctan x + C$

(15) $\displaystyle\int \frac{\mathrm{d}x}{4+9x^2} = \int \frac{\mathrm{d}x}{4\left(1+\frac{9}{4}x^2\right)} = \frac{1}{4}\times\frac{2}{3}\int \frac{\frac{3}{2}\mathrm{d}x}{1+\left(\frac{3}{2}x\right)^2}$

$\qquad\qquad = \frac{1}{6}\int \frac{\mathrm{d}\frac{3}{2}x}{1+\left(\frac{3}{2}x\right)^2} = \frac{1}{6}\arctan\left(\frac{3}{2}x\right)+C$

(16) $\displaystyle\int \frac{\mathrm{d}x}{4x^2+4x+5} = \int \frac{\mathrm{d}x}{4+(2x+1)^2} = \frac{1}{4}\int \frac{\mathrm{d}x}{1+\left(\frac{2x+1}{2}\right)^2}$

$\qquad\qquad = \frac{1}{4}\int \frac{\mathrm{d}\left(x+\frac{1}{2}\right)}{1+\left(x+\frac{1}{2}\right)^2} = \frac{1}{4}\arctan\left(x+\frac{1}{2}\right)+C$

注释：补充公式 $\displaystyle\int \frac{1}{a^2+x^2}\mathrm{d}x = \frac{1}{a}\arctan\frac{x}{a}+C$

按补充公式，第(15)题、第(16)题可以分别写为

$\displaystyle\int \frac{\mathrm{d}x}{4+9x^2} = \frac{1}{3}\int \frac{\mathrm{d}3x}{2^2+(3x)^2} = \frac{1}{3}\cdot\frac{1}{2}\arctan\frac{3x}{2}+C$

$\qquad\qquad = \frac{1}{6}\arctan\frac{3}{2}x+C$

$\displaystyle\int \frac{\mathrm{d}x}{4x^2+4x+5} = \frac{1}{2}\int \frac{\mathrm{d}(2x+1)}{2^2+(2x+1)^2}$

$\qquad\qquad = \frac{1}{2}\cdot\frac{1}{2}\arctan\frac{2x+1}{2}+C$

$\qquad\qquad = \frac{1}{4}\arctan\left(x+\frac{1}{2}\right)+C$

(17) $\displaystyle\int\frac{\mathrm{d}x}{\sqrt{4-9x^2}}=\int\frac{\mathrm{d}x}{2\sqrt{1-\left(\frac{3}{2}x\right)^2}}=\frac{1}{2}\times\frac{2}{3}\int\frac{\frac{3}{2}\mathrm{d}x}{\sqrt{1-\left(\frac{3}{2}x\right)^2}}$

$$=\frac{1}{3}\int\frac{\mathrm{d}\left(\frac{3}{2}x\right)}{\sqrt{1-\left(\frac{3}{2}x\right)^2}}=\frac{1}{3}\arcsin\frac{3}{2}x+C$$

注释：补充公式 $\displaystyle\int\frac{\mathrm{d}x}{\sqrt{a^2-x^2}}=\arcsin\frac{x}{a}+C$

按补充公式，第(17)题可以写为

$$\int\frac{\mathrm{d}x}{\sqrt{4-9x^2}}=\frac{1}{3}\int\frac{\mathrm{d}3x}{\sqrt{2^2-(3x)^2}}=\frac{1}{3}\arcsin\frac{3}{2}x+C$$

(18) $\displaystyle\int\frac{\mathrm{d}x}{\sqrt{5-2x-x^2}}=\int\frac{\mathrm{d}x}{\sqrt{6-(x+1)^2}}=\int\frac{\mathrm{d}(x+1)}{\sqrt{(\sqrt{6})^2-(x+1)^2}}$

$$=\arcsin\frac{x+1}{\sqrt{6}}+C$$

(19) $\displaystyle\int\frac{\mathrm{d}x}{4-x^2}=\int\frac{\mathrm{d}x}{(2+x)(2-x)}=\frac{1}{4}\int\left(\frac{1}{2+x}+\frac{1}{2-x}\right)\mathrm{d}x$

$$=\frac{1}{4}\int\frac{\mathrm{d}(2+x)}{2+x}-\frac{1}{4}\int\frac{\mathrm{d}(2-x)}{2-x}$$

$$=\frac{1}{4}\ln|2+x|-\frac{1}{4}\ln|2-x|+C$$

$$=\frac{1}{4}\ln\left|\frac{2+x}{2-x}\right|+C$$

注释：补充公式 $\displaystyle\int\frac{\mathrm{d}x}{a^2-x^2}=\frac{1}{2a}\ln\left|\frac{a+x}{a-x}\right|+C\quad(a>0)$

按补充公式，第(19)题可以写为

$$\int\frac{\mathrm{d}x}{4-x^2}=\int\frac{\mathrm{d}x}{2^2-x^2}=\frac{1}{4}\ln\left|\frac{2+x}{2-x}\right|+C$$

(20) $\displaystyle\int\frac{\mathrm{d}x}{4-9x^2}=\frac{1}{3}\int\frac{\mathrm{d}3x}{2^2-(3x)^2}=\frac{1}{3}\cdot\frac{1}{2\times2}\ln\left|\frac{2+3x}{2-3x}\right|+C$

$$=\frac{1}{12}\ln\left|\frac{2+3x}{2-3x}\right|+C$$

(21) $\displaystyle\int\frac{\mathrm{d}x}{x^2-x-6}=\int\frac{\mathrm{d}x}{(x-3)(x+2)}=\frac{1}{5}\int\left(\frac{1}{x-3}-\frac{1}{x+2}\right)\mathrm{d}x$

$$=\frac{1}{5}\int\frac{\mathrm{d}(x-3)}{x-3}-\frac{1}{5}\int\frac{\mathrm{d}(x+2)}{x+2}$$

$$=\frac{1}{5}(\ln|x-3|-\ln|x+2|)+C$$

$$=\frac{1}{5}\ln\left|\frac{x-3}{x+2}\right|+C$$

(22) $\displaystyle\int \sin 3x \mathrm{d}x = \frac{1}{3}\int \sin 3x \mathrm{d}3x = -\frac{1}{3}\cos 3x + C$

(23) $\displaystyle\int \cos \frac{2}{3}x \mathrm{d}x = \frac{3}{2}\int \cos \frac{2}{3}x \mathrm{d}\frac{2}{3}x = \frac{3}{2}\sin \frac{2}{3}x + C$

(24) $\displaystyle\int \sin^2 3x \mathrm{d}x = \int \frac{1-\cos 6x}{2}\mathrm{d}x = \frac{1}{2}\int \mathrm{d}x - \frac{1}{2}\int \cos 6x \mathrm{d}x$

$\displaystyle\qquad = \frac{x}{2} - \frac{1}{2}\times\frac{1}{6}\int \cos 6x \mathrm{d}6x = \frac{x}{2} - \frac{1}{12}\sin 6x + C$

(25) $\displaystyle\int \mathrm{e}^{\sin x}\cos x \mathrm{d}x = \int \mathrm{e}^{\sin x}\mathrm{d}\sin x = \mathrm{e}^{\sin x} + C$

(26) $\displaystyle\int \mathrm{e}^x \cos \mathrm{e}^x \mathrm{d}x = \int \cos \mathrm{e}^x \mathrm{d}\mathrm{e}^x = \sin \mathrm{e}^x + C$

(27) $\displaystyle\int \sin^3 x \mathrm{d}x = \int \sin^2 x \sin x \mathrm{d}x$

$\displaystyle\qquad = \int (\cos^2 x - 1)\mathrm{d}\cos x = \int \cos^2 x \mathrm{d}\cos x - \int \mathrm{d}\cos x$

$\displaystyle\qquad = \frac{1}{3}\cos^3 x - \cos x + C$

(28) $\displaystyle\int \cos^5 x \mathrm{d}x = \int \cos^4 x \cos x \mathrm{d}x = \int (1-\sin^2 x)^2 \mathrm{d}\sin x$

$\displaystyle\qquad = \int (1 - 2\sin^2 x + \sin^4 x)\mathrm{d}\sin x$

$\displaystyle\qquad = \int \mathrm{d}\sin x - 2\int \sin^2 x \mathrm{d}\sin x + \int \sin^4 x \mathrm{d}\sin x$

$\displaystyle\qquad = \sin x - \frac{2}{3}\sin^3 x + \frac{1}{5}\sin^5 x + C$

(29) $\displaystyle\int \sin^2 x \cos^5 x \mathrm{d}x = \int \sin^2 x \cos^4 x \cos x \mathrm{d}x$

$\displaystyle\qquad = \int \sin^2 x (1 - \sin^2 x)^2 \mathrm{d}\sin x$

$\displaystyle\qquad = \int (\sin^2 x - 2\sin^4 x + \sin^6 x)\mathrm{d}\sin x$

$\displaystyle\qquad = \int \sin^2 x \mathrm{d}\sin x - 2\int \sin^4 x \mathrm{d}\sin x + \int \sin^6 x \mathrm{d}\sin x$

$\displaystyle\qquad = \frac{1}{3}\sin^3 x - \frac{2}{5}\sin^5 x + \frac{1}{7}\sin^7 x + C$

注释： 第(27)~(29)题这类被积函数含有正弦函数和余弦函数的若干奇次方和偶次方的乘积，常将奇次方的三角函数拆出一次方凑成它的余函数的微分，将剩下的偶次方转化为它的余函数.

(30) $\displaystyle\int \tan^4 x \mathrm{d}x = \int (\sec^2 x - 1)^2 \mathrm{d}x = \int (\sec^4 x - 2\sec^2 x + 1)\mathrm{d}x$

$\displaystyle\qquad = \int \sec^4 x \mathrm{d}x - 2\int \sec^2 x \mathrm{d}x + \int \mathrm{d}x$

$\displaystyle\qquad = \int \sec^2 x \mathrm{d}\tan x - 2\tan x + x$

$$= \int (1+\tan^2 x)\mathrm{d}\tan x - 2\tan x + x$$

$$= \tan x + \frac{1}{3}\tan^3 x - 2\tan x + x + C$$

$$= \frac{1}{3}\tan^3 x - \tan x + x + C$$

(31) $\displaystyle\int \frac{\mathrm{d}x}{\sin^4 x} = \int \csc^4 x\mathrm{d}x = -\int \csc^2 x\mathrm{d}\cot x$

$$= -\int (1+\cot^2 x)\mathrm{d}\cot x = -\int \mathrm{d}\cot x - \int \cot^2 x\mathrm{d}\cot x$$

$$= -\cot x - \frac{1}{3}\cot^3 x + C$$

(32) $\displaystyle\int \tan^3 x\mathrm{d}x = \int \tan x(\sec^2 x - 1)\mathrm{d}x$

$$= \int \tan x\mathrm{d}\tan x - \int \tan x\mathrm{d}x = \frac{1}{2}\tan^2 x - \int \frac{\sin x}{\cos x}\mathrm{d}x$$

$$= \frac{1}{2}\tan^2 x + \int \frac{\mathrm{d}\cos x}{\cos x} = \frac{1}{2}\tan^2 x + \ln|\cos x| + C$$

(33) $\displaystyle\int \frac{\mathrm{d}t}{\mathrm{e}^t + \mathrm{e}^{-t}} = \int \frac{\mathrm{e}^t\mathrm{d}t}{(\mathrm{e}^t)^2 + 1} = \int \frac{\mathrm{d}\mathrm{e}^t}{1+(\mathrm{e}^t)^2} = \arctan\mathrm{e}^t + C$

(34) $\displaystyle\int \frac{\mathrm{d}x}{\mathrm{e}^x - 1} = \int \frac{\mathrm{e}^x - (\mathrm{e}^x - 1)}{\mathrm{e}^x - 1}\mathrm{d}x = \int \frac{\mathrm{e}^x\mathrm{d}x}{\mathrm{e}^x - 1} - \int \mathrm{d}x$

$$= \ln|\mathrm{e}^x - 1| - x + C$$

(35) $\displaystyle\int \frac{\mathrm{d}x}{\sqrt{\mathrm{e}^{2x} - 1}} = \int \frac{\mathrm{d}x}{\mathrm{e}^x\sqrt{1-\mathrm{e}^{-2x}}} = -\int \frac{\mathrm{d}\mathrm{e}^{-x}}{\sqrt{1-(\mathrm{e}^{-x})^2}}$

$$= \arccos\mathrm{e}^{-x} + C$$

(36) $\displaystyle\int \frac{\ln x}{x\sqrt{1+\ln x}}\mathrm{d}x = \int \frac{(1+\ln x) - 1}{x\sqrt{1+\ln x}}\mathrm{d}x$

$$= \int \left(\sqrt{1+\ln x} - \frac{1}{\sqrt{1+\ln x}}\right)\mathrm{d}(1+\ln x)$$

$$= \frac{2}{3}(1+\ln x)^{\frac{3}{2}} - 2(1+\ln x)^{\frac{1}{2}} + C$$

$$= \frac{2}{3}\sqrt{(1+\ln x)^3} - 2\sqrt{1+\ln x} + C$$

(37) $\displaystyle\int \frac{x + \ln x^2}{x}\mathrm{d}x = \int \left(1 + \frac{2\ln|x|}{x}\right)\mathrm{d}x = \int \mathrm{d}x + 2\int \ln|x|\mathrm{d}\ln|x|$

$$= x + \ln^2|x| + C$$

(38) $\displaystyle\int \frac{1}{x(1+x^6)}\mathrm{d}x = \int \frac{x^5}{x^6(1+x^6)}\mathrm{d}x = \frac{1}{6}\int \left(\frac{1}{x^6} - \frac{1}{x^6 + 1}\right)\mathrm{d}x^6$

$$= \frac{1}{6}\ln|x^6| - \frac{1}{6}\ln|x^6 + 1| + C$$

$$= \ln|x| - \frac{1}{6}\ln(1+x^6) + C$$

(39) $\displaystyle\int \frac{(\arctan x)^2}{1+x^2}dx = \int (\arctan x)^2 d\arctan x = \frac{1}{3}(\arctan x)^3 + C$

(40) $\displaystyle\int \frac{e^x dx}{\arcsin e^x \cdot \sqrt{1-e^{2x}}} = \int \frac{d(\arcsin e^x)}{\arcsin e^x} = \ln|\arcsin e^x| + C$

注释： 常常使用凑微分法的积分类型及其凑微分的方法如下：

（ⅰ）$\displaystyle\int f(ax+b)dx = \frac{1}{a}\int f(ax+b)d(ax+b)$

（ⅱ）$\displaystyle\int f(ax^n+b)x^{n-1}dx = \frac{1}{na}\int f(ax^n+b)d(ax^n+b)$

（ⅲ）$\displaystyle\int f(\ln x)\frac{1}{x}dx = \int f(\ln x)d\ln x$

（ⅳ）$\displaystyle\int f(e^x)e^x dx = \int f(e^x)de^x$

（ⅴ）$\displaystyle\int f(\sin x)\cos x dx = \int f(\sin x)d\sin x$

（ⅵ）$\displaystyle\int f(\cos x)\sin x dx = -\int f(\cos x)d\cos x$

（ⅶ）$\displaystyle\int f(\tan x)\sec^2 x dx = \int f(\tan x)d\tan x$

（ⅷ）$\displaystyle\int f(\cot x)\csc^2 x dx = -\int f(\cot x)d\cot x$

（ⅸ）$\displaystyle\int f(\arcsin x)\frac{1}{\sqrt{1-x^2}}dx = \int f(\arcsin x)d\arcsin x$

（ⅹ）$\displaystyle\int f(\arctan x)\frac{1}{1+x^2}dx = \int f(\arctan x)d\arctan x$

（ⅺ）$\displaystyle\int \frac{f'(x)}{f(x)}dx = \int \frac{1}{f(x)}df(x) = \ln|f(x)| + C$

注释： 不定积分的结果不是唯一的，采用不同的方法，可以出现不同形式的结果.

例如，$\displaystyle\int \sin x\cos x dx = \int \sin x d\sin x = \frac{1}{2}\sin^2 x + C$

$$\int \sin x\cos x dx = -\int \cos x d\cos x = -\frac{1}{2}\cos^2 x + C$$

$$\int \sin x\cos x dx = \frac{1}{2}\int 2\sin x\cos x dx = \frac{1}{2}\int \sin 2x dx$$

$$= \frac{1}{4}\int \sin 2x d2x = -\frac{1}{4}\cos 2x + C$$

但不同形式的结果之间只相差一个常数.

9. 求下列不定积分：

(1) $\displaystyle\int x\sqrt{x+1}dx$

(2) $\displaystyle\int \frac{dx}{\sqrt{2x-3}+1}$

(3) $\displaystyle\int \frac{x}{\sqrt[4]{3x+1}}dx$

(4) $\displaystyle\int \frac{1}{\sqrt{x}+\sqrt[3]{x}}dx$

(5) $\displaystyle\int \frac{\mathrm{e}^{2x}}{\sqrt[4]{1+\mathrm{e}^x}}\mathrm{d}x$　　　　(6) $\displaystyle\int x\sqrt[4]{2x+3}\,\mathrm{d}x$

(7) $\displaystyle\int \frac{1}{1+\sqrt{x}}\mathrm{d}x$　　　　(8) $\displaystyle\int \sqrt{\frac{x}{1-x\sqrt{x}}}\,\mathrm{d}x$

(9) $\displaystyle\int \frac{1}{\sqrt[3]{x+1}+1}\mathrm{d}x$　　　　(10) $\displaystyle\int \frac{1+\sqrt[3]{1+x}}{\sqrt{1+x}}\mathrm{d}x$

(11) $\displaystyle\int (1-x^2)^{-\frac{3}{2}}\mathrm{d}x$　　　　(12) $\displaystyle\int \frac{1}{(1+x^2)^2}\mathrm{d}x$

(13) $\displaystyle\int \frac{1}{(a^2+x^2)^{\frac{3}{2}}}\mathrm{d}x$　　　　(14) $\displaystyle\int \frac{1}{x\sqrt{x^2-1}}\mathrm{d}x$

(15) $\displaystyle\int \frac{x^2}{\sqrt{1-x^2}}\mathrm{d}x$　　　　(16) $\displaystyle\int \frac{1}{\sqrt{9x^2-4}}\mathrm{d}x$

(17) $\displaystyle\int \frac{1}{\sqrt{9x^2-6x+7}}\mathrm{d}x$　　　　(18) $\displaystyle\int \frac{1}{\mathrm{e}^x-1}\mathrm{d}x$

(19) $\displaystyle\int \frac{1-\ln x}{(x-\ln x)^2}\mathrm{d}x$

解: (1) $\displaystyle\int x\sqrt{x+1}\,\mathrm{d}x \xlongequal{\sqrt{x+1}=t} \int (t^2-1)t\cdot 2t\mathrm{d}t$

$\displaystyle =2\int (t^4-t^2)\mathrm{d}t = 2\int t^4\mathrm{d}t - 2\int t^2\mathrm{d}t = \frac{2}{5}t^5 - \frac{2}{3}t^3 + C$

$\displaystyle =\frac{2}{5}(x+1)^{\frac{5}{2}} - \frac{2}{3}(x+1)^{\frac{3}{2}} + C$

$\displaystyle =\frac{2}{5}(x+1)^2\sqrt{x+1} - \frac{2}{3}(x+1)\sqrt{x+1} + C$

(2) $\displaystyle\int \frac{\mathrm{d}x}{\sqrt{2x-3}+1} \xlongequal{\sqrt{2x-3}=t} \int \frac{t}{t+1}\mathrm{d}t = \int \frac{(t+1)-1}{t+1}\mathrm{d}t$

$\displaystyle =\int \left(1-\frac{1}{t+1}\right)\mathrm{d}t = \int \mathrm{d}t - \int \frac{\mathrm{d}t}{t+1} = t - \ln|t+1| + C$

$\displaystyle =\sqrt{2x-3} - \ln|\sqrt{2x-3}+1| + C$

(3) $\displaystyle\int \frac{x}{\sqrt[4]{3x+1}}\mathrm{d}x \xlongequal{\sqrt[4]{3x+1}=t} \int \frac{\frac{1}{3}(t^4-1)\cdot\frac{4}{3}t^3\mathrm{d}t}{t}$

$\displaystyle =\frac{4}{9}\int (t^6-t^2)\mathrm{d}t = \frac{4}{9}\times\frac{1}{7}t^7 - \frac{4}{9}\times\frac{1}{3}t^3 + C$

$\displaystyle =\frac{4}{63}(3x+1)^{\frac{7}{4}} - \frac{4}{27}(3x+1)^{\frac{3}{4}} + C$

$\displaystyle =\frac{4}{63}(3x+1)\sqrt[4]{(3x+1)^3} - \frac{4}{27}\sqrt[4]{(3x+1)^3} + C$

(4) $\displaystyle\int \frac{\mathrm{d}x}{\sqrt{x}+\sqrt[3]{x}} \xlongequal{\sqrt[6]{x}=t} \int \frac{6t^5\mathrm{d}t}{t^3+t^2} = 6\int \frac{t^3}{t+1}\mathrm{d}t$

$$= 6\int \frac{t^3+1-1}{t+1}\mathrm{d}t = 6\int (t^2-t+1-\frac{1}{t+1})\mathrm{d}t$$

$$= 6\left(\frac{t^3}{3}-\frac{t^2}{2}+t-\ln|t+1|\right)+C$$

$$= 2\sqrt{x}-3\sqrt[3]{x}+6\sqrt[6]{x}-6\ln(\sqrt[6]{x}+1)+C$$

注释： 第(1)题中含有根式 $\sqrt{x+1}$，第(2)题中含有根式 $\sqrt{2x-3}$，第(3)题中含有根式 $\sqrt[4]{3x+1}$，分别令 $\sqrt{x+1}=t$，$\sqrt{2x-3}=t$，$\sqrt[4]{3x+1}=t$，可以消去根号. 第(4)题中含有 $\sqrt{x}$ 与 $\sqrt[3]{x}$，令 $\sqrt[6]{x}=t$，同时消去了两个根号.

一般地，如果被积函数含有 $\sqrt[n]{ax+b}$，则令 $\sqrt[n]{ax+b}=t$，可以消去根号. 如果被积函数含有 $\sqrt[n]{x}$，$\sqrt[m]{x}$，则令 $\sqrt[k]{x}=t$，k 为 m 与 n 的最小公倍数，可同时消去两个根号.

(5) $\int \frac{\mathrm{e}^{2x}}{\sqrt[4]{1+\mathrm{e}^x}}\mathrm{d}x \xlongequal{\sqrt[4]{1+\mathrm{e}^x}=t} \int \frac{(t^4-1)^2 4t^3\mathrm{d}t}{t(t^4-1)}$

$$= \int 4t^2(t^4-1)\mathrm{d}t = \int(4t^6-4t^2)\mathrm{d}t = \frac{4}{7}t^7-\frac{4}{3}t^3+C$$

$$= \frac{4}{7}\sqrt[4]{(1+\mathrm{e}^x)^7}-\frac{4}{3}\sqrt[4]{(1+\mathrm{e}^x)^3}+C$$

$$= \frac{4}{7}(1+\mathrm{e}^x)\sqrt[4]{(1+\mathrm{e}^x)^3}-\frac{4}{3}\sqrt[4]{(1+\mathrm{e}^x)^3}+C$$

(6) $\int x\sqrt[4]{2x+3}\mathrm{d}x \xlongequal{\sqrt[4]{2x+3}=t} \frac{1}{2}\int(t^4-3)\cdot t\cdot 2t^3\mathrm{d}t$

$$= \int(t^8-3t^4)\mathrm{d}t = \frac{1}{9}t^9-\frac{3}{5}t^5+C$$

$$= \frac{1}{9}(2x+3)^{\frac{9}{4}}-\frac{3}{5}(2x+3)^{\frac{5}{4}}+C$$

$$= \frac{1}{9}(2x+3)^2\sqrt[4]{2x+3}-\frac{3}{5}(2x+3)\sqrt[4]{2x+3}+C$$

(7) $\int \frac{1}{1+\sqrt{x}}\mathrm{d}x \xlongequal{\sqrt{x}=t} \int \frac{1}{1+t}2t\mathrm{d}t = 2\int \frac{t+1-1}{1+t}\mathrm{d}t = 2\int\left(1-\frac{1}{1+t}\right)\mathrm{d}t$

$$= 2(t-\ln|1+t|)+C = 2(\sqrt{x}-\ln|1+\sqrt{x}|)+C$$

(8) $\int \sqrt{\frac{x}{1-x\sqrt{x}}}\mathrm{d}x \xlongequal{\sqrt{x}=t} \int \sqrt{\frac{t^2}{1-t^3}}2t\mathrm{d}t$

$$= 2\int \frac{t^2\mathrm{d}t}{\sqrt{1-t^3}} = \frac{2}{-3}\int \frac{\mathrm{d}(1-t^3)}{\sqrt{1-t^3}} = -\frac{4}{3}(1-t^3)^{\frac{1}{2}}+C$$

$$= -\frac{4}{3}\sqrt{1-x\sqrt{x}}+C$$

(9) $\int \frac{\mathrm{d}x}{\sqrt[3]{x+1}+1} \xlongequal{\sqrt[3]{x+1}=t} \int \frac{3t^2\mathrm{d}t}{t+1} = 3\int \frac{t^2-1+1}{t+1}\mathrm{d}t$

$$= 3\int(t-1)\mathrm{d}t + 3\int \frac{\mathrm{d}t}{t+1} = \frac{3}{2}t^2-3t+3\ln|t+1|+C$$

$$= \frac{3}{2} \sqrt[3]{(x+1)^2} - 3\sqrt[3]{x+1} + 3\ln|\sqrt[3]{x+1}+1| + C$$

(10) $\displaystyle\int \frac{1+\sqrt[3]{1+x}}{\sqrt{1+x}}dx \xlongequal{\sqrt[6]{1+x}=t} \int \frac{1+t^2}{t^3}6t^5\,dt$

$$= 6\int(1+t^2)t^2\,dt = 6\left(\int t^2\,dt + \int t^4\,dt\right) = 6\left(\frac{t^3}{3}+\frac{t^5}{5}\right) + C$$

$$= 6\left(\frac{1}{3}\sqrt{1+x} + \frac{1}{5}\sqrt[6]{(1+x)^5}\right) + C$$

$$= 2\sqrt{1+x} + \frac{6}{5}\sqrt[6]{(1+x)^5} + C$$

(11) 如图 5—1 所示.

$$\int(1-x^2)^{-\frac{3}{2}}dx \xlongequal{x=\sin t} \int(1-\sin^2 t)^{-\frac{3}{2}}\cos t\,dt$$

$$= \int \cos^{-3}t \cdot \cos t\,dt = \int \frac{1}{\cos^2 t}dt$$

$$= \tan t + C = \frac{x}{\sqrt{1-x^2}} + C$$

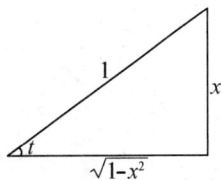

图 5—1

(12) 如图 5—2 所示.

$$\int \frac{dx}{(1+x^2)^2} \xlongequal{x=\tan t} \int \frac{\sec^2 t}{(1+\tan^2 t)^2}dt = \int \frac{dt}{\sec^2 t}$$

$$= \int \cos^2 t\,dt = \frac{1}{2}\int(1+\cos 2t)dt = \frac{1}{2}\int dt + \frac{1}{2}\int \cos 2t\,dt$$

$$= \frac{1}{2}t + \frac{1}{4}\sin 2t + C = \frac{1}{2}\arctan x + \frac{x}{2(1+x^2)} + C$$

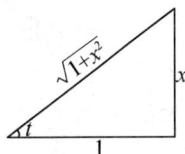

图 5—2

(13) 如图 5—3 所示.

$$\int \frac{dx}{(a^2+x^2)^{\frac{3}{2}}} \xlongequal{x=a\tan t} \int \frac{a\sec^2 t\,dt}{(a^2+a^2\tan^2 t)^{\frac{3}{2}}}$$

$$= \int \frac{a\sec^2 t}{a^3\sec^3 t}dt = \int \frac{dt}{a^2\sec t} = \frac{1}{a^2}\int \cos t\,dt$$

$$= \frac{1}{a^2}\sin t + C = \frac{x}{a^2\sqrt{a^2+x^2}} + C$$

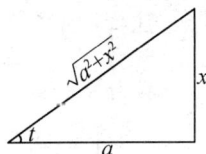

图 5—3

(14) 如图 5—4 所示.

$$\int \frac{dx}{x\sqrt{x^2-1}} \xlongequal{x=\sec t>0} \int \frac{\sec t\tan t\,dt}{\sec t\sqrt{\sec^2 t-1}}$$

$$= \int \frac{\sec t\tan t}{\sec t\tan t}dt = \int dt$$

$$= t + C = \arccos\frac{1}{x} + C$$

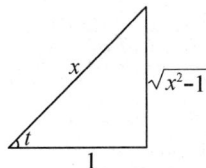

图 5—4

若 $x<0$，则上式 $= -t + C = -\arccos\dfrac{1}{x} + C$.

综上所述，原式 $= \arccos\dfrac{1}{|x|} + C$.

(15) 如图 5—5 所示.

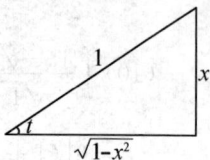

$$\int \frac{x^2}{\sqrt{1-x^2}}\mathrm{d}x \xrightarrow{x=\sin t} \int \frac{\sin^2 t}{\cos t}\cos t\mathrm{d}t = \int \sin^2 t\mathrm{d}t$$

$$= \frac{1}{2}\int (1-\cos 2t)\mathrm{d}t = \frac{1}{2}\int \mathrm{d}t - \frac{1}{2}\int \cos 2t\mathrm{d}t$$

$$= \frac{1}{2}t - \frac{1}{4}\sin 2t + C = \frac{1}{2}t - \frac{1}{2}\sin t\cos t + C$$

$$= \frac{1}{2}\arcsin x - \frac{1}{2}x\sqrt{1-x^2} + C$$

图 5—5

(16) 如图 5—6 所示.

$$\int \frac{\mathrm{d}x}{\sqrt{9x^2-4}} = \frac{1}{2}\int \frac{\mathrm{d}x}{\sqrt{\left(\frac{3}{2}x\right)^2-1}} \xrightarrow{\frac{3}{2}x=\sec t} \frac{1}{2}\int \frac{\frac{2}{3}\sec t\tan t}{\tan t}\mathrm{d}t$$

$$= \frac{1}{3}\int \sec t\mathrm{d}t = \frac{1}{3}\ln|\sec t+\tan t|+C_1$$

$$= \frac{1}{3}\ln\left|\sec t+\sqrt{\sec^2 t-1}\right|+C_1$$

$$= \frac{1}{3}\ln\left|\frac{3}{2}x+\sqrt{\left(\frac{3}{2}x\right)^2-1}\right|+C_1$$

$$= \frac{1}{3}\ln\left|3x+\sqrt{9x^2-4}\right|+C$$

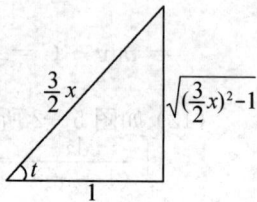

图 5—6

$$\left(\text{其中}\ C = C_1 - \frac{1}{3}\ln 2\right)$$

注释：补充公式 $\dfrac{\mathrm{d}x}{\sqrt{x^2\pm a^2}} = \ln\left|x+\sqrt{x^2\pm a^2}\right|+C$ （$a>0$）.

按补充公式，第(16)题可以写为

$$\int \frac{\mathrm{d}x}{\sqrt{9x^2-4}} = \frac{1}{3}\int \frac{\mathrm{d}(3x)}{\sqrt{(3x)^2-2^2}}$$

$$= \frac{1}{3}\ln\left|3x+\sqrt{9x^2-4}\right|+C$$

(17) $\displaystyle\int \frac{\mathrm{d}x}{\sqrt{9x^2-6x+7}} = \frac{1}{3}\int \frac{\mathrm{d}(3x-1)}{\sqrt{(3x-1)^2+6}}$

$$= \frac{1}{3}\ln\left|\sqrt{9x^2-6x+7}+3x-1\right|+C$$

注释：第(11)～(16)题利用了三角代换. 常用的类型有：

被积函数含有 $\sqrt{a^2-x^2}$，可作代换 $x=a\sin t$ 或 $x=a\cos t$.

被积函数含有 $\sqrt{a^2+x^2}$，可作代换 $x=a\tan t$ 或 $x=a\cot t$.

被积函数含有 $\sqrt{x^2-a^2}$，可作代换 $x=a\sec t$ 或 $x=a\csc t$.

化被积函数为新变量 t 的三角函数的积分，积分后将新变量 t 还原为原积分变量 x 时，可借助直角三角形的边角关系(如图5—7所示)找出积分结果中新变量 t 的三角函数还原为原积分变量 x 的关系式.

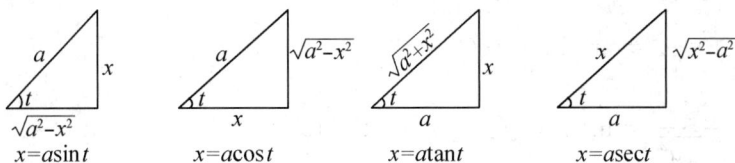

图 5—7

(18) $\displaystyle\int \frac{\mathrm{d}x}{\mathrm{e}^x-1} \xlongequal{\mathrm{e}^x-1=t} \int \frac{1}{t}\cdot\frac{\mathrm{d}t}{1+t}=\int\left(\frac{1}{t}-\frac{1}{1+t}\right)\mathrm{d}t$

$=\ln|t|-\ln|1+t|+C=\ln|\mathrm{e}^x-1|-x+C$

(19) $\displaystyle\int \frac{1-\ln x}{(x-\ln x)^2}\mathrm{d}x \xlongequal{x=\frac{1}{t}} \int \frac{1+\ln t}{\left(\frac{1}{t}+\ln t\right)^2}\left(-\frac{1}{t^2}\right)\mathrm{d}t$

$=-\displaystyle\int \frac{1+\ln t}{(1+t\ln t)^2}\mathrm{d}t = -\int \frac{\mathrm{d}(1+t\ln t)}{(1+t\ln t)^2}$

$=\dfrac{1}{1+t\ln t}+C \xlongequal{t=\frac{1}{x}} \dfrac{1}{1-\frac{1}{x}\ln x}+C=\dfrac{x}{x-\ln x}+C$

注释： 当被积函数中含有根式，而第一类换元法又用不上时，常常可以使用第二类换元法消去根号. 但第二类换元法作为一种积分方法，不仅限于被积函数中有根式的情形，有时也适用于其他形式的被积函数，采用一些其他形式的代换，例如，第(18)题、第(19)题分别使用了指数代换和倒数代换 $\left(x=\dfrac{1}{t}\right)$.

第9题的解答中本书全部采用的是第二类换元法，但有不少题也可以用其他方法，例如第一类换元法等，答案形式上可能不一样，但本质上只相差一个常数. 选用何种方法可视其简便程度而定.

注释： 用第一类换元法求不定积分时熟练后往往不写出新变量，如果是这样，积分结果就没有回代问题. 但用第二类换元法求不定积分时一般要引入新变量，因此积分结果必须回代为原积分变量.

注释： 补充基本积分公式表

（ⅰ）$\displaystyle\int \tan x\,\mathrm{d}x = -\ln|\cos x|+C$

（ⅱ）$\displaystyle\int \cot x\,\mathrm{d}x = \ln|\sin x|+C$

（ⅲ）$\displaystyle\int \sec x\,\mathrm{d}x = \ln|\sec x+\tan x|+C$

（ⅳ）$\displaystyle\int \csc x\,\mathrm{d}x = \ln|\csc x-\cot x|+C$

（ⅴ）$\displaystyle\int \frac{\mathrm{d}x}{a^2+x^2}=\frac{1}{a}\arctan\frac{x}{a}+C \quad (a\neq 0)$

（ⅵ）$\displaystyle\int \frac{\mathrm{d}x}{a^2-x^2}=\frac{1}{2a}\ln\left|\frac{a+x}{a-x}\right|+C \quad (a\neq 0)$

（ⅶ）$\displaystyle\int \frac{\mathrm{d}x}{\sqrt{a^2-x^2}}=\arcsin\frac{x}{a}+C \quad (a>0)$

（ⅷ）$\displaystyle\int \frac{\mathrm{d}x}{\sqrt{x^2\pm a^2}}=\ln\left|x+\sqrt{x^2\pm a^2}\right|+C \quad (a>0)$

（ⅸ）$\displaystyle\int \sqrt{a^2-x^2}\,\mathrm{d}x=\frac{a^2}{2}\arcsin\frac{x}{a}+\frac{x}{2}\sqrt{a^2-x^2}+C \quad (a>0)$

10. 求下列不定积分：

（1）$\displaystyle\int x\mathrm{e}^x\mathrm{d}x$ 　　　　　　　　（2）$\displaystyle\int x\sin x\mathrm{d}x$

（3）$\displaystyle\int \arctan x\mathrm{d}x$ 　　　　　　　（4）$\displaystyle\int \ln(x^2+1)\mathrm{d}x$

（5）$\displaystyle\int \frac{\ln x}{x^2}\mathrm{d}x$ 　　　　　　　　（6）$\displaystyle\int x^n\ln x\mathrm{d}x \quad (n\neq-1)$

（7）$\displaystyle\int x^2\mathrm{e}^{-x}\mathrm{d}x$ 　　　　　　　（8）$\displaystyle\int x^3(\ln x)^2\mathrm{d}x$

（9）$\displaystyle\int \sec^3 x\mathrm{d}x$ 　　　　　　　　（10）$\displaystyle\int \mathrm{e}^{\sqrt{x}}\mathrm{d}x$

（11）$\displaystyle\int \frac{\ln\ln x}{x}\mathrm{d}x$

解： (1) $\displaystyle\int x\mathrm{e}^x\mathrm{d}x \xrightarrow{u=x,\ \mathrm{d}v=\mathrm{e}^x\mathrm{d}x} x\mathrm{e}^x-\int \mathrm{e}^x\mathrm{d}x=x\mathrm{e}^x-\mathrm{e}^x+C$

(2) $\displaystyle\int x\sin x\mathrm{d}x \xrightarrow{u=x,\ \mathrm{d}v=\sin x\mathrm{d}x} -x\cos x+\int \cos x\mathrm{d}x$

$\displaystyle\qquad =-x\cos x+\sin x+C$

(3) $\displaystyle\int \arctan x\mathrm{d}x \xrightarrow{u=\arctan x,\ \mathrm{d}v=\mathrm{d}x} x\arctan x-\int x\mathrm{d}\arctan x$

$\displaystyle\qquad =x\arctan x-\int \frac{x}{1+x^2}\mathrm{d}x=x\arctan x-\frac{1}{2}\int \frac{\mathrm{d}(1+x^2)}{1+x^2}$

$\displaystyle\qquad =x\arctan x-\frac{1}{2}\ln(1+x^2)+C$

注释： 分部积分的公式是 $\displaystyle\int u\mathrm{d}v=uv-\int v\mathrm{d}u$，它常用于被积表达式"$f(x)\mathrm{d}x$"可以分解成两部分"$u$"及"$\mathrm{d}v$"，且 $\displaystyle\int v\mathrm{d}u$ 较 $\displaystyle\int u\mathrm{d}v$ 容易积分的情形.

适用于分部积分的常用类型及 u 与 $\mathrm{d}v$ 的选法如下：

$f(x)$ 为被积函数，$P(x)$ 为 x 的多项式函数，a 为常数，$k\neq-1$.

（ⅰ）$f(x)=P(x)\mathrm{e}^{ax}$，选 $u=P(x)$，$\mathrm{d}v=\mathrm{e}^{ax}\mathrm{d}x$.

（ⅱ）$f(x)=P(x)\sin(ax+b)$，选 $u=P(x)$，$\mathrm{d}v=\sin(ax+b)\mathrm{d}x$.

（ⅲ）$f(x)=P(x)\cos(ax+b)$，选 $u=P(x)$，$\mathrm{d}v=\cos(ax+b)\mathrm{d}x$.

（iv）$f(x) = P(x)\ln(ax + b)$，选 $u = \ln(ax + b)$，$dv = P(x)dx$.

（v）$f(x) = x^k\arcsin(ax + b)$，选 $u = \arcsin(ax + b)$，$dv = x^k dx$.

（vi）$f(x) = x^k\arccos(ax + b)$，选 $u = \arccos(ax + b)$，$dv = x^k dx$.

（vii）$f(x) = x^k\arctan(ax + b)$，选 $u = \arctan(ax + b)$，$dv = x^k dx$.

在使用分部积分时，如果出现 $\int vdu$ 比原来的 $\int udv$ 更不易积分，则说明 u 及 dv 选择不当，或者此积分不能使用分部积分法.

下面使用分部积分时，将不再指出 u 及 dv 的选择，只注明哪个步骤使用了分部积分.

（4）$\displaystyle\int\ln(x^2 + 1)dx \xlongequal{\text{分部}} x\ln(x^2 + 1) - \int xd\ln(x^2 + 1)$

$\displaystyle = x\ln(x^2 + 1) - \int\frac{2x^2}{x^2 + 1}dx$

$\displaystyle = x\ln(x^2 + 1) - \int\frac{(2x^2 + 2) - 2}{x^2 + 1}dx$

$\displaystyle = x\ln(x^2 + 1) - 2\int dx + 2\int\frac{1}{1 + x^2}dx$

$\displaystyle = x\ln(x^2 + 1) - 2x + 2\arctan x + C$

（5）$\displaystyle\int\frac{\ln x}{x^2}dx = \int\ln xd(-\frac{1}{x}) \xlongequal{\text{分部}} -\frac{1}{x}\ln x + \int\frac{1}{x}d\ln x$

$\displaystyle = -\frac{\ln x}{x} + \int\frac{dx}{x^2} = -\frac{\ln x}{x} - \frac{1}{x} + C$

（6）$\displaystyle\int x^n\ln xdx = \frac{1}{n + 1}\int\ln xdx^{n+1} \xlongequal{\text{分部}} \frac{1}{n + 1}\left(x^{n+1}\ln x - \int x^{n+1}\frac{dx}{x}\right)$

$\displaystyle = \frac{1}{n + 1}x^{n+1}\ln x - \frac{1}{n + 1}\int x^n dx$

$\displaystyle = \frac{1}{n + 1}x^{n+1}\ln x - \frac{1}{(n + 1)^2}x^{n+1} + C$

$\displaystyle = \frac{x^{n+1}}{n + 1}\left(\ln x - \frac{1}{n + 1}\right) + C$

（7）$\displaystyle\int x^2 e^{-x}dx = -\int x^2 de^{-x} \xlongequal{\text{分部}} -x^2 e^{-x} + \int 2xe^{-x}dx$

$\displaystyle = -x^2 e^{-x} - 2\int xde^{-x} \xlongequal{\text{分部}} -x^2 e^{-x} - 2\left(xe^{-x} - \int e^{-x}dx\right)$

$\displaystyle = -x^2 e^{-x} - 2xe^{-x} - 2e^{-x} + C$

$\displaystyle = -e^{-x}(x^2 + 2x + 2) + C$

（8）$\displaystyle\int x^3(\ln x)^2 dx = \frac{1}{4}\int(\ln x)^2 dx^4$

$\displaystyle \xlongequal{\text{分部}} \frac{1}{4}x^4(\ln x)^2 - \frac{1}{4}\int 2\times\frac{\ln x}{x}\cdot x^4 dx$

$\displaystyle = \frac{1}{4}x^4(\ln x)^2 - \frac{1}{2}\int x^3\ln xdx$

$\displaystyle \xlongequal{\text{分部}} \frac{x^4}{4}(\ln x)^2 - \frac{1}{2}\left(\frac{1}{4}x^4\ln x - \int\frac{1}{4}x^4\frac{dx}{x}\right)$

$$= \frac{x^4}{4}(\ln x)^2 - \frac{1}{8}x^4 \ln x + \frac{1}{8}\int x^3 \mathrm{d}x$$

$$= \frac{x^4}{4}(\ln x)^2 - \frac{1}{8}x^4 \ln x + \frac{1}{32}x^4 + C$$

$$= \frac{x^4}{32}(8\ln^2 x - 4\ln x + 1) + C$$

(9) $\displaystyle\int \sec^3 x \mathrm{d}x = \int \sec x \sec^2 x \mathrm{d}x = \int \sec x \mathrm{d}\tan x$

$$\xlongequal{\text{分部}} \sec x \tan x - \int \tan^2 x \sec x \mathrm{d}x = \sec x \tan x - \int (\sec^2 x - 1)\sec x \mathrm{d}x$$

$$= \sec x \tan x - \int \sec^3 x \mathrm{d}x + \int \sec x \mathrm{d}x$$

$$= \sec x \tan x + \ln|\sec x + \tan x| - \int \sec^3 x \mathrm{d}x$$

移项，得 $\quad 2\displaystyle\int \sec^3 x \mathrm{d}x = \sec x \tan x + \ln|\sec x + \tan x| + C_1$

所以 $\quad \displaystyle\int \sec^3 x \mathrm{d}x = \frac{1}{2}(\sec x \tan x + \ln|\sec x + \tan x|) + C \quad \left(C = \frac{C_1}{2}\right)$

注释： 第(9)题在积分过程中出现了循环，即等号右边出现了一项恰好是等号左边，即题目中所求的原不定积分，遇到这种情况，只要从等式中把所要求的不定积分解出来就可以了，就是把等号右边恰好是所求的不定积分项移到等号左边，这时如果等号右边没有积分号了，就立即加上常数 C，然后用等号左边所求积分项整理后的系数除全式，即得到所要求的原积分.

(10) $\displaystyle\int \mathrm{e}^{\sqrt{x}} \mathrm{d}x \xlongequal{\sqrt{x}=t} \int \mathrm{e}^t \cdot 2t \mathrm{d}t = 2\int t \mathrm{d}\mathrm{e}^t \xlongequal{\text{分部}} 2t\mathrm{e}^t - 2\int \mathrm{e}^t \mathrm{d}t$

$$= 2t\mathrm{e}^t - 2\mathrm{e}^t + C = 2\mathrm{e}^t(t-1) + C = 2\mathrm{e}^{\sqrt{x}}(\sqrt{x} - 1) + C$$

注释： 第(10)题先用换元积分，又用分部积分，有时各种积分方法须结合使用.

(11) $\displaystyle\int \frac{\ln\ln x}{x} \mathrm{d}x = \int \ln\ln x \mathrm{d}\ln x \xlongequal{\text{分部}} \ln x \cdot \ln\ln x - \int \ln x \mathrm{d}\ln\ln x$

$$= \ln x \cdot \ln\ln x - \int \frac{1}{x} \mathrm{d}x = \ln x \cdot \ln\ln x - \ln x + C$$

$$= \ln x(\ln\ln x - 1) + C$$

注释： 代换积分与分部积分是两种基本的常用的重要的积分方法，必须熟练掌握.

11. 求下列不定积分(其中 a, b 为常数)：

(1) $\displaystyle\int f'(ax + b)\mathrm{d}x$ \qquad (2) $\displaystyle\int x f''(x)\mathrm{d}x$

解： (1) $\displaystyle\int f'(ax + b)\mathrm{d}x \xlongequal{ax+b=t} \int f'(t)\frac{1}{a}\mathrm{d}t = \frac{1}{a}\int \mathrm{d}f(t)$

$$= \frac{1}{a}f(t) + C \xlongequal{t=ax+b} \frac{1}{a}f(ax + b) + C$$

(2) $\displaystyle\int x f''(x)\mathrm{d}x = \int x \mathrm{d}f'(x) \xlongequal{\text{分部}} x f'(x) - \int f'(x)\mathrm{d}x$

$$= xf'(x) - \int \mathrm{d}f(x) = xf'(x) - f(x) + C$$

12. 求下列不定积分(其中 a 为常数):

(1) $\displaystyle\int \frac{\mathrm{d}x}{1 + \sin x}$ (2) $\displaystyle\int \frac{x\mathrm{e}^x}{\sqrt{\mathrm{e}^x - 1}}\mathrm{d}x$

(3) $\displaystyle\int \frac{\mathrm{d}x}{1 + \tan x}$ (4) $\displaystyle\int \frac{\mathrm{d}x}{x^3 + 1}$

(5) $\displaystyle\int \frac{x}{(x^2+1)(x^2+4)}\mathrm{d}x$ (6) $\displaystyle\int \frac{\mathrm{d}x}{\sqrt{x - x^2}}$

(7) $\displaystyle\int \sqrt{\frac{a+x}{a-x}}\mathrm{d}x$ (8) $\displaystyle\int \frac{\mathrm{d}x}{x^4 - 1}$

(9) $\displaystyle\int \frac{x^2 \mathrm{e}^x}{(2+x)^2}\mathrm{d}x$ (10) $\displaystyle\int \frac{\sqrt{x(x+1)}}{\sqrt{x} + \sqrt{x+1}}\mathrm{d}x$

解: (1) $\displaystyle\int \frac{\mathrm{d}x}{1 + \sin x} = \int \frac{1 - \sin x}{(1 + \sin x)(1 - \sin x)}\mathrm{d}x$

$$= \int \frac{1 - \sin x}{\cos^2 x}\mathrm{d}x = \int \sec^2 x \mathrm{d}x - \int \tan x \sec x \mathrm{d}x$$

$$= \tan x - \sec x + C$$

(2) $\displaystyle\int \frac{x\mathrm{e}^x}{\sqrt{\mathrm{e}^x - 1}}\mathrm{d}x \xlongequal{\sqrt{\mathrm{e}^x - 1} = t} \int \frac{(1+t^2)\ln(1+t^2)}{t} \cdot \frac{2t}{1+t^2}\mathrm{d}t$

$$= 2\int \ln(1+t^2)\mathrm{d}t \xlongequal{分部} 2\left(t\ln(1+t^2) - \int \frac{2t^2}{1+t^2}\mathrm{d}t\right)$$

$$= 2t\ln(1+t^2) - 4\int \left(1 - \frac{1}{1+t^2}\right)\mathrm{d}t$$

$$= 2t\ln(1+t^2) - 4t + 4\arctan t + C$$

$$= 2x\sqrt{\mathrm{e}^x - 1} - 4\sqrt{\mathrm{e}^x - 1} + 4\arctan\sqrt{\mathrm{e}^x - 1} + C$$

(3) $\displaystyle\int \frac{\mathrm{d}x}{1 + \tan x} \xlongequal{\tan x = t} \int \frac{\mathrm{d}t}{(1+t)(1+t^2)} = \frac{1}{2}\int \left(\frac{1}{1+t} + \frac{1-t}{1+t^2}\right)\mathrm{d}t$

$$= \frac{1}{2}\int \frac{\mathrm{d}t}{1+t} + \frac{1}{2}\int \frac{\mathrm{d}t}{1+t^2} - \frac{1}{4}\int \frac{\mathrm{d}(1+t^2)}{1+t^2}$$

$$= \frac{1}{2}\ln|1+t| + \frac{1}{2}\arctan t - \frac{1}{4}\ln(1+t^2) + C$$

$$= \frac{1}{2}\ln|1+\tan x| + \frac{1}{2}x - \frac{1}{4}\ln(1+\tan^2 x) + C$$

$$= \frac{1}{2}\left(\ln\left|\frac{1+\tan x}{\sec x}\right| + x\right) + C$$

$$= \frac{1}{2}(\ln|\sin x + \cos x| + x) + C$$

(4) $\dfrac{1}{x^3 + 1} = \dfrac{1}{(x+1)(x^2 - x + 1)}$

设 $\dfrac{1}{x^3 + 1} = \dfrac{A}{x+1} + \dfrac{Bx + C}{x^2 - x + 1}$,$A, B, C$ 为待定系数. 去分母,两边同乘以 $(x+1)(x^2 -$

$x+1$），得

$$1 = A(x^2 - x + 1) + (Bx + C)(x + 1)$$

即 $\quad 1 = (A + B)x^2 + (B + C - A)x + A + C$

比较两端同次方项的系数，得

$$\begin{cases} A + B = 0 \\ B + C - A = 0 \\ A + C = 1 \end{cases}$$

解之得 $\quad A = \dfrac{1}{3}, B = -\dfrac{1}{3}, C = \dfrac{2}{3}$

因此有 $\quad \dfrac{1}{x^3 + 1} = \dfrac{1}{3(x+1)} - \dfrac{x-2}{3(x^2 - x + 1)}$

于是 $\quad \displaystyle\int \frac{\mathrm{d}x}{x^3 + 1} = \frac{1}{3} \int \frac{1}{x+1} \mathrm{d}x - \frac{1}{3} \int \frac{x-2}{x^2 - x + 1} \mathrm{d}x$

$$= \frac{1}{3} \ln|x+1| - \frac{1}{3} \int \frac{x - \dfrac{1}{2} - \dfrac{3}{2}}{x^2 - x + 1} \mathrm{d}x$$

$$= \frac{1}{3} \ln|x+1| - \frac{1}{6} \int \frac{\mathrm{d}(x^2 - x + 1)}{x^2 - x + 1} + \frac{1}{2} \int \frac{1}{\left(x - \dfrac{1}{2}\right)^2 + \left(\dfrac{\sqrt{3}}{2}\right)^2} \mathrm{d}x$$

$$= \frac{1}{3} \ln|x+1| - \frac{1}{6} \ln|x^2 - x + 1| + \frac{1}{\sqrt{3}} \arctan \frac{2x-1}{\sqrt{3}} + C_1$$

$$= \frac{1}{6} \ln \frac{(x+1)^2}{|x^2 - x + 1|} + \frac{\sqrt{3}}{3} \arctan \frac{2x-1}{\sqrt{3}} + C_1$$

（5）设 $\dfrac{x}{(x^2+1)(x^2+4)} = \dfrac{Ax+B}{x^2+1} + \dfrac{Cx+D}{x^2+4}$，$A, B, C, D$ 为待定系数，去分母，两边同乘以 $(x^2+1)(x^2+4)$，得

$$x = (Ax+B)(x^2+4) + (Cx+D)(x^2+1)$$

$$= (A+C)x^3 + (B+D)x^2 + (4A+C)x + 4B + D$$

比较两端同次方项的系数，有

$$\begin{cases} A + C = 0 \\ B + D = 0 \\ 4A + C = 1 \\ 4B + D = 0 \end{cases}$$

解之得 $\quad A = \dfrac{1}{3}, B = 0, C = -\dfrac{1}{3}, D = 0$

因此有 $\quad \dfrac{x}{(x^2+1)(x^2+4)} = \dfrac{x}{3(x^2+1)} - \dfrac{x}{3(x^2+4)}$

于是有 $\quad \displaystyle\int \frac{x}{(x^2+1)(x^2+4)} \mathrm{d}x = \frac{1}{3} \int \frac{x}{x^2+1} \mathrm{d}x - \frac{1}{3} \int \frac{x}{x^2+4} \mathrm{d}x$

$$= \frac{1}{6} \int \frac{\mathrm{d}(x^2+1)}{x^2+1} - \frac{1}{6} \int \frac{\mathrm{d}(x^2+4)}{x^2+4}$$

$$= \frac{1}{6}\ln(x^2+1) - \frac{1}{6}\ln(x^2+4) + C_1$$

$$= \frac{1}{6}\ln\frac{x^2+1}{x^2+4} + C_1$$

(6) $\displaystyle\int \frac{\mathrm{d}x}{\sqrt{x-x^2}} = \int \frac{\mathrm{d}x}{\sqrt{\frac{1}{4}-\left(x-\frac{1}{2}\right)^2}} = \int \frac{\mathrm{d}x}{\frac{1}{2}\sqrt{1-4\left(x-\frac{1}{2}\right)^2}}$

$$= \int \frac{2\mathrm{d}x}{\sqrt{1-(2x-1)^2}}$$

$$= \int \frac{\mathrm{d}(2x-1)}{\sqrt{1-(2x-1)^2}}$$

$$= \arcsin(2x-1) + C$$

(7) $\displaystyle\int \sqrt{\frac{a+x}{a-x}}\,\mathrm{d}x = \int \sqrt{\frac{(a+x)^2}{a^2-x^2}}\,\mathrm{d}x = \int \frac{a+x}{\sqrt{a^2-x^2}}\,\mathrm{d}x$

$$= a\int \frac{1}{\sqrt{a^2-x^2}}\,\mathrm{d}x + \int \frac{x}{\sqrt{a^2-x^2}}\,\mathrm{d}x$$

$$= a\int \frac{\mathrm{d}\left(\frac{x}{a}\right)}{\sqrt{1-\left(\frac{x}{a}\right)^2}} - \frac{1}{2}\int \frac{\mathrm{d}(a^2-x^2)}{\sqrt{a^2-x^2}}$$

$$= a\arcsin\frac{x}{a} - \sqrt{a^2-x^2} + C$$

(8) $\displaystyle\int \frac{\mathrm{d}x}{x^4-1} = \int \frac{\mathrm{d}x}{(x^2+1)(x^2-1)} = \frac{1}{2}\int\left(\frac{1}{x^2-1} - \frac{1}{x^2+1}\right)\mathrm{d}x$

$$= \frac{1}{2}\int \frac{1}{x^2-1}\,\mathrm{d}x - \frac{1}{2}\int \frac{1}{x^2+1}\,\mathrm{d}x$$

$$= \frac{1}{4}\int\left(\frac{1}{x-1} - \frac{1}{x+1}\right)\mathrm{d}x - \frac{1}{2}\int \frac{1}{x^2+1}\,\mathrm{d}x$$

$$= \frac{1}{4}(\ln|x-1| - \ln|x+1|) - \frac{1}{2}\arctan x + C$$

$$= \frac{1}{4}\ln\left|\frac{x-1}{x+1}\right| - \frac{1}{2}\arctan x + C$$

(9) $\displaystyle\int \frac{x^2\mathrm{e}^x}{(2+x)^2}\,\mathrm{d}x = \int x^2\mathrm{e}^x\mathrm{d}\left(-\frac{1}{2+x}\right) \xlongequal{\text{分部}} -\frac{x^2\mathrm{e}^x}{2+x} + \int \frac{\mathrm{e}^x(2x+x^2)}{2+x}\,\mathrm{d}x$

$$= -\frac{x^2\mathrm{e}^x}{2+x} + \int x\mathrm{e}^x\mathrm{d}x \xlongequal{\text{分部}} -\frac{x^2\mathrm{e}^x}{2+x} + x\mathrm{e}^x - \int \mathrm{e}^x\mathrm{d}x$$

$$= -\frac{x^2\mathrm{e}^x}{2+x} + x\mathrm{e}^x - \mathrm{e}^x + C$$

(10) $\displaystyle\int \frac{\sqrt{x(x+1)}}{\sqrt{x}+\sqrt{x+1}}\,\mathrm{d}x = \int \frac{\sqrt{x(x+1)}(\sqrt{x}-\sqrt{x+1})}{(\sqrt{x})^2-(\sqrt{x+1})^2}\,\mathrm{d}x$

$$= \int -x\sqrt{x+1}\,\mathrm{d}x + \int (x+1)\sqrt{x}\,\mathrm{d}x$$

$$=-\int(x+1-1)\sqrt{x+1}\,\mathrm{d}x+\int x\sqrt{x}\,\mathrm{d}x+\int\sqrt{x}\,\mathrm{d}x$$

$$=-\int(x+1)^{\frac{3}{2}}\,\mathrm{d}x+\int(x+1)^{\frac{1}{2}}\,\mathrm{d}x+\int x^{\frac{3}{2}}\,\mathrm{d}x+\int x^{\frac{1}{2}}\,\mathrm{d}x$$

$$=-\frac{2}{5}(x+1)^{\frac{5}{2}}+\frac{2}{3}(x+1)^{\frac{3}{2}}+\frac{2}{5}x^{\frac{5}{2}}+\frac{2}{3}x^{\frac{3}{2}}+C$$

$$=-\frac{2}{5}(x+1)^2\sqrt{x+1}+\frac{2}{3}(x+1)\sqrt{x+1}$$

$$+\frac{2}{5}x^2\sqrt{x}+\frac{2}{3}x\sqrt{x}+C$$

13. 设 $I_n=\int\sin^n x\,\mathrm{d}x$，证明：

$$I_n=-\frac{1}{n}\sin^{n-1}x\cos x+\frac{n-1}{n}I_{n-2}$$

证： $I_n=-\int\sin^{n-1}x\,\mathrm{d}\cos x$

$$\xlongequal{\text{分部}}-\sin^{n-1}x\cos x+(n-1)\int\sin^{n-2}x\cos^2 x\,\mathrm{d}x$$

$$=-\sin^{n-1}x\cos x+(n-1)\int\sin^{n-2}x(1-\sin^2 x)\,\mathrm{d}x$$

$$=-\sin^{n-1}x\cos x+(n-1)\int\sin^{n-2}x\,\mathrm{d}x-(n-1)\int\sin^n x\,\mathrm{d}x$$

$$=-\sin^{n-1}x\cos x+(n-1)I_{n-2}-(n-1)I_n$$

移项有 $\quad nI_n=-\sin^{n-1}x\cos x+(n-1)I_{n-2}$

因此 $\quad I_n=-\dfrac{1}{n}\sin^{n-1}x\cos x+\dfrac{n-1}{n}I_{n-2}$

14. 设函数 $f(x)=\begin{cases}x+1, & x\leqslant 1\\ 2x, & x>1\end{cases}$，求 $\int f(x)\,\mathrm{d}x$.

解： 设 $F(x)=\int f(x)\,\mathrm{d}x$.

当 $x\leqslant 1$ 时

$$F(x)=\int(x+1)\,\mathrm{d}x=\frac{x^2}{2}+x+C_1$$

当 $x>1$ 时

$$F(x)=\int 2x\,\mathrm{d}x=x^2+C_2$$

根据原函数的定义，$F(x)$ 在点 $x=1$ 处连续，要使 $F(x)$ 在点 $x=1$ 处连续，则须有 $\lim\limits_{x\to 1^-}F(x)=\lim\limits_{x\to 1^+}F(x)$，即

$$\frac{1}{2}+1+C_1=1+C_2,\ \text{即}\ \frac{1}{2}+C_1=C_2$$

令 $C_1=C$，则 $C_2=\dfrac{1}{2}+C$，

所以 $\quad F(x) = \int f(x)\mathrm{d}x = \begin{cases} \dfrac{1}{2}x^2 + x + C, & x \leqslant 1 \\ x^2 + \dfrac{1}{2} + C, & x > 1 \end{cases}$

注释：第 14 题若只求到 $F(x) = \int f(x)\mathrm{d}x = \begin{cases} \dfrac{1}{2}x^2 + x + C_1 \\ x^2 + C_2 \end{cases}$ （C_1，C_2 均为任意常数），

这样的 $F(x)$ 不一定是 $f(x)$ 的原函数. 因为 $F(x)$ 是连续函数，而在点 $x = 1$ 处，$\lim\limits_{x \to 1^-} F(x) =$

$\dfrac{1}{2} + 1 + C_1$，$\lim\limits_{x \to 1^+} F(x) = 1 + C_2$，若 C_1，C_2 均为任意常数，那么 $\dfrac{1}{2} + 1 + C_1 = 1 + C_2$ 未必

成立，故 $F(x)$ 在点 $x = 1$ 处未必连续，只有当 $\dfrac{1}{2} + 1 + C_1 = 1 + C_2$ 时，$F(x)$ 才是连续的.

15. 如果 $\dfrac{\sin x}{x}$ 是 $f(x)$ 的一个原函数，证明：

$$\int x f'(x)\mathrm{d}x = \cos x - \frac{2\sin x}{x} + C$$

证：由题设，$\dfrac{\sin x}{x}$ 是 $f(x)$ 的一个原函数，所以有

$$\int f(x)\mathrm{d}x = \frac{\sin x}{x} + C_1$$

两边对 x 求导得 $f(x) = \dfrac{x\cos x - \sin x}{x^2}$.

$$\int x f'(x)\mathrm{d}x = \int x \mathrm{d}f(x) \xlongequal{\text{分部}} x f(x) - \int f(x)\mathrm{d}x$$
$$= x \cdot \frac{x\cos x - \sin x}{x^2} - \frac{\sin x}{x} - C_1$$
$$= \cos x - \frac{\sin x}{x} - \frac{\sin x}{x} + C \qquad (\text{其中 } C = -C_1)$$
$$= \cos x - \frac{2\sin x}{x} + C$$

16. 若 $f'(\mathrm{e}^x) = 1 + \mathrm{e}^{2x}$，且 $f(0) = 1$，求 $f(x)$.

解：设 $t = \mathrm{e}^x$，则
$$f'(t) = 1 + t^2$$

因此 $\quad f(t) = \int f'(t)\mathrm{d}t = \int (1 + t^2)\mathrm{d}t = t + \dfrac{t^3}{3} + C$

由 $f(0) = 1$，得 $C = 1$，于是可得
$$f(x) = x + \frac{x^3}{3} + 1$$

17. 设某商品的需求量 Q 是价格 P 的函数，该商品的最大需求量为 1 000（即 $P = 0$ 时，$Q = 1\,000$），已知需求量的变化率（边际需求）为

$$Q'(P) = -1\,000 \ln 3 \cdot \left(\frac{1}{3}\right)^P$$

求需求量 Q 与价格 P 的函数关系.

解：已知边际需求函数为 $Q'(P) = -1\,000\,\ln 3 \cdot \left(\dfrac{1}{3}\right)^P$，因此需求函数满足

$$Q(P) = \int Q'(P)\mathrm{d}P = \int -1\,000\,\ln 3\left(\frac{1}{3}\right)^P \mathrm{d}P$$

$$= -1\,000\,\ln 3\,\frac{\left(\dfrac{1}{3}\right)^P}{\ln\dfrac{1}{3}} + C$$

即 $\qquad Q(P) = 1\,000\left(\dfrac{1}{3}\right)^P + C$

根据题意，当 $P = 0$ 时，$Q = 1\,000$，代入上式得 $C = 0$，于是得出需求函数为 $Q = 1\,000\left(\dfrac{1}{3}\right)^P$.

18. 设生产 x 单位某产品的总成本 C 是 x 的函数 $C(x)$，固定成本(即 $C(0)$)为 20 元，边际成本函数为 $C'(x) = 2x + 10$ (元／单位)，求总成本函数 $C(x)$.

解：边际成本函数为 $C'(x) = 2x + 10$，因此，总成本函数满足

$$C(x) = \int C'(x)\mathrm{d}x = \int (2x + 10)\mathrm{d}x = x^2 + 10x + C_1$$

即 $\qquad C(x) = x^2 + 10x + C_1$

根据题意，当 $x = 0$ 时，$C = 20$，代入上式得 $C_1 = 20$，于是得出总成本函数为 $C(x) = x^2 + 10x + 20$.

(B)

1. 若 $\displaystyle\int f(x)\mathrm{d}x = x^2\mathrm{e}^{2x} + C$，则 $f(x) =$ [　　].

(A) $2x\mathrm{e}^{2x}$ 　　　　(B) $4x\mathrm{e}^{2x}$

(C) $2x^2\mathrm{e}^{2x}$ 　　　　(D) $2x\mathrm{e}^{2x}(1 + x)$

解：根据不定积分的定义

$$f(x) = (x^2\mathrm{e}^{2x} + C)' = 2x\mathrm{e}^{2x} + 2x^2\mathrm{e}^{2x} = 2x\mathrm{e}^{2x}(1 + x)$$

故本题应选(D).

2. 已知 $y' = 2x$，且 $x = 1$ 时 $y = 2$，则 $y =$ [　　].

(A) x^2 　　　　(B) $x^2 + C$

(C) $x^2 + 1$ 　　　　(D) $x^2 + 2$

解：$y = \displaystyle\int 2x\mathrm{d}x = x^2 + C$

当 $x = 1$ 时 $y = 2$，代入上式，得 $C = 1$，即 $y = x^2 + 1$.

故本题应选(C).

3. $\int \mathrm{d} \arcsin \sqrt{x} = [\quad]$.

(A) $\arcsin \sqrt{x}$ (B) $\arcsin \sqrt{x} + C$

(C) $\arccos \sqrt{x}$ (D) $\arccos \sqrt{x} + C$

解：根据不定积分的性质，本题应选(B)．

4. 若 $\dfrac{2}{3}\ln\cos 2x$ 是 $f(x) = k\tan 2x$ 的一个原函数，则 $k = [\quad]$.

(A) $\dfrac{2}{3}$ (B) $-\dfrac{2}{3}$ (C) $\dfrac{4}{3}$ (D) $-\dfrac{4}{3}$

解：$f(x) = \left(\dfrac{2}{3}\ln\cos 2x\right)' = \dfrac{2}{3} \cdot \dfrac{-\sin 2x}{\cos 2x} \cdot 2 = -\dfrac{4}{3}\tan 2x = k\tan 2x$

所以 $k = -\dfrac{4}{3}$，故本题应选(D)．

5. 设 $f(x)$ 的导数为 $\sin x$，则下列选项中是 $f(x)$ 的原函数的是[   ].

(A) $1 + \sin x$ (B) $1 - \sin x$ (C) $1 + \cos x$ (D) $1 - \cos x$

解：根据题意，所要选的函数的导数等于 $f(x)$，而 $f(x)$ 的导数等于 $\sin x$，那么所要选的函数的二阶导数是 $\sin x$．

(A) $(1 + \sin x)' = \cos x$, $(\cos x)' = -\sin x$

(B) $(1 - \sin x)' = -\cos x$, $(-\cos x)' = \sin x$

故本题应选(B)．

(C) $(1 + \cos x)' = -\sin x$, $(-\sin x)' = -\cos x$

(D) $(1 - \cos x)' = \sin x$, $(\sin x)' = \cos x$

6. 下列函数中有一个不是 $f(x) = \dfrac{1}{x}$ 的原函数，它是[   ].

(A) $F(x) = \ln|x|$

(B) $F(x) = \ln|Cx|$ （C 是不为零且不为 1 的常数）

(C) $F(x) = C\ln|x|$ （C 是不为零且不为 1 的常数）

(D) $F(x) = \ln|x| + C$ （C 是不为零的常数）

解：(A) $F(x) = \begin{cases} \ln(-x), & x < 0 \\ \ln x, & x > 0 \end{cases}$

因为 $F'(x) = \dfrac{1}{x}$，所以 $F(x)$ 是 $f(x)$ 的原函数．

(B) $F(x) = \ln|C| + \ln|x|$

因为 $F'(x) = \dfrac{1}{x}$，所以 $F(x)$ 是 $f(x)$ 的原函数．

(C) $F(x) = C\ln|x|$

因为 $F'(x) = \dfrac{C}{x} \neq \dfrac{1}{x}$，所以 $F(x)$ 不是 $f(x)$ 的原函数．

故本题应选(C)．

(D) 因为 $F'(x) = \dfrac{1}{x}$，所以 $F(x)$ 是 $f(x)$ 的原函数.

7. 设 $f'(x)$ 存在，则 $\left[\displaystyle\int \mathrm{d}f(x)\right]' = [\qquad]$.

(A) $f(x)$　　(B) $f'(x)$　　(C) $f(x) + C$　　(D) $f'(x) + C$

解：$\left[\displaystyle\int \mathrm{d}f(x)\right]' = [f(x) + C]' = f'(x)$

故本题应选(B).

8. 若 $f(x)$ 为连续函数，且 $\displaystyle\int f(x)\mathrm{d}x = F(x) + C$，$C$ 为任意常数，则下列各式中正确的是 $[\qquad]$.

(A) $\displaystyle\int f(ax+b)\mathrm{d}x = F(ax+b) + C$

(B) $\displaystyle\int f(x^n)x^{n-1}\mathrm{d}x = F(x^n) + C$

(C) $\displaystyle\int f(\ln ax)\dfrac{1}{x}\mathrm{d}x = F(\ln ax) + C \quad (a \neq 0)$

(D) $\displaystyle\int f(\mathrm{e}^{-x})\mathrm{e}^{-x}\mathrm{d}x = F(\mathrm{e}^{-x}) + C$

解：(A) $[F(ax+b) + C]' = af(ax+b) \neq f(ax+b)$

(B) $[F(x^n) + C]' = nx^{n-1}f(x^n) \neq x^{n-1}f(x^n)$

(C) $[F(\ln ax) + C]' = \dfrac{a}{ax}f(\ln ax) = \dfrac{1}{x}f(\ln ax)$

故本题应选(C).

(D) $[F(\mathrm{e}^{-x}) + C]' = -f(\mathrm{e}^{-x}) \neq f(\mathrm{e}^{-x})$

9. 设 $f'(\ln x) = 1 + x$，则 $f(x) = [\qquad]$.

(A) $x + \mathrm{e}^x + C$　　　　　　(B) $\mathrm{e}^x + \dfrac{1}{2}x^2 + C$

(C) $\ln x + \dfrac{1}{2}(\ln x)^2 + C$　　　(D) $\mathrm{e}^x + \dfrac{1}{2}\mathrm{e}^{2x} + C$

解：设 $\ln x = t$，即 $x = \mathrm{e}^t$，

则有　　　$f'(t) = 1 + \mathrm{e}^t$

从而　　　$f(t) = \displaystyle\int f'(t)\mathrm{d}t = \int (1 + \mathrm{e}^t)\mathrm{d}t = t + \mathrm{e}^t + C$

即　　　　$f(x) = x + \mathrm{e}^x + C$

故本题应选(A).

10. 若 $\displaystyle\int f(x)\mathrm{d}x = x^2 + C$，则 $\displaystyle\int xf(1-x^2)\mathrm{d}x = [\qquad]$.

(A) $2(1-x^2)^2 + C$　　　　　　(B) $-2(1-x^2)^2 + C$

(C) $\dfrac{1}{2}(1-x^2)^2 + C$　　　　　(D) $-\dfrac{1}{2}(1-x^2)^2 + C$

解：根据题设有 $f(x) = (x^2 + C)' = 2x.$

从而　　$f(1-x^2)=2(1-x^2)$

于是　　$\displaystyle\int xf(1-x^2)\mathrm{d}x=\int 2x(1-x^2)\mathrm{d}x=-\int(1-x^2)\mathrm{d}(1-x^2)$

$$=-\frac{1}{2}(1-x^2)^2+C$$

故本题应选(D).

11. 设 $f(x)=\mathrm{e}^{-x}$，则 $\displaystyle\int\frac{f'(\ln x)}{x}\mathrm{d}x=$ [　　　].

(A) $-\dfrac{1}{x}+C$ 　　　　　　　　(B) $-\ln x+C$

(C) $\dfrac{1}{x}+C$ 　　　　　　　　(D) $\ln x+C$

解： $\displaystyle\int\frac{f'(\ln x)}{x}\mathrm{d}x=\int f'(\ln x)\mathrm{d}\ln x=f(\ln x)+C$

$=\mathrm{e}^{-\ln x}+C=\mathrm{e}^{\ln\frac{1}{x}}+C=\dfrac{1}{x}+C$

故本题应选(C).

12. 设 $\displaystyle\int f(x)\mathrm{d}x=\sin x+C$，则 $\displaystyle\int\frac{f(\arcsin x)}{\sqrt{1-x^2}}\mathrm{d}x=$ [　　　].

(A) $\arcsin x+C$ 　　　　　(B) $\sin\sqrt{1-x^2}+C$

(C) $\dfrac{1}{2}(\arcsin x)^2+C$ 　　　(D) $x+C$

解： $\displaystyle\int\frac{f(\arcsin x)}{\sqrt{1-x^2}}\mathrm{d}x=\int f(\arcsin x)\mathrm{d}\arcsin x$

$$=\sin(\arcsin x)+C=x+C$$

故本题应选(D).

13. $\displaystyle\int x(x+1)^{10}\mathrm{d}x=$ [　　　].

(A) $\dfrac{1}{11}(x+1)^{11}+C$

(B) $\dfrac{1}{2}x^2+\dfrac{1}{11}(x+1)^{11}+C$

(C) $\dfrac{1}{12}(x+1)^{12}-\dfrac{1}{11}(x+1)^{11}+C$

(D) $\dfrac{1}{12}(x+1)^{12}+\dfrac{1}{11}(x+1)^{11}+C$

解： $\displaystyle\int x(x+1)^{10}\mathrm{d}x=\int(x+1-1)(x+1)^{10}\mathrm{d}x$

$=\displaystyle\int(x+1)^{11}\mathrm{d}(x+1)-\int(x+1)^{10}\mathrm{d}(x+1)$

$=\dfrac{1}{12}(x+1)^{12}-\dfrac{1}{11}(x+1)^{11}+C$

故本题应选(C).

14. 已知 $f'(\cos x) = \sin x$，则 $f(\cos x) = [\quad]$.

(A) $-\cos x + C$ (B) $\cos x + C$

(C) $\dfrac{1}{2}(x - \sin x \cos x) + C$ (D) $\dfrac{1}{2}(\sin x \cos x - x) + C$

解：$f(\cos x) = \displaystyle\int f'(\cos x)\mathrm{d}\cos x = \int \sin x \mathrm{d}\cos x$

$$= -\int \sin^2 x \mathrm{d}x = -\int \frac{1 - \cos 2x}{2}\mathrm{d}x = -\frac{1}{2}x + \frac{1}{4}\sin 2x + C$$

$$= \frac{1}{2}(\sin x \cos x - x) + C$$

故本题应选(D).

15. $\displaystyle\int x f(x^2) f'(x^2)\mathrm{d}x = [\quad]$.

(A) $\dfrac{1}{2}f(x^2) + C$ (B) $\dfrac{1}{2}f^2(x^2) + C$

(C) $\dfrac{1}{4}f^2(x^2) + C$ (D) $\dfrac{1}{4}x^2 f^2(x^2) + C$

解：$\displaystyle\int x f(x^2) f'(x^2)\mathrm{d}x = \frac{1}{2}\int f(x^2) f'(x^2)\mathrm{d}x^2$

$$= \frac{1}{2}\int f(x^2)\mathrm{d}f(x^2) = \frac{1}{4}f^2(x^2) + C$$

故本题应选(C).

16. 设 $\displaystyle\int x f(x)\mathrm{d}x = \arcsin x + C$，则 $\displaystyle\int \frac{1}{f(x)}\mathrm{d}x = [\quad]$.

(A) $-\dfrac{3}{4}\sqrt{(1-x^2)^3} + C$ (B) $-\dfrac{1}{3}\sqrt{(1-x^2)^3} + C$

(C) $\dfrac{3}{4}\sqrt[3]{(1-x^2)^2} + C$ (D) $\dfrac{2}{3}\sqrt[3]{(1-x^2)^2} + C$

解：由题设 $\displaystyle\int x f(x)\mathrm{d}x = \arcsin x + C$，那么

$$x f(x) = (\arcsin x + C)' = \frac{1}{\sqrt{1-x^2}}$$

从而有 $\quad f(x) = \dfrac{1}{x\sqrt{1-x^2}}$

所以 $\quad \displaystyle\int \frac{1}{f(x)}\mathrm{d}x = \int x\sqrt{1-x^2}\mathrm{d}x = -\frac{1}{2}\int \sqrt{1-x^2}\mathrm{d}(1-x^2)$

$$= -\frac{1}{3}\sqrt{(1-x^2)^3} + C$$

故本题应选(B).

17. 若 $\sin x$ 是 $f(x)$ 的一个原函数，则 $\displaystyle\int x f'(x)\mathrm{d}x = [\quad]$.

(A) $x\cos x - \sin x + C$ (B) $x\sin x + \cos x + C$

(C) $x\cos x + \sin x + C$　　　　(D) $x\sin x - \cos x + C$

解：因 $\sin x$ 是 $f(x)$ 的一个原函数，所以 $f(x) = (\sin x)' = \cos x$. 于是

$$\int xf'(x)\mathrm{d}x = \int x\mathrm{d}f(x) \xequal{\text{分部}} xf(x) - \int f(x)\mathrm{d}x = x\cos x - \sin x + C$$

故本题应选(A).

18. 设 $f'(\mathrm{e}^x) = 1 + x$，则 $f(x) = [\quad\quad]$.

(A) $1 + \ln x + C$　　　　(B) $x\ln x + C$

(C) $x + \dfrac{x^2}{2} + C$　　　　(D) $x\ln x - x + C$

解：设 $t = \mathrm{e}^x$，则 $x = \ln t$.

由 $f'(\mathrm{e}^x) = 1 + x$，得 $f'(t) = 1 + \ln t$.

从而　　　　$f(t) = \int f'(t)\mathrm{d}t = \int (1 + \ln t)\mathrm{d}t = \int \mathrm{d}t + \int \ln t\mathrm{d}t$

$$\xequal{\text{分部}} t + t\ln t - t + C = t\ln t + C$$

即　　　　$f(x) = x\ln x + C$

故本题应选(B).

（二）参考题（附解答）

（A）

1. 设 $f(x) \neq 0$，且有连续的二阶导数，求 $\displaystyle\int \left\{ \dfrac{f''(x)}{f(x)} - \dfrac{[f'(x)]^2}{[f(x)]^2} \right\}\mathrm{d}x$.

解：$\displaystyle\int \left\{ \dfrac{f''(x)}{f(x)} - \dfrac{[f'(x)]^2}{[f(x)]^2} \right\}\mathrm{d}x = \int \dfrac{f''(x)f(x) - [f'(x)]^2}{[f(x)]^2}\mathrm{d}x$

$$= \int \left[\dfrac{f'(x)}{f(x)} \right]'\mathrm{d}x = \dfrac{f'(x)}{f(x)} + C$$

2. 求不定积分 $\displaystyle\int x^x(1 + \ln x)\mathrm{d}x$.

解：$\displaystyle\int x^x(1 + \ln x)\mathrm{d}x = \int \mathrm{e}^{x\ln x}(x\ln x)'\mathrm{d}x$

$$= \int \mathrm{e}^{x\ln x}\mathrm{d}(x\ln x) = \mathrm{e}^{x\ln x} + C = x^x + C$$

3. 设 $u(x)$，$v(x)$ 均为可导函数，且 $v(x)\sqrt{1 - x^2} = \dfrac{x}{u(x)}$，求 $\displaystyle\int xu'v\mathrm{d}x + \int xuv'\mathrm{d}x$.

解：因 $v(x)\sqrt{1 - x^2} = \dfrac{x}{u(x)}$，所以有 $u(x)v(x) = \dfrac{x}{\sqrt{1 - x^2}}$ 那么

$$\int xu'v\mathrm{d}x + \int xuv'\mathrm{d}x = \int x(u'v + v'u)\mathrm{d}x = \int x\mathrm{d}(uv)$$

$$\xrightarrow{\text{分部}} xuv - \int uv \mathrm{d}x = \frac{x^2}{\sqrt{1-x^2}} - \int \frac{x}{\sqrt{1-x^2}} \mathrm{d}x$$

$$= \frac{x^2}{\sqrt{1-x^2}} + \sqrt{1-x^2} + C$$

$$= \frac{1}{\sqrt{1-x^2}} + C$$

4. 设 $f(x)f'(x) = x$，$f(x) > 0$，且 $f(1) = \sqrt{2}$，求 $f(x)$.

解： 由 $f(x)f'(x) = x$，有 $\int f(x)f'(x)\mathrm{d}x = \int x\mathrm{d}x$，因此有

$$\frac{1}{2}\big[f(x)\big]^2 = \frac{1}{2}x^2 + C$$

从而有 $\quad f(x) = \sqrt{x^2 + 2C}$

由 $f(1) = \sqrt{2}$，有 $1 + 2C = 2$，所以 $C = \frac{1}{2}$，因此可得

$$f(x) = \sqrt{x^2 + 1}$$

5. 求不定积分 $\int \dfrac{1}{(1+\mathrm{e}^x)^2} \mathrm{d}x$.

解：
$$\int \frac{1}{(1+\mathrm{e}^x)^2} \mathrm{d}x = \int \left[\frac{1}{1+\mathrm{e}^x} - \frac{\mathrm{e}^x}{(1+\mathrm{e}^x)^2}\right] \mathrm{d}x$$

$$= \int \frac{1}{\mathrm{e}^x(\mathrm{e}^{-x}+1)} \mathrm{d}x - \int \frac{1}{(1+\mathrm{e}^x)^2} \mathrm{d}(1+\mathrm{e}^x)$$

$$= \int \frac{-1}{\mathrm{e}^{-x}+1} \mathrm{d}(\mathrm{e}^{-x}+1) + \frac{1}{1+\mathrm{e}^x}$$

$$= -\ln|\mathrm{e}^{-x}+1| + \frac{1}{1+\mathrm{e}^x} + C$$

6. 求不定积分 $\int \mathrm{e}^{|x|} \mathrm{d}x$.

解： $\mathrm{e}^{|x|} = \begin{cases} \mathrm{e}^x, & x \geqslant 0 \\ \mathrm{e}^{-x}, & x < 0 \end{cases}$

当 $x \geqslant 0$ 时，$\int \mathrm{e}^{|x|} \mathrm{d}x = \int \mathrm{e}^x \mathrm{d}x = \mathrm{e}^x + C_1$.

当 $x < 0$ 时，$\int \mathrm{e}^{|x|} \mathrm{d}x = \int \mathrm{e}^{-x} \mathrm{d}x = -\mathrm{e}^{-x} + C_2$.

因 $\mathrm{e}^{|x|}$ 在 $(-\infty, +\infty)$ 内连续，故存在原函数 $F(x) = \int \mathrm{e}^{|x|} \mathrm{d}x$.

由 $F_+(0) = F_-(0)$，可得 $2 + C_1 = C_2$，设 $C_1 = C$，所以

$$\int \mathrm{e}^{|x|} \mathrm{d}x = \begin{cases} \mathrm{e}^x + C, & x \geqslant 0 \\ -\mathrm{e}^{-x} + 2 + C, & x < 0 \end{cases}$$

7. 求不定积分 $\int \dfrac{1}{x(1+x^{10})^2} \mathrm{d}x$.

解： 令 $t = x^{10}$，$\mathrm{d}t = 10x^9 \mathrm{d}x$，$\mathrm{d}x = \dfrac{1}{10x^9} \mathrm{d}t$，

那么
$$\int \frac{1}{x(1+x^{10})^2}dx = \frac{1}{10}\int \frac{1}{t(1+t)^2}dt = \frac{1}{10}\int \left(\frac{1}{t}-\frac{1}{1+t}-\frac{1}{(1+t)^2}\right)dt$$
$$= \frac{1}{10}\left(\ln\left|\frac{t}{1+t}\right|+\frac{1}{1+t}\right)+C$$
$$= \frac{1}{10}\left(\ln\left|\frac{x^{10}}{1+x^{10}}\right|+\frac{1}{1+x^{10}}\right)+C$$

8. 求不定积分 $\int \frac{\ln\tan x}{\sin 2x}dx$.

解：$\int \frac{\ln\tan x}{\sin 2x}dx = \frac{1}{2}\int \frac{\ln\tan x}{\sin x\cos x}dx = \frac{1}{2}\int \frac{\ln\tan x}{\tan x}d\tan x$

$$= \frac{1}{2}\int \ln\tan x\, d[\ln\tan x] = \frac{1}{4}[\ln\tan x]^2+C$$

9. 求不定积分 $\int \frac{1}{x(1+2\ln x)}dx$.

解：$\int \frac{1}{x(1+2\ln x)}dx = \int \frac{1}{1+2\ln x}\frac{dx}{x}$

$$= \frac{1}{2}\int \frac{1}{1+2\ln x}d(1+2\ln x)$$
$$= \frac{1}{2}\ln|1+2\ln x|+C$$

10. 求不定积分 $\int \frac{1}{x(x^7+2)}dx$.

解：令 $x=\frac{1}{t}$, $dx=-\frac{1}{t^2}dt$, 则

$$\int \frac{1}{x(x^7+2)}dx = \int \frac{1}{\frac{1}{t}\left(\frac{1}{t^7}+2\right)}\left(-\frac{1}{t^2}dt\right) = -\int \frac{t^6}{1+2t^7}dt$$

$$= -\frac{1}{14}\int \frac{1}{1+2t^7}d(1+2t^7) = -\frac{1}{14}\ln|1+2t^7|+C$$
$$= -\frac{1}{14}\ln\left|1+\frac{2}{x^7}\right|+C = -\frac{1}{14}\ln\left|\frac{x^7+2}{x^7}\right|+C$$
$$= -\frac{1}{14}\ln|x^7+2|+\frac{1}{2}\ln|x|+C$$

11. 求不定积分 $\int \frac{1+\sin x}{\sin x(1+\cos x)}dx$.

解：令 $\tan\frac{x}{2}=t$, 则 $\sin x=\frac{2t}{1+t^2}$, $\cos x=\frac{1-t^2}{1+t^2}$, $dx=\frac{2}{1+t^2}dt$, 于是有

$$\int \frac{1+\sin x}{\sin x(1+\cos x)}dx = \int \frac{1+\frac{2t}{1+t^2}}{\frac{2t}{1+t^2}\left(1+\frac{1-t^2}{1+t^2}\right)}\cdot \frac{2}{1+t^2}dt$$

$$= \int \frac{(1+t)^2}{2t}dt = \int \left(\frac{t}{2}+1+\frac{1}{2t}\right)dt$$

$$= \frac{t^2}{4} + t + \frac{1}{2}\ln|t| + C$$

$$= \frac{1}{4}\tan^2\frac{x}{2} + \tan\frac{x}{2} + \frac{1}{2}\ln\left|\tan\frac{x}{2}\right| + C$$

注释：代换 $t = \tan\frac{x}{2}$ 称为万能代换，这是因为三角函数总可以表示成 $\sin x$ 与 $\cos x$ 的有理式，代换 $t = \tan\frac{x}{2}$ 可以把任意一个 $\sin x$ 与 $\cos x$ 的有理式化为 t 的有理式.

12. 求不定积分 $\displaystyle\int \frac{x^3+1}{x^4-3x^3+3x^2-x}\mathrm{d}x$.

解：$\dfrac{x^3+1}{x^4-3x^3+3x^2-x} = \dfrac{x^3+1}{x(x-1)^3}$

将 $\dfrac{x^3+1}{x^4-3x^3+3x^2-x}$ 分解为部分公式：

设 $\dfrac{x^3+1}{x^4-3x^3+3x^2-x} = \dfrac{A}{x} + \dfrac{B}{x-1} + \dfrac{C}{(x-1)^2} + \dfrac{D}{(x-1)^3}$，去分母得

$$x^3 + 1 = A(x-1)^3 + Bx(x-1)^2 + Cx(x-1) + Dx$$

于是有
$$\begin{cases} A+B=1 \\ -3A-2B+C=0 \\ 3A+B-C+D=0 \\ -A=1 \end{cases}$$

解之得 $A=-1,\ B=2,\ C=1,\ D=2$

因此有 $\dfrac{x^3+1}{x^4-3x^3+3x^2-x} = \dfrac{-1}{x} + \dfrac{2}{x-1} + \dfrac{1}{(x-1)^2} + \dfrac{2}{(x-1)^3}$

于是有 $\displaystyle\int \frac{x^3+1}{x^4-3x^3+3x^2-x}\mathrm{d}x$

$$= -\int \frac{\mathrm{d}x}{x} + 2\int \frac{\mathrm{d}x}{x-1} + \int \frac{\mathrm{d}x}{(x-1)^2} + 2\int \frac{\mathrm{d}x}{(x-1)^3}$$

$$= -\ln|x| + 2\ln|x-1| - \frac{1}{x-1} - \frac{1}{(x-1)^2} + C_1$$

13. 求不定积分 $\displaystyle\int \frac{(1-x)\arcsin(1-x)}{\sqrt{2x-x^2}}\mathrm{d}x$.

解：$\displaystyle\int \frac{(1-x)\arcsin(1-x)}{\sqrt{2x-x^2}}\mathrm{d}x$

$$\xlongequal{t=1-x} -\int \frac{t\arcsin t}{\sqrt{1-t^2}}\mathrm{d}t = \int \arcsin t\,\mathrm{d}(\sqrt{1-t^2})$$

$$\xlongequal{\text{分部}} \sqrt{1-t^2}\arcsin t - \int \frac{1}{\sqrt{1-t^2}}\sqrt{1-t^2}\mathrm{d}t$$

$$= \sqrt{1-t^2}\arcsin t - t + C_1$$

$$= \sqrt{2x-x^2}\arcsin(1-x) + x + C \quad (C = C_1-1)$$

14. 求不定积分 $\displaystyle\int \mathrm{e}^{2x}(\tan x+1)^2\mathrm{d}x$.

解：$\displaystyle\int e^{2x}(\tan x+1)^2 dx=\int e^{2x}(\sec^2 x+2\tan x)dx$

$$=\int e^{2x}d\tan x+2\int e^{2x}\tan x dx$$

$$\xlongequal{\text{分部}} e^{2x}\tan x-2\int e^{2x}\tan x dx+2\int e^{2x}\tan x dx$$

$$\xlongequal{\text{消项}} e^{2x}\tan x+C$$

15. 求不定积分 $\displaystyle\int\sin\ln x\,dx$.

解：$\displaystyle\int\sin\ln x\,dx\xlongequal{\text{分部}} x\sin\ln x-\int x\cos\ln x\cdot\frac{1}{x}dx$

$$=x\sin\ln x-\int\cos\ln x\,dx$$

$$\xlongequal{\text{分部}} x\sin\ln x-\left[x\cos\ln x-\int x(-\sin\ln x)\cdot\frac{1}{x}dx\right]$$

$$=x\sin\ln x-x\cos\ln x-\int\sin\ln x\,dx$$

移项　　　$\displaystyle 2\int\sin\ln x\,dx=x\sin\ln x-x\cos\ln x+C_1$

所以　　　$\displaystyle\int\sin\ln x\,dx=\frac{1}{2}x(\sin\ln x-\cos\ln x)+C\quad\left(C=\frac{C_1}{2}\right)$

16. 设 $f(x)$ 的一个原函数为 $\dfrac{\sin x}{x}$，求 $I=\displaystyle\int x^3 f'(x)dx$.

解：由已知 $f(x)=\left(\dfrac{\sin x}{x}\right)'=\dfrac{x\cos x-\sin x}{x^2}$，有

$$I=\int x^3 f'(x)dx=\int x^3 df(x)\xlongequal{\text{分部}} x^3 f(x)-3\int x^2 f(x)dx$$

$$=x(x\cos x-\sin x)-3\int(x\cos x-\sin x)dx$$

$$=x^2\cos x-x\sin x-3\int x\cos x\,dx+3\int\sin x\,dx$$

$$\xlongequal{\text{分部}} x^2\cos x-x\sin x-3\left(x\sin x-\int\sin x\,dx\right)+3\int\sin x\,dx$$

$$=x^2\cos x-4x\sin x-6\cos x+C$$

17. 求下列积分的递推公式（其中 n 是正整数）：

(1) $I_n=\displaystyle\int(\ln x)^n dx$　　　　(2) $I_n=\displaystyle\int(\arcsin x)^n dx$

解：(1) $\displaystyle I_n=\int(\ln x)^n dx\xlongequal{\text{分部}} x(\ln x)^n-n\int(\ln x)^{n-1}dx$

$$=x(\ln x)^n-nI_{n-1}$$

(2) $\displaystyle I_n=\int(\arcsin x)^n dx$

$$\xlongequal{\text{分部}} x(\arcsin x)^n-n\int(\arcsin x)^{n-1}\frac{x\,dx}{\sqrt{1-x^2}}$$

$$= x(\arcsin x)^n + n \int (\arcsin x)^{n-1} d(\sqrt{1-x^2})$$

$$\xlongequal{\text{分部}} x(\arcsin x)^n + n \sqrt{1-x^2}(\arcsin x)^{n-1} - n(n-1) \int (\arcsin x)^{n-2} dx$$

$$= x(\arcsin x)^n + n \sqrt{1-x^2}(\arcsin x)^{n-1} - n(n-1) I_{n-2}$$

18. 求 $I_n = \int \dfrac{dx}{(x^2+a^2)^n}$ 的递推公式(其中 n 是正整数),并求出 I_2, I_3.

解: $I_n = \int \dfrac{dx}{(x^2+a^2)^n} = \dfrac{1}{a^2} \int \dfrac{x^2+a^2-x^2}{(x^2+a^2)^n} dx$

$$= \dfrac{1}{a^2} \int \dfrac{dx}{(x^2+a^2)^{n-1}} - \dfrac{1}{a^2} \int \dfrac{x^2}{(x^2+a^2)^n} dx$$

$$= \dfrac{1}{a^2} I_{n-1} - \dfrac{1}{2a^2} \int x \dfrac{d(x^2+a^2)}{(x^2+a^2)^n}$$

$$= \dfrac{1}{a^2} I_{n-1} + \dfrac{1}{2(n-1)a^2} \int x d\left(\dfrac{1}{(x^2+a^2)^{n-1}} \right)$$

$$\xlongequal{\text{分部}} \dfrac{1}{a^2} I_{n-1} + \dfrac{1}{2(n-1)a^2} \left[\dfrac{x}{(x^2+a^2)^{n-1}} - \int \dfrac{1}{(x^2+a^2)^{n-1}} dx \right]$$

$$= \dfrac{1}{a^2} I_{n-1} + \dfrac{1}{2(n-1)a^2} \cdot \dfrac{x}{(x^2+a^2)^{n-1}} - \dfrac{1}{2(n-1)a^2} I_{n-1}$$

将右端整理后,得 $I_n = \int \dfrac{dx}{(x^2+a^2)^n}$ 的递推公式为

$$I_n = \dfrac{x}{2(n-1)a^2(x^2+a^2)^{n-1}} + \dfrac{2(n-1)-1}{2(n-1)a^2} I_{n-1}$$

$$I_1 = \int \dfrac{dx}{x^2+a^2} = \dfrac{1}{a} \arctan \dfrac{x}{a} + C$$

于是可以利用所求的递推公式得到

$$I_2 = \dfrac{x}{2a^2(x^2+a^2)} + \dfrac{1}{2a^3} \arctan \dfrac{x}{a} + C$$

$$I_3 = \dfrac{x}{4a^2(x^2+a^2)^2} + \dfrac{3x}{8a^4(x^2+a^2)} + \dfrac{3}{8a^5} \arctan \dfrac{x}{a} + C$$

(B)

1. 如果 $\int df(x) = \int dg(x)$,则下列选项中不成立的是[   ].

(A) $f(x) = g(x)$ (B) $f'(x) = g'(x)$

(C) $df(x) = dg(x)$ (D) $d\int f'(x)dx = d\int g'(x)dx$

解: (A) 反例:设 $f(x) = x^2$,$g(x) = x^2+1$,那么

$$\int dx^2 = \int d(x^2+1), \text{但 } f(x) \neq g(x)$$

故本题应选(A).

(B) $\int \mathrm{d}f(x) = \int \mathrm{d}g(x)$，则有 $f(x) + C_1 = g(x) + C_2$，那么有

$$f'(x) = g'(x)$$

(B) 成立，则(C)，(D) 显然成立.

2. 若 $\int f(x)\mathrm{e}^{\frac{1}{x}}\mathrm{d}x = -\mathrm{e}^{\frac{1}{x}} + C$，则 $f(x) = [\qquad]$.

(A) $\dfrac{1}{x}$ (B) $-\dfrac{1}{x}$ (C) $\dfrac{1}{x^2}$ (D) $-\dfrac{1}{x^2}$

解：由题设 $\int f(x)\mathrm{e}^{\frac{1}{x}}\mathrm{d}x = -\mathrm{e}^{\frac{1}{x}} + C$，那么有

$$\left(\int f(x)\mathrm{e}^{\frac{1}{x}}\mathrm{d}x\right)' = (-\mathrm{e}^{\frac{1}{x}} + C)'$$

即 $f(x)\mathrm{e}^{\frac{1}{x}} = -\mathrm{e}^{\frac{1}{x}}\left(\dfrac{1}{x}\right)' = \mathrm{e}^{\frac{1}{x}}\dfrac{1}{x^2}$

所以有 $f(x) = \dfrac{1}{x^2}$

故本题应选(C).

3. 已知 $f'(x^2) = \dfrac{1}{x}(x > 0)$，且 $f(1) = 0$，则 $f(x) = [\qquad]$.

(A) $2\sqrt{x} - 2$ (B) $2\sqrt{x} + 2$

(C) $\sqrt{x} - 1$ (D) $\sqrt{x} + 1$

解：由 $f'(x^2) = \dfrac{1}{x}$ 得 $f'(x) = \dfrac{1}{\sqrt{x}}$，那么

$$f(x) = \int f'(x)\mathrm{d}x = \int \frac{1}{\sqrt{x}}\mathrm{d}x = 2\sqrt{x} + C$$

由 $f(1) = 0$ 有 $0 = 2 + C$，从而得 $C = -2$，所以 $f(x) = 2\sqrt{x} - 2$.

故本题应选(A).

4. 下列等式正确的是 $[\qquad]$.

(A) $\displaystyle\int f(\arcsin x)\frac{\mathrm{d}x}{\sqrt{1-x^2}} = \frac{1}{2}f^2(\arcsin x) + C$

(B) $\displaystyle\int f(\sqrt{1-x^2})\arcsin x\mathrm{d}x = \frac{1}{2}f^2(\sqrt{1-x^2}) + C$

(C) $\displaystyle\int f(\arcsin x)f'(\arcsin x)\frac{\mathrm{d}x}{\sqrt{1-x^2}} = \frac{1}{2}f^2(\arcsin x) + C$

(D) $\displaystyle\int f\left(\frac{1}{\sqrt{1-x^2}}\right)f'\left(\frac{1}{\sqrt{1-x^2}}\right)\arcsin x\mathrm{d}x = \frac{1}{2}f^2\left(\frac{1}{\sqrt{1-x^2}}\right) + C$

解：由 $\left[\dfrac{1}{2}f^2(\arcsin x) + C\right]' = f(\arcsin x)f'(\arcsin x)\dfrac{1}{\sqrt{1-x^2}}$ 可以否定(A)，肯定

(C). 容易验证(B)，(D) 错误.

故本题应选(C).

5. 设 $f(x) = x + \sqrt{x}$ $(x > 0)$，下列不定积分等于 $x^2 + x + C$ 的是[   ].

(A) $\int f'(x^2)\mathrm{d}x$ (B) $\int f'(x)\mathrm{d}x^2$

(C) $\int f'(x^2)\mathrm{d}x^2$ (D) $\int f(x^2)\mathrm{d}x$

解： $f'(x) = 1 + \dfrac{1}{2\sqrt{x}}$

(A) $\int f'(x^2)\mathrm{d}x = \int \left(1 + \dfrac{1}{2\sqrt{x^2}}\right)\mathrm{d}x = x + \dfrac{1}{2}\ln x + C$

(B) $\int f'(x)\mathrm{d}x^2 = \int \left(1 + \dfrac{1}{2\sqrt{x}}\right)2x\mathrm{d}x = x^2 + \dfrac{2}{3}x^{\frac{3}{2}} + C$

(C) $\int f'(x^2)\mathrm{d}x^2 = \int \left(1 + \dfrac{1}{2\sqrt{x^2}}\right)2x\mathrm{d}x = x^2 + x + C$

(D) $\int f(x^2)\mathrm{d}x = \int (x^2 + x)\mathrm{d}x = \dfrac{x^3}{3} + \dfrac{x^2}{2} + C$

故本题应选(C).

6. 下列不定积分等于 $\dfrac{1}{3}f^3(x^3) + C$ 的是[   ].

(A) $\int f(x)f'(x)\mathrm{d}x$ (B) $\int xf^2(x^2)f'(x^2)\mathrm{d}x$

(C) $\int x^2 f(x^3)f'(x^3)\mathrm{d}x$ (D) $\int 3x^2 f^2(x^3)f'(x^3)\mathrm{d}x$

解： (A) $\int f(x)f'(x)\mathrm{d}x = \int f(x)\mathrm{d}f(x) = \dfrac{1}{2}f^2(x) + C$

(B) $\int xf^2(x^2)f'(x^2)\mathrm{d}x = \dfrac{1}{2}\int f^2(x^2)f'(x^2)\mathrm{d}x^2$

$$= \dfrac{1}{2}\int f^2(x^2)\mathrm{d}f(x^2) = \dfrac{1}{6}f^3(x^2) + C$$

(C) $\int x^2 f(x^3)f'(x^3)\mathrm{d}x = \dfrac{1}{3}\int f(x^3)f'(x^3)\mathrm{d}x^3$

$$= \dfrac{1}{3}\int f(x^3)\mathrm{d}f(x^3)$$

$$= \dfrac{1}{6}f^2(x^3) + C$$

(D) $\int 3x^2 f^2(x^3)f'(x^3)\mathrm{d}x = \int f^2(x^3)f'(x^3)\mathrm{d}x^3$

$$= \int f^2(x^3)\mathrm{d}f(x^3) = \dfrac{1}{3}f^3(x^3) + C$$

故本题应选(D).

7. 已知 $I_1 = \int \dfrac{1+x}{x(1+xe^x)}\mathrm{d}x$, $I_2 = \int \dfrac{1}{u(u+1)}\mathrm{d}u$, 则有[   ].

(A) $I_1 = I_2 + x$ (B) $I_1 = I_2 - x$

(C) $I_1 = I_2$ (D) $I_1 = -I_2$

解：$I_1 = \int \dfrac{1+x}{x(1+xe^x)} \mathrm{d}x$

设 $t = xe^x$，则 $\mathrm{d}t = e^x(1+x)\mathrm{d}x$，

$$I_1 = \int \frac{1+x}{x(1+xe^x)}\mathrm{d}x = \int \frac{e^x(1+x)\mathrm{d}x}{xe^x(1+xe^x)} = \int \frac{\mathrm{d}t}{t(1+t)}$$

$$= \int \frac{\mathrm{d}u}{u(1+u)} = I_2$$

故本题应选(C).

8. 设 $f'(x)$ 为连续函数，则 $\int \sin x \cos x f'(\cos x)\mathrm{d}x + \int \sin x f(\cos x)\mathrm{d}x = [\quad]$.

(A) $-\cos x f(\cos x) + C$ (B) $\cos x f(\cos x) + C$

(C) $\sin x f(\cos x) + C$ (D) $-\sin x f(\cos x) + C$

解：因为 $\int \sin x \cos x f'(\cos x)\mathrm{d}x + \int \sin x f(\cos x)\mathrm{d}x$

$$= \int \sin x [\cos x f'(\cos x) + f(\cos x)]\mathrm{d}x$$

$$= -\int [\cos x f'(\cos x) + f(\cos x)]\mathrm{d}\cos x$$

$$= -\int \mathrm{d}[\cos x f(\cos x)] = -\cos x f(\cos x) + C$$

故本题应选(A).

9. 用分部积分法求下列积分，其中 u 与 $\mathrm{d}v$ 选择不当的是 $[\quad]$.

(A) 求 $\int e^x \sin x \mathrm{d}x$，选 $u = e^x$，$\mathrm{d}v = \sin x \mathrm{d}x$

(B) 求 $\int e^x \sin x \mathrm{d}x$，选 $u = \sin x$，$\mathrm{d}v = e^x \mathrm{d}x$

(C) 求 $\int x \cos x \mathrm{d}x$，选 $u = x$，$\mathrm{d}v = \cos x \mathrm{d}x$

(D) 求 $\int x \cos x \mathrm{d}x$，选 $u = \cos x$，$\mathrm{d}v = x \mathrm{d}x$

解：(A) $\int e^x \sin x \mathrm{d}x \xlongequal{u = e^x,\ \mathrm{d}v = \sin x \mathrm{d}x} -e^x \cos x + \int e^x \cos x \mathrm{d}x$

$$\xlongequal{u = e^x,\ \mathrm{d}v = \cos x \mathrm{d}x} -e^x \cos x + e^x \sin x - \int e^x \sin x \mathrm{d}x$$

$$\int e^x \sin x \mathrm{d}x = \frac{1}{2} e^x (\sin x - \cos x) + C$$

(B) $\int e^x \sin x \mathrm{d}x \xlongequal{u = \sin x,\ \mathrm{d}v = e^x \mathrm{d}x} e^x \sin x - \int e^x \cos x \mathrm{d}x$

$$\xlongequal{u = \cos x,\ \mathrm{d}v = e^x \mathrm{d}x} e^x \sin x - e^x \cos x - \int e^x \sin x \mathrm{d}x$$

因此 $\int e^x \sin x \mathrm{d}x = \frac{1}{2} e^x (\sin x - \cos x) + C$

(C) $\int x\cos x\mathrm{d}x \xxrightarrow{u=x,\ \mathrm{d}v=\cos x\mathrm{d}x} x\sin x - \int \sin x\mathrm{d}x = x\sin x + \cos x + C$

(D) $\int x\cos x\mathrm{d}x \xxrightarrow{u=\cos x,\ \mathrm{d}v=x\mathrm{d}x} \dfrac{x^2}{2}\cos x + \int \dfrac{x^2}{2}\sin x\mathrm{d}x$

可以看出 $\int v\mathrm{d}u$ 较 $\int u\mathrm{d}v$ 更复杂，故这种选择 u，$\mathrm{d}v$ 的方法不妥当.

故本题应选(D).

10. 设 $\int \mathrm{e}^x f(\mathrm{e}^x)\mathrm{d}x = \dfrac{1}{1+\mathrm{e}^{2x}} + C$，则 $\int \mathrm{e}^{2x} f(\mathrm{e}^x)\mathrm{d}x = [\quad]$.

(A) $\dfrac{\mathrm{e}^x}{1+\mathrm{e}^{2x}} - \arctan\mathrm{e}^x + C$ (B) $\dfrac{\mathrm{e}^{2x}}{1+\mathrm{e}^{2x}} - \ln|1+\mathrm{e}^{2x}| + C$

(C) $\dfrac{\mathrm{e}^x}{1+\mathrm{e}^x} + C$ (D) $\dfrac{\mathrm{e}^{2x}}{1+\mathrm{e}^{2x}} + C$

解： 因 $\int \mathrm{e}^x f(\mathrm{e}^x)\mathrm{d}x = \dfrac{1}{1+\mathrm{e}^{2x}} + C$，于是

$$\mathrm{d}\,\frac{1}{1+\mathrm{e}^{2x}} = \mathrm{e}^x f(\mathrm{e}^x)\mathrm{d}x$$

所以 $\int \mathrm{e}^{2x} f(\mathrm{e}^x)\mathrm{d}x = \int \mathrm{e}^x \cdot \mathrm{e}^x f(\mathrm{e}^x)\mathrm{d}x = \int \mathrm{e}^x \cdot \mathrm{d}\,\dfrac{1}{1+\mathrm{e}^{2x}}$

$$\xxrightarrow{\text{分部}} \mathrm{e}^x \cdot \frac{1}{1+\mathrm{e}^{2x}} - \int \frac{\mathrm{d}\mathrm{e}^x}{1+\mathrm{e}^{2x}}$$

$$= \frac{\mathrm{e}^x}{1+\mathrm{e}^{2x}} - \arctan\mathrm{e}^x + C$$

故本题应选(A).

11. 设 $f(x) = \sin 2x$，则 $\int x f''(x)\mathrm{d}x = [\quad]$.

(A) $2x\sin 2x - 2\cos 2x + C$ (B) $2x\cos 2x - \sin 2x + C$

(C) $\dfrac{x}{2}\sin 2x - 2\cos 2x + C$ (D) $\dfrac{x}{2}\cos 2x - \sin 2x + C$

解： $\int x f''(x)\mathrm{d}x = \int x\mathrm{d}f'(x) \xxrightarrow{\text{分部}} x f'(x) - \int f'(x)\mathrm{d}x$

$$= x(\sin 2x)' - f(x) + C = 2x\cos 2x - \sin 2x + C$$

故本题应选(B).

12. 设 $f'(x)$ 的一个原函数为 $\sin ax$，则 $\int x f''(x)\mathrm{d}x = [\quad]$.

(A) $\dfrac{x}{a}\cos ax - \sin ax + C$ (B) $ax\cos ax - \sin ax + C$

(C) $\dfrac{x}{a}\sin ax - a\cos ax + C$ (D) $ax\sin ax - a\cos ax + C$

解： 因为 $f'(x)$ 的一个原函数为 $\sin ax$，所以
$$f'(x) = (\sin ax)' = a\cos ax$$

$$\int x f''(x) \mathrm{d}x = \int x \mathrm{d}f'(x) \xlongequal{\text{分部}} x f'(x) - \int f'(x) \mathrm{d}x$$

$$= ax\cos ax - \sin ax + C$$

故本题应选(B).

13. 下列不定积分中，其结果不能用初等函数表示的是[　　].

(A) $\displaystyle\int \sin x \mathrm{d}x$ 　　　　　　　(B) $\displaystyle\int (x + \sin x) \mathrm{d}x$

(C) $\displaystyle\int x \sin x \mathrm{d}x$ 　　　　　　　(D) $\displaystyle\int \frac{\sin x}{x} \mathrm{d}x$

解：(A)，(B)，(C) 均可求出其不定积分，其结果均可用初等函数表示.
由排除法可知本题应选(D).

14. 下列不定积分中，其结果可用初等函数表示的是[　　].

(A) $\displaystyle\int \frac{\mathrm{e}^x(1+\sin x)}{1+\cos x} \mathrm{d}x$ 　　　　　(B) $\displaystyle\int \frac{\mathrm{e}^x}{1+\cos x} \mathrm{d}x$

(C) $\displaystyle\int \mathrm{e}^{-x^2} \mathrm{d}x$ 　　　　　　　(D) $\displaystyle\int \frac{1}{\sqrt{1+x^3}} \mathrm{d}x$

解：(A) $\displaystyle\int \frac{\mathrm{e}^x(1+\sin x)}{1+\cos x} \mathrm{d}x$

$$= \int \frac{\mathrm{e}^x}{1+\cos x} \mathrm{d}x + \int \frac{\sin x}{1+\cos x} \mathrm{d}\mathrm{e}^x$$

$$\xlongequal{\text{分部}} \int \frac{\mathrm{e}^x}{1+\cos x} \mathrm{d}x + \frac{\mathrm{e}^x \sin x}{1+\cos x} - \int \frac{\mathrm{e}^x}{1+\cos x} \mathrm{d}x$$

$$= \frac{\mathrm{e}^x \sin x}{1+\cos x} + C$$

可用初等函数表示. 因单项选择题答案唯一，故本题应选(A).

第六章 定积分

（一）习题解答与注释

（A）

1. 利用定积分定义计算下列定积分：

(1) $\int_0^4 (2x+3)\mathrm{d}x$ (2) $\int_0^1 \mathrm{e}^x \mathrm{d}x$

解：(1) 用分点 $x_i = \dfrac{4}{n}i(i=0, 1, 2, \cdots, n)$ 将区间 $[0, 4]$ 分成 n 个相等的小区间 $[x_{i-1}, x_i](i=1, 2, \cdots, n)$，每个小区间长度为 $\Delta x_i = \dfrac{4}{n}(i=1, 2, \cdots, n)$，取 $\xi_i = x_i(i=1, 2, \cdots, n)$，则

$$
\begin{aligned}
\int_0^4 (2x+3)\mathrm{d}x &= \lim_{n\to\infty}\sum_{i=1}^n (2\xi_i + 3)\Delta x_i \\
&= \lim_{n\to\infty}\sum_{i=1}^n (2x_i + 3)\frac{4}{n} \\
&= \lim_{n\to\infty}\sum_{i=1}^n \left(2\times\frac{4i}{n} + 3\right)\frac{4}{n} \\
&= \lim_{n\to\infty}\frac{32}{n^2}\sum_{i=1}^n i + 12 \\
&= \lim_{n\to\infty}\frac{32}{n^2}\frac{n(n+1)}{2} + 12 \\
&= \lim_{n\to\infty}\frac{16n(n+1)}{n^2} + 12 = 16 + 12 = 28
\end{aligned}
$$

(2) 用分点 $x_i = \dfrac{1}{n}i$ $(i=0, 1, 2, \cdots, n)$，将区间 $[0, 1]$ 分成 n 个相等的小区间 $[x_{i-1}, x_i]$ $(i=1, 2, \cdots, n)$，每个小区间长度为 $\Delta x_i = \dfrac{1}{n}$，取 $\xi_i = x_i(i=1, 2, \cdots, n)$，则

$$
\begin{aligned}
\int_0^1 \mathrm{e}^x \mathrm{d}x &= \lim_{n\to\infty}\sum_{i=1}^n \mathrm{e}^{\xi_i}\Delta x_i = \lim_{n\to\infty}\sum_{i=1}^n \mathrm{e}^{x_i}\frac{1}{n} = \lim_{n\to\infty}\frac{1}{n}\sum_{i=1}^n \mathrm{e}^{\frac{i}{n}} \\
&= \lim_{n\to\infty}\frac{1}{n}\left(\mathrm{e}^{\frac{1}{n}} + \mathrm{e}^{\frac{2}{n}} + \cdots + \mathrm{e}^{\frac{n}{n}}\right) \\
&= \lim_{n\to\infty}\frac{1}{n}\frac{\mathrm{e}^{\frac{1}{n}}\left[(\mathrm{e}^{\frac{1}{n}})^n - 1\right]}{\mathrm{e}^{\frac{1}{n}} - 1}
\end{aligned}
$$

$$= \lim_{n \to \infty} \frac{1}{n} \frac{e^{\frac{1}{n}}(e-1)}{e^{\frac{1}{n}}-1}$$

$$= \lim_{n \to \infty} \frac{e^{\frac{1}{n}}(e-1)}{n \cdot \frac{1}{n}} = e-1$$

注释：第(1)题中使用了等差数列前 n 项和公式 $S_n = \frac{n}{2}(a_1 + a_n)$，$n$ 为项数，a_1 为首项，

a_n 为末项. 第(2)题中使用了等比数列前 n 项和公式 $S_n = \begin{cases} \dfrac{a_1(1-q^n)}{1-q}, & q \neq 1 \\ na_1, & q = 1 \end{cases}$，$n$ 为项数，

a_1 为首项，q 为公比. 第(2)题求极限的过程中使用了等价无穷小量代换，当 $n \to \infty$ 时，

$e^{\frac{1}{n}} - 1 \sim \frac{1}{n}$.

2. 不计算积分，比较下列各组积分值的大小：

(1) $\displaystyle\int_0^1 x \mathrm{d}x$，$\quad \displaystyle\int_0^1 x^2 \mathrm{d}x$ $\qquad$ (2) $\displaystyle\int_1^2 x \mathrm{d}x$，$\quad \displaystyle\int_1^2 x^2 \mathrm{d}x$

(3) $\displaystyle\int_0^{\frac{\pi}{2}} x \mathrm{d}x$，$\quad \displaystyle\int_0^{\frac{\pi}{2}} \sin x \mathrm{d}x$ $\qquad$ (4) $\displaystyle\int_0^1 e^x \mathrm{d}x$，$\quad \displaystyle\int_0^1 e^{x^2} \mathrm{d}x$

(5) $\displaystyle\int_{-\frac{\pi}{2}}^0 \sin x \mathrm{d}x$，$\quad \displaystyle\int_0^{\frac{\pi}{2}} \sin x \mathrm{d}x$

解：(1) 在区间 $[0,1]$ 上，$x \geqslant x^2$，但 x 不恒等于 x^2，所以 $\displaystyle\int_0^1 x \mathrm{d}x > \int_0^1 x^2 \mathrm{d}x$.

(2) 在区间 $[1,2]$ 上，$x \leqslant x^2$，但 x 不恒等于 x^2，所以 $\displaystyle\int_1^2 x \mathrm{d}x < \int_1^2 x^2 \mathrm{d}x$.

(3) 在区间 $\left[0, \dfrac{\pi}{2}\right]$ 上，$x \geqslant \sin x$，但 x 不恒等于 $\sin x$，所以 $\displaystyle\int_0^{\frac{\pi}{2}} x \mathrm{d}x > \int_0^{\frac{\pi}{2}} \sin x \mathrm{d}x$.

(4) 在区间 $[0,1]$ 上，$x \geqslant x^2$，因而 $e^x \geqslant e^{x^2}$，e^x 不恒等于 e^{x^2}，所以 $\displaystyle\int_0^1 e^x \mathrm{d}x > \int_0^1 e^{x^2} \mathrm{d}x$.

(5) 在区间 $\left[-\dfrac{\pi}{2}, 0\right]$ 上，$\sin x \leqslant 0$，但不恒等于 0，所以 $\displaystyle\int_{-\frac{\pi}{2}}^0 \sin x \mathrm{d}x < 0$；在 $\left[0, \dfrac{\pi}{2}\right]$ 上，

$\sin x \geqslant 0$，但不恒等于 0，所以 $\displaystyle\int_0^{\frac{\pi}{2}} \sin x \mathrm{d}x > 0$.

因此可得 $\displaystyle\int_{-\frac{\pi}{2}}^0 \sin x \mathrm{d}x < \int_0^{\frac{\pi}{2}} \sin x \mathrm{d}x$.

注释：若 $f(x)$，$g(x)$ 在 $[a,b]$ 上连续，且 $f(x) \leqslant g(x)$，则 $\displaystyle\int_a^b f(x)\mathrm{d}x \leqslant \int_a^b g(x)\mathrm{d}x$. 若 $f(x)$

不恒等于 $g(x)$，则 $\displaystyle\int_a^b f(x)\mathrm{d}x < \int_a^b g(x)\mathrm{d}x$.

3. 利用定积分性质6，估计下列积分值：

(1) $\displaystyle\int_0^1 e^x \mathrm{d}x$ $\qquad$ (2) $\displaystyle\int_1^2 (2x^3 - x^4)\mathrm{d}x$

解：(1) e^x 在区间 $[0,1]$ 上单调增加，所以 e^x 在 $[0,1]$ 上的最小值为 $e^0 = 1$，最大值为

$e^1 = e.$

于是，根据定积分的性质有：

$$1 \times (1-0) \leqslant \int_0^1 e^x dx \leqslant e(1-0)$$

即 $\qquad 1 \leqslant \int_0^1 e^x dx \leqslant e$

(2) 先求 $f(x) = 2x^3 - x^4$ 在区间 $[1, 2]$ 上的最大值与最小值.

$$f'(x) = 6x^2 - 4x^3$$

令 $f'(x) = 0$，得 $x = 0, x = \dfrac{3}{2}$.

比较 $f(x)$ 在点 $x = 1, x = \dfrac{3}{2}, x = 2$ 处的函数值：

$$f(1) = 1, \qquad f\left(\frac{3}{2}\right) = \frac{27}{16}, \qquad f(2) = 0$$

可见，$f(x) = 6x^2 - 4x^3$ 在 $[1, 2]$ 上最大值为 $f\left(\dfrac{3}{2}\right) = \dfrac{27}{16}$，最小值为 $f(2) = 0$.

于是，根据定积分的性质有

$$0 \times (2-1) \leqslant \int_1^2 (2x^3 - x^4) dx \leqslant \frac{27}{16} \times (2-1)$$

即 $\qquad 0 \leqslant \int_1^2 (2x^3 - x^4) dx \leqslant \dfrac{27}{16}$

4. 求下列函数的导数：

(1) $F(x) = \displaystyle\int_0^x \sqrt{1+t}\, dt$ $\qquad$ (2) $F(x) = \displaystyle\int_x^{-1} t e^{-t} dt$

(3) $F(x) = \displaystyle\int_0^{x^2} \frac{1}{\sqrt{1+t^4}} dt$ $\qquad$ (4) $F(x) = \displaystyle\int_{x^3}^{x^2} e^t dt$

(5) $F(x) = \displaystyle\int_{\sin x}^{x^2} 2t\, dt$

解： (1) $F'(x) = \dfrac{d}{dx} \displaystyle\int_0^x \sqrt{1+t}\, dt = \sqrt{1+x}$

(2) $F'(x) = \dfrac{d}{dx} \displaystyle\int_x^{-1} t e^{-t} dt = -\dfrac{d}{dx} \displaystyle\int_{-1}^x t e^{-t} dt = -x e^{-x}$

(3) $F'(x) = \dfrac{d}{dx} \displaystyle\int_0^{x^2} \frac{1}{\sqrt{1+t^4}} dt = \frac{1}{\sqrt{1+(x^2)^4}} (x^2)' = \frac{2x}{\sqrt{1+x^8}}$

注释： 第 4 题是应用微积分基本定理对变上限定积分求导，微积分基本定理是微积分学中至关重要的一个定理，它揭示了微分学与积分学的内在联系.

注释： 若 $f(x)$ 是连续函数，则变上限定积分 $\displaystyle\int_a^x f(t) dt$ 是 x 的函数，有

（ⅰ）$\dfrac{d}{dx} \displaystyle\int_a^x f(x) dt = f(x)$

（ⅱ）$\dfrac{d}{dx} \displaystyle\int_a^{\varphi(x)} f(t) dt = f[\varphi(x)] \varphi'(x)$

（ⅲ）$\dfrac{\mathrm{d}}{\mathrm{d}x}\displaystyle\int_{a(x)}^{b(x)}f(t)\mathrm{d}t=f[b(x)]\cdot b'(x)-f[a(x)]\cdot a'(x)$

(4) $F'(x)=\mathrm{e}^{x^2}\cdot(x^2)'-\mathrm{e}^{x^3}(x^3)'=2x\mathrm{e}^{x^2}-3x^2\mathrm{e}^{x^3}$

(5) $\displaystyle\int_{\sin x}^{x^2}2t\mathrm{d}t=2x^2(x^2)'-2\sin x(\sin x)'$

$$=4x^3-2\sin x\cos x=4x^3-\sin 2x$$

5. 计算下列定积分(其中 a 为常数)：

(1) $\displaystyle\int_2^6(x^2-1)\mathrm{d}x$

(2) $\displaystyle\int_{-1}^1(x^3-3x^2)\mathrm{d}x$

(3) $\displaystyle\int_1^{27}\dfrac{\mathrm{d}x}{\sqrt[3]{x}}$

(4) $\displaystyle\int_{-2}^3(x-1)^3\mathrm{d}x$

(5) $\displaystyle\int_0^a(\sqrt{a}-\sqrt{x})^2\mathrm{d}x$

(6) $\displaystyle\int_0^5\dfrac{x^3}{x^2+1}\mathrm{d}x$

(7) $\displaystyle\int_0^5\dfrac{2x^2+3x-5}{x+3}\mathrm{d}x$

(8) $\displaystyle\int_0^3\mathrm{e}^{\frac{x}{3}}\mathrm{d}x$

(9) $\displaystyle\int_0^1\dfrac{x\mathrm{d}x}{x^2+1}$

(10) $\displaystyle\int_{-1}^1\dfrac{x\mathrm{d}x}{(x^2+1)^2}$

(11) $\displaystyle\int_1^2\dfrac{\mathrm{e}^{\frac{1}{x}}}{x^2}\mathrm{d}x$

(12) $\displaystyle\int_0^\pi\cos^2\left(\dfrac{x}{2}\right)\mathrm{d}x$

(13) $\displaystyle\int_{-1}^2|2x|\mathrm{d}x$

(14) $\displaystyle\int_0^{2\pi}|\sin x|\mathrm{d}x$

(15) $\displaystyle\int_{-1}^2|x^2-x|\mathrm{d}x$

(16) $\displaystyle\int_{-1}^1f(x)\mathrm{d}x$，其中 $f(x)=\begin{cases}2^x, & -1\leqslant x<0\\ \sqrt{1-x}, & 0\leqslant x\leqslant 1\end{cases}$

解： (1) $\displaystyle\int_2^6(x^2-1)\mathrm{d}x=\left(\dfrac{x^3}{3}-x\right)\Big|_2^6=\left(\dfrac{6^3}{3}-6\right)-\left(\dfrac{2^3}{3}-2\right)$

$$=66-\dfrac{2}{3}=\dfrac{196}{3}$$

(2) $\displaystyle\int_{-1}^1(x^3-3x^2)\mathrm{d}x=\left(\dfrac{x^4}{4}-x^3\right)\Big|_{-1}^1=-\dfrac{3}{4}-\dfrac{5}{4}=-2$

注释： 注意牛顿-莱布尼茨公式

$$\int_a^bf(x)\mathrm{d}x=F(x)\Big|_a^b=F(b)-F(a)$$

适用的条件：

（ⅰ）$f(x)$ 在 $[a,b]$ 上连续；

（ⅱ）$F(x)$ 是 $f(x)$ 在 $[a,b]$ 上的任意一个原函数.

(3) $\displaystyle\int_1^{27}\dfrac{\mathrm{d}x}{\sqrt[3]{x}}=\dfrac{3}{2}\sqrt[3]{x^2}\Big|_1^{27}=\dfrac{3\times9}{2}-\dfrac{3}{2}=\dfrac{24}{2}=12$

(4) $\displaystyle\int_{-2}^3(x-1)^3\mathrm{d}x=\displaystyle\int_{-2}^3(x-1)^3\mathrm{d}(x-1)$

$$=\dfrac{1}{4}(x-1)^4\Big|_{-2}^3=\dfrac{1}{4}(16-81)$$

$$= -\frac{65}{4}$$

(5) $\displaystyle\int_0^a (\sqrt{a} - \sqrt{x})^2 \, dx = \int_0^a (a - 2\sqrt{a}\sqrt{x} + x) \, dx$

$$= \left(ax - \frac{4}{3}\sqrt{a}\, x^{\frac{3}{2}} + \frac{1}{2} x^2 \right) \Big|_0^a$$

$$= a^2 - \frac{4}{3} a^2 + \frac{1}{2} a^2 = \frac{a^2}{6}$$

(6) $\displaystyle\int_0^5 \frac{x^3}{x^2 + 1} \, dx = \int_0^5 \frac{x^3 + x - x}{x^2 + 1} \, dx = \int_0^5 \left(x - \frac{x}{x^2 + 1} \right) dx$

$$= \int_0^5 x \, dx - \frac{1}{2} \int_0^5 \frac{d(x^2 + 1)}{x^2 + 1}$$

$$= \frac{1}{2} x^2 \Big|_0^5 - \frac{1}{2} \ln(x^2 + 1) \Big|_0^5$$

$$= \frac{25}{2} - \frac{1}{2} \ln 26 = \frac{1}{2}(25 - \ln 26)$$

(7) $\displaystyle\int_0^5 \frac{2x^2 + 3x - 5}{x + 3} \, dx = \int_0^5 \frac{(2x^2 + 6x) - (3x + 9) + 4}{x + 3} \, dx$

$$= \int_0^5 \frac{2x(x + 3) - 3(x + 3) + 4}{x + 3} \, dx$$

$$= \int_0^5 2x \, dx - 3 \int_0^5 dx + 4 \int_0^5 \frac{d(x + 3)}{x + 3}$$

$$= x^2 \Big|_0^5 - 3x \Big|_0^5 + 4 \ln|x + 3| \Big|_0^5$$

$$= 25 - 15 + 4(\ln 8 - \ln 3)$$

$$= 10 + 12\ln 2 - 4\ln 3$$

(8) $\displaystyle\int_0^3 e^{\frac{x}{3}} \, dx = 3 \int_0^3 e^{\frac{x}{3}} \, d\frac{x}{3} = 3 e^{\frac{x}{3}} \Big|_0^3 = 3(e - 1)$

(9) $\displaystyle\int_0^1 \frac{x \, dx}{x^2 + 1} = \frac{1}{2} \int_0^1 \frac{d(x^2 + 1)}{x^2 + 1} = \frac{1}{2} \ln(x^2 + 1) \Big|_0^1 = \frac{1}{2} \ln 2$

(10) $\displaystyle\int_{-1}^1 \frac{x \, dx}{(x^2 + 1)^2} = \frac{1}{2} \int_{-1}^1 \frac{d(x^2 + 1)}{(x^2 + 1)^2} = -\frac{1}{2} \cdot \frac{1}{x^2 + 1} \Big|_{-1}^1$

$$= -\frac{1}{2} \left(\frac{1}{2} - \frac{1}{2} \right) = 0$$

注释：第(10)题也可以应用被积函数 $\dfrac{x}{(x^2 + 1)^2}$ 在积分区间 $[-1, 1]$ 上为奇函数这一特点，得出积分结果等于 0.

(11) $\displaystyle\int_1^2 \frac{e^{\frac{1}{x}}}{x^2} \, dx = -\int_1^2 e^{\frac{1}{x}} \, d\left(\frac{1}{x} \right) = -e^{\frac{1}{x}} \Big|_1^2 = -(e^{\frac{1}{2}} - e)$

$$= e - e^{\frac{1}{2}}$$

(12) $\displaystyle\int_0^\pi \cos^2 \left(\frac{x}{2} \right) dx = \int_0^\pi \frac{1 + \cos x}{2} \, dx = \frac{1}{2}(x + \sin x) \Big|_0^\pi = \frac{\pi}{2}$

(13) $\displaystyle\int_{-1}^{2}|2x|\,\mathrm{d}x=\int_{-1}^{0}-2x\mathrm{d}x+\int_{0}^{2}2x\mathrm{d}x$

$$=-x^{2}\Big|_{-1}^{0}+x^{2}\Big|_{0}^{2}=1+4=5$$

(14) $\displaystyle\int_{0}^{2\pi}|\sin x|\,\mathrm{d}x=\int_{0}^{\pi}\sin x\mathrm{d}x+\int_{\pi}^{2\pi}-\sin x\mathrm{d}x$

$$=-\cos x\Big|_{0}^{\pi}+\cos x\Big|_{\pi}^{2\pi}$$

$$=1+1+1+1=4$$

注释: 若被积函数带有绝对值号,应分段积分,去掉绝对值号.

(15) $|x^{2}-x|=\begin{cases} x^{2}-x, & -1\leqslant x\leqslant 0 \\ x-x^{2}, & 0<x<1 \\ x^{2}-x, & 1\leqslant x\leqslant 2 \end{cases}$

$$\int_{-1}^{2}|x^{2}-x|\,\mathrm{d}x=\int_{-1}^{0}(x^{2}-x)\mathrm{d}x+\int_{0}^{1}(x-x^{2})\mathrm{d}x+\int_{1}^{2}(x^{2}-x)\mathrm{d}x$$

$$=\left(\frac{x^{3}}{3}-\frac{x^{2}}{2}\right)\Big|_{-1}^{0}+\left(\frac{x^{2}}{2}-\frac{x^{3}}{3}\right)\Big|_{0}^{1}+\left(\frac{x^{3}}{3}-\frac{x^{2}}{2}\right)\Big|_{1}^{2}=\frac{11}{6}$$

(16) $f(x)=\begin{cases} 2^{x}, & -1\leqslant x<0 \\ \sqrt{1-x}, & 0\leqslant x\leqslant 1 \end{cases}$

$$\int_{-1}^{1}f(x)\mathrm{d}x=\int_{-1}^{0}2^{x}\mathrm{d}x+\int_{0}^{1}\sqrt{1-x}\mathrm{d}x$$

$$=\int_{-1}^{0}2^{x}\mathrm{d}x-\int_{0}^{1}(1-x)^{\frac{1}{2}}\mathrm{d}(1-x)$$

$$=\frac{2^{x}}{\ln 2}\Big|_{-1}^{0}-\frac{2}{3}(1-x)^{\frac{3}{2}}\Big|_{0}^{1}$$

$$=\frac{1}{\ln 2}-\frac{1}{2\ln 2}+\frac{2}{3}=\frac{1}{2\ln 2}+\frac{2}{3}$$

注释: 若被积函数是分段函数,应分段积分.

6. 计算下列积分:

(1) $\displaystyle\int_{0}^{4}\frac{\mathrm{d}x}{1+\sqrt{x}}$

(2) $\displaystyle\int_{0}^{\ln 2}\mathrm{e}^{x}(1+\mathrm{e}^{x})^{2}\mathrm{d}x$

(3) $\displaystyle\int_{1}^{5}\frac{\sqrt{u-1}}{u}\mathrm{d}u$

(4) $\displaystyle\int_{0}^{2}\frac{\mathrm{d}x}{\sqrt{x+1}+\sqrt{(x+1)^{3}}}$

(5) $\displaystyle\int_{0}^{\ln 2}\sqrt{\mathrm{e}^{x}-1}\,\mathrm{d}x$

(6) $\displaystyle\int_{0}^{1}\sqrt{4-x^{2}}\,\mathrm{d}x$

(7) $\displaystyle\int_{0}^{a}x^{2}\sqrt{a^{2}-x^{2}}\,\mathrm{d}x$

(8) $\displaystyle\int_{0}^{1}\frac{x^{2}}{(1+x^{2})^{2}}\mathrm{d}x$

(9) $\displaystyle\int_{0}^{1}(1+x^{2})^{-\frac{3}{2}}\mathrm{d}x$

(10) $\displaystyle\int_{1}^{2}\frac{\sqrt{x^{2}-1}}{x}\mathrm{d}x$

解: (1) $\displaystyle\int_{0}^{4}\frac{\mathrm{d}x}{1+\sqrt{x}}\xlongequal[\substack{当 x=0 时,\ t=0 \\ 当 x=4 时,\ t=2}]{\sqrt{x}=t}\int_{0}^{2}\frac{2t\mathrm{d}t}{1+t}$

$$= 2\int_0^2 \frac{(t+1)-1}{t+1} \mathrm{d}t$$

$$= 2\int_0^2 \left(1 - \frac{1}{t+1}\right)\mathrm{d}t = 2(t - \ln|t+1|) \Big|_0^2$$

$$= 2(2 - \ln 3) = 4 - 2\ln 3$$

注释：使用第一类换元法或其他方法求定积分时，若没有引入新的积分变量，则在求出了原函数后，即可直接使用牛顿-莱布尼茨公式求出定积分的值.

若利用第二类换元法求定积分，在利用 $x = \varphi(t)$ 进行换元时要求满足：

（ⅰ）$\varphi(t)$ 在区间 $[\alpha, \beta]$ 上有连续导数 $\varphi'(t)$；

（ⅱ）当 t 从 α 变到 β 时，$\varphi(t)$ 从 $\varphi(\alpha) = a$ 单调地变到 $\varphi(\beta) = b$，则有

$$\int_a^b f(x)\mathrm{d}x = \int_\alpha^\beta f[\varphi(t)]\varphi'(t)\mathrm{d}t$$

特别要注意，换元不要忘记换限. 在求出 $f[\varphi(t)]\varphi'(t)$ 的一个以 t 为积分变量的原函数后，不必再回代到原积分变量与原积分限，用换元后的新积分变量与新积分限直接使用牛顿-莱布尼茨公式求定积分的值即可.

（2）方法 1　$\int_0^{\ln 2} \mathrm{e}^x (1 + \mathrm{e}^x)^2 \mathrm{d}x = \int_0^{\ln 2} (1 + \mathrm{e}^x)^2 \mathrm{d}(1 + \mathrm{e}^x)$

$$= \frac{1}{3}(1 + \mathrm{e}^x)^3 \Big|_0^{\ln 2} = \frac{19}{3}$$

方法 2　$\int_0^{\ln 2} \mathrm{e}^x (1 + \mathrm{e}^x)^2 \mathrm{d}x \xrightarrow[\substack{当 x = 0 \text{ 时 } t = 2 \\ 当 x = \ln 2 \text{ 时 } t = 3}]{1 + \mathrm{e}^x = t} \int_2^3 (t-1) \cdot t^2 \cdot \frac{1}{t-1} \mathrm{d}t$

$$= \int_2^3 t^2 \mathrm{d}t = \frac{t^3}{3} \Big|_2^3 = \frac{19}{3}$$

注释：方法 1 用第一类换元法未写出新积分变量，故不改变积分限；方法 2 用第二类换元法引入了新积分变量，因此必须改变积分上、下限.

（3）$\int_1^5 \frac{\sqrt{u-1}}{u} \mathrm{d}u \xrightarrow[\substack{当 u = 1 \text{ 时 } t = 0 \\ 当 u = 5 \text{ 时 } t = 2}]{\sqrt{u-1} = t} \int_0^2 \frac{t}{t^2 + 1} 2t \mathrm{d}t$

$$= 2\int_0^2 \frac{t^2}{t^2 + 1} \mathrm{d}t$$

$$= 2\int_0^2 \frac{(t^2 + 1) - 1}{t^2 + 1} \mathrm{d}t = 2\int_0^2 \left(1 - \frac{1}{t^2 + 1}\right)\mathrm{d}t$$

$$= 2(t - \arctan t) \Big|_0^2 = 2(2 - \arctan 2)$$

（4）$\int_0^2 \frac{\mathrm{d}x}{\sqrt{x+1} + \sqrt{(x+1)^3}} \xrightarrow[\substack{当 x = 0 \text{ 时 } t = 1 \\ 当 x = 2 \text{ 时 } t = \sqrt{3}}]{\sqrt{x+1} = t} \int_1^{\sqrt{3}} \frac{2t\mathrm{d}t}{t + t^3} = 2\int_1^{\sqrt{3}} \frac{\mathrm{d}t}{1 + t^2}$

$$= 2\arctan t \Big|_1^{\sqrt{3}} = 2\left(\frac{\pi}{3} - \frac{\pi}{4}\right) = \frac{\pi}{6}$$

（5）$\int_0^{\ln 2} \sqrt{\mathrm{e}^x - 1} \mathrm{d}x \xrightarrow[\substack{当 x = 0 \text{ 时 } t = 0 \\ 当 x = \ln 2 \text{ 时 } t = 1}]{\sqrt{\mathrm{e}^x - 1} = t} \int_0^1 \frac{t \cdot 2t\mathrm{d}t}{t^2 + 1}$

$$= 2\int_0^1 \frac{t^2}{t^2+1}dt = 2\int_0^1 \frac{(t^2+1)-1}{t^2+1}dt = 2\int_0^1 \left(1 - \frac{1}{t^2+1}\right)dt$$

$$= 2(t - \arctan t) \Big|_0^1$$

$$= 2\left(1 - \frac{\pi}{4}\right) = 2 - \frac{\pi}{2}$$

(6) $\displaystyle\int_0^1 \sqrt{4-x^2}\,dx \xlongequal[\substack{\text{当} x = 0 \text{ 时 } t = 0 \\ \text{当} x = 1 \text{ 时 } t = \frac{\pi}{6}}]{x = 2\sin t} \int_0^{\frac{\pi}{6}} 2\cos t \cdot 2\cos t\,dt$

$$= 4\int_0^{\frac{\pi}{6}} \cos^2 t\,dt = 4\int_0^{\frac{\pi}{6}} \frac{1+\cos 2t}{2}dt = 2\int_0^{\frac{\pi}{6}}(1 + \cos 2t)dt$$

$$= 2\left(t + \frac{1}{2}\sin 2t\right)\Big|_0^{\frac{\pi}{6}} = 2\left(\frac{\pi}{6} + \frac{\sqrt{3}}{4}\right) = \frac{\pi}{3} + \frac{\sqrt{3}}{2}$$

(7) $\displaystyle\int_0^a x^2\sqrt{a^2-x^2}\,dx \xlongequal[\substack{\text{当} x = 0 \text{ 时 } t = 0 \\ \text{当} x = a \text{ 时 } t = \frac{\pi}{2}}]{x = a\sin t} \int_0^{\frac{\pi}{2}} a^2\sin^2 t\, a^2\cos^2 t\,dt$

$$= \frac{a^4}{4}\int_0^{\frac{\pi}{2}}\sin^2(2t)\,dt = \frac{a^4}{4}\int_0^{\frac{\pi}{2}}\frac{1-\cos 4t}{2}dt$$

$$= \frac{a^4}{8}\int_0^{\frac{\pi}{2}}(1-\cos 4t)\,dt = \frac{a^4}{8}\left(t - \frac{1}{4}\sin 4t\right)\Big|_0^{\frac{\pi}{2}}$$

$$= \frac{a^4}{8}\left(\frac{\pi}{2} - \frac{1}{4}\sin 2\pi\right) = \frac{a^4}{16}\pi$$

(8) $\displaystyle\int_0^1 \frac{x^2}{(1+x^2)^2}\,dx \xlongequal[\substack{\text{当} x = 0 \text{ 时 } t = 0 \\ \text{当} x = 1 \text{ 时 } t = \frac{\pi}{4}}]{x = \tan t} \int_0^{\frac{\pi}{4}} \frac{\tan^2 t\sec^2 t}{\sec^4 t}dt = \int_0^{\frac{\pi}{4}}\sin^2 t\,dt$

$$= \int_0^{\frac{\pi}{4}}\frac{1-\cos 2t}{2}dt = \frac{1}{2}\left(t - \frac{1}{2}\sin 2t\right)\Big|_0^{\frac{\pi}{4}}$$

$$= \frac{1}{2}\left(\frac{\pi}{4} - \frac{1}{2}\sin\frac{\pi}{2}\right) = \frac{1}{4}\left(\frac{\pi}{2} - 1\right)$$

(9) $\displaystyle\int_0^1 (1+x^2)^{-\frac{3}{2}}\,dx \xlongequal[\substack{\text{当} x = 0 \text{ 时 } t = 0 \\ \text{当} x = 1 \text{ 时 } t = \frac{\pi}{4}}]{x = \tan t} \int_0^{\frac{\pi}{4}}(\sec t)^{-3}\sec^2 t\,dt$

$$= \int_0^{\frac{\pi}{4}}(\sec t)^{-1}\,dt = \int_0^{\frac{\pi}{4}}\cos t\,dt = \sin t\Big|_0^{\frac{\pi}{4}} = \frac{\sqrt{2}}{2}$$

(10) $\displaystyle\int_1^2 \frac{\sqrt{x^2-1}}{x}\,dx \xlongequal[\substack{\text{当} x = 1 \text{ 时 } t = 0 \\ \text{当} x = 2 \text{ 时 } t = \frac{\pi}{3}}]{x = \sec t} \int_0^{\frac{\pi}{3}}\frac{\tan t}{\sec t}\sec t\tan t\,dt$

$$= \int_0^{\frac{\pi}{3}}\tan^2 t\,dt = \int_0^{\frac{\pi}{3}}(\sec^2 t - 1)\,dt = (\tan t - t)\Big|_0^{\frac{\pi}{3}} = \sqrt{3} - \frac{\pi}{3}$$

7. 计算 $2\displaystyle\int_{-1}^1 \sqrt{1-x^2}\,dx$，并利用此结果求下列积分：

(1) $\displaystyle\int_{-3}^3 \sqrt{9-x^2}\,dx$ 　　　　 (2) $\displaystyle\int_0^2 \sqrt{1 - \frac{1}{4}x^2}\,dx$

(3) $\int_{-2}^{2} (x-3) \sqrt{4-x^2} \, \mathrm{d}x$

解: $2\int_{-1}^{1} \sqrt{1-x^2} \, \mathrm{d}x \xrightarrow[\substack{\text{当} x=-1 \text{ 时}, \, t=-\frac{\pi}{2} \\ \text{当} x=1 \text{ 时}, \, t=\frac{\pi}{2}}]{x=\sin t} 2\int_{-\frac{\pi}{2}}^{\frac{\pi}{2}} \cos^2 t \, \mathrm{d}t$

$= 2\int_{-\frac{\pi}{2}}^{\frac{\pi}{2}} \frac{1+\cos 2t}{2} \mathrm{d}t = \left(t + \frac{1}{2}\sin 2t\right)\Big|_{-\frac{\pi}{2}}^{\frac{\pi}{2}} = \pi$

(1) $\int_{-3}^{3} \sqrt{9-x^2} \, \mathrm{d}x = \int_{-3}^{3} 3\sqrt{1-\left(\frac{x}{3}\right)^2} \, \mathrm{d}x$

$= 9\int_{-3}^{3} \sqrt{1-\left(\frac{x}{3}\right)^2} \, \mathrm{d}\frac{x}{3} \xrightarrow[\substack{\text{当} x=-3 \text{ 时} \, t=-1 \\ \text{当} x=3 \text{ 时} \, t=1}]{\frac{x}{3}=t} 9\int_{-1}^{1} \sqrt{1-t^2} \, \mathrm{d}t = \frac{9}{2}\pi$

(2) $\int_{0}^{2} \sqrt{1-\frac{1}{4}x^2} \, \mathrm{d}x = 2\int_{0}^{2} \sqrt{1-\left(\frac{x}{2}\right)^2} \, \mathrm{d}\frac{x}{2}$

$= \int_{-2}^{2} \sqrt{1-\left(\frac{x}{2}\right)^2} \, \mathrm{d}\left(\frac{x}{2}\right) \xrightarrow[\substack{\text{当} x=-2 \text{ 时} \, t=-1 \\ \text{当} x=2 \text{ 时} \, t=1}]{\frac{x}{2}=t} \int_{-1}^{1} \sqrt{1-t^2} \, \mathrm{d}t = \frac{\pi}{2}$

(3) $\int_{-2}^{2} (x-3)\sqrt{4-x^2} \, \mathrm{d}x = \int_{-2}^{2} x\sqrt{4-x^2} \, \mathrm{d}x - 3\int_{-2}^{2} \sqrt{4-x^2} \, \mathrm{d}x$

$= 0 - 3\int_{-2}^{2} 2\sqrt{1-\left(\frac{x}{2}\right)^2} \, \mathrm{d}x$

$= -12\int_{-2}^{2} \sqrt{1-\left(\frac{x}{2}\right)^2} \, \mathrm{d}\frac{x}{2} \xrightarrow[\substack{\text{当} x=-2 \text{ 时} \, t=-1 \\ \text{当} x=2 \text{ 时} \, t=1}]{\frac{x}{2}=t} -12\int_{-1}^{1} \sqrt{1-t^2} \, \mathrm{d}t$

$= -12 \times \frac{\pi}{2} = -6\pi$

8. 证明 $\int_{-a}^{a} f(x) \mathrm{d}x = \int_{0}^{a} [f(x)+f(-x)] \mathrm{d}x$.

证: $\int_{-a}^{a} f(x)\mathrm{d}x = \int_{-a}^{0} f(x)\mathrm{d}x + \int_{0}^{a} f(x)\mathrm{d}x$

其中 $\int_{-a}^{0} f(x)\mathrm{d}x \xrightarrow[\substack{\text{当} x=-a \text{ 时} \, t=a \\ \text{当} x=0 \text{ 时} \, t=0}]{x=-t} -\int_{a}^{0} f(-t)\mathrm{d}t = \int_{0}^{a} f(-t)\mathrm{d}t = \int_{0}^{a} f(-x)\mathrm{d}x$

所以 $\int_{-a}^{a} f(x)\mathrm{d}x = \int_{0}^{a} f(-x)\mathrm{d}x + \int_{0}^{a} f(x)\mathrm{d}x$

$= \int_{0}^{a} [f(x)+f(-x)]\mathrm{d}x$

9. 证明 $\int_{0}^{\frac{\pi}{2}} \sin^m x \, \mathrm{d}x = \int_{0}^{\frac{\pi}{2}} \cos^m x \, \mathrm{d}x$.

证: $\int_{0}^{\frac{\pi}{2}} \sin^m x \, \mathrm{d}x \xrightarrow[\substack{\text{当} x=0 \text{ 时} \, t=\frac{\pi}{2} \\ \text{当} x=\frac{\pi}{2} \text{ 时} \, t=0}]{x=\frac{\pi}{2}-t} -\int_{\frac{\pi}{2}}^{0} \sin^m\left(\frac{\pi}{2}-t\right)\mathrm{d}t = \int_{0}^{\frac{\pi}{2}} \cos^m t \, \mathrm{d}t = \int_{0}^{\frac{\pi}{2}} \cos^m x \, \mathrm{d}x$

10. 试分析 k, a, b 为何值时，$\int_0^2 x^2 f(x^3)\,\mathrm{d}x = k\int_a^b f(t)\,\mathrm{d}t$.

解： $\int_0^2 x^2 f(x^3)\,\mathrm{d}x = \dfrac{1}{3}\int_0^2 f(x^3)\,\mathrm{d}x^3 \xrightarrow[\substack{\text{当}\,x=0\text{时}\,t=0\\ \text{当}\,x=2\text{时}\,t=8}]{x^3=t} \dfrac{1}{3}\int_0^8 f(t)\,\mathrm{d}t$

$$= k\int_a^b f(t)\,\mathrm{d}t$$

所以当 $a=0$, $b=8$, $k=\dfrac{1}{3}$ 时，有 $\int_0^2 x^2 f(x^3)\,\mathrm{d}x = k\int_a^b f(t)\,\mathrm{d}t$.

11. 设

$$f(x) = \begin{cases} \dfrac{1}{2+x}, & x \geqslant 0 \\[2mm] \dfrac{1}{1+\mathrm{e}^x}, & x < 0 \end{cases}$$

求 $\int_0^2 f(x-1)\,\mathrm{d}x$.

解： $\int_0^2 f(x-1)\,\mathrm{d}x \xrightarrow[\substack{\text{当}\,x=0\text{时}\,t=-1\\ \text{当}\,x=2\text{时}\,t=1}]{x-1=t} \int_{-1}^1 f(t)\,\mathrm{d}t$

$$= \int_{-1}^0 f(t)\,\mathrm{d}t + \int_0^1 f(t)\,\mathrm{d}t$$

$$= \int_{-1}^0 \frac{1}{1+\mathrm{e}^x}\,\mathrm{d}x + \int_0^1 \frac{1}{2+x}\,\mathrm{d}x$$

$$= \int_{-1}^0 \left(1 - \frac{\mathrm{e}^x}{1+\mathrm{e}^x}\right)\mathrm{d}x + \ln(2+x)\Big|_0^1$$

$$= x\Big|_{-1}^0 - \ln(1+\mathrm{e}^x)\Big|_{-1}^0 + \ln 3 - \ln 2$$

$$= 1 - \ln 2 + \ln\frac{\mathrm{e}+1}{\mathrm{e}} + \ln 3 - \ln 2$$

$$= 1 + \ln(\mathrm{e}+1) - \ln\mathrm{e} + \ln 3 - 2\ln 2 = \ln(\mathrm{e}+1) + \ln\frac{3}{4}$$

12. 计算下列积分：

(1) $\int_1^{\mathrm{e}} \ln x\,\mathrm{d}x$ (2) $\int_0^{\frac{\sqrt{3}}{2}} \arccos x\,\mathrm{d}x$

(3) $\int_0^1 x\mathrm{e}^{-x}\,\mathrm{d}x$ (4) $\int_1^{\mathrm{e}} (\ln x)^3\,\mathrm{d}x$

(5) $\int_0^{\frac{\pi}{2}} x\sin x\,\mathrm{d}x$ (6) $\int_0^{\pi} x^2\cos 2x\,\mathrm{d}x$

(7) $\int_0^{\sqrt{\ln 2}} x^3 \mathrm{e}^{x^2}\,\mathrm{d}x$ (8) $\int_0^{\frac{\pi}{2}} \mathrm{e}^x \sin x\,\mathrm{d}x$

(9) $\int_0^{2\pi} \frac{x(1+\cos 2x)}{2}\,\mathrm{d}x$ (10) $\int_{\frac{1}{\mathrm{e}}}^{\mathrm{e}} |\ln x|\,\mathrm{d}x$

解： (1) $\int_1^{\mathrm{e}} \ln x\,\mathrm{d}x \xrightarrow{\text{分部}} x\ln x\Big|_1^{\mathrm{e}} - \int_1^{\mathrm{e}} x\,\mathrm{d}(\ln x)$

$$= x\ln x \Big|_1^e - \int_1^e dx = e - x \Big|_1^e = e - (e-1) = 1$$

注释： 在不定积分分部积分的基础上，定积分的分部积分直接使用牛顿-莱布尼茨公式即可.

(2) $\displaystyle\int_0^{\frac{\sqrt{3}}{2}} \arccos x\,dx \xlongequal{\text{分部}} x\arccos x \Big|_0^{\frac{\sqrt{3}}{2}} + \int_0^{\frac{\sqrt{3}}{2}} \frac{x}{\sqrt{1-x^2}}\,dx$

$$= \frac{\sqrt{3}\pi}{12} - \frac{1}{2}\int_0^{\frac{\sqrt{3}}{2}} \frac{1}{\sqrt{1-x^2}}\,d(1-x^2) = \frac{\sqrt{3}}{12}\pi - \sqrt{1-x^2}\,\Big|_0^{\frac{\sqrt{3}}{2}}$$

$$= \frac{\sqrt{3}}{12}\pi - \left(\frac{1}{2} - 1\right) = \frac{\sqrt{3}}{12}\pi + \frac{1}{2}$$

(3) $\displaystyle\int_0^1 x e^{-x}\,dx = -\int_0^1 x\,de^{-x} \xlongequal{\text{分部}} -x e^{-x}\Big|_0^1 + \int_0^1 e^{-x}\,dx$

$$= -\frac{1}{e} - \int_0^1 e^{-x}\,d(-x) = -\frac{1}{e} - e^{-x}\Big|_0^1$$

$$= -\frac{1}{e} - \left(\frac{1}{e} - 1\right) = 1 - \frac{2}{e}$$

(4) $\displaystyle\int_1^e (\ln x)^3\,dx \xlongequal{\text{分部}} x(\ln x)^3\Big|_1^e - \int_1^e x\,d(\ln x)^3 = e - 3\int_1^e x(\ln x)^2 \cdot \frac{1}{x}\,dx$

$$= e - 3\int_1^e (\ln x)^2\,dx \xlongequal{\text{分部}} e - 3\left[x(\ln x)^2\Big|_1^e - \int_1^e x\,d(\ln x)^2\right]$$

$$= e - 3e + 3\int_1^e 2x\ln x \cdot \frac{1}{x}\,dx$$

$$= -2e + 6\int_1^e \ln x\,dx \xlongequal{\text{分部}} -2e + 6\left[x\ln x\Big|_1^e - \int_1^e x \cdot \frac{1}{x}\,dx\right]$$

$$= -2e + 6e - 6x\Big|_1^e$$

$$= 4e - 6e + 6 = 6 - 2e$$

(5) $\displaystyle\int_0^{\frac{\pi}{2}} x\sin x\,dx = -\int_0^{\frac{\pi}{2}} x\,d\cos x \xlongequal{\text{分部}} -x\cos x\Big|_0^{\frac{\pi}{2}} + \int_0^{\frac{\pi}{2}} \cos x\,dx$

$$= \sin x\Big|_0^{\frac{\pi}{2}} = 1$$

(6) $\displaystyle\int_0^\pi x^2\cos 2x\,dx = \frac{1}{2}\int_0^\pi x^2\,d\sin 2x \xlongequal{\text{分部}} \frac{1}{2}\left[x^2\sin 2x\Big|_0^\pi - \int_0^\pi \sin 2x\,dx^2\right]$

$$= -\int_0^\pi x\sin 2x\,dx = \frac{1}{2}\int xd\cos 2x \xlongequal{\text{分部}} \frac{1}{2}\left[x\cos 2x\Big|_0^\pi - \int_0^\pi \cos 2x\,dx\right]$$

$$= \frac{\pi}{2} - \frac{1}{4}\sin 2x\Big|_0^\pi = \frac{\pi}{2}$$

(7) $\displaystyle\int_0^{\sqrt{\ln 2}} x^3 e^{x^2}\,dx = \frac{1}{2}\int_0^{\sqrt{\ln 2}} x^2 e^{x^2}\,dx^2 = \frac{1}{2}\int_0^{\sqrt{\ln 2}} x^2\,de^{x^2}$

$$\xlongequal{\text{分部}} \frac{1}{2}\left[x^2 e^{x^2}\Big|_0^{\sqrt{\ln 2}} - \int_0^{\sqrt{\ln 2}} e^{x^2}\,dx^2\right] = \ln 2 - \frac{1}{2}\int_0^{\sqrt{\ln 2}} de^{x^2}$$

$$= \ln 2 - \frac{1}{2}e^{x^2}\Big|_0^{\sqrt{\ln 2}} = \ln 2 - \frac{1}{2}$$

(8) $\int_0^{\frac{\pi}{2}} e^x \sin x dx = -\int_0^{\frac{\pi}{2}} e^x d\cos x \xtwoheadrightarrow{\text{分部}} -e^x \cos x \Big|_0^{\frac{\pi}{2}} + \int_0^{\frac{\pi}{2}} e^x \cos x dx$

$= 1 + \int_0^{\frac{\pi}{2}} e^x d\sin x \xtwoheadrightarrow{\text{分部}} 1 + e^x \sin x \Big|_0^{\frac{\pi}{2}} - \int_0^{\frac{\pi}{2}} e^x \sin x dx$

移项，得 $2\int_0^{\frac{\pi}{2}} e^x \sin x dx = 1 + e^x \sin x \Big|_0^{\frac{\pi}{2}}$，故

$$\int_0^{\frac{\pi}{2}} e^x \sin x dx = \frac{1}{2}(1 + e^{\frac{\pi}{2}})$$

(9) $\int_0^{2\pi} \frac{x(1+\cos 2x)}{2} dx = \int_0^{2\pi} \frac{x}{2} dx + \int_0^{2\pi} \frac{1}{2} x \cos 2x dx$

$= \frac{x^2}{4}\Big|_0^{2\pi} + \frac{1}{4}\int_0^{2\pi} x d\sin 2x \xtwoheadrightarrow{\text{分部}} \pi^2 + \frac{1}{4}(x\sin 2x)\Big|_0^{2\pi} - \frac{1}{4}\int_0^{2\pi} \sin 2x dx$

$= \pi^2 + \frac{1}{8}\cos 2x \Big|_0^{2\pi} = \pi^2$

(10) $\int_{\frac{1}{e}}^{e} |\ln x| dx = \int_{\frac{1}{e}}^{1}(-\ln x)dx + \int_1^{e} \ln x dx$

$\xtwoheadrightarrow{\text{分部}} -x\ln x\Big|_{\frac{1}{e}}^{1} + \int_{\frac{1}{e}}^{1} dx + x\ln x\Big|_1^{e} - \int_1^{e} dx$

$= -\frac{1}{e} + x\Big|_{\frac{1}{e}}^{1} + e - x\Big|_1^{e}$

$= -\frac{1}{e} + 1 - \frac{1}{e} + e - e + 1 = 2 - \frac{2}{e}$

13. 设 $I = \int_a^b x e^{-|x|} dx$，就下列三种情况下求 I：

(1) $0 \leqslant a < b$ 　　(2) $a < b \leqslant 0$ 　　(3) $a < 0, b > 0$

解：(1) $0 \leqslant a < b$

$I = \int_a^b x e^{-|x|} dx = \int_a^b x e^{-x} dx$

$= -\int_a^b x de^{-x} \xtwoheadrightarrow{\text{分部}} (-xe^{-x} - e^{-x})\Big|_a^b$

$= -be^{-b} - e^{-b} + ae^{-a} + e^{-a}$

$= (a+1)e^{-a} - (b+1)e^{-b}$

(2) $a < b \leqslant 0$

$I = \int_a^b x e^{-|x|} = \int_a^b x e^x dx$

$= \int_a^b x de^x \xtwoheadrightarrow{\text{分部}} (xe^x - e^x)\Big|_a^b = be^b - e^b - ae^a + e^a$

$= (b-1)e^b - (a-1)e^a$

(3) $a < 0, b > 0$

$I = \int_a^b x e^{-|x|} dx = \int_a^0 x e^x dx + \int_0^b x e^{-x} dx$

$= \int_a^0 x de^x - \int_0^b x de^{-x}$

$$\xlongequal{\text{分部}} (xe^x - e^x)\Big|_a^0 - (xe^{-x} + e^{-x})\Big|_0^b$$

$$= -1 - ae^a + e^a - be^{-b} - e^{-b} + 1$$

$$= (1-a)e^a - (1+b)e^{-b}$$

14. 求下列极限：

(1) $\displaystyle\lim_{x\to 0}\frac{\int_0^x \cos^2 t\,dt}{x}$ 　　　　(2) $\displaystyle\lim_{x\to 0}\frac{\int_0^x \arctan t\,dt}{x^2}$

解： (1) $\displaystyle\lim_{x\to 0}\frac{\int_0^x \cos^2 t\,dt}{x} \xlongequal{\frac{0}{0}} \lim_{x\to 0}\frac{\left(\int_0^x \cos^2 t\,dt\right)'}{x'} = \lim_{x\to 0}\frac{\cos^2 x}{1} = 1$

(2) $\displaystyle\lim_{x\to 0}\frac{\int_0^x \arctan t\,dt}{x^2} \xlongequal{\frac{0}{0}} \lim_{x\to 0}\frac{\left(\int_0^x \arctan t\,dt\right)'}{(x^2)'}$

$$= \lim_{x\to 0}\frac{\arctan x}{2x} \xlongequal{\frac{0}{0}} \lim_{x\to 0}\frac{\frac{1}{1+x^2}}{2} = \frac{1}{2}$$

注释： 第(1)题、第(2)题都是"$\frac{0}{0}$"型未定式求极限，使用了洛必达法则和微积分基本定理，有时还需使用一些其他知识，例如无穷小量代换、两个重要极限等。这类问题涉及较多的知识点，只要很好地掌握了这些知识点，特别是变上限定积分的求导，问题就会迎刃而解.

15. 求 $\displaystyle\lim_{h\to 0^+}\frac{1}{h}\int_{x-h}^{x+h}\cos t^2\,dt\,(h>0)$.

解： $\displaystyle\lim_{h\to 0^+}\frac{1}{h}\int_{x-h}^{x+h}\cos t^2\,dt = \lim_{h\to 0^+}\frac{\int_{x-h}^{x+h}\cos t^2\,dt}{h}$

$$\xlongequal{\frac{0}{0}} \lim_{h\to 0^+}\frac{\cos(x+h)^2(x+h)' - \cos(x-h)^2(x-h)'}{h'}$$

$$= \lim_{h\to 0^+}\frac{\cos(x+h)^2 + \cos(x-h)^2}{1} = 2\cos x^2$$

注释： 第15题是对 h 求极限，根据洛必达法则，分子和分母对 h 求导，题中的 x 与积分变量 t 和求极限过程中的变量 h 无关.

16. 求 $\displaystyle\lim_{x\to 0}\frac{1}{x}\int_0^x (1+t^2)e^{t^2-x^2}\,dt$.

解： $\displaystyle\lim_{x\to 0}\frac{1}{x}\int_0^x (1+t^2)e^{t^2-x^2}\,dt$

$$= \lim_{x\to 0}\frac{1}{x}\int_0^x (1+t^2)\cdot\frac{e^{t^2}}{e^{x^2}}\,dt$$

$$= \lim_{x\to 0}\frac{1}{xe^{x^2}}\int_0^x (1+t^2)e^{t^2}\,dt$$

$$= \lim_{x \to 0} \frac{\int_0^x (1+t^2) \mathrm{e}^{t^2} \, \mathrm{d}t}{x \mathrm{e}^{x^2}} \xlongequal{\frac{0}{0}} \lim_{x \to 0} \frac{(1+x^2) \mathrm{e}^{x^2}}{(1+2x^2) \mathrm{e}^{x^2}}$$

$$= \lim_{x \to 0} \frac{1+x^2}{1+2x^2} = 1$$

注释: 解第 16 题时有一步将 $\dfrac{1}{\mathrm{e}^{x^2}}$ 提到了积分号以外、极限号以内,因 $\dfrac{1}{\mathrm{e}^{x^2}}$ 与积分变量 t 无关,与求极限时的变量 x 有关. 对变上限定积分有 $\displaystyle\int_a^{\varphi(x)} g(x) f(t) \mathrm{d}t = g(x) \int_a^{\varphi(x)} f(t) \mathrm{d}t$,因 $g(x)$ 与积分变量 t 无关,所以可以提到积分号外.

17. 设 $f(x) = \displaystyle\int_1^x \mathrm{e}^{-t^2} \mathrm{d}t$,求 $\displaystyle\int_0^1 f(x) \mathrm{d}x$.

解: $\displaystyle\int_0^1 f(x) \mathrm{d}x \xlongequal{\text{分部}} x f(x) \Big|_0^1 - \int_0^1 x f'(x) \mathrm{d}x$

$$= f(1) - \int_0^1 x \mathrm{e}^{-x^2} \mathrm{d}x = 0 + \frac{1}{2} \int_0^1 \mathrm{e}^{-x^2} \mathrm{d}(-x^2)$$

$$= \frac{1}{2} \mathrm{e}^{-x^2} \Big|_0^1 = \frac{1}{2} \mathrm{e}^{-1} - \frac{1}{2} = \frac{1}{2} \left(\frac{1}{\mathrm{e}} - 1 \right)$$

18. 讨论函数 $F(x) = \displaystyle\int_0^x t(t-4) \mathrm{d}t$ 在 $[-1, 5]$ 上的增减性、极值、凹向及拐点.

解: $F'(x) = \left[\displaystyle\int_0^x t(t-4) \mathrm{d}t \right]' = x(x-4)$,$F''(x) = 2x - 4$

令 $F'(x) = 0$,得 $x = 0$,$x = 4$.

令 $F''(x) = 0$,得 $x = 2$.

$$F(x) = \int_0^x t(t-4) \mathrm{d}t = \int_0^x (t^2 - 4t) \mathrm{d}t$$

$$= \left(\frac{t^3}{3} - 2t^2 \right) \Big|_0^x = \frac{x^3}{3} - 2x^2$$

列表如下(见表 6—1):

表 6—1

x	$[-1, 0)$	0	$(0, 2)$	2	$(2, 4)$	4	$(4, 5]$
$F'(x)$	$+$	0	$-$		$-$	0	$+$
$F''(x)$	$-$	-4	$-$	0	$+$	4	$+$
$F(x)$	↗ ∩	极大值 0	↘ ∩	拐点 $-\dfrac{16}{3}$	↘ ∪	极小值 $-\dfrac{32}{3}$	↗ ∪

所以函数 $F(x)$ 在点 $x = 0$ 处取得极大值,在点 $x = 4$ 处取得极小值,点 $\left(2, -\dfrac{16}{3}\right)$ 为拐点;在 $[-1, 0)$ 内单增,下凹;在 $(0, 2)$ 内单减,下凹;在 $(2, 4)$ 内单减,上凹;在 $(4, 5]$ 内单增,上凹.

19. 求第 18 题中函数 $F(x) = \displaystyle\int_0^x t(t-4) \mathrm{d}t$ 在 $[-1, 5]$ 上的最大值与最小值.

解：由第 18 题有 $F'(x)=x(x-4)$，$F(x)=\dfrac{x^3}{3}-2x^2$，计算出 $F(x)$ 的驻点及区间端点处的函数值如下：

$$F(-1)=-\frac{7}{3}, \quad F(0)=0, \quad F(4)=-\frac{32}{3}, \quad F(5)=-\frac{25}{3}$$

于是可得 $F(x)$ 在 $[-1,5]$ 上的最大值为 $F(0)=0$，最小值为 $F(4)=-\dfrac{32}{3}$.

20. 求 c 的值，使 $\displaystyle\int_0^1 (x^2+cx+c)^2\,dx$ 最小.

解：设 $f(c)=\displaystyle\int_0^1 (x^2+cx+c)^2\,dx$

$$=\int_0^1 (x^4+c^2x^2+c^2+2cx^3+2c^2x+2cx^2)\,dx$$

$$=\left(\frac{x^5}{5}+\frac{c^2}{3}x^3+c^2x+\frac{c}{2}x^4+c^2x^2+\frac{2}{3}cx^3\right)\Big|_0^1$$

$$=\frac{7}{3}c^2+\frac{7}{6}c+\frac{1}{5}$$

$$f'(c)=\frac{14}{3}c+\frac{7}{6}$$

令 $f'(c)=0$，得 $c=-\dfrac{1}{4}$.

$$f''(c)=\frac{14}{3}>0$$

所以当 $c=-\dfrac{1}{4}$ 时，$f(c)$ 取得最小值，即 $c=-\dfrac{1}{4}$ 时，$\displaystyle\int_0^1 (x^2+cx+c)^2\,dx$ 最小.

21. 求下列各题中平面图形的面积：

(1) 曲线 $y=a-x^2$（$a>0$）与 x 轴所围成的图形；

(2) 曲线 $y=x^2+3$ 在区间 $[0,1]$ 上的曲边梯形；

(3) 曲线 $y=x^2$ 与 $y=2-x^2$ 所围成的图形；

(4) 曲线 $y=x^3$ 与直线 $x=0$，$y=1$ 所围成的图形；

(5) 在区间 $\left[0,\dfrac{\pi}{2}\right]$ 上，曲线 $y=\sin x$ 与直线 $x=0$，$y=1$ 所围成的图形；

(6) 曲线 $y=\dfrac{1}{x}$ 与直线 $y=x$，$x=2$ 所围成的图形；

(7) 曲线 $y=x^2-8$ 与直线 $2x+y+8=0$，$y=-4$ 所围成的图形；

(8) 曲线 $y=x^3-3x+2$ 在 x 轴上介于两极值点间的曲边梯形；

(9) 介于抛物线 $y^2=2x$ 与圆 $y^2=4x-x^2$ 之间的三个图形；

(10) 曲线 $y=x^2$，$4y=x^2$ 与直线 $y=1$ 所围成的图形；

(11) 曲线 $y=x^3$ 与 $y=\sqrt[3]{x}$ 所围成的图形；

(12) 抛物线 $y=x^2$ 与直线 $y=\dfrac{x}{2}+\dfrac{1}{2}$ 所围成的图形及由 $y=x^2$，$y=\dfrac{x}{2}+\dfrac{1}{2}$ 与 $y=2$ 所围成的图形.

解：(1) $y = a - x^2$ 与 x 轴相交于点 $(-\sqrt{a}, 0)$ 和 $(\sqrt{a}, 0)$，所围成的图形（见图6—1）的面积

$$A = \int_{-\sqrt{a}}^{\sqrt{a}} (a - x^2) \mathrm{d}x$$

$$= 2 \int_0^{\sqrt{a}} (a - x^2) \mathrm{d}x$$

$$= 2 \left(ax - \frac{x^3}{3} \right) \Big|_0^{\sqrt{a}}$$

$$= 2 \left(a\sqrt{a} - \frac{1}{3} a\sqrt{a} \right)$$

$$= \frac{4}{3} a\sqrt{a}$$

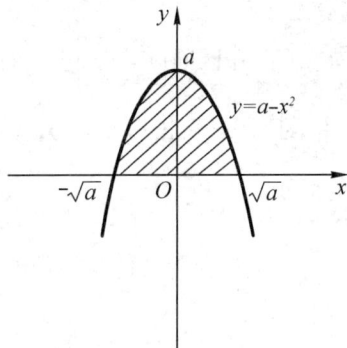

图6—1

(2) 曲线 $y = x^2 + 3$ 在 $[0, 1]$ 上的曲边梯形（见图6—2）的面积

$$A = \int_0^1 (x^2 + 3) \mathrm{d}x = \left(\frac{x^3}{3} + 3x \right) \Big|_0^1 = \frac{1}{3} + 3 = \frac{10}{3}$$

(3) 曲线 $y = x^2$ 与 $y = 2 - x^2$ 相交于点 $(-1, 1)$ 和 $(1, 1)$，两曲线所围成的图形（见图6—3）的面积

$$A = \int_{-1}^1 \left[(2 - x^2) - x^2 \right] \mathrm{d}x = \int_{-1}^1 (2 - 2x^2) \mathrm{d}x$$

$$= 4 \int_0^1 (1 - x^2) \mathrm{d}x = 4 \left(x - \frac{x^3}{3} \right) \Big|_0^1 = 4 \times \left(1 - \frac{1}{3} \right) = \frac{8}{3}$$

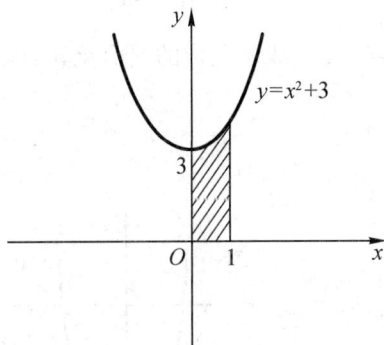

图6—2

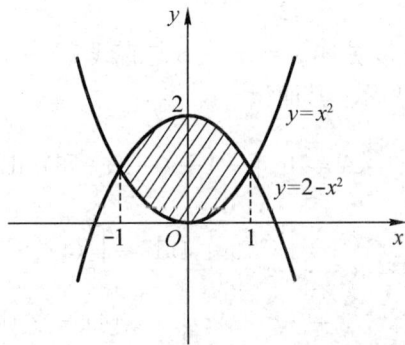

图6—3

(4) 曲线 $y = x^3$ 与 $y = 1$ 相交于点 $(1, 1)$，$y = x^3$，$x = 0$，$y = 1$ 所围成的图形（见图6—4）的面积

$$A = \int_0^1 (1 - x^3) \mathrm{d}x$$

$$= \left(x - \frac{x^4}{4} \right) \Big|_0^1$$

$$= 1 - \frac{1}{4} = \frac{3}{4}$$

注释：第(4)题亦可选 y 为积分变量，得到

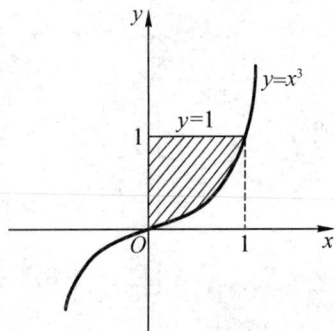

图6—4

$$A = \int_0^1 \sqrt[3]{y}\,\mathrm{d}y = \frac{3}{4}y^{\frac{4}{3}}\Big|_0^1 = \frac{3}{4}$$

(5) 在区间 $\left[0, \dfrac{\pi}{2}\right]$ 上，曲线 $y = \sin x$ 与 $y = 1$ 相切于点

$\left(\dfrac{\pi}{2}, 1\right)$，$y = \sin x$，$x = 0$，$y = 1$ 所围成的图形(见图 6—5)

的面积

$$A = \int_0^{\frac{\pi}{2}} (1 - \sin x)\,\mathrm{d}x$$

$$= (x + \cos x)\Big|_0^{\frac{\pi}{2}} = \frac{\pi}{2} - 1$$

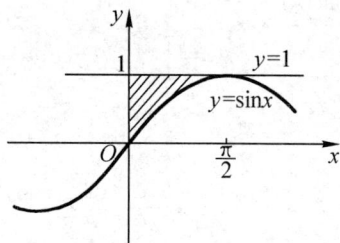

图 6—5

(6) 曲线 $y = \dfrac{1}{x}$ 与直线 $y = x$ 在第一象限相交于

点 $(1, 1)$，$y = \dfrac{1}{x}$，$y = x$ 与 $x = 2$ 所围成的图形(见

图 6—6) 的面积

$$A = \int_1^2 x\,\mathrm{d}x - \int_1^2 \frac{1}{x}\,\mathrm{d}x$$

$$= \frac{x^2}{2}\Big|_1^2 - \ln x\Big|_1^2$$

$$= \frac{3}{2} - \ln 2$$

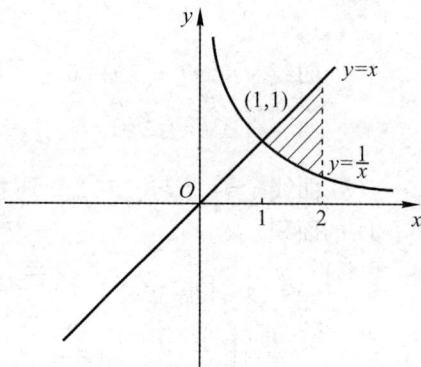

图 6—6

(7) 曲线 $y = x^2 - 8$ 与直线 $2x + y + 8 = 0$，$y = -4$ 三线所围成的图形及其交点如图 6—7 所示，其面积

$$A = \int_{-2}^0 [-4 - (-2x - 8)]\,\mathrm{d}x + \int_0^2 [-4 - (x^2 - 8)]\,\mathrm{d}x$$

$$= \int_{-2}^0 (2x + 4)\,\mathrm{d}x + \int_0^2 (4 - x^2)\,\mathrm{d}x$$

$$= (x^2 + 4x)\Big|_{-2}^0 + \left(4x - \frac{x^3}{3}\right)\Big|_0^2$$

$$= -4 + 8 + 8 - \frac{8}{3}$$

$$= \frac{28}{3}$$

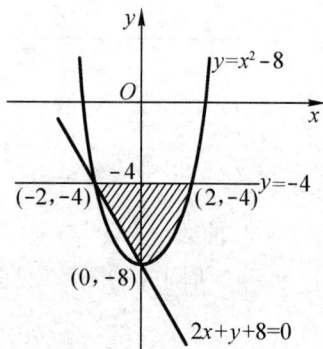

图 6—7

或 $$A = \int_{-8}^{-4}\left[\sqrt{y+8} - \left(\frac{-8-y}{2}\right)\right]\mathrm{d}y$$

$$= \int_{-8}^{-4}\left(\sqrt{y+8} + 4 + \frac{y}{2}\right)\mathrm{d}y$$

$$= \left[\frac{2}{3}(y+8)^{\frac{3}{2}} + 4y + \frac{y^2}{4}\right]\Big|_{-8}^{-4}$$

$$= \frac{16}{3} - 16 + 4 + 32 - 16 = \frac{28}{3}$$

(8) 先求 $y = x^3 - 3x + 2$ 的极值点：

$$y' = 3x^2 - 3$$

令 $y' = 0$，得 $x = \pm 1$.

$$y'' = 6x, \quad y''|_{x=-1} < 0, \quad y''|_{x=1} > 0$$

所以当 $x = -1$ 时，$y = x^3 - 3x + 2$ 有极大值 $y = 4$，当 $x = 1$ 时，$y = x^3 - 3x + 2$ 有极小值 $y = 0$.

所求面积(如图 6—8 所示)

$$A = \int_{-1}^{1} (x^3 - 3x + 2)\mathrm{d}x$$

$$= \left(\frac{x^4}{4} - \frac{3}{2}x^2 + 2x \right) \Big|_{-1}^{1}$$

$$= \frac{3}{4} + \frac{13}{4} = 4$$

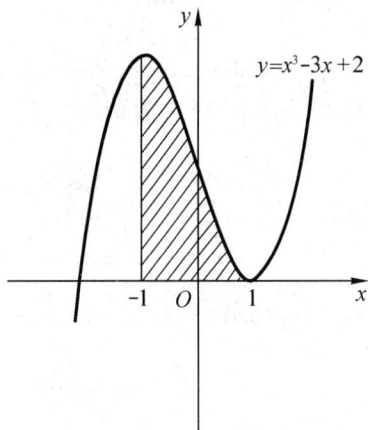

图 6—8

(9) $y^2 = 2x$ 与 $(x-2)^2 + y^2 = 2^2$ 相交于 $(0，0)$，$(2，2)$，$(2，-2)$ 三点，围成三个图形，其面积分别以 A_1，A_2，A_3 表示，如图 6—9 所示.

$$A_1 = \pi - \int_0^2 \sqrt{2x}\mathrm{d}x = \pi - \frac{1}{3}(2x)^{\frac{3}{2}} \Big|_0^2$$

$$= \pi - \frac{8}{3}$$

(第一项 π 是四分之一圆的面积)

$$A_2 = A_1 = \pi - \frac{8}{3}$$

$$A_3 = 4\pi - A_1 - A_2$$

$$= 4\pi - 2\left(\pi - \frac{8}{3}\right)$$

$$= 4\pi - 2\pi + \frac{16}{3}$$

$$= 2\pi + \frac{16}{3}$$

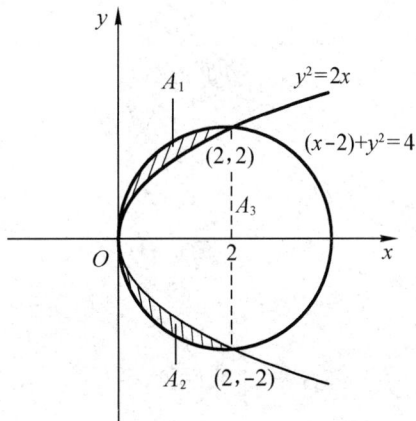

图 6—9

(10) 抛物线 $y = x^2$ 与直线 $y = 1$ 相交于点 $(-1，1)$ 和 $(1，1)$，抛物线 $4y = x^2$ 与直线 $y = 1$ 相交于点 $(-2，1)$ 和 $(2，1)$，三线所围的图形如图 6—10 所示，显然求所围的图形的面积，取 y 为积分变量较为方便，其面积

$$A = 2\int_0^1 (2\sqrt{y} - \sqrt{y})\mathrm{d}y$$

$$= 2\int_0^1 \sqrt{y}\mathrm{d}y$$

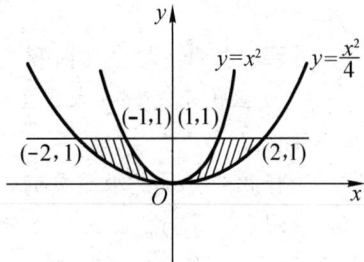

图 6—10

$$= \frac{4}{3} y^{\frac{3}{2}} \Big|_0^1 = \frac{4}{3}$$

(11) 曲线 $y = x^3$ 与 $y = \sqrt[3]{x}$ 相交于点 $(-1, -1)$, $(0, 0)$, $(1, 1)$, 两曲线所围成的图形(见图 6—11) 的面积

$$A = 2 \int_0^1 (\sqrt[3]{x} - x^3) \mathrm{d}x = 2 \left(\frac{3}{4} x^{\frac{4}{3}} - \frac{1}{4} x^4 \right) \Big|_0^1$$

$$= 2 \times \left(\frac{3}{4} - \frac{1}{4} \right) = 1$$

(12) 设抛物线 $y = x^2$ 与直线 $y = \frac{x}{2} + \frac{1}{2}$ 所围成的图形的面积为 S_1, 由 $y = x^2$, $y = \frac{x}{2} + \frac{1}{2}$ 与 $y = 2$ 所围成的图形的面积为 S_2, 见图 6—12.

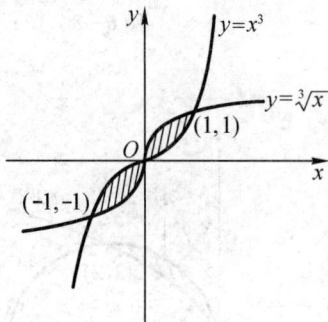

图 6—11

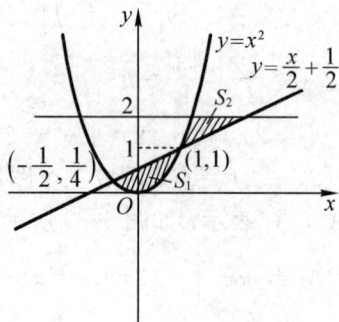

图 6—12

$y = x^2$ 与 $y = \frac{x}{2} + \frac{1}{2}$ 相交于 $\left(-\frac{1}{2}, \frac{1}{4} \right)$ 与 $(1, 1)$, 求 S_1, 选 x 为积分变量

$$S_1 = \int_{-\frac{1}{2}}^1 \left(\frac{x}{2} + \frac{1}{2} - x^2 \right) \mathrm{d}x = \left(\frac{x^2}{4} + \frac{x}{2} - \frac{x^3}{3} \right) \Big|_{-\frac{1}{2}}^1$$

$$= \frac{5}{12} + \frac{7}{48} = \frac{9}{16}$$

求 S_2, 选 y 为积分变量

$$S_2 = \int_1^2 (2y - 1 - \sqrt{y}) \mathrm{d}y = \left(y^2 - y - \frac{2}{3} y^{\frac{3}{2}} \right) \Big|_1^2$$

$$= 2 - \frac{4}{3} \sqrt{2} + \frac{2}{3} = \frac{4}{3} (2 - \sqrt{2})$$

注释: 求曲边梯形的面积或求由若干条曲线所围成的图形的面积, 按下列步骤进行: (ⅰ) 画图形; (ⅱ) 求交点; (ⅲ) 选择积分变量; (ⅳ) 确定积分上、下限; (ⅴ) 计算定积分的值.

选择积分变量是很重要的, 否则将带来不必要的麻烦.

注释: 计算两条曲线所夹的面积时, 若两条曲线中有一条始终在另一条的上面, 则以上面的曲线方程减下面的曲线方程的差作为被积函数. 若两条曲线上下交错, 求出交点分段积分, 在各分段中仍然是以上面的曲线方程减下面的曲线方程的差作为被积函数.

22. 求曲线 $y = -x^3 + x^2 + 2x$ 与 x 轴围成的图形的面积.

解：$y = -x^3 + x^2 + 2x = -x(x+1)(x-2)$ 与 x 轴相交于 $(-1, 0)$，$(0, 0)$ 与 $(2, 0)$ 点.

当 $-1 < x < 0$ 时，$y < 0$，曲线在 x 轴下方；当 $0 < x < 2$ 时，$y > 0$，曲线在 x 轴上方，所以所求面积（见图 6—13）

$$S = \int_{-1}^{0} -y \, dx + \int_{0}^{2} y \, dx$$

$$= \int_{-1}^{0} -(-x^3 + x^2 + 2x) \, dx + \int_{0}^{2} (-x^3 + x^2 + 2x) \, dx$$

$$= \left(\frac{x^4}{4} - \frac{x^3}{3} - x^2 \right) \Big|_{-1}^{0} + \left(-\frac{x^4}{4} + \frac{x^3}{3} + x^2 \right) \Big|_{0}^{2}$$

$$= \frac{5}{12} + \frac{8}{3} = \frac{37}{12}$$

23. 求 c $(c > 0)$ 的值，使两曲线 $y = x^2$ 与 $y = cx^3$ 所围成的图形的面积为 $\frac{2}{3}$.

解：曲线 $y = x^2$ 与 $y = cx^3$ 相交于点 $(0, 0)$ 和 $\left(\frac{1}{c}, \frac{1}{c^2} \right)$，两曲线所围成的面积（见图 6—14）

$$A = \int_{0}^{\frac{1}{c}} (x^2 - cx^3) \, dx = \left(\frac{x^3}{3} - \frac{c}{4} x^4 \right) \Big|_{0}^{\frac{1}{c}}$$

$$= \frac{1}{3c^3} - \frac{1}{4c^3} = \frac{1}{12c^3}$$

根据题设 $\frac{1}{12c^3} = \frac{2}{3}$，于是可得 $c^3 = \frac{1}{8}$，即 $c = \frac{1}{2}$ 时 $y = x^2$ 与 $y = \frac{1}{2} x^3$ 所围成的图形的面积为 $\frac{2}{3}$.

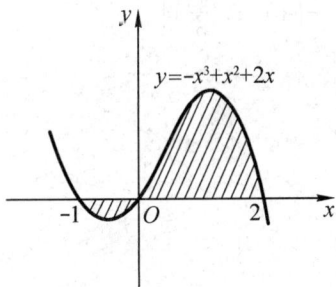

图 6—13

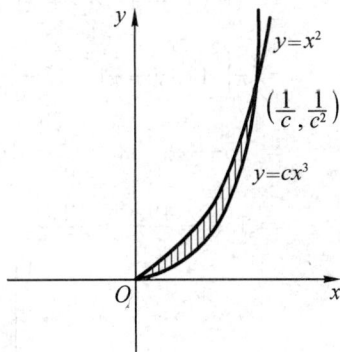

图 6—14

24. 将曲线 $y = 1 - x^2$ $(0 \leqslant x \leqslant 1)$ 与 x 轴和 y 轴所围的区域用曲线 $y = ax^2$ 分为面积相等的两部分，其中 a 是大于零的常数，求 a 的值.

解：曲线 $y = 1 - x^2$ 与 $y = ax^2$ 相交于点 $\left(\frac{1}{\sqrt{1+a}}, \frac{a}{1+a} \right)$.

设所分的两部分的面积分别用 S_1 与 S_2 表示，如图 6—15 所示.那么 $S_1 + S_2 = 2S_1 = $

$$\int_0^1 (1-x^2)\mathrm{d}x = \left(x - \frac{1}{3}x^3\right)\Big|_0^1 = \frac{2}{3}, \text{可得 } S_1 = \frac{1}{3}.$$

而

$$S_1 = \int_0^{\frac{1}{\sqrt{1+a}}} (1 - x^2 - ax^2)\mathrm{d}x$$

$$= \left(x - \frac{1}{3}x^3 - \frac{1}{3}ax^3\right)\Big|_0^{\frac{1}{\sqrt{1+a}}}$$

$$= \frac{2}{3\sqrt{1+a}} = \frac{1}{3}$$

于是得出 $a = 3$.

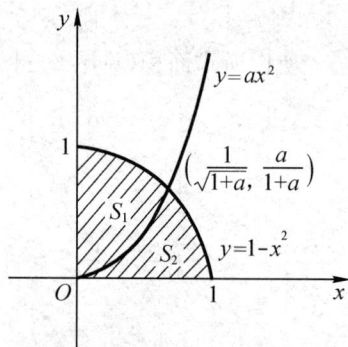

图 6—15

25. 求下列平面图形分别绕 x 轴、y 轴旋转产生的旋转体的体积:

(1) 曲线 $y = \sqrt{x}$ 与直线 $x = 1$, $x = 4$, $y = 0$ 所围成的图形;

(2) 在区间 $\left[0, \frac{\pi}{2}\right]$ 上,曲线 $y = \sin x$ 与直线 $x = \frac{\pi}{2}$, $y = 0$ 所围成的图形;

(3) 曲线 $y = x^3$ 与直线 $x = 2$, $y = 0$ 所围成的图形;

(4) 曲线 $x^2 + y^2 = 1$ 与 $y^2 = \frac{3}{2}x$ 所围成的两个图形中较小的一个.

解: (1) 曲线 $y = \sqrt{x}$ 与 $x = 1$ 相交于点 $(1, 1)$,与 $x = 4$ 相交于点 $(4, 2)$,见图 6—16.

$$V_x = \pi \int_1^4 (\sqrt{x})^2 \mathrm{d}x = \pi \int_1^4 x \mathrm{d}x = \pi \cdot \frac{x^2}{2}\Big|_1^4 = \frac{15}{2}\pi$$

$$V_y = \pi \int_0^1 (4^2 - 1^2)\mathrm{d}y + \pi \int_1^2 [4^2 - (y^2)^2]\mathrm{d}y$$

$$= \pi \int_0^1 15 \mathrm{d}y + \pi \int_1^2 (16 - y^4)\mathrm{d}y = \pi 15y\Big|_0^1 + \pi\left(16y - \frac{y^5}{5}\right)\Big|_1^2$$

$$= 15\pi + \pi\left[32 - \frac{32}{5} - 16 + \frac{1}{5}\right]$$

$$= 15\pi + \frac{49}{5}\pi = \frac{124}{5}\pi$$

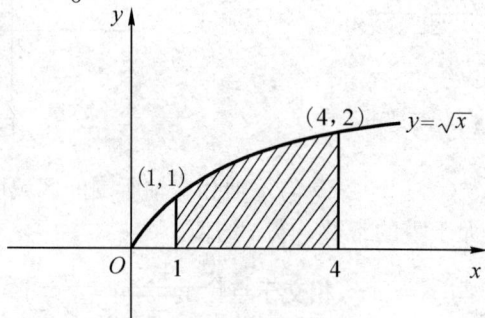

图 6—16

（2）已知曲线所围图形如图 6—17 所示.

$$V_x = \pi\int_0^{\frac{\pi}{2}} \sin^2 x \mathrm{d}x = \pi\int_0^{\frac{\pi}{2}} \frac{1-\cos2x}{2}\mathrm{d}x$$

$$= \pi\left(\frac{x}{2} - \frac{1}{4}\sin2x\right)\Big|_0^{\frac{\pi}{2}} = \frac{\pi^2}{4}$$

$$V_y = \pi\int_0^1\left[\left(\frac{\pi}{2}\right)^2 - (\arcsin y)^2\right]\mathrm{d}y$$

$$= \pi \cdot \frac{\pi^2}{4}y\Big|_0^1 - \pi\int_0^1 (\arcsin y)^2\mathrm{d}y$$

$$\xlongequal{\text{分部}} \frac{\pi^3}{4} - \pi\left[y(\arcsin y)^2\Big|_0^1 - \int_0^1 2y\arcsin y \cdot \frac{\mathrm{d}y}{\sqrt{1-y^2}}\right]$$

$$= \frac{\pi^3}{4} - \pi\left[\frac{\pi^2}{4} + 2\int_0^1 \arcsin y \mathrm{d}\sqrt{1-y^2}\right]$$

$$\xlongequal{\text{分部}} -2\pi\left[\sqrt{1-y^2}\arcsin y\Big|_0^1 - \int_0^1 \sqrt{1-y^2} \cdot \frac{\mathrm{d}y}{\sqrt{1-y^2}}\right]$$

$$= 2\pi\int_0^1 \mathrm{d}y = 2\pi y\Big|_0^1 = 2\pi$$

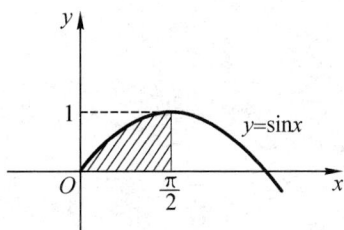

图 6—17

（3）已知曲线所围图形如图 6—18 所示.

$$V_x = \pi\int_0^2 (x^3)^2 \mathrm{d}x = \pi\int_0^2 x^6 \mathrm{d}x$$

$$= \frac{\pi}{7}x^7\Big|_0^2 = \frac{128}{7}\pi$$

$$V_y = \pi\int_0^8\left[2^2 - (y^{\frac{1}{3}})^2\right]\mathrm{d}y$$

$$= \pi\int_0^8 (4 - y^{\frac{2}{3}})\mathrm{d}y$$

$$= \pi\left(4y - \frac{3}{5}y^{\frac{5}{3}}\right)\Big|_0^8$$

$$= 32\pi - \frac{3}{5}\times 2^5\pi = \frac{64}{5}\pi$$

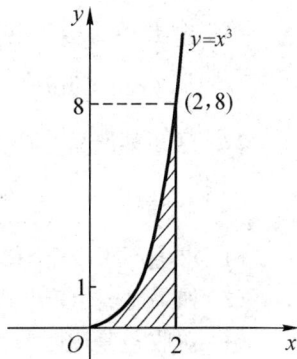

图 6—18

（4）已知曲线所围图形如图 6—19 所示.

曲线 $x^2 + y^2 = 1$ 与 $y^2 = \frac{3}{2}x$ 相交于 $\left(\frac{1}{2}, \frac{\sqrt{3}}{2}\right)$

及 $\left(\frac{1}{2}, -\frac{\sqrt{3}}{2}\right)$.

$$V_x = \pi\int_0^{\frac{1}{2}} \frac{3}{2}x\mathrm{d}x + \pi\int_{\frac{1}{2}}^1 (1-x^2)\mathrm{d}x$$

$$= \frac{3}{4}\pi x^2\Big|_0^{\frac{1}{2}} + \pi\left(x - \frac{x^3}{3}\right)\Big|_{\frac{1}{2}}^1$$

$$= \frac{3}{16}\pi + \frac{5}{24}\pi$$

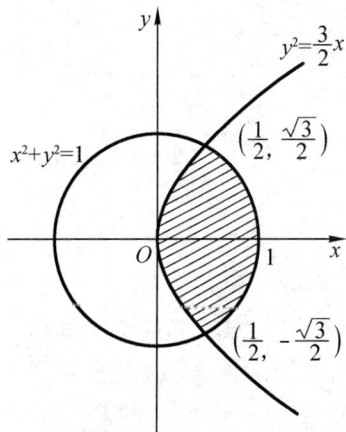

图 6—19

$$= \frac{19}{48}\pi$$

$$V_y = 2\pi \int_0^{\frac{\sqrt{3}}{2}} \left[(1-y^2) - \left(\frac{2}{3}y^2\right)^2 \right] dy$$

$$= 2\pi \left(y - \frac{y^3}{3} - \frac{4}{45}y^5 \right) \Big|_0^{\frac{\sqrt{3}}{2}}$$

$$= 2\pi \left(\frac{\sqrt{3}}{2} - \frac{\sqrt{3}}{8} - \frac{\sqrt{3}}{40} \right)$$

$$= 2\pi \cdot \frac{7}{20}\sqrt{3} = \frac{7}{10}\sqrt{3}\pi$$

26. 已知某产品总产量的变化率是时间 t（单位:年）的函数

$$f(t) = 2t + 5 \quad (t \geqslant 0)$$

求第一个五年和第二个五年的总产量各为多少.

解： 总产量是其变化率的原函数.

第一个五年的总产量为

$$\int_0^5 (2t+5) dt = (t^2 + 5t) \Big|_0^5 = 50$$

第二个五年的总产量为

$$\int_5^{10} (2t+5) dt = (t^2 + 5t) \Big|_5^{10} = 150 - 50 = 100$$

27. 已知某产品生产 x 个单位时，总收益 R 的变化率（边际收益）为

$$R' = R'(x) = 200 - \frac{x}{100} \quad (x \geqslant 0)$$

(1) 求生产了 50 个单位时的总收益；

(2) 如果已经生产了 100 单位，求再生产 100 单位时的总收益.

解： 总收益是边际收益的原函数.

(1) 生产 50 个单位的总收益为

$$\int_0^{50} \left(200 - \frac{x}{100} \right) dx = \left(200x - \frac{x^2}{200} \right) \Big|_0^{50} = 10\,000 - \frac{2\,500}{200}$$

$$= \frac{19\,975}{2} = 9\,987.5$$

(2) 已生产了 100 个单位，再生产 100 个单位时的总收益为

$$\int_{100}^{200} \left(200 - \frac{x}{100} \right) dx = \left(200x - \frac{x^2}{200} \right) \Big|_{100}^{200}$$

$$= 40\,000 - \frac{40\,000}{200} - 20\,000 + \frac{10\,000}{200}$$

$$= 19\,850$$

28. 某产品的总成本 C（万元）的变化率（边际成本）$C' = 1$，总收益 R（万元）的变化率（边际收益）为产量 x（百台）的函数

$$R' = R'(x) = 5 - x.$$

(1) 求产量等于多少时，总利润 $L = R - C$ 最大？

(2) 达到利润最大的产量后又生产了 1 百台，总利润减少了多少？

解：(1) 产量为 x 时的总利润为

$$L(x) = \int_0^x [(5-t)-1] \mathrm{d}t = \int_0^x (4-t) \mathrm{d}t$$

$$L'(x) = 4 - x$$

令 $L'(x) = 0$，得 $x = 4$，因为 $L''(x) = -1$，所以当 $x = 4$ 时 $L(x)$ 取得最大值，即生产 4（百台）时总利润最大.

(2) 比利润最大的产量 4（百台）又多生产了 1 百台，此时总利润的变化量为

$$\Delta L = \int_4^5 (4-x) \mathrm{d}x = \left(4x - \frac{x^2}{2}\right)\bigg|_4^5$$

$$= 20 - \frac{25}{2} - 16 + \frac{16}{2} = -0.5$$

即总利润减少了 0.5 万元.

29. 判断下列广义积分的敛散性：

(1) $\displaystyle\int_0^{+\infty} \mathrm{e}^{-x} \mathrm{d}x$

(2) $\displaystyle\int_1^{+\infty} \frac{\mathrm{d}x}{\sqrt{x}}$

(3) $\displaystyle\int_0^{+\infty} x\mathrm{e}^{-x} \mathrm{d}x$

(4) $\displaystyle\int_{-\infty}^{+\infty} \frac{x}{\sqrt{1+x^2}} \mathrm{d}x$

(5) $\displaystyle\int_0^1 \frac{\mathrm{d}x}{\sqrt{1-x}}$

(6) $\displaystyle\int_{-1}^1 \frac{\mathrm{d}x}{\sqrt{1-x^2}}$

(7) $\displaystyle\int_0^2 \frac{\mathrm{d}x}{(x-1)^2}$

解：(1) $\displaystyle\int_0^{+\infty} \mathrm{e}^{-x} \mathrm{d}x = \lim_{b \to +\infty} \int_0^b \mathrm{e}^{-x} \mathrm{d}x$

$$= \lim_{b \to +\infty} \left[-\int_0^b \mathrm{e}^{-x} \mathrm{d}(-x) \right] = \lim_{b \to +\infty} (-\mathrm{e}^{-x}) \bigg|_0^b$$

$$= \lim_{b \to +\infty} [-(\mathrm{e}^{-b} - \mathrm{e}^0)] = 1$$

所以 $\displaystyle\int_0^{+\infty} \mathrm{e}^{-x} \mathrm{d}x$ 收敛于 1.

(2) $\displaystyle\int_1^{+\infty} \frac{\mathrm{d}x}{\sqrt{x}} = \lim_{b \to +\infty} \int_1^b \frac{\mathrm{d}x}{\sqrt{x}} = \lim_{b \to +\infty} 2x^{\frac{1}{2}} \bigg|_1^b$

$$= \lim_{b \to +\infty} 2(\sqrt{b} - 1) = +\infty$$

所以 $\displaystyle\int_1^{+\infty} \frac{\mathrm{d}x}{\sqrt{x}}$ 发散.

注释：计算广义积分时先用极限的方法将广义积分转化为常义积分，解出常义积分后，再通过求极限，得到广义积分的结果. 为了书写方便，广义积分也可采用下列记号（设 $F(x)$ 是 $f(x)$ 的一个原函数）：

$$\int_a^{+\infty} f(x) \mathrm{d}x = F(x) \bigg|_a^{+\infty} = \lim_{x \to +\infty} F(x) - F(a)$$

$$\int_{-\infty}^b f(x) \mathrm{d}x = F(x) \bigg|_{-\infty}^b = F(b) - \lim_{x \to -\infty} F(x)$$

$$\int_{-\infty}^{+\infty} f(x)\mathrm{d}x = F(x)\Big|_{-\infty}^{+\infty} = \lim_{x \to +\infty} F(x) - \lim_{x \to -\infty} F(x)$$

那么前边的第(1)和(2)题可以如下书写:

$$\int_0^{+\infty} \mathrm{e}^{-x}\mathrm{d}x = -\int_0^{+\infty} \mathrm{e}^{-x}\mathrm{d}(-x) = -\mathrm{e}^{-x}\Big|_0^{+\infty} = 1$$

$$\int_1^{+\infty} \frac{\mathrm{d}x}{\sqrt{x}} = 2x^{\frac{1}{2}}\Big|_1^{+\infty} = +\infty$$

(3) $\displaystyle\int_0^{+\infty} x\mathrm{e}^{-x}\mathrm{d}x \xrightarrow{\text{分部}} -x\mathrm{e}^{-x}\Big|_0^{+\infty} + \int_0^{+\infty} \mathrm{e}^{-x}\mathrm{d}x$

$$= \lim_{x \to +\infty} \frac{-x}{\mathrm{e}^x} - \mathrm{e}^{-x}\Big|_0^{+\infty} = 0 + 1 = 1$$

所以 $\displaystyle\int_0^{+\infty} x\mathrm{e}^{-x}\mathrm{d}x$ 收敛于 1.

(4) $\displaystyle\int_{-\infty}^{+\infty} \frac{x}{\sqrt{1+x^2}}\mathrm{d}x = \int_{-\infty}^0 \frac{x}{\sqrt{1+x^2}}\mathrm{d}x + \int_0^{+\infty} \frac{x}{\sqrt{1+x^2}}\mathrm{d}x$

其中 $\displaystyle\int_0^{+\infty} \frac{x}{\sqrt{1+x^2}}\mathrm{d}x = \sqrt{1+x^2}\Big|_0^{+\infty} = +\infty$,即 $\displaystyle\int_0^{+\infty} \frac{x}{\sqrt{1+x^2}}\mathrm{d}x$ 发散,所以 $\displaystyle\int_{-\infty}^{+\infty} \frac{x}{\sqrt{1+x^2}}\mathrm{d}x$

发散.

注释: 广义积分 $\displaystyle\int_{-\infty}^{+\infty} f(x)\mathrm{d}x$ 的定义是

$$\int_{-\infty}^{+\infty} f(x)\mathrm{d}x = \lim_{a \to -\infty}\int_a^c f(x)\mathrm{d}x + \lim_{b \to +\infty}\int_c^b f(x)\mathrm{d}x$$

而不是 $\displaystyle\int_{-\infty}^{+\infty} f(x)\mathrm{d}x = \lim_{a \to +\infty}\int_{-a}^a f(x)\mathrm{d}x$

定义中 a,b 是独立地趋向于无限大,其变化速度未必是一致的.

例如 $\displaystyle\int_{-\infty}^{+\infty} x\mathrm{d}x = \int_{-\infty}^0 x\mathrm{d}x + \int_0^{+\infty} x\mathrm{d}x$

其中,两项广义积分都是发散的,所以 $\displaystyle\int_{-\infty}^{+\infty} x\mathrm{d}x$ 发散. 如果使用下面的方法,则得出错误的

结果:

$$\int_{-\infty}^{+\infty} x\mathrm{d}x = \lim_{a \to +\infty}\int_{-a}^a x\mathrm{d}x = \lim_{a \to +\infty} \frac{x^2}{2}\Big|_{-a}^a = 0$$

(5) $x = 1$ 是瑕点.

$$\int_0^1 \frac{\mathrm{d}x}{\sqrt{1-x}} = \lim_{\varepsilon \to 0^+}\int_0^{1-\varepsilon} \frac{\mathrm{d}x}{\sqrt{1-x}} = \lim_{\varepsilon \to 0^+}\left[-\int_0^{1-\varepsilon}(1-x)^{-\frac{1}{2}}\mathrm{d}(1-x)\right]$$

$$= \lim_{\varepsilon \to 0^+}\left[-2(1-x)^{\frac{1}{2}}\Big|_0^{1-\varepsilon}\right]$$

$$= \lim_{\varepsilon \to 0^+}(-2\sqrt{\varepsilon}+2) = 2$$

所以 $\displaystyle\int_0^1 \frac{\mathrm{d}x}{\sqrt{1-x}}$ 收敛于 2.

(6) $x = -1$ 与 $x = 1$ 都是瑕点.

$$\int_{-1}^{1} \frac{\mathrm{d}x}{\sqrt{1-x^2}} = \int_{-1}^{0} \frac{\mathrm{d}x}{\sqrt{1-x^2}} + \int_{0}^{1} \frac{\mathrm{d}x}{\sqrt{1-x^2}}$$

$$= \lim_{\varepsilon_1 \to 0^+} \int_{-1+\varepsilon_1}^{0} \frac{\mathrm{d}x}{\sqrt{1-x^2}} + \lim_{\varepsilon_2 \to 0^+} \int_{0}^{1-\varepsilon_2} \frac{\mathrm{d}x}{\sqrt{1-x^2}}$$

$$= \lim_{\varepsilon_1 \to 0^+} \arcsin x \Big|_{-1+\varepsilon_1}^{0} + \lim_{\varepsilon_2 \to 0^+} \arcsin x \Big|_{0}^{1-\varepsilon_2}$$

$$= \frac{\pi}{2} + \frac{\pi}{2} = \pi$$

所以 $\int_{-1}^{1} \frac{\mathrm{d}x}{\sqrt{1-x^2}}$ 收敛于 π.

(7) $x = 1$ 是瑕点.

$$\int_{0}^{2} \frac{\mathrm{d}x}{(x-1)^2} = \int_{0}^{1} \frac{\mathrm{d}x}{(x-1)^2} + \int_{1}^{2} \frac{\mathrm{d}x}{(x-1)^2}$$

其中 $\int_{0}^{1} \frac{\mathrm{d}x}{(x-1)^2} = \lim_{\varepsilon \to 0^+} \int_{0}^{1-\varepsilon} \frac{\mathrm{d}(x-1)}{(x-1)^2} = \lim_{\varepsilon \to 0^+} \frac{-1}{x-1} \Big|_{0}^{1-\varepsilon}$

$$= \lim_{\varepsilon \to 0^+} \frac{1}{\varepsilon} - 1 = +\infty$$

所以 $\int_{0}^{2} \frac{\mathrm{d}x}{(x-1)^2}$ 发散.

注释：对积分区间内有瑕点的积分，要特别注意找出瑕点，不要忽略，否则会把广义积分当作常义积分计算而导致错误.

例如第 (7) 题，如果忽略了瑕点，按下面的做法，则会得出错误的结果：

$$\int_{0}^{2} \frac{\mathrm{d}x}{(x-1)^2} = \frac{-1}{x-1} \Big|_{0}^{2} = -1 - 1 = -2$$

注释：对积分区间内有瑕点的广义积分，例如 $f(x)$ 在 $[a, b]$ 内有瑕点 $x = c$，广义积分 $\int_{a}^{b} f(x)$ 的定义是

$$\int_{a}^{b} f(x)\mathrm{d}x = \lim_{\varepsilon_1 \to 0^+} \int_{a}^{c-\varepsilon_1} f(x)\mathrm{d}x + \lim_{\varepsilon_2 \to 0^+} \int_{c+\varepsilon_2}^{b} f(x)\mathrm{d}x$$

而不是 $\int_{a}^{b} f(x)\mathrm{d}x = \lim_{\varepsilon \to 0^+} \left[\int_{a}^{c-\varepsilon} f(x)\mathrm{d}x + \int_{c+\varepsilon}^{b} f(x)\mathrm{d}x \right]$

定义中 ε_1，ε_2 是各自独立地趋向于 0^+.

例如，$\int_{-1}^{1} \frac{\mathrm{d}x}{x^3} = \lim_{\varepsilon_1 \to 0^+} \int_{-1}^{0-\varepsilon_1} \frac{\mathrm{d}x}{x^3} + \lim_{\varepsilon_2 \to 0^+} \int_{0+\varepsilon_2}^{1} \frac{\mathrm{d}x}{x^3}$，结果发散，但如果按下面的做法，则得出错误的结果：

$$\int_{-1}^{1} \frac{\mathrm{d}x}{x^3} = \lim_{\varepsilon \to 0^+} \left[\int_{-1}^{0-\varepsilon} \frac{\mathrm{d}x}{x^3} + \int_{0+\varepsilon}^{1} \frac{\mathrm{d}x}{x^3} \right]$$

$$= -\frac{1}{2} \lim_{\varepsilon \to 0^+} \left[\frac{1}{x^2} \Big|_{-1}^{-\varepsilon} + \frac{1}{x^2} \Big|_{\varepsilon}^{1} \right]$$

$$= -\frac{1}{2} \lim_{\varepsilon \to 0^+} \left(\frac{1}{\varepsilon^2} - 1 + 1 - \frac{1}{\varepsilon^2} \right) = 0$$

30. 判断广义积分 $\int_0^2 \dfrac{\mathrm{d}x}{x^2-4x+3}$ 的敛散性.

解: $\dfrac{1}{x^2-4x+3}=\dfrac{1}{(x-1)(x-3)}$,所以在区间 $[0,2]$ 内 $x=1$ 为瑕点.

于是 $\displaystyle\int_0^2 \dfrac{\mathrm{d}x}{x^2-4x+3}=\int_0^1 \dfrac{\mathrm{d}x}{x^2-4x+3}+\int_1^2 \dfrac{\mathrm{d}x}{x^2-4x+3}$

其中
$$\int_0^1 \dfrac{\mathrm{d}x}{x^2-4x+3}=\lim_{\varepsilon\to0^+}\int_0^{1-\varepsilon}\dfrac{\mathrm{d}x}{x^2-4x+3}$$
$$=\lim_{\varepsilon\to0^+}\int_0^{1-\varepsilon}\dfrac{1}{2}\left(\dfrac{1}{x-3}-\dfrac{1}{x-1}\right)\mathrm{d}x$$
$$=\dfrac{1}{2}\lim_{\varepsilon\to0^+}\left[\ln|x-3|-\ln|x-1|\right]\Big|_0^{1-\varepsilon}$$
$$=\dfrac{1}{2}\lim_{\varepsilon\to0^+}\ln\left|\dfrac{x-3}{x-1}\right|\Big|_0^{1-\varepsilon}$$
$$=\dfrac{1}{2}\left(\lim_{\varepsilon\to0^+}\ln\left|\dfrac{1-\varepsilon-3}{1-\varepsilon-1}\right|-\ln3\right)$$
$$=\dfrac{1}{2}\lim_{\varepsilon\to0^+}\ln\dfrac{2+\varepsilon}{\varepsilon}-\dfrac{1}{2}\ln3=+\infty$$

所以 $\displaystyle\int_0^2 \dfrac{\mathrm{d}x}{x^2-4x+3}$ 发散.

31. 当 k 为何值时,广义积分 $\displaystyle\int_2^{+\infty}\dfrac{\mathrm{d}x}{x(\ln x)^k}$ 收敛? 为何值时发散?

解: 当 $k\neq1$ 时
$$\int_2^{+\infty}\dfrac{\mathrm{d}x}{x(\ln x)^k}=\int_2^{+\infty}(\ln x)^{-k}\mathrm{d}\ln x=\dfrac{1}{1-k}(\ln x)^{1-k}\Big|_2^{+\infty}$$
$$=\begin{cases}\dfrac{1}{k-1}(\ln2)^{1-k}, & k>1 \\ +\infty, & k<1\end{cases}$$

当 $k=1$ 时
$$\int_2^{+\infty}\dfrac{\mathrm{d}x}{x\ln x}=\left[\ln|\ln x|\right]\Big|_2^{+\infty}=+\infty$$

所以广义积分 $\displaystyle\int_2^{+\infty}\dfrac{\mathrm{d}x}{x(\ln x)^k}$ 当 $k>1$ 时收敛,当 $k\leqslant1$ 时发散.

32. 计算 $y=\mathrm{e}^{-x}$ 与直线 $y=0$ 之间位于第一象限内的平面图形绕 x 轴旋转产生的旋转体的体积.

解: $V_x=\pi\displaystyle\int_0^{+\infty}(\mathrm{e}^{-x})^2\mathrm{d}x=\pi\int_0^{+\infty}\mathrm{e}^{-2x}\mathrm{d}x=\pi\lim_{b\to+\infty}\left(-\dfrac{1}{2}\mathrm{e}^{-2x}\right)\Big|_0^b$

$=-\dfrac{\pi}{2}\lim_{b\to+\infty}(\mathrm{e}^{-2b}-1)=\dfrac{\pi}{2}$

33. 计算:

(1) $\dfrac{\Gamma(7)}{2\Gamma(4)\Gamma(3)}$

(2) $\dfrac{\Gamma(3)\,\Gamma\left(\dfrac{3}{2}\right)}{\Gamma\left(\dfrac{9}{2}\right)}$

(3) $\int_0^{+\infty} x^4 e^{-x} dx$ 　　　　　　 (4) $\int_0^{+\infty} x^2 e^{-2x^2} dx$

解： (1) $\dfrac{\Gamma(7)}{2\Gamma(4)\Gamma(3)} = \dfrac{6!}{2 \times 3! \times 2!} = 30$

(2) $\dfrac{\Gamma(3)\Gamma\left(\dfrac{3}{2}\right)}{\Gamma\left(\dfrac{9}{2}\right)} = \dfrac{2! \times \dfrac{1}{2} \times \Gamma\left(\dfrac{1}{2}\right)}{\dfrac{7}{2} \times \dfrac{5}{2} \times \dfrac{3}{2} \times \dfrac{1}{2} \times \Gamma\left(\dfrac{1}{2}\right)} = \dfrac{16}{105}$

(3) $\int_0^{+\infty} x^4 e^{-x} dx = \Gamma(5) = 4! = 24$

(4) 令 $2x^2 = t$，则 $dx = \dfrac{dt}{4x}$，故

$$\int_0^{+\infty} x^2 e^{-2x^2} dx = \int_0^{+\infty} \frac{\sqrt{t}}{4\sqrt{2}} e^{-t} dt = \frac{1}{4\sqrt{2}} \int_0^{+\infty} t^{\frac{1}{2}} e^{-t} dt$$

$$= \frac{1}{4\sqrt{2}} \Gamma\left(\frac{3}{2}\right) = \frac{\sqrt{2}}{8} \times \frac{1}{2} \Gamma\left(\frac{1}{2}\right)$$

$$= \frac{\sqrt{2}}{16} \sqrt{\pi}$$

(B)

1. 下列等式正确的是 [　　].

(A) $\int f'(x) dx = f(x)$ 　　　　 (B) $\dfrac{d}{dx}\int f(x) dx = f(x) + C$

(C) $\dfrac{d}{dx}\int_a^b f(x) dx = f(x)$ 　　 (D) $\dfrac{d}{dx}\int_a^b f(x) dx = 0$

解： (A) $\int f'(x) dx = f(x) + C$

(B) $\dfrac{d}{dx}\int f(x) dx = f(x)$

(C)，(D) $\dfrac{d}{dx}\int_a^b f(x) dx = 0$

故本题应选 (D).

2. 如果 $f(x)$ 在 $[-1, 1]$ 上连续，且平均值为 2，则 $\int_1^{-1} f(x) dx =$ [　　].

(A) -1 　　　 (B) 1 　　　 (C) -4 　　　 (D) 4

解： $f(x)$ 在 $[-1, 1]$ 上的平均值为

$$\frac{1}{1-(-1)}\int_{-1}^1 f(x) dx = \frac{1}{2}\int_{-1}^1 f(x) dx$$

根据题设 $\dfrac{1}{2}\int_{-1}^1 f(x) dx = 2$，即 $\int_{-1}^1 f(x) dx = 4$，那么

$$\int_1^{-1} f(x) dx = -\int_{-1}^1 f(x) dx = -4$$

故本题应选(C).

3. 下列积分可直接使用牛顿-莱布尼茨公式的是[　　].

(A) $\int_0^5 \dfrac{x^3}{x^2+1}\mathrm{d}x$　　　　(B) $\int_{-1}^1 \dfrac{\mathrm{d}x}{\sqrt{1-x^2}}$

(C) $\int_0^4 \dfrac{x\mathrm{d}x}{(x^{\frac{3}{2}}-5)^2}$　　　　(D) $\int_{\frac{1}{e}}^1 \dfrac{\mathrm{d}x}{x\ln x}$

解:(A) 被积函数 $\dfrac{x^3}{x^2+1}$ 在[0,5]上连续,可直接使用牛顿-莱布尼茨公式.

故本题应选(A).

(B) 被积函数 $\dfrac{1}{\sqrt{1-x^2}}$ 在积分区间[-1,1]上点 $x=-1$ 及 $x=1$ 处无界.

(C) 被积函数 $\dfrac{x}{\sqrt{(x^{\frac{3}{2}}-5)^2}}$ 在积分区间[0,4]内点 $x=\sqrt[3]{25}$ 处无界($\sqrt[3]{25}\in[0,4]$).

(D) 被积函数 $\dfrac{1}{x\ln x}$ 在积分区间 $\left[\dfrac{1}{e},1\right]$ 上点 $x=1$ 处无界.

故(B),(C),(D) 均不能直接使用牛顿-莱布尼茨公式.

4. $\int_{-\frac{\pi}{2}}^{\frac{\pi}{2}} |\sin x|\,\mathrm{d}x \neq [\qquad]$.

(A) 0　　　　　　　　(B) $2\int_0^{\frac{\pi}{2}} |\sin x|\,\mathrm{d}x$

(C) $2\int_{-\frac{\pi}{2}}^0 (-\sin x)\mathrm{d}x$　　　(D) $2\int_0^{\frac{\pi}{2}} \sin x\,\mathrm{d}x$

解:从定积分的几何意义(见图6—20)可以看出(B),
(C),(D) 均正确. 只有(A) 不正确.

故本题应选(A).

5. 根据定积分的几何意义,下列各式中正确的
是[　　].

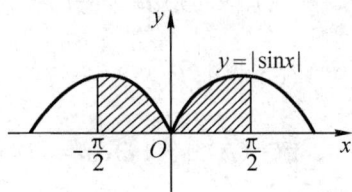

图6—20

(A) $\int_{-\frac{\pi}{2}}^0 \cos x\mathrm{d}x < \int_0^{\frac{\pi}{2}} \cos x\mathrm{d}x$　　(B) $\int_{-\frac{\pi}{2}}^{\frac{\pi}{2}} \cos x\mathrm{d}x = \int_{\frac{\pi}{2}}^{\frac{3}{2}\pi} \cos x\mathrm{d}x$

(C) $\int_0^\pi \sin x\mathrm{d}x = 0$　　　　(D) $\int_0^{2\pi} \sin x\mathrm{d}x = 0$

解:如图6—21所示.

(A) $\int_{-\frac{\pi}{2}}^0 \cos x\mathrm{d}x = \int_0^{\frac{\pi}{2}} \cos x\mathrm{d}x$　　(B) $\int_{-\frac{\pi}{2}}^{\frac{\pi}{2}} \cos x\mathrm{d}x = -\int_{\frac{\pi}{2}}^{\frac{3}{2}\pi} \cos x\mathrm{d}x$

(C) $\int_0^\pi \sin x\mathrm{d}x > 0$　　　　(D) $\int_0^{2\pi} \sin x\mathrm{d}x = 0$

故本题应选(D).

6. 使积分 $\int_0^2 kx(1+x^2)^{-2}\mathrm{d}x = 32$ 的常数 $k = [\qquad]$.

(A) 40　　　　　　　　(B) -40

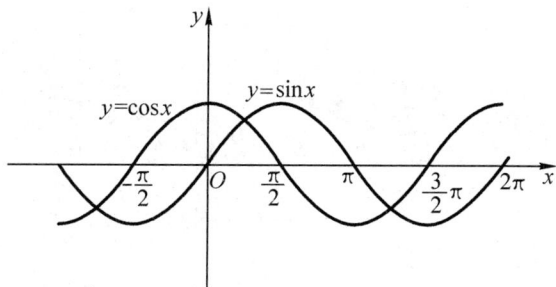

图 6—21

(C) 80　　　　　　　　　　　　　　(D) -80

解： $\int_0^2 kx(1+x^2)^{-2}\mathrm{d}x = \dfrac{k}{2}\int_0^2 (1+x^2)^{-2}\mathrm{d}(1+x^2)$

$$= \dfrac{k}{2}\left(\dfrac{-1}{1+x^2}\right)\bigg|_0^2 = \dfrac{k}{2}\left(-\dfrac{1}{5}+1\right) = \dfrac{2}{5}k$$

根据题设 $\dfrac{2}{5}k = 32$，所以 $k = 80$.

故本题应选(C).

7. 设 $f(x) = \begin{cases} 2^x+1, & -1 \leqslant x < 0 \\ \sqrt{1-x}, & 0 \leqslant x \leqslant 1 \end{cases}$，则 $\int_{-1}^1 f(x)\mathrm{d}x = [\qquad]$.

(A) $\dfrac{1}{2\ln 2}+\dfrac{1}{3}$　　　　　　　　(B) $\dfrac{1}{2\ln 2}+\dfrac{5}{3}$

(C) $\dfrac{1}{2\ln 2}-\dfrac{1}{3}$　　　　　　　　(D) $\dfrac{1}{2\ln 2}-\dfrac{5}{3}$

解： $\int_{-1}^1 f(x)\mathrm{d}x = \int_{-1}^0 (2^x+1)\mathrm{d}x + \int_0^1 \sqrt{1-x}\,\mathrm{d}x$

$$- \left(\dfrac{2^x}{\ln 2}+x\right)\bigg|_{-1}^0 - \dfrac{2}{3}(1-x)^{\frac{3}{2}}\bigg|_0^1$$

$$= \dfrac{1}{\ln 2}-\dfrac{1}{2\ln 2}+1+\dfrac{2}{3} = \dfrac{1}{2\ln 2}+\dfrac{5}{3}$$

故本题应选(B).

注释： 第 7 题的被积函数在点 $x = 0$ 处不连续，但 $f(x)$ 在 $[-1, 1]$ 上有界，且只有一个间断点，故 $f(x)$ 在 $[-1, 1]$ 上可积.

8. $\int_0^{\frac{\pi}{2}} \left|\dfrac{1}{2}-\sin x\right|\mathrm{d}x = [\qquad]$.

(A) $\dfrac{\pi}{4}-1$　　　(B) $-\dfrac{\pi}{4}$　　　(C) $\sqrt{3}-\dfrac{\pi}{12}-1$　　　(D) 0

解： $\int_0^{\frac{\pi}{2}} \left|\dfrac{1}{2}-\sin x\right|\mathrm{d}x = \int_0^{\frac{\pi}{6}} \left(\dfrac{1}{2}-\sin x\right)\mathrm{d}x + \int_{\frac{\pi}{6}}^{\frac{\pi}{2}} \left(\sin x-\dfrac{1}{2}\right)\mathrm{d}x$

$$= \left(\dfrac{x}{2}+\cos x\right)\bigg|_0^{\frac{\pi}{6}} - \left(\cos x+\dfrac{x}{2}\right)\bigg|_{\frac{\pi}{6}}^{\frac{\pi}{2}}$$

$$= \dfrac{\pi}{12}+\dfrac{\sqrt{3}}{2}-1-\dfrac{\pi}{4}+\dfrac{\sqrt{3}}{2}+\dfrac{\pi}{12}$$

$$= \sqrt{3} - \frac{\pi}{12} - 1$$

故本题应选(C).

9. 设函数 $\varphi''(x)$ 在 $[a, b]$ 上连续,且 $\varphi'(b) = a, \varphi'(a) = b$,则 $\int_a^b \varphi'(x)\varphi''(x)\mathrm{d}x = [\quad]$.

(A) $a - b$ \qquad\qquad (B) $\frac{1}{2}(a - b)$

(C) $a^2 - b^2$ \qquad\qquad (D) $\frac{1}{2}(a^2 - b^2)$

解: $\int_a^b \varphi'(x)\varphi''(x)\mathrm{d}x = \int_a^b \varphi'(x)\mathrm{d}\varphi'(x) = \frac{1}{2}[\varphi'(x)]^2\Big|_a^b$

$$= \frac{1}{2}\{[\varphi'(b)]^2 - [\varphi'(a)]^2\} = \frac{1}{2}(a^2 - b^2)$$

故本题应选(D).

10. $f(x)$ 在 $[-a, a]$ 上连续,则下列各式中一定正确的是[\quad].

(A) $\int_{-a}^a f(x)\mathrm{d}x = 0$ \qquad (B) $\int_{-a}^a f(x)\mathrm{d}x = 2\int_0^a f(x)\mathrm{d}x$

(C) $\int_{-a}^a f(x)\mathrm{d}x = \int_0^a [f(x) + f(-x)]\mathrm{d}x$

(D) $\int_{-a}^a f(x)\mathrm{d}x = \int_0^a [f(x) - f(-x)]\mathrm{d}x$

解: 题中未给出 $f(x)$ 的奇偶性,若 $f(x)$ 为奇函数,(A)成立,若 $f(x)$ 为偶函数,(B)成立,但对一般函数来说,(A),(B)的结论不一定正确.

$$\int_{-a}^a f(x)\mathrm{d}x = \int_{-a}^0 f(x) + \int_0^a f(x)\mathrm{d}x$$

其中 $\int_{-a}^0 f(x)\mathrm{d}x \xlongequal{x = -t} \int_a^0 -f(-t)\mathrm{d}t = \int_0^a f(-t)\mathrm{d}t = \int_0^a f(-x)\mathrm{d}x$

于是有 $\int_{-a}^a f(x)\mathrm{d}x = \int_0^a f(x)\mathrm{d}x + \int_0^a f(-x)\mathrm{d}x$

$$= \int_0^a [f(x) + f(-x)]\mathrm{d}x$$

所以(C)正确,从而(D)不正确.

故本题应选(C).

11. $\int_a^b f'(2x)\mathrm{d}x = [\quad]$.

(A) $f(b) - f(a)$ \qquad\qquad (B) $f(2b) - f(2a)$

(C) $\frac{1}{2}[f(2b) - f(2a)]$ \qquad (D) $2[f(2b) - f(2a)]$

解: $\int_a^b f'(2x)\mathrm{d}x \xlongequal{2x = t} \frac{1}{2}\int_{2a}^{2b} f'(t)\mathrm{d}t$

$$= \frac{1}{2}f(t)\Big|_{2a}^{2b} = \frac{1}{2}[f(2b) - f(2a)]$$

故本题应选(C).

12. 设 $f(x)$ 是连续函数，a,b 为常数，则下列说法中不正确的是[　　].

(A) $\displaystyle\int_a^b f(x)\mathrm{d}x$ 是常数

(B) $\displaystyle\int_a^b xf(t)\mathrm{d}t$ 是 x 的函数

(C) $\displaystyle\int_a^x f(t)\mathrm{d}t$ 是 x 的函数

(D) $\displaystyle\int_0^{\frac{b}{x}} xf(tx)\mathrm{d}t$ 是 x 和 t 的函数

解：(A)，(C) 显然正确.

(B) 中被积函数除含积分变量 t 外还含有 x，但 x 与积分变量 t 无关，可以提到积分号外面，即

$$\int_a^b xf(t)\mathrm{d}t = x\int_a^b f(t)\mathrm{d}t$$

其结果是 x 的函数.

(D) 中被积表达式除含有积分变量 t 外，还含有 x，使用换元法

$$\int_a^{\frac{b}{x}} xf(tx)\mathrm{d}t \xrightarrow{tx=u} \int_{ax}^b f(u)\mathrm{d}u = -\int_b^{ax} f(u)\mathrm{d}u$$

这个变上限定积分的结果是 x 的函数不包含 t.

故本题应选(D).

13. $y=\displaystyle\int_0^x (t-1)^2(t+2)\mathrm{d}t$，则 $\left.\dfrac{\mathrm{d}y}{\mathrm{d}x}\right|_{x=0}=$ [　　].

(A) -2　　　　　(B) 2　　　　　(C) -1　　　　　(D) 1

解： $\dfrac{\mathrm{d}y}{\mathrm{d}x}=\dfrac{\mathrm{d}}{\mathrm{d}x}\displaystyle\int_0^x (t-1)^2(t+2)\mathrm{d}t=(x-1)^2(x+2)$

$\left.\dfrac{\mathrm{d}y}{\mathrm{d}x}\right|_{x=0}=2$

故本题应选(B).

14. 已知 $F(x)$ 是 $f(x)$ 的原函数，则 $\displaystyle\int_a^x f(t+a)\mathrm{d}t=$ [　　].

(A) $F(x)-F(a)$　　　　　　　(B) $F(t)-F(a)$

(C) $F(x+a)-F(x-a)$　　　　(D) $F(x+a)-F(2a)$

解： $\displaystyle\int_a^x f(t+a)\mathrm{d}t \xrightarrow{t+a=u} \int_{2a}^{x+a} f(u)\mathrm{d}u = \left.F(u)\right|_{2a}^{x+a}$

$= F(x+a)-F(2a)$

故本题应选(D).

15. 函数 $f(x)=\displaystyle\int_0^x \dfrac{2}{3}t^{-\frac{1}{3}}\mathrm{d}t$ 在 $[-1,1]$ 上有[　　].

(A) 驻点　　　　　　　　　(B) 极大值

(C) 极小值　　　　　　　　(D) 拐点

解： $f'(x)=\dfrac{2}{3}x^{-\frac{1}{3}}$

$$f''(x) = -\frac{2}{9}x^{-\frac{4}{3}}$$

$f'(x) \neq 0$，所以 $f(x)$ 无驻点，否定(A).

$f''(x) \neq 0$，$f''(x) < 0$，所以 $f(x)$ 无拐点，否定(D).

令 $\dfrac{1}{f'(x)} = 0$，$x = 0$，当 $-1 < x < 0$ 时，$f'(x) < 0$；当 $0 < x < 1$ 时，$f'(x) > 0$.

$$f(0) = \int_0^0 \frac{2}{3}t^{-\frac{1}{3}}\mathrm{d}t = 0$$

所以 $f(x)$ 在点 $x = 0$ 处有极小值 $f(0) = 0$.

故本题应选(C).

16. 设函数 $y = \displaystyle\int_0^x (t-1)\mathrm{d}t$，则 y 有 [   ].

(A) 极小值 $\dfrac{1}{2}$ (B) 极小值 $-\dfrac{1}{2}$

(C) 极大值 $\dfrac{1}{2}$ (D) 极大值 $-\dfrac{1}{2}$

解： $y' = \left[\displaystyle\int_0^x (t-1)\mathrm{d}t\right]' = x - 1$

令 $y' = 0$，得 $x = 1$，$y'' = 1 > 0$.

当 $x = 1$ 时

$$y = \int_0^1 (x-1)\mathrm{d}x = \left(\frac{x^2}{2} - x\right)\Big|_0^1 = \frac{1}{2} - 1 = -\frac{1}{2}$$

所以函数 y 在点 $x = 1$ 处有极小值 $-\dfrac{1}{2}$.

故本题应选(B).

17. 设 $f(x) = \displaystyle\int_a^x 12t^2\mathrm{d}t$ 且 $\displaystyle\int_0^1 f(x)\mathrm{d}x = 1$，则 $a = $ [   ].

(A) 0   (B) -1 (C) 1   (D) 2

解： $f(x) = \displaystyle\int_a^x 12t^2\mathrm{d}t = 4t^3\Big|_a^x = 4(x^3 - a^3)$

$$\int_0^1 f(x)\mathrm{d}x = \int_0^1 4(x^3 - a^3)\mathrm{d}x = (x^4 - 4a^3 x)\Big|_0^1$$
$$= 1 - 4a^3$$

根据题设 $1 - 4a^3 = 1$，所以 $a = 0$.

故本题应选(A).

18. 设 $\dfrac{\mathrm{d}}{\mathrm{d}x}\displaystyle\int_0^{\mathrm{e}^{-x}} f(t)\mathrm{d}t = \mathrm{e}^x$，则 $f(x) = $ [   ].

(A) x^2 (B) $-x^{-2}$ (C) e^{2x} (D) $-\mathrm{e}^{-2x}$

解： $\dfrac{\mathrm{d}}{\mathrm{d}x}\displaystyle\int_0^{\mathrm{e}^{-x}} f(t)\mathrm{d}t = f(\mathrm{e}^{-x})(\mathrm{e}^{-x})' = -f(\mathrm{e}^{-x})\mathrm{e}^{-x}$

根据题设 $-f(\mathrm{e}^{-x})\mathrm{e}^{-x} = \mathrm{e}^x$

从而有 $f(\mathrm{e}^{-x}) = -\mathrm{e}^{2x}$

令 $e^{-x}=t$，则有 $f(t)=-t^{-2}$，所以有 $f(x)=-x^{-2}$.

故本题应选(B).

19. 设 $f(x)$ 为连续函数，$F(x)=\dfrac{1}{h}\displaystyle\int_{x-h}^{x+h}f(t)\mathrm{d}t\ (h>0)$，则 $\dfrac{\mathrm{d}}{\mathrm{d}x}F(x)=$ [　　].

(A) $\dfrac{1}{h}f(x+h)$ (B) $-\dfrac{1}{h}f(x-h)$

(C) $\dfrac{1}{h}\big[f(x+h)-f(x-h)\big]$ (D) $\dfrac{1}{h}\big[f(x+h)+f(x-h)\big]$

解： $F(x)=\dfrac{1}{h}\displaystyle\int_{x-h}^{x+h}f(t)\mathrm{d}t=\dfrac{1}{h}\int_{x-h}^{0}f(t)\mathrm{d}t+\dfrac{1}{h}\int_{0}^{x+h}f(t)\mathrm{d}t$

$\qquad\quad =\dfrac{1}{h}\displaystyle\int_{0}^{x+h}f(t)\mathrm{d}t-\dfrac{1}{h}\int_{0}^{x-h}f(t)\mathrm{d}t$

$\qquad \dfrac{\mathrm{d}}{\mathrm{d}x}F(x)=\dfrac{1}{h}f(x+h)(x+h)'-\dfrac{1}{h}f(x-h)(x-h)'$

$\qquad\qquad\quad =\dfrac{1}{h}\big[f(x+h)-f(x-h)\big]$

故本题应选(C).

20. 设 $f(x)=\displaystyle\int_{0}^{\sin x}\sin t^2\mathrm{d}t$，$g(x)=x^3+x^4$，当 $x\to0$ 时，$f(x)$ 是 $g(x)$ 的 [　　].

(A) 等价无穷小量   (B) 同阶但非等价无穷小量

(C) 高阶无穷小量   (D) 低阶无穷小量

解： $\displaystyle\lim_{x\to0}\dfrac{f(x)}{g(x)}=\lim_{x\to0}\dfrac{\displaystyle\int_{0}^{\sin x}\sin t^2\mathrm{d}t}{x^3+x^4}$

$\qquad\xlongequal{\frac{0}{0}}\displaystyle\lim_{x\to0}\dfrac{\sin(\sin x)^2\cos x}{3x^2+4x^3}$

$\qquad =\displaystyle\lim_{x\to0}\dfrac{(\sin x)^2\cos x}{x^2(3+4x)}$ （利用 $\sin(\sin x)^2\sim(\sin x)^2$ $(x\to0)$）

$\qquad =\displaystyle\lim_{x\to0}\left(\dfrac{\sin x}{x}\right)^2\cdot\lim_{x\to0}\dfrac{\cos x}{3+4x}$

$\qquad =\dfrac{1}{3}$

所以当 $x\to0$ 时 $f(x)$ 与 $g(x)$ 是同阶但非等价无穷小量.

故本题应选(B).

21. $\dfrac{\mathrm{d}}{\mathrm{d}x}\displaystyle\int_{a}^{x}g(x)f(t)\mathrm{d}t=$ [　　].

(A) $g(x)f(x)$ (B) $g'(x)f'(x)$

(C) $g'(x)f(x)+g(x)f'(x)$ (D) $g(x)f(x)+g'(x)\displaystyle\int_{a}^{x}f(t)\mathrm{d}t$

解： $\dfrac{\mathrm{d}}{\mathrm{d}x}\displaystyle\int_{a}^{x}g(x)f(t)\mathrm{d}t=\left[g(x)\displaystyle\int_{a}^{x}f(t)\mathrm{d}t\right]'$

$$= g'(x)\int_a^x f(t)\mathrm{d}t + g(x)\left[\int_a^x f(t)\mathrm{d}t\right]'$$

$$= g'(x)\int_a^x f(t)\mathrm{d}t + g(x)f(x)$$

故本题应选(D).

22. 设曲线 $y=f(x)$ 在 $[a,b]$ 上连续，则曲线 $y=f(x)$，$x=a$，$x=b$ 及 x 轴所围成的图形的面积 $S=[\quad]$.

(A) $\int_a^b f(x)\mathrm{d}x$ 　　　　　　　　(B) $-\int_a^b f(x)\mathrm{d}x$

(C) $\int_a^b |f(x)|\mathrm{d}x$ 　　　　　　　(D) $\left|\int_a^b f(x)\mathrm{d}x\right|$

解：题中未指出在 $[a,b]$ 上，$f(x)$ 是大于零，还是小于零，是否与 x 轴相交. 当 $f(x)\geqslant 0$ 时，(A) 正确；当 $f(x)\leqslant 0$ 时，(B)，(D) 正确；无论 $f(x)$ 大于零还是小于零，与 x 轴相交还是不相交，(C) 总是正确的.

故本题应选(C).

23. 下列图形中阴影部分的面积不等于定积分 $\int_{-\frac{\pi}{2}}^{\pi} \cos x\mathrm{d}x$ 的是 $[\quad]$.

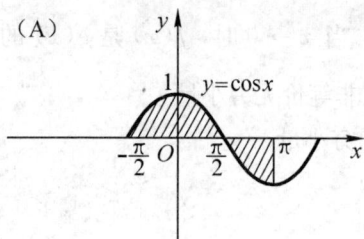

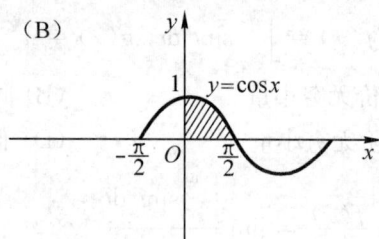

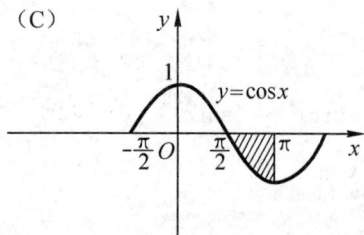

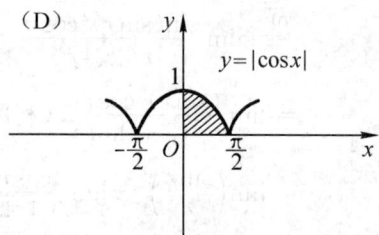

解：$\int_{-\frac{\pi}{2}}^{\pi} \cos x\mathrm{d}x = \int_{-\frac{\pi}{2}}^{\frac{\pi}{2}} \cos x\mathrm{d}x + \int_{\frac{\pi}{2}}^{\pi} \cos x\mathrm{d}x$，其中 $\int_{\frac{\pi}{2}}^{\pi} \cos x\mathrm{d}x < 0$.

(A) 中阴影部分的面积等于

$$\int_{-\frac{\pi}{2}}^{\frac{\pi}{2}} \cos x\mathrm{d}x + \int_{\frac{\pi}{2}}^{\pi} -\cos x\mathrm{d}x \neq \int_{-\frac{\pi}{2}}^{\pi} \cos x\mathrm{d}x$$

故本题应选(A).

(B)，(C)，(D) 中的阴影部分面积都等于 $\int_{-\frac{\pi}{2}}^{\pi} \cos x\mathrm{d}x$，即

$$\int_0^{\frac{\pi}{2}} \cos x\mathrm{d}x = -\int_{\frac{\pi}{2}}^{\pi} \cos x\mathrm{d}x = \int_0^{\frac{\pi}{2}} |\cos x|\,\mathrm{d}x = \int_{-\frac{\pi}{2}}^{\pi} \cos x\mathrm{d}x$$

24. 下列积分中不是广义积分的是[ ].

(A) $\int_1^e \dfrac{\mathrm{d}x}{x\ln x}$ (B) $\int_{-2}^{-1} \dfrac{\mathrm{d}x}{x}$

(C) $\int_0^1 \dfrac{\mathrm{d}x}{1-\mathrm{e}^x}$ (D) $\int_0^{\frac{\pi}{2}} \dfrac{\mathrm{d}x}{\cos x}$

解：(B) 中被积函数 $\dfrac{1}{x}$ 在 $[-2,-1]$ 上连续，故 $\int_{-2}^{-1} \dfrac{\mathrm{d}x}{x}$ 为常义积分，其他均为无界函数的积分.

故本题应选(B).

(A) $x=1$ 为瑕点，(C) $x=0$ 为瑕点，(D) $x=\dfrac{\pi}{2}$ 为瑕点.

25. 下列广义积分发散的是[ ].

(A) $\int_1^{+\infty} \dfrac{\mathrm{d}x}{x}$ (B) $\int_1^{+\infty} \dfrac{\mathrm{d}x}{x\sqrt{x}}$

(C) $\int_1^{+\infty} \dfrac{\mathrm{d}x}{x^2}$ (D) $\int_1^{+\infty} \dfrac{\mathrm{d}x}{x^2\sqrt{x}}$

解：根据公式 $\int_1^{+\infty} \dfrac{\mathrm{d}x}{x^p} = \begin{cases} \text{收敛,} & p>1 \\ \text{发散,} & p\leqslant 1 \end{cases}$，因为

(A) $p=1$ (B) $p=\dfrac{3}{2}>1$

(C) $p=2>1$ (D) $p=\dfrac{5}{2}>1$

所以(A) 中的广义积分发散.

故本题应选(A).

26. 下列广义积分收敛的是[ ].

(A) $\int_0^1 \dfrac{\mathrm{d}x}{x}$ (B) $\int_0^1 \dfrac{\mathrm{d}x}{\sqrt{x}}$

(C) $\int_0^1 \dfrac{\mathrm{d}x}{x\sqrt{x}}$ (D) $\int_0^1 \dfrac{\mathrm{d}x}{x^3}$

解：根据公式 $\int_0^1 \dfrac{\mathrm{d}x}{x^p} = \begin{cases} \text{收敛,} & p<1 \\ \text{发散,} & p\geqslant 1 \end{cases}$，因为

(A) $p=1$ (B) $p=\dfrac{1}{2}<1$

(C) $p=\dfrac{3}{2}>1$ (D) $p=3>1$

所以(B) 中广义积分收敛.

故本题应选(B).

27. 已知广义积分 $\int_0^{+\infty} \dfrac{\mathrm{d}x}{1+kx^2}$ 收敛于 1 $(k>0)$，则 $k=[$ $]$.

(A) $\dfrac{\pi}{2}$ (B) $\dfrac{\pi^2}{2}$ (C) $\dfrac{\sqrt{\pi}}{2}$ (D) $\dfrac{\pi^2}{4}$

解：$\displaystyle\int_0^{+\infty}\dfrac{\mathrm{d}x}{1+kx^2}=\dfrac{1}{\sqrt{k}}\int_0^{+\infty}\dfrac{\mathrm{d}\sqrt{k}x}{1+(\sqrt{k}x)^2}=\dfrac{1}{\sqrt{k}}\arctan\sqrt{k}x\,\Big|_0^{+\infty}$

$$=\dfrac{1}{\sqrt{k}}\cdot\dfrac{\pi}{2}$$

根据题设 $\dfrac{1}{\sqrt{k}}\cdot\dfrac{\pi}{2}=1$，故 $\sqrt{k}=\dfrac{\pi}{2}$，即 $k=\dfrac{\pi^2}{4}$.

故本题应选(D).

28. 已知 $f(x)=\begin{cases}0, & x<0 \\ \sqrt{x}, & 0\leqslant x\leqslant 1 \\ 0, & x>1\end{cases}$，且 $\displaystyle\int_{-\infty}^{+\infty}kf(x)\mathrm{d}x=1$，则 $k=[\quad]$.

(A) $\dfrac{2}{3}$ 　　　　(B) $\dfrac{3}{2}$ 　　　　(C) 2 　　　　(D) $\dfrac{1}{2}$

解：$\displaystyle\int_{-\infty}^{+\infty}kf(x)\mathrm{d}x=\int_{-\infty}^0 k\cdot 0\cdot\mathrm{d}x+\int_0^1 k\sqrt{x}\,\mathrm{d}x+\int_1^{+\infty}k\cdot 0\mathrm{d}x$

$$=\dfrac{2}{3}kx^{\frac{3}{2}}\,\Big|_0^1=\dfrac{2}{3}k$$

根据题设 $\dfrac{2}{3}k=1$，所以 $k=\dfrac{3}{2}$.

故本题应选(B).

(二) 参考题(附解答)

(A)

1. 求定积分 $\displaystyle\int_a^b|2x-(a+b)|\mathrm{d}x$.

解：$2x-(a+b)=0$，$x=\dfrac{a+b}{2}$，因此

$\displaystyle\int_a^b|2x-(a+b)|\mathrm{d}x$

$=\displaystyle\int_a^{\frac{a+b}{2}}(a+b-2x)\mathrm{d}x+\int_{\frac{a+b}{2}}^b(2x-a-b)\mathrm{d}x$

$=\big[(a+b)x-x^2\big]\,\Big|_a^{\frac{a+b}{2}}+\big[x^2-(a+b)x\big]\,\Big|_{\frac{a+b}{2}}^b$

$=\dfrac{1}{2}(a-b)^2$

2. 求定积分 $\displaystyle\int_{\frac{\pi}{4}}^{\frac{\pi}{2}}\dfrac{x\cos x+\sin x}{(x\sin x)^2}\mathrm{d}x$.

解：令 $t=x\sin x$，则 $\mathrm{d}t=(x\cos x+\sin x)\mathrm{d}x$.

当 $x=\dfrac{\pi}{4}$ 时，$t=\dfrac{\sqrt{2}}{8}\pi$；当 $x=\dfrac{\pi}{2}$ 时，$t=\dfrac{\pi}{2}$.

所以 $\displaystyle\int_{\frac{\pi}{4}}^{\frac{\pi}{2}}\frac{x\cos x+\sin x}{(x\sin x)^2}\mathrm{d}x=\int_{\frac{\sqrt{2}}{8}\pi}^{\frac{\pi}{2}}\frac{\mathrm{d}t}{t^2}=-\frac{1}{t}\bigg|_{\frac{\sqrt{2}}{8}\pi}^{\frac{\pi}{2}}=\frac{2}{\pi}(2\sqrt{2}-1)$

3. 求定积分 $\displaystyle\int_0^\pi\sqrt{1+\cos 2x}\,\mathrm{d}x$.

解：
$$\int_0^\pi\sqrt{1+\cos 2x}\,\mathrm{d}x=\int_0^\pi\sqrt{2\cos^2 x}\,\mathrm{d}x=\sqrt{2}\int_0^\pi|\cos x|\,\mathrm{d}x$$
$$=\sqrt{2}\left(\int_0^{\frac{\pi}{2}}\cos x\,\mathrm{d}x-\int_{\frac{\pi}{2}}^\pi\cos x\,\mathrm{d}x\right)$$
$$=\sqrt{2}\left(\sin x\bigg|_0^{\frac{\pi}{2}}-\sin x\bigg|_{\frac{\pi}{2}}^\pi\right)$$
$$=\sqrt{2}(1+1)=2\sqrt{2}$$

4. 设 $f(x)=\begin{cases}x+2, & x\leqslant 1\\ \dfrac{1}{2}x^2, & x>1\end{cases}$，求 $\displaystyle\int_0^3 f(x-1)\mathrm{d}x$.

解： 令 $x-1=t$，则 $\mathrm{d}x=\mathrm{d}t$. 当 $x=0$ 时，$t=-1$；当 $x=3$ 时，$t=2$.

从而 $\displaystyle\int_0^3 f(x-1)\mathrm{d}x=\int_{-1}^2 f(t)\mathrm{d}t=\int_{-1}^1(t+2)\mathrm{d}t+\int_1^2\frac{t^2}{2}\mathrm{d}t=\frac{31}{6}$

5. 求定积分 $\displaystyle\int_0^\pi\frac{x\sin x}{1+\cos^2 x}\mathrm{d}x$.

解： $\displaystyle\int_0^\pi\frac{x\sin x}{1+\cos^2 x}\mathrm{d}x=\int_0^{\frac{\pi}{2}}\frac{x\sin x}{1+\cos^2 x}\mathrm{d}x+\int_{\frac{\pi}{2}}^\pi\frac{x\sin x}{1+\cos^2 x}\mathrm{d}x$

令 $x=\pi-t$，则 $\mathrm{d}x=-\mathrm{d}t$. 当 $x=\dfrac{\pi}{2}$ 时，$t=\dfrac{\pi}{2}$；当 $x=\pi$ 时，$t=0$.

从而 $\displaystyle\int_{\frac{\pi}{2}}^\pi\frac{x\sin x}{1+\cos^2 x}\mathrm{d}x=\int_{\frac{\pi}{2}}^0\frac{(\pi-t)\sin(\pi-t)}{1+\cos^2(\pi-t)}(-\mathrm{d}t)=\int_0^{\frac{\pi}{2}}\frac{\pi\sin t-t\sin t}{1+\cos^2 t}\mathrm{d}t$

于是有 $\displaystyle\int_0^\pi\frac{\pi\sin x}{1+\cos^2 x}\mathrm{d}x=\int_0^{\frac{\pi}{2}}\frac{x\sin x}{1+\cos^2 x}\mathrm{d}x+\int_0^{\frac{\pi}{2}}\frac{\pi\sin x-x\sin x}{1+\cos^2 x}\mathrm{d}x$
$$=\pi\int_0^{\frac{\pi}{2}}\frac{\sin x}{1+\cos^2 x}\mathrm{d}x=-\pi\int_0^{\frac{\pi}{2}}\frac{\mathrm{d}\cos x}{1+\cos^2 x}$$
$$=-\pi\arctan(\cos x)\bigg|_0^{\frac{\pi}{2}}=\frac{\pi^2}{4}$$

6. 设 $f(x)$ 在 $[0,1]$ 上连续，证明：

(1) $\displaystyle\int_0^{\frac{\pi}{2}}f(\sin x)\mathrm{d}x=\int_0^{\frac{\pi}{2}}f(\cos x)\mathrm{d}x$

(2) $\displaystyle\int_0^\pi xf(\sin x)\mathrm{d}x=\frac{\pi}{2}\int_0^\pi f(\sin x)\mathrm{d}x$

利用（2）中结论计算第 5 题.

证：（1）令 $x=\dfrac{\pi}{2}-t$，则 $\mathrm{d}x=-\mathrm{d}t$. 当 $x=0$ 时，$t=\dfrac{\pi}{2}$；当 $x=\dfrac{\pi}{2}$ 时，$t=0$.

从而 $\displaystyle\int_0^{\frac{\pi}{2}}f(\sin x)\mathrm{d}x=-\int_{\frac{\pi}{2}}^0 f\left[\sin\left(\frac{\pi}{2}-t\right)\right]\mathrm{d}t$
$$=\int_0^{\frac{\pi}{2}}f(\cos t)\mathrm{d}t=\int_0^{\frac{\pi}{2}}f(\cos x)\mathrm{d}x$$

(2) 令 $x = \pi - t$, 则 $\mathrm{d}x = -\mathrm{d}t$. 当 $x = 0$ 时, $t = \pi$; 当 $x = \pi$ 时, $t = 0$.

从而 $\displaystyle\int_0^\pi xf(\sin x)\mathrm{d}x = -\int_\pi^0 (\pi - t)f[\sin(\pi - t)]\mathrm{d}t$

$\displaystyle = \int_0^\pi (\pi - t)f(\sin t)\mathrm{d}t = \pi\int_0^\pi f(\sin x)\mathrm{d}x - \int_0^\pi xf(\sin x)\mathrm{d}x$

即 $\displaystyle 2\int_0^\pi xf(\sin x)\mathrm{d}x = \pi\int_0^\pi f(\sin x)\mathrm{d}x$

于是可得 $\displaystyle\int_0^\pi xf(\sin x)\mathrm{d}x = \frac{\pi}{2}\int_0^\pi f(\sin x)\mathrm{d}x$

利用(2), 计算定积分 $\displaystyle\int_0^\pi \frac{x\sin x}{1 + \cos^2 x}\mathrm{d}x$ 如下:

$\displaystyle\int_0^\pi \frac{x\sin x}{1 + \cos^2 x}\mathrm{d}x = \frac{\pi}{2}\int_0^\pi \frac{\sin x}{1 + \cos^2 x}\mathrm{d}x = -\frac{\pi}{2}\int_0^\pi \frac{\mathrm{d}\cos x}{1 + \cos^2 x}$

$\displaystyle = -\frac{\pi}{2}\big[\arctan(\cos x)\big]\Big|_0^\pi = -\frac{\pi}{2}\Big[-\frac{\pi}{4} - \frac{\pi}{4}\Big] = \frac{\pi^2}{4}$

7. 设 $f(x) = \dfrac{1}{1 + x^2} + \sqrt{1 - x^2}\displaystyle\int_0^1 f(x)\mathrm{d}x$, 求 $\displaystyle\int_0^1 f(x)\mathrm{d}x$.

解: 根据题设有

$\displaystyle\int_0^1 f(x)\mathrm{d}x = \int_0^1 \frac{1}{1 + x^2}\mathrm{d}x + \int_0^1 \Big(\int_0^1 f(x)\mathrm{d}x\Big)\sqrt{1 - x^2}\,\mathrm{d}x$

$\displaystyle = \arctan x\Big|_0^1 + \Big(\int_0^1 f(x)\mathrm{d}x\Big)\int_0^1 \sqrt{1 - x^2}\,\mathrm{d}x$

$\displaystyle = \frac{\pi}{4} + \frac{\pi}{4}\int_0^1 f(x)\mathrm{d}x$

从而有 $\displaystyle\Big(1 - \frac{\pi}{4}\Big)\int_0^1 f(x)\mathrm{d}x = \frac{\pi}{4}$

所以可得 $\displaystyle\int_0^1 f(x)\mathrm{d}x = \frac{\pi}{4 - \pi}$

8. 求定积分 $\displaystyle\int_{-1}^1 (|x| + \sin x)x^2\mathrm{d}x$.

解: $\displaystyle\int_{-1}^1 (|x| + \sin x)x^2\mathrm{d}x = \int_{-1}^1 |x|x^2\mathrm{d}x + \int_{-1}^1 x^2\sin x\mathrm{d}x$

$|x|x^2$ 为偶函数, 所以 $\displaystyle\int_{-1}^1 |x|x^2\mathrm{d}x = 2\int_0^1 x^3\mathrm{d}x$.

$x^2\sin x$ 为奇函数, 所以 $\displaystyle\int_{-1}^1 x^2\sin x\mathrm{d}x = 0$.

从而 $\displaystyle\int_{-1}^1 (|x| + \sin x)x^2\mathrm{d}x = 2\int_0^1 x^3\mathrm{d}x + 0 = \frac{x^4}{2}\Big|_0^1 = \frac{1}{2}$

9. 已知 $f(x)$ 是 $(-\infty, +\infty)$ 内的连续函数, 求极限

$\displaystyle\lim_{x\to 0} \frac{\displaystyle\int_0^x f(t)(x - t)\mathrm{d}t}{x^2}$

解: $\displaystyle\lim_{x\to 0} \frac{\displaystyle\int_0^x f(t)(x - t)\mathrm{d}t}{x^2} = \lim_{x\to 0} \frac{x\displaystyle\int_0^x f(t)\mathrm{d}t - \int_0^x tf(t)\mathrm{d}t}{x^2}$

$$\xlongequal{\frac{0}{0}} \lim_{x\to 0}\frac{\int_0^x f(t)\mathrm{d}t + xf(x) - xf(x)}{2x} = \lim_{x\to 0}\frac{\int_0^x f(t)\mathrm{d}t}{2x}$$

$$= \frac{1}{2}\lim_{x\to 0}f(x) = \frac{1}{2}f(0)$$

10. 方程 $\int_0^{y^2} e^{t^2}\mathrm{d}t + \int_x^0 \sin t\,\mathrm{d}t = 0$ 确定 y 是 x 的函数，求 $\dfrac{\mathrm{d}y}{\mathrm{d}x}$.

解： 在给定方程两边对 x 求导，有

$$e^{y^4} \cdot 2y \cdot \frac{\mathrm{d}y}{\mathrm{d}x} + (-\sin x) = 0$$

于是有　$\dfrac{\mathrm{d}y}{\mathrm{d}x} = \dfrac{\sin x}{2ye^{y^4}}$

11. 由方程 $\int_0^y e^{t^2}\mathrm{d}t = x^3 - 3x$ 确定 y 是 x 的函数 $y = y(x)$，问 $y = y(x)$ 在何处取得极值.

解： 在给定方程两边对 x 求导

$$e^{y^2} y' = 3x^2 - 3$$

因此　$y' = \dfrac{3x^2 - 3}{e^{y^2}}$

令 $y' = 0$，得 $x = \pm 1$. 当 $x < -1$ 时，$y' > 0$；当 $-1 < x < 1$ 时，$y' < 0$；当 $x > 1$ 时，$y' > 0$. 所以 $y = y(x)$ 在点 $x = -1$ 处取得极大值，在点 $x = 1$ 处取得极小值.

12. 讨论函数 $\int_0^1 (1-t)|x-t|\mathrm{d}t$ $(0 \leqslant x \leqslant 1)$ 的凹向与拐点.

解： 设 $y = \int_0^1 (1-t)|x-t|\mathrm{d}t$

$$= \int_0^x (1-t)(x-t)\mathrm{d}t + \int_x^1 (1-t)(t-x)\mathrm{d}t$$

$$= x\int_0^x (1-t)\mathrm{d}t - \int_0^x (1-t)t\mathrm{d}t + \int_x^1 (1-t)t\mathrm{d}t - x\int_x^1 (1-t)\mathrm{d}t$$

$$y' = \int_0^x (1-t)\mathrm{d}t + x(1-x) - (1-x)x - (1-x)x - \int_x^1 (1-t)\mathrm{d}t + x(1-x)$$

$$= \int_0^x (1-t)\mathrm{d}t - \int_x^1 (1-t)\mathrm{d}t$$

$$y'' = 1 - x + (1-x) = 2 - 2x$$

在区间 $(0,1)$ 内 $y'' > 0$，在区间 $[0,1]$ 的端点 $x = 1$ 处 $y'' = 0$，图形无拐点，所以 $y = y(x)$ 的图形在 $[0,1]$ 上上凹.

13. 设 $f(x) = ax^3 + bx^2 + cx + d$，已知 $f(0) = 2$，且满足 $\dfrac{\mathrm{d}}{\mathrm{d}x}\int_x^{x+1} f(t)\mathrm{d}t = 12x^2 + 18x + 1$，求 $f(x)$ 的极值与拐点.

解： 由 $f(0) = 2$，可知 $d = 2$.

$$\frac{\mathrm{d}}{\mathrm{d}x}\int_x^{x+1} f(t)\mathrm{d}t = f(x+1) - f(x)$$

$$= a(x+1)^3 + b(x+1)^2 + c(x+1) + 2 - ax^3 - bx^2 - cx - 2$$
$$= 3ax^2 + (3a+2b)x + a+b+c$$

根据题设 $3ax^2 + (3a+2b)x + a+b+c = 12x^2 + 18x + 1$，于是有

$$\begin{cases} 3a = 12 \\ 3a+2b = 18, \\ a+b+c = 1 \end{cases} 解得 \begin{cases} a = 4 \\ b = 3 \\ c = -6 \end{cases}$$

所以可得 $f(x) = 4x^3 + 3x^2 - 6x + 2$

$$f'(x) = 12x^2 + 6x - 6, \quad f''(x) = 24x + 6$$

令 $f'(x) = 0$，得 $x = -1$, $x = \dfrac{1}{2}$.

$$f''(-1) = -18 < 0, \quad f''\left(\dfrac{1}{2}\right) = 18 > 0$$

所以 $f(x)$ 在点 $x = -1$ 处取得极大值 $f(-1) = 7$；在点 $x = \dfrac{1}{2}$ 处取得极小值 $f\left(\dfrac{1}{2}\right) = \dfrac{1}{4}$.

令 $f''(x) = 0$，得 $x = -\dfrac{1}{4}$. 当 $x < -\dfrac{1}{4}$ 时，$f''(x) < 0$；当 $x > -\dfrac{1}{4}$ 时，$f''(x) > 0$，

所以 $f(x)$ 在点 $x = -\dfrac{1}{4}$ 处有拐点 $\left(-\dfrac{1}{4}, \dfrac{29}{8}\right)$.

14. 曲线 $f(x) = 4x^3$ 与 $g(x) = ax^2 + bx + c$ $(a < 0)$ 相切于点 $(1,4)$（示意图见图 6—22），它们与 y 轴所围成的图形的面积等于 4，求 a, b, c 的值.

解： $f'(x) = 12x^2$，$g'(x) = 2ax + b$

由 $f(x)$ 与 $g(x)$ 相切于点 $(1,4)$ 有

$$f(1) = g(1) = 4$$
$$f'(1) = g'(1)$$

因此有 $\begin{cases} a+b+c = 4 \\ 2a+b = 12 \end{cases}$ 即 $\begin{cases} b = 12-2a \\ c = a-8 \end{cases}$

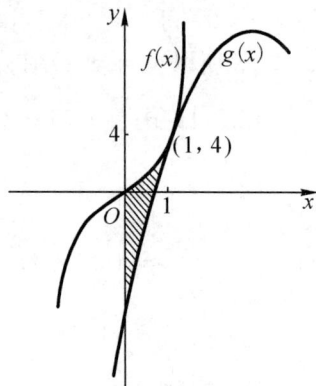

图 6—22

$$\int_0^1 [4x^3 - (ax^2 + bx + c)]\,\mathrm{d}x$$
$$= \left(x^4 - \dfrac{a}{3}x^3 - \dfrac{b}{2}x^2 - cx\right)\Big|_0^1$$
$$= 1 - \dfrac{a}{3} - \dfrac{b}{2} - c$$
$$= 1 - \dfrac{a}{3} - (6-a) - (a-8) = 3 - \dfrac{a}{3} = 4$$

可得 $a = -3$

于是可得 $b = 18$, $c = -11$.

15. 在抛物线 $y = x^2$ $(x \geqslant 0)$ 上点 A 处作一切线，使之与曲线以及 x 轴所围的图形面积为 $\dfrac{1}{12}$，求 A 点坐标及切线方程（见图 6—23）.

解：设 A 点坐标为 (x_0, y_0)，那么

$$y_0 = x_0^2 \quad \text{及} \quad y'\Big|_{x=x_0} = 2x_0$$

所以过 A 点的切线方程为

$$y - y_0 = 2x_0(x - x_0)$$

即

$$y = 2x_0 x - x_0^2$$

由抛物线与 x 轴及过 A 点的切线所围成的图形面积为

$$S = \int_0^{y_0} \left(\frac{1}{2}x_0 + \frac{y}{2x_0} - \sqrt{y} \right) \mathrm{d}y$$

$$= \left(\frac{1}{2}x_0 y + \frac{y^2}{4x_0} - \frac{2}{3}y^{\frac{3}{2}} \right)\Big|_0^{x_0^2}$$

$$= \frac{x_0^3}{12}$$

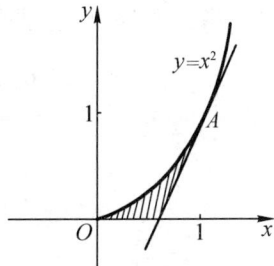

图 6—23

根据已知条件有 $\frac{x_0^3}{12} = \frac{1}{12}$，所以可得 $x_0 = 1$，$y_0 = 1$，即切点坐标为 $(1, 1)$，从而可得过切点 $(1, 1)$ 的切线方程为 $y = 2x - 1$.

16. 计算 $\int_0^{+\infty} \dfrac{x\mathrm{e}^{-x}}{(1+\mathrm{e}^{-x})^2}\mathrm{d}x$.

解：$\displaystyle\int_0^{+\infty} \dfrac{x\mathrm{e}^{-x}}{(1+\mathrm{e}^{-x})^2}\mathrm{d}x = \int_0^{+\infty} \dfrac{x\mathrm{e}^x}{(1+\mathrm{e}^x)^2}\mathrm{d}x$

$$= \int_0^{+\infty} x\,\mathrm{d}\left(\frac{-1}{1+\mathrm{e}^x} \right)$$

$$\xlongequal{\text{分部}} -\frac{x}{1+\mathrm{e}^x}\Big|_0^{+\infty} + \int_0^{+\infty} \frac{\mathrm{d}x}{1+\mathrm{e}^x}$$

$$= \int_0^{+\infty} \frac{\mathrm{d}x}{1+\mathrm{e}^x} = \int_0^{+\infty} \frac{1+\mathrm{e}^x - \mathrm{e}^x}{1+\mathrm{e}^x}\mathrm{d}x$$

$$= \int_0^{+\infty} \mathrm{d}x - \int_0^{+\infty} \frac{\mathrm{d}(1+\mathrm{e}^x)}{1+\mathrm{e}^x}$$

$$= \left[x - \ln(1+\mathrm{e}^x) \right]\Big|_0^{+\infty}$$

$$= \ln \frac{\mathrm{e}^x}{1+\mathrm{e}^x}\Big|_0^{+\infty}$$

$$= \ln 1 - \ln \frac{1}{2} = \ln 2$$

17. 设 $\displaystyle\lim_{x\to\infty}\left(\frac{1+x}{x} \right)^{ax} = \int_{-\infty}^a t\mathrm{e}^t\mathrm{d}t$，求常数 a.

解：$\displaystyle\lim_{x\to\infty}\left(\frac{1+x}{x} \right)^{ax} = \lim_{x\to\infty}\left[\left(1+\frac{1}{x} \right)^x \right]^a = \mathrm{e}^a$

$$\int_{-\infty}^a t\mathrm{e}^t\mathrm{d}t \xlongequal{\text{分部}} t\mathrm{e}^t\Big|_{-\infty}^a - \int_{-\infty}^a \mathrm{e}^t\mathrm{d}t = a\mathrm{e}^a - \mathrm{e}^t\Big|_{-\infty}^a = a\mathrm{e}^a - \mathrm{e}^a$$

从而有 $a\mathrm{e}^a - \mathrm{e}^a = \mathrm{e}^a$，即 $2\mathrm{e}^a = a\mathrm{e}^a$，所以 $a = 2$.

18. 判断广义积分 $\displaystyle\int_a^{2a} (x-a)^k\mathrm{d}x$（$a > 0$）的敛散性，若收敛，求其值.

解：$x = a$ 可能是瑕点，所以

$$\int_a^{2a} (x-a)^k \mathrm{d}x = \lim_{\varepsilon \to 0^+} \int_{a+\varepsilon}^{2a} (x-a)^k \mathrm{d}x$$

$$= \lim_{\varepsilon \to 0^+} \begin{cases} \dfrac{1}{k+1}(a^{k+1} - \varepsilon^{k+1}), & k \neq -1 \\ \ln a - \ln \varepsilon, & k = -1 \end{cases}$$

从而　$\displaystyle\int_a^{2a} (x-a)^k \mathrm{d}x = \lim_{\varepsilon \to 0^+} \int_{a+\varepsilon}^{2a} (x-a)^k \mathrm{d}x = \begin{cases} \dfrac{1}{k+1}a^{k+1}, & k > -1 \\ +\infty, & k \leqslant -1 \end{cases}$

因此，当 $k \leqslant -1$ 时，题设广义积分发散，当 $k > -1$ 时，该广义积分收敛，且有

$$\int_a^{2a} (x-a)^k \mathrm{d}x = \frac{1}{k+1}a^{k+1} \quad (k > -1)$$

(B)

1. 给定四个函数 $\sin x$，$\cos x$，$1 - \sin x$，$\cos x - 1$，若 $\displaystyle\int_\pi^{\frac{\pi}{2}} f(x) \mathrm{d}x > 0$，则 $f(x)$ 可以是 [　　]．

(A) $\sin x$ 　　　　　　　　　　(B) $\sin x$ 或 $\cos x$

(C) $\cos x$ 或 $1 - \sin x$ 　　　　(D) $\cos x$ 或 $\cos x - 1$

解：$\displaystyle\int_\pi^{\frac{\pi}{2}} f(x) \mathrm{d}x = -\int_{\frac{\pi}{2}}^\pi f(x) \mathrm{d}x > 0$，即 $\displaystyle\int_{\frac{\pi}{2}}^\pi f(x) \mathrm{d}x < 0$，因此要求在 $\left[\dfrac{\pi}{2}, \pi\right]$ 上 $f(x) < 0$，

那么只有 $f(x) = \cos x$ 或 $f(x) = \cos x - 1$ 符合要求，即 $\displaystyle\int_\pi^{\frac{\pi}{2}} \cos x \mathrm{d}x > 0$，$\displaystyle\int_\pi^{\frac{\pi}{2}} (\cos x - 1) \mathrm{d}x > 0$．

故本题应选(D)．

2. 设 $f(x)$ 是定义在 $[-a, a]$ 上的奇函数，且当 $x > 0$ 时，$f(x) > 0$，则由曲线 $y = f(x)$，$x = -a$，$x = a$ 及 x 轴所围成的面积 $S \neq$ [　　]．

(A) $2\displaystyle\int_0^a f(x) \mathrm{d}x$ 　　　　　　(B) $\displaystyle\int_{-a}^a |f(x)| \mathrm{d}x$

(C) $\displaystyle\int_{-a}^0 f(x) \mathrm{d}x + \int_0^a f(x) \mathrm{d}x$ 　(D) $\displaystyle\int_0^a f(x) \mathrm{d}x - \int_{-a}^0 f(x) \mathrm{d}x$

解：显然(A)，(B)，(D) 中积分的结果均等于面积 S，而(C) 中结果为 0．

故本题应选(C)．

3. 见图 6—24．设图中曲线方程为 $y = f(x)$，函数 $f(x)$ 在区间 $[0, a]$ 上有连续导数，则定积分 $\displaystyle\int_0^a x f'(x) \mathrm{d}x$ 表示 [　　]．

(A) 曲边梯形 $ABOD$ 的面积

(B) 梯形 $ABOD$ 的面积

(C) 曲边三角形 ACD 的面积

(D) 三角形 ACD 的面积

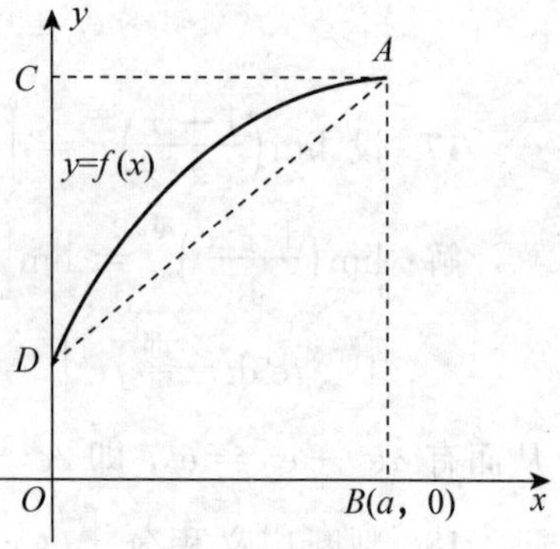

解：定积分

图 6—24

$$\int_0^a x f'(x)\mathrm{d}x = \int_0^a x\,\mathrm{d}f(x) = x f(x)\Big|_0^a - \int_0^a f(x)\mathrm{d}x$$

$$= a f(a) - \int_0^a f(x)\mathrm{d}x$$

其中 $af(a)$ 是矩形 $ABOC$ 的面积；定积分 $\int_0^a f(x)\mathrm{d}x$ 是曲边梯形 $ABOD$ 的面积. 二者相减所得之差应是曲边三角形 ACD 的面积. 故应选(C).

4. 设函数 $f(x)$ 连续，由曲线 $y=f(x)$ 与 x 轴围得三块面积 S_1，S_2，S_3（如图 6—25 中阴影部分所示），已知 $S_2+S_3=p$，$S_1=2S_2-q$，且 $p \neq q$，则 $\int_a^b f(x)\mathrm{d}x = [\quad]$.

(A) $p+q$ (B) $p-q$

(C) $q-p$ (D) $-p-q$

解： $\int_a^b f(x)\mathrm{d}x = -S_1+S_2-S_3$

根据题设有 $\begin{cases} S_2+S_3=p \\ S_1=2S_2-q \end{cases}$

即 $\begin{cases} S_2+S_3=p & ① \\ S_1-2S_2=-q & ② \end{cases}$

式①＋式②得 $\quad S_1-S_2+S_3=p-q$

即 $\quad -S_1+S_2-S_3=q-p$

所以 $\quad \int_a^b f(x)\mathrm{d}x = q-p$

故本题应选(C).

5. 设 $f(t)$ 在 $[a,x]$ 上连续，则 $\dfrac{\mathrm{d}}{\mathrm{d}a}\displaystyle\int_a^x f(t)\mathrm{d}t = [\quad]$.

(A) $f(x)$ (B) $f(a)$ (C) $-f(x)$ (D) $-f(a)$

解： $\dfrac{\mathrm{d}}{\mathrm{d}a}\displaystyle\int_a^x f(t)\mathrm{d}t = \dfrac{\mathrm{d}}{\mathrm{d}a}\left[-\int_x^a f(t)\mathrm{d}t\right] = -f(a)$

故本题应选(D).

6. 设 $f(x)$ 为连续函数，$F(x)$ 是 $f(x)$ 的原函数，则 $[\quad]$.

(A) 当 $f(x)$ 是奇函数时，$F(x)$ 必为偶函数

(B) 当 $f(x)$ 是偶函数时，$F(x)$ 必为奇函数

(C) 当 $f(x)$ 是周期函数时，$F(x)$ 必为周期函数

(D) 当 $f(x)$ 是单调增函数时，$F(x)$ 必为单调增函数

解： $F(x) = \displaystyle\int_0^x f(t)\mathrm{d}t + C \xrightarrow{u=-t} \int_0^{-x} f(-u)\mathrm{d}(-u) + C$

$$= \int_0^{-x} -f(-u)\mathrm{d}u + C$$

(A) 若 $f(x)$ 是奇函数，则有 $f(-u)=-f(u)$，从而有

$$F(-x) = \int_0^x -[-f(u)\mathrm{d}u] + C = \int_0^x f(u)\mathrm{d}u + C = F(x)$$

所以 $F(x)$ 为偶函数.

故本题应选(A).

(B) 反例：设 $f(x)=x^2$, $F(x)=\dfrac{x^3}{3}+C$.

$f(x)$ 为偶函数，而 $F(x)$ 不一定是奇函数. 如 $F(x)=\dfrac{x^3}{3}+1$, $F(-x)=-\dfrac{x^3}{3}+1\neq-F(x)$.

(C) 反例：设 $f(x)=1$, $F(x)=x+C$.

$f(x)$ 为周期函数，而 $F(x)$ 不是周期函数.

(D) 反例：设 $f(x)=x$, $F(x)=\dfrac{x^2}{2}+C$.

$f(x)$ 为单调增函数，$F(x)$ 不是单调增函数.

7. 设 $f(x)$ 连续，则 $\dfrac{d}{dx}\displaystyle\int_0^x tf(x^2-t^2)dt=$ [　　].

(A) $xf(x^2)$ (B) $-xf(x^2)$

(C) $2xf(x^2)$ (D) $-2xf(x^2)$

解： 令 $x^2-t^2=u$，则 $-2tdt=du$. 当 $t=0$ 时，$u=x^2$；当 $t=x$ 时，$u=0$.

$$\frac{d}{dx}\int_0^x tf(x^2-t^2)dt=-\frac{1}{2}\frac{d}{dx}\int_{x^2}^0 f(u)du$$
$$=\frac{1}{2}\frac{d}{dx}\int_0^{x^2}f(u)du=\frac{1}{2}f(x^2)2x=xf(x^2)$$

故本题应选(A).

8. 设 $f(x)$ 为连续函数，$F(x)=\dfrac{x^2}{x-a}\displaystyle\int_a^x f(t)dt$，则 $\lim\limits_{x\to a}F(x)=$ [　　].

(A) a^2 (B) $a^2f(a)$ (C) 0 (D) 不存在

解： $\lim\limits_{x\to a}F(x)=\lim\limits_{x\to a}\dfrac{x^2}{x-a}\displaystyle\int_a^x f(t)dt$

$$=\lim_{x\to a}\frac{x^2\int_a^x f(t)dt}{x-a}\xlongequal{\frac{0}{0}}\lim_{x\to a}\left[2x\int_a^x f(t)dt+x^2f(x)\right]$$
$$=a^2f(a)$$

故本题应选(B).

9. 由方程 $\displaystyle\int_0^y(1+t^2)dt=\dfrac{y^3}{3}+\dfrac{x^4}{4}$ 确定 y 是 x 的函数 $y=y(x)$，则 $y=y(x)$ 在其定义域内有 [　　].

(A) 极小值与极大值   (B) 最小值与最大值

(C) 极小值与最小值   (D) 极大值与最大值

解： 等式两端对 x 求导

$(1+y^2)y'=y^2y'+x^3$, $y'=x^3$

令 $y'=0$，得 $x=0$. 当 $x<0$ 时，$y'<0$，当 $x>0$ 时，$y'>0$，所以 $y=y(x)$ 在点 $x=0$ 处取得极小值，因极值唯一，因此极小值即最小值.

故本题应选(C).

10. 给定三个定积分

(1) $\displaystyle\int_{-\ln2}^{\ln2}(2-e^y)dy$,　　(2) $\displaystyle\int_{-\ln2}^{\ln2}e^ydy$,　　(3) $\displaystyle\int_1^2\ln xdx+\int_{-\ln2}^0e^xdx$

及三个图形(a),(b),(c)(如图 6—26 所示).

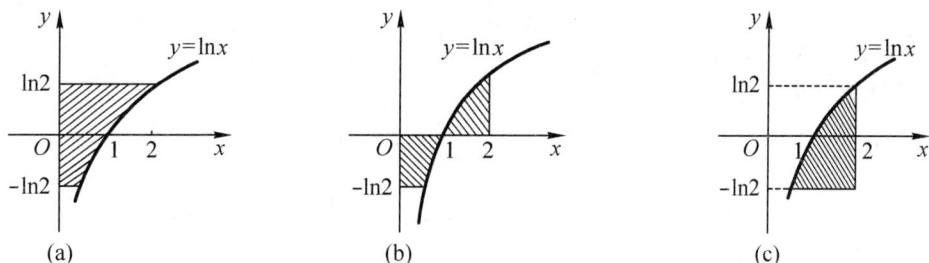

图 6—26

将图形(a),(b),(c)中阴影部分的面积与它对应的(1),(2),(3)中的定积分用线连接起来,那么它们正确的对应关系是[　　].

解: 本题应选(C).

11. 给定定积分 $I=\displaystyle\int_{-1}^2\sqrt{4-x^2}dx$ 以及(1),(2),(3),(4)四个图形中阴影部分的面积(如图 6—27 所示),则[　　].

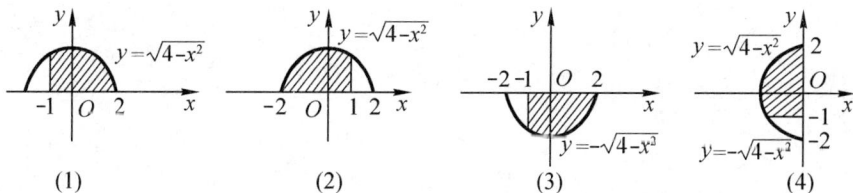

图 6—27

(A) 只有(1)与 I 相等　　　　　(B) 只有(1)和(2)与 I 相等

(C) (3),(4)与 I 不等　　　　　(D) (1),(2),(3),(4)均与 I 相等

解: 作为面积均为正数,故本题应选(D).

12. 下列广义积分收敛的是[　　].

(A) $\displaystyle\int_e^{+\infty}\frac{\ln x}{x}dx$　　　　　　(B) $\displaystyle\int_e^{+\infty}\frac{dx}{x\ln x}$

(C) $\displaystyle\int_e^{+\infty}\frac{dx}{x(\ln x)^2}$　　　　(D) $\displaystyle\int_e^{+\infty}\frac{dx}{x\sqrt{\ln x}}$

解: (A) $\displaystyle\int_e^{+\infty}\frac{\ln x}{x}dx=\int_e^{+\infty}\ln xd\ln x=\frac{1}{2}(\ln x)^2\bigg|_e^{+\infty}=+\infty$

(B) $\displaystyle\int_{e}^{+\infty}\frac{1}{x\ln x}\mathrm{d}x=\int_{e}^{+\infty}\frac{\mathrm{d}\ln x}{\ln x}=\ln|\ln x|\ \Big|_{e}^{+\infty}=+\infty$

(C) $\displaystyle\int_{e}^{+\infty}\frac{1}{x(\ln x)^2}\mathrm{d}x=\int_{e}^{+\infty}\frac{\mathrm{d}\ln x}{(\ln x)^2}=-\frac{1}{\ln x}\Big|_{e}^{+\infty}=1$

(D) $\displaystyle\int_{e}^{+\infty}\frac{1}{x\sqrt{\ln x}}\mathrm{d}x=\int_{e}^{+\infty}\frac{\mathrm{d}\ln x}{(\ln x)^{\frac{1}{2}}}=2\sqrt{\ln x}\ \Big|_{e}^{+\infty}=+\infty$

故本题应选(C).

13. 已知 $\displaystyle\int_{0}^{+\infty}\frac{\sin x\cos x}{x}\mathrm{d}x=k\ (k>0)$，则 $\displaystyle\int_{0}^{+\infty}\frac{\sin x}{x}\mathrm{d}x=[\qquad]$.

(A) $4k$ (B) $2k$ (C) k (D) $\dfrac{k}{2}$

解: $\displaystyle\int_{0}^{+\infty}\frac{\sin x\cos x}{x}\mathrm{d}x=\frac{1}{2}\int_{0}^{+\infty}\frac{\sin 2x}{x}\mathrm{d}x$

$$=\frac{1}{2}\int_{0}^{+\infty}\frac{\sin 2x}{2x}\mathrm{d}(2x)\xlongequal{2x=t}\frac{1}{2}\int_{0}^{+\infty}\frac{\sin t}{t}\mathrm{d}t=k$$

所以 $\displaystyle\int_{0}^{+\infty}\frac{\sin x}{x}\mathrm{d}x=2k$

故本题应选(B).

14. 已知 $\displaystyle\int_{-\infty}^{+\infty}e^{k|x|}\mathrm{d}x=1$，则 $k=[\qquad]$.

(A) $\dfrac{1}{2}$ (B) $-\dfrac{1}{2}$ (C) 2 (D) -2

解: $\displaystyle\int_{-\infty}^{+\infty}e^{k|x|}\mathrm{d}x=\int_{-\infty}^{0}e^{-kx}\mathrm{d}x+\int_{0}^{+\infty}e^{kx}\mathrm{d}x$

其中 $\displaystyle\int_{-\infty}^{0}e^{-kx}\mathrm{d}x=-\frac{1}{k}e^{-kx}\Big|_{-\infty}^{0}=\begin{cases}-\dfrac{1}{k},&k<0\\[2mm]发散,&k\geqslant 0\end{cases}$

$\displaystyle\int_{0}^{+\infty}e^{kx}\mathrm{d}x=\frac{1}{k}e^{kx}\Big|_{0}^{+\infty}=\begin{cases}-\dfrac{1}{k},&k<0\\[2mm]发散,&k\geqslant 0\end{cases}$

所以当 $k<0$ 时，$\displaystyle\int_{-\infty}^{+\infty}e^{k|x|}\mathrm{d}x=-\frac{2}{k}=1$，于是可得 $k=-2$.

故本题应选(D).

15. 给定条件中使得广义积分 $\displaystyle\int_{1}^{+\infty}\frac{x^k+1-\ln x}{x^2}\mathrm{d}x$ 收敛的是[$\qquad$].

(A) $k<1$ (B) $k=1$ (C) $1<k<2$ (D) $k\geqslant 2$

解: 当 $k\neq 1$ 时

$$\int_{1}^{+\infty}\frac{x^k+1-\ln x}{x^2}\mathrm{d}x=\int_{1}^{+\infty}\left(\frac{x^k}{x^2}+\frac{1-\ln x}{x^2}\right)\mathrm{d}x$$

$$=\left(\frac{x^{k-1}}{k-1}+\frac{\ln x}{x}\right)\Big|_{1}^{+\infty}=\lim_{x\to+\infty}\left(\frac{x^{k-1}}{k-1}+\frac{\ln x}{x}\right)-\frac{1}{k-1}$$

$$= \begin{cases} +\infty, & k > 1 \\ \dfrac{-1}{k-1}, & k < 1 \end{cases},$$

当 $k = 1$ 时

$$\int_1^{+\infty} \frac{x+1-\ln x}{x^2}\mathrm{d}x = \left(\ln x + \frac{\ln x}{x}\right)\Big|_1^{+\infty}$$

$$= \lim_{x \to +\infty}\left(\ln x + \frac{\ln x}{x}\right) = +\infty$$

所以 $k < 1$ 时，广义积分 $\displaystyle\int_1^{+\infty}\frac{x^k+1-\ln x}{x^2}\mathrm{d}x$ 收敛。

故本题应选(A).

16. 下列广义积分收敛的是〔　　〕.

(A) $\displaystyle\int_{\frac{\pi}{4}}^{\frac{\pi}{2}} \frac{\mathrm{d}x}{\cos x\sqrt{\sin x}}$ 　　　　　　(B) $\displaystyle\int_0^{\frac{\pi}{4}} \frac{\mathrm{d}x}{\cos x\sqrt{\sin x}}$

(C) $\displaystyle\int_0^{\frac{\pi}{2}} \frac{\mathrm{d}x}{\cos x\sqrt{\sin x}}$ 　　　　　　(D) $\displaystyle\int_0^{\frac{\pi}{2}} \frac{\mathrm{d}x}{\sin x\sqrt{\cos x}}$

解：对于(A)，令 $\sqrt{\sin x} = t$，则 $\sin x = t^2$，$\cos x = \sqrt{1-t^4}$，$\cos x\mathrm{d}x = 2t\mathrm{d}t$. 当 $x = \dfrac{\pi}{4}$ 时，$t = \dfrac{1}{\sqrt[4]{2}}$；当 $x = \dfrac{\pi}{2}$ 时，$t = 1$. $x = \dfrac{\pi}{2}$，即 $t = 1$ 为瑕点，那么

(A) $\displaystyle\int_{\frac{\pi}{4}}^{\frac{\pi}{2}} \frac{\mathrm{d}x}{\cos x\sqrt{\sin x}} = \int_{\frac{1}{\sqrt[4]{2}}}^1 \frac{2}{1-t^4}\mathrm{d}t = \frac{1}{2}\int_{\frac{1}{\sqrt[4]{2}}}^1\left(\frac{1}{1-t} + \frac{1}{1+t} + \frac{2}{1+t^2}\right)\mathrm{d}t$

同理，对于(B)，$x = 0$，即 $t = 0$ 为瑕点，那么

(B) $\displaystyle\int_0^{\frac{\pi}{4}} \frac{\mathrm{d}x}{\cos x\sqrt{\sin x}} = \int_0^{\frac{1}{\sqrt[4]{2}}} \frac{2}{1-t^4}\mathrm{d}t = \frac{1}{2}\int_0^{\frac{1}{\sqrt[4]{2}}}\left(\frac{1}{1-t} + \frac{1}{1+t} + \frac{2}{1+t^2}\right)\mathrm{d}t$

由上述分析可得(A)发散，(B)收敛. 故本题应选(B).

(C)中积分等于(B)中积分加(A)中积分，故发散.

令 $x = \dfrac{\pi}{2} - t$，(D)中积分可化为加负号的(C)中积分，故亦发散.

17. 曲线 $y = x\mathrm{e}^{-x}(x \geqslant 0)$ 绕 x 轴旋转一周所得延展到无穷远的旋转体体积是〔　　〕.

(A) $\dfrac{\pi}{8}$ 　　　　(B) $\dfrac{\pi}{4}$ 　　　　(C) $\dfrac{\pi}{2}$ 　　　　(D)π

解：由题设条件，该旋转体体积

$$V = \pi\int_0^{+\infty} x^2\mathrm{e}^{-2x}\mathrm{d}x$$

令 $t = 2x$，则 $x = \dfrac{t}{2}$，$\mathrm{d}x = \dfrac{1}{2}\mathrm{d}t$. 上述积分化为 $V = \dfrac{\pi}{8}\int_0^{+\infty} t^2\mathrm{e}^{-t}\mathrm{d}t = \dfrac{\pi}{8}\times\Gamma(3) = \dfrac{\pi}{8}\times 2! = \dfrac{\pi}{4}$.

故本题应选(B).

第七章　无穷级数

（一）习题解答与注释

（A）

1. 写出下列级数的通项：

(1) $1 - \dfrac{1}{2} + \dfrac{1}{4} - \dfrac{1}{8} + \cdots$

(2) $\dfrac{1}{2} + \dfrac{2}{5} + \dfrac{3}{10} + \dfrac{4}{17} + \cdots$

(3) $\dfrac{1}{1 \cdot 4} + \dfrac{x}{4 \cdot 7} + \dfrac{x^2}{7 \cdot 10} + \dfrac{x^3}{10 \cdot 13} + \cdots$

(4) $2 - \dfrac{2^2}{2!} + \dfrac{2^3}{3!} - \dfrac{2^4}{4!} + \cdots$

解： (1) $u_n = (-1)^{n-1} \dfrac{1}{2^{n-1}} \quad (n = 1, 2, \cdots)$

(2) $u_n = \dfrac{n}{n^2 + 1} \quad (n = 1, 2, \cdots)$

(3) $u_n = \dfrac{x^{n-1}}{(3n-2)(3n+1)} \quad (n = 1, 2, \cdots)$

(4) $u_n = \dfrac{(-1)^{n-1} 2^n}{n!} \quad (n = 1, 2, \cdots)$

2. 设级数 $\displaystyle\sum_{n=1}^{\infty} u_n$ 的第 n 次部分和 $S_n = \dfrac{3n}{n+1}$，试写出此级数，并求其和.

解： 由 $S_n = u_1 + u_2 + \cdots + u_{n-1} + u_n$，有 $u_n = S_n - S_{n-1}(n \geqslant 2)$，所以

$$u_n = \frac{3n}{n+1} - \frac{3(n-1)}{n} = \frac{3}{n(n+1)}$$

而 $u_1 = S_1 = \dfrac{3}{1+1} = \dfrac{3}{1 \cdot 2}$，所以所求级数为

$$\sum_{n=1}^{\infty} u_n = \sum_{n=1}^{\infty} \frac{3}{n(n+1)} = \frac{3}{1 \cdot 2} + \frac{3}{2 \cdot 3} + \frac{3}{3 \cdot 4} + \cdots$$

又 $S = \lim_{n \to \infty} S_n = \lim_{n \to \infty} \dfrac{3n}{n+1} = 3$，所以级数的和等于 3.

注释： 一般地，级数 $\displaystyle\sum_{n=1}^{\infty} u_n$ 的前 n 项的和

$$S_n = u_1 + u_2 + \cdots + u_{n-1} + u_n = S_{n-1} + u_n \quad (n \geqslant 2)$$

因此，$u_n = S_n - S_{n-1}(n \geqslant 2)$.

当 $\lim\limits_{n \to \infty} S_n = S$ 时，级数 $\sum\limits_{n=1}^{\infty} u_n$ 收敛，其和为 S. 当 $\lim\limits_{n \to \infty} S_n$ 不存在时，级数 $\sum\limits_{n=1}^{\infty} u_n$ 发散，它没有和.

3. 判定下列级数的敛散性. 若级数收敛，求其和.

(1) $0.001 + \sqrt{0.001} + \sqrt[3]{0.001} + \cdots + \sqrt[n]{0.001} + \cdots$

(2) $\dfrac{4}{5} - \dfrac{4^2}{5^2} + \dfrac{4^3}{5^3} - \dfrac{4^4}{5^4} + \cdots + (-1)^{n-1}\dfrac{4^n}{5^n} + \cdots$

(3) $\dfrac{1}{2} + \dfrac{3}{4} + \dfrac{5}{6} + \dfrac{7}{8} + \cdots$

(4) $\dfrac{1}{2} + \dfrac{2}{3} + \dfrac{3}{4} + \dfrac{4}{5} + \cdots$

(5) $\left(\dfrac{1}{2} + \dfrac{1}{3}\right) + \left(\dfrac{1}{4} + \dfrac{1}{9}\right) + \left(\dfrac{1}{8} + \dfrac{1}{27}\right) + \cdots$

解: (1) 此级数通项为 $u_n = \left(\dfrac{1}{10^3}\right)^{\frac{1}{n}}$，因为

$$\lim_{n \to \infty} u_n = \lim_{n \to \infty}\left(\dfrac{1}{10^3}\right)^{\frac{1}{n}} = 1 \neq 0$$

所以此级数发散.

(2) 因为此级数为几何级数，其公比 $q = -\dfrac{4}{5}$，而 $|q| = \dfrac{4}{5} < 1$，所以此级数收敛，其和为

$$S = \dfrac{4}{5} \cdot \dfrac{1}{1 - \left(-\dfrac{4}{5}\right)} = \dfrac{4}{9}$$

(3) 此级数通项为 $u_n = \dfrac{2n-1}{2n}$，因为

$$\lim_{n \to \infty} u_n = \lim_{n \to \infty}\dfrac{2n-1}{2n} = 1 \neq 0$$

所以此级数发散.

(4) 此级数通项为 $u_n = \dfrac{n}{n+1}$，因为

$$\lim_{n \to \infty} u_n = \lim_{n \to \infty}\dfrac{n}{n+1} = 1 \neq 0$$

所以此级数发散.

(5) 因为 $\dfrac{1}{2} + \dfrac{1}{4} + \dfrac{1}{8} + \cdots + \dfrac{1}{2^n} + \cdots$ 是几何级数，公比 $q = \dfrac{1}{2} < 1$，所以收敛. 其和为 $S_{(1)} = 1$.

同样，$\dfrac{1}{3} + \dfrac{1}{9} + \dfrac{1}{27} + \cdots + \dfrac{1}{3^n} + \cdots$ 是几何级数，公比 $q = \dfrac{1}{3} < 1$，所以收敛. 其和为 $S_{(2)} = \dfrac{1}{2}$.

原级数是两收敛级数逐项相加而成，根据定理 7.1，原级数收敛，且其和为

$$S = \sum_{n=1}^{\infty} \left(\frac{1}{2^n} + \frac{1}{3^n} \right) = S_{(1)} + S_{(2)} = 1 + \frac{1}{2} = \frac{3}{2}$$

注释： 如果级数 $\sum\limits_{n=1}^{\infty} u_n$ 收敛，则 $\lim\limits_{n \to \infty} u_n = 0$. 由此可知，如果 $\lim\limits_{n \to \infty} u_n \neq 0$，则级数发散. 因此，在判定级数 $\sum\limits_{n=1}^{\infty} u_n$ 的敛散性时，可先计算 $\lim\limits_{n \to \infty} u_n$. 若此极限不等于零，则级数发散，若此极限等于零，再应用其他方法判断级数的敛散性.

4. 用比较判别法判定下列级数的敛散性：

(1) $1 + \frac{1}{3} + \frac{1}{5} + \frac{1}{7} + \cdots$

(2) $\frac{1}{2} + \frac{1}{5} + \frac{1}{10} + \frac{1}{17} + \cdots + \frac{1}{n^2+1} + \cdots$

(3) $1 + \frac{2}{3} + \frac{2^2}{3 \cdot 5} + \frac{2^3}{3 \cdot 5 \cdot 7} + \frac{2^4}{3 \cdot 5 \cdot 7 \cdot 9} + \cdots$
$$+ \frac{2^{n-1}}{3 \cdot 5 \cdot 7 \cdot \cdots \cdot (2n-1)} + \cdots$$

(4) $\sum\limits_{n=1}^{\infty} \frac{1}{\ln(n+1)}$

(5) $\frac{2}{1 \cdot 3} + \frac{2^2}{3 \cdot 3^2} + \frac{2^3}{5 \cdot 3^3} + \frac{2^4}{7 \cdot 3^4} + \cdots$

(6) $\sum\limits_{n=1}^{\infty} \left(\frac{n}{2n+1} \right)^n$

(7) $\sum\limits_{n=1}^{\infty} \frac{1}{n\sqrt{n+1}}$

(8) $\sum\limits_{n=1}^{\infty} \ln\left(1 + \frac{1}{n} \right)$

(9) $\sum\limits_{n=1}^{\infty} \frac{n^{n-1}}{(n+1)^{n+1}}$

解： (1) 因为级数的通项 $u_n = \frac{1}{2n-1} > \frac{1}{2n}$ $(n \geq 1)$，而级数 $\sum\limits_{n=1}^{\infty} \frac{1}{2n} = \frac{1}{2} \sum\limits_{n=1}^{\infty} \frac{1}{n}$ 为调和级数，发散，所以原级数发散.

(2) 因为级数的通项 $u_n = \frac{1}{n^2+1} < \frac{1}{n^2}$ $(n \geq 1)$，而级数 $\sum\limits_{n=1}^{\infty} \frac{1}{n^2}$ 为 $p=2$ 的 $p-$ 级数，收敛，所以原级数收敛.

(3) 因为级数的通项

$$u_n = \frac{2^{n-1}}{3 \cdot 5 \cdot 7 \cdot \cdots \cdot (2n-1)} = \frac{2}{3} \cdot \frac{2}{5} \cdot \frac{2}{7} \cdot \cdots \cdot \frac{2}{2n-1}$$

$$\leqslant \frac{2}{3} \cdot \frac{2}{3} \cdot \frac{2}{3} \cdot \cdots \cdot \frac{2}{3} = \left(\frac{2}{3} \right)^{n-1} \quad (n \geq 1)$$

而级数 $\sum\limits_{n=1}^{\infty} \left(\frac{2}{3} \right)^{n-1}$ 是公比为 $q = \frac{2}{3} < 1$ 的几何级数，收敛，所以原级数收敛.

(4) 先证明：当 $x>0$ 时，有 $x>\ln(1+x)$. 实际上，设 $f(x)=x-\ln(1+x)$，则 $f'(x)=1-\dfrac{1}{1+x}>0$，所以 $f(x)$ 为单调增函数，即当 $x>0$ 时，$f(x)>f(0)=0$，于是 $x>\ln(1+x)$. 特别地，有 $n>\ln(1+n)$，即

$$\frac{1}{n}<\frac{1}{\ln(n+1)}\quad(n=1,\,2,\,\cdots)$$

而调和级数 $\displaystyle\sum_{n=1}^{\infty}\frac{1}{n}$ 发散，所以级数 $\displaystyle\sum_{n=1}^{\infty}\frac{1}{\ln(n+1)}$ 发散.

(5) 因为级数的通项 $u_n=\dfrac{2^n}{(2n-1)3^n}\leqslant\left(\dfrac{2}{3}\right)^n(n\geqslant1)$，而级数 $\displaystyle\sum_{n=1}^{\infty}\left(\dfrac{2}{3}\right)^n$ 是公比为 $q=\dfrac{2}{3}<1$ 的几何级数，收敛，所以原级数收敛.

(6) 因为级数的通项 $u_n=\left(\dfrac{n}{2n+1}\right)^n<\left(\dfrac{n}{2n}\right)^n=\left(\dfrac{1}{2}\right)^n(n\geqslant1)$，而级数 $\displaystyle\sum_{n=1}^{\infty}\left(\dfrac{1}{2}\right)^n$ 是公比为 $q=\dfrac{1}{2}<1$ 的几何级数，收敛，所以原级数收敛.

(7) 因为级数的通项 $u_n=\dfrac{1}{n\sqrt{n+1}}<\dfrac{1}{n\sqrt{n}}=\dfrac{1}{n^{3/2}}(n\geqslant1)$，而级数 $\displaystyle\sum_{n=1}^{\infty}\dfrac{1}{n^{3/2}}$ 是 $p-$级数 $\left(p=\dfrac{3}{2}\right)$，收敛，所以原级数收敛.

(8) 因为级数的通项 $u_n=\ln\left(1+\dfrac{1}{n}\right)\sim\dfrac{1}{n}\ (n\to\infty)$，利用比较判别法的极限形式，设 $v_n=\dfrac{1}{n}$，因为

$$\lim_{n\to\infty}\frac{u_n}{v_n}=\lim_{n\to\infty}\frac{\ln\left(1+\dfrac{1}{n}\right)}{\dfrac{1}{n}}=1$$

可知 $\displaystyle\sum_{n=1}^{\infty}\ln\left(1+\dfrac{1}{n}\right)$ 与 $\displaystyle\sum_{n=1}^{\infty}\dfrac{1}{n}$ 有相同的敛散性，所以原级数发散.

(9) 级数的通项 $u_n=\dfrac{n^{n-1}}{(n+1)^{n+1}}$. 设 $v_n=\dfrac{1}{n^2}$，因为

$$\lim_{n\to\infty}\frac{u_n}{v_n}=\lim_{n\to\infty}\frac{n^{n+1}}{(n+1)^{n+1}}=\lim_{n\to\infty}\frac{1}{\left(1+\dfrac{1}{n}\right)^{n+1}}=\frac{1}{\mathrm{e}}$$

所以原级数与级数 $\displaystyle\sum_{n=1}^{\infty}\dfrac{1}{n^2}$ 有相同的敛散性，故原级数收敛.

注释：当利用比较判别法（及其极限形式）判定级数的敛散性时，应找出一个敛散性已知的正项级数与之比较，常用作比较的级数有几何级数、调和级数和 $p-$级数.

5. 用比值判别法（达朗贝尔法则）判定下列各级数的敛散性：

(1) $\dfrac{1}{2}+\dfrac{3}{2^2}+\dfrac{5}{2^3}+\dfrac{7}{2^4}+\cdots$

$(2)\ 1+\dfrac{1}{2!}+\dfrac{1}{3!}+\dfrac{1}{4!}+\cdots$

$(3)\ \displaystyle\sum_{n=1}^{\infty}\dfrac{1}{(2n+1)!}$

$(4)\ \displaystyle\sum_{n=1}^{\infty}\dfrac{1}{2^{2n-1}(2n-1)}$

$(5)\ \dfrac{2}{1\,000}+\dfrac{2^2}{2\,000}+\dfrac{2^3}{3\,000}+\dfrac{2^4}{4\,000}+\cdots$

$(6)\ 1+\dfrac{5}{2!}+\dfrac{5^2}{3!}+\dfrac{5^3}{4!}+\cdots$

$(7)\ \displaystyle\sum_{n=1}^{\infty}\dfrac{(n!)^2}{(2n)!}$

$(8)\ \dfrac{2}{1\cdot2}+\dfrac{2^2}{2\cdot3}+\dfrac{2^3}{3\cdot4}+\dfrac{2^4}{4\cdot5}+\cdots$

$(9)\ \displaystyle\sum_{n=1}^{\infty}2^n\sin\dfrac{\pi}{3^n}$

解:（1）级数的通项 $u_n=\dfrac{2n-1}{2^n}>0\ (n=1,2,\cdots)$，因为

$$\lim_{n\to\infty}\frac{u_{n+1}}{u_n}=\lim_{n\to\infty}\frac{2n+1}{2^{n+1}}\cdot\frac{2^n}{2n-1}=\lim_{n\to\infty}\frac{1}{2}\cdot\frac{2n+1}{2n-1}=\frac{1}{2}<1$$

所以级数收敛.

（2）级数的通项 $u_n=\dfrac{1}{n!}>0\ (n=1,2,\cdots)$，因为

$$\lim_{n\to\infty}\frac{u_{n+1}}{u_n}=\lim_{n\to\infty}\frac{n!}{(n+1)!}=\lim_{n\to\infty}\frac{1}{n+1}=0<1$$

所以级数收敛.

（3）级数的通项 $u_n=\dfrac{1}{(2n+1)!}>0\ (n=1,2,\cdots)$，因为

$$\lim_{n\to\infty}\frac{u_{n+1}}{u_n}=\lim_{n\to\infty}\frac{(2n+1)!}{(2n+3)!}=\lim_{n\to\infty}\frac{1}{(2n+2)(2n+3)}=0<1$$

所以级数收敛.

（4）级数的通项 $u_n=\dfrac{1}{2^{2n-1}(2n-1)}>0\ (n=1,2,\cdots)$，因为

$$\lim_{n\to\infty}\frac{u_{n+1}}{u_n}=\lim_{n\to\infty}\frac{2^{2n-1}(2n-1)}{2^{2n+1}(2n+1)}=\lim_{n\to\infty}\frac{1}{4}\cdot\frac{2n-1}{2n+1}=\frac{1}{4}<1$$

所以级数收敛.

（5）级数的通项 $u_n=\dfrac{2^n}{n\cdot10^3}>0\ (n=1,2,\cdots)$，因为

$$\lim_{n\to\infty}\frac{u_{n+1}}{u_n}=\lim_{n\to\infty}\frac{2^{n+1}}{(n+1)10^3}\cdot\frac{n\cdot10^3}{2^n}=\lim_{n\to\infty}\frac{2n}{n+1}=2>1$$

所以级数发散.

(6) 级数的通项 $u_n = \dfrac{5^{n-1}}{n!} > 0 \ (n = 1, 2, \cdots)$，因为

$$\lim_{n \to \infty} \frac{u_{n+1}}{u_n} = \lim_{n \to \infty} \frac{5^n}{(n+1)!} \cdot \frac{n!}{5^{n-1}} = \lim_{n \to \infty} \frac{5}{n+1} = 0 < 1$$

所以级数收敛.

(7) 级数的通项 $u_n = \dfrac{(n!)^2}{(2n)!} > 0 \ (n = 1, 2, \cdots)$，因为

$$\lim_{n \to \infty} \frac{u_{n+1}}{u_n} = \lim_{n \to \infty} \frac{[(n+1)!]^2}{(2n+2)!} \cdot \frac{(2n)!}{(n!)^2}$$

$$= \lim_{n \to \infty} \frac{(n+1)^2}{(2n+1)(2n+2)} = \frac{1}{4} < 1$$

所以级数收敛.

(8) 级数的通项 $u_n = \dfrac{2^n}{n(n+1)} > 0 \ (n = 1, 2, \cdots)$，因为

$$\lim_{n \to \infty} \frac{u_{n+1}}{u_n} = \lim_{n \to \infty} \frac{2^{n+1}}{(n+1)(n+2)} \cdot \frac{n(n+1)}{2^n} = \lim_{n \to \infty} \frac{2n}{n+2} = 2 > 1$$

所以级数发散.

(9) 级数的通项 $u_n = 2^n \sin \dfrac{\pi}{3^n} > 0 \ (n = 1, 2, \cdots)$，因为

$$\lim_{n \to \infty} \frac{u_{n+1}}{u_n} = \lim_{n \to \infty} \frac{2 \sin \dfrac{\pi}{3^{n+1}}}{\sin \dfrac{\pi}{3^n}} = \lim_{n \to \infty} \frac{2 \cdot \dfrac{\pi}{3^{n+1}}}{\dfrac{\pi}{3^n}} = \frac{2}{3} < 1$$

所以级数收敛.

注释：利用比值判别法判定一个正项级数的敛散性时，应首先写出该级数的通项. 如果通项中含有多个因式相乘（除），则可考虑应用比值判别法：对于正项级数 $\sum\limits_{n=1}^{\infty} u_n$，如果

$$\lim_{n \to \infty} \frac{u_{n+1}}{u_n} = l$$

则当 $l < 1$ 时，级数收敛；当 $l > 1$ 时，级数发散；当 $l = 1$ 时，比值判别法失效，需利用其他方法判断级数的敛散性.

6. 用根值判别法（柯西判别法）判定下列级数的敛散性：

(1) $\sum\limits_{n=1}^{\infty} \left(\dfrac{n}{3n+1} \right)^n$ (2) $\sum\limits_{n=1}^{\infty} \dfrac{3}{2^n (\arctan n)^n}$

(3) $\sum\limits_{n=1}^{\infty} \left(\dfrac{3n+2}{2n+1} \right)^n$ (4) $\sum\limits_{n=1}^{\infty} \dfrac{n^2}{\left(1 + \dfrac{1}{n} \right)^{n^2}}$

解：(1) 级数的通项 $u_n = \left(\dfrac{n}{3n+1} \right)^n > 0 \ (n = 1, 2, \cdots)$，因为

$$\lim_{n \to \infty} \sqrt[n]{u_n} = \lim_{n \to \infty} \frac{n}{3n+1} = \frac{1}{3} < 1$$

所以级数收敛.

(2) 级数的通项 $u_n = \dfrac{3}{2^n (\arctan n)^n} > 0 \ (n = 1, 2, \cdots)$，因为

$$\lim_{n \to \infty} \sqrt[n]{u_n} = \lim_{n \to \infty} \frac{\sqrt[n]{3}}{2 \arctan n} = \frac{1}{2 \cdot \frac{\pi}{2}} = \frac{1}{\pi} < 1$$

所以级数收敛.

(3) 级数的通项 $u_n = \left(\dfrac{3n+2}{2n+1}\right)^n > 0 \ (n = 1, 2, \cdots)$，因为

$$\lim_{n \to \infty} \sqrt[n]{u_n} = \lim_{n \to \infty} \left(\frac{3n+2}{2n+1}\right) = \frac{3}{2} > 1$$

所以级数发散.

(4) 级数的通项 $u_n = \dfrac{n^2}{\left(1 + \dfrac{1}{n}\right)^{n^2}} > 0 \ (n = 1, 2, \cdots)$，因为

$$\lim_{n \to \infty} \sqrt[n]{u_n} = \lim_{n \to \infty} \frac{(\sqrt[n]{n})^2}{\left(1 + \dfrac{1}{n}\right)^n} = \frac{1}{\mathrm{e}} < 1$$

所以级数收敛.

注释：（ⅰ）利用根值判别法判定一个正项级数的敛散性时，应首先写出该级数的通项. 如果级数的通项中含有因式的 n 次幂，则利用此判别法较为方便.

（ⅱ）第 4～6 题均为正项级数敛散性的判定问题，一般地，对于级数 $\displaystyle\sum_{n=1}^{\infty} u_n$ 敛散性的判定，应按下述步骤进行：

（a）判断 $\displaystyle\lim_{n \to \infty} u_n$ 是否为零. 若 $\displaystyle\lim_{n \to \infty} u_n \neq 0$，则级数发散. 若 $\displaystyle\lim_{n \to \infty} u_n = 0$ 或 $\displaystyle\lim_{n \to \infty} u_n$ 不易计算，则观察该级数是否为正项级数.

（b）若 $\displaystyle\sum_{n=1}^{\infty} u_n$ 为正项级数，可先考虑可否应用比值判别法和根值判别法；再考虑应用比较判别法（或其极限形式）；最后考虑应用级数收敛或发散的定义.

（c）如果 $\displaystyle\sum_{n=1}^{\infty} u_n$ 不是正项级数，则其敛散性的判定另有其他方法（可参见下面的习题及注释）.

7. 判定下列交错级数的敛散性：

(1) $1 - \dfrac{1}{\sqrt{2}} + \dfrac{1}{\sqrt{3}} - \dfrac{1}{\sqrt{4}} + \cdots$

(2) $1 - \dfrac{1}{2!} + \dfrac{1}{3!} - \dfrac{1}{4!} + \cdots$

(3) $1 - \dfrac{2}{3} + \dfrac{3}{5} - \dfrac{4}{7} + \cdots$

解：（1）级数的通项为 $(-1)^{n-1} \dfrac{1}{\sqrt{n}}$，其中 $u_n = \dfrac{1}{\sqrt{n}}$. 因为

$$u_n = \frac{1}{\sqrt{n}} > \frac{1}{\sqrt{n+1}} = u_{n+1} \quad (n = 1, 2, \cdots)$$

$$\lim_{n \to \infty} u_n = \lim_{n \to \infty} \frac{1}{\sqrt{n}} = 0$$

由莱布尼茨定理可知，级数 $\sum\limits_{n=1}^{\infty} (-1)^{n-1} \dfrac{1}{\sqrt{n}}$ 收敛.

（2）级数的通项为 $(-1)^{n-1} \dfrac{1}{n!}$，其中 $u_n = \dfrac{1}{n!}$. 因为

$$u_n = \frac{1}{n!} > \frac{1}{(n+1)!} = u_{n+1} \quad (n = 1, 2, \cdots)$$

$$\lim_{n \to \infty} u_n = \lim_{n \to \infty} \frac{1}{n!} = 0$$

由莱布尼茨定理可知，级数 $\sum\limits_{n=1}^{\infty} (-1)^{n-1} \dfrac{1}{n!}$ 收敛.

（3）级数的通项为 $(-1)^{n-1} \dfrac{n}{2n-1}$，其中 $u_n = \dfrac{n}{2n-1}$. 因为

$$\lim_{n \to \infty} u_n = \lim_{n \to \infty} \frac{n}{2n-1} = \frac{1}{2} \neq 0$$

所以级数 $\sum\limits_{n=1}^{\infty} (-1)^{n-1} \dfrac{n}{2n-1}$ 发散.

8. 判定下列级数哪些是绝对收敛，哪些是条件收敛：

（1）$1 - \dfrac{1}{3^2} + \dfrac{1}{5^2} - \dfrac{1}{7^2} + \dfrac{1}{9^2} - \cdots$

（2）$\dfrac{1}{2} - \dfrac{1}{2 \cdot 2^2} + \dfrac{1}{3 \cdot 2^3} - \dfrac{1}{4 \cdot 2^4} + \cdots$

（3）$\sum\limits_{n=1}^{\infty} \dfrac{(-1)^n}{\ln(n+1)} \cdot 1$

（4）$\sum\limits_{n=1}^{\infty} \dfrac{\sin na}{(n+1)^2}$

（5）$\dfrac{1}{2} - \dfrac{3}{10} + \dfrac{1}{2^2} - \dfrac{3}{10^2} + \dfrac{1}{2^3} - \dfrac{3}{10^3} + \cdots$

（6）$\dfrac{1}{2} + \dfrac{9}{4} - \dfrac{25}{8} - \dfrac{49}{16} + \dfrac{81}{32} + \dfrac{121}{64} - \cdots$

$$= \frac{1}{2} + \sum_{n=1}^{\infty} (-1)^{\frac{n(n-1)}{2}} \frac{(2n+1)^2}{2^{n+1}}$$

解：（1）级数的通项 $u_n = (-1)^n \dfrac{1}{(2n+1)^2}$ $(n = 0, 1, 2, \cdots)$，因为

$$|u_n| = \frac{1}{(2n+1)^2} < \frac{1}{(2n)^2} = \frac{1}{4} \cdot \frac{1}{n^2}$$

而级数 $\sum\limits_{n=1}^{\infty} \dfrac{1}{n^2}$ 是 p —级数 $(p = 2)$，收敛. 所以原级数 $\sum\limits_{n=0}^{\infty} \dfrac{(-1)^n}{(2n+1)^2}$ 绝对收敛.

(2) 级数的通项 $u_n = (-1)^{n-1} \dfrac{1}{n \cdot 2^n}$ ($n = 1, 2, \cdots$)，因为

$$|u_n| = \frac{1}{n \cdot 2^n} \leqslant \frac{1}{2^n}$$

而级数 $\displaystyle\sum_{n=1}^{\infty} \frac{1}{2^n}$ 收敛，所以原级数绝对收敛.

(3) 级数的通项 $u_n = \dfrac{(-1)^{n-1}}{\ln(n+1)}$ ($n = 1, 2, \cdots$)，因为

$$|u_n| = \frac{1}{\ln(n+1)} > \frac{1}{n} \quad （见第 4(4) 题）$$

而级数 $\displaystyle\sum_{n=1}^{\infty} \frac{1}{n}$ 发散，所以原级数非绝对收敛. 但原级数为交错级数，且满足

$$|u_n| = \frac{1}{\ln(n+1)} > \frac{1}{\ln(n+2)} = |u_{n+1}|$$

$$\lim_{n \to \infty} u_n = \lim_{n \to \infty} \frac{1}{\ln(n+1)} = 0$$

所以原级数 $\displaystyle\sum_{n=1}^{\infty} \frac{(-1)^{n-1}}{\ln(n+1)}$ 条件收敛.

(4) 级数的通项 $u_n = \dfrac{\sin na}{(n+1)^2}$ ($n = 1, 2, \cdots$)，因为

$$|u_n| = \left| \frac{\sin na}{(n+1)^2} \right| \leqslant \frac{1}{(n+1)^2}$$

而级数 $\displaystyle\sum_{n=1}^{\infty} \frac{1}{(n+1)^2}$ 收敛，所以原级数绝对收敛.

(5) 级数各项取绝对值后所成级数为

$$\frac{1}{2} + \frac{3}{10} + \frac{1}{2^2} + \frac{3}{10^2} + \frac{1}{2^3} + \frac{3}{10^3} + \cdots$$

前 $2n$ 项的和为

$$S_{2n} = \frac{1}{2} + \frac{3}{10} + \frac{1}{2^2} + \frac{3}{10^2} + \cdots + \frac{1}{2^n} + \frac{3}{10^n}$$

$$= \left(\frac{1}{2} + \frac{1}{2^2} + \cdots + \frac{1}{2^n} \right) + \left(\frac{3}{10} + \frac{3}{10^2} + \cdots + \frac{3}{10^n} \right)$$

所以 $\displaystyle\lim_{n \to \infty} S_{2n} = 1 + \frac{1}{3} = \frac{4}{3}$

而前 $2n-1$ 项的和为

$$S_{2n-1} = \frac{1}{2} + \frac{3}{10} + \frac{1}{2^2} + \frac{3}{10^2} + \cdots + \frac{1}{2^n}$$

$$= \left(\frac{1}{2} + \frac{1}{2^2} + \cdots + \frac{1}{2^n} \right) + \left(\frac{3}{10} + \frac{3}{10^2} + \cdots + \frac{3}{10^{n-1}} \right)$$

所以 $\displaystyle\lim_{n \to \infty} S_{2n-1} = 1 + \frac{1}{3} = \frac{4}{3}$

由此可得 $\displaystyle\lim_{n \to \infty} S_n = \frac{4}{3}$，故级数

$$\frac{1}{2} + \frac{3}{10} + \frac{1}{2^2} + \frac{3}{10^2} + \frac{1}{2^3} + \frac{3}{10^3} + \cdots$$

收敛, 于是原级数绝对收敛.

（6）级数 $\dfrac{9}{4} - \dfrac{25}{8} - \dfrac{49}{16} + \dfrac{81}{32} + \dfrac{121}{64} - \cdots$ 的通项 $u_n = (-1)^{\frac{n(n-1)}{2}} \dfrac{(2n+1)^2}{2^{n+1}}$ （$n = 1, 2, \cdots$），
因为

$$|u_n| = \frac{(2n+1)^2}{2^{n+1}}$$

而
$$\lim_{n \to \infty} \left| \frac{u_{n+1}}{u_n} \right| = \lim_{n \to \infty} \frac{(2n+3)^2}{2^{n+2}} \cdot \frac{2^{n+1}}{(2n+1)^2}$$
$$= \lim_{n \to \infty} \frac{1}{2} \cdot \frac{(2n+3)^2}{(2n+1)^2} = \frac{1}{2} < 1$$

所以级数 $\dfrac{1}{2} + \displaystyle\sum_{n=1}^{\infty} |u_n| = \dfrac{1}{2} + \sum_{n=1}^{\infty} \dfrac{(2n+1)^2}{2^{n+1}}$ 收敛, 从而原级数绝对收敛.

注释: 对于任意项级数 $\displaystyle\sum_{n=1}^{\infty} u_n$, 首先应判定通项 u_n 是否趋于零（$n \to \infty$）. 若 $\lim\limits_{n \to \infty} u_n \neq 0$, 则级数发散; 若 $\lim\limits_{n \to \infty} u_n = 0$, 则对 $\displaystyle\sum_{n=1}^{\infty} |u_n|$ 的敛散性作出判别. 这时可应用正项级数敛散性的判别法. 若级数 $\displaystyle\sum_{n=1}^{\infty} |u_n|$ 收敛, 则级数 $\displaystyle\sum_{n=1}^{\infty} u_n$ 绝对收敛; 若 $\displaystyle\sum_{n=1}^{\infty} |u_n|$ 发散, 再利用级数收敛的定义或其他方法判断级数 $\displaystyle\sum_{n=1}^{\infty} u_n$ 的敛散性. 特别地, 对交错级数, 可以利用莱布尼茨判别法进行判别. 最后指明级数是条件收敛还是发散.

9. 求下列幂级数的收敛半径和收敛域:

（1）$x - \dfrac{x^2}{2} + \dfrac{x^3}{3} - \dfrac{x^4}{4} + \cdots$

（2）$1 + \dfrac{x}{2!} + \dfrac{x^2}{4!} + \dfrac{x^3}{6!} + \cdots$

（3）$\displaystyle\sum_{n=1}^{\infty} \dfrac{x^n}{(2n-1)(2n)}$

（4）$\dfrac{1}{2} + \dfrac{x}{2^2} + \dfrac{x^2}{2^3} + \dfrac{x^3}{2^4} + \cdots$

（5）$\displaystyle\sum_{n=1}^{\infty} \dfrac{x^{n-1}}{3^{n-1} n}$

（6）$1 - \dfrac{x}{5\sqrt{2}} + \dfrac{x^2}{5^2 \sqrt{3}} - \dfrac{x^3}{5^3 \sqrt{4}} + \cdots$

（7）$1 + \dfrac{2x}{\sqrt{5 \cdot 5}} + \dfrac{4x^2}{\sqrt{9 \cdot 5^2}} + \dfrac{8x^3}{\sqrt{13 \cdot 5^3}} + \dfrac{16x^4}{\sqrt{17 \cdot 5^4}} + \cdots$

（8）$\displaystyle\sum_{n=1}^{\infty} \dfrac{\ln(n+1)}{n+1} x^{n+1}$

(9) $\displaystyle\sum_{n=1}^{\infty} \frac{5^n+(-3)^n}{n}x^n$

(10) $\displaystyle\sum_{n=1}^{\infty}\left[\frac{(-1)^n}{2^n}x^n+3^nx^n\right]$

(11) $\displaystyle\sum_{n=1}^{\infty} \frac{(x-2)^n}{n^2}$

(12) $\displaystyle\sum_{n=1}^{\infty}(\sqrt{n+1}-\sqrt{n})2^nx^{2n}$

(13) $\displaystyle\sum_{n=1}^{\infty}2^n(x+3)^{2n}$

(14) $\displaystyle\sum_{n=1}^{\infty}(-1)^{n-1}\frac{(2x-3)^n}{2n-1}$

解：(1) 级数可记为 $\displaystyle\sum_{n=1}^{\infty}\frac{(-1)^{n+1}x^n}{n}$，因为

$$\lim_{n\to\infty}\left|\frac{a_{n+1}}{a_n}\right|=\lim_{n\to\infty}\frac{\frac{1}{n+1}}{\frac{1}{n}}=\lim_{n\to\infty}\frac{n}{n+1}=1$$

所以收敛半径 $R=1$. 收敛区间为 $(-1,1)$.

当 $x=1$ 时级数成为 $\displaystyle\sum_{n=1}^{\infty}(-1)^{n+1}\frac{1}{n}$，是收敛的；当 $x=-1$ 时级数成为 $\displaystyle\sum_{n=1}^{\infty}-\frac{1}{n}$，是发散的. 所以收敛域为 $(-1,1]$.

(2) 级数可记为 $\displaystyle\sum_{n=0}^{\infty}\frac{x^n}{(2n)!}$，因为

$$\lim_{n\to\infty}\left|\frac{a_{n+1}}{a_n}\right|=\lim_{n\to\infty}\frac{\frac{1}{(2n+2)!}}{\frac{1}{(2n)!}}=\lim_{n\to\infty}\frac{(2n)!}{(2n+2)!}$$

$$=\lim_{n\to\infty}\frac{1}{(2n+1)(2n+2)}=0$$

所以收敛半径 $R=\infty$. 级数收敛域为 $(-\infty,+\infty)$.

(3) 因为 $\displaystyle\lim_{n\to\infty}\left|\frac{a_{n+1}}{a_n}\right|=\lim_{n\to\infty}\frac{\frac{1}{(2n+1)(2n+2)}}{\frac{1}{(2n-1)(2n)}}$

$$=\lim_{n\to\infty}\frac{(2n-1)(2n)}{(2n+1)(2n+2)}=1$$

所以收敛半径 $R=1$.

当 $x=1$ 时，级数成为 $\displaystyle\sum_{n=1}^{\infty}\frac{1}{(2n-1)(2n)}$，而 $\displaystyle\frac{1}{(2n-1)(2n)}\leqslant\frac{1}{2n^2}$，故 $\displaystyle\sum_{n=1}^{\infty}\frac{1}{(2n-1)(2n)}$ 是收敛的；

当 $x=-1$ 时，级数成为 $\sum\limits_{n=1}^{\infty}(-1)^{n}\cdot\dfrac{1}{(2n-1)(2n)}$，该级数是绝对收敛的. 所以收敛域为 $[-1,1]$.

(4) 级数可记为 $\sum\limits_{n=1}^{\infty}\dfrac{x^{n-1}}{2^{n}}$，因为

$$\lim_{n\rightarrow\infty}\left|\frac{a_{n+1}}{a_{n}}\right|=\lim_{n\rightarrow\infty}\frac{\dfrac{1}{2^{n+1}}}{\dfrac{1}{2^{n}}}=\lim_{n\rightarrow\infty}\frac{2^{n}}{2^{n+1}}=\frac{1}{2}$$

所以收敛半径 $R=2$.

当 $x=2$ 时，级数成为 $\sum\limits_{n=1}^{\infty}\dfrac{1}{2}$，其通项极限不为零 $(n\rightarrow\infty)$，故发散；当 $x=-2$ 时，级数成为 $\sum\limits_{n=1}^{\infty}\dfrac{(-1)^{n}}{2}$，同理可知它是发散的. 所以收敛域为 $(-2,2)$.

(5) 因为 $\lim\limits_{n\rightarrow\infty}\left|\dfrac{a_{n+1}}{a_{n}}\right|=\lim\limits_{n\rightarrow\infty}\dfrac{\dfrac{1}{3^{n}(n+1)}}{\dfrac{1}{3^{n-1}n}}$

$$=\lim_{n\rightarrow\infty}\frac{n}{3(n+1)}=\frac{1}{3}$$

所以收敛半径 $R=3$.

当 $x=3$ 时，级数成为调和级数 $\sum\limits_{n=1}^{\infty}\dfrac{1}{n}$，它是发散的. 当 $x=-3$ 时，级数成为交错级数 $\sum\limits_{n=1}^{\infty}\dfrac{(-1)^{n-1}}{n}$，它是收敛的. 所以收敛域为 $[-3,3)$.

(6) 级数可记为 $\sum\limits_{n=1}^{\infty}\dfrac{(-1)^{n-1}x^{n-1}}{5^{n-1}\sqrt{n}}$，因为

$$\lim_{n\rightarrow\infty}\left|\frac{a_{n+1}}{a_{n}}\right|=\lim_{n\rightarrow\infty}\frac{\dfrac{1}{5^{n}\sqrt{n+1}}}{\dfrac{1}{5^{n-1}\sqrt{n}}}$$

$$=\lim_{n\rightarrow\infty}\frac{1}{5}\sqrt{\frac{n}{n+1}}=\frac{1}{5}$$

所以收敛半径 $R=5$.

当 $x=5$ 时，级数成为 $\sum\limits_{n=1}^{\infty}\dfrac{(-1)^{n-1}}{\sqrt{n}}$，它是收敛的.

当 $x=-5$ 时，级数成为 $\sum\limits_{n=1}^{\infty}\dfrac{1}{\sqrt{n}}$，这是 $p=\dfrac{1}{2}$ 的 p - 级数，故发散.

所以收敛域为 $(-5,5]$.

(7) 级数可记为 $\sum\limits_{n=1}^{\infty}\dfrac{2^{n-1}x^{n-1}}{\sqrt{(4n-3)5^{n-1}}}$，因为

$$\lim_{n\to\infty}\left|\frac{a_{n+1}}{a_n}\right| = \lim_{n\to\infty}\frac{2^n}{\sqrt{(4n+1)\cdot 5^n}}\cdot\frac{\sqrt{(4n-3)5^{n-1}}}{2^{n-1}}$$

$$= \lim_{n\to\infty}\frac{2\sqrt{4n-3}}{\sqrt{5(4n+1)}} = \frac{2}{\sqrt{5}}$$

所以收敛半径 $R=\dfrac{\sqrt{5}}{2}$.

当 $x=-\dfrac{\sqrt{5}}{2}$ 时，级数成为 $\displaystyle\sum_{n=1}^{\infty}\frac{(-1)^{n-1}}{\sqrt{4n-3}}$. 利用莱布尼茨判别法可知此交错级数收敛.

当 $x=\dfrac{\sqrt{5}}{2}$ 时，级数成为 $\displaystyle\sum_{n=1}^{\infty}\frac{1}{\sqrt{4n-3}}$.

因为 $\dfrac{1}{\sqrt{4n-3}}>\dfrac{1}{\sqrt{4n}}=\dfrac{1}{2\sqrt{n}}$，而 $\displaystyle\sum_{n=1}^{\infty}\frac{1}{\sqrt{n}}$ 发散，所以级数 $\displaystyle\sum_{n=1}^{\infty}\frac{1}{\sqrt{4n-3}}$ 发散，所以级数 $\displaystyle\sum_{n=1}^{\infty}\frac{2^{n-1}x^{n-1}}{\sqrt{(4n-3)5^{n-1}}}$ 的收敛域为 $\left[-\dfrac{\sqrt{5}}{2},\dfrac{\sqrt{5}}{2}\right)$.

(8) 因为 $\displaystyle\lim_{n\to\infty}\left|\frac{a_{n+1}}{a_n}\right|=\lim_{n\to\infty}\frac{\ln(n+2)}{n+2}\cdot\frac{n+1}{\ln(n+1)}=1$，所以收敛半径 $R=1$.

当 $x=-1$ 时，级数成为交错级数 $\displaystyle\sum_{n=1}^{\infty}\frac{(-1)^{n+1}\ln(n+1)}{n+1}$. 利用莱布尼茨判别法可知级数收敛.

当 $x=1$ 时，级数成为 $\displaystyle\sum_{n=1}^{\infty}\frac{\ln(n+1)}{n+1}$. 因为

$$\frac{\ln(n+1)}{n+1}>\frac{1}{n+1}\ (n\geqslant 2)$$

利用正项级数比较判别法，由 $\displaystyle\sum_{n=1}^{\infty}\frac{1}{n+1}$ 发散，可知 $\displaystyle\sum_{n=1}^{\infty}\frac{\ln(n+1)}{n+1}$ 发散. 所以，所求级数的收敛域为 $[-1,1)$.

(9) 因为 $\displaystyle\lim_{n\to\infty}\left|\frac{a_{n+1}}{a_n}\right|=\lim_{n\to\infty}\frac{5^{n+1}+(-3)^{n+1}}{n+1}\cdot\frac{n}{5^n+(-3)^n}$

$$= \lim_{n\to\infty}\frac{n}{n+1}\cdot\frac{5\left[1+\left(-\dfrac{3}{5}\right)^{n+1}\right]}{1+\left(-\dfrac{3}{5}\right)^n} = 5$$

所以收敛半径 $R=\dfrac{1}{5}$.

当 $x=-\dfrac{1}{5}$ 时，原级数成为 $\displaystyle\sum_{n=1}^{\infty}\left[(-1)^n\frac{1}{n}+\frac{1}{n}\cdot\left(\frac{3}{5}\right)^n\right]$. 由于 $\displaystyle\sum_{n=1}^{\infty}(-1)^n\frac{1}{n}$ 收敛，且 $\displaystyle\sum_{n=1}^{\infty}\frac{1}{n}\cdot\left(\frac{3}{5}\right)^n$ 收敛(用比值判别法)，故级数 $\displaystyle\sum_{n=1}^{\infty}\left[(-1)^n\frac{1}{n}+\frac{1}{n}\left(\frac{3}{5}\right)^n\right]$ 收敛.

当 $x=\dfrac{1}{5}$ 时，原级数成为 $\displaystyle\sum_{n=1}^{\infty}\left[\frac{1}{n}+\frac{1}{n}\cdot\left(-\frac{3}{5}\right)^n\right]$. 因级数 $\displaystyle\sum_{n=1}^{\infty}\frac{1}{n}$ 发散，故

$\sum\limits_{n=1}^{\infty}\left[\dfrac{1}{n}+\dfrac{1}{n}\cdot\left(-\dfrac{3}{5}\right)^n\right]$ 发散，所以所求收敛域为 $\left[-\dfrac{1}{5},\dfrac{1}{5}\right)$.

(10) 分别考察幂级数 $\sum\limits_{n=1}^{\infty}\dfrac{(-1)^n}{2^n}x^n$ 和 $\sum\limits_{n=1}^{\infty}3^nx^n$.

对于幂级数 $\sum\limits_{n=1}^{\infty}\dfrac{(-1)^n}{2^n}x^n$，因为

$$\lim_{n\to\infty}\left|\dfrac{a_{n+1}}{a_n}\right|=\lim_{n\to\infty}\dfrac{2^n}{2^{n+1}}=\dfrac{1}{2}$$

可知级数 $\sum\limits_{n=1}^{\infty}\dfrac{(-1)^n}{2^n}x^n$ 的收敛半径 $R_1=2$.

对于幂级数 $\sum\limits_{n=1}^{\infty}3^nx^n$，因为

$$\lim_{n\to\infty}\left|\dfrac{a_{n+1}}{a_n}\right|=\lim_{n\to\infty}\dfrac{3^{n+1}}{3^n}=3$$

可知级数 $\sum\limits_{n=1}^{\infty}3^nx^n$ 的收敛半径 $R_2=\dfrac{1}{3}$.

由此可知，级数 $\sum\limits_{n=1}^{\infty}\left[\dfrac{(-1)^n}{2^n}x^n+3^nx^n\right]$ 的收敛半径

$$R=\min\{R_1,R_2\}=\min\left\{2,\dfrac{1}{3}\right\}=\dfrac{1}{3}$$

当 $x=-\dfrac{1}{3}$ 时，级数 $\sum\limits_{n=1}^{\infty}\dfrac{(-1)^n}{2^n}x^n$ 成为 $\sum\limits_{n=1}^{\infty}\dfrac{1}{2^n\cdot3^n}$，收敛；而级数 $\sum\limits_{n=1}^{\infty}3^nx^n$ 成为 $\sum\limits_{n=1}^{\infty}(-1)^n$，发散，故级数 $\sum\limits_{n=1}^{\infty}\left[\dfrac{(-1)^n}{2^n}x^n+3^nx^n\right]$ 发散.

当 $x=\dfrac{1}{3}$ 时，类似可知级数 $\sum\limits_{n=1}^{\infty}\left[\dfrac{(-1)^n}{2^n}x^n+3^nx^n\right]$ 发散. 所以原级数收敛域为 $\left(-\dfrac{1}{3},\dfrac{1}{3}\right)$.

(11) 设 $t=x-2$，则原幂级数成为 $\sum\limits_{n=1}^{\infty}\dfrac{t^n}{n^2}$. 因为

$$\lim_{n\to\infty}\left|\dfrac{a_{n+1}}{a_n}\right|=\lim_{n\to\infty}\dfrac{n^2}{(n+1)^2}=1$$

所以 $\sum\limits_{n=1}^{\infty}\dfrac{t^n}{n^2}$ 的收敛半径 $R=1$.

当 $t=-1$ 时，级数 $\sum\limits_{n=1}^{\infty}\dfrac{t^n}{n^2}$ 成为 $\sum\limits_{n=1}^{\infty}\dfrac{(-1)^n}{n^2}$，级数收敛.

当 $t=1$ 时，级数 $\sum\limits_{n=1}^{\infty}\dfrac{t^n}{n^2}$ 成为 $\sum\limits_{n=1}^{\infty}\dfrac{1}{n^2}$，级数收敛.

可见，级数 $\sum\limits_{n=1}^{\infty}\dfrac{t^n}{n^2}$ 的收敛域为 $[-1,1]$. 由 $t=x-2$ 可知，当 $-1\leqslant x-2\leqslant1$ 时，原

幂级数收敛，即所求收敛半径为 $R=1$，收敛域为 $[1, 3]$.

（12）此级数只含 x 的偶次项，可直接求

$$\lim_{n\to\infty}\left|\frac{u_{n+1}}{u_n}\right|=\lim_{n\to\infty}\frac{(\sqrt{n+2}-\sqrt{n+1})\cdot 2^{n+1}x^{2n+2}}{(\sqrt{n+1}-\sqrt{n})\cdot 2^n x^{2n}}$$

$$=\lim_{n\to\infty}\frac{\sqrt{n+1}+\sqrt{n}}{\sqrt{n+2}+\sqrt{n+1}}\cdot 2x^2$$

$$=2x^2$$

由此可知，当 $2x^2<1$ 时，即 $|x|<\frac{\sqrt{2}}{2}$ 时，级数绝对收敛，故收敛半径 $R=\frac{\sqrt{2}}{2}$.

当 $x=\pm\frac{\sqrt{2}}{2}$ 时，级数成为 $\sum_{n=1}^{\infty}(\sqrt{n+1}-\sqrt{n})$，这是一个正项级数，其通项

$$(\sqrt{n+1}-\sqrt{n})=\frac{1}{\sqrt{n+1}+\sqrt{n}}>\frac{1}{2\sqrt{n+1}}$$

由级数 $\sum_{n=1}^{\infty}\frac{1}{2\sqrt{n+1}}$ 发散，可知 $\sum_{n=1}^{\infty}(\sqrt{n+1}-\sqrt{n})$ 发散，所以级数 $\sum_{n=1}^{\infty}(\sqrt{n+1}-\sqrt{n})2^n x^{2n}$

的收敛域为 $\left(-\frac{\sqrt{2}}{2}, \frac{\sqrt{2}}{2}\right)$.

（13）此级数只含 x 的偶次项，直接计算

$$\lim_{n\to\infty}\left|\frac{u_{n+1}}{u_n}\right|=\lim_{n\to\infty}\frac{2^{n+1}(x+3)^{2n+2}}{2^n(x+3)^{2n}}=2(x+3)^2$$

所以，当 $2(x+3)^2<1$，即 $-3-\frac{\sqrt{2}}{2}<x<-3+\frac{\sqrt{2}}{2}$ 时，级数绝对收敛，收敛半径 $R=\frac{\sqrt{2}}{2}$.

当 $x=-3\pm\frac{\sqrt{2}}{2}$ 时，原级数成为 $1+1+\cdots+1+\cdots$，级数发散.

所以级数 $\sum_{n=1}^{\infty}2^n(x+3)^{2n}$ 的收敛域为 $\left(-3-\frac{\sqrt{2}}{2}, -3+\frac{\sqrt{2}}{2}\right)$.

（14）因为 $\lim_{n\to\infty}\left|\frac{u_{n+1}}{u_n}\right|=\lim_{n\to\infty}\left|\frac{(2x-3)^{n+1}}{2n+1}\cdot\frac{2n-1}{(2x-3)^n}\right|=|2x-3|$，所以，当 $|2x-3|<$

1，即 $\left|x-\frac{3}{2}\right|<\frac{1}{2}$ 时，级数绝对收敛，收敛半径 $R=\frac{1}{2}$.

当 $x-\frac{3}{2}=\frac{1}{2}$，即 $x=2$ 时，原级数成为 $\sum_{n=1}^{\infty}\frac{(-1)^{n-1}}{2n-1}$，级数收敛.

当 $x-\frac{3}{2}=-\frac{1}{2}$，即 $x=1$ 时，原级数成为 $\sum_{n=1}^{\infty}\frac{-1}{2n-1}$，级数发散.

所以，级数 $\sum_{n=1}^{\infty}(-1)^{n-1}\frac{(2x-3)^n}{2n-1}$ 的收敛域为 $(1, 2]$.

注释：（ⅰ）求幂级数 $\sum_{n=1}^{\infty}a_n x^n$ 的收敛半径和收敛域的步骤如下：

如果 $\lim_{n\to\infty}\left|\frac{a_{n+1}}{a_n}\right|=l$，则

(a) 当 $0 < l < +\infty$ 时，收敛半径 $R = \dfrac{1}{l}$；

(b) 当 $l = 0$ 时，收敛半径 $R = +\infty$；

(c) 当 $l = +\infty$ 时，收敛半径 $R = 0$．

当收敛半径 $0 < R < +\infty$ 时，再判定级数 $\displaystyle\sum_{n=1}^{\infty} a_n x^n$ 在 $x = \pm R$ 时的敛散性，最后求得收敛域. 收敛域可能是 $(-R, R)$，$[-R, R)$，$(-R, R]$ 或 $[-R, R]$ 中之一，如第 (1) ～ (8) 题.

（ ⅱ ）求幂级数 $\displaystyle\sum_{n=1}^{\infty} a_{2n} x^{2n}$（或 $\displaystyle\sum_{n=1}^{\infty} a_{2n-1} x^{2n-1}$）的收敛半径和收敛域时，由于 x 的奇次幂（偶次幂）的系数为零，不要直接应用注释（ ⅰ ）中的方法，否则容易出错，这时，直接利用比值判别法，即求

$$\lim_{n \to \infty} \left| \frac{u_{n+1}(x)}{u_n(x)} \right|$$

然后可求收敛半径和收敛域.

该方法也可用于求任一幂级数的收敛半径和收敛域，如第 (12) ～ (14) 题.

10. 求下列幂级数的收敛域，并求和函数.

(1) $x - \dfrac{x^3}{3} + \dfrac{x^5}{5} - \dfrac{x^7}{7} + \cdots$

(2) $2x + 4x^3 + 6x^5 + 8x^7 + \cdots$

(3) $\displaystyle\sum_{n=1}^{\infty} n(n+1) x^n$

(4) $\displaystyle\sum_{n=1}^{\infty} \dfrac{1}{n 2^n} x^{n-1}$

解：(1) 级数的通项 $u_n = \dfrac{(-1)^{n-1} x^{2n-1}}{2n-1}$ $(n = 1, 2, \cdots)$，因为

$$\lim_{n \to \infty} \left| \frac{u_{n+1}}{u_n} \right| = \lim_{n \to \infty} \left| \frac{x^{2n+1}}{2n+1} \cdot \frac{2n-1}{x^{2n-1}} \right| = x^2$$

所以，当 $x^2 < 1$，即 $|x| < 1$ 时，级数绝对收敛；收敛半径 $R = 1$.

当 $x = -1$ 时，原级数成为 $\displaystyle\sum_{n=1}^{\infty} \dfrac{(-1)^n}{2n-1}$，利用交错级数的莱布尼茨判别法，级数收敛.

当 $x = 1$ 时，原级数成为 $\displaystyle\sum_{n=1}^{\infty} \dfrac{(-1)^{n-1}}{2n-1}$，同理可知级数收敛.

所以，级数 $\displaystyle\sum_{n=1}^{\infty} \dfrac{(-1)^{n-1}}{2n-1} x^{2n-1}$ 的收敛域为 $[-1, 1]$.

设和函数 $S(x) = \displaystyle\sum_{n=1}^{\infty} \dfrac{(-1)^{n-1}}{2n-1} x^{2n-1}$，$x \in [-1, 1]$，等式两边对 x 求导，得

$$S'(x) = 1 - x^2 + x^4 - x^6 + \cdots + (-1)^n x^{2n} + \cdots$$
$$= \frac{1}{1+x^2}, \quad x \in (-1, 1)$$

上式两边由 0 到 x 求积分, 有

$$\int_0^x S'(t)\mathrm{d}t = \int_0^x \frac{1}{1+t^2}\mathrm{d}t$$

得　　　　$S(x) = \arctan x$

因原级数的收敛域为 $[-1, 1]$, 所以

$$x - \frac{x^3}{3} + \frac{x^5}{5} - \frac{x^7}{7} + \cdots = \arctan x, \quad x \in [-1, 1]$$

(2) 级数的通项 $u_n = 2nx^{2n-1}$ $(n = 1, 2, \cdots)$, 因为

$$\lim_{n\to\infty}\left|\frac{u_{n+1}}{u_n}\right| = \lim_{n\to\infty}\left|\frac{2(n+1)x^{2n+1}}{2nx^{2n-1}}\right| = x^2$$

所以, 当 $x^2 < 1$, 即 $|x| < 1$ 时, 级数绝对收敛, 收敛半径 $R = 1$.

当 $x = -1$ 时, 级数成为 $\sum_{n=1}^{\infty}(-2)n = -2 - 4 - 6 - 8 - \cdots$, 显然级数发散;

当 $x = 1$ 时, 级数成为 $\sum_{n=1}^{\infty}2n = 2 + 4 + 6 + 8 + \cdots$, 级数发散.

所以, 级数 $\sum_{n=1}^{\infty}2nx^{2n-1}$ 的收敛域为 $(-1, 1)$.

设和函数 $S(x) = \sum_{n=1}^{\infty}2nx^{2n-1}$, $x \in (-1, 1)$ 等式两边从 0 到 x 积分, 有

$$\int_0^x S(t)\mathrm{d}t = \sum_{n=1}^{\infty}\int_0^x 2nt^{2n-1}\mathrm{d}t = \sum_{n=1}^{\infty}x^{2n}$$
$$= x^2 + x^4 + x^6 + x^8 + \cdots$$

即 $\int_0^x S(t)\mathrm{d}t = \dfrac{x^2}{1-x^2}$, $x \in (-1, 1)$. 在等式两边求导, 得

$$S(x) = \left(\frac{x^2}{1-x^2}\right)' = \frac{2x}{(1-x^2)^2}, \quad x \in (-1, 1)$$

(3) 因为 $\lim_{n\to\infty}\left|\dfrac{a_{n+1}}{a_n}\right| = \lim_{n\to\infty}\dfrac{(n+1)(n+2)}{n(n+1)} = 1$, 所以级数 $\sum_{n=1}^{\infty}n(n+1)x^n$ 的收敛半径 $R = 1$.

当 $x = -1$ 时, 级数成为 $\sum_{n=1}^{\infty}(-1)^n n(n+1)$, 级数发散.

当 $x = 1$ 时, 级数成为 $\sum_{n=1}^{\infty}n(n+1)$, 级数发散.

所以, 级数 $\sum_{n=1}^{\infty}n(n+1)x^n$ 的收敛域为 $(-1, 1)$.

设和函数 $S(x) = \sum_{n=1}^{\infty}n(n+1)x^n$, $x \in (-1, 1)$, 等式两边由 0 到 x 求积分, 有

$$\int_0^x S(t)\mathrm{d}t = \sum_{n=1}^{\infty}\int_0^x n(n+1)t^n\mathrm{d}t = \sum_{n=1}^{\infty}nx^{n+1}$$

当 $x \neq 0$ 时, 上式可化为

$$\frac{1}{x^2}\int_0^x S(t)\mathrm{d}t = \sum_{n=1}^{\infty}nx^{n-1} = 1 + 2x + 3x^2 + 4x^3 + \cdots$$

对上式两边从 0 到 x 积分，有

$$\int_0^x \left[\frac{1}{u^2} \int_0^u S(t) \, dt \right] du = x + x^2 + x^3 + x^4 + \cdots = \frac{x}{1-x}$$

在等式两边求导，得

$$\frac{1}{x^2} \int_0^x S(t) \, dt = \left(\frac{x}{1-x} \right)' = \frac{1}{(1-x)^2}$$

于是，

$$\int_0^x S(t) \, dt = \frac{x^2}{(1-x)^2}$$

等式两边再对 x 求导，得

$$S(x) = \left[\frac{x^2}{(1-x)^2} \right]' = \frac{2x}{(1-x)^3}$$

当 $x = 0$ 时，直接可得 $S(0) = 0$. 所以，和函数

$$S(x) = \sum_{n=1}^{\infty} n(n+1)x = \frac{2x}{(1-x)^3}, \quad x \in (-1, 1)$$

(4) 因为 $\lim\limits_{n \to \infty} \left| \dfrac{a_{n+1}}{a_n} \right| = \lim\limits_{n \to \infty} \left| \dfrac{n2^n}{(n+1)2^{n+1}} \right| = \dfrac{1}{2}$，所以级数 $\sum\limits_{n=1}^{\infty} \dfrac{1}{n2^n} x^{n-1}$ 的收敛半径 $R = 2$.

当 $x = -2$ 时，级数成为 $\sum\limits_{n=1}^{\infty} \dfrac{(-1)^{n-1}}{2n}$，级数收敛.

当 $x = 2$ 时，级数成为 $\sum\limits_{n=1}^{\infty} \dfrac{1}{2n}$，级数发散.

所以级数的收敛域为 $[-2, 2)$，设级数的和函数

$$S(x) = \sum_{n=1}^{\infty} \frac{x^{n-1}}{n2^n} = \frac{1}{2} + \frac{x}{2 \cdot 2^2} + \frac{x^2}{3 \cdot 2^3} + \cdots, \quad x \in [-2, 2)$$

则

$$xS(x) = \sum_{n=1}^{\infty} \frac{x^n}{n2^n} = \frac{x}{2} + \frac{x^2}{2 \cdot 2^2} + \frac{x^3}{3 \cdot 2^3} + \cdots$$

在上式两边对 x 求导，有

$$[xS(x)]' = \frac{1}{2} + \frac{x}{2^2} + \frac{x^2}{2^3} + \cdots = \frac{1}{2} \cdot \frac{1}{1 - \left(\dfrac{x}{2} \right)} = \frac{1}{2-x}$$

两边由 0 到 x 求积分，有

$$\int_0^x [tS(t)]' \, dt = \int_0^x \frac{1}{2-t} \, dt$$

得

$$xS(x) = -\ln(2-x) + \ln 2, \quad x \in [-2, 2)$$

当 $x \neq 0$ 时，可得 $S(x) = -\dfrac{1}{x} \ln \left(1 - \dfrac{x}{2} \right)$；当 $x = 0$ 时，可由 $S(x) = \sum\limits_{n=1}^{\infty} \dfrac{x^{n-1}}{n2^n}$ 直接得

到 $S(0) = \dfrac{1}{2}$. 综上所述，所求和函数

$$S(x) = \begin{cases} -\dfrac{1}{x} \ln \left(1 - \dfrac{x}{2} \right), & x \neq 0 \text{ 且 } x \in [-2, 2) \\[2mm] \dfrac{1}{2}, & x = 0 \end{cases}$$

注释：求幂级数的和函数时，经常需要应用幂级数的运算性质，并把求和函数的问题转化为几何级数求和的问题：

$$1+x+x^2+\cdots+x^n+\cdots=\frac{1}{1-x}\qquad(-1<x<1)$$

11. 利用直接展开法将下列函数展开成 x 的幂级数：

(1) $f(x)=a^x\quad(a>0,a\neq1)$

(2) $f(x)=\sin\frac{x}{2}$

解： (1) $f'(x)=a^x\ln a,\quad f''(x)=a^x(\ln a)^2,\cdots$

一般地，$f^{(n)}(x)=a^x(\ln a)^n\ (n=1,2,\cdots)$，所以，$f(0)=1,f'(0)=\ln a,f''(0)=\ln^2 a,\cdots$，$f^{(n)}(0)=\ln^n a,\cdots$，由此可得级数

$$\sum_{n=0}^{\infty}\frac{f^{(n)}(0)}{n!}x^n=\sum_{n=0}^{\infty}\frac{\ln^n a}{n!}x^n$$

因为 $\lim\limits_{n\to\infty}\left|\dfrac{a_{n+1}}{a_n}\right|=\lim\limits_{n\to\infty}\left|\dfrac{\ln^{n+1}a}{(n+1)!}\cdot\dfrac{n!}{\ln^n a}\right|=0$，所以收敛半径 $R=+\infty$，收敛域为 $(-\infty,+\infty)$.

又 $\quad\lim\limits_{n\to\infty}|R_n(x)|=\lim\limits_{n\to\infty}\left|\dfrac{a^{\theta x}\ln^{n+1}a}{(n+1)!}x^{n+1}\right|\quad(0<\theta<1)$

且由于对任意固定的 x，$a^{\theta x}$ 为有限数，$\dfrac{(\ln a)^{n+1}}{(n+1)!}x^{n+1}$ 为级数 $\sum\limits_{n=0}^{\infty}\dfrac{(\ln a)^n}{n!}x^n$ 的通项，所以

$$\lim_{n\to\infty}|R_n(x)|=0$$

因此 $\quad a^x=\sum\limits_{n=0}^{\infty}\dfrac{(\ln a)^n}{n!}x^n\quad(-\infty<x<+\infty)$

(2) 因为 $f(x)=\sin\dfrac{x}{2}$，$f'(x)=\dfrac{1}{2}\cos\dfrac{x}{2}=\dfrac{1}{2}\sin\left(\dfrac{\pi}{2}+\dfrac{x}{2}\right)$，

$$f''(x)=\frac{1}{2^2}\left(-\sin\frac{x}{2}\right)=\frac{1}{2^2}\sin\left(\frac{2\pi}{2}+\frac{x}{2}\right),\cdots$$

$$f^{(n)}(x)=\frac{1}{2^n}\sin\left(\frac{n}{2}\pi+\frac{x}{2}\right),\cdots$$

所以 $\quad f^{(n)}(0)=\dfrac{1}{2^n}\sin\dfrac{n}{2}\pi=\begin{cases}0,&n=2k\\(-1)^k\dfrac{1}{2^{2k+1}},&n=2k+1\end{cases}(k\in\mathbf{Z})$

得级数

$$\sum_{n=0}^{\infty}\frac{f^{(n)}(0)}{n!}x^n=\sum_{k=0}^{\infty}(-1)^k\frac{x^{2k+1}}{2^{2k+1}(2k+1)!}$$

因为 $\quad\lim\limits_{k\to\infty}\left|\dfrac{u_{k+1}}{u_k}\right|=\lim\limits_{k\to\infty}\left|\dfrac{2^{2k-1}(2k-1)!}{2^{2k+1}(2k+1)!}x^2\right|$

$$=\lim_{k\to\infty}\frac{1}{4(2k)(2k+1)}|x|^2=0$$

所以收敛半径为 $+\infty$，收敛域为 $(-\infty,+\infty)$. 再由

$$\lim_{n\to\infty}|R_n(x)|=\lim_{n\to\infty}\left|\sin\left(\theta x+\frac{n+1}{2}\pi\right)\cdot\frac{x^{n+1}}{2^{n+1}(n+1)!}\right|$$

$$\leqslant \lim_{n\to\infty} \frac{|x^{n+1}|}{2^{n+1}(n+1)!} = 0$$

对任意的 x 成立，所以

$$\sin\frac{x}{2} = \sum_{n=0}^{\infty} (-1)^n \frac{x^{2n+1}}{2^{2n+1}(2n+1)!} \quad (-\infty < x < +\infty)$$

12. 利用已知展开式把下列函数展开为 x 的幂级数，并确定收敛域.

(1) $f(x) = e^{-x^2}$ (2) $f(x) = \cos^2 x$

(3) $f(x) = \dfrac{1}{\sqrt{1-x^2}}$ (4) $f(x) = x^3 e^{-x}$

(5) $f(x) = \dfrac{1}{3-x}$ (6) $f(x) = \dfrac{x}{x^2-2x-3}$

解： (1) 由 $e^x = \sum_{n=0}^{\infty} \dfrac{x^n}{n!}$ $(-\infty < x < +\infty)$，将此展开式中的 x 换为 $-x^2$，可得

$$e^{-x^2} = \sum_{n=0}^{\infty} \frac{(-x^2)^n}{n!} = \sum_{n=0}^{\infty} \frac{(-1)^n}{n!} x^{2n} \quad (-\infty < x < +\infty)$$

(2) 因为 $\cos^2 x = \dfrac{1+\cos 2x}{2} = \dfrac{1}{2} + \dfrac{1}{2}\cos 2x$，由

$$\cos x = \sum_{n=0}^{\infty} \frac{(-1)^n}{(2n)!} x^{2n} \quad (-\infty < x < +\infty)$$

可得

$$\cos 2x = \sum_{n=0}^{\infty} \frac{(-1)^n}{(2n)!} (2x)^{2n}$$

于是

$$\cos^2 x = \frac{1}{2} + \frac{1}{2}\sum_{n=0}^{\infty} (-1)^n \frac{(2x)^{2n}}{(2n)!}$$

$$= 1 + \frac{1}{2}\sum_{n=1}^{\infty} \frac{(-1)^n}{(2n)!} \cdot (2x)^{2n} \quad (-\infty < x < +\infty)$$

(3) 由 $(1+x)^\alpha = 1 + \sum_{n=1}^{\infty} \dfrac{\alpha(\alpha-1)\cdots(\alpha-n+1)}{n!} x^n$ $(-1 < x < 1)$，将其中的 x 换为

$-x^2$，取 $\alpha = -\dfrac{1}{2}$，得

$$\frac{1}{\sqrt{1-x^2}} = (1-x^2)^{-\frac{1}{2}}$$

$$= 1 + \frac{1}{2}x^2 + \frac{1 \cdot 3}{2 \cdot 4}x^4 + \cdots + \frac{1 \cdot 3 \cdot 5 \cdot \cdots \cdot (2n-1)}{2 \cdot 4 \cdot 6 \cdot \cdots \cdot (2n)}x^{2n} + \cdots$$

即

$$\frac{1}{\sqrt{1-x^2}} = 1 + \sum_{n=1}^{\infty} \frac{(2n-1)!!}{(2n)!!}x^{2n} \quad (-1 < x < 1)$$

(4) 因为 $e^x = \sum_{n=0}^{\infty} \dfrac{x^n}{n!} = 1 + x + \dfrac{x^2}{2!} + \cdots + \dfrac{x^n}{n!} + \cdots$ $(-\infty < x < +\infty)$，所以

$$e^{-x} = \sum_{n=0}^{\infty} \frac{(-x)^n}{n!} = \sum_{n=0}^{\infty} \frac{(-1)^n}{n!}x^n$$

得

$$x^3 e^{-x} = \sum_{n=0}^{\infty} \frac{(-1)^n}{n!} \cdot x^{n+3} \quad (-\infty < x < +\infty)$$

(5) 因为 $\dfrac{1}{1-x}=1+x+x^2+\cdots+x^n+\cdots \quad (-1<x<1)$，所以，当 $-1<\dfrac{x}{3}<1$ 时，有

$$\frac{1}{3-x}=\frac{1}{3}\cdot\frac{1}{1-\dfrac{x}{3}}=\frac{1}{3}\left[1+\frac{x}{3}+\left(\frac{x}{3}\right)^2+\cdots+\left(\frac{x}{3}\right)^n+\cdots\right]$$

$$=\sum_{n=0}^{\infty}\frac{1}{3^{n+1}}x^n \quad (-3<x<3)$$

(6) 因为 $\dfrac{x}{x^2-2x-3}=\dfrac{x}{(x-3)(x+1)}$，所以

$$\frac{x}{x^2-2x-3}=\frac{x}{4}\left(\frac{1}{x-3}-\frac{1}{x+1}\right)$$

而 $\qquad \dfrac{1}{x-3}=-\dfrac{1}{3}\cdot\dfrac{1}{1-\dfrac{x}{3}}$

又由 $\qquad \dfrac{1}{1+x}=\sum_{n=0}^{\infty}(-1)^n x^n,\qquad \dfrac{1}{1-x}=\sum_{n=0}^{\infty}x^n \quad (-1<x<1)$

可得 $\qquad \dfrac{1}{x-3}=-\dfrac{1}{3}\cdot\sum_{n=0}^{\infty}\left(\dfrac{x}{3}\right)^n \quad (-3<x<3)$

所以 $\qquad \dfrac{x}{x^2-2x+3}=\dfrac{x}{4}\left[\sum_{n=0}^{\infty}\left(-\dfrac{1}{3}\right)\cdot\left(\dfrac{x}{3}\right)^n-\sum_{n=0}^{\infty}(-1)^n x^n\right]$

$$=\frac{1}{4}\sum_{n=0}^{\infty}\left[(-1)^{n+1}x^{n+1}-\frac{x^{n+1}}{3^{n+1}}\right]$$

$$=\frac{1}{4}\sum_{n=1}^{\infty}\left[(-1)^n-\frac{1}{3^n}\right]x^n$$

因为 $\sum_{n=1}^{\infty}\left(\dfrac{x}{3}\right)^n$ 的收敛域为 $(-3,3)$，而 $\sum_{n=1}^{\infty}(-1)^n x^n$ 的收敛域为 $(-1,1)$，根据幂级数的运算性质可得 $\dfrac{1}{4}\sum_{n=1}^{\infty}\left[(-1)^n-\dfrac{1}{3^n}\right]x^n$ 的收敛域为 $(-1,1)$.

注释： 利用直接展开法将函数展开成泰勒级数(或麦克劳林级数)时，计算量较大，且需证明余项的极限 $\lim\limits_{n\to\infty}|R_n(x)|=0$. 这往往相当困难，所以常使用间接法展开.

利用间接展开法，需要牢记以下几个重要函数的幂级数展开式：

（ⅰ）$e^x=\sum_{n=0}^{\infty}\dfrac{x^n}{n!}=1+x+\dfrac{x^2}{2!}+\cdots+\dfrac{x^n}{n!}+\cdots \quad (-\infty<x<+\infty)$

（ⅱ）$\ln(1+x)=\sum_{n=0}^{\infty}\dfrac{(-1)^n}{n+1}\cdot x^{n+1}$

$$=x-\frac{1}{2}x^2+\frac{1}{3}x^3-\cdots+\frac{(-1)^n}{n+1}\cdot x^{n+1}+\cdots$$

$$(-1<x\leqslant 1)$$

（ⅲ）$(1+x)^{\alpha}=1+\sum_{n=1}^{\infty}\dfrac{\alpha(\alpha-1)\cdots(\alpha-n+1)}{n!}x^n$

$$= 1 + \alpha x + \frac{\alpha(\alpha-1)}{2!}x^2 + \cdots + \frac{\alpha(\alpha-1)\cdots(\alpha-n+1)}{n!}x^n + \cdots$$

$$(-1 < x < 1; \text{ 当 } x = \pm 1 \text{ 时，上式是否成立取决于 } \alpha \text{ 的值.})$$

（ⅳ）$\sin x = \sum_{n=0}^{\infty} \frac{(-1)^n}{(2n+1)!}x^{2n+1}$

$$= x - \frac{1}{3!}x^3 + \frac{1}{5!}x^5 - \cdots + \frac{(-1)^n}{(2n+1)!}x^{2n+1} + \cdots$$

$$(-\infty < x < +\infty)$$

（ⅴ）$\cos x = (\sin x)' = \sum_{n=0}^{\infty} \frac{(-1)^n}{(2n)!}x^{2n}$

$$= 1 - \frac{1}{2!}x^2 + \frac{1}{4!}x^4 - \cdots + \frac{(-1)^n}{(2n)!}x^{2n} + \cdots$$

$$(-\infty < x < +\infty)$$

（ⅵ）$\arctan x = \sum_{n=0}^{\infty} \frac{(-1)^n}{2n+1}x^{2n+1}$

$$= x - \frac{1}{3}x^3 + \frac{1}{5}x^5 - \cdots + \frac{(-1)^n}{2n+1}x^{2n+1} + \cdots$$

$$(-1 \leqslant x \leqslant 1)$$

13. 利用已知展开式把下列函数展开为 $x-2$ 的幂级数，并确定收敛域.

(1) $f(x) = \dfrac{1}{4-x}$ 　　　　　　(2) $f(x) = \ln x$

(3) $f(x) = \mathrm{e}^x$ 　　　　　　(4) $f(x) = \ln \dfrac{1}{5-4x+x^2}$

解： (1) $f(x) = \dfrac{1}{4-x} = \dfrac{1}{2-(x-2)} = \dfrac{1}{2\left(1-\dfrac{x-2}{2}\right)}$

因为 　　$\dfrac{1}{1-x} = \sum_{n=0}^{\infty} x^n \quad (-1 < x < 1)$

所以 　　$f(x) = \dfrac{1}{4-x} = \dfrac{1}{2}\sum_{n=0}^{\infty}\left(\dfrac{x-2}{2}\right)^n = \sum_{n=0}^{\infty}\dfrac{1}{2^{n+1}}\cdot(x-2)^n$

$$= \frac{1}{2} + \frac{1}{2^2}(x-2) + \frac{1}{2^3}(x-2)^2 + \cdots + \frac{1}{2^{n+1}}(x-2)^n + \cdots$$

由 $-1 < \dfrac{x-2}{2} < 1$，可得 $0 < x < 4$，即所求收敛域为 $(0, 4)$.

(2) $f(x) = \ln x = \ln[2+(x-2)] = \ln 2 + \ln\left(1+\dfrac{x-2}{2}\right)$

因为 　　$\ln(1+x) = \sum_{n=0}^{\infty}\dfrac{(-1)^n}{n+1}x^{n+1} \quad (-1 < x \leqslant 1)$

所以 　　$f(x) = \ln x = \ln 2 + \sum_{n=0}^{\infty}\dfrac{(-1)^n}{n+1}\cdot\left(\dfrac{x-2}{2}\right)^{n+1}$

$$= \ln 2 + \sum_{n=1}^{\infty}\dfrac{(-1)^{n-1}}{n\cdot 2^n}\cdot(x-2)^n$$

由 $-1 < \dfrac{x-2}{2} \leqslant 1$，可得 $0 < x \leqslant 4$，即所求收敛域为 $(0,4]$.

(3) $f(x) = e^x = e^2 \cdot e^{x-2}$

因为 $\qquad e^x = \displaystyle\sum_{n=0}^{\infty} \dfrac{x^n}{n!} \quad (-\infty < x < +\infty)$

所以 $\qquad f(x) = e^2 \displaystyle\sum_{n=0}^{\infty} \dfrac{(x-2)^n}{n!} \quad (-\infty < x < +\infty)$

(4) $f(x) = \ln \dfrac{1}{5-4x+x^2} = -\ln[1+(x-2)^2]$

因为 $\qquad \ln(1+x) = \displaystyle\sum_{n=0}^{\infty} \dfrac{(-1)^n}{n+1} x^{n+1} \quad (-1 < x \leqslant 1)$

所以 $\qquad f(x) = -\displaystyle\sum_{n=0}^{\infty} \dfrac{(-1)^n}{n+1}(x-2)^{2n+2}$

$\qquad\qquad = \displaystyle\sum_{n=1}^{\infty} \dfrac{(-1)^n}{n}(x-2)^{2n}$

由 $(x-2)^2 \leqslant 1$，可得收敛域为 $[1,3]$.

14. 用级数展开法近似计算下列各值(计算前三项)：

(1) $\sqrt{e}$ $\qquad$ (2) $\sqrt[5]{1.2}$ $\qquad$ (3) $\sqrt[5]{240}$ $\qquad$ (4) $\sin 18°$

解：(1) 由 $e^x = \displaystyle\sum_{n=0}^{\infty} \dfrac{x^n}{n!} = 1 + x + \dfrac{x^2}{2!} + \cdots + \dfrac{x^n}{n!} + \cdots \ (-\infty < x < +\infty)$，取 $x = \dfrac{1}{2}$，

可得

$$\sqrt{e} = e^{\frac{1}{2}} = 1 + \dfrac{1}{2} + \dfrac{1}{2! \cdot 2^2} + \cdots + \dfrac{1}{n! \cdot 2^n} + \cdots$$

$$\sqrt{e} \approx 1 + \dfrac{1}{2} + \dfrac{1}{8} = 1.625\,0$$

(2) 由 $(1+x)^\alpha = 1 + \displaystyle\sum_{n=1}^{\infty} \dfrac{\alpha(\alpha-1)\cdots(\alpha-n+1)}{n!} x^n \ (-1 < x < 1)$，取 $x = 0.2$，$\alpha = \dfrac{1}{5}$，可得

$$\sqrt[5]{1.2} = \left(1 + \dfrac{1}{5}\right)^{\frac{1}{5}}$$

$$\approx 1 + \dfrac{1}{5} \cdot \dfrac{1}{5} + \dfrac{1}{2!} \cdot \dfrac{1}{5} \cdot \left(\dfrac{1}{5}-1\right) \cdot \left(\dfrac{1}{5}\right)^2$$

$$= 1.036\,8$$

(3) $\sqrt[5]{240} = \sqrt[5]{3^5\left(1-\dfrac{1}{3^4}\right)} = 3\left(1-\dfrac{1}{3^4}\right)^{\frac{1}{5}}$. 类似于上一题，在 $(1+x)^\alpha$ 的幂级数展开式

中，取 $x = -\dfrac{1}{3^4}$，$\alpha = \dfrac{1}{5}$，得

$$\sqrt[5]{240} \approx 3\left[1 + \dfrac{1}{5} \cdot \left(-\dfrac{1}{3^4}\right) + \dfrac{1}{2!} \cdot \dfrac{1}{5} \cdot \left(-\dfrac{4}{5}\right) \cdot \left(-\dfrac{1}{3^4}\right)^2\right]$$

$$\approx 2.992\,6$$

(4) 由 $\sin x = \sum\limits_{n=0}^{\infty} \dfrac{(-1)^n}{(2n+1)!} x^{2n+1} \ (-\infty < x < +\infty)$ 可得

$$\sin 18° = \sin \dfrac{\pi}{10}$$

$$\approx \dfrac{\pi}{10} - \dfrac{1}{3!} \cdot \left(\dfrac{\pi}{10}\right)^3 + \dfrac{1}{5!} \cdot \left(\dfrac{\pi}{10}\right)^5$$

$$\approx 0.309\ 0$$

15. 用级数展开法计算下列积分的近似值(计算前三项):

(1) $\displaystyle\int_0^{\frac{1}{2}} e^{x^2} dx$ $\qquad$ (2) $\displaystyle\int_{0.1}^1 \dfrac{e^x}{x} dx$

(3) $\displaystyle\int_0^{0.1} \cos\sqrt{t} dt$ $\qquad$ (4) $\displaystyle\int_0^1 \dfrac{\sin x}{x} dx$

解: (1) 由 $e^x = \sum\limits_{n=0}^{\infty} \dfrac{x^n}{n!} \quad (-\infty < x < +\infty)$,可得

$$e^{x^2} = \sum\limits_{n=0}^{\infty} \dfrac{x^{2n}}{n!}$$

$$\int_0^{\frac{1}{2}} e^{x^2} dx = \sum\limits_{n=0}^{\infty} \int_0^{\frac{1}{2}} \dfrac{x^{2n}}{n!} dx = \sum\limits_{n=0}^{\infty} \left[\dfrac{1}{n!(2n+1)} x^{2n+1} \right] \Big|_0^{\frac{1}{2}}$$

$$= \sum\limits_{n=0}^{\infty} \dfrac{1}{n!(2n+1)} \left(\dfrac{1}{2}\right)^{2n+1}$$

$$\approx \dfrac{1}{2} + \dfrac{1}{1 \cdot 3} \left(\dfrac{1}{2}\right)^3 + \dfrac{1}{2 \cdot 5} \left(\dfrac{1}{2}\right)^5$$

$$\approx 0.544\ 8$$

(2) 由 $e^x = \sum\limits_{n=0}^{\infty} \dfrac{x^n}{n!} \quad (-\infty < x < +\infty)$,可得

$$\dfrac{e^x}{x} = \dfrac{1}{x} \sum\limits_{n=0}^{\infty} \dfrac{x^n}{n!}$$

于是,

$$\int_{0.1}^1 \dfrac{e^x}{x} dx \approx \int_{0.1}^1 \left(\dfrac{1}{x} + 1 + \dfrac{x}{2} \right) dx = \left[\ln x + x + \dfrac{x^2}{4} \right] \Big|_{0.1}^1$$

$$= 1 + \dfrac{1}{4} + \ln 10 - \dfrac{1}{10} - \dfrac{1}{400}$$

$$\approx 3.450\ 1$$

(3) 由 $\cos x = \sum\limits_{n=0}^{\infty} \dfrac{(-1)^n}{(2n)!} x^{2n} \quad (-\infty < x < +\infty)$,可得

$$\cos t^{\frac{1}{2}} = \sum\limits_{n=0}^{\infty} (-1)^n \dfrac{t^n}{(2n)!}$$

$$\int_0^{0.1} \cos t^{\frac{1}{2}} dt \approx \int_0^{0.1} \left(1 - \dfrac{t}{2} + \dfrac{t^2}{4!} \right) dt$$

$$= \left[t - \dfrac{t^2}{2^2} + \dfrac{t^3}{3 \cdot 4!} \right] \Big|_0^{0.1}$$

$$= \frac{1}{10} - \frac{1}{4}\left(\frac{1}{10}\right)^2 + \frac{1}{3 \cdot 4!}\left(\frac{1}{10}\right)^3$$

$$\approx 0.097\ 5$$

(4) 因为 $\lim\limits_{x \to 0} \frac{\sin x}{x} = 1$，所以可补充定义被积函数在 $x = 0$ 处的值为 1，则函数 $f(x) =$

$\begin{cases} \dfrac{\sin x}{x}, & x \in (0, 1] \\ 1, & x = 0 \end{cases}$ 在区间 $[0, 1]$ 上连续. 由

$$\sin x = \sum_{n=0}^{\infty} \frac{(-1)^n}{(2n+1)!} x^{2n+1} \qquad (-\infty < x < +\infty)$$

得 $\qquad \dfrac{\sin x}{x} = 1 - \dfrac{x^2}{3!} + \dfrac{x^4}{5!} - \cdots + \dfrac{(-1)^n}{(2n+1)!} x^{2n} + \cdots$

$$\int_0^1 \frac{\sin x}{x} dx \approx \int_0^1 \left(1 - \frac{x^2}{3!} + \frac{x^4}{5!}\right) dx$$

$$= \left[x - \frac{x^3}{3 \cdot 3!} + \frac{x^5}{5 \cdot 5!}\right]\Big|_0^1$$

$$\approx 0.946\ 1$$

注释：函数 $\dfrac{\sin x}{x}$ 的原函数不能用初等函数表示，但利用该函数在积分区间上的幂级数展开式逐项积分，就可以用积分后的级数计算所给定积分的近似值，在给定区间上求 e^{-x^2}，$\dfrac{1}{\ln x}$ 等函数的定积分时，该方法有类似的应用.

(B)

1. 级数 $\sum\limits_{n=1}^{\infty} u_n$ 的部分和数列 S_n 有界是该级数收敛的［　　］.

(A) 必要条件但不是充分条件

(B) 充分条件但不是必要条件

(C) 充分必要条件

(D) 既不是充分条件也不是必要条件

解：如果级数 $\sum\limits_{n=1}^{\infty} u_n$ 收敛，则其部分和数列 S_n 的极限存在，可知部分和数列 S_n 有界；但部分和数列 S_n 有界，极限 $\lim\limits_{n \to \infty} S_n$ 未必存在，不能判定级数 $\sum\limits_{n=1}^{\infty} u_n$ 是否收敛.

例如，级数 $\sum\limits_{n=1}^{\infty} (-1)^n$ 的部分和数列有界，但此级数发散.

综上分析，本题应选(A).

2. 级数 $\sum\limits_{n=1}^{\infty} \dfrac{a}{q^n}$（$a$ 为常数）收敛的充分条件是［　　］.

(A) $|q| > 1$ 　　　　(B) $q = 1$ 　　　　(C) $|q| < 1$ 　　　　(D) $q < 1$

解：级数 $\sum\limits_{n=1}^{\infty} \dfrac{a}{q^n}$ 是公比为 $\dfrac{1}{q}$ 的几何级数，所以，当 $\left|\dfrac{1}{q}\right| < 1$，即 $|q| > 1$ 时，级数收敛，故应选(A)．

3. 若级数 $\sum\limits_{n=1}^{\infty} u_n$ 收敛，那么下列级数中发散的是[　　]．

(A) $\sum\limits_{n=1}^{\infty} 100u_n$ (B) $\sum\limits_{n=1}^{\infty} (u_n + 100)$

(C) $100 + \sum\limits_{n=1}^{\infty} u_n$ (D) $\sum\limits_{n=1}^{\infty} u_{n+100}$

解：若级数 $\sum\limits_{n=1}^{\infty} u_n$ 收敛，根据无穷级数的基本性质，$\sum\limits_{n=1}^{\infty} 100u_n$ 也收敛；在 $\sum\limits_{n=1}^{\infty} u_n$ 前加上 100 后所得级数收敛，即 $100 + \sum\limits_{n=1}^{\infty} u_n$ 收敛；将 $\sum\limits_{n=1}^{\infty} u_n$ 去掉前 100 项后所得级数 $\sum\limits_{n=1}^{\infty} u_{n+100}$ 也收敛，即(A)，(C)，(D) 中级数均收敛，故本题应选(B)．

实际上，因为 $\lim\limits_{n \to \infty} (u_n + 100) = 100 \neq 0$，可直接得到(B) 中级数发散．

4. 若级数 $\sum\limits_{n=1}^{\infty} u_n$ 发散，则[　　]．

(A) $\lim\limits_{n \to \infty} u_n \neq 0$

(B) $\lim\limits_{n \to \infty} S_n = \infty$ $(S_n = u_1 + u_2 + \cdots + u_n)$

(C) $\sum\limits_{n=1}^{\infty} u_n$ 任意加括号后所成的级数必发散

(D) $\sum\limits_{n=1}^{\infty} u_n$ 任意加括号后所成的级数可能收敛

解：若级数 $\sum\limits_{n=1}^{\infty} u_n$ 发散，未必得到 $\lim\limits_{n \to \infty} u_n \neq 0$ 和 $\lim\limits_{n \to \infty} S_n = \infty$．例如，级数 $\sum\limits_{n=1}^{\infty} \dfrac{1}{n}$ 发散，但 $\lim\limits_{n \to \infty} u_n = 0$，故(A) 不正确；又如，级数 $\sum\limits_{n=1}^{\infty} (-1)^n$ 发散，但部分和数列 S_n 有界，不满足 $\lim\limits_{n \to \infty} S_n = \infty$，故(B) 错；而此级数加括号后所成级数 $\sum\limits_{n=1}^{\infty} [(-1)^{2n-1} + (-1)^{2n}] = (-1+1) + (-1+1) + \cdots$ 却收敛，故(C) 错．本题应选(D)．

注释：若级数 $\sum\limits_{n=1}^{\infty} u_n$ 收敛，则 $\lim\limits_{n \to \infty} u_n = 0$；但是，当 $\lim\limits_{n \to \infty} u_n = 0$ 时，级数 $\sum\limits_{n=1}^{\infty} u_n$ 可能收敛，也可能发散；而当 $\sum\limits_{n=1}^{\infty} u_n$ 发散时，也未必有 $\lim\limits_{n \to \infty} u_n \neq 0$．因此，$\lim\limits_{n \to \infty} u_n = 0$ 是级数 $\sum\limits_{n=1}^{\infty} u_n$ 收敛的必要条件，但不是充分条件．

5. 设级数 $\sum\limits_{n=1}^{\infty} u_n$ 收敛，则下述结论中，不正确的是[　　]．

(A) $\sum\limits_{n=1}^{\infty} (u_{2n-1} + u_{2n})$ 收敛   (B) $\sum\limits_{n=1}^{\infty} ku_n$ 收敛 $(k \neq 0)$

(C) $\sum\limits_{n=1}^{\infty} |u_n|$ 收敛   (D) $\lim\limits_{n\to\infty} u_n = 0$

解：对于(A)，由于

$$\sum_{n=1}^{\infty} (u_{2n-1} + u_{2n}) = (u_1 + u_2) + (u_3 + u_4) + \cdots$$

而 $\sum\limits_{n=1}^{\infty} u_n$ 收敛，所以加括号后所成的级数也收敛，可知(A) 正确.

对于(B)，由 $\sum\limits_{n=1}^{\infty} u_n$ 收敛可知 $\sum\limits_{n=1}^{\infty} k u_n$ 收敛，故(B) 正确.

(D) 是级数 $\sum\limits_{n=1}^{\infty} u_n$ 收敛的必要条件，故(D) 正确. 不正确的只有(C). 例如，级数 $\sum\limits_{n=1}^{\infty} (-1)^{n-1} \dfrac{1}{n}$ 收敛，但 $\sum\limits_{n=1}^{\infty} \left| (-1)^{n-1} \dfrac{1}{n} \right| = \sum\limits_{n=1}^{\infty} \dfrac{1}{n}$ 发散.

注释：收敛级数加括号后所得级数仍收敛，且收敛于原级数的和. 但应注意：若加括号后所得级数发散，则原级数一定发散；如果加括号后所得级数收敛，则原级数的敛散性不能确定，应利用其他方法判定.

6. 设有两个级数(Ⅰ) $\sum\limits_{n=1}^{\infty} u_n$ 和(Ⅱ) $\sum\limits_{n=1}^{\infty} v_n$，则下列结论中正确的是[   ].

(A) 若 $u_n \leqslant v_n$，且(Ⅱ)收敛，则(Ⅰ)一定收敛

(B) 若 $u_n \leqslant v_n$，且(Ⅰ)发散，则(Ⅱ)一定发散

(C) 若 $0 \leqslant u_n \leqslant v_n$，且(Ⅱ)收敛，则(Ⅰ)一定收敛

(D) 若 $0 \leqslant u_n \leqslant v_n$，且(Ⅱ)发散，则(Ⅰ)一定发散

解：在(A)，(B)中，并未说明 $\sum\limits_{n=1}^{\infty} u_n$ 和 $\sum\limits_{n=1}^{\infty} v_n$ 是正项级数，故不能应用正项级数的比较判别法，结论不一定成立.

在(C)，(D)中，级数 $\sum\limits_{n=1}^{\infty} u_n$ 和 $\sum\limits_{n=1}^{\infty} v_n$ 均为正项级数，根据比较判别法知，(C) 正确，(D)不正确. 故本题应选(C).

7. 下列级数中发散的是[   ].

(A) $\sum\limits_{n=1}^{\infty} 2^n \sin \dfrac{1}{3^n}$ (B) $\sum\limits_{n=1}^{\infty} \left(1 - \cos \dfrac{1}{n}\right)$

(C) $\sum\limits_{n=1}^{\infty} \dfrac{(n!)^2}{(2n)!}$ (D) $\sum\limits_{n=1}^{\infty} \dfrac{\left(\dfrac{n+1}{n}\right)^{n^2}}{2^n}$

解：可以看出，本题中的级数均为正项级数.

对于(A)，通项 $u_n = 2^n \sin \dfrac{1}{3^n} < \dfrac{2^n}{3^n} = \left(\dfrac{2}{3}\right)^n$，而级数 $\sum\limits_{n=1}^{\infty} \left(\dfrac{2}{3}\right)^n$ 收敛，所以级数 $\sum\limits_{n=1}^{\infty} 2^n \sin \dfrac{1}{3^n}$ 收敛.

对于(B)，由于 $\left(1 - \cos \dfrac{1}{n}\right) \sim \dfrac{1}{2n^2} \ (n \to \infty)$，并且

$$\lim_{n\to\infty} \frac{1-\cos\dfrac{1}{n}}{\dfrac{1}{n^2}} = \lim_{n\to\infty} \frac{1}{2n^2} \cdot n^2 = \frac{1}{2}$$

由比较判别法的极限形式知，级数 $\sum\limits_{n=1}^{\infty}\left(1-\cos\dfrac{1}{n}\right)$ 收敛.

对于(C)，通项 $u_n = \dfrac{(n!)^2}{(2n)!}$，利用比值判别法，有

$$\lim_{n\to\infty} \frac{u_{n+1}}{u_n} = \lim_{n\to\infty} \frac{[(n+1)!]^2}{(2n+2)!} \cdot \frac{(2n)!}{(n!)^2} = \frac{1}{4} < 1$$

所以级数 $\sum\limits_{n=1}^{\infty} \dfrac{(n!)^2}{(2n)!}$ 收敛.

由此可知，本题只有选(D). 事实上，利用根值判别法，有

$$\lim_{n\to\infty} \sqrt[n]{u_n} = \lim_{n\to\infty} \frac{\left(1+\dfrac{1}{n}\right)^n}{2} = \frac{e}{2} > 1$$

故级数发散.

8. 对于级数 $\sum\limits_{n=1}^{\infty}\left(\dfrac{na}{n+1}\right)^n (a > 0)$，下列结论中正确的是[   ].

(A) $a > 1$ 时，级数收敛　　　(B) $a < 1$ 时，级数发散

(C) $a = 1$ 时，级数收敛　　　(D) $a = 1$ 时，级数发散

解：利用正项级数的根值判别法，有

$$\lim_{n\to\infty} \sqrt[n]{u_n} = \lim_{n\to\infty} \frac{na}{n+1} = a$$

所以，当 $a > 1$ 时，级数发散；当 $a < 1$ 时，级数收敛，即(A)，(B) 均不正确.

当 $a = 1$ 时，根值判别法失效. 但是，由

$$\lim_{n\to\infty} u_n = \lim_{n\to\infty}\left(\frac{n}{n+1}\right)^n = \lim_{n\to\infty} \frac{1}{\left(1+\dfrac{1}{n}\right)^n} = \frac{1}{e} \neq 0$$

可知级数发散，故本题应选(D).

9. 关于级数 $\sum\limits_{n=1}^{\infty} \dfrac{(-1)^{n-1}}{n^p}$ 收敛性的下述结论中，正确的是[   ].

(A) $0 < p \leqslant 1$ 时条件收敛　　(B) $0 < p \leqslant 1$ 时绝对收敛

(C) $p > 1$ 时条件收敛　　　　　(D) $0 < p \leqslant 1$ 时发散

解：因为 $\sum\limits_{n=1}^{\infty}\left|\dfrac{(-1)^{n-1}}{n^p}\right| = \sum\limits_{n=1}^{\infty} \dfrac{1}{n^p}$ 为 p —级数，所以原级数在 $p > 1$ 时绝对收敛，故选项(B)，(C) 均不正确.

当 $0 < p \leqslant 1$ 时，利用交错级数的莱布尼茨判别法：$\lim\limits_{n\to\infty} \dfrac{1}{n^p} = 0$，$\dfrac{1}{(n+1)^p} < \dfrac{1}{n^p}$，可知 $\sum\limits_{n=1}^{\infty} \dfrac{(-1)^{n-1}}{n^p}$ 收敛，而 $\sum\limits_{n=1}^{\infty} \dfrac{1}{n^p}$ 发散，故 $\sum\limits_{n=1}^{\infty} \dfrac{(-1)^{n-1}}{n^p}$ 条件收敛. 故本题应选(A).

10. 下列级数中绝对收敛的是[   ].

(A) $\sum_{n=1}^{\infty}(-1)^{n-1}\dfrac{n}{2n-1}$ (B) $\sum_{n=1}^{\infty}(-1)^{\frac{n(n+1)}{2}}\dfrac{n!}{3^n}$

(C) $\sum_{n=1}^{\infty}(-1)^{n-1}\dfrac{n^3}{2^n}$ (D) $\sum_{n=1}^{\infty}(-1)^{n-1}\dfrac{\sqrt{n}}{n+100}$

解： 选项(A) 中级数为交错级数，因为

$$\lim_{n\to\infty}u_n=\lim_{n\to\infty}\frac{n}{2n-1}=\frac{1}{2}\neq 0$$

所以该级数发散.

对于选项(B)，因为

$$\lim_{n\to\infty}\left|\frac{u_{n+1}}{u_n}\right|=\lim_{n\to\infty}\frac{(n+1)!}{3^{n+1}}\cdot\frac{3^n}{n!}=\lim_{n\to\infty}\frac{n+1}{3}=+\infty>1$$

所以级数 $\sum_{n=1}^{\infty}(-1)^{\frac{n(n+1)}{2}}\dfrac{n!}{3^n}$ 发散.

对于选项(C)，因为

$$\lim_{n\to\infty}\left|\frac{u_{n+1}}{u_n}\right|=\lim_{n\to\infty}\frac{(n+1)^3}{2^{n+1}}\cdot\frac{2^n}{n^3}=\frac{1}{2}<1$$

所以级数 $\sum_{n=1}^{\infty}(-1)^{n-1}\dfrac{n^3}{2^n}$ 绝对收敛，故本题应选(C).

注意，选项(D) 中的交错级数非绝对收敛，但

$$\lim_{n\to\infty}u_n=\lim_{n\to\infty}\frac{\sqrt{n}}{n+100}=0$$

若设 $f(x)=\dfrac{\sqrt{x}}{x+100}$，则 $f'(x)=\dfrac{100-x}{2\sqrt{x}(x+100)^2}$，所以，当 $x>100$ 时，$f'(x)<0$，$f(x)$ 为单调减函数. 特别地，当 $n>100$ 时，有 $u_n>u_{n+1}$，根据莱布尼茨判别法，级数 $\sum_{n=1}^{\infty}(-1)^{n-1}\dfrac{\sqrt{n}}{n+100}$ 收敛，且为条件收敛.

注释： 对于一般的任意项级数，可先讨论级数 $\sum_{n=1}^{\infty}|u_n|$ 的敛散性. 若收敛，则原级数 $\sum_{n=1}^{\infty}u_n$ 绝对收敛；若发散，再观察该级数是否为交错级数. 若是交错级数，可利用莱布尼茨判别法，其中，考察条件 $u_n>u_{n+1}$ 是否成立时，可应用下述方法：①考察 $u_n-u_{n+1}>0$ 是否成立；②考察 $\dfrac{u_{n+1}}{u_n}<1$ 是否成立；③将通项中的 u_n 看作 x 的可导函数 u_x，对 x 求导讨论其单调性(如第 10 题的选项(D)).

11. 无穷级数 $\sum_{n=1}^{\infty}(-1)^n u_n(u_n>0)$ 收敛的充分条件是[   ].

(A) $u_{n+1}\leqslant u_n$ ($n=1,2,\cdots$)

(B) $\lim_{n\to\infty}u_n=0$

(C) $u_{n+1}\leqslant u_n$ ($n=1,2,\cdots$)，且 $\lim_{n\to\infty}u_n=0$

(D) $\displaystyle\sum_{n=1}^{\infty}(-1)^{n}(u_{n}-u_{n+1})$ 收敛

解: $\displaystyle\sum_{n=1}^{\infty}(-1)^{n}u_{n}\ (u_{n}>0)$ 是交错级数, 根据莱布尼茨定理(教材中定理 7.10), 本题应选(C).

选项(A)错. 例如, 设 $u_{n}=1+\dfrac{1}{n}(n=1,2,\cdots)$, 则

$$u_{n+1}=1+\frac{1}{n+1}\leqslant 1+\frac{1}{n}=u_{n}$$

但级数 $\displaystyle\sum_{n=1}^{\infty}(-1)^{n}\left(1+\frac{1}{n}\right)$ 发散.

对于选项(B), 由 $\displaystyle\lim_{n\to\infty}u_{n}=0$ 可得 $\displaystyle\lim_{n\to\infty}(-1)^{n}u_{n}=0$. 但这是级数 $\displaystyle\sum(-1)^{n}u_{n}$ 收敛的必要条件, 而非充分条件.

选项(D)错. 例如, 设 $u_{n}=1>0\ (n=1,2,\cdots)$, 则

$$\sum_{n=1}^{\infty}(-1)^{n}(u_{n}-u_{n+1})=-(1-1)+(1-1)-(1-1)+\cdots$$

收敛, 但 $\displaystyle\sum_{n=1}^{\infty}(-1)^{n}u_{n}=-1+1-1+\cdots$ 发散.

应注意, 对于交错级数 $\displaystyle\sum_{n=1}^{\infty}(-1)^{n}u_{n}\ (u_{n}>0)$, 如果不满足莱布尼茨判别法, 则该级数未必发散. 例如, 级数 $\displaystyle\sum_{n=2}^{\infty}\frac{(-1)^{n-1}}{\sqrt{n+(-1)^{n}}}$ 满足 $\displaystyle\lim_{n\to\infty}u_{n}=0$, 而不全满足 $u_{n}>u_{n+1}(n=2,$ 3,$\cdots$). 但利用级数收敛的定义, 可以证明此级数收敛.

12. 下列级数中发散的是[　　].

(A) $\displaystyle\sum_{n=1}^{\infty}(-1)^{n}\frac{1}{\ln(n+1)}$ 　　　　(B) $\displaystyle\sum_{n=1}^{\infty}\frac{n}{3n-1}$

(C) $\displaystyle\sum_{n=1}^{\infty}(-1)^{n-1}\frac{1}{3^{n}}$ 　　　　(D) $\displaystyle\sum_{n=1}^{\infty}\frac{n}{3^{\frac{n}{2}}}$

解: 先检验各选项中级数的通项的极限是否为 0. 不难看出, 对于选项(B), 有

$$\lim_{n\to\infty}u_{n}=\lim_{n\to\infty}\frac{n}{3n-1}=\frac{1}{3}\neq 0$$

所以级数 $\displaystyle\sum_{n=1}^{\infty}\frac{n}{3n-1}$ 发散, 故本题应选(B).

注意, 选项(A)中级数满足 $u_{n}=\dfrac{1}{\ln(n+1)}>\dfrac{1}{\ln(n+2)}=u_{n+1}$, 且 $\displaystyle\lim_{n\to\infty}u_{n}=0$, 故级数收敛.

选项(C)中, $u_{n}=(-1)^{n-1}\dfrac{1}{3^{n}}$, 而 $\displaystyle\sum_{n=1}^{\infty}|u_{n}|=\sum_{n=1}^{\infty}\frac{1}{3^{n}}$ 是公比为 $q=\dfrac{1}{3}$ 的几何级数, 故原级数绝对收敛.

对于选项(D), 利用根值判别法, 有

$$\lim_{n \to \infty} \sqrt[n]{u_n} = \lim_{n \to \infty} \frac{\sqrt[n]{n}}{3^{\frac{1}{2}}} = \frac{1}{\sqrt{3}} < 1$$

故级数收敛.

13. 设 $0 \leqslant u_n < \frac{1}{n}$ $(n = 1, 2, \cdots)$，则下列级数中必定收敛的是[　　].

(A) $\sum_{n=1}^{\infty} u_n$ (B) $\sum_{n=1}^{\infty} (-1)^n u_n$

(C) $\sum_{n=1}^{\infty} \sqrt{u_n}$ (D) $\sum_{n=1}^{\infty} (-1)^n u_n^2$

解: (A) 不正确. 由 $0 \leqslant u_n < \frac{1}{n}$ $(n = 1, 2, \cdots)$ 和夹逼原理(§2.6准则Ⅰ)有 $\lim_{n \to \infty} u_n = 0$，但这仅是级数收敛的必要而非充分条件，故 $\sum_{n=1}^{\infty} u_n$ 未必收敛.

(B) 不正确. 由 $0 \leqslant u_n < \frac{1}{n}$，不一定能推出 $u_n > u_{n+1}$ 成立，从而级数 $\sum_{n=1}^{\infty} (-1)^n u_n$ 不一定满足莱布尼茨判别法的条件，即级数 $\sum_{n=1}^{\infty} (-1)^n u_n$ 不一定收敛.

(C) 不正确. 例如，设 $u_n = \frac{1}{n^2}$，则 $0 \leqslant u_n = \frac{1}{n^2} < \frac{1}{n}$ $(n = 2, 3, \cdots)$，但级数 $\sum_{n=1}^{\infty} \sqrt{u_n} = \sum_{n=1}^{\infty} \frac{1}{n}$ 发散.

(D) 正确. 由于 $0 \leqslant u_n < \frac{1}{n}$ $(n = 1, 2, \cdots)$，可见 $0 \leqslant u_n^2 < \frac{1}{n^2}$；而级数 $\sum_{n=1}^{\infty} \frac{1}{n^2}$ 收敛 (p—级数，$p = 2 > 1$)，利用比较判别法得知，级数 $\sum_{n=1}^{\infty} u_n^2$ 收敛，从而 $\sum_{n=1}^{\infty} (-1)^n u_n^2$ 绝对收敛，所以 $\sum_{n=1}^{\infty} (-1)^n u_n^2$ 必收敛.

故本题应选(D).

14. 幂级数 $\sum_{n=1}^{\infty} \frac{x^n}{n}$ 的收敛域是[　　].

(A) $[-1, 1]$ (B) $[-1, 1)$
(C) $(-1, 1)$ (D) $(-1, 1]$

解: 由 $\lim_{n \to \infty} \left| \frac{a_{n+1}}{a_n} \right| = \lim_{n \to \infty} \left| \frac{n}{n+1} \right| = 1$ 可得，当 $-1 < x < 1$ 时，级数 $\sum_{n=1}^{\infty} \frac{x^n}{n}$ 绝对收敛.

当 $x = -1$ 时，原级数成为 $\sum_{n=1}^{\infty} \frac{(-1)^n}{n}$，级数收敛.

当 $x = 1$ 时，原级数成为 $\sum_{n=1}^{\infty} \frac{1}{n}$，级数发散.

由此可知，级数 $\sum_{n=1}^{\infty} \frac{x^n}{n}$ 的收敛域为 $[-1, 1)$，故本题应选(B).

15. 设幂级数 $\sum\limits_{n=0}^{\infty} a_n x^n$ 的收敛半径为 R $(0 < R < +\infty)$，则 $\sum\limits_{n=0}^{\infty} a_n \left(\dfrac{x}{2}\right)^n$ 的收敛半径为 [　].

(A) $2R$　　　　(B) $\dfrac{R}{2}$　　　　(C) R　　　　(D) $\dfrac{2}{R}$

解：由题设条件，有 $\left|\dfrac{x}{2}\right| < R$，得 $|x| < 2R$，即收敛半径为 $2R$，故本题应选 (A).

16. 设级数 $\sum\limits_{n=1}^{\infty}(-1)^{n-1}\dfrac{(x-a)^n}{n}$ 在 $x > 0$ 时发散，而在 $x = 0$ 处收敛，则常数 $a = $ [　].

(A) 1　　　　(B) -1　　　　(C) 2　　　　(D) -2

解：因为

$$\lim_{n\to\infty}\left|\frac{u_{n+1}}{u_n}\right| = \lim_{n\to\infty}\left|\frac{(x-a)^{n+1}}{n+1}\cdot\frac{n}{(x-a)^n}\right| = |x-a|$$

所以当 $|x-a| < 1$ 时，级数 $\sum\limits_{n=1}^{\infty}(-1)^{n-1}\dfrac{(x-a)^n}{n}$ 收敛，由此可知此级数在区间 $(a-1, a+1)$ 内收敛. 由已知条件，级数在 $x > 0$ 时发散，在 $x = 0$ 处收敛，得 $a + 1 = 0$，所以 $a = -1$，故本题应选 (B).

(二) 参考题(附解答)

(A)

1. 已知级数 $\sum\limits_{n=1}^{\infty}(-1)^{n-1}u_n = 2$，$\sum\limits_{n=1}^{\infty}u_{2n-1} = 5$，求级数 $\sum\limits_{n=1}^{\infty}u_n$ 的和.

解：由已知条件，可得

$$\sum_{n=1}^{\infty}(-1)^{n-1}u_n = u_1 - u_2 + u_3 - u_4 + \cdots + (-1)^{n-1}u_n + \cdots = 2$$

$$\sum_{n=1}^{\infty}u_{2n-1} = u_1 + u_3 + u_5 + \cdots + u_{2n-1} + \cdots = 5$$

所以，$\sum\limits_{n=1}^{\infty}u_n = 2\sum\limits_{n=1}^{\infty}u_{2n-1} - \sum\limits_{n=1}^{\infty}(-1)^{n-1}u_n = 2\times 5 - 2 = 8$.

2. 设级数 $\sum\limits_{n=1}^{\infty}u_n$ 的前 $2n$ 项部分和 S_{2n} 满足 $\lim\limits_{n\to\infty}S_{2n} = a$，且 $\lim\limits_{n\to\infty}u_n = 0$，试证级数 $\sum\limits_{n=1}^{\infty}u_n$ 收敛，且其和为 a.

证：因为 $S_{2n} = S_{2n-1} + u_{2n}$，所以

$$\lim_{n\to\infty}S_{2n-1} = \lim_{n\to\infty}(S_{2n} - u_{2n}) = \lim_{n\to\infty}S_{2n} - \lim_{n\to\infty}u_{2n} = a$$

由于 $\lim\limits_{n\to\infty}S_{2n} = a$，$\lim\limits_{n\to\infty}S_{2n-1} = a$，所以 $\lim\limits_{n\to\infty}S_n = a$，即级数 $\sum\limits_{n=1}^{\infty}u_n$ 收敛，且其和 $S = a$.

注释：此题中若没有条件 $\lim\limits_{n\to\infty}u_n=0$，结论不一定成立．

3. 判断级数 $\sum\limits_{n=1}^{\infty}\dfrac{2^n}{5^n-3^n}$ 的敛散性．

解：**方法 1** 级数的通项 $u_n=\dfrac{2^n}{5^n-3^n}>0\ (n=1,2,\cdots)$．这是一个正项级数，应用比值判别法，有

$$\lim_{n\to\infty}\frac{u_{n+1}}{u_n}=\lim_{n\to\infty}\frac{2^{n+1}}{5^{n+1}-3^{n+1}}\cdot\frac{5^n-3^n}{2^n}$$

$$=\lim_{n\to\infty}\frac{2}{5}\cdot\frac{\left[1-\left(\dfrac{3}{5}\right)^n\right]}{\left[1-\left(\dfrac{3}{5}\right)^{n+1}\right]}=\frac{2}{5}<1$$

所以级数收敛．

方法 2 应用比较判别法(极限形式)，设 $v_n=\left(\dfrac{2}{5}\right)^n$，因为

$$\lim_{n\to\infty}\frac{u_n}{v_n}=\lim_{n\to\infty}\frac{\dfrac{2^n}{5^n-3^n}}{\left(\dfrac{2}{5}\right)^n}=1$$

由 $\sum\limits_{n=1}^{\infty}\left(\dfrac{2}{5}\right)^n$ 收敛可知级数 $\sum\limits_{n=1}^{\infty}\dfrac{2^n}{5^n-3^n}$ 收敛．

4. 判断级数 $\sum\limits_{n=1}^{\infty}\dfrac{n^{n+1}}{(n+1)^{n+2}}$ 的敛散性．

解：级数通项 $u_n=\dfrac{n^{n+1}}{(n+1)^{n+2}}>0(n=1,2,\cdots)$．若应用根值判别法，有 $\lim\limits_{n\to\infty}\sqrt[n]{u_n}=1$，无法判别；若应用比值判别法，有 $\lim\limits_{n\to\infty}\dfrac{u_{n+1}}{u_n}=1$，无法判别．

因为 $u_n=\dfrac{n^{n+1}}{(n+1)^{n+2}}=\left(\dfrac{n}{n+1}\right)^{n+1}\cdot\dfrac{1}{n+1}$，而 $\lim\limits_{n\to\infty}\left(\dfrac{n}{n+1}\right)^{n+1}=\dfrac{1}{e}$，所以 u_n 与 $\dfrac{1}{n+1}$ 为同阶无穷小$(n\to\infty)$，故取 $v_n=\dfrac{1}{n+1}$，利用比较判别法(极限形式)，有

$$\lim_{n\to\infty}\frac{u_n}{v_n}=\lim_{n\to\infty}\frac{n^{n+1}}{(n+1)^{n+2}}\cdot(n+1)=\frac{1}{e}$$

由 $\sum\limits_{n=1}^{\infty}\dfrac{1}{n+1}$ 发散，可知 $\sum\limits_{n=1}^{\infty}\dfrac{n^{n+1}}{(n+1)^{n+2}}$ 发散．

5. 判断级数 $\sum\limits_{n=1}^{\infty}\dfrac{e^n n!}{n^n}$ 的敛散性．

解：级数的通项 $u_n=\dfrac{e^n n!}{n^n}>0(n=1,2,\cdots)$，因为

$$\lim_{n\to\infty}\frac{u_{n+1}}{u_n}=\lim_{n\to\infty}\frac{e^{n+1}(n+1)!}{(n+1)^{n+1}}\cdot\frac{n^n}{e^n n!}$$

$$= \lim_{n \to \infty} \frac{e}{\left(1 + \dfrac{1}{n}\right)^n} = 1$$

可知比值判别法失效.

但 $\left(1 + \dfrac{1}{n}\right)^n \to e(n \to \infty)$ 时，$\left(1 + \dfrac{1}{n}\right)^n$ 是单调增加趋于 e 的，故必有

$$\frac{u_{n+1}}{u_n} = \frac{e}{\left(1 + \dfrac{1}{n}\right)^n} > 1$$

所以 $u_{n+1} > u_n$，而 $u_1 = e$，于是，当 $n \to \infty$ 时，u_n 的极限必不为零，故级数 $\displaystyle\sum_{n=1}^{\infty} \frac{e^n n!}{n^n}$ 发散.

6. 判断级数 $\displaystyle\sum_{n=1}^{\infty} \frac{(-1)^n}{n - \ln n}$ 的敛散性. 若收敛，试说明是绝对收敛还是条件收敛.

解： 此级数为交错级数，其中 $u_n = \dfrac{1}{n - \ln n} > 0 \ (n = 1, 2, \cdots)$. 因为

$$\left| \frac{(-1)^n}{n - \ln n} \right| = \frac{1}{n - \ln n} > \frac{1}{n}$$

而 $\displaystyle\sum_{n=1}^{\infty} \frac{1}{n}$ 发散，所以级数 $\displaystyle\sum_{n=1}^{\infty} \left| \frac{(-1)^n}{n - \ln n} \right|$ 发散，即原级数非绝对收敛. 又 $\displaystyle\lim_{n \to \infty} u_n = \lim_{n \to \infty} \frac{1}{n - \ln n} =$

$\displaystyle\lim_{n \to \infty} \frac{1}{n\left(1 - \dfrac{\ln n}{n}\right)} = 0$，为考察 $u_{n+1} < u_n$ 是否成立，设 $f(x) = \dfrac{1}{x - \ln x}$，则有

$$f'(x) = \frac{1 - x}{x(x - \ln x)^2}$$

可见，当 $x > 1$ 时，$f'(x) < 0$，$f(x)$ 是单调减函数，故必有

$$u_{n+1} = \frac{1}{n+1 - \ln(n+1)} < \frac{1}{n - \ln n} = u_n$$

由莱布尼茨判别决知，级数 $\displaystyle\sum_{n=1}^{\infty} \frac{(-1)^n}{n - \ln n}$ 收敛，且为条件收敛.

7. 判断级数 $\displaystyle\sum_{n=1}^{\infty} \frac{2^n n!}{n^n} \cdot \cos \frac{n\pi}{3}$ 的敛散性. 若收敛，试说明是绝对收敛还是条件收敛.

解： 此级数为任意项级数，通项记为 v_n，则

$$|v_n| = \left| \frac{2^n n!}{n^n} \cdot \cos \frac{n\pi}{3} \right| \leqslant \frac{2^n n!}{n^n}$$

考察正项级数 $\displaystyle\sum_{n=1}^{\infty} \frac{2^n n!}{n^n}$，记其通项为 u_n，则

$$\lim_{n \to \infty} \frac{u_{n+1}}{u_n} = \lim_{n \to \infty} \frac{2^{n+1}(n+1)!}{(n+1)^{n+1}} \cdot \frac{n^n}{2^n n!}$$

$$= \lim_{n \to \infty} \frac{2}{\left(1 + \dfrac{1}{n}\right)^n} = \frac{2}{e} < 1$$

所以级数 $\displaystyle\sum_{n=1}^{\infty} u_n = \sum_{n=1}^{\infty} \frac{2^n n!}{n^n}$ 收敛. 根据比较判别法，级数 $\displaystyle\sum_{n=1}^{\infty} |v_n|$ 收敛，故原级数 $\displaystyle\sum_{n=1}^{\infty} \frac{2^n n!}{n^n} \cdot$

$\cos\dfrac{n\pi}{3}$ 绝对收敛.

8. 判断级数 $\sum\limits_{n=1}^{\infty}\sin\left(n\pi+\dfrac{1}{\ln(n+1)}\right)$ 的敛散性. 若收敛, 试说明它是条件收敛还是绝对收敛.

解: 级数的通项 $v_n=\sin\left(n\pi+\dfrac{1}{\ln(n+1)}\right)=(-1)^n\sin\dfrac{1}{\ln(n+1)}$, 故原级数为交错级数. 考察 $\sum\limits_{n=1}^{\infty}|v_n|=\sum\limits_{n=1}^{\infty}\sin\dfrac{1}{\ln(n+1)}$, 有

$$\lim_{n\to\infty}\frac{\sin\dfrac{1}{\ln(n+1)}}{\dfrac{1}{\ln(n+1)}}=1$$

而级数 $\sum\limits_{n=1}^{\infty}\dfrac{1}{\ln(n+1)}$ 发散(见本章(一)习题解答与注释(A)中第 4(4) 题), 根据比较判别法(极限形式), 级数 $\sum\limits_{n=1}^{\infty}|v_n|$ 发散, 故原级数非绝对收敛.

又函数 $\sin x$ 在区间 $\left[0,\dfrac{\pi}{2}\right]$ 上是单调增加的, 故 $u_n=\sin\dfrac{1}{\ln(n+1)}>\sin\dfrac{1}{\ln(n+2)}=u_{n+1}$. 而 $\lim\limits_{n\to\infty}u_n=\lim\limits_{n\to\infty}\sin\dfrac{1}{\ln(n+1)}=0$, 根据莱布尼茨判别法, 级数 $\sum\limits_{n=1}^{\infty}(-1)^n\sin\dfrac{1}{\ln(n+1)}$ 收敛, 故原级数条件收敛.

9. 判断级数 $\sum\limits_{n=2}^{\infty}\dfrac{(-1)^{n-1}}{\sqrt{n+(-1)^n}}$ 的敛散性.

解: 级数为交错级数, 通项 $v_n=\dfrac{(-1)^{n-1}}{\sqrt{n+(-1)^n}}$ $(n=2,3,\cdots)$. 对于级数 $\sum\limits_{n=2}^{\infty}|v_n|=\sum\limits_{n=2}^{\infty}\dfrac{1}{\sqrt{n+(-1)^n}}$, 利用比较判别法(极限形式), 有

$$\lim_{n\to\infty}\frac{\dfrac{1}{\sqrt{n+(-1)^n}}}{\dfrac{1}{\sqrt{n}}}=\lim_{n\to\infty}\frac{1}{\sqrt{1+(-1)^n\cdot\dfrac{1}{n}}}=1$$

因为 $\sum\limits_{n=1}^{\infty}\dfrac{1}{\sqrt{n}}$ 发散, 所以级数 $\sum\limits_{n=2}^{\infty}|v_n|$ 发散, 即原级数非绝对收敛. 但原级数

$$\sum_{n=2}^{\infty}\frac{(-1)^{n-1}}{\sqrt{n+(-1)^n}}=-\frac{1}{\sqrt{3}}+\frac{1}{\sqrt{2}}-\frac{1}{\sqrt{5}}+\frac{1}{\sqrt{4}}-\cdots$$

虽满足 $\lim\limits_{n\to\infty}u_n=\lim\limits_{n\to\infty}\dfrac{1}{\sqrt{n+(-1)^n}}=0$, 但不全满足 $u_n>u_{n+1}$ $(n=2,3,\cdots)$, 故不能应用莱布尼茨判别法判定其敛散性. 下面用级数收敛定义来判定其敛散性. 先考察部分和数列 S_n 的偶数项

$$S_{2m} = -\frac{1}{\sqrt{3}} + \frac{1}{\sqrt{2}} - \frac{1}{\sqrt{5}} + \frac{1}{\sqrt{4}} - \cdots - \frac{1}{\sqrt{2m+1}} + \frac{1}{\sqrt{2m}}$$

$$= \left(\frac{1}{\sqrt{2}} - \frac{1}{\sqrt{3}}\right) + \left(\frac{1}{\sqrt{4}} - \frac{1}{\sqrt{5}}\right) + \cdots + \left(\frac{1}{\sqrt{2m}} - \frac{1}{\sqrt{2m+1}}\right)$$

等号右端中每一项 $\frac{1}{\sqrt{2k}} - \frac{1}{\sqrt{2k+1}} > 0 (k = 1, 2, \cdots, m)$，所以 S_{2m} 单调增加；另一方面

$$S_{2m} < \left(\frac{1}{\sqrt{2}} - \frac{1}{\sqrt{4}}\right) + \left(\frac{1}{\sqrt{4}} - \frac{1}{\sqrt{6}}\right) + \cdots + \left(\frac{1}{\sqrt{2m}} - \frac{1}{\sqrt{2m+2}}\right)$$

$$= \frac{1}{\sqrt{2}} - \frac{1}{\sqrt{2m+2}} < \frac{1}{\sqrt{2}}$$

可见，S_{2m} 单调递增有上界，所以其极限存在，记 $\lim\limits_{m\to\infty} S_{2m} = S$. 因为 $S_{2m+1} = S_{2m} + u_{2m+1}$，且 $\lim\limits_{n\to\infty} u_n = 0$，所以

$$\lim_{m\to\infty} S_{2m+1} = \lim_{m\to\infty} (S_{2m} + u_{2m+1}) = S$$

由此可得 $\lim\limits_{n\to\infty} S_n = S$，所以级数 $\sum\limits_{n=2}^{\infty} \frac{(-1)^{n-1}}{\sqrt{n+(-1)^n}}$ 收敛，且为条件收敛.

注释：由此题可以看出，不满足莱布尼茨判别法条件 $u_{n+1} < u_n$ 的交错级数不一定发散. 但不满足 $\lim\limits_{n\to\infty} u_n = 0$ 的级数必发散.

10. 已知级数 $\sum\limits_{n=1}^{\infty} u_n^2$ 收敛，且 $u_n > 0 (n = 1, 2, \cdots)$，试证级数 $\sum\limits_{n=1}^{\infty} \frac{u_n}{n}$ 也收敛.

证：由 $\left(u_n - \frac{1}{n}\right)^2 \geq 0$，即 $u_n^2 - \frac{2u_n}{n} + \frac{1}{n^2} \geq 0$，可知

$$0 < \frac{2u_n}{n} \leq \frac{1}{n^2} + u_n^2 \quad (n = 1, 2, \cdots)$$

因为 $\sum\limits_{n=1}^{\infty} u_n^2$ 收敛，又知 $\sum\limits_{n=1}^{\infty} \frac{1}{n^2}$ 收敛，由两个收敛级数的和仍收敛，可得级数 $\sum\limits_{n=1}^{\infty} \left(u_n^2 + \frac{1}{n^2}\right)$ 收敛，由比较判别法得级数 $\sum\limits_{n=1}^{\infty} 2\frac{u_n}{n}$ 收敛，故级数 $\sum\limits_{n=1}^{\infty} \frac{u_n}{n}$ 收敛.

11. 设 $u_n > 0, v_n > 0$，且满足 $\frac{u_{n+1}}{u_n} \leq \frac{v_{n+1}}{v_n} (n = 1, 2, \cdots)$. 试证：

(1) 若级数 $\sum\limits_{n=1}^{\infty} v_n$ 收敛，则级数 $\sum\limits_{n=1}^{\infty} u_n$ 收敛；

(2) 若级数 $\sum\limits_{n=1}^{\infty} u_n$ 发散，则级数 $\sum\limits_{n=1}^{\infty} v_n$ 发散.

证：由 $\frac{u_{n+1}}{u_n} \leq \frac{v_{n+1}}{v_n} (n = 1, 2, \cdots)$ 可得

$$\frac{u_{n+1}}{v_{n+1}} \leq \frac{u_n}{v_n} \quad (n = 1, 2, \cdots)$$

即

$$\frac{u_{n+1}}{v_{n+1}} \leq \frac{u_n}{v_n} \leq \frac{u_{n-1}}{v_{n-1}} \leq \cdots \leq \frac{u_1}{v_1}$$

由此可得，$u_{n+1} \leqslant \dfrac{u_1}{v_1} v_{n+1}(n=1,2,\cdots)$. 由比较判别法可知：当 $\displaystyle\sum_{n=1}^{\infty} v_n$ 收敛时，级数 $\displaystyle\sum_{n=1}^{\infty} u_n$ 收敛；当 $\displaystyle\sum_{n=1}^{\infty} u_n$ 发散时，级数 $\displaystyle\sum_{n=1}^{\infty} v_n$ 发散.

应注意，由 $\displaystyle\sum_{n=1}^{\infty} v_n$ 收敛，不能推得 $\displaystyle\lim_{n\to\infty}\dfrac{v_{n+1}}{v_n}=l<1$，即 $\displaystyle\lim_{n\to\infty}\dfrac{v_{n+1}}{v_n}=l<1$ 是正项级数收敛的充分条件，但非必要条件.

12. 证明：若级数 $\displaystyle\sum_{n=1}^{\infty} u_n^2$ 和 $\displaystyle\sum_{n=1}^{\infty} v_n^2$ 收敛，则下列级数收敛：

$$\sum_{n=1}^{\infty} u_n v_n, \qquad \sum_{n=1}^{\infty}(u_n+v_n)^2, \qquad \sum_{n=1}^{\infty}\frac{u_n}{n}$$

证：因为 $|u_n v_n| \leqslant \dfrac{1}{2}(u_n^2+v_n^2)\ (n=1,2,\cdots)$，而级数 $\displaystyle\sum_{n=1}^{\infty} u_n^2$ 和 $\displaystyle\sum_{n=1}^{\infty} v_n^2$ 都收敛，所以 $\displaystyle\sum_{n=1}^{\infty}(u_n^2+v_n^2)$ 收敛. 根据比较判别法，级数 $\displaystyle\sum_{n=1}^{\infty}|u_n v_n|$ 收敛，则 $\displaystyle\sum_{n=1}^{\infty} u_n v_n$ 也收敛.

又 $(u_n+v_n)^2 \leqslant (|u_n|+|v_n|)^2 = u_n^2+2|u_n v_n|+v_n^2$，而级数 $\displaystyle\sum_{n=1}^{\infty} u_n^2$，$\displaystyle\sum_{n=1}^{\infty}|u_n v_n|$ 和 $\displaystyle\sum_{n=1}^{\infty} v_n^2$ 都收敛，故级数 $\displaystyle\sum_{n=1}^{\infty}(u_n+v_n)^2$ 收敛.

如果取 $v_n=\dfrac{1}{n}(n=1,2,\cdots)$，则 $\displaystyle\sum_{n=1}^{\infty} v_n^2 = \sum_{n=1}^{\infty}\dfrac{1}{n^2}$ 收敛，故

$$\sum_{n=1}^{\infty} u_n v_n = \sum_{n=1}^{\infty}\frac{u_n}{n}$$

收敛.

13. 求幂级数 $\displaystyle\sum_{n=1}^{\infty}(-1)^n \dfrac{1}{2^n n} x^{2n-1}$ 的收敛域.

解：级数缺少 x 的偶次项，直接利用比值判别法，有

$$\lim_{n\to\infty}\left|\frac{u_{n+1}}{u_n}\right| = \lim_{n\to\infty}\frac{|x|^{2n+1}}{2^{n+1}(n+1)}\cdot\frac{2^n n}{|x|^{2n-1}} = \frac{|x|^2}{2}$$

当 $\dfrac{|x|^2}{2}<1$，即 $|x|<\sqrt{2}$ 时，级数绝对收敛.

当 $x=-\sqrt{2}$ 时，原级数成为 $\displaystyle\sum_{n=1}^{\infty}\dfrac{(-1)^{n-1}}{\sqrt{2}\,n}$，这是收敛的交错级数.

当 $x=\sqrt{2}$ 时，原级数成为 $\displaystyle\sum_{n=1}^{\infty}\dfrac{(-1)^n}{\sqrt{2}\,n}$，仍为收敛的交错级数.

所以，级数 $\displaystyle\sum_{n=1}^{\infty}(-1)^n \dfrac{1}{2^n n} x^{2n-1}$ 的收敛域为 $[-\sqrt{2},\sqrt{2}]$.

14. 求幂级数 $\displaystyle\sum_{n=1}^{\infty}\dfrac{1}{3^n+(-2)^n}\cdot\dfrac{x^n}{n}$ 的收敛域.

解：因为 $\lim\limits_{n\to\infty}\left|\dfrac{a_{n+1}}{a_n}\right|=\lim\limits_{n\to\infty}\dfrac{\left[3^n+(-2)^n\right]n}{\left[3^{n+1}+(-2)^{n+1}\right](n+1)}$

$$=\lim\limits_{n\to\infty}\dfrac{\left[1+\left(-\dfrac{2}{3}\right)^n\right]n}{3\left[1+\left(-\dfrac{2}{3}\right)^{n+1}\right](n+1)}=\dfrac{1}{3}$$

所以收敛半径为 3，收敛区间为 $(-3,3)$.

当 $x=-3$ 时，级数成为

$$\sum_{n=1}^{\infty}\dfrac{(-1)^n3^n}{3^n+(-2)^n}\cdot\dfrac{1}{n}=\sum_{n=1}^{\infty}\left[\dfrac{(-1)^n}{n}-\dfrac{2^n}{3^n+(-2)^n}\cdot\dfrac{1}{n}\right]$$

因 $\sum\limits_{n=1}^{\infty}\dfrac{(-1)^n}{n}$ 收敛，且可用比值判别法判定 $\sum\limits_{n=1}^{\infty}\dfrac{2^n}{3^n+(-2)^n}\cdot\dfrac{1}{n}$ 收敛，所以原级数在 $x=-3$ 时收敛.

当 $x=3$ 时，级数成为 $\sum\limits_{n=1}^{\infty}\dfrac{3^n}{3^n+(-2)^n}\cdot\dfrac{1}{n}$，其通项

$$\dfrac{3^n}{3^n+(-2)^n}\cdot\dfrac{1}{n}=\dfrac{1}{1+\left(-\dfrac{2}{3}\right)^n}\cdot\dfrac{1}{n}>\dfrac{1}{2n}$$

因 $\sum\limits_{n=1}^{\infty}\dfrac{1}{n}$ 发散，所以原级数在 $x=3$ 时发散.

综上分析，原级数的收敛域为 $[-3,3)$.

15. 求幂级数 $\sum\limits_{n=1}^{\infty}\dfrac{(-1)^{n-1}x^{2n+1}}{n(2n-1)}$ 的收敛域及和函数 $S(x)$.

解：因为 $\lim\limits_{n\to\infty}\left|\dfrac{u_{n+1}}{u_n}\right|=\lim\limits_{n\to\infty}\left|\dfrac{x^{2n+3}}{(n+1)(2n+1)}\cdot\dfrac{n(2n-1)}{x^{2n+1}}\right|=x^2$，所以当 $x^2<1$，即 $|x|<1$ 时，原级数绝对收敛.

当 $x=\pm1$ 时，级数成为 $\pm\sum\dfrac{(-1)^{n-1}}{n(2n-1)}$，这是收敛的交错级数，所以原幂级数的收敛域为 $[-1,1]$.

记 $S(x)=\sum\limits_{n=1}^{\infty}\dfrac{(-1)^{n-1}x^{2n+1}}{n(2n-1)}=x\sum\limits_{n=1}^{\infty}\dfrac{(-1)^{n-1}x^{2n}}{n(2n-1)}$.

设 $f(x)=\sum\limits_{n=1}^{\infty}\dfrac{(-1)^{n-1}x^{2n}}{n(2n-1)}$，$x\in(-1,1)$，两边逐项求导，有

$$f'(x)=\sum_{n=1}^{\infty}\dfrac{(-1)^{n-1}2nx^{2n-1}}{n(2n-1)}=2\sum_{n=1}^{\infty}\dfrac{(-1)^{n-1}x^{2n-1}}{2n-1}$$

$$f''(x)=2\sum_{n=1}^{\infty}(-1)^{n-1}x^{2n-2}=\dfrac{2}{1+x^2}$$

两边从 0 到 x 求积分，且注意到 $f'(0)=0$，有

$$\int_0^x f''(t)\mathrm{d}t=\int_0^x\dfrac{2}{1+t^2}\mathrm{d}t=2\arctan x$$

即 $f'(x)-f'(0)=2\arctan x$，故 $f'(x)=2\arctan x$，于是

$$\int_0^x f'(t)\mathrm{d}t = 2\int_0^x \arctan t\,\mathrm{d}t \quad \text{(分部积分法)}$$

即 $\qquad f(x) - f(0) = 2x\arctan x - \ln(1+x^2)$

而 $f(0) = 0$，所以 $f(x) = 2x\arctan x - \ln(1+x^2)$，从而

$$S(x) = xf(x) = 2x^2\arctan x - x\ln(1+x^2), \quad x \in [-1, 1]$$

16. 将函数 $y = \ln(1 - x - 2x^2)$ 展开成 x 的幂级数.

解： 因为 $\ln(1 - x - 2x^2) = \ln[(1-2x)(1+x)] = \ln(1+x) + \ln(1-2x)$，而

$$\ln(1+x) = \sum_{n=1}^{\infty} (-1)^{n+1}\frac{x^n}{n} \quad (-1 < x \leqslant 1)$$

$$\ln(1-2x) = \sum_{n=1}^{\infty} (-1)^{n+1}\frac{(-2x)^n}{n}$$

$$= -\sum_{n=1}^{\infty} \frac{2^n x^n}{n} \quad \left(-\frac{1}{2} \leqslant x < \frac{1}{2}\right)$$

于是 $\qquad \ln(1 - x - 2x^2) = \sum_{n=1}^{\infty} \frac{(-1)^{n+1} - 2^n}{n}x^n \quad \left(-\frac{1}{2} \leqslant x < \frac{1}{2}\right)$

17. 将函数 $y = \ln(\mathrm{e} - x)$ 展开成 x 的幂级数，并求 $\sum_{n=1}^{\infty} \frac{1}{n2^n}$ 的值.

解： $\ln(\mathrm{e} - x) = \ln\left[\mathrm{e}\left(1 - \frac{x}{\mathrm{e}}\right)\right] = 1 + \ln\left(1 - \frac{x}{\mathrm{e}}\right)$

因为 $\qquad \ln(1+x) = \sum_{n=1}^{\infty} \frac{(-1)^{n-1}}{n}x^n \quad (-1 < x \leqslant 1)$

则 $\qquad \ln(\mathrm{e} - x) = 1 - \sum_{n=1}^{\infty} \frac{1}{n}\left(\frac{x}{\mathrm{e}}\right)^n$

令 $x = \dfrac{\mathrm{e}}{2}$，由上式得

$$\ln\left(\mathrm{e} - \frac{\mathrm{e}}{2}\right) = 1 - \sum_{n=1}^{\infty} \frac{1}{n}\left(\frac{1}{2}\right)^n$$

即 $1 - \ln 2 = 1 - \sum_{n=1}^{\infty} \dfrac{1}{n2^n}$，所以

$$\sum_{n=1}^{\infty} \frac{1}{n2^n} = \ln 2$$

18. 试用级数的理论证明：当 $n \to \infty$ 时，$\dfrac{1}{n^n}$ 是比 $\dfrac{1}{n!}$ 高阶的无穷小量.

证： 考虑级数 $\sum_{n=1}^{\infty} \dfrac{1/n^n}{1/n!} = \sum_{n=1}^{\infty} \dfrac{n!}{n^n}$，其通项 $u_n = \dfrac{n!}{n^n}$.

因为 $\qquad \lim_{n\to\infty} \frac{u_{n+1}}{u_n} = \lim_{n\to\infty} \frac{\dfrac{(n+1)!}{(n+1)^{n+1}}}{\dfrac{n!}{n^n}} = \lim_{n\to\infty} \frac{n^n}{(n+1)^n}$

$$= \lim_{n\to\infty} \frac{1}{\left(1 + \dfrac{1}{n}\right)^n} = \frac{1}{\mathrm{e}} < 1$$

所以，级数 $\sum\limits_{n=1}^{\infty}\dfrac{n!}{n^n}$ 收敛，其通项

$$\lim_{n\to\infty}u_n=\lim_{n\to\infty}\frac{n!}{n^n}=0$$

即 $\qquad \lim\limits_{n\to\infty}\dfrac{1/n^n}{1/n!}=0$

因此，当 $n\to\infty$ 时，$\dfrac{1}{n^n}$ 是比 $\dfrac{1}{n!}$ 高阶的无穷小量．

19. 将函数 $f(x)=\dfrac{1+x}{(1-x)^2}$ 展开成 x 的幂级数．

解： $f(x)=\dfrac{2-(1-x)}{(1-x)^2}=\dfrac{2}{(1-x)^2}-\dfrac{1}{1-x}$

因为 $(1+x)^\alpha=1+\sum\limits_{n=1}^{\infty}\dfrac{\alpha(\alpha-1)\cdots(\alpha-n+1)}{n!}x^n\quad(-1<x<1)$，可得（取 $\alpha=-2$，且将 x 换为 $(-x)$）

$$2(1-x)^{-2}=2\left[1+\sum_{n=1}^{\infty}\frac{(-2)\cdot(-3)\cdots(-n-1)}{n!}(-x)^n\right]$$

$$=2\sum_{n=0}^{\infty}(n+1)x^n\quad(-1<x<1)$$

又 $\qquad \dfrac{1}{1-x}=\sum\limits_{n=0}^{\infty}x^n\quad(-1<x<1)$

所以 $\qquad f(x)=2\sum\limits_{n=0}^{\infty}(n+1)x^n-\sum\limits_{n=0}^{\infty}x^n=\sum\limits_{n=0}^{\infty}(2n+1)x^n\quad(-1<x<1)$

20. 求幂级数 $1+\sum\limits_{n=1}^{\infty}(-1)^n\dfrac{x^{2n}}{2n}\ (|x|<1)$ 的和函数 $f(x)$ 及其极值．

解： 由 $f(x)=1+\sum\limits_{n=1}^{\infty}(-1)^n\dfrac{x^{2n}}{2n}=1-\dfrac{x^2}{2}+\dfrac{x^4}{4}-\cdots+(-1)^n\dfrac{x^{2n}}{2n}+\cdots$ 两边求导，得

$$f'(x)=-x+x^3+\cdots+(-1)^nx^{2n-1}+\cdots=-\frac{x}{1+x^2}\quad(|x|<1)$$

上式两边从 0 到 x 积分，得

$$\int_0^x f'(t)\mathrm{d}t=-\int_0^x\frac{t}{1+t^2}\mathrm{d}t$$

即 $\qquad f(x)-f(0)=-\dfrac{1}{2}\ln(1+x^2)$

由于 $f(0)=1$，于是

$$f(x)=1-\frac{1}{2}\ln(1+x^2)\quad(|x|<1)$$

令 $f'(x)=-\dfrac{x}{1+x^2}=0$，得唯一驻点 $x=0$，又

$$f''(x)=-\frac{1-x^2}{(1+x^2)^2},\ f''(0)=-1<0$$

所以 $f(x)$ 在 $x=0$ 处取得极大值，且极大值 $f(0)=1$．

(B)

1. 设级数 $\sum\limits_{n=1}^{\infty} u_n$ 前 n 项的和 $S_n = \dfrac{2n}{3n-1}$，则级数 $\sum\limits_{n=1}^{\infty}(3u_n - u_{n+1} + u_{n+2}) = [\quad]$.

(A) 2　　　　(B) 3　　　　(C) $\dfrac{11}{5}$　　　　(D) $\dfrac{13}{5}$

解: 因为 $\lim\limits_{n\to\infty} S_n = \lim\limits_{n\to\infty} \dfrac{2n}{3n-1} = \dfrac{2}{3}$，所以级数 $\sum\limits_{n=1}^{\infty} u_n$ 收敛，其和为 $S = \dfrac{2}{3}$. 于是

$$\sum_{n=1}^{\infty}(3u_n - u_{n+1} + u_{n+2}) = 3\sum_{n=1}^{\infty} u_n - \sum_{n=1}^{\infty} u_{n+1} + \sum_{n=1}^{\infty} u_{n+2}$$
$$= 3S - (S - u_1) + (S - u_1 - u_2)$$
$$= 3S - u_2$$

又　　　　$u_1 = S_1 = 1$，$u_2 = S_2 - u_1 = \dfrac{4}{5} - 1 = -\dfrac{1}{5}$

所以　　$\sum\limits_{n=1}^{\infty}(3u_n - u_{n+1} + u_{n+2}) = 3 \times \dfrac{2}{3} - \left(-\dfrac{1}{5}\right) = \dfrac{11}{5}$

故本题应选(C).

2. 下列各命题中正确的是[　].

(A) 若 $u_n < v_n$ $(n = 1, 2, \cdots)$，则 $\sum\limits_{n=1}^{\infty} u_n \leqslant \sum\limits_{n=1}^{\infty} v_n$

(B) 若 $u_n < v_n$ $(n = 1, 2, \cdots)$，且 $\sum\limits_{n=1}^{\infty} u_n$ 发散，则 $\sum\limits_{n=1}^{\infty} v_n$ 发散

(C) 若 $\lim\limits_{n\to\infty} \dfrac{u_n}{v_n} = 1$，则 $\sum\limits_{n=1}^{\infty} u_n$ 与 $\sum\limits_{n=1}^{\infty} v_n$ 有相同的敛散性

(D) 若 $w_n < u_n < v_n$ $(n = 1, 2, \cdots)$，且 $\sum\limits_{n=1}^{\infty} w_n$ 与 $\sum\limits_{n=1}^{\infty} v_n$ 收敛，则 $\sum\limits_{n=1}^{\infty} u_n$ 收敛

解: 选项(A)中的级数只有当它们都收敛时，才能比较其和的大小，而(A)中两级数的敛散性并不清楚，故(A)错.

选项(B)和(C)中并未说明两个级数为正项级数，故不能应用正项级数的比较判别法及其极限形式. 例如，在(B)中，取级数 $\sum\limits_{n=1}^{\infty} u_n = \sum\limits_{n=1}^{\infty}\left(-\dfrac{1}{n}\right)$，$\sum\limits_{n=1}^{\infty} v_n = \sum\limits_{n=1}^{\infty} \dfrac{1}{n^2}$，则 $u_n = -\dfrac{1}{n} < \dfrac{1}{n^2} = v_n (n = 1, 2, \cdots)$，但 $\sum\limits_{n=1}^{\infty} u_n$ 发散，而 $\sum\limits_{n=1}^{\infty} \dfrac{1}{n^2}$ 收敛；在(C)中，取级数 $\sum\limits_{n=1}^{\infty} u_n = \sum\limits_{n=1}^{\infty} \dfrac{(-1)^n}{\sqrt{n}}$，$\sum\limits_{n=1}^{\infty} v_n = \sum\limits_{n=1}^{\infty}\left(\dfrac{(-1)^n}{\sqrt{n}} + \dfrac{1}{n}\right)$，则 $\lim\limits_{n\to\infty} \dfrac{u_n}{v_n} = 1$，但 $\sum\limits_{n=1}^{\infty} u_n$ 是收敛的交错级数，而 $\sum\limits_{n=1}^{\infty} v_n$ 发散.

由此可知，本题中只有选项(D)正确. 事实上，由 $w_n < u_n < v_n (n = 1, 2, \cdots)$，可得 $0 < u_n - w_n < v_n - w_n$. 又知 $\sum\limits_{n=1}^{\infty} v_n$ 和 $\sum\limits_{n=1}^{\infty} w_n$ 收敛，所以级数 $\sum\limits_{n=1}^{\infty}(v_n - w_n)$ 收敛. 由正项级数

的比较判别法，级数 $\sum\limits_{n=1}^{\infty}(u_n-w_n)$ 收敛，从而级数 $\sum\limits_{n=1}^{\infty}\left[(u_n-w_n)+w_n\right]=\sum\limits_{n=1}^{\infty}u_n$ 收敛.

3. 若级数 $\sum\limits_{n=1}^{\infty}u_n$ 及 $\sum\limits_{n=1}^{\infty}v_n$ 均发散，则级数 [　　].

(A) $\sum\limits_{n=1}^{\infty}(u_n+v_n)$ 必发散

(B) $\sum\limits_{n=1}^{\infty}u_nv_n$ 必发散

(C) $\sum\limits_{n=1}^{\infty}(|u_n|+|v_n|)$ 必发散

(D) $\sum\limits_{n=1}^{\infty}(u_n^2+v_n^2)$ 必发散

解：选项(A) 不正确. 例如，$\sum\limits_{n=1}^{\infty}u_n=\sum\limits_{n=1}^{\infty}\dfrac{1}{n}$，$\sum\limits_{n=1}^{\infty}v_n=\sum\limits_{n=1}^{\infty}\left(-\dfrac{1}{n}\right)$ 都发散，但 $\sum\limits_{n=1}^{\infty}(u_n+v_n)=0$ 却是收敛级数.

选项(B) 不正确. 例如，$\sum\limits_{n=1}^{\infty}u_n=\sum\limits_{n=1}^{\infty}\dfrac{1}{n}$，$\sum\limits_{n=1}^{\infty}v_n=\sum\limits_{n=1}^{\infty}\dfrac{1}{n}$ 都发散，但 $\sum\limits_{n=1}^{\infty}u_nv_n=\sum\limits_{n=1}^{\infty}\dfrac{1}{n^2}$ 却是收敛级数.

选项(C) 正确. 因为 $|u_n|\leqslant(|u_n|+|v_n|)$，如果级数 $\sum\limits_{n=1}^{\infty}(|u_n|+|v_n|)$ 收敛，则必有 $\sum\limits_{n=1}^{\infty}|u_n|$ 收敛，从而级数 $\sum\limits_{n=1}^{\infty}u_n$ 也收敛，与题设矛盾，故级数 $\sum\limits_{n=1}^{\infty}(|u_n|+|v_n|)$ 必发散.

选项(D) 不正确. 例如，$\sum\limits_{n=1}^{\infty}u_n=\sum\limits_{n=1}^{\infty}\dfrac{1}{n}$，$\sum\limits_{n=1}^{\infty}v_n=\sum\limits_{n=1}^{\infty}\dfrac{1}{n}$ 均发散，但 $\sum\limits_{n=1}^{\infty}(u_n^2+v_n^2)=\sum\limits_{n=1}^{\infty}\left(\dfrac{1}{n^2}+\dfrac{1}{n^2}\right)=2\sum\limits_{n=1}^{\infty}\dfrac{1}{n^2}$ 却是收敛级数.

综上所述，本题应选(C).

4. 若级数 $\sum\limits_{n=1}^{\infty}(u_{2n-1}+u_{2n})$ 收敛，则下列结论中成立的是 [　　].

(A) $\sum\limits_{n=1}^{\infty}u_n$ 必收敛　　　　(B) $\sum\limits_{n=1}^{\infty}u_n$ 未必收敛

(C) $\lim\limits_{n\to\infty}u_n=0$　　　　(D) $\sum\limits_{n=1}^{\infty}u_n$ 发散

解：因为

$$\sum\limits_{n=1}^{\infty}(u_{2n-1}+u_{2n})=(u_1+u_2)+(u_3+u_4)+\cdots+(u_{2n-1}+u_{2n})+\cdots$$

所以，$\sum\limits_{n=1}^{\infty}u_n$ 可以看成是级数 $\sum\limits_{n=1}^{\infty}(u_{2n-1}+u_{2n})$ 去掉括号后所得的级数. 由级数的基本性质：收敛级数加括号之后所得级数仍收敛，且收敛于原级数的和；若加括号所得新级数发散，则原级数必发散；若加括号所得新级数收敛，则原级数的敛散性不能确定，即原级数未必收敛. 故本题应选(B).

5. 下列各选项中正确的是[　　].

(A) $\sum\limits_{n=1}^{\infty} u_n^2$ 和 $\sum\limits_{n=1}^{\infty} v_n^2$ 均收敛，则 $\sum\limits_{n=1}^{\infty}(u_n + v_n)^2$ 也收敛

(B) 若 $\sum\limits_{n=1}^{\infty}(u_n v_n)$ 收敛，则 $\sum\limits_{n=1}^{\infty} u_n^2$ 与 $\sum\limits_{n=1}^{\infty} v_n^2$ 都收敛

(C) 若正项级数 $\sum\limits_{n=1}^{\infty} u_n$ 发散，则 $u_n \geqslant \dfrac{1}{n}$

(D) 若级数 $\sum\limits_{n=1}^{\infty} u_n$ 收敛，且 $u_n \geqslant v_n (n = 1, 2, \cdots)$，则级数 $\sum\limits_{n=1}^{\infty} v_n$ 也收敛

解：对于(A)，由于 $\sum\limits_{n=1}^{\infty} u_n^2$ 和 $\sum\limits_{n=1}^{\infty} v_n^2$ 均收敛，且

$$|u_n v_n| \leqslant \frac{1}{2}(u_n^2 + v_n^2)$$

利用比较判别法知，级数 $\sum\limits_{n=1}^{\infty} |u_n v_n|$ 收敛，即级数 $\sum\limits_{n=1}^{\infty} u_n v_n$ 绝对收敛，于是级数

$$\sum\limits_{n=1}^{\infty}(u_n + v_n)^2 = \sum\limits_{n=1}^{\infty} u_n^2 + 2\sum\limits_{n=1}^{\infty} u_n v_n + \sum\limits_{n=1}^{\infty} v_n^2$$

收敛，故选(A).

但选项(B)中，若令 $u_n = \dfrac{1}{\sqrt{n}}$，$v_n = \dfrac{1}{n^{3/2}}$，那么有级数 $\sum\limits_{n=1}^{\infty}(u_n v_n) = \sum\limits_{n=1}^{\infty} \dfrac{1}{n^2}$ 收敛，但是 $\sum\limits_{n=1}^{\infty} u_n^2 = \sum\limits_{n=1}^{\infty} \dfrac{1}{n}$ 却发散，故(B)不正确.

对于(C)，若级数 $\sum\limits_{n=1}^{\infty} u_n$ 发散，我们令 $u_n = \dfrac{1}{n^{1+\frac{1}{n}}}$，显然 $\dfrac{1}{n^{1+\frac{1}{n}}} < \dfrac{1}{n}$，而

$$\lim_{n\to\infty} \frac{\dfrac{1}{n^{1+\frac{1}{n}}}}{\dfrac{1}{n}} = \lim_{n\to\infty} \frac{1}{n^{\frac{1}{n}}} = 1$$

故级数 $\sum\limits_{n=1}^{\infty} \dfrac{1}{n^{1+\frac{1}{n}}}$ 与级数 $\sum\limits_{n=1}^{\infty} \dfrac{1}{n}$ 有相同的敛散性，从而 $\sum\limits_{n=1}^{\infty} \dfrac{1}{n^{1+\frac{1}{n}}}$ 发散，故(C)亦不正确.

对于(D)，比较判别法只适用于正项级数，而级数 $\sum\limits_{n=1}^{\infty} u_n$ 未必是正项级数，故(D)不一定成立.

综上所述，本题应选(A).

6. 若级数 $\sum\limits_{n=1}^{\infty} u_n$ 收敛，则级数[　　].

(A) $\sum\limits_{n=1}^{\infty} |u_n|$ 收敛 　　　　　(B) $\sum\limits_{n=1}^{\infty}(-1)^n u_n$ 收敛

(C) $\sum\limits_{n=1}^{\infty} u_n u_{n+1}$ 收敛 　　　　(D) $\sum\limits_{n=1}^{\infty} \dfrac{u_n + u_{n+1}}{2}$ 收敛

解：选项(A)，(B)，(C)均不正确. 例如，设 $u_n = \dfrac{(-1)^{n-1}}{\sqrt{n}}$ $(n=1,2,\cdots)$，则 $\displaystyle\sum_{n=1}^{\infty} u_n =$

$\displaystyle\sum_{n=1}^{\infty} \dfrac{(-1)^{n-1}}{\sqrt{n}}$ 收敛，但级数 $\displaystyle\sum_{n=1}^{\infty}|u_n| = \sum_{n=1}^{\infty}\dfrac{1}{\sqrt{n}}$ 发散，故(A)不正确；而 $\displaystyle\sum_{n=1}^{\infty}(-1)^n u_n =$

$\displaystyle\sum_{n=1}^{\infty}\left(-\dfrac{1}{\sqrt{n}}\right)$ 也发散，故(B)不正确；又

$$\sum_{n=1}^{\infty} u_n u_{n+1} = \sum_{n=1}^{\infty}\dfrac{(-1)^{n-1}}{\sqrt{n}}\cdot\dfrac{(-1)^n}{\sqrt{n+1}} = \sum_{n=1}^{\infty}\dfrac{-1}{\sqrt{n(n+1)}}$$

因为 $\dfrac{-1}{\sqrt{n(n+1)}} > \dfrac{-1}{\sqrt{n+1}}$，而级数 $\displaystyle\sum_{n=1}^{\infty}\dfrac{-1}{\sqrt{n+1}}$ 发散，可知级数 $\displaystyle\sum_{n=1}^{\infty}\dfrac{-1}{\sqrt{n(n+1)}}$ 发散，故(C)不正确.

综上分析，本题只有(D)正确. 实际上，因为 $\displaystyle\sum_{n=1}^{\infty} u_n$ 收敛，则 $\displaystyle\sum_{n=1}^{\infty} u_{n+1}$ 必收敛，所以 $\displaystyle\sum_{n=1}^{\infty}\dfrac{u_n+u_{n+1}}{2}$ 收敛.

7. 对于级数 $\displaystyle\sum_{n=1}^{\infty} n!\left(\dfrac{a}{n}\right)^n (a>0)$，下列各结论中错误的是[　　].

(A) $a<\mathrm{e}$ 时，级数收敛　　　　(B) $a>\mathrm{e}$ 时，级数发散

(C) $a=\mathrm{e}$ 时，级数收敛　　　　(D) $a=\mathrm{e}$ 时，级数发散

解：用正项级数的比值判别法，有

$$\lim_{n\to\infty}\dfrac{u_{n+1}}{u_n} = \lim_{n\to\infty}(n+1)!\left(\dfrac{a}{n+1}\right)^{n+1}\cdot\dfrac{1}{n!}\left(\dfrac{n}{a}\right)^n$$
$$= \lim_{n\to\infty}\dfrac{a}{\left(1+\dfrac{1}{n}\right)^n} = \dfrac{a}{\mathrm{e}}$$

所以，当 $a<\mathrm{e}$ 时，有 $\dfrac{a}{\mathrm{e}}<1$，级数收敛；当 $a>\mathrm{e}$ 时，有 $\dfrac{a}{\mathrm{e}}>1$，级数发散，故(A)，(B)均正确.

当 $a=\mathrm{e}$ 时，比值判别法失效，由本章(二)参考题(A)中第5题，可知级数 $\displaystyle\sum_{n=1}^{\infty} n!\left(\dfrac{\mathrm{e}}{n}\right)^n$ 发散，故本题应选(C).

8. 级数 $\displaystyle\sum_{n=1}^{\infty}(-1)^n\left(1-\cos\dfrac{\alpha}{n}\right)$（常数 $\alpha>0$），则此级数[　　].

(A) 发散　　　　　　　　　(B) 绝对收敛

(C) 条件收敛　　　　　　　(D) 收敛性与 α 有关

解：因为 $1-\cos\dfrac{\alpha}{n} = 2\sin^2\dfrac{\alpha}{2n}$，而 $\sin^2\dfrac{\alpha}{2n}\leqslant\left(\dfrac{\alpha}{2n}\right)^2$，又因为级数 $\displaystyle\sum_{n=1}^{\infty}\left(\dfrac{\alpha}{2n}\right)^2$ 收敛，所以

级数 $2\displaystyle\sum_{n=1}^{\infty}\sin^2\dfrac{\alpha}{2n}$ 收敛，从而级数 $\displaystyle\sum_{n=1}^{\infty}(-1)^n\left(1-\cos\dfrac{\alpha}{n}\right)$ 绝对收敛，故本题应选(B).

9. 设级数 $\sum_{n=1}^{\infty}(-1)^n 2^n u_n$ 收敛，则级数 $\sum_{n=1}^{\infty} u_n$ [   ].

(A) 绝对收敛　　　　　　　　　(B) 发散

(C) 条件收敛　　　　　　　　　(D) 敛散性不确定

解： 因为级数 $\sum_{n=1}^{\infty}(-1)^n 2^n u_n$ 收敛，则

$$\lim_{n\to\infty} 2^n u_n = 0$$

所以当 $n\to\infty$ 时，变量 $2^n u_n$ 为有界变量，即存在正数 M 和正整数 N，使得当 $n > N$ 时，有

$$|2^n u_n| = 2^n \cdot |u_n| < M$$

故 $|u_n| < \dfrac{M}{2^n}$. 而级数 $\sum_{n=1}^{\infty} \dfrac{M}{2^n}$ 收敛，由正项级数的比较判别法知，级数 $\sum_{n=1}^{\infty} |u_n|$ 收敛，故 $\sum_{n=1}^{\infty} u_n$ 绝对收敛. 故本题应选(A).

10. 对任意 x，$\lim\limits_{n\to\infty} \dfrac{3^n x^n}{n!} =$ [   ].

(A) 0　　　　　(B) 1　　　　　(C) $\dfrac{1}{3}$　　　　　(D) ∞

解： 考察幂级数 $\sum_{n=1}^{\infty} \dfrac{3^n x^n}{n!}$. 因为

$$\lim_{n\to\infty}\left|\frac{a_{n+1}}{a_n}\right| = \lim_{n\to\infty}\frac{3^{n+1}}{(n+1)!}\cdot\frac{n!}{3^n} = 0$$

所以，收敛半径 $R = +\infty$，收敛区间为 $(-\infty, +\infty)$，即对任意的 $x\in(-\infty, +\infty)$，级数 $\sum_{n=1}^{\infty} \dfrac{3^n x^n}{n!}$ 收敛. 由级数收敛的必要条件知

$$\lim_{n\to\infty}\frac{3^n x^n}{n!} = 0$$

故本题应选(A).

11. 级数 $\sum_{n=1}^{\infty} \dfrac{n^2}{n!}$ 的和等于 [   ].

(A) $\dfrac{e}{2}$　　　　　(B) $2e$　　　　　(C) $\dfrac{3e}{2}$　　　　　(D) $\dfrac{5e}{2}$

解： 由 $e^x = \sum_{n=0}^{\infty} \dfrac{x^n}{n!}\ (-\infty < x < +\infty)$，两边求导，得

$$e^x = \sum_{n=1}^{\infty} \frac{n}{n!} x^{n-1}$$

所以 $xe^x = \sum_{n=1}^{\infty} \dfrac{n}{n!} x^n$. 将此式两边再求导，得

$$e^x + xe^x = \sum_{n=1}^{\infty} \frac{n^2}{n!} x^{n-1}$$

在上式中取 $x = 1$，可得 $\sum_{n=1}^{\infty} \dfrac{n^2}{n!} = 2e$. 故本题应选(B).

第八章　多元函数

（一）习题解答与注释

（A）

1. 求下列函数的定义域：

(1) $z = \sqrt{x} + y$　　　　　　(2) $z = \sqrt{1-x^2} + \sqrt{y^2-1}$

(3) $z = \sqrt{1 - \dfrac{x^2}{a^2} - \dfrac{y^2}{b^2}}$　　　　(4) $z = \ln(-x-y)$

(5) $z = \dfrac{1}{\sqrt{x^2+y^2}}$

(6) $u = \sqrt{R^2 - x^2 - y^2 - z^2} + \sqrt{x^2 + y^2 + z^2 - r^2}$　$(R > r)$

解：(1) 当 $x \geqslant 0$ 且 $-\infty < y < +\infty$ 时函数有定义，其定义域为

$$D(f) = \{(x, y) \mid x \geqslant 0, -\infty < y < +\infty\}$$

(2) 当 $1-x^2 \geqslant 0$ 且 $y^2 - 1 \geqslant 0$ 时函数有定义，其定义域为

$$D(f) = \{(x, y) \,\big|\, |x| \leqslant 1, |y| \geqslant 1\}$$

(3) 当 $1 - \dfrac{x^2}{a^2} - \dfrac{y^2}{b^2} \geqslant 0$ 时函数有定义，其定义域为

$$D(f) = \left\{(x, y) \,\middle|\, \dfrac{x^2}{a^2} + \dfrac{y^2}{b^2} \leqslant 1 \right\}$$

(4) 当 $-x-y > 0$ 时函数有定义，其定义域为

$$D(f) = \{(x, y) \mid x + y < 0\}$$

(5) 当 $x^2 + y^2 \neq 0$ 时函数有定义，其定义域为

$$D(f) = \{(x, y) \mid x^2 + y^2 \neq 0\}$$

(6) 当 $R^2 - x^2 - y^2 - z^2 \geqslant 0$ 且 $x^2 + y^2 + z^2 - r^2 \geqslant 0$ 时函数有定义，其定义域为

$$D(f) = \{(x, y, z) \mid r^2 \leqslant x^2 + y^2 + z^2 \leqslant R^2\}　(R > r)$$

2. 设 $f(x+y, x-y) = e^{x^2+y^2}(x^2 - y^2)$，求函数 $f(x, y)$ 和 $f(\sqrt{2}, \sqrt{2})$ 的值.

解：设 $u = x+y$，$v = x-y$，则 $x = \dfrac{u+v}{2}$，$y = \dfrac{u-v}{2}$，所以

$$x^2 + y^2 = \dfrac{u^2 + v^2}{2}, \quad x^2 - y^2 = uv$$

故 $f(u, v) = e^{\frac{u^2+v^2}{2}} \cdot uv$，即 $f(x, y) = e^{\frac{x^2+y^2}{2}} \cdot xy$，且

$$f(\sqrt{2}, \sqrt{2}) = 2e^2$$

3. 判别二元函数 $z = \ln(x^2 - y^2)$ 与 $z = \ln(x+y) + \ln(x-y)$ 是否为同一函数，并说明理由.

解：函数 $z = \ln(x^2 - y^2)$ 的定义域为

$$D_1 = \{(x, y) \mid x^2 - y^2 > 0\}$$

函数 $z = \ln(x+y) + \ln(x-y)$ 的定义域为

$$D_2 = \{(x, y) \mid x+y > 0, \ x-y > 0\}$$

因为 D_1 中不仅含有满足 $x+y > 0$ 且 $x-y > 0$ 的点，而且包含满足 $x+y < 0$ 且 $x-y < 0$ 的点，所以两个函数的定义域不同，故两个函数不同.

注释：（ⅰ）类似于一元函数，求用解析式表示的二元函数的定义域时，应考虑下述要求：分母不能为零；偶次根式内的值非负；对数的真数大于零；某些三角函数或反三角函数的自变量有特定的限制等.

（ⅱ）与一元函数的定义相比较，二元函数也有两个要素：对应规则 f 和定义域 D. 当且仅当两个二元函数的对应规则和定义域完全相同时，才能认为这两个二元函数是相同的. 但是，一元函数的定义域通常是区间，而二元函数的定义域通常是平面上的区域；一元函数 $y = f(x)$ 通常表示坐标平面上的曲线，而二元函数 $z = f(x, y)$ 通常表示空间中的一个曲面.

（ⅲ）当已知 $f[g(x, y), h(x, y)]$ 的表达式，求 $f(x, y)$ 的表达式时，应设 $u = g(x, y)$，$v = h(x, y)$，使函数 $f(u, v)$ 用 u, v 的解析式表示. 该方法与一元函数类似问题的处理方法完全相同.

4. 求下列函数的偏导数：

(1) $z = x^2 y^2$ 　　　　　　　　　(2) $z = \ln \dfrac{y}{x}$

(3) $z = e^{xy} + yx^2$ 　　　　　　　(4) $z = xy\sqrt{R^2 - x^2 - y^2}$

(5) $z = \dfrac{x}{\sqrt{x^2 + y^2}}$ 　　　　　　(6) $z = e^{\sin x} \cdot \cos y$

(7) $u = \sqrt{x^2 + y^2 + z^2}$ 　　　　(8) $u = e^{x^2 y^3 z^5}$

(9) $z = x^{xy}$ 　　　　　　　　　(10) $z = \arctan \dfrac{x+y}{x-y}$

解：(1) $\dfrac{\partial z}{\partial x} = 2xy^2$，$\dfrac{\partial z}{\partial y} = 2x^2 y$

(2) $\dfrac{\partial z}{\partial x} = \dfrac{x}{y}\left(\dfrac{y}{x}\right)'_x = -\dfrac{1}{x}$，$\dfrac{\partial z}{\partial y} = \dfrac{x}{y}\left(\dfrac{y}{x}\right)'_y = \dfrac{1}{y}$

(3) $\dfrac{\partial z}{\partial x} = e^{xy}(xy)'_x + 2xy = ye^{xy} + 2xy$

$\dfrac{\partial z}{\partial y} = e^{xy}(xy)'_y + x^2 = xe^{xy} + x^2$

(4) $\dfrac{\partial z}{\partial x} = (xy)'_x \cdot \sqrt{R^2 - x^2 - y^2} + xy\left(\sqrt{R^2 - x^2 - y^2}\right)'_x$

$\qquad = y\sqrt{R^2 - x^2 - y^2} + xy\dfrac{-2x}{2\sqrt{R^2 - x^2 - y^2}}$

$$= \frac{y(R^2 - 2x^2 - y^2)}{\sqrt{R^2 - x^2 - y^2}}$$

$$\frac{\partial z}{\partial y} = (xy)'_y \cdot \sqrt{R^2 - x^2 - y^2} + xy\left(\sqrt{R^2 - x^2 - y^2}\right)'_y$$

$$= x\sqrt{R^2 - x^2 - y^2} + xy\frac{-2y}{2\sqrt{R^2 - x^2 - y^2}}$$

$$= \frac{x(R^2 - x^2 - 2y^2)}{\sqrt{R^2 - x^2 - y^2}}$$

(5) $\dfrac{\partial z}{\partial x} = \dfrac{\sqrt{x^2 + y^2} - x \cdot \dfrac{2x}{2\sqrt{x^2 + y^2}}}{\left(\sqrt{x^2 + y^2}\right)^2} = \dfrac{y^2}{(x^2 + y^2)^{\frac{3}{2}}}$

$$\frac{\partial z}{\partial y} = x\left[-\frac{1}{2}(x^2 + y^2)^{-\frac{3}{2}} \cdot 2y\right] = -\frac{xy}{(x^2 + y^2)^{\frac{3}{2}}}$$

(6) $\dfrac{\partial z}{\partial x} = e^{\sin x}\cos x\cos y$

$$\frac{\partial z}{\partial y} = e^{\sin x}(-\sin y) = -e^{\sin x}\sin y$$

(7) $\dfrac{\partial u}{\partial x} = \dfrac{x}{\sqrt{x^2 + y^2 + z^2}}, \dfrac{\partial u}{\partial y} = \dfrac{y}{\sqrt{x^2 + y^2 + z^2}}$

$$\frac{\partial u}{\partial z} = \frac{z}{\sqrt{x^2 + y^2 + z^2}}$$

(8) $\dfrac{\partial u}{\partial x} = e^{x^2 y^3 z^5}(x^2 y^3 z^5)'_x = 2xy^3 z^5 e^{x^2 y^3 z^5}$

$$\frac{\partial u}{\partial y} = e^{x^2 y^3 z^5}(x^2 y^3 z^5)'_y = 3x^2 y^2 z^5 e^{x^2 y^3 z^5}$$

$$\frac{\partial u}{\partial z} = e^{x^2 y^3 z^5}(x^2 y^3 z^5)'_z = 5x^2 y^3 z^4 e^{x^2 y^3 z^5}$$

(9) $\dfrac{\partial z}{\partial x} = (e^{xy\ln x})'_x = e^{xy\ln x}(xy\ln x)'_x$

$$= x^{xy}\left(y\ln x + xy \cdot \frac{1}{x}\right)$$

$$= yx^{xy}(\ln x + 1)$$

$$\frac{\partial z}{\partial y} = (x^{xy})'_y = x^{xy} \cdot \ln x \cdot (xy)'_y = x^{xy+1}\ln x$$

(10) $\dfrac{\partial z}{\partial x} = \dfrac{1}{1 + \left(\dfrac{x+y}{x-y}\right)^2}\left(\dfrac{x+y}{x-y}\right)'_x$

$$= \frac{(x-y)^2}{2(x^2 + y^2)} \cdot \frac{(x-y) - (x+y)}{(x-y)^2}$$

所以 $\dfrac{\partial z}{\partial x} = \dfrac{-y}{x^2 + y^2}$

又　　　$\dfrac{\partial z}{\partial y} = \dfrac{1}{1 + \left(\dfrac{x+y}{x-y}\right)^2} \cdot \left(\dfrac{x+y}{x-y}\right)'_y$

$\qquad\qquad = \dfrac{(x-y)^2}{2(x^2+y^2)} \cdot \dfrac{(x-y)+(x+y)}{(x-y)^2}$

所以　　　$\dfrac{\partial z}{\partial y} = \dfrac{x}{x^2+y^2}$

5. 计算下列函数在给定点处的偏导数：

(1) $z = e^{x^2+y^2}$，求 $z'_x\Big|_{\substack{x=1\\y=0}}$，$z'_y\Big|_{\substack{x=0\\y=1}}$.

(2) $z = \ln(\sqrt{x}+\sqrt{y})$，求 $z'_x\Big|_{\substack{x=1\\y=1}}$，$z'_y\Big|_{\substack{x=1\\y=1}}$.

(3) $z = (1+xy)^y$，求 $z'_x\Big|_{\substack{x=1\\y=1}}$，$z'_y\Big|_{\substack{x=1\\y=1}}$.

(4) $u = \ln(xy+z)$，求 $u'_x\Big|_{\substack{x=2\\y=1\\z=0}}$，$u'_y\Big|_{\substack{x=2\\y=1\\z=0}}$，$u'_z\Big|_{\substack{x=2\\y=1\\z=0}}$.

解：(1) $z'_x = e^{x^2+y^2} \cdot (x^2+y^2)'_x = 2xe^{x^2+y^2}$，所以

$\qquad z'_x\Big|_{\substack{x=1\\y=0}} = 2e$

类似地，$z'_y = 2ye^{x^2+y^2}$，所以 $z'_y\Big|_{\substack{x=0\\y=1}} = 2e$.

(2) $z'_x = \dfrac{1}{\sqrt{x}+\sqrt{y}} \cdot \dfrac{1}{2\sqrt{x}}$，$z'_x\Big|_{\substack{x=1\\y=1}} = \dfrac{1}{4}$

$\qquad z'_y = \dfrac{1}{\sqrt{x}+\sqrt{y}} \cdot \dfrac{1}{2\sqrt{y}}$，$z'_y\Big|_{\substack{x=1\\y=1}} = \dfrac{1}{4}$

(3) $z'_x = y(1+xy)^{y-1} \cdot (1+xy)'_x = y^2(1+xy)^{y-1}$，所以

$\qquad z'_x\Big|_{\substack{x=1\\y=1}} = 1$

$\qquad z'_y = \left[e^{y\ln(1+xy)}\right]'_y = e^{y\ln(1+xy)} \cdot \left[y\ln(1+xy)\right]'_y$

$\qquad\quad = (1+xy)^y\left[\ln(1+xy) + \dfrac{xy}{1+xy}\right]$

所以　　　$z'_y\Big|_{\substack{x=1\\y=1}} = 2\left(\ln 2 + \dfrac{1}{2}\right) = 1 + 2\ln 2$

(4) $u'_x = \dfrac{y}{xy+z}$，所以 $u'_x\Big|_{\substack{x=2\\y=1\\z=0}} = \dfrac{1}{2}$.

$\qquad u'_y = \dfrac{x}{xy+z}$，所以 $u'_y\Big|_{\substack{x=2\\y=1\\z=0}} = 1$.

$\qquad u'_z = \dfrac{1}{xy+z}$，所以 $u'_z\Big|_{\substack{x=2\\y=1\\z=0}} = \dfrac{1}{2}$.

6. 求下列函数的偏导数：

(1) $z = x\ln(x+y)$，求 $\dfrac{\partial^2 z}{\partial x^2}$，$\dfrac{\partial^2 z}{\partial y^2}$，$\dfrac{\partial^2 z}{\partial x\partial y}$.

(2) $z = \dfrac{\cos x^2}{y}$，求 $\dfrac{\partial^2 z}{\partial x^2}, \dfrac{\partial^2 z}{\partial y^2}, \dfrac{\partial^2 z}{\partial x \partial y}$.

(3) $z = \arctan \dfrac{y}{x}$，求 $\dfrac{\partial^2 z}{\partial x^2}, \dfrac{\partial^2 z}{\partial y^2}, \dfrac{\partial^2 z}{\partial x \partial y}$.

(4) $u = \mathrm{e}^{xyz}$，求 $\dfrac{\partial^3 u}{\partial x \partial y \partial z}$.

解： (1) $\dfrac{\partial z}{\partial x} = \ln(x+y) + \dfrac{x}{x+y}$，$\dfrac{\partial z}{\partial y} = \dfrac{x}{x+y}$

所以　　　$\dfrac{\partial^2 z}{\partial x^2} = \dfrac{1}{x+y} + \dfrac{x+y-x}{(x+y)^2} = \dfrac{x+2y}{(x+y)^2}$

$$\dfrac{\partial^2 z}{\partial y^2} = -\dfrac{x}{(x+y)^2}$$

$$\dfrac{\partial^2 z}{\partial x \partial y} = \dfrac{1}{x+y} + \dfrac{-x}{(x+y)^2} = \dfrac{y}{(x+y)^2}$$

(2) $\dfrac{\partial z}{\partial x} = -\dfrac{2x \sin x^2}{y}$，$\dfrac{\partial z}{\partial y} = -\dfrac{\cos x^2}{y^2}$，

所以　　　$\dfrac{\partial^2 z}{\partial x^2} = -\dfrac{2\sin x^2 + 4x^2 \cos x^2}{y}$

$$\dfrac{\partial^2 z}{\partial y^2} = \dfrac{2\cos x^2}{y^3}$$

$$\dfrac{\partial^2 z}{\partial x \partial y} = \dfrac{2x \sin x^2}{y^2}$$

(3) $\dfrac{\partial z}{\partial x} = \dfrac{1}{1+\left(\dfrac{y}{x}\right)^2} \cdot \left(-\dfrac{y}{x^2}\right) = -\dfrac{y}{x^2+y^2}$

$$\dfrac{\partial z}{\partial y} = \dfrac{1}{1+\left(\dfrac{y}{x}\right)^2} \cdot \dfrac{1}{x} = \dfrac{x}{x^2+y^2}$$

所以　　　$\dfrac{\partial^2 z}{\partial x^2} = \dfrac{2xy}{(x^2+y^2)^2}$

$$\dfrac{\partial^2 z}{\partial y^2} = \dfrac{-2xy}{(x^2+y^2)^2}$$

$$\dfrac{\partial^2 z}{\partial x \partial y} = -\dfrac{(x^2+y^2) - y \cdot 2y}{(x^2+y^2)^2} = \dfrac{y^2-x^2}{(x^2+y^2)^2}$$

(4) $\dfrac{\partial u}{\partial x} = yz\,\mathrm{e}^{xyz}$

$$\dfrac{\partial^2 u}{\partial x \partial y} = z\,\mathrm{e}^{xyz} + yz\,\mathrm{e}^{xyz} \cdot xz = z\,\mathrm{e}^{xyz} + xyz^2\,\mathrm{e}^{xyz}$$

$$\dfrac{\partial^3 u}{\partial x \partial y \partial z} = \mathrm{e}^{xyz} + xyz\,\mathrm{e}^{xyz} + 2xyz\,\mathrm{e}^{xyz} + x^2 y^2 z^2\,\mathrm{e}^{xyz}$$

$$= (1 + 3xyz + x^2 y^2 z^2)\,\mathrm{e}^{xyz}$$

7. 证明下列各题：

(1) 设 $z = \ln(\sqrt[n]{x} + \sqrt[n]{y})$，且 $n \geqslant 2$，则 $x\dfrac{\partial z}{\partial x} + y\dfrac{\partial z}{\partial y} = \dfrac{1}{n}$.

(2) 设 $z = \ln(e^x + e^y)$，则 $\dfrac{\partial^2 z}{\partial x^2} \cdot \dfrac{\partial^2 z}{\partial y^2} - \left(\dfrac{\partial^2 z}{\partial x \partial y}\right)^2 = 0.$

证：(1) $\dfrac{\partial z}{\partial x} = \dfrac{1}{\sqrt[n]{x} + \sqrt[n]{y}}(\sqrt[n]{x} + \sqrt[n]{y})'_x = \dfrac{x^{\frac{1-n}{n}}}{n(\sqrt[n]{x} + \sqrt[n]{y})}$

$\dfrac{\partial z}{\partial y} = \dfrac{1}{\sqrt[n]{x} + \sqrt[n]{y}}(\sqrt[n]{x} + \sqrt[n]{y})'_y = \dfrac{y^{\frac{1-n}{n}}}{n(\sqrt[n]{x} + \sqrt[n]{y})}$

所以 $\quad x\dfrac{\partial z}{\partial x} + y\dfrac{\partial z}{\partial y} = \dfrac{x \cdot x^{\frac{1-n}{n}}}{n(\sqrt[n]{x} + \sqrt[n]{y})} + \dfrac{y \cdot y^{\frac{1-n}{n}}}{n(\sqrt[n]{x} + \sqrt[n]{y})} = \dfrac{1}{n}$

(2) $\dfrac{\partial z}{\partial x} = \dfrac{e^x}{e^x + e^y}, \dfrac{\partial z}{\partial y} = \dfrac{e^y}{e^x + e^y}$

所以 $\quad \dfrac{\partial^2 z}{\partial x^2} = \dfrac{e^x(e^x + e^y) - e^x(e^x + e^y)'_x}{(e^x + e^y)^2} = \dfrac{e^{x+y}}{(e^x + e^y)^2}$

$\dfrac{\partial^2 z}{\partial y^2} = \dfrac{e^y(e^x + e^y) - e^y(e^x + e^y)'_y}{(e^x + e^y)^2} = \dfrac{e^{x+y}}{(e^x + e^y)^2}$

$\dfrac{\partial^2 z}{\partial x \partial y} = \dfrac{-e^x(e^x + e^y)'_y}{(e^x + e^y)^2} = -\dfrac{e^{x+y}}{(e^x + e^y)^2}$

由上述结果，直接可得

$$\dfrac{\partial^2 z}{\partial x^2} \cdot \dfrac{\partial^2 z}{\partial y^2} - \left(\dfrac{\partial^2 z}{\partial x \partial y}\right)^2 = 0$$

注释：（ⅰ）要计算 $\dfrac{\partial f}{\partial x}\left(\text{或}\ \dfrac{\partial f}{\partial y}\right)$，只需把变量 y(或 x)看作常量，而对 x(或 y)求导. 因此，一元函数的求导公式、计算方法在这里均可应用. 一般地，偏导数 $\dfrac{\partial f}{\partial x}, \dfrac{\partial f}{\partial y}$ 仍是关于 x, y 的二元函数. 如果它们对 x, y 的偏导数也存在，就可以求得二阶偏导数，类似可求更高阶的偏导数.

（ⅱ）对于 $z = f(x, y)$，一般地，$\dfrac{\partial^2 z}{\partial x \partial y} \neq \dfrac{\partial^2 z}{\partial y \partial x}$. 然而，当 $f(x, y)$ 的二阶混合偏导数 $\dfrac{\partial^2 z}{\partial x \partial y}, \dfrac{\partial^2 z}{\partial y \partial x}$ 在区域 D 内连续时，则在 D 内有 $\dfrac{\partial^2 z}{\partial x \partial y} = \dfrac{\partial^2 z}{\partial y \partial x}.$

习题中的函数 $f(x, y)$ 一般都满足这一条件，计算时不必考虑.

8. 求下列函数的全微分：

(1) $z = \sqrt{\dfrac{x}{y}}$ $\qquad\qquad$ (2) $z = \sqrt{\dfrac{ax + by}{ax - by}}$

(3) $z = e^{x^2 + y^2}$ $\qquad\qquad$ (4) $z = \arctan(xy)$

(5) $u = \ln(x^2 + y^2 + z^2)$

解：(1) 方法 1 由

$$\dfrac{\partial z}{\partial x} = \dfrac{1}{2}\sqrt{\dfrac{y}{x}} \cdot \dfrac{1}{y} = \dfrac{\sqrt{xy}}{2xy}$$

$$\dfrac{\partial z}{\partial y} = \dfrac{1}{2}\sqrt{\dfrac{y}{x}} \cdot \left(-\dfrac{x}{y^2}\right) = -\dfrac{\sqrt{xy}}{2y^2}$$

得

$$dz = \frac{\sqrt{xy}}{2xy}dx - \frac{\sqrt{xy}}{2y^2} \cdot dy = \frac{\sqrt{xy}}{2xy^2}(ydx - xdy)$$

方法 2 利用全微分形式不变性, 有

$$dz = d\left(\sqrt{\frac{x}{y}}\right) = \frac{1}{2} \cdot \sqrt{\frac{y}{x}}d\left(\frac{x}{y}\right)$$

$$= \frac{\sqrt{xy}}{2x}\left(\frac{1}{y}dx - \frac{x}{y^2}dy\right) = \frac{\sqrt{xy}}{2xy^2}(ydx - xdy)$$

注释: 可以用两种方法计算函数 $z = f(x, y)$ 的全微分. 一种方法是利用公式

$$dz = \frac{\partial z}{\partial x}dx + \frac{\partial z}{\partial y}dy$$

先计算 $\frac{\partial z}{\partial x}, \frac{\partial z}{\partial y}$, 然后求得 dz.

另一种方法是利用微分形式不变性, 直接求 dz, 在计算时, 常用到微分的和、差、积、商的运算公式

$$d(u \pm v) = du \pm dv$$

$$d(uv) = vdu + udv$$

$$d\left(\frac{u}{v}\right) = \frac{vdu - udv}{v^2} \quad (v \neq 0)$$

读者应熟练掌握前一种计算方法, 了解第二种计算方法.

(2) **方法 1** $z = \sqrt{\frac{ax + by}{ax - by}} = (ax + by)^{\frac{1}{2}}(ax - by)^{-\frac{1}{2}}$

$$\frac{\partial z}{\partial x} = (ax - by)^{-\frac{1}{2}} \cdot \frac{1}{2}(ax + by)^{-\frac{1}{2}} \cdot a + (ax + by)^{\frac{1}{2}} \cdot$$

$$\left(-\frac{1}{2}\right) \cdot (ax - by)^{-\frac{3}{2}} \cdot a$$

$$= \frac{a}{2}[(ax - by) - (ax + by)](ax + by)^{-\frac{1}{2}} \cdot (ax - by)^{-\frac{3}{2}}$$

$$= -aby(ax + by)^{-\frac{1}{2}}(ax - by)^{-\frac{3}{2}}$$

$$\frac{\partial z}{\partial y} = (ax - by)^{-\frac{1}{2}} \cdot \frac{1}{2}(ax + by)^{-\frac{1}{2}} \cdot b + (ax + by)^{\frac{1}{2}} \cdot$$

$$\left(-\frac{1}{2}\right)(ax - by)^{-\frac{3}{2}} \cdot (-b)$$

$$= \frac{b}{2}[(ax - by) + (ax + by)] \cdot (ax + by)^{-\frac{1}{2}}(ax - by)^{-\frac{3}{2}}$$

$$= abx(ax + by)^{-\frac{1}{2}}(ax - by)^{-\frac{3}{2}}$$

所以 $dz = ab(ax + by)^{-\frac{1}{2}}(ax - by)^{-\frac{3}{2}}(-ydx + xdy)$

方法 2 利用全微分形式不变性, 有

$$dz = d\left(\sqrt{\frac{ax + by}{ax - by}}\right) = \frac{1}{2}\sqrt{\frac{ax - by}{ax + by}} \cdot d\left(\frac{ax + by}{ax - by}\right)$$

$$= \frac{1}{2}\sqrt{\frac{ax-by}{ax+by}} \cdot \frac{(ax-by)(a\mathrm{d}x+b\mathrm{d}y)-(ax+by)(a\mathrm{d}x-b\mathrm{d}y)}{(ax-by)^2}$$

$$= \frac{1}{2}\sqrt{\frac{ax-by}{ax+by}} \cdot \frac{-2aby\mathrm{d}x+2abx\mathrm{d}y}{(ax-by)^2}$$

$$= ab(ax+by)^{-\frac{1}{2}}(ax-by)^{-\frac{3}{2}}(-y\mathrm{d}x+x\mathrm{d}y)$$

(3) 方法 1　$\dfrac{\partial z}{\partial x}=2x\mathrm{e}^{x^2+y^2}$，$\dfrac{\partial z}{\partial y}=2y\mathrm{e}^{x^2+y^2}$，所以

$$\mathrm{d}z = 2x\mathrm{e}^{x^2+y^2}\mathrm{d}x + 2y\mathrm{e}^{x^2+y^2}\mathrm{d}y$$

$$= 2\mathrm{e}^{x^2+y^2}(x\mathrm{d}x + y\mathrm{d}y)$$

方法 2　$\mathrm{d}z = \mathrm{d}(\mathrm{e}^{x^2+y^2}) = \mathrm{e}^{x^2+y^2}\mathrm{d}(x^2+y^2)$

$$= 2\mathrm{e}^{x^2+y^2}(x\mathrm{d}x + y\mathrm{d}y)$$

(4) 方法 1　由

$$\frac{\partial z}{\partial x} = \frac{y}{1+x^2y^2}, \qquad \frac{\partial z}{\partial y} = \frac{x}{1+x^2y^2}$$

得

$$\mathrm{d}z = \frac{1}{1+x^2y^2}(y\mathrm{d}x + x\mathrm{d}y)$$

方法 2

$$\mathrm{d}z = \mathrm{d}(\arctan(xy)) = \frac{1}{1+x^2y^2}\mathrm{d}(xy)$$

$$= \frac{1}{1+x^2y^2}(y\mathrm{d}x + x\mathrm{d}y)$$

(5) 方法 1　由

$$\frac{\partial u}{\partial x} = \frac{2x}{x^2+y^2+z^2}, \qquad \frac{\partial u}{\partial y} = \frac{2y}{x^2+y^2+z^2}, \qquad \frac{\partial u}{\partial z} = \frac{2z}{x^2+y^2+z^2}$$

得

$$\mathrm{d}u = \frac{2}{x^2+y^2+z^2}(x\mathrm{d}x + y\mathrm{d}y + z\mathrm{d}z)$$

方法 2

$$\mathrm{d}u = \mathrm{d}\ln(x^2+y^2+z^2) = \frac{1}{x^2+y^2+z^2} \cdot \mathrm{d}(x^2+y^2+z^2)$$

$$= \frac{2}{x^2+y^2+z^2}(x\mathrm{d}x + y\mathrm{d}y + z\mathrm{d}z)$$

9. 求下列函数在给定条件下的全微分的值：

(1) 函数 $z=x^2y^3$，当 $x=2$，$y=-1$，$\Delta x=0.02$，$\Delta y=-0.01$ 时.

(2) 函数 $z=\mathrm{e}^{xy}$，当 $x=1$，$y=1$，$\Delta x=0.15$，$\Delta y=0.1$ 时.

解：(1) $\mathrm{d}z = \dfrac{\partial z}{\partial x}\Delta x + \dfrac{\partial z}{\partial y}\Delta y = 2xy^3\Delta x + 3x^2y^2\Delta y$

将 $x=2$，$y=-1$，$\Delta x=0.02$，$\Delta y=-0.01$ 代入，得

$$\mathrm{d}z = 2\times2\times(-1)^3\times0.02 + 3\times2^2\times(-1)^2(-0.01) = -0.20$$

(2) $dz = \dfrac{\partial z}{\partial x}\Delta x + \dfrac{\partial z}{\partial y}\Delta y = y e^{xy}\Delta x + x e^{xy}\Delta y$

将 $x = 1$，$y = 1$，$\Delta x = 0.15$，$\Delta y = 0.1$ 代入，得

$$dz = 1 \cdot e^1 \times 0.15 + 1 \cdot e^1 \times 0.1 = 0.25e$$

10. 计算下列各式的近似值：

(1) $\sqrt{(1.02)^3 + (1.97)^3}$　　　　(2) $(10.1)^{2.03}$

解：(1) 设 $f(x, y) = \sqrt{x^3 + y^3}$．令 $x = 1$，$\Delta x = 0.02$，$y = 2$，$\Delta y = -0.03$，由

$$f(x + \Delta x, y + \Delta y)$$

$$\approx f(x, y) + \dfrac{\partial f}{\partial x}\Delta x + \dfrac{\partial f}{\partial y}\Delta y$$

$$= \sqrt{x^3 + y^3} + \dfrac{3x^2}{2\sqrt{x^3 + y^3}}\Delta x + \dfrac{3y^2}{2\sqrt{x^3 + y^3}}\Delta y$$

得　　$\sqrt{(1.02)^3 + (1.97)^3}$

$$\approx \sqrt{1^3 + 2^3} + \dfrac{3}{2}\times\dfrac{1^2}{\sqrt{1^3 + 2^3}}\times 0.02 + \dfrac{3}{2}\times\dfrac{2^2}{\sqrt{1^3 + 2^3}}\times(-0.03)$$

$$= 3 + 0.01 - 0.06 = 2.95$$

(2) 设 $f(x, y) = x^y$．令 $x = 10$，$\Delta x = 0.1$，$y = 2$，$\Delta y = 0.03$，由

$$f(x + \Delta x, y + \Delta y) \approx f(x, y) + \dfrac{\partial f}{\partial x}\Delta x + \dfrac{\partial f}{\partial y}\Delta y$$

$$= x^y + y x^{y-1}\Delta x + x^y\ln x \cdot \Delta y$$

得　　　　$(10.1)^{2.03} \approx 10^2 + 2\times 10^{2-1}\times 0.1 + 10^2\ln 10\times 0.03$

$$= 102 + 3\ln 10 \approx 102 + 3\times 2.302\,6$$

$$\approx 108.9$$

11. 已知边长 $x = 6\,\text{m}$ 与 $y = 8\,\text{m}$ 的矩形，求当 x 边增加 $5\,\text{cm}$，y 边减少 $10\,\text{cm}$ 时，此矩形对角线变化的近似值.

解：设矩形对角线长为 z，则 $z = \sqrt{x^2 + y^2}$.

$$\Delta z \approx dz = \dfrac{\partial z}{\partial x}\Delta x + \dfrac{\partial z}{\partial y}\Delta y$$

$$= \dfrac{x}{\sqrt{x^2 + y^2}}\Delta x + \dfrac{y}{\sqrt{x^2 + y^2}}\Delta y$$

取 $x = 6$，$\Delta x = 0.05$，$y = 8$，$\Delta y = -0.1$，则

$$\Delta z \approx \dfrac{6}{10}\times 0.05 + \dfrac{8}{10}\times(-0.1) = 0.03 - 0.08 = -0.05$$

即此矩形对角线约减少 $5\,\text{cm}$.

12. 用某种材料做一个开口长方体容器，其外形长 $5\,\text{m}$，宽 $4\,\text{m}$，高 $3\,\text{m}$，厚 $0.2\,\text{m}$，求所需材料的近似值与精确值.

解：设长方体容器的长、宽、高分别为 x，y，z，则 $V = xyz$．取

$$\Delta x = -0.4,\ \Delta y = -0.4,\ \Delta z = -0.2$$

$$\Delta V = 5\times 4\times 3 - 4.6\times 3.6\times 2.8 = 60 - 46.368$$

$$= 13.632(\mathrm{m}^3)$$
$$\Delta V \approx |\mathrm{d}V| = |yz\Delta x + xz\Delta y + xy\Delta z|$$
$$= |12\times(-0.4) + 15\times(-0.4) + 20\times(-0.2)|$$
$$= 14.8\ (\mathrm{m}^3)$$

即所需材料的近似值为 $14.8\ \mathrm{m}^3$，精确值为 $13.632\ \mathrm{m}^3$.

13. 求下列函数的导数或偏导数：

(1) $z = u^2\ln v$，而 $u = \dfrac{x}{y}$，$v = 3x - 2y$，求 $\dfrac{\partial z}{\partial x}$，$\dfrac{\partial z}{\partial y}$.

(2) $z = \dfrac{y}{x}$，而 $x = \mathrm{e}^t$，$y = 1 - \mathrm{e}^{2t}$，求 $\dfrac{\mathrm{d}z}{\mathrm{d}t}$.

(3) $z = \dfrac{x^2 - y}{x + y}$，而 $y = 2x - 3$，求 $\dfrac{\mathrm{d}z}{\mathrm{d}x}$.

(4) $z = u^v$，而 $u = x + 2y$，$v = x - y$，求 $\dfrac{\partial z}{\partial x}$，$\dfrac{\partial z}{\partial y}$.

解：(1) 变量间的关系如图 8—1 所示，所以

$$\frac{\partial z}{\partial x} = \frac{\partial z}{\partial u}\cdot\frac{\partial u}{\partial x} + \frac{\partial z}{\partial v}\cdot\frac{\partial v}{\partial x}$$

$$= 2u\ln v\cdot\left(\frac{x}{y}\right)'_x + \frac{u^2}{v}\cdot(3x - 2y)'_x$$

$$= \frac{2x}{y^2}\ln(3x - 2y) + \frac{3x^2}{y^2(3x - 2y)}$$

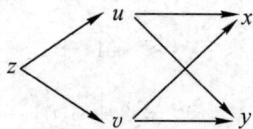

图 8—1

类似地，有

$$\frac{\partial z}{\partial y} = \frac{\partial z}{\partial u}\cdot\frac{\partial u}{\partial y} + \frac{\partial z}{\partial v}\cdot\frac{\partial v}{\partial y}$$

$$= 2u\ln v\left(-\frac{x}{y^2}\right) + \frac{u^2}{v}(-2)$$

$$= -\frac{2x^2}{y^3}\ln(3x - 2y) - \frac{2x^2}{y^2(3x - 2y)}$$

(2) 变量间的关系如图 8—2 所示，所以

$$\frac{\mathrm{d}z}{\mathrm{d}t} = \frac{\partial z}{\partial x}\cdot\frac{\mathrm{d}x}{\mathrm{d}t} + \frac{\partial z}{\partial y}\cdot\frac{\mathrm{d}y}{\mathrm{d}t}$$

$$= -\frac{y}{x^2}\mathrm{e}^t + \frac{1}{x}(-2\mathrm{e}^{2t})$$

$$= -\frac{1 - \mathrm{e}^{2t}}{\mathrm{e}^{2t}}\cdot\mathrm{e}^t + \frac{1}{\mathrm{e}^t}\cdot(-2\mathrm{e}^{2t})$$

$$= -(\mathrm{e}^t + \mathrm{e}^{-t})$$

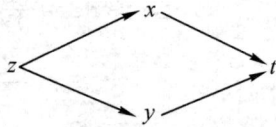

图 8—2

(3) 变量间的关系如图 8—3 所示，所以

$$\frac{\mathrm{d}z}{\mathrm{d}x} = \frac{\partial z}{\partial x} + \frac{\partial z}{\partial y}\cdot\frac{\mathrm{d}y}{\mathrm{d}x}$$

$$= \frac{2x(x + y) - x^2 + y}{(x + y)^2} + \frac{-x - y - x^2 + y}{(x + y)^2}\cdot 2$$

$$= \frac{2xy + y - x^2 - 2x}{(x + y)^2} = \frac{x^2 - 2x - 1}{3(x - 1)^2}$$

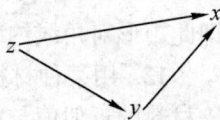

图 8—3

（4）变量间的关系如图 8—1 所示，所以

$$\frac{\partial z}{\partial x} = \frac{\partial z}{\partial u} \cdot \frac{\partial u}{\partial x} + \frac{\partial z}{\partial v} \cdot \frac{\partial v}{\partial x}$$

$$= vu^{v-1} \cdot (x+2y)'_x + u^v \cdot \ln u \cdot (x-y)'_x$$

$$= (x-y) \cdot (x+2y)^{x-y-1} + (x+2y)^{x-y}\ln(x+2y)$$

$$= (x+2y)^{x-y}\left[\frac{x-y}{x+2y} + \ln(x+2y)\right]$$

$$\frac{\partial z}{\partial y} = \frac{\partial z}{\partial u} \cdot \frac{\partial u}{\partial y} + \frac{\partial z}{\partial v} \cdot \frac{\partial v}{\partial y}$$

$$= v \cdot u^{v-1}(x+2y)'_y + u^v \ln u \cdot (x-y)'_y$$

$$= 2(x-y) \cdot (x+2y)^{x-y-1} - (x+2y)^{x-y}\ln(x+2y)$$

$$= (x+2y)^{x-y}\left[\frac{2(x-y)}{x+2y} - \ln(x+2y)\right]$$

注释：本题中各函数的解析表达式都是已知的．因此，在计算时，可以先将中间变量的表达式代入，直接计算偏导数或导数．例如，在本题（1）中，可得 $z = \frac{x^2}{y^2}\ln(3x-2y)$，从而可直接计算 $\frac{\partial z}{\partial x}, \frac{\partial z}{\partial y}$；类似地，在本题（2）中，可得 $z = \frac{1-e^{2t}}{e^t} = e^{-t} - e^t$，从而可直接计算 $\frac{dz}{dt}$，请读者自行练习．

此外，在本题（3）中要注意 $\frac{dz}{dx}$ 与 $\frac{\partial z}{\partial x}$ 的区别：$\frac{dz}{dx}$ 表示复合后的函数 z 对 x 求导数；$\frac{\partial z}{\partial x}$ 表示尚未复合时 $z = \frac{x^2-y}{x+y}$ 对 x 求偏导数（y 被看作常量）.

14. 计算下列函数的偏导数：

（1）$z = f(u, x, y)$，$u = xe^y$，其中 f 具有二阶连续偏导数，求 $\frac{\partial^2 z}{\partial x^2}, \frac{\partial^2 z}{\partial x \partial y}$.

（2）$z = f(xy, x^2+y^2)$，其中 f 具有二阶连续偏导数，求 $\frac{\partial^2 z}{\partial x^2}, \frac{\partial^2 z}{\partial x \partial y}$.

解：（1）变量间的关系如图 8—4 所示．所以

$$\frac{\partial z}{\partial x} = \frac{\partial f}{\partial u} \cdot \frac{\partial u}{\partial x} + \frac{\partial f}{\partial x}$$

$$= f'_u \cdot e^y + f'_x.$$

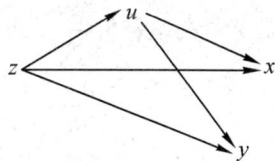

图 8—4

注意到 f'_u 和 f'_x 仍通过中间变量 u 成为 x, y 的函数，所以

$$\frac{\partial^2 z}{\partial x^2} = (f''_{uu} \cdot \frac{\partial u}{\partial x} + f''_{ux})e^y + (f''_{xu} \cdot \frac{\partial u}{\partial x} + f''_{xx})$$

$$= (f''_{uu}e^y + f''_{ux})e^y + f''_{xu}e^y + f''_{xx}$$

$$= e^{2y}f''_{uu} + 2e^y f''_{ux} + f''_{xx}$$

$$\frac{\partial^2 z}{\partial x \partial y} = (f''_{uu} \cdot \frac{\partial u}{\partial y} + f''_{uy})e^y + f'_u e^y + f''_{xu} \cdot \frac{\partial u}{\partial y} + f''_{xy}$$

$$= (f''_{uu}xe^y + f''_{uy})e^y + f'_u e^y + f''_{xu}xe^y + f''_{xy}$$

$$= x\mathrm{e}^y(f''_{uu}\mathrm{e}^y + f''_{xu}) + \mathrm{e}^y(f''_{uy} + f'_u) + f''_{xy}$$

(2) 变量间的关系如图 8—5 所示,其中 $u = xy$, $v = x^2 + y^2$.

$$\frac{\partial z}{\partial x} = \frac{\partial z}{\partial u} \cdot \frac{\partial u}{\partial x} + \frac{\partial z}{\partial v} \cdot \frac{\partial v}{\partial x}$$

$$= yf'_u + 2xf'_v$$

注意到 f'_u 和 f'_v 仍通过中间变量 u, v 成为 x, y 的函数(如图 8—5 所示),于是

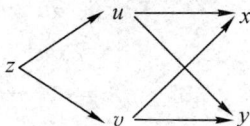

图 8—5

$$\frac{\partial^2 z}{\partial x^2} = y\left(f''_{uu} \cdot \frac{\partial u}{\partial x} + f''_{uv} \cdot \frac{\partial v}{\partial x}\right) + 2f'_v + 2x\left(f''_{vu} \cdot \frac{\partial u}{\partial x} + f''_{vv} \cdot \frac{\partial v}{\partial x}\right)$$

$$= y(f''_{uu} \cdot y + f''_{uv} \cdot 2x) + 2f'_v + 2x(f''_{vu} \cdot y + f''_{vv} \cdot 2x)$$

$$= y^2 f''_{uu} + 4xy f''_{uv} + 4x^2 f''_{vv} + 2f'_v$$

$$\frac{\partial^2 z}{\partial x \partial y} = f'_u + y\left(f''_{uu} \cdot \frac{\partial u}{\partial y} + f''_{uv} \cdot \frac{\partial v}{\partial y}\right) + 2x\left(f''_{vu} \cdot \frac{\partial u}{\partial y} + f''_{vv} \cdot \frac{\partial v}{\partial y}\right)$$

$$= f'_u + y(xf''_{uu} + 2yf''_{uv}) + 2x(xf''_{vu} + 2yf''_{vv})$$

$$= f'_u + xy(f''_{uu} + 4f''_{vv}) + 2(x^2 + y^2)f''_{uv}$$

注释:(ⅰ)求复合函数的偏导数,特别是求抽象的复合函数的偏导数时,要分清哪些是自变量,哪些是中间变量. 为了方便,可以画出变量关系图.

例如,在本题(2)中,为了正确使用公式,可以画出变量关系图(见图 8—5). 该图说明 x, y 是自变量,u, v 是中间变量. 求复合函数对其中某个自变量(如 x)的偏导数时,可在变量关系图中找出经过中间变量到达 x 的所有路径. z 到达 x 的路径共有两条:$z \rightarrow u \rightarrow x$ 和 $z \rightarrow v \rightarrow x$. 沿第一条路径得 $\dfrac{\partial f}{\partial u} \cdot \dfrac{\partial u}{\partial x}$,沿第二条路径得 $\dfrac{\partial f}{\partial v} \cdot \dfrac{\partial v}{\partial x}$,两项相加即得

$$\frac{\partial z}{\partial x} = \frac{\partial f}{\partial u} \cdot \frac{\partial u}{\partial x} + \frac{\partial f}{\partial v} \cdot \frac{\partial v}{\partial x} = f'_u \cdot \frac{\partial u}{\partial x} + f'_v \cdot \frac{\partial v}{\partial x}$$

又如,在本题(1)中,可利用变量关系图(见图 8—4)说明 x, y 是自变量,u 是中间变量. 求 $\dfrac{\partial z}{\partial x}$ 时,可看出 z 到达 x 的路径有两条:$z \rightarrow u \rightarrow x$ 和 $z \rightarrow x$. 沿第一条路径得 $\dfrac{\partial f}{\partial u} \cdot \dfrac{\partial u}{\partial x}$,沿第二条路径有 $\dfrac{\partial f}{\partial x}$,两式相加即得

$$\frac{\partial z}{\partial x} = \frac{\partial f}{\partial u} \cdot \frac{\partial u}{\partial x} + \frac{\partial f}{\partial x} = f'_u \cdot \frac{\partial u}{\partial x} + f'_x$$

(ⅱ)为了简便,计算中常利用偏导数的简记法. 例如,在本题(1)中,$z = f(u, x, y)$,则记 $f'_u = \dfrac{\partial f(u, x, y)}{\partial u}$, $f'_x = \dfrac{\partial f(u, x, y)}{\partial x}$, $f''_{uu} = \dfrac{\partial^2 f(u, x, y)}{\partial u^2}$ 等.

同时,注意 $\dfrac{\partial z}{\partial x}$ 与 $\dfrac{\partial f}{\partial x} = f'_x$ 是不同的:$\dfrac{\partial z}{\partial x}$ 表示复合后的函数 z 关于 x 的偏导数,f'_x 表示尚未复合的 $f(u, x, y)$ 关于第二个变量 x 的偏导数.

15. 证明下列各题:

(1) 设 $z = f(x^2 + y^2)$,且 f 是可微函数,求证:$y\dfrac{\partial z}{\partial x} - x\dfrac{\partial z}{\partial y} = 0$.

(2) 设 $z = f[\mathrm{e}^{xy}, \cos(xy)]$，且 f 是可微函数，求证：$x\dfrac{\partial z}{\partial x} - y\dfrac{\partial z}{\partial y} = 0$.

(3) 设函数 $f(x)$ 有二阶导数，$g(x)$ 有一阶导数，且
$$F(x, y) = f[x + g(y)]$$
求证：$\dfrac{\partial F}{\partial x} \cdot \dfrac{\partial^2 F}{\partial x \partial y} = \dfrac{\partial F}{\partial y} \cdot \dfrac{\partial^2 F}{\partial x^2}$.

(4) 设函数 $g(r)$ 有二阶导数，
$$f(x, y) = g(r), \qquad r = \sqrt{x^2 + y^2}$$
求证：$\dfrac{\partial^2 f}{\partial x^2} + \dfrac{\partial^2 f}{\partial y^2} = g''(r) + \dfrac{1}{r}g'(r) \quad (x, y) \neq (0, 0)$.

$\left(\text{提示：计算 } \dfrac{\partial^2 f}{\partial x^2}, \dfrac{\partial^2 f}{\partial y^2}.\right)$

证：(1) $\dfrac{\partial z}{\partial x} = f'(x^2 + y^2) \cdot 2x$

$\dfrac{\partial z}{\partial y} = f'(x^2 + y^2) \cdot 2y$

所以　　$y\dfrac{\partial z}{\partial x} - x\dfrac{\partial z}{\partial y} = 2xyf'(x^2 + y^2) - 2xyf'(x^2 + y^2) = 0$

(2) 设 $u = \mathrm{e}^{xy}$，$v = \cos(xy)$，则 $z = f(u, v)$，所以

$\dfrac{\partial z}{\partial x} = \dfrac{\partial f}{\partial u} \cdot \dfrac{\partial u}{\partial x} + \dfrac{\partial f}{\partial v} \cdot \dfrac{\partial v}{\partial x}$

$\qquad = f'_u \mathrm{e}^{xy} \cdot y - y\sin(xy) \cdot f'_v$

$\qquad = y[\mathrm{e}^{xy} f'_u - \sin(xy) f'_v]$

$\dfrac{\partial z}{\partial y} = \dfrac{\partial f}{\partial u} \cdot \dfrac{\partial u}{\partial y} + \dfrac{\partial f}{\partial v} \cdot \dfrac{\partial v}{\partial y} = x[\mathrm{e}^{xy} f'_u - \sin(xy) f'_v]$

于是　　$x\dfrac{\partial z}{\partial x} - y\dfrac{\partial z}{\partial y} = 0$

(3) $\dfrac{\partial F}{\partial x} = f'[x + g(y)] \cdot [x + g(y)]'_x = f'[x + g(y)]$

$\dfrac{\partial F}{\partial y} = f'[x + g(y)] \cdot [x + g(y)]'_y = f'[x + g(y)] \cdot g'(y)$

所以　　$\dfrac{\partial^2 F}{\partial x^2} = (f'[x + g(y)])'_x = f''[x + g(y)] \cdot [x + g(y)]'_x$

$\qquad = f''[x + g(y)]$

$\dfrac{\partial^2 F}{\partial x \partial y} = (f'[x + g(y)])'_y = f''[x + g(y)] \cdot [x + g(y)]'_y$

$\qquad = g'(y)f''[x + g(y)]$

得　　$\dfrac{\partial F}{\partial x} \cdot \dfrac{\partial^2 F}{\partial x \partial y} = g'(y) \cdot f'[x + g(y)] \cdot f''[x + g(y)]$

$\dfrac{\partial F}{\partial y} \cdot \dfrac{\partial^2 F}{\partial x^2} = g'(y) \cdot f'[x + g(y)] \cdot f''[x + g(y)]$

于是　$\dfrac{\partial F}{\partial x} \cdot \dfrac{\partial^2 F}{\partial x \partial y} = \dfrac{\partial F}{\partial y} \cdot \dfrac{\partial^2 F}{\partial x^2}$

(4) $\dfrac{\partial f}{\partial x} = g'(r)\,\dfrac{\partial r}{\partial x} = \dfrac{x}{\sqrt{x^2+y^2}}g'(r)$

所以　$\dfrac{\partial^2 f}{\partial x^2} = \left(\dfrac{x}{\sqrt{x^2+y^2}}\right)'_x \cdot g'(r) + \dfrac{x}{\sqrt{x^2+y^2}} \cdot g''(r) \cdot \dfrac{\partial r}{\partial x}$

$$= \dfrac{y^2}{(x^2+y^2)^{3/2}} \cdot g'(r) + \dfrac{x^2}{x^2+y^2} \cdot g''(r)$$

类似可得 $\dfrac{\partial^2 f}{\partial y^2} = \dfrac{x^2}{(x^2+y^2)^{3/2}} \cdot g'(r) + \dfrac{y^2}{x^2+y^2} \cdot g''(r)$

所以　$\dfrac{\partial^2 f}{\partial x^2} + \dfrac{\partial^2 f}{\partial y^2} = \dfrac{x^2+y^2}{(x^2+y^2)^{3/2}} \cdot g'(r) + g''(r)$

$$= g''(r) + \dfrac{1}{r}g'(r)$$

16. 求由下列方程所确定的隐函数的导数或偏导数:

(1) $xy + x + y = 1$, 求 $\dfrac{\mathrm{d}y}{\mathrm{d}x}$.

(2) $xy + \ln y - \ln x = 0$, 求 $\dfrac{\mathrm{d}y}{\mathrm{d}x}$.

(3) $\sin y + \mathrm{e}^x - xy^2 = 0$, 求 $\dfrac{\mathrm{d}y}{\mathrm{d}x}$.

(4) $\mathrm{e}^z = xyz$, 求 $\dfrac{\partial z}{\partial x}$, $\dfrac{\partial z}{\partial y}$.

(5) $x + y - z = x\mathrm{e}^{z-y-x}$, 求 $\dfrac{\partial z}{\partial x}$, $\dfrac{\partial z}{\partial y}$.

(6) $\dfrac{x}{z} = \ln\dfrac{z}{y}$, 求 $\dfrac{\partial z}{\partial x}$, $\dfrac{\partial z}{\partial y}$, $\dfrac{\partial^2 z}{\partial x \partial y}$.

解: (1) 方法 1　设 $F(x, y) = xy + x + y - 1$, 由

$$\dfrac{\partial F}{\partial x} = y + 1, \qquad \dfrac{\partial F}{\partial y} = x + 1$$

得　$\dfrac{\mathrm{d}y}{\mathrm{d}x} = -\dfrac{\dfrac{\partial F}{\partial x}}{\dfrac{\partial F}{\partial y}} = -\dfrac{y+1}{x+1}$

方法 2　在方程两边对 x 求导数, 得
$$y + xy' + 1 + y' = 0$$

所以 $(x+1)y' = -(y+1)$, 得 $\dfrac{\mathrm{d}y}{\mathrm{d}x} = -\dfrac{y+1}{x+1}$.

方法 3　利用微分形式不变性, 在方程两边求微分, 得
$$\mathrm{d}(xy) + \mathrm{d}x + \mathrm{d}y = 0$$

即　$y\mathrm{d}x + x\mathrm{d}y + \mathrm{d}x + \mathrm{d}y = 0$

所以　$(x+1)\mathrm{d}y = -(y+1)\mathrm{d}x$

于是 $$\frac{dy}{dx} = -\frac{y+1}{x+1}.$$

注释： 求由方程 $F(x, y) = 0$ 所确定的隐函数的导数时，一般可以利用三种方法：公式法、直接法和微分法.

（ⅰ）使用公式法时，应先将方程改写为 $F(x, y) = 0$（如本题的方法 1）的形式，计算 $\frac{\partial F}{\partial x}$，$\frac{\partial F}{\partial y}$ 时，$F(x, y)$ 中的变量 x，y 应被看作是无关的自变量.

（ⅱ）使用直接法（如本题的方法 2）时，可在方程两边直接对 x 求导. 用这种方法时，应牢记 y 是 x 的函数，正确应用求导公式及复合函数求导法.

（ⅲ）使用微分法（如本题的方法 3）时，可以在方程两边同时求微分，利用微分形式不变性和微分的运算公式.

方程 $F(x, y, z) = 0$ 所确定的隐函数的偏导数有三种类似的求法.

本章习题要求读者掌握公式法，所以仅对本题的(1)、(4) 小题给出三种解法，其余各小题均给出公式法的题解，其他解法请读者自行练习.

(2) 设 $F(x, y) = xy + \ln y - \ln x$，由

$$\frac{\partial F}{\partial x} = y - \frac{1}{x}, \qquad \frac{\partial F}{\partial y} = x + \frac{1}{y}$$

可得

$$\frac{dy}{dx} = -\frac{\dfrac{\partial F}{\partial x}}{\dfrac{\partial F}{\partial y}} = -\frac{xy^2 - y}{x^2 y + x}.$$

(3) 设 $F(x, y) = \sin y + e^x - xy^2$，由

$$\frac{\partial F}{\partial x} = e^x - y^2, \qquad \frac{\partial F}{\partial y} = \cos y - 2xy$$

所以

$$\frac{dy}{dx} = -\frac{\dfrac{\partial F}{\partial x}}{\dfrac{\partial F}{\partial y}} = -\frac{e^x - y^2}{\cos y - 2xy}.$$

(4) **方法 1（公式法）** 设 $F(x, y, z) = e^z - xyz$，由

$$\frac{\partial F}{\partial x} = -yz, \qquad \frac{\partial F}{\partial y} = -xz, \qquad \frac{\partial F}{\partial z} = e^z - xy$$

所以

$$\frac{\partial z}{\partial x} = -\frac{\dfrac{\partial F}{\partial x}}{\dfrac{\partial F}{\partial z}} = \frac{yz}{e^z - xy}, \qquad \frac{\partial z}{\partial y} = -\frac{\dfrac{\partial F}{\partial y}}{\dfrac{\partial F}{\partial z}} = \frac{xz}{e^z - xy}.$$

方法 2（直接法） 在方程 $e^z = xyz$ 两边求关于 x 的偏导数（注意 z 是 x，y 的函数），有

$$e^z z'_x = yz + xyz'_x$$
$$(e^z - xy)z'_x = yz$$

所以 $\quad z'_x = \dfrac{yz}{\mathrm{e}^z - xy}$

类似可得 $z'_y = \dfrac{xz}{\mathrm{e}^z - xy}$

方法 3（微分法） 在方程 $\mathrm{e}^z = xyz$ 两边求微分，由全微分形式不变性，有 $\mathrm{d}\mathrm{e}^z = \mathrm{d}(xyz)$，即

$$\mathrm{e}^z \mathrm{d}z = yz\,\mathrm{d}x + xz\,\mathrm{d}y + xy\,\mathrm{d}z$$

所以 $\quad \mathrm{d}z = \dfrac{yz}{\mathrm{e}^z - xy}\mathrm{d}x + \dfrac{xz}{\mathrm{e}^z - xy}\mathrm{d}y$

由此可得

$$\frac{\partial z}{\partial x} = \frac{yz}{\mathrm{e}^z - xy}, \qquad \frac{\partial z}{\partial y} = \frac{xz}{\mathrm{e}^z - xy}$$

(5) 设 $F(x, y, z) = x + y - z - x\mathrm{e}^{z-y-x}$，则

$$\frac{\partial F}{\partial x} = 1 - \mathrm{e}^{z-y-x} + x\mathrm{e}^{z-y-x} = 1 - (1-x)\mathrm{e}^{z-y-x}$$

$$\frac{\partial F}{\partial y} = 1 + x\mathrm{e}^{z-y-x}, \qquad \frac{\partial F}{\partial z} = -1 - x\mathrm{e}^{z-y-x}$$

所以

$$\frac{\partial z}{\partial x} = -\frac{\dfrac{\partial F}{\partial x}}{\dfrac{\partial F}{\partial z}} = \frac{1 - (1-x)\mathrm{e}^{z-y-x}}{1 + x\mathrm{e}^{z-y-x}}$$

$$\frac{\partial z}{\partial y} = -\frac{\dfrac{\partial F}{\partial y}}{\dfrac{\partial F}{\partial z}} = 1$$

(6) 设 $F(x, y, z) = \dfrac{x}{z} - \ln\dfrac{z}{y}$，则

$$\frac{\partial F}{\partial x} = \frac{1}{z}, \quad \frac{\partial F}{\partial y} = -\frac{y}{z} \cdot \left(-\frac{z}{y^2}\right) = \frac{1}{y}$$

$$\frac{\partial F}{\partial z} = -\frac{x}{z^2} - \frac{y}{z} \cdot \frac{1}{y} = \frac{-x-z}{z^2} = -\frac{x+z}{z^2}$$

所以

$$\frac{\partial z}{\partial x} = -\frac{\dfrac{\partial F}{\partial x}}{\dfrac{\partial F}{\partial z}} = \frac{z}{x+z}, \quad \frac{\partial z}{\partial y} = -\frac{\dfrac{\partial F}{\partial y}}{\dfrac{\partial F}{\partial z}} = \frac{z^2}{y(x+z)}$$

并且

$$\frac{\partial^2 z}{\partial x \partial y} = \left(\frac{z}{x+z}\right)'_y = \frac{\dfrac{\partial z}{\partial y} \cdot (x+z) - z \cdot \dfrac{\partial z}{\partial y}}{(x+z)^2}$$

$$= \frac{x \cdot \dfrac{\partial z}{\partial y}}{(x+z)^2} = \frac{x \cdot \dfrac{z^2}{y(x+z)}}{(x+z)^2}$$

$$= \frac{xz^2}{y(x+z)^3}$$

17. 计算下列各题：

(1) 设 $F(u, v)$ 有连续偏导数，方程 $F(x+y+z, x^2+y^2+z^2)=0$ 确定函数 $z=f(x, y)$，求 $\dfrac{\partial z}{\partial x}$，$\dfrac{\partial z}{\partial y}$.

(2) 设 $u=f(x, y, z)$ 有连续偏导数，$y=y(x)$ 和 $z=z(x)$ 分别由方程 $e^{xy}-y=0$ 和 $e^z-xz=0$ 确定，求 $\dfrac{du}{dx}$.

解：(1) 方法1（公式法） 设 $u=x+y+z$，$v=x^2+y^2+z^2$，由复合函数微分法，有

$$\frac{\partial F}{\partial x} = \frac{\partial F}{\partial u} \cdot \frac{\partial u}{\partial x} + \frac{\partial F}{\partial v} \cdot \frac{\partial v}{\partial x} = F'_u + 2xF'_v$$

$$\frac{\partial F}{\partial y} = \frac{\partial F}{\partial u} \cdot \frac{\partial u}{\partial y} + \frac{\partial F}{\partial v} \cdot \frac{\partial v}{\partial y} = F'_u + 2yF'_v$$

$$\frac{\partial F}{\partial z} = \frac{\partial F}{\partial u} \cdot \frac{\partial u}{\partial z} + \frac{\partial F}{\partial v} \cdot \frac{\partial v}{\partial z} = F'_u + 2zF'_v$$

所以

$$\frac{\partial z}{\partial x} = -\frac{\dfrac{\partial F}{\partial x}}{\dfrac{\partial F}{\partial z}} = -\frac{F'_u + 2xF'_v}{F'_u + 2zF'_v}, \qquad \frac{\partial z}{\partial y} = -\frac{\dfrac{\partial F}{\partial y}}{\dfrac{\partial F}{\partial z}} = -\frac{F'_u + 2yF'_v}{F'_u + 2zF'_v}$$

方法2（直接法） 在方程两边求关于 x 的偏导数，并注意到 z 是 x，y 的函数，有

$$F'_u \cdot (x+y+z)'_x + F'_v \cdot (x^2+y^2+z^2)'_x = 0$$

即

$$F'_u \cdot (1+z'_x) + F'_v \cdot (2x+2zz'_x) = 0$$

化简后可得 $z'_x = -\dfrac{F'_u + 2xF'_v}{F'_u + 2zF'_v}$.

类似地，方程两边求关于 y 的偏导数，有

$$F'_u \cdot (1+z'_y) + F'_v \cdot (2y+2z \cdot z'_y) = 0$$

化简后可得 $z'_y = -\dfrac{F'_u + 2yF'_v}{F'_u + 2zF'_v}$.

方法3（微分法） 设 $u=x+y+z$，$v=x^2+y^2+z^2$，则 $F(u, v)=0$，在方程两边求微分，得

$$F'_u du + F'_v dv = 0$$

即

$$F'_u d(x+y+z) + F'_v d(x^2+y^2+z^2) = 0$$

所以

$$F'_u(dx+dy+dz) + F'_v(2xdx+2ydy+2zdz) = 0$$

$$(F'_u + 2zF'_v)dz = -(F'_u + 2xF'_v)dx - (F'_u + 2yF'_v)dy$$

故

$$dz = -\frac{F'_u + 2xF'_v}{F'_u + 2zF'_v}dx - \frac{F'_u + 2yF'_v}{F'_u + 2zF'_v}dy$$

由此得到

$$\frac{\partial z}{\partial x} = -\frac{F'_u + 2xF'_v}{F'_u + 2zF'_v}, \qquad \frac{\partial z}{\partial y} = -\frac{F'_u + 2yF'_v}{F'_u + 2zF'_v}$$

(2) 由全导数公式,有

$$\frac{\mathrm{d}u}{\mathrm{d}x} = \frac{\partial f}{\partial x} + \frac{\partial f}{\partial y} \cdot \frac{\mathrm{d}y}{\mathrm{d}x} + \frac{\partial f}{\partial z} \cdot \frac{\mathrm{d}z}{\mathrm{d}x} \qquad ①$$

在方程 $e^{xy} - y = 0$ 的两边关于 x 求导数,有

$$e^{xy}\left(y + x\frac{\mathrm{d}y}{\mathrm{d}x}\right) - \frac{\mathrm{d}y}{\mathrm{d}x} = 0$$

得

$$\frac{\mathrm{d}y}{\mathrm{d}x} = \frac{e^{xy}y}{1 - e^{xy}x} = \frac{y^2}{1 - xy} \qquad ②$$

在方程 $e^z - xz = 0$ 的两边关于 x 求导数,有

$$e^z \frac{\mathrm{d}z}{\mathrm{d}x} - \left(z + x\frac{\mathrm{d}z}{\mathrm{d}x}\right) = 0$$

得

$$\frac{\mathrm{d}z}{\mathrm{d}x} = \frac{z}{e^z - x} = \frac{z}{xz - x} \qquad ③$$

将式②、式③代入式①,得

$$\frac{\mathrm{d}u}{\mathrm{d}x} = \frac{\partial f}{\partial x} + \frac{y^2}{1 - xy} \cdot \frac{\partial f}{\partial y} + \frac{z}{xz - x} \cdot \frac{\partial f}{\partial z}$$

18. 证明下列各题:

(1) 设 $F(u, v)$ 有连续的偏导数,方程 $F(cx - az, cy - bz) = 0$ 确定函数 $z = f(x, y)$.
试证:$a\dfrac{\partial z}{\partial x} + b\dfrac{\partial z}{\partial y} = c$.

(2) 方程 $f\left(\dfrac{y}{z}, \dfrac{z}{x}\right) = 0$ 确定 z 是 x,y 的函数,f 有连续的偏导数,且 $f'_v(u, v) \neq 0$.
求证:$x\dfrac{\partial z}{\partial x} + y\dfrac{\partial z}{\partial y} = z$.

$\left(\text{提示:设 } u = \dfrac{y}{z}, v = \dfrac{z}{x}, \text{用复合函数求导法计算 } \dfrac{\partial z}{\partial x}, \dfrac{\partial z}{\partial y}.\right)$

证: (1) 设 $u = cx - az$,$v = cy - bz$,则

$$\frac{\partial F}{\partial x} = \frac{\partial F}{\partial u} \cdot \frac{\partial u}{\partial x} = cF'_u, \qquad \frac{\partial F}{\partial y} = \frac{\partial F}{\partial v} \cdot \frac{\partial v}{\partial y} = cF'_v$$

$$\frac{\partial F}{\partial z} = \frac{\partial F}{\partial u} \cdot \frac{\partial u}{\partial z} + \frac{\partial F}{\partial v} \cdot \frac{\partial v}{\partial z} = -aF'_u - bF'_v$$

所以

$$\frac{\partial z}{\partial x} = -\frac{\dfrac{\partial F}{\partial x}}{\dfrac{\partial F}{\partial z}} = \frac{cF'_u}{aF'_u + bF'_v}, \qquad \frac{\partial z}{\partial y} = -\frac{\dfrac{\partial F}{\partial y}}{\dfrac{\partial F}{\partial z}} = \frac{cF'_v}{aF'_u + bF'_v}$$

于是

$$a\frac{\partial z}{\partial x} + b\frac{\partial z}{\partial y} = \frac{c(aF'_u + bF'_v)}{aF'_u + bF'_v} = c$$

(2) 设 $u = \dfrac{y}{z}$,$v = \dfrac{z}{x}$,则

$$\frac{\partial f}{\partial x} = f'_v \cdot \frac{\partial v}{\partial x}, \qquad \frac{\partial f}{\partial y} = f'_u \cdot \frac{\partial u}{\partial y}$$

$$\frac{\partial f}{\partial z} = f'_u \cdot \frac{\partial u}{\partial z} + f'_v \cdot \frac{\partial v}{\partial z}$$

而 $\dfrac{\partial u}{\partial y} = \dfrac{1}{z}$, $\quad \dfrac{\partial u}{\partial z} = -\dfrac{y}{z^2}$, $\quad \dfrac{\partial v}{\partial x} = -\dfrac{z}{x^2}$, $\quad \dfrac{\partial v}{\partial z} = \dfrac{1}{x}$. 代入上述各式，得

$$\frac{\partial f}{\partial x} = -\frac{z}{x^2}f'_v, \qquad \frac{\partial f}{\partial y} = \frac{1}{z}f'_u, \qquad \frac{\partial f}{\partial z} = -\frac{y}{z^2}f'_u + \frac{1}{x}f'_v$$

由隐函数微分公式

$$\frac{\partial z}{\partial x} = -\frac{\dfrac{\partial f}{\partial x}}{\dfrac{\partial f}{\partial z}} = \frac{z^3 f'_v}{x(-xyf'_u + z^2 f'_v)}$$

$$\frac{\partial z}{\partial y} = -\frac{\dfrac{\partial f}{\partial y}}{\dfrac{\partial f}{\partial z}} = \frac{-zxf'_u}{-xyf'_u + z^2 f'_v}$$

所以 $\quad x\dfrac{\partial z}{\partial x} + y\dfrac{\partial z}{\partial y} = \dfrac{z^3 f'_v - zxyf'_u}{-xyf'_u + z^2 f'_v} = z$

注意，本题在求 $\dfrac{\partial z}{\partial x}$, $\dfrac{\partial z}{\partial y}$ 时，也可以利用"直接法"或"微分法". 请读者自行练习.

19. 求下列函数的极值：

(1) $z = x^2 - xy + y^2 + 9x - 6y + 20$

(2) $z = 4(x-y) - x^2 - y^2$

(3) $z = x^3 + y^3 - 3xy$

(4) $z = xy(a-x-y) \quad (a \neq 0)$

解：(1) 令 $\begin{cases} \dfrac{\partial z}{\partial x} = 2x - y + 9 = 0 \\[2mm] \dfrac{\partial z}{\partial y} = 2y - x - 6 = 0 \end{cases}$

得驻点 $\quad x = -4, \ y = 1$

又 $\quad \dfrac{\partial^2 z}{\partial x^2} = 2 > 0, \dfrac{\partial^2 z}{\partial y^2} = 2, \dfrac{\partial^2 z}{\partial x \partial y} = -1$

所以 $\quad P(-4, 1) = (-1)^2 - 2^2 = -3 < 0$

因此函数在点 $(-4, 1)$ 处取得极小值 $z\Big|_{\substack{x=-4 \\ y=1}} = -1$.

(2) 令 $\begin{cases} \dfrac{\partial z}{\partial x} = 4 - 2x = 0 \\[2mm] \dfrac{\partial z}{\partial y} = -4 - 2y = 0 \end{cases}$

得驻点 $\quad x = 2, \ y = -2$

又 $\quad \dfrac{\partial^2 z}{\partial x^2} = -2 < 0, \dfrac{\partial^2 z}{\partial y^2} = -2, \dfrac{\partial^2 z}{\partial x \partial y} = 0$

所以 $\quad P(2, -2) = 0 - (-2) \cdot (-2) = -4 < 0$

因此函数在点$(2,-2)$处取得极大值$z\Big|_{\substack{x=2\\y=-2}}=8$.

(3) 令$z'_x=3x^2-3y=0$, $z'_y=3y^2-3x=0$, 解得

$$\begin{cases}x=0\\y=0\end{cases}, \begin{cases}x=1\\y=1\end{cases}$$

即驻点为$(0,0)$和$(1,1)$.

又 $z''_{xx}=6x$, $z''_{xy}=-3$, $z''_{yy}=6y$

对于点$(0,0)$, $P(0,0)=(-3)^2-0=9>0$, 故$(0,0)$不是极值点.

对于点$(1,1)$, $P(1,1)=(-3)^2-6\times6=-27<0$, 且$z''\Big|_{\substack{x=1\\y=1}}=6>0$, 故$(1,1)$为

极小值点, 极小值$z\Big|_{\substack{x=1\\y=1}}=-1$.

(4) 令$\begin{cases}z'_x=y(a-x-y)+xy\cdot(-1)=y(a-2x-y)=0\\z'_y=x(a-x-y)+xy\cdot(-1)=x(a-x-2y)=0\end{cases}$

解得驻点为$(0,0)$, $(a,0)$, $(0,a)$和$\left(\dfrac{a}{3},\dfrac{a}{3}\right)$, 又

$$z''_{xx}=-2y, \quad z''_{xy}=a-2x-2y, \quad z''_{yy}=-2x$$

对于驻点$(0,0)$, $P(0,0)=a^2>0$, 可见$(0,0)$不是极值点.

类似可判断在点$(a,0)$, $(0,a)$处无极值.

对于驻点$\left(\dfrac{a}{3},\dfrac{a}{3}\right)$, 有

$$P\left(\frac{a}{3},\frac{a}{3}\right)=\left(-\frac{a}{3}\right)^2-\left(-\frac{2}{3}a\right)\cdot\left(-\frac{2}{3}a\right)=-\frac{a^2}{3}<0$$

当$a>0$时, $z''_{xx}\Big|_{\substack{x=\frac{a}{3}\\y=\frac{a}{3}}}=-\frac{2}{3}a<0$, 故此时函数有极大值$z\Big|_{\substack{x=\frac{a}{3}\\y=\frac{a}{3}}}=\frac{a^3}{27}$;

当$a<0$时, $z''_{xx}\Big|_{\substack{x=\frac{a}{3}\\y=\frac{a}{3}}}=-\frac{2}{3}a>0$, 故此时函数有极小值$z\Big|_{\substack{x=\frac{a}{3}\\y=\frac{a}{3}}}=\frac{a^3}{27}$.

注释: 一般地, 求二元函数$z=f(x,y)$的极值可依下述步骤进行:

(ⅰ) 求出$f(x,y)$可能的极值点.

(a) 求驻点. 根据极值存在的必要条件, 解方程组

$$\begin{cases}f'_x(x,y)=0\\f'_y(x,y)=0\end{cases}$$

方程组的解即为驻点.

(b) 求出一阶偏导数$f'_x(x,y)$, $f'_y(x,y)$不存在的点.

(ⅱ) 对每一个可能的极值点(x_0,y_0)进行检验. 根据极值存在的充分条件, 首先计算二阶偏导数$f''_{xx}(x,y)$, $f''_{yy}(x,y)$, $f''_{xy}(x,y)$, 记

$$A=f''_{xx}(x_0,y_0), \quad B=f''_{xy}(x_0,y_0), \quad C=f''_{yy}(x_0,y_0)$$

(a) 如果$P(x_0,y_0)=B^2-AC<0$, 则函数有极值, 且当$A<0$时有极大值$f(x_0,y_0)$,

当 $A > 0$ 时有极小值 $f(x_0, y_0)$.

(b) 如果 $P(x_0, y_0) = B^2 - AC > 0$, 函数 $f(x, y)$ 在 (x_0, y_0) 处无极值.

(c) 如果 $P(x_0, y_0) = B^2 - AC = 0$, 不能确定函数 $f(x, y)$ 在 (x_0, y_0) 处是否取得极值.

如果要求函数 $y = f(x, y)$ 在闭区域 D 上的最大值或最小值, 则需先求函数在区域 D 内的所有极值点, 再求出函数在区域 D 的边界上的最大值与最小值, 比较后可求得函数在区域 D 上的最值.

20. 某厂家生产的一种产品同时在两个市场销售, 售价分别为 P_1 和 P_2, 销售量分别为 Q_1 和 Q_2, 需求函数分别为

$$Q_1 = 24 - 0.2P_1, \quad Q_2 = 10 - 0.05P_2$$

总成本函数为

$$C = 35 + 40(Q_1 + Q_2)$$

试问: 厂家如何确定两个市场的产品售价, 才能使其获得的总利润最大? 最大总利润是多少?

解: *方法 1* 由已知条件, 厂家的总收益为

$$R = P_1Q_1 + P_2Q_2 = 24P_1 - 0.2P_1^2 + 10P_2 - 0.05P_2^2$$

总利润函数

$$L = R - C = 32P_1 - 0.2P_1^2 + 12P_2 - 0.05P_2^2 - 1\,395$$

$$\frac{\partial L}{\partial P_1} = 32 - 0.4P_1, \quad \frac{\partial L}{\partial P_2} = 12 - 0.1P_2$$

令 $\dfrac{\partial L}{\partial P_1} = 0, \dfrac{\partial L}{\partial P_2} = 0$, 可得驻点 $P_1 = 80, P_2 = 120$, 又

$$\frac{\partial^2 L}{\partial P_1^2} = -0.4 < 0, \quad \frac{\partial^2 L}{\partial P_1 \partial P_2} = 0, \quad \frac{\partial^2 L}{\partial P_2^2} = -0.1$$

$$P(80, 120) = B^2 - AC = 0 - (-0.4)(-0.1) = -0.04 < 0$$

所以, 在 $P_1 = 80, P_2 = 120$ 时, 可获极大值, 也是最大值, 故最大总利润

$$L \Big|_{\substack{P_1 = 80 \\ P_2 = 120}} = 605$$

方法 2 在两个市场上, 需求函数为

$$P_1 = 120 - 5Q_1, \quad P_2 = 200 - 20Q_2$$

总收益函数为

$$R = P_1Q_1 + P_2Q_2 = (120 - 5Q_1)Q_1 + (200 - 20Q_2)Q_2$$

总利润函数

$$L = R - C = 80Q_1 - 5Q_1^2 + 160Q_2 - 20Q_2^2 - 35$$

$$\frac{\partial L}{\partial Q_1} = 80 - 10Q_1, \quad \frac{\partial L}{\partial Q_2} = 160 - 40Q_2$$

令 $\dfrac{\partial L}{\partial Q_1} = 0, \dfrac{\partial L}{\partial Q_2} = 0$, 得驻点 $Q_1 = 8, Q_2 = 4$, 又

$$\frac{\partial^2 L}{\partial Q_1^2} = -10 < 0, \quad \frac{\partial^2 L}{\partial Q_1 \partial Q_2} = 0, \quad \frac{\partial^2 L}{\partial Q_2^2} = -40$$

$$P(8, 4) = B^2 - AC = 0 - (-10) \cdot (-40) = -400 < 0$$

所以在 $Q_1 = 8$, $Q_2 = 4$ 时, L 可取得极大值, 也是最大值, 故最大总利润

$$L\Big|_{\substack{Q_1 = 8 \\ Q_2 = 4}} = 605$$

当 $Q_1 = 8$ 时, 售价 $P_1 = 80$; 当 $Q_2 = 4$ 时, 售价 $P_2 = 120$.

21. 在半径为 a 的半球内, 内接一长方体, 问各边长为多少时, 其体积最大?

解: 设长方体的长为 $2x$, 宽为 $2y$, 高为 z, 则按题意长方体体积 $V = 4xyz$, 且 $x^2 + y^2 + z^2 = a^2$. 设

$$L(x, y, z, \lambda) = xyz + \lambda(x^2 + y^2 + z^2 - a^2)$$

则

$$\begin{cases} \dfrac{\partial L}{\partial x} = yz - 2x\lambda = 0 & ① \\[2mm] \dfrac{\partial L}{\partial y} = xz - 2y\lambda = 0 & ② \\[2mm] \dfrac{\partial L}{\partial z} = xy - 2z\lambda = 0 & ③ \end{cases}$$

且

$$\frac{\partial L}{\partial \lambda} = x^2 + y^2 + z^2 - a^2 = 0 \qquad ④$$

式 ①$\times x$ + 式 ②$\times y$ + 式 ③$\times z$, 并利用式 ④, 得

$$\lambda = \frac{3xyz}{2a^2}$$

可解得 $x = y = z = \dfrac{\sqrt{3}}{3}a$. 故得唯一驻点 $\left(\dfrac{\sqrt{3}}{3}a, \dfrac{\sqrt{3}}{3}a, \dfrac{\sqrt{3}}{3}a\right)$. 由问题的实际意义可知, 它也是所求极大值点和最大值点.

所以, 当长方体的长、宽、高分别取 $\dfrac{2\sqrt{3}}{3}a, \dfrac{2\sqrt{3}}{3}a, \dfrac{\sqrt{3}}{3}a$ 时, 其体积最大.

22. 在底半径为 r, 高为 h 的正圆锥内, 内接一个体积最大的长方体, 问该长方体的长、宽、高各应等于多少?

解: 设长方体长为 $2x$, 宽为 $2y$, 高为 z(如图 8—6 所示), 按题意有

$$\frac{\sqrt{x^2 + y^2}}{r} = \frac{h - z}{h}$$

即

$$x^2 + y^2 - \left(\frac{r}{h}\right)^2 (h - z)^2 = 0$$

长方体体积 $V = 4xyz$, 设

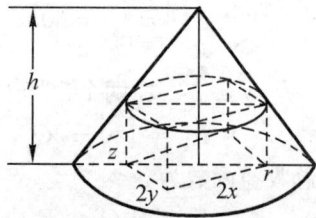

图 8—6

$$L(x, y, z, \lambda) = xyz + \lambda\left[x^2 + y^2 - \frac{r^2}{h^2}(h - z)^2\right]$$

由

$$\begin{cases} \dfrac{\partial L}{\partial x} = yz + 2\lambda x = 0 & ① \\[2mm] \dfrac{\partial L}{\partial y} = xz + 2\lambda y = 0 & ② \\[2mm] \dfrac{\partial L}{\partial z} = xy + 2\lambda \dfrac{r^2}{h^2}(h - z) = 0 & ③ \end{cases}$$

及
$$\frac{\partial L}{\partial \lambda} = x^2 + y^2 - \frac{r^2}{h^2}(h-z)^2 = 0 \quad ④$$

解得 $x = y = \frac{\sqrt{2}}{3}r$，$z = \frac{1}{3}h$，$V = \frac{8}{27}r^2 h$.

显然，由问题的实际意义，V 应有最大值，即当内接长方体长为 $\frac{2\sqrt{2}}{3}r$，宽为 $\frac{2\sqrt{2}}{3}r$，高为 $\frac{1}{3}h$ 时，其体积最大，最大体积 $V = \frac{8}{27}r^2 h$.

23. 用拉格朗日乘数法计算下列各题：

（1）欲围一个面积为 60 米² 的矩形场地，正面所用材料每米造价 10 元，其余三面每米造价 5 元. 场地长、宽各为多少米时，所用材料费最少？

（2）用 a 元购料，建造一个宽与深相同的长方体水池，已知四周的单位面积材料费为底面单位面积材料费的 1.2 倍，底面单位面积材料费为 m 元. 求水池长与宽（深）各为多少时，才能使容积最大.

（3）设生产某种产品的数量与所用两种原料 A、B 的数量 x、y 间有关系式 $P(x, y) = 0.005x^2 y$. 欲用 150 元购料，已知 A、B 原料的单价分别为 1 元、2 元，问购进两种原料各多少，可使生产的产品数量最多？

解：（1）设场地长为 x，宽为 y，则总造价
$$z = 10x + 5(2y + x)，且 \ xy = 60$$

设 $\quad F(x, y) = 15x + 10y + \lambda(xy - 60)$

由
$$\begin{cases} F'_x = 15 + \lambda y = 0 \\ F'_y = 10 + \lambda x = 0 \end{cases}$$

及 $\quad xy - 60 = 0$

解得 $\quad x = 2\sqrt{10}, \quad y = 3\sqrt{10}$

显然，z 应有最小值，所以场地长为 $2\sqrt{10}$ 米、宽为 $3\sqrt{10}$ 米时造价最省.

（2）设水池长为 x，宽（深）为 y，则容积 $V = xy^2$，且
$$mxy + 1.2m(2xy + 2y^2) = a$$

设 $\quad F(x, y) = xy^2 + \lambda(3.4mxy + 2.4my^2 - a)$

则
$$\begin{cases} F'_x = y^2 + 3.4\lambda my = 0 & ① \\ F'_y = 2xy + 3.4\lambda mx + 4.8\lambda my = 0 & ② \end{cases}$$

且 $\quad 3.4mxy + 2.4my^2 - a = 0 \quad\quad ③$

由式 ① 得 $y = -3.4\lambda m$，代入式 ② 及式 ③，解得

$$x = \frac{4}{17}\sqrt{\frac{5a}{m}}, \quad y = \frac{1}{6}\sqrt{\frac{5a}{m}}, \quad V = \frac{5a}{153m}\sqrt{\frac{5a}{m}}$$

依题意 V 有最大值，所以当水池长为 $\frac{4}{17}\sqrt{\frac{5a}{m}}$，宽（深）为 $\frac{1}{6}\sqrt{\frac{5a}{m}}$ 时容积最大，最大容积为 $\frac{5a}{153m}\sqrt{\frac{5a}{m}}$.

(3) 由题意 $P(x, y)$ 应满足条件 $x + 2y = 150$，设

$$F(x, y) = 0.005x^2 y + \lambda(x + 2y - 150)$$

由
$$\begin{cases} F'_x = 0.01xy + \lambda = 0 \\ F'_y = 0.005x^2 + 2\lambda = 0 \end{cases}$$

及 $\quad x + 2y - 150 = 0$

解得 $\quad x = 100, \ y = 25$

显然函数 $P(x, y)$ 有最大值，所以购进原料 A、B 分别为 100 单位、25 单位时，可使生产的产品数量最多.

24. 求抛物线 $y^2 = 4x$ 上的点，使它与直线 $x - y + 4 = 0$ 距离最近.

解： 平面上任一点 (x, y) 到直线 $x - y + 4 = 0$ 的距离为

$$d = \left| \frac{x - y + 4}{\sqrt{2}} \right|$$

由题意，求抛物线 $y^2 = 4x$ 上的点使其与直线 $x - y + 4 = 0$ 的距离最短，即等价于求以 $y^2 = 4x$ 为约束条件时，$d^2 = \dfrac{(x - y + 4)^2}{2}$ 的极小值点.

设 $F(x, y) = \dfrac{1}{2}(x - y + 4)^2 - \lambda(y^2 - 4x)$

由
$$\begin{cases} F'_x = (x - y + 4) + 4\lambda = 0 \\ F'_y = -(x - y + 4) - 2\lambda y = 0 \end{cases}$$

及 $\quad y^2 - 4x = 0$

解得 $\quad x = 1, \ y = 2$

显然 d^2 存在最小值，所以抛物线 $y^2 = 4x$ 上的点 $(1, 2)$ 到直线 $x - y + 4 = 0$ 的距离最短.

※**25.** 用最小二乘法求与表 8—1 给定数据最符合的函数 $y = ax + b$.

表 8—1

x	10	20	30	40	50	60
y	150	100	40	0	-60	-100

解： 由最小二乘法，记 $D = \sum\limits_{i=1}^{6} (ax_i + b - y_i)^2$，令 $\dfrac{\partial D}{\partial a} = \dfrac{\partial D}{\partial b} = 0$，即有

$$\begin{cases} a\sum\limits_{i=1}^{6} x_i^2 + b\sum\limits_{i=1}^{6} x_i = \sum\limits_{i=1}^{6} x_i y_i \\ a\sum\limits_{i=1}^{6} x_i + 6b = \sum\limits_{i=1}^{6} y_i \end{cases} \qquad (*)$$

这里

$$\sum_{i=1}^{6} x_i^2 = 10^2 + 20^2 + 30^2 + 40^2 + 50^2 + 60^2 = 9\,100$$

$$\sum_{i=1}^{6} x_i = 10 + 20 + 30 + 40 + 50 + 60 = 210$$

$$\sum_{i=1}^{6} x_i y_i = 10 \times 150 + 20 \times 100 + 30 \times 40 + 40 \times 0$$

$$+50\times(-60)+60\times(-100)=-4\,300$$

$$\sum_{i=1}^{6}y_i=150+100+40+0+(-60)+(-100)=130$$

代入方程组(*),得

$$\begin{cases}9\,100a+210b=-4\,300 \\ 210a+6b=130\end{cases}$$

解得 $\quad a=-\dfrac{177}{35}$,$b=\dfrac{596}{3}$

所以与给定数据最符合的函数为

$$y=-\frac{177}{35}x+\frac{596}{3}$$

26. 化二重积分 $\iint\limits_{D}f(x,y)\mathrm{d}x\mathrm{d}y$ 为二次积分(写出两种积分次序).

(1) $D=\{(x,y)\big|\,|x|\leqslant 1,\ |y|\leqslant 1\}$.

(2) D 是由 y 轴,$y=1$ 及 $y=x$ 围成的区域.

(3) D 是由 x 轴,$y=\ln x$ 及 $x=\mathrm{e}$ 围成的区域.

(4) D 是由 x 轴,圆 $x^2+y^2-2x=0$ 在第一象限的部分及直线 $x+y=2$ 围成的区域.

(5) D 是由 x 轴与抛物线 $y=4-x^2$ 在第二象限内的部分及圆 $x^2+y^2-4y=0$ 在第一象限内的部分围成的区域.

解:(1) 区域 D 是一个矩形区域(如图 8—7 所示),

$$D=\{(x,y)\,|-1\leqslant x\leqslant 1,\ -1\leqslant y\leqslant 1\}$$

先对 x 积分,后对 y 积分,则

$$\iint\limits_{D}f(x,y)\mathrm{d}x\mathrm{d}y=\int_{-1}^{1}\mathrm{d}y\int_{-1}^{1}f(x,y)\mathrm{d}x$$

先对 y 积分,后对 x 积分,则

$$\iint\limits_{D}f(x,y)\mathrm{d}x\mathrm{d}y=\int_{-1}^{1}\mathrm{d}x\int_{-1}^{1}f(x,y)\mathrm{d}y$$

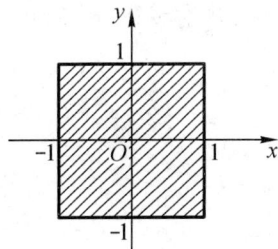

图 8—7

(2) 区域 D 如图 8—8 所示.

先对 x 积分,后对 y 积分,则积分区域 D 可写成

$$D=\{(x,y)\,|\,0\leqslant y\leqslant 1,\ 0\leqslant x\leqslant y\}$$

所以

$$\iint\limits_{D}f(x,y)\mathrm{d}x\mathrm{d}y=\int_{0}^{1}\mathrm{d}y\int_{0}^{y}f(x,y)\mathrm{d}x$$

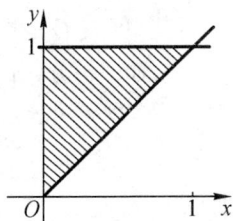

图 8—8

先对 y 积分,后对 x 积分,则积分区域 D 可写成

$$D=\{(x,y)\,|\,0\leqslant x\leqslant 1,\ x\leqslant y\leqslant 1\}$$

所以

$$\iint\limits_{D}f(x,y)\mathrm{d}x\mathrm{d}y=\int_{0}^{1}\mathrm{d}x\int_{x}^{1}f(x,y)\mathrm{d}y$$

（3）区域 D 的图形如图 8—9 所示.

先对 x 积分，后对 y 积分，则积分区域 D 可写成
$$D = \{(x,\,y) \mid 0 \leqslant y \leqslant 1,\ \mathrm{e}^y \leqslant x \leqslant \mathrm{e}\}$$

所以

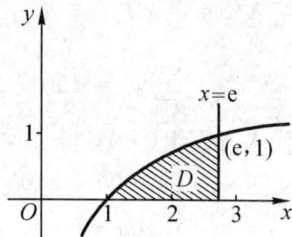

图 8—9

$$\iint\limits_D f(x,\,y)\mathrm{d}x\mathrm{d}y = \int_0^1 \mathrm{d}y \int_{\mathrm{e}^y}^{\mathrm{e}} f(x,\,y)\mathrm{d}x$$

先对 y 积分，后对 x 积分，则积分区域 D 可写成
$$D = \{(x,\,y) \mid 1 \leqslant x \leqslant \mathrm{e},\ 0 \leqslant y \leqslant \ln x\}$$

所以

$$\iint\limits_D f(x,\,y)\mathrm{d}x\mathrm{d}y = \int_1^{\mathrm{e}} \mathrm{d}x \int_0^{\ln x} f(x,\,y)\mathrm{d}y$$

（4）区域 D 的图形如图 8—10 所示，其中圆 $x^2 + y^2 - 2x = 0$ 可化为 $(x-1)^2 + y^2 = 1$.

先对 x 积分，后对 y 积分，则积分区域 D 可写成

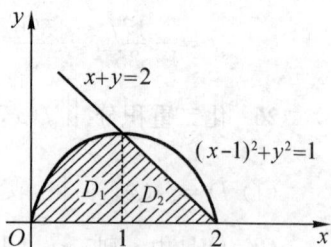

图 8—10

$$D = \{(x,\,y) \mid 0 \leqslant y \leqslant 1,$$
$$1 - \sqrt{1 - y^2} \leqslant x \leqslant 2 - y\}$$

所以

$$\iint\limits_D f(x,\,y)\mathrm{d}x\mathrm{d}y = \int_0^1 \mathrm{d}y \int_{1-\sqrt{1-y^2}}^{2-y} f(x,\,y)\mathrm{d}x$$

先对 y 积分，后对 x 积分，则积分区域 D 可分成两部分：D_1 和 D_2，其中
$$D_1 = \{(x,\,y) \mid 0 \leqslant x \leqslant 1,\ 0 \leqslant y \leqslant \sqrt{2x - x^2}\}$$
$$D_2 = \{(x,\,y) \mid 1 \leqslant x \leqslant 2,\ 0 \leqslant y \leqslant 2 - x\}$$

所以

$$\iint\limits_D f(x,\,y)\mathrm{d}x\mathrm{d}y = \int_0^1 \mathrm{d}x \int_0^{\sqrt{2x-x^2}} f(x,\,y)\mathrm{d}y$$
$$+ \int_1^2 \mathrm{d}x \int_0^{2-x} f(x,\,y)\mathrm{d}y$$

（5）区域 D 的图形如图 8—11 所示.

先对 x 积分，后对 y 积分，则积分区域 D 可写成

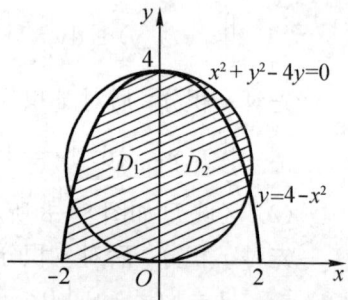

图 8—11

$$D = \{(x,\,y) \mid 0 \leqslant y \leqslant 4,$$
$$-\sqrt{4-y} \leqslant x \leqslant \sqrt{4y - y^2}\}$$

所以

$$\iint\limits_D f(x,\,y)\mathrm{d}x\mathrm{d}y = \int_0^4 \mathrm{d}y \int_{-\sqrt{4-y}}^{\sqrt{4y-y^2}} f(x,\,y)\mathrm{d}x$$

先对 y 积分，后对 x 积分，则积分区域 D 可分为两部分：D_1 和 D_2，其中
$$D_1 = \{(x,\,y) \mid -2 \leqslant x \leqslant 0,\ 0 \leqslant y \leqslant 4 - x^2\}$$
$$D_2 = \{(x,\,y) \mid 0 \leqslant x \leqslant 2,\ 2 - \sqrt{4-x^2} \leqslant y \leqslant 2 + \sqrt{4-x^2}\}$$

所以

$$\iint\limits_{D} f(x, y)\mathrm{d}x\mathrm{d}y = \int_{-2}^{0}\mathrm{d}x\int_{0}^{4-x^2} f(x, y)\mathrm{d}y + \int_{0}^{2}\mathrm{d}x\int_{2-\sqrt{4-x^2}}^{2+\sqrt{4-x^2}} f(x, y)\mathrm{d}y$$

27. 交换二次积分的次序：

(1) $\displaystyle\int_{1}^{2}\mathrm{d}x\int_{x}^{x^2} f(x, y)\mathrm{d}y + \int_{2}^{8}\mathrm{d}x\int_{x}^{8} f(x, y)\mathrm{d}y$

(2) $\displaystyle\int_{0}^{1}\mathrm{d}y\int_{0}^{y} f(x, y)\mathrm{d}x + \int_{1}^{2}\mathrm{d}y\int_{0}^{2-y} f(x, y)\mathrm{d}x$

解：(1) 由已知的二次积分可知，积分区域 D 可包括两部分：D_1 和 D_2，其中

$$D_1 = \{(x, y) \mid 1\leqslant x\leqslant 2, x\leqslant y\leqslant x^2\}$$
$$D_2 = \{(x, y) \mid 2\leqslant x\leqslant 8, x\leqslant y\leqslant 8\}$$

由此可得区域 D 的图形（如图 8—12 所示），交换积分次序，可得原二次积分等于

$$\int_{1}^{4}\mathrm{d}y\int_{\sqrt{y}}^{y} f(x, y)\mathrm{d}x + \int_{4}^{8}\mathrm{d}y\int_{2}^{y} f(x, y)\mathrm{d}x$$

(2) 由已知的二次积分可知，积分区域 D 由 D_1 和 D_2 组成，其中

$$D_1 = \{(x, y) \mid 0\leqslant y\leqslant 1, 0\leqslant x\leqslant y\}$$
$$D_2 = \{(x, y) \mid 1\leqslant y\leqslant 2, 0\leqslant x\leqslant 2-y\}$$

由此可得区域 D 的图形（如图 8—13 所示）. 交换积分次序，则原二次积分等于

$$\int_{0}^{1}\mathrm{d}x\int_{x}^{2-x} f(x, y)\mathrm{d}y$$

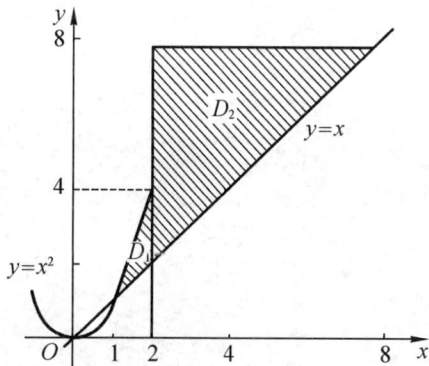

图 8—12

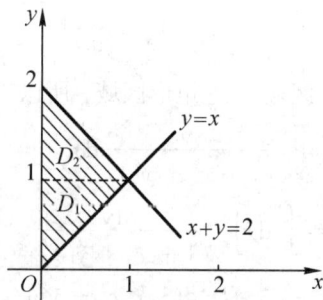

图 8—13

28. 求证：

$$\int_{0}^{1}\mathrm{d}y\int_{0}^{\sqrt{y}} \mathrm{e}^{y}f(x)\mathrm{d}x = \int_{0}^{1}(\mathrm{e}-\mathrm{e}^{x^2})f(x)\mathrm{d}x$$

（提示：交换积分次序.）

证：交换等式左边累次积分的次序，有

$$\int_{0}^{1}\mathrm{d}y\int_{0}^{\sqrt{y}} \mathrm{e}^{y}f(x)\mathrm{d}x = \int_{0}^{1}\mathrm{d}x\int_{x^2}^{1} \mathrm{e}^{y}f(x)\mathrm{d}y$$
$$= \int_{0}^{1} f(x)\left(\mathrm{e}^{y}\Big|_{x^2}^{1}\right)\mathrm{d}x$$
$$= \int_{0}^{1}(\mathrm{e}-\mathrm{e}^{x^2})f(x)\mathrm{d}x$$

29. 计算下列二重积分:

(1) $\iint\limits_{D} x\mathrm{e}^{xy}\mathrm{d}\sigma$, $D = \{(x, y) \mid 0 \leqslant x \leqslant 1, 0 \leqslant y \leqslant 1\}$.

(2) $\iint\limits_{D} \dfrac{y}{(1+x^2+y^2)^{\frac{3}{2}}}\mathrm{d}\sigma$, $D = \{(x, y) \mid 0 \leqslant x \leqslant 1, 0 \leqslant y \leqslant 1\}$.

(3) $\iint\limits_{D} xy^2\mathrm{d}\sigma$, D 是由抛物线 $y^2 = 2px$ 和直线 $x = \dfrac{p}{2}$ $(p > 0)$ 围成的区域.

(4) $\iint\limits_{D} (x+6y)\mathrm{d}\sigma$, D 是由 $y = x$, $y = 5x$, $x = 1$ 围成的区域.

(5) $\iint\limits_{D} (x^2+y^2)\mathrm{d}\sigma$, D 是由 $y = x$, $y = x+a$, $y = a$, $y = 3a$ $(a > 0)$ 围成的区域.

(6) $\iint\limits_{D} \mathrm{e}^{-(x^2+y^2)}\mathrm{d}\sigma$, D 是圆域 $x^2+y^2 \leqslant R^2$.

(7) $\iint\limits_{D} (4-x-y)\mathrm{d}\sigma$, D 是圆域 $x^2+y^2 \leqslant 2y$.

(8) $\iint\limits_{D} \dfrac{\sin x}{x}\mathrm{d}x\mathrm{d}y$, D 是由直线 $y = x$ 及抛物线 $y = x^2$ 围成的区域.

(提示:化为二次积分时注意两种积分次序中有一种可以计算出这个二重积分.)

解: (1) 区域 D 为矩形区域,所以

$$\iint\limits_{D} x\mathrm{e}^{xy}\mathrm{d}\sigma = \int_0^1 \mathrm{d}x \int_0^1 x\mathrm{e}^{xy}\mathrm{d}y = \int_0^1 \mathrm{d}x \int_0^1 \mathrm{e}^{xy}\mathrm{d}(xy)$$

$$= \int_0^1 \left[(\mathrm{e}^{xy}) \Big|_0^1 \right]\mathrm{d}x = \int_0^1 (\mathrm{e}^x - 1)\mathrm{d}x$$

$$= (\mathrm{e}^x - x) \Big|_0^1 = \mathrm{e} - 2$$

(2) 区域 D 是矩形区域,所以

$$\iint\limits_{D} \frac{y}{(1+x^2+y^2)^{\frac{3}{2}}}\mathrm{d}\sigma$$

$$= \int_0^1 \mathrm{d}x \int_0^1 \frac{y\mathrm{d}y}{(1+x^2+y^2)^{\frac{3}{2}}}$$

$$= \int_0^1 \mathrm{d}x \int_0^1 \frac{\mathrm{d}(1+x^2+y^2)}{2(1+x^2+y^2)^{3/2}}$$

$$= \int_0^1 \left[\frac{1}{2} \cdot (-2) \cdot (1+x^2+y^2)^{-\frac{1}{2}} \Big|_0^1 \right]\mathrm{d}x$$

$$= \int_0^1 \frac{\mathrm{d}x}{\sqrt{1+x^2}} - \int_0^1 \frac{\mathrm{d}x}{\sqrt{2+x^2}}$$

$$= \ln(x+\sqrt{1+x^2}) \Big|_0^1 - \ln(x+\sqrt{2+x^2}) \Big|_0^1$$

$$= \ln\frac{2+\sqrt{2}}{1+\sqrt{3}}$$

(3) 区域 D 的图形如图 8—14 所示. 所以

$$\iint\limits_{D} xy^2\mathrm{d}\sigma = \int_0^{\frac{p}{2}} \mathrm{d}x \int_{-\sqrt{2px}}^{\sqrt{2px}} xy^2\mathrm{d}y$$

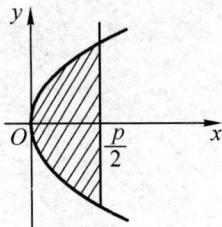

图 8—14

$$= 2\int_0^{\frac{p}{2}} dx \int_0^{\sqrt{2px}} xy^2 dy$$

$$= 2\int_0^{\frac{p}{2}} \left[\frac{1}{3}(xy^3)\Big|_0^{\sqrt{2px}}\right] dx$$

$$= \frac{4\sqrt{2p} \cdot p}{3} \int_0^{\frac{p}{2}} x^{\frac{5}{2}} dx$$

$$= \frac{8\sqrt{2}p\sqrt{p}}{21} x^{\frac{7}{2}} \Big|_0^{\frac{p}{2}} = \frac{p^5}{21}$$

（4）区域 D 的图形如图 8—15 所示.

$$\iint\limits_D (x+6y)d\sigma = \int_0^1 dx \int_x^{5x} (x+6y)dy$$

$$= \int_0^1 (xy+3y^2)\Big|_x^{5x} dx$$

$$= \int_0^1 76x^2 dx = \frac{76}{3}$$

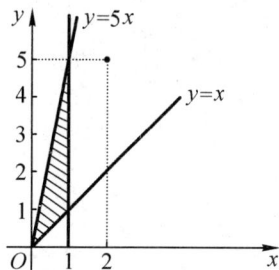

图 8—15

（5）区域 D 的图形如图 8—16 所示.

$$\iint\limits_D (x^2+y^2)d\sigma$$

$$= \int_a^{3a} dy \int_{y-a}^y (x^2+y^2)dx$$

$$= \int_a^{3a} \left[\left(\frac{1}{3}x^3+xy^2\right)\Big|_{y-a}^y\right] dy$$

$$= \int_a^{3a} \left(2ay^2 - a^2y + \frac{1}{3}a^3\right) dy$$

$$= \left(\frac{2}{3}ay^3 - \frac{1}{2}a^2y^2 + \frac{1}{3}a^3y\right)\Big|_a^{3a}$$

$$= 14a^4$$

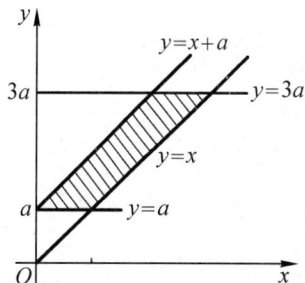

图 8—16

（6）区域 D 的图形如图 8—17 所示. 由于被积函数中含有 x^2+y^2，且积分区域为圆域，故可在极坐标系中求此二重积分.

$$\iint\limits_D e^{-(x^2+y^2)}d\sigma = \int_0^{2\pi} d\theta \int_0^R e^{-r^2} r dr$$

$$= \int_0^{2\pi} \left[-\left(\frac{1}{2}e^{-r^2}\right)\Big|_0^R\right] d\theta$$

$$= \left(-\frac{1}{2}e^{-R^2} + \frac{1}{2}\right) 2\pi$$

$$= \pi(1 - e^{-R^2})$$

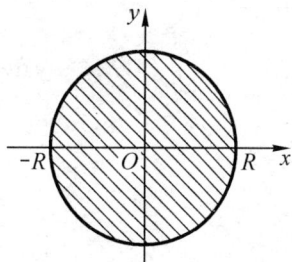

图 8—17

（7）区域 D 的图形如图 8—18 所示.

方法 1　在直角坐标系下直接计算，有

$$\iint\limits_{D} (4-x-y)\mathrm{d}\sigma$$

$$= \int_{-1}^{1} \mathrm{d}x \int_{1-\sqrt{1-x^2}}^{1+\sqrt{1-x^2}} (4-x-y)\mathrm{d}y$$

$$= \int_{-1}^{1} \left[\left(4y-xy-\frac{y^2}{2} \right) \Big|_{1-\sqrt{1-x^2}}^{1+\sqrt{1-x^2}} \right] \mathrm{d}x$$

$$= 2\int_{-1}^{1} (3\sqrt{1-x^2}-x\sqrt{1-x^2})\mathrm{d}x$$

$$= 6\int_{-1}^{1} \sqrt{1-x^2}\,\mathrm{d}x - 2\int_{-1}^{1} x\sqrt{1-x^2}\,\mathrm{d}x$$

$$= 6 \cdot \frac{\pi}{2} + \frac{2}{3}(1-x^2)^{\frac{3}{2}} \Big|_{-1}^{1} = 3\pi$$

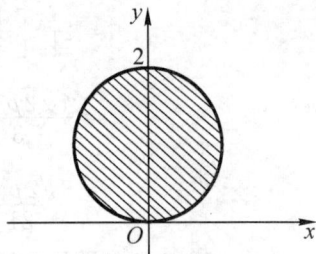

图 8—18

注意,定积分 $\int_{-1}^{1} \sqrt{1-x^2}\,\mathrm{d}x$ 的几何意义是半径为 1 的半圆的面积,所以可直接得到

$$\int_{-1}^{1} \sqrt{1-x^2}\,\mathrm{d}x = \frac{\pi}{2}$$

当然,我们也可以用换元法计算上面的定积分.

方法 2   因为积分区域 D 为圆域. 可先将二重积分化简,然后在极坐标系下计算此二重积分. 因为 $x^2+y^2=2y$ 的极坐标方程为 $r=2\sin\theta\,(0\leqslant\theta\leqslant\pi)$,所以

$$\iint\limits_{D} (4-x-y)\mathrm{d}\sigma = \iint\limits_{D} 4\mathrm{d}\sigma - \iint\limits_{D} x\mathrm{d}\sigma - \iint\limits_{D} y\mathrm{d}\sigma$$

根据二重积分的几何意义,$\iint\limits_{D}\mathrm{d}\sigma$ 表示区域 D 的面积,故 $\iint\limits_{D}\mathrm{d}\sigma = \pi$. 又因为区域 D 关于 y 轴对称,所以

$$\iint\limits_{D} x\mathrm{d}\sigma = \int_{0}^{2} \mathrm{d}y \int_{-\sqrt{2y-y^2}}^{\sqrt{2y-y^2}} x\mathrm{d}x = 0$$

从而

$$\iint\limits_{D} (4-x-y)\mathrm{d}\sigma = 4\pi - \iint\limits_{D} y\mathrm{d}\sigma = 4\pi - \int_{0}^{\pi} \mathrm{d}\theta \int_{0}^{2\sin\theta} r\sin\theta\, r\,\mathrm{d}r$$

$$= 4\pi - \int_{0}^{\pi} \sin\theta \cdot \left[\left(\frac{1}{3}r^3 \right) \Big|_{0}^{2\sin\theta} \right] \mathrm{d}\theta$$

$$= 4\pi - \frac{8}{3} \int_{0}^{\pi} \sin^4\theta\,\mathrm{d}\theta$$

$$= 4\pi - \frac{8}{3} \cdot \frac{3}{8}\pi = 3\pi$$

(8) 区域 D 的图形如图 8—19 所示. 所以

$$\iint\limits_{D} \frac{\sin x}{x}\mathrm{d}\sigma = \int_{0}^{1} \mathrm{d}x \int_{x^2}^{x} \frac{\sin x}{x}\mathrm{d}y$$

$$= \int_{0}^{1} \frac{\sin x}{x} \cdot \left[y \Big|_{x^2}^{x} \right] \mathrm{d}x$$

$$= \int_{0}^{1} \frac{\sin x}{x}(x-x^2)\mathrm{d}x$$

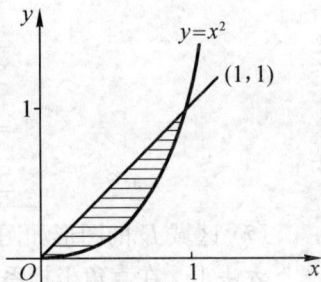

图 8—19

$$= \int_0^1 (\sin x - x\sin x)\mathrm{d}x$$

$$= \int_0^1 \sin x\mathrm{d}x + \int_0^1 x\mathrm{d}\cos x$$

$$= -\cos x\Big|_0^1 + x\cos x\Big|_0^1 - \int_0^1 \cos x\mathrm{d}x$$

$$= -(\cos 1 - 1) + (\cos 1 - 0) - \sin x\Big|_0^1$$

$$= 1 - \sin 1$$

如果计算时先对 x 积分，后对 y 积分，则

$$\iint\limits_{D} \frac{\sin x}{x}\mathrm{d}\sigma = \int_0^1 \mathrm{d}y\int_y^{\sqrt{y}} \frac{\sin x}{x}\mathrm{d}x$$

但是，被积函数 $\frac{\sin x}{x}$ 的原函数不能用解析表达式表出，这种计算次序将难以求得结果.

注释：（ⅰ）由本习题的第 26～29 题可以看出，在直角坐标系下，二重积分可按两种顺序化为累次积分．由于积分顺序不同，计算的难易程度有时相差很大，甚至有时原函数不能用初等函数解析表示．读者应通过练习，掌握二重积分化为累次积分的方法．该方法也常用于某些证明题(如第 28 题)．一般地，计算步骤如下：

（a）画出积分区域 D 的图形(草图)，有时需要求出图中有关曲线交点的坐标.

（b）根据 D 的图形特点和被积函数的特点，确定积分次序是先对 x 积分，还是先对 y 积分，将二重积分化为累次积分.

（c）化为累次积分时，可根据 D 的图形，写出 D 上点的坐标所需满足的不等式，以确定积分的上下限.

（d）计算累次积分的值.

（ⅱ）如果积分区域关于 x 轴对称，则

$$\iint\limits_{D} f(x, y)\mathrm{d}\sigma = \begin{cases} 0, & \text{若 } f(x, y) \text{ 关于 } y \text{ 是奇函数} \\ 2\iint\limits_{D_1} f(x, y)\mathrm{d}x\mathrm{d}y, & \text{若 } f(x, y) \text{ 关于 } y \text{ 是偶函数} \end{cases}$$

其中 $D_1 = D \bigcap \{(x, y) \mid y \geqslant 0\}$.

如果积分区域 D 关于 y 轴对称，则

$$\iint\limits_{D} f(x, y)\mathrm{d}\sigma = \begin{cases} 0, & \text{若 } f(x, y) \text{ 关于 } x \text{ 是奇函数} \\ 2\iint\limits_{D_2} f(x, y)\mathrm{d}x\mathrm{d}y, & \text{若 } f(x, y) \text{ 关于 } x \text{ 是偶函数} \end{cases}$$

其中 $D_2 = D \bigcap \{(x, y) \mid x \geqslant 0\}$.

正确地运用这一结论，可简化计算.

（ⅲ）当积分区域是圆域、环域或圆域的一部分，被积函数具有 $f(x^2 + y^2), f\left(\frac{x}{y}\right)$ 或 $f\left(\frac{y}{x}\right)$ 等形式时，可在极坐标系下计算该二重积分，如第 29 题中的(6)、(7) 小题.

30. 计算下列曲线所围成的平面图形的面积：

(1) $y = x^2$, $y = x + 2$

(2) $y = \sin x$, $y = \cos x$, $x = 0$（位于第一象限内的部分）

(3) $y = x^2$, $y = x$, $y = 2x$

解：(1) 曲线 $y = x^2$, $y = x + 2$ 所围成的平面区域 D 如图 8—20 所示. 两条曲线交点的坐标分别为 $(-1, 1)$, $(2, 4)$. 所求面积

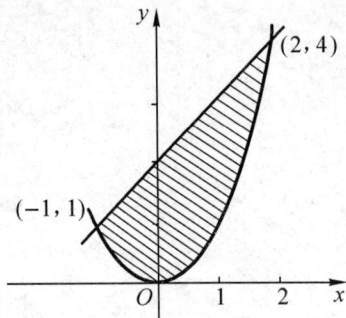

图 8—20

$$S = \iint_D \mathrm{d}\sigma = \int_{-1}^2 \mathrm{d}x \int_{x^2}^{x+2} \mathrm{d}y = \int_{-1}^2 (x + 2 - x^2) \mathrm{d}x$$

$$= \left(\frac{1}{2}x^2 + 2x - \frac{1}{3}x^3 \right) \Big|_{-1}^2 = \frac{9}{2}$$

(2) 曲线 $y = \sin x$, $y = \cos x$, $x = 0$ 所围成的平面区域 D 如图 8—21 所示. 两曲线交点的坐标为 $\left(\frac{\pi}{4}, \frac{\sqrt{2}}{2} \right)$. 所求面积

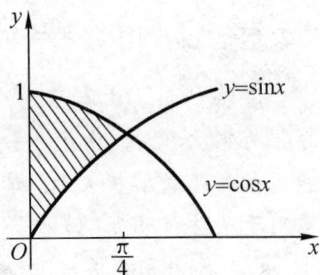

图 8—21

$$S = \iint_D \mathrm{d}\sigma = \int_0^{\frac{\pi}{4}} \mathrm{d}x \int_{\sin x}^{\cos x} \mathrm{d}y$$

$$= \int_0^{\frac{\pi}{4}} (\cos x - \sin x) \mathrm{d}x$$

$$= (\sin x + \cos x) \Big|_0^{\frac{\pi}{4}}$$

$$= \sqrt{2} - 1$$

(3) 曲线 $y = x^2$ 及直线 $y = x$, $y = 2x$ 所围成的区域如图 8—22 所示.

解方程组

$$\begin{cases} y = x \\ y = x^2 \end{cases} \quad \text{和} \quad \begin{cases} y = 2x \\ y = x^2 \end{cases}$$

可得各曲线交点的坐标为 $(0, 0)$, $(1, 1)$, $(2, 4)$.

于是所求区域 D 的面积

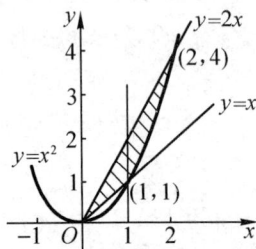

图 8—22

$$S = \iint_D \mathrm{d}x\mathrm{d}y = \int_0^1 \mathrm{d}x \int_x^{2x} \mathrm{d}y + \int_1^2 \mathrm{d}x \int_{x^2}^{2x} \mathrm{d}y$$

$$= \int_0^1 (2x - x) \mathrm{d}x + \int_1^2 (2x - x^2) \mathrm{d}x$$

$$= \frac{1}{2}x^2 \Big|_0^1 + \left(x^2 - \frac{1}{3}x^3 \right) \Big|_1^2$$

$$= \frac{7}{6}$$

31. 计算下列曲面所围成的立体的体积：

(1) $z = 1 + x + y$, $z = 0$, $x + y = 1$, $x = 0$, $y = 0$

(2) $z = x^2 + y^2$, $y = 1$, $z = 0$, $y = x^2$

解：(1) 各曲面围成的立体是以曲面 $z = 1 + x + y$ 为顶，以区域

$$D = \{(x, y) \mid x \geqslant 0, \; y \geqslant 0, \; x + y \leqslant 1\}$$

（如图 8—23 所示）为底，母线平行于 Oz 轴的曲顶柱体，故所求体积

$$
\begin{aligned}
V &= \iint\limits_{D} (1 + x + y)\mathrm{d}x\mathrm{d}y \\
&= \int_0^1 \mathrm{d}x \int_0^{1-x} (1 + x + y)\mathrm{d}y \\
&= \int_0^1 \left(y + xy + \frac{1}{2}y^2\right)\Big|_0^{1-x} \mathrm{d}x \\
&= \int_0^1 \left(\frac{3}{2} - x - \frac{1}{2}x^2\right)\mathrm{d}x \\
&= \left(\frac{3}{2}x - \frac{1}{2}x^2 - \frac{1}{6}x^3\right)\Big|_0^1 = \frac{5}{6}
\end{aligned}
$$

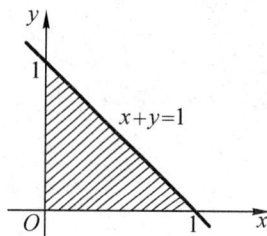

（2）各曲面围成的立体是以曲面 $z = x^2 + y^2$ 为顶，以区域

$$D = \{(x, y) \mid y \leqslant 1, \; y \geqslant x^2\}$$

（如图 8—24 所示）为底，母线平行于 Oz 轴的曲顶柱体，故所求体积

$$
\begin{aligned}
V &= \iint\limits_{D} (x^2 + y^2)\mathrm{d}x\mathrm{d}y \\
&= 2\iint\limits_{D_1} (x^2 + y^2)\mathrm{d}x\mathrm{d}y \\
&= 2\int_0^1 \mathrm{d}x \int_{x^2}^1 (x^2 + y^2)\mathrm{d}y \\
&= 2\int_0^1 \left[\left(x^2 y + \frac{1}{3}y^3\right)\Big|_{x^2}^1\right]\mathrm{d}x \\
&= 2\int_0^1 \left(-\frac{1}{3}x^6 - x^4 + x^2 + \frac{1}{3}\right)\mathrm{d}x \\
&= 2\left(-\frac{1}{21}x^7 - \frac{1}{5}x^5 + \frac{1}{3}x^3 + \frac{1}{3}x\right)\Big|_0^1 \\
&= \frac{88}{105}
\end{aligned}
$$

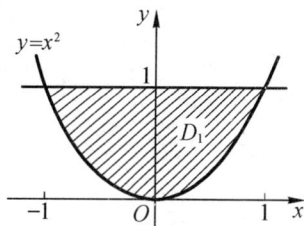

注释：当 $f(x, y) \geqslant 0$ 时，二重积分 $\iint\limits_{D} f(x, y)\mathrm{d}\sigma$ 就是以曲面 $z = f(x, y)$ 为顶，以区域 D 为底，以平行于 z 轴的直线为母线的曲顶柱体的体积. 特别地，当 $f(x, y) \equiv 1$ 时，区域 D 的面积

$$A \equiv \iint\limits_{D} \mathrm{d}\sigma$$

该结论可直接用于计算某些立体的体积（如第 31 题），或计算某些平面区域的面积（如第 30 题）.

应注意，应用二重积分计算平面图形面积的方法与第六章中用定积分计算平面图形面积的方法本质上是完全相同的.

例如，在图 8—25 所示的两种情形中，区域 D 的面积

$$A = \iint_D \mathrm{d}x\mathrm{d}y = \int_a^b \mathrm{d}x \int_{\varphi_1(x)}^{\varphi_2(x)} \mathrm{d}y$$

$$= \int_a^b [\varphi_2(x) - \varphi_1(x)]\mathrm{d}x \qquad (图 8—25(a))$$

或 $$A = \iint_D \mathrm{d}x\mathrm{d}y = \int_c^d \mathrm{d}y \int_{\psi_1(y)}^{\psi_2(y)} \mathrm{d}x$$

$$= \int_c^d [\psi_2(y) - \psi_1(y)]\mathrm{d}y \qquad (图 8—25(b))$$

不难看出，这一结果与利用定积分计算平面图形面积的公式是一致的.

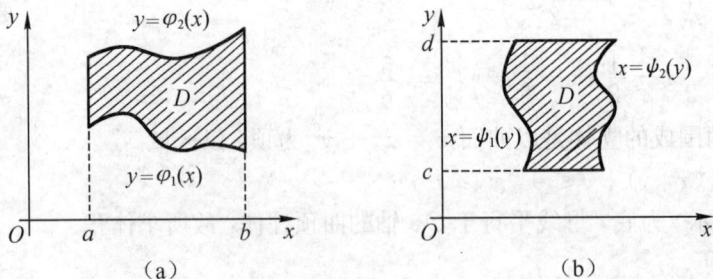

图 8—25

(B)

1. 在球 $x^2 + y^2 + z^2 - 2z = 0$ 内部的点是[ ].

(A) $(0, 0, 2)$ (B) $(0, 0, -2)$

(C) $\left(\frac{1}{2}, \frac{1}{2}, \frac{1}{2}\right)$ (D) $\left(-\frac{1}{2}, \frac{1}{2}, -\frac{1}{2}\right)$

解： 原方程可化为 $x^2 + y^2 + (z-1)^2 = 1$. 这是以点 $(0, 0, 1)$ 为球心、以 1 为半径的球面.

(A) $(0, 0, 2)$ 与球心 $(0, 0, 1)$ 的距离为 1，故 $(0, 0, 2)$ 在球面上.

(B) $(0, 0, -2)$ 与球心 $(0, 0, 1)$ 的距离为 $3 > 1$，故 $(0, 0, -2)$ 在球外.

(C) $\left(\frac{1}{2}, \frac{1}{2}, \frac{1}{2}\right)$ 与球心 $(0, 0, 1)$ 的距离为 $\frac{\sqrt{3}}{2} < 1$，故 $\left(\frac{1}{2}, \frac{1}{2}, \frac{1}{2}\right)$ 在球内部.

故本题应选(C).

2. 点 $(1, -1, 1)$ 在下面的某个曲面上，该曲面是[ ].

(A) $x^2 + y^2 - 2z = 0$ (B) $x^2 - y^2 = z$

(C) $x^2 + y^2 + 2z = 0$ (D) $z = \ln(x^2 + y^2)$

解： (A) 将 $x = 1$，$y = -1$，$z = 1$ 代入方程左端，有

$$1^2 + (-1)^2 - 2 \times 1 = 0$$

故点在该曲面上，本题应选(A).

3. 点 $(1, 1, 1)$ 关于 xy 平面对称的点是[ ].

(A) $(-1, 1, 1)$ (B) $(1, 1, -1)$

(C) $(-1, -1, -1)$ (D) $(1, -1, 1)$

解：一般地，点(a, b, c)关于xy平面对称的点是$(a, b, -c)$，故本题应选(B).

选项(A)中，点$(-1, 1, 1)$是$(1, 1, 1)$关于yz平面对称的点；(C)中，点$(-1, -1, -1)$是$(1, 1, 1)$关于原点对称的点；(D)中，点$(1, -1, 1)$是$(1, 1, 1)$关于xz平面对称的点.

4. 设函数$z = f(x, y) = \dfrac{xy}{x^2 + y^2}$，则下列各结论中不正确的是[　　].

(A) $f\left(1, \dfrac{y}{x}\right) = \dfrac{xy}{x^2 + y^2}$ (B) $f\left(1, \dfrac{x}{y}\right) = \dfrac{xy}{x^2 + y^2}$

(C) $f\left(\dfrac{1}{x}, \dfrac{1}{y}\right) = \dfrac{xy}{x^2 + y^2}$ (D) $f(x + y, x - y) = \dfrac{xy}{x^2 + y^2}$

解：对于(A)，有

$$f\left(1, \frac{y}{x}\right) = \frac{1 \times \dfrac{y}{x}}{1^2 + \left(\dfrac{y}{x}\right)^2} = \frac{xy}{x^2 + y^2}$$

故(A)正确.

类似可验证(B)，(C)均正确，故本题应选(D). 事实上，对于(D)有

$$\begin{aligned}
f(x + y, x - y) &= \frac{(x + y)(x - y)}{(x + y)^2 + (x - y)^2} \\
&= \frac{x^2 - y^2}{2(x^2 + y^2)}
\end{aligned}$$

5. 函数$z = \ln(y - x) + \dfrac{\sqrt{x}}{\sqrt{2 - x^2 - y^2}}$的定义域$D$的图形是[　　].

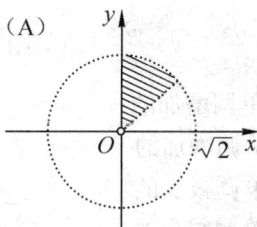

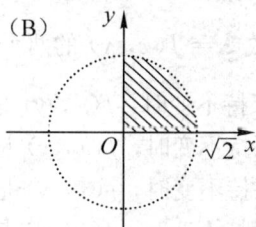

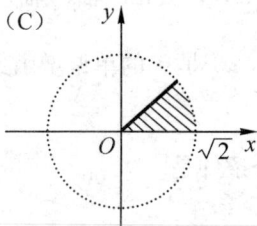

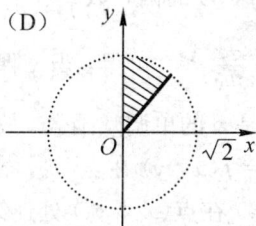

解：由已知函数可知，自变量x，y应满足

$$\begin{cases} y - x > 0 \\ x \geqslant 0 \\ 2 - x^2 - y^2 > 0 \end{cases} \quad\text{即}\quad \begin{cases} y > x \\ x \geqslant 0 \\ x^2 + y^2 < 2 \end{cases}$$

由此可知，只有(A)的图形正确. 故本题应选(A).

6. 设函数 $z=f(x,y)$ 在点 (x_0,y_0) 处存在对 x,y 的偏导数，则 $f'_x(x_0,y_0)=$ [   ].

(A) $\lim\limits_{\Delta x\to 0}\dfrac{f(x_0-2\Delta x,y_0)-f(x_0,y_0)}{\Delta x}$

(B) $\lim\limits_{\Delta x\to 0}\dfrac{f(x_0,y_0)-f(x_0-\Delta x,y_0)}{\Delta x}$

(C) $\lim\limits_{\Delta x\to 0}\dfrac{f(x_0+\Delta x,y_0+\Delta y)-f(x_0,y_0)}{\Delta x}$

(D) $\lim\limits_{x\to x_0}\dfrac{f(x,y)-f(x_0,y_0)}{x-x_0}$

解：对于选项(A)，有

$$\lim_{\Delta x\to 0}\frac{f(x_0-2\Delta x,y_0)-f(x_0,y_0)}{\Delta x}$$
$$=-2\lim\frac{f(x_0-2\Delta x,y_0)-f(x_0,y_0)}{-2\Delta x}$$
$$=-2f'_x(x_0,y_0)$$

故(A)不正确. 对于选项(B)，有

$$\lim_{\Delta x\to 0}\frac{f(x_0,y_0)-f(x_0-\Delta x,y_0)}{\Delta x}$$
$$=\lim_{\Delta x\to 0}\frac{f(x_0-\Delta x,y_0)-f(x_0,y_0)}{-\Delta x}$$
$$=f'_x(x_0,y_0)$$

故本题应选(B). 类似可以验证(C)，(D)均不正确.

7. 二元函数 $z=f(x,y)$ 的两个偏导数存在，且 $\dfrac{\partial z}{\partial x}>0,\dfrac{\partial z}{\partial y}<0$，则 [   ].

(A) 当 y 保持不变时，$f(x,y)$ 是随 x 的减少而单调增加的

(B) 当 x 保持不变时，$f(x,y)$ 是随 y 的增加而单调增加的

(C) 当 y 保持不变时，$f(x,y)$ 是随 x 的增加而单调减少的

(D) 当 x 保持不变时，$f(x,y)$ 是随 y 的增加而单调减少的

解：$z=f(x,y)$ 的偏导数 $\dfrac{\partial z}{\partial x}\left(\dfrac{\partial z}{\partial y}\right)$ 是该函数在点 (x,y) 处沿 x 轴（y 轴）方向的变化率，所以由 $\dfrac{\partial z}{\partial x}>0,\dfrac{\partial z}{\partial y}<0$ 可得：当 y 保持不变时，$f(x,y)$ 是 x 的单调增函数；当 x 保持不变时，$f(x,y)$ 是 y 的单调减函数. 故本题应选(D).

8. 函数 $z=f(x,y)$ 在点 (x_0,y_0) 处可微的充分条件是 [   ].

(A) $f(x,y)$ 在点 (x_0,y_0) 处连续

(B) $f(x,y)$ 在点 (x_0,y_0) 处存在偏导数

(C) $\lim\limits_{\rho\to 0}[\Delta z-f'_x(x_0,y_0)\Delta x-f'_y(x_0,y_0)\Delta y]=0$

(D) $\lim\limits_{\rho\to 0}\dfrac{\Delta z-f'_x(x_0,y_0)\Delta x-f'_y(x_0,y_0)\Delta y}{\rho}=0$

其中, $\rho = \sqrt{(\Delta x)^2 + (\Delta y)^2}$

解: 函数 $f(x, y)$ 在点 (x_0, y_0) 处连续或存在偏导数都不能推出 $f(x, y)$ 在 (x_0, y_0) 处可微, 故(A), (B) 均不正确.

根据全微分的定义, 当 $f_x'(x_0, y_0)$, $f_y'(x_0, y_0)$ 都存在时, $f(x, y)$ 在点 (x_0, y_0) 可微的充分必要条件是

$$\Delta z - [A\Delta x + B\Delta y] = o(\rho)$$

所以, 由 $\Delta z - [f_x'(x_0, y_0)\Delta x + f_y'(x_0, y_0)\Delta y] = o(\rho)$ 可知, 当(D) 成立时, $f(x, y)$ 在点 (x_0, y_0) 处可微, 故本题应选(D).

注释: 二元函数的连续性、偏导数存在和可微的相互关系与一元函数有所区别.

它们之间的关系可以图示如下:

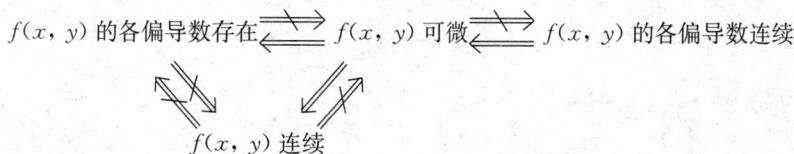

$f(x, y)$ 的各偏导数存在 $\rightrightarrows$ $f(x, y)$ 可微 $\rightleftarrows$ $f(x, y)$ 的各偏导数连续

$f(x, y)$ 连续

但对一元函数 $f(x)$:

$f(x)$ 可导 $\rightleftarrows$ $f(x)$ 可微 $\rightleftarrows$ $f(x)$ 连续

9. 已知函数 $f(x+y, x-y) = x^2 - y^2$, 则 $\dfrac{\partial f(x, y)}{\partial x} + \dfrac{\partial f(x, y)}{\partial y} = [\quad]$.

(A) $2x - 2y$　　(B) $x + y$　　(C) $2x + 2y$　　(D) $x - y$

解: 先求函数 $f(x, y)$ 的表达式, 设 $u = x+y$, $v = x-y$, 则 $f(u, v) = uv$, 所以 $f(x, y) = xy$. 于是

$$\frac{\partial f(x, y)}{\partial x} + \frac{\partial f(x, y)}{\partial y} = y + x$$

故本题应选(B).

10. 已知函数 $f(xy, x+y) = x^2 + y^2 + xy$, 则 $\dfrac{\partial f(x, y)}{\partial x}$, $\dfrac{\partial f(x, y)}{\partial y}$ 分别为 $[\quad]$.

(A) -1, $2y$　　(B) $2y$, -1　　(C) $2x + 2y$, $2y + x$　　(D) $2y$, $2x$

解: 设 $u = xy$, $v = x+y$, 则

$$f(u, v) = (x+y)^2 - xy = v^2 - u$$

所以 $f(x, y) = y^2 - x$. 于是

$$\frac{\partial f(x, y)}{\partial x} = -1, \qquad \frac{\partial f(x, y)}{\partial y} = 2y$$

故本题应选(A).

11. 设 $z = f(ax + by)$, f 可微, 则 $[\quad]$.

(A) $a\dfrac{\partial z}{\partial x} = b\dfrac{\partial z}{\partial y}$　　　　(B) $\dfrac{\partial z}{\partial x} = \dfrac{\partial z}{\partial y}$

(C) $b\dfrac{\partial z}{\partial x} = a\dfrac{\partial z}{\partial y}$　　　　(D) $\dfrac{\partial z}{\partial x} = -\dfrac{\partial z}{\partial y}$

解：$\dfrac{\partial z}{\partial x} = f'(ax+by) \cdot (ax+by)'_x = af'(ax+by)$

$\dfrac{\partial z}{\partial y} = f'(ax+by) \cdot (ax+by)'_y = bf'(ax+by)$

由此可得 $b\dfrac{\partial z}{\partial x} = a\dfrac{\partial z}{\partial y}$.

故本题应选(C).

12. 设方程 $xyz + \sqrt{x^2+y^2+z^2} = \sqrt{2}$ 确定了函数 $z=z(x,y)$，则 $z(x,y)$ 在点 $(1, 0, -1)$ 处的全微分 $dz = [\quad]$.

(A) $dx + \sqrt{2}dy$ (B) $-dx + \sqrt{2}dy$

(C) $-dx - \sqrt{2}dy$ (D) $dx - \sqrt{2}dy$

解：在方程 $xyz + \sqrt{x^2+y^2+z^2} = \sqrt{2}$ 两边对 x 求偏导数，有

$$yz + xyz'_x + \frac{x+zz'_x}{\sqrt{x^2+y^2+z^2}} = 0$$

将 $x=1, y=0, z=-1$ 代入上式，得 $z'_x\Big|_{\substack{x=1\\y=0\\z=-1}} = 1$.

类似可得 $z'_y\Big|_{\substack{x=1\\y=0\\z=-1}} = -\sqrt{2}$.

由 $dz = z'_x dx + z'_y dy$ 可得，在点 $(1, 0, -1)$ 处，$dz = dx - \sqrt{2}dy$.

故本题应选(D).

13. 设方程 $F(x-z, y-z) = 0$ 确定了函数 $z=z(x,y)$，$F(u,v)$ 具有连续偏导数，且 $F'_u + F'_v \neq 0$，则 $\dfrac{\partial z}{\partial x} + \dfrac{\partial z}{\partial y} = [\quad]$.

(A) 0   (B) 1   (C) -1 (D) z

解：设 $u = x-z$，$v = y-z$，则由复合函数微分法，有

$$F'_x = F'_u \cdot u'_x = F'_u, \quad F'_y = F'_v \cdot v'_y = F'_v$$
$$F'_z = F'_u \cdot u'_z + F'_v \cdot v'_z = -(F'_u + F'_v)$$

于是

$$\frac{\partial z}{\partial x} = -\frac{F'_x}{F'_z} = \frac{F'_u}{F'_u+F'_v}, \quad \frac{\partial z}{\partial y} = -\frac{F'_y}{F'_z} = \frac{F'_v}{F'_u+F'_v}$$

所以，$\dfrac{\partial z}{\partial x} + \dfrac{\partial z}{\partial y} = 1$.

故本题应选(B).

14. 二元函数 $z = x^3 - y^3 + 3x^2 + 3y^2 - 9x$ 的极小值点是 $[\quad]$.

(A) $(1, 0)$ (B) $(1, 2)$ (C) $(-3, 0)$ (D) $(-3, 2)$

解：令

$$z'_x = 3x^2 + 6x - 9 = 0, \quad z'_y = -3y^2 + 6y = 0$$

可得驻点$(1, 0)$，$(1, 2)$，$(-3, 0)$，$(-3, 2)$. 又

$$z''_{xx} = 6x + 6, \quad z''_{xy} = 0, \quad z''_{yy} = -6y + 6$$

对于点$(1, 0)$，$z''_{xx}\big|_{\substack{x=1\\y=0}} = 12 > 0$，$z''_{xy} = 0$，$z''_{yy}\big|_{\substack{x=1\\y=0}} = 6$. 所以，$P(1, 0) = 0 - 12 \times 6 = -72 < 0$. 可知$(1, 0)$为极小值点.

故本题应选(A).

注意，用同样的方法可以判断$(1, 2)$和$(-3, 0)$不是极值点，而$(-3, 2)$为极大值点.

15. 设$f(x, y) = xy + \dfrac{a^3}{x} + \dfrac{b^3}{y}$　$(a > 0, b > 0)$，则[　　].

(A) $\left(\dfrac{a^2}{b}, \dfrac{b^2}{a}\right)$是$f(x, y)$的驻点，但非极值点

(B) $\left(\dfrac{a^2}{b}, \dfrac{b^2}{a}\right)$是$f(x, y)$的极大值点

(C) $\left(\dfrac{a^2}{b}, \dfrac{b^2}{a}\right)$是$f(x, y)$的极小值点

(D) $f(x, y)$无驻点

解：令$f'_x(x, y) = y - \dfrac{a^3}{x^2} = 0$，$f'_y(x, y) = x - \dfrac{b^3}{y^2} = 0$，解得$x = \dfrac{a^2}{b}$，$y = \dfrac{b^2}{a}$. 可知$\left(\dfrac{a^2}{b}, \dfrac{b^2}{a}\right)$为$f(x, y)$的驻点.

又$f''_{xx}(x, y) = \dfrac{2a^3}{x^3}$，$f''_{xy}(x, y) = 1$，$f''_{yy}(x, y) = \dfrac{2b^3}{y^3}$. 在点$\left(\dfrac{a^2}{b}, \dfrac{b^2}{a}\right)$处，有$f''_{xx}\left(\dfrac{a^2}{b}, \dfrac{b^2}{a}\right) = \dfrac{2b^3}{a^3} > 0$，$f''_{xy}\left(\dfrac{a^2}{b}, \dfrac{b^2}{a}\right) = 1$，$f''_{yy}\left(\dfrac{a^2}{b}, \dfrac{b^2}{a}\right) = \dfrac{2a^3}{b^3}$，所以

$$P\left(\dfrac{a^2}{b}, \dfrac{b^2}{a}\right) = 1 - \dfrac{2b^3}{a^3} \cdot \dfrac{2a^3}{b^3} = -3 < 0$$

故$f(x, y)$在该点处有极小值.

故本题应选(C).

16. 点(x_0, y_0)使$f'_x(x, y) = 0$且$f'_y(x, y) = 0$成立，则[　　].

(A) (x_0, y_0)是$f(x, y)$的极值点

(B) (x_0, y_0)是$f(x, y)$的最小值点

(C) (x_0, y_0)是$f(x, y)$的最大值点

(D) (x_0, y_0)可能是$f(x, y)$的极值点

解：$f'_x(x_0, y_0) = 0$且$f'_y(x_0, y_0) = 0$是$f(x, y)$在点(x_0, y_0)处有极值的必要条件，而非充分条件. 故由此条件只能说(x_0, y_0)可能是$f(x, y)$的极值点.

故本题应选(D).

17. 设区域D是单位圆$x^2 + y^2 \leqslant 1$在第一象限的部分，则二重积分$\displaystyle\iint\limits_{D} xy \mathrm{d}\sigma = $[　　].

(A) $\displaystyle\int_0^{\sqrt{1-y^2}} \mathrm{d}x \int_0^{\sqrt{1-x^2}} xy \mathrm{d}y$ 　　　　(B) $\displaystyle\int_0^1 \mathrm{d}x \int_0^{\sqrt{1-y^2}} xy \mathrm{d}y$

(C) $\int_0^1 \mathrm{d}y \int_0^{\sqrt{1-y^2}} xy \mathrm{d}x$ 　　　　　　(D) $\frac{1}{2}\int_0^{\frac{\pi}{2}} \mathrm{d}\theta \int_0^1 r^2 \sin 2\theta \mathrm{d}r$

解：把二重积分化为累次积分，关键是在一定的坐标系下确定积分次序和积分的上下限. 为此，先画出区域 D 的图形(见图 8—26).

在直角坐标系下，如果先对 y 积分，后对 x 积分，积分区域 D 可写为
$$D = \{(x, y) \mid 0 \leqslant x \leqslant 1, 0 \leqslant y \leqslant \sqrt{1-x^2}\}$$
则二重积分
$$\iint\limits_D xy \mathrm{d}\sigma = \int_0^1 \mathrm{d}x \int_0^{\sqrt{1-x^2}} xy \mathrm{d}y$$

由此可看出(A)，(B) 都是错误的.

如果先对 x 积分，后对 y 积分，则积分区域 D 可写为
$$D = \{(x, y) \mid 0 \leqslant y \leqslant 1, 0 \leqslant x \leqslant \sqrt{1-y^2}\}$$
于是二重积分
$$\iint\limits_D xy \mathrm{d}\sigma = \int_0^1 \mathrm{d}y \int_0^{\sqrt{1-y^2}} xy \mathrm{d}x$$

因此(C) 是正确的.

在极坐标系下，区域 D 可表示为
$$D = \{(r, \theta) \mid 0 \leqslant \theta \leqslant \frac{\pi}{2}, 0 \leqslant r \leqslant 1\}$$

因此，二重积分
$$\iint\limits_D xy \mathrm{d}\sigma = \int_0^{\frac{\pi}{2}} \mathrm{d}\theta \int_0^1 r\cos\theta \cdot r\sin\theta \cdot r\mathrm{d}r$$
$$= \frac{1}{2}\int_0^{\frac{\pi}{2}} \mathrm{d}\theta \int_0^1 r^3 \sin 2\theta \mathrm{d}r$$

可以看出，(D) 中的被积表达式是错误的.

18. $\int_0^1 \mathrm{d}x \int_0^{1-x} f(x, y)\mathrm{d}y = [\qquad]$.

(A) $\int_0^{1-x} \mathrm{d}y \int_0^1 f(x, y)\mathrm{d}x$ 　　　　(B) $\int_0^1 \mathrm{d}y \int_0^{1-x} f(x, y)\mathrm{d}x$

(C) $\int_0^1 \mathrm{d}y \int_0^1 f(x, y)\mathrm{d}x$ 　　　　　(D) $\int_0^1 \mathrm{d}y \int_0^{1-y} f(x, y)\mathrm{d}x$

解：由已知的累次积分可得积分区域
$$D = \{(x, y) \mid 0 \leqslant x \leqslant 1, 0 \leqslant y \leqslant 1-x\}$$
交换积分次序后，对 y 的积分上限应为常数，不可能是 $1-x$，故(A) 错.

(B) 中，先对 x 积分时，积分上限不应是 x 的表达式，故(B) 错.

而(C) 中，积分区域为矩形，显然与 D 不同，故(C) 错，于是，本题应选(D).

事实上，改变积分次序，积分区域可记为
$$D = \{(x, y) \mid 0 \leqslant y \leqslant 1, 0 \leqslant x \leqslant 1-y\}$$
由此可知选项(D) 正确.

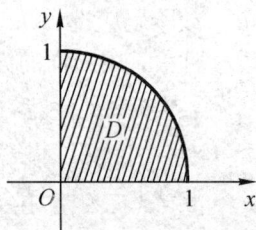

19. 设 $D = \{(x, y) \mid x^2 + y^2 \leqslant a^2\}$, 若 $\iint\limits_{D} \sqrt{a^2 - x^2 - y^2}\, \mathrm{d}x\mathrm{d}y = \pi$, 则 $a = [\quad\quad]$.

(A) 1   (B) $\sqrt[3]{\dfrac{3}{2}}$ (C) $\sqrt[3]{\dfrac{3}{4}}$ (D) $\sqrt[3]{\dfrac{1}{2}}$

解: 由区域 D 和被积函数的特点, 在极坐标系下计算此二重积分, 有

$$\iint\limits_{D} \sqrt{a^2 - x^2 - y^2}\, \mathrm{d}x\mathrm{d}y = \int_0^{2\pi} \mathrm{d}\theta \int_0^a \sqrt{a^2 - r^2}\, r\mathrm{d}r$$

$$= 2\pi \cdot \left(-\frac{1}{2}\right) \int_0^a \sqrt{a^2 - r^2}\, \mathrm{d}(a^2 - r^2)$$

$$= -\pi \cdot \frac{2}{3} (a^2 - r^2)^{\frac{3}{2}} \Big|_0^a$$

$$= \frac{2}{3} a^3 \pi$$

由 $\dfrac{2}{3} a^3 \pi = \pi$ 可得 $a = \sqrt[3]{\dfrac{3}{2}}$.

故本题应选(B).

20. 若 $\iint\limits_{D} \mathrm{d}x\mathrm{d}y = 1$, 则积分区域 D 可以是 $[\quad\quad]$.

(A) 由 x 轴, y 轴及 $x + y - 2 = 0$ 围成的区域

(B) 由 $x = 1$, $x = 2$ 及 $y = 2$, $y = 4$ 围成的区域

(C) 由 $|x| = \dfrac{1}{2}$, $|y| = \dfrac{1}{2}$ 围成的区域

(D) 由 $|x + y| = 1$, $|x - y| = 1$ 围成的区域

解: 二重积分 $\iint\limits_{D} \mathrm{d}x\mathrm{d}y$ 表示区域 D 的面积, 所以只需画出区域 D 的草图, 直接计算该图形的面积即可. 经计算, 只有(C) 的区域面积为 1.

故本题应选(C).

21. 设 $f(x, y)$ 连续, 且 $f(x, y) = xy + \iint\limits_{D} f(u, v)\mathrm{d}u\mathrm{d}v$, 其中, D 是由 $y = 0$, $y = x^2$, $x = 1$ 围成的区域, 则 $f(x, y) = [\quad\quad]$.

(A) xy (B) $2xy$ (C) $xy + \dfrac{1}{8}$ (D) $xy + 1$

解: 二重积分 $\iint\limits_{D} f(u, v)\mathrm{d}u\mathrm{d}v$ 是一个数, 记此数为 I, 则 $f(x, y) = xy + I$. 在等式两边求 D 上的二重积分, 得

$$\iint\limits_{D} f(x, y)\mathrm{d}x\mathrm{d}y = I = \iint\limits_{D} xy\mathrm{d}x\mathrm{d}y + I\iint\limits_{D} \mathrm{d}x\mathrm{d}y$$

所以

$$I = \int_0^1 \mathrm{d}x \int_0^{x^2} xy\mathrm{d}y + I \int_0^1 \mathrm{d}x \int_0^{x^2} \mathrm{d}y$$

$$= \int_0^1 x \cdot \left[\left(\frac{1}{2}y^2\right)\Big|_0^{x^2}\right]\mathrm{d}x + I \int_0^1 \left(y\Big|_0^{x^2}\right)\mathrm{d}x$$

$$= \int_0^1 \frac{1}{2}x^5 \mathrm{d}x + I \int_0^1 x^2 \mathrm{d}x$$

得 $\qquad I = \dfrac{1}{12} + \dfrac{1}{3} I$

解得 $I = \dfrac{1}{8}$. 于是 $f(x, y) = xy + \dfrac{1}{8}$.

故本题应选(C).

(二)参考题(附解答)

(A)

1. 设 $z = \sqrt{y} + f(\sqrt{x} - 1)$, 如果当 $y = 1$ 时, $z = x$, 求 $f(x)$ 和 $z = z(x, y)$ 的表达式.

解: 当 $y = 1$ 时, $z = x$, 所以 $x = 1 + f(\sqrt{x} - 1)$, 即
$$f(\sqrt{x} - 1) = x - 1$$

得 $\qquad z = \sqrt{y} + f(\sqrt{x} - 1) = \sqrt{y} + x - 1$

令 $t = \sqrt{x} - 1$, 得 $x = (1 + t)^2$, 所以
$$f(t) = (1 + t)^2 - 1 = t(t + 2)$$

即 $\qquad f(x) = x(x + 2)$

2. 设 $f(x, y) = \sqrt{|xy|}$, 求 $\dfrac{\partial f}{\partial x}, \dfrac{\partial f}{\partial y}$.

解: 函数解析表达式中含有绝对值, 应分别讨论.

当 $x > 0$ 时, $f(x, y) = \sqrt{x|y|}$, 直接对 x 求偏导数:
$$\frac{\partial f}{\partial x} = \frac{\sqrt{|y|}}{2\sqrt{x}}$$

当 $x < 0$ 时, $f(x, y) = \sqrt{-x|y|}$, 直接对 x 求偏导数:
$$\frac{\partial f}{\partial x} = \frac{\sqrt{|y|}}{2\sqrt{-x}} \cdot (-x)'_x = -\frac{\sqrt{|y|}}{2\sqrt{-x}}$$

当 $x = 0$, $y \neq 0$ 时, 由偏导数定义有
$$\frac{\partial f}{\partial x}\bigg|_{(0, y)} = \lim_{x \to 0} \frac{f(x, y) - f(0, y)}{x}$$
$$= \lim_{x \to 0} \frac{\sqrt{|x \cdot y|}}{x} = \infty$$

故此时偏导数 $\dfrac{\partial f}{\partial x}$ 不存在.

当 $x = 0$, $y = 0$ 时, 由偏导数定义有
$$\frac{\partial f}{\partial x}\bigg|_{(0, 0)} = \lim_{x \to 0} \frac{f(x, 0) - f(0, 0)}{x} = 0$$

类似可得: 当 $y > 0$ 时, $\dfrac{\partial f}{\partial y} = \dfrac{\sqrt{|x|}}{2\sqrt{y}}$; $y < 0$ 时, $\dfrac{\partial f}{\partial y} = -\dfrac{\sqrt{|x|}}{2\sqrt{-y}}$; 当 $x \neq 0$, $y = 0$ 时,

$\dfrac{\partial f}{\partial y}$ 不存在；当 $x=0$，$y=0$ 时，$\dfrac{\partial f}{\partial y}\Big|_{(0,0)}=0$.

3. 求下列函数的偏导数：

（1）$z=\mathrm{e}^{x^2+y^2}\sin(xy)$，求 $\dfrac{\partial z}{\partial x}$，$\dfrac{\partial z}{\partial y}$.

（2）$z=x^2\arctan\dfrac{y}{x}-y^2\arctan\dfrac{x}{y}$，求 $\dfrac{\partial^2 z}{\partial x\partial y}$.

解：（1）$\dfrac{\partial z}{\partial x}=\mathrm{e}^{x^2+y^2}\cdot(x^2+y^2)'_x\cdot\sin(xy)+\mathrm{e}^{x^2+y^2}\cos(xy)\cdot(xy)'_x$

$$=\mathrm{e}^{x^2+y^2}\big[2x\sin(xy)+y\cos(xy)\big]$$

注意到函数 $z=\mathrm{e}^{x^2+y^2}\sin(xy)$ 中，变量 x，y 互换后函数表达式不变（这被称为"对称性"），直接得到

$$\frac{\partial z}{\partial y}=\mathrm{e}^{x^2+y^2}\big[2y\sin(xy)+x\cos(xy)\big]$$

（2）$\dfrac{\partial z}{\partial x}=2x\arctan\dfrac{y}{x}+x^2\cdot\dfrac{1}{1+\left(\dfrac{y}{x}\right)^2}\cdot\left(-\dfrac{y}{x^2}\right)-y^2\cdot\dfrac{1}{1+\left(\dfrac{x}{y}\right)^2}\cdot\dfrac{1}{y}$

$$=2x\arctan\frac{y}{x}-\frac{x^2 y}{x^2+y^2}-\frac{y^3}{x^2+y^2}$$

$$=2x\arctan\frac{y}{x}-y$$

于是

$$\frac{\partial^2 z}{\partial x\partial y}=2x\cdot\frac{1}{1+\left(\dfrac{y}{x}\right)^2}\cdot\frac{1}{x}-1=\frac{x^2-y^2}{x^2+y^2}$$

4. 求下列函数的全微分：

（1）$z=x^{xy}$，求 $\mathrm{d}z$.

（2）$z=\ln(1+x^2+y^2)$，求在点 $(1,2)$ 处的全微分.

解：（1）**方法 1** 先求 $\dfrac{\partial z}{\partial x}$，$\dfrac{\partial z}{\partial y}$. 求 $\dfrac{\partial z}{\partial x}$ 时，应注意函数的底和指数中均含有自变量 x.

$\dfrac{\partial z}{\partial x}=(x^{xy})'_x=(\mathrm{e}^{xy\ln x})'_x$

$$=\mathrm{e}^{xy\ln x}(xy\ln x)'_x$$

$$=x^{xy}\left(y\ln x+xy\cdot\frac{1}{x}\right)$$

$$=yx^{xy}(\ln x+1)$$

$\dfrac{\partial z}{\partial y}=(x^{xy})'_y=x^{xy}\cdot\ln x\cdot(xy)'_y$

$$=x^{xy+1}\ln x$$

所以 $\mathrm{d}z=z'_x\mathrm{d}x+z'_y\mathrm{d}y$

$$=y(\ln x+1)x^{xy}\mathrm{d}x+x^{xy+1}\ln x\mathrm{d}y$$

方法 2 利用微分形式不变性：

$$dz = d(e^{xy\ln x})$$
$$= e^{xy\ln x}d(xy\ln x)$$
$$= x^{xy}\left(y\ln x dx + x\ln x dy + xy \cdot \frac{1}{x}dx\right)$$
$$= x^{xy}[y(\ln x + 1)dx + x\ln x dy]$$

(2) $z'_x = \dfrac{2x}{1+x^2+y^2}$, $z'_y = \dfrac{2y}{1+x^2+y^2}$, 所以

$$z'_x\Big|_{\substack{x=1\\y=2}} = \frac{1}{3}, \qquad z'_y\Big|_{\substack{x=1\\y=2}} = \frac{2}{3}$$

所以 $\qquad dz\Big|_{\substack{x=1\\y=2}} = \dfrac{1}{3}dx + \dfrac{2}{3}dy$

5. 已知 $\dfrac{1}{u} = \dfrac{1}{x} + \dfrac{1}{y} + \dfrac{1}{z}$, 且 $x > y > z > 0$, 当三个自变量 x, y, z 分别增加一个单位时, 哪个变量对函数 u 的变化影响最大?

解: 由已知条件, $x > y > z > 0$, $\Delta x = 1$, $\Delta y = 1$, $\Delta z = 1$, 设函数 u 相应的改变量为 Δu, 则

$$\Delta u \approx du$$

在已知方程两边关于 x 求偏导数, 得

$$-\frac{1}{u^2} \cdot u'_x = -\frac{1}{x^2}$$

所以 $\qquad u'_x = \dfrac{u^2}{x^2}$

类似地, $u'_y = \dfrac{u^2}{y^2}$, $u'_z = \dfrac{u^2}{z^2}$, 所以

$$du = u'_x \Delta x + u'_y \Delta y + u'_z \Delta z$$
$$= u^2\left(\frac{1}{x^2}\Delta x + \frac{1}{y^2}\Delta y + \frac{1}{z^2}\Delta z\right)$$
$$= u^2\left(\frac{1}{x^2} + \frac{1}{y^2} + \frac{1}{z^2}\right)$$

由 $x > y > z > 0$ 知, $\dfrac{u^2}{x^2} < \dfrac{u^2}{y^2} < \dfrac{u^2}{z^2}$, 由此可知 z 的变化对函数 u 的变化影响最大.

6. 设二元函数

$$f(x, y) = \begin{cases} (x^2 + y^2)\sin\dfrac{1}{x^2+y^2}, & \text{若 } x^2 + y^2 \neq 0 \\ 0, & \text{若 } x^2 + y^2 = 0 \end{cases}$$

试求 $f(x, y)$ 在点 $(0, 0)$ 处的偏导数, 并讨论 $f(x, y)$ 在点 $(0, 0)$ 处是否可微.

解: 当 $x = 0$, $y = 0$ 时, 有 $x^2 + y^2 = 0$, 所以

$$f'_x(0, 0) = \lim_{\Delta x \to 0}\frac{f(\Delta x, 0) - f(0, 0)}{\Delta x - 0}$$

$$= \lim_{\Delta x \to 0}\frac{(\Delta x)^2 \sin\dfrac{1}{(\Delta x)^2}}{\Delta x}$$

$$= \lim_{\Delta x \to 0} \Delta x \cdot \sin \frac{1}{(\Delta x)^2} = 0$$

类似可得 $f'_y(0, 0) = 0$.

在点 $(0, 0)$ 处，有

$$\Delta z = f(\Delta x, \Delta y) - f(0, 0)$$

$$= [(\Delta x)^2 + (\Delta y)^2] \sin \frac{1}{(\Delta x)^2 + (\Delta y)^2}$$

所以

$$\lim_{\rho \to 0} \frac{\Delta z - f'_x(0, 0)\Delta x - f'_y(0, 0)\Delta y}{\rho} \quad (\rho = \sqrt{(\Delta x)^2 + (\Delta y)^2})$$

$$= \lim_{\rho \to 0} \sqrt{(\Delta x)^2 + (\Delta y)^2} \cdot \sin \frac{1}{(\Delta x)^2 + (\Delta y)^2} = 0$$

所以，函数 $z = f(x, y)$ 在点 $(0, 0)$ 处可微，且

$$\mathrm{d}z \Big|_{\substack{x=0 \\ y=0}} = 0 \cdot \mathrm{d}x + 0 \cdot \mathrm{d}y = 0$$

7. 设 $z = xf(x+y) + yg(x+y)$，f 和 g 有二阶连续导数，求 $\dfrac{\partial^2 z}{\partial x^2} - 2\dfrac{\partial^2 z}{\partial x \partial y} + \dfrac{\partial^2 z}{\partial y^2}$.

解： 在 $z = xf(x+y) + yg(x+y)$ 两边分别对 x, y 求偏导数，得

$$\frac{\partial z}{\partial x} = f(x+y) + xf'(x+y) + yg'(x+y)$$

$$\frac{\partial z}{\partial y} = xf'(x+y) + g(x+y) + yg'(x+y)$$

所以

$$\frac{\partial^2 z}{\partial x^2} = 2f'(x+y) + xf''(x+y) + yg''(x+y)$$

$$\frac{\partial^2 z}{\partial x \partial y} = f'(x+y) + xf''(x+y) + g'(x+y) + yg''(x+y)$$

$$\frac{\partial^2 z}{\partial y^2} = xf''(x+y) + 2g'(x+y) + yg''(x+y)$$

于是

$$\frac{\partial^2 z}{\partial x^2} - 2\frac{\partial^2 z}{\partial x \partial y} + \frac{\partial^2 z}{\partial y^2} = 0$$

8. 设 $z = yf\left(\dfrac{x}{y}\right) + xg\left(\dfrac{y}{x}\right)$，其中 f 和 g 具有二阶连续导数，求 $x\dfrac{\partial^2 z}{\partial x^2} + y\dfrac{\partial^2 z}{\partial x \partial y}$.

解： $\dfrac{\partial z}{\partial x} = y \cdot f' \cdot \dfrac{1}{y} + g + xg' \cdot \left(-\dfrac{y}{x^2}\right) = f' + g - \dfrac{y}{x}g'$

$$\frac{\partial^2 z}{\partial x^2} = \frac{1}{y}f'' + g' \cdot \left(-\frac{y}{x^2}\right) - \frac{y}{x} \cdot g'' \cdot \left(-\frac{y}{x^2}\right) + \frac{y}{x^2}g'$$

$$= \frac{1}{y}f'' + \frac{y^2}{x^3}g''$$

$$\frac{\partial^2 z}{\partial x \partial y} = \left(-\frac{x}{y^2}\right) \cdot f'' + g' \cdot \frac{1}{x} - \frac{1}{x} \cdot g' - \frac{y}{x} \cdot g'' \cdot \frac{1}{x}$$

$$= -\frac{x}{y^2} \cdot f'' - \frac{y}{x^2} \cdot g''$$

于是　　$x\dfrac{\partial^2 z}{\partial x^2}+y\dfrac{\partial^2 z}{\partial x\partial y}=0$

9. 计算下列函数的偏导数：

(1) 设 $z=f(\mathrm{e}^x\sin y,\ x^2+y^2)$，其中 f 具有二阶连续偏导数，求 $\dfrac{\partial^2 z}{\partial x\partial y}$．

(2) 设 $z=x^3 f\left(xy,\dfrac{y}{x}\right)$，其中 f 具有二阶连续偏导数，求 $\dfrac{\partial^2 z}{\partial y^2},\dfrac{\partial^2 z}{\partial x\partial y}$．

解：(1) 设 $u=\mathrm{e}^x\sin y,\ v=x^2+y^2$，则 $z=f(u,v)$，所以

$$\frac{\partial z}{\partial x}=\frac{\partial f}{\partial u}\cdot\frac{\partial u}{\partial x}+\frac{\partial f}{\partial v}\cdot\frac{\partial v}{\partial x}=\mathrm{e}^x\sin y\cdot f'_u+2x\cdot f'_v$$

$$\frac{\partial^2 z}{\partial x\partial y}=\mathrm{e}^x\cos y f'_u+\mathrm{e}^x\sin y\left[f''_{uu}\cdot\frac{\partial u}{\partial y}+f''_{uv}\cdot\frac{\partial v}{\partial y}\right]$$

$$\qquad+2x\left[f''_{vu}\cdot\frac{\partial u}{\partial y}+f''_{vv}\cdot\frac{\partial v}{\partial y}\right]$$

$$\qquad=\mathrm{e}^x\cos y\cdot f'_u+\mathrm{e}^{2x}\sin y\cos y\cdot f''_{uu}+2\mathrm{e}^x y\sin y\cdot f''_{uv}$$

$$\qquad+2x\mathrm{e}^x\cos y\cdot f''_{vu}+4xy f''_{vv}$$

$$\qquad=\mathrm{e}^x\cos y\cdot f'_u+\mathrm{e}^{2x}\sin y\cos y\cdot f''_{uu}$$

$$\qquad+2\mathrm{e}^x(y\sin y+x\cos y)f''_{uv}+4xy f''_{vv}$$

(2) 设 $u=xy,\ v=\dfrac{y}{x}$，则 $z=x^3 f(u,v)$，所以

$$\frac{\partial z}{\partial y}=x^3\left(\frac{\partial f}{\partial u}\cdot\frac{\partial u}{\partial y}+\frac{\partial f}{\partial v}\cdot\frac{\partial v}{\partial y}\right)=x^3\left(xf'_u+\frac{1}{x}f'_v\right)$$

$$\qquad=x^4 f'_u+x^2 f'_v$$

$$\frac{\partial^2 z}{\partial y^2}=x^4\left(xf''_{uu}+\frac{1}{x}f''_{uv}\right)+x^2\left(xf''_{vu}+\frac{1}{x}f''_{vv}\right)$$

$$\qquad=x^5 f''_{uu}+2x^3 f''_{uv}+xf''_{vv}$$

$$\frac{\partial^2 z}{\partial x\partial y}=4x^3 f'_u+x^4\left(yf''_{uu}-\frac{y}{x^2}f''_{uv}\right)+2xf'_v+x^2\left(yf''_{vu}-\frac{y}{x^2}f''_{vv}\right)$$

$$\qquad=4x^3 f'_u+2xf'_v+x^4 yf''_{uu}-yf''_{vv}$$

10. 设方程 $2\sin(x+2y-3z)=x+2y-3z$ 确定二元函数 $z=f(x,y)$，计算 $\dfrac{\partial z}{\partial x}+\dfrac{\partial z}{\partial y}$．

解：设 $F(x,y,z)=2\sin(x+2y-3z)-x-2y+3z$，则

$$\frac{\partial F}{\partial x}=2\cos(x+2y-3z)-1$$

$$\frac{\partial F}{\partial y}=4\cos(x+2y-3z)-2$$

$$\frac{\partial F}{\partial z}=-6\cos(x+2y-3z)+3$$

所以　　$\dfrac{\partial z}{\partial x}=-\dfrac{\dfrac{\partial F}{\partial x}}{\dfrac{\partial F}{\partial z}}=\dfrac{1}{3},\ \dfrac{\partial z}{\partial y}=\dfrac{2}{3}$

故　　　$\dfrac{\partial z}{\partial x}+\dfrac{\partial z}{\partial y}=1$

11. 设函数 $z=f(u)$，方程 $u=\varphi(u)+\displaystyle\int_y^x P(t)\mathrm{d}t$ 确定 u 是 x，y 的函数，其中 $f(u)$，$\varphi(u)$ 可微；$P(t)$，$\varphi'(u)$ 连续，且 $\varphi'(u)\neq 1$，求 $P(y)\dfrac{\partial z}{\partial x}+P(x)\dfrac{\partial z}{\partial y}$.

解：由已知条件，变量间的关系如图 8—27 所示. 所以

$$\frac{\partial z}{\partial x}=f'(u)\frac{\partial u}{\partial x} \qquad\qquad ①$$

$$\frac{\partial z}{\partial y}=f'(u)\frac{\partial u}{\partial y} \qquad\qquad ②$$

在方程 $u=\varphi(u)+\displaystyle\int_y^x P(t)\mathrm{d}t$ 两边分别对 x，y 求偏导数，得

$$\frac{\partial u}{\partial x}=\varphi'(u)\cdot\frac{\partial u}{\partial x}+P(x)$$

$$\frac{\partial u}{\partial y}=\varphi'(u)\cdot\frac{\partial u}{\partial y}-P(y)$$

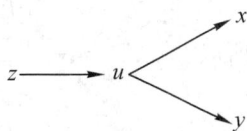

图 8—27

由此可得

$$\frac{\partial u}{\partial x}=\frac{P(x)}{1-\varphi'(u)},\qquad\qquad \frac{\partial u}{\partial y}=\frac{-P(y)}{1-\varphi'(u)} \qquad ③$$

由式 ①、式 ②、式 ③，有

$$P(y)\frac{\partial z}{\partial x}+P(x)\frac{\partial z}{\partial y}$$

$$=P(y)\cdot f'(u)\cdot\frac{P(x)}{1-\varphi'(u)}+P(x)f'(u)\cdot\frac{-P(y)}{1-\varphi'(u)}=0$$

12. 设 $u=f(x,y,z)$，$y=\sin x$，$\varphi(x^2,\mathrm{e}^y,z)=0$ 可确定函数 $z=z(x)$，若 f，φ 都具有一阶连续偏导数，且 $\dfrac{\partial\varphi}{\partial z}\neq 0$，求 $\dfrac{\mathrm{d}u}{\mathrm{d}x}$.

解：由已知条件，变量间的关系如图 8—28 所示.
所以

$$\frac{\mathrm{d}u}{\mathrm{d}x}=\frac{\partial f}{\partial x}+\frac{\partial f}{\partial y}\cdot\frac{\mathrm{d}y}{\mathrm{d}x}+\frac{\partial f}{\partial z}\cdot\frac{\mathrm{d}z}{\mathrm{d}x}$$

由 $y=\sin x$，得 $\dfrac{\mathrm{d}y}{\mathrm{d}x}=\cos x$.

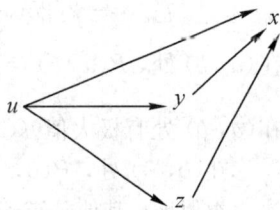

图 8—28

在方程 $\varphi(x^2,\mathrm{e}^y,z)=0$ 两边对 x 求导数，得

$$2x\varphi_1'+\mathrm{e}^y\cos x\varphi_2'+\varphi_3'\frac{\mathrm{d}z}{\mathrm{d}x}=0$$

其中 φ_1'，φ_2' 和 φ_3' 分别表示 φ 关于 x^2，e^y 和 z 的偏导数，所以

$$\frac{\mathrm{d}z}{\mathrm{d}x}=-\frac{1}{\varphi_3'}(2x\varphi_1'+\mathrm{e}^y\cos x\cdot\varphi_2')$$

于是

$$\frac{\mathrm{d}u}{\mathrm{d}x}=\frac{\partial f}{\partial x}+\frac{\partial f}{\partial y}\cdot\cos x-\frac{\partial f}{\partial z}\cdot\frac{1}{\varphi_3'}(2x\varphi_1'+\mathrm{e}^{\sin x}\cos x\cdot\varphi_2')$$

13. 设方程 $F\left(x+\dfrac{z}{y},\ y+\dfrac{z}{x}\right)=0$ 确定了函数 $z=f(x,y)$，其中 F 为可微函数，求 $x\dfrac{\partial z}{\partial x}+y\dfrac{\partial z}{\partial y}$.

解：设 $u=x+\dfrac{z}{y}$，$v=y+\dfrac{z}{x}$，则 $F(u,v)=0$. 故

$$\frac{\partial F}{\partial x}=\frac{\partial F}{\partial u}\cdot\frac{\partial u}{\partial x}+\frac{\partial F}{\partial v}\cdot\frac{\partial v}{\partial x}=F'_u-\frac{z}{x^2}F'_v$$

$$\frac{\partial F}{\partial y}=\frac{\partial F}{\partial u}\cdot\frac{\partial u}{\partial y}+\frac{\partial F}{\partial v}\cdot\frac{\partial v}{\partial y}=-\frac{z}{y^2}F'_u+F'_v$$

$$\frac{\partial F}{\partial z}=\frac{\partial F}{\partial u}\cdot\frac{\partial u}{\partial z}+\frac{\partial F}{\partial v}\cdot\frac{\partial v}{\partial z}=\frac{1}{y}F'_u+\frac{1}{x}F'_v$$

所以

$$\frac{\partial z}{\partial x}=-\frac{\dfrac{\partial F}{\partial x}}{\dfrac{\partial F}{\partial z}}=\frac{-x^2yF'_u+yzF'_v}{x(xF'_u+yF'_v)}$$

$$\frac{\partial z}{\partial y}=-\frac{\dfrac{\partial F}{\partial y}}{\dfrac{\partial F}{\partial z}}=\frac{xzF'_u-xy^2F'_v}{y(xF'_u+yF'_v)}$$

由此可得

$$x\frac{\partial z}{\partial x}+y\frac{\partial z}{\partial y}=\frac{(z-xy)(xF'_u+yF'_v)}{xF'_u+yF'_v}=z-xy$$

14. 求函数 $f(x,y)=(2ax-x^2)(2by-y^2)$ 的极值，其中 a,b 为非零常数.

解：令 $\begin{cases}f'_x=(2a-2x)(2by-y^2)=0\\ f'_y=(2ax-x^2)(2b-2y)=0\end{cases}$，得驻点 (a,b)，$(0,0)$，$(2a,0)$，$(0,2b)$，$(2a,2b)$. 又

$$f''_{xx}=-2(2by-y^2),\quad f''_{xy}=(2a-2x)(2b-2y),\quad f''_{yy}=-2(2ax-x^2)$$

在 (a,b) 处，$P(a,b)=0-(-2b^2)(-2a^2)=-4a^2b^2<0$，且 $f''_{xx}\Big|_{\substack{x=a\\y=b}}=-2b^2<0$，所以

在 (a,b) 处有极大值 $f(a,b)=a^2b^2$.

在 $(0,0)$ 处，$P(0,0)=(4ab)^2>0$，所以点 $(0,0)$ 不是极值点.

类似地，其他驻点经检验均不是极值点.

15. 求 $z=x+y-3$ 在闭区域 $x^2+y^2\leqslant8$ 上的最大值和最小值.

解：首先考虑 $z=x+y-3$ 在开区域 $x^2+y^2<8$ 内是否有极值点. 因为

$$z'_x=1,\quad z'_y=1$$

显然，$z=x+y-3$ 无驻点，在区域 $x^2+y^2<8$ 内部无最大值和最小值.

考虑 $z=x+y-3$ 在边界 $x^2+y^2=8$ 上的极值问题，这是一个条件极值问题. 设

$$L(x,y,\lambda)=x+y-3+\lambda(x^2+y^2-8)$$

令 $\begin{cases}L'_x=1+2\lambda x=0\\ L'_y=1+2\lambda y=0\\ L'_\lambda=x^2+y^2-8=0\end{cases}$

可解得 $\begin{cases} x=2 \\ y=2 \end{cases}$, $\begin{cases} x=-2 \\ y=-2 \end{cases}$

它们是可能的极值点. 由于二元连续函数在有界闭区域上必有最大值和最小值, 直接计算

$$z\Big|_{\substack{x=2 \\ y=2}} = 1, \quad z\Big|_{\substack{x=-2 \\ y=-2}} = -7$$

由此可知, $z\Big|_{\substack{x=2 \\ y=2}} = 1$ 为最大值, $z\Big|_{\substack{x=-2 \\ y=-2}} = -7$ 为最小值.

16. 某公司生产的一种数码产品同时在两个市场销售, 售价分别为 p_1 和 p_2; 销售量分别为 q_1 和 q_2; 若两个市场的需求函数分别为

$$q_1 = 70 - 0.1p_1, \quad q_2 = 50 - 0.05p_2$$

总成本函数为

$$C = 250 + 80(q_1 + q_2)$$

则该公司应如何确定该产品在两个市场的售价, 才能使其获得的总利润最大? 最大总利润是多少?

解: 该公司的总成本函数为

$$\begin{aligned} C &= 250 + 80(70 - 0.1p_1 + 50 - 0.05p_2) \\ &= 9\,850 - 8p_1 - 4p_2 \end{aligned}$$

公司的总收益函数为

$$R = p_1q_1 + p_2q_2 = 70p_1 - 0.1p_1^2 + 50p_2 - 0.05p_2^2$$

总利润函数为

$$L = R - C = 78p_1 - 0.1p_1^2 + 54p_2 - 0.05p_2^2 - 9\,850$$

要使总利润最大, 令

$$L'_{p_1} = 78 - 0.2p_1 = 0, \quad L'_{p_2} = 54 - 0.1p_2 = 0$$

解得 $p_1 = 390$, $p_2 = 540$. 因为驻点是唯一的, 且由此问题的实际意义, 该公司必可获得最大利润. 所以, 当 $p_1 = 390$, $p_2 = 540$ 时公司可获得最大利润. 最大利润为

$$\begin{aligned} L &= 78 \times 390 - 0.1 \times 390^2 + 54 \times 540 - 0.05 \times 540^2 - 9\,850 \\ &= 19\,940 \end{aligned}$$

17. 设生产某种产品必须投入两种要素, x_1 和 x_2 分别为两要素的投入量, Q 为产出量. 若生产函数为 $Q = 2x_1^\alpha x_2^\beta$, 其中, α, β 为正常数, 且 $\alpha + \beta = 1$. 假设两种要素的价格分别为 P_1 和 P_2, 试问: 当产出量为 12 时, 两要素各投入多少时可以使投入的总费用最小?

解: 需要在产出量 $2x_1^\alpha x_2^\beta = 12$ 的条件下, 求总费用 $P_1x_1 + P_2x_2$ 的最小值. 为此作拉格朗日函数

$$F(x_1, x_2, \lambda) = P_1x_1 + P_2x_2 + \lambda(12 - 2x_1^\alpha x_2^\beta)$$

令

$$\begin{cases} \dfrac{\partial F}{\partial x_1} = P_1 - 2\lambda\alpha x_1^{\alpha-1} x_2^\beta = 0 \quad ① \\[2mm] \dfrac{\partial F}{\partial x_2} = P_2 - 2\lambda\beta x_1^\alpha x_2^{\beta-1} = 0 \quad ② \\[2mm] \dfrac{\partial F}{\partial \lambda} = 12 - 2x_1^\alpha x_2^\beta = 0 \qquad\quad ③ \end{cases}$$

由式 ① 和式 ②，得

$$\frac{P_2}{P_1} = \frac{\beta x_1}{\alpha x_2}, \quad x_1 = \frac{P_2 \alpha x_2}{P_1 \beta}$$

将 x_1 代入式 ③，得

$$x_2 = 6\left(\frac{P_1 \beta}{P_2 \alpha}\right)^{\alpha}, \quad x_1 = 6\left(\frac{P_2 \alpha}{P_1 \beta}\right)^{\beta}$$

因驻点唯一，且实际问题存在最小值，故 $x_1 = 6\left(\frac{P_2 \alpha}{P_1 \beta}\right)^{\beta}$，$x_2 = 6\left(\frac{P_1 \beta}{P_2 \alpha}\right)^{\alpha}$ 时投入的总费用最小.

18. 计算下列二重积分：

(1) $\iint\limits_{D} e^{x^2} dxdy$，$D$ 是第一象限中由直线 $y = x$ 和曲线 $y = x^3$ 所围成的区域.

(2) $\iint\limits_{D} \frac{1-x^2-y^2}{1+x^2+y^2} dxdy$，$D$ 是 $x^2 + y^2 = 1$，$x = 0$ 和 $y = 0$ 所围成的区域在第一象限的部分.

(3) $\iint\limits_{D} |y - 2x| \, dxdy$，$D = \{(x, y) \big| |x| \leqslant 1, 0 \leqslant y \leqslant 2\}$.

(4) $\iint\limits_{D} ydxdy$，D 是由直线 $x = -2$，$y = 0$，$y = 2$ 以及曲线 $x = -\sqrt{2y - y^2}$ 所围成的区域.

解：(1) 区域 D 的图形如图 8—29 所示，则

$$\iint\limits_{D} e^{x^2} dxdy$$

$$= \int_0^1 dx \int_{x^3}^x e^{x^2} dy = \int_0^1 (x - x^3) e^{x^2} dx$$

$$= \frac{1}{2} \int_0^1 e^{x^2} dx^2 - \frac{1}{2} \int_0^1 x^2 e^{x^2} dx^2$$

$$= \frac{1}{2} e^{x^2} \Big|_0^1 - \frac{1}{2} \int_0^1 t e^t dt$$

$$= \frac{1}{2}(e - 1) - \frac{1}{2}(te^t - e^t)\Big|_0^1$$

$$= \frac{e}{2} - 1$$

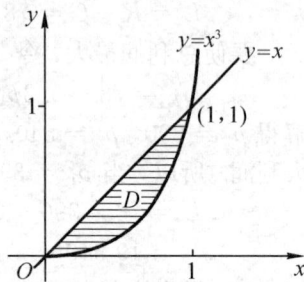

图 8—29

(2) 区域 D 的图形是以原点为圆心、1 为半径的圆域位于第一象限的部分(图略去)，所以，利用极坐标，有

$$\iint\limits_{D} \frac{1-x^2-y^2}{1+x^2+y^2} dxdy$$

$$= \int_0^{\frac{\pi}{2}} d\theta \int_0^1 \frac{1-r^2}{1+r^2} rdr$$

$$= \frac{\pi}{2} \int_0^1 \left(\frac{2}{1+r^2} - 1\right) rdr$$

$$= \frac{\pi}{2}\left[\ln(1+r^2) - \frac{1}{2}r^2\right]\Big|_0^1$$

$$= \frac{\pi}{2}\left(\ln 2 - \frac{1}{2}\right)$$

（3）区域 D 是图 8—30 中的矩形，由于被积函数 $f(x, y) = |y-2x|$，未去掉绝对值记号．在图中作出曲线 $y = 2x$，于是区域 D 被曲线 $y = 2x$ 分为 D_1 和 D_2 两部分．当 $(x, y) \in D_1$ 时，$y \leqslant 2x$；当 $(x, y) \in D_2$ 时，$y \geqslant 2x$．于是

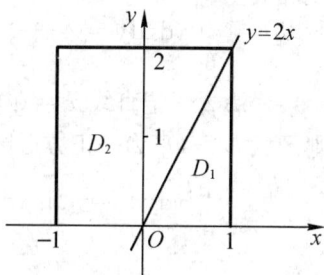

图 8—30

$$\iint\limits_D |y-2x|\, \mathrm{d}x\mathrm{d}y = \iint\limits_{D_1} |y-2x|\, \mathrm{d}x\mathrm{d}y + \iint\limits_{D_2} |y-2x|\, \mathrm{d}x\mathrm{d}y$$

$$\iint\limits_{D_1} |y-2x|\, \mathrm{d}x\mathrm{d}y = \int_0^1 \mathrm{d}x \int_0^{2x} (2x-y)\, \mathrm{d}y$$

$$= \int_0^1 \left[\left(2xy - \frac{1}{2}y^2\right)\Big|_0^{2x}\right]\mathrm{d}x = \int_0^1 2x^2\, \mathrm{d}x = \frac{2}{3}$$

$$\iint\limits_{D_2} |y-2x|\, \mathrm{d}x\mathrm{d}y = \int_0^2 \mathrm{d}y \int_{-1}^{\frac{y}{2}} (y-2x)\, \mathrm{d}x$$

$$= \int_0^2 \left[(yx - x^2)\Big|_{-1}^{\frac{y}{2}}\right]\mathrm{d}y = \int_0^2 \left(\frac{y^2}{4} + y + 1\right)\mathrm{d}y$$

$$= \left(\frac{1}{12}y^3 + \frac{1}{2}y^2 + y\right)\Big|_0^2 = \frac{14}{3}$$

所以 $\quad \iint\limits_D |y-2x|\, \mathrm{d}x\mathrm{d}y = \frac{2}{3} + \frac{14}{3} = \frac{16}{3}$

（4）区域 D 的图形如图 8—31 所示.

方法 1 $D = \{(x, y) \,|\, -2 \leqslant x \leqslant -\sqrt{2y-y^2},\ 0 \leqslant y \leqslant 2\}$ 所以

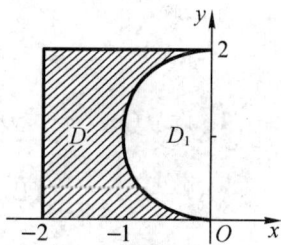

图 8—31

$$\iint\limits_D y\mathrm{d}x\mathrm{d}y = \int_0^2 \mathrm{d}y \int_{-2}^{-\sqrt{2y-y^2}} y\mathrm{d}x$$

$$= \int_0^2 y(-\sqrt{2y-y^2} + 2)\, \mathrm{d}y$$

$$= \int_0^2 2y\mathrm{d}y - \int_0^2 y\sqrt{2y-y^2}\, \mathrm{d}y$$

$$= 4 - \int_0^2 y\sqrt{1-(y-1)^2}\, \mathrm{d}y$$

设 $y - 1 = \sin t$，有 $\mathrm{d}y = \cos t\mathrm{d}t$．当 $y = 0$ 时，$t = -\frac{\pi}{2}$；$y = 2$ 时，$t = \frac{\pi}{2}$．

$$\int_0^2 y\sqrt{1-(y-1)^2}\, \mathrm{d}y = \int_{-\frac{\pi}{2}}^{\frac{\pi}{2}} (1+\sin t) \cdot \cos^2 t\mathrm{d}t$$

$$= \int_{-\frac{\pi}{2}}^{\frac{\pi}{2}} \cos^2 t\mathrm{d}t + \int_{-\frac{\pi}{2}}^{\frac{\pi}{2}} \cos^2 t\sin t\mathrm{d}t$$

$$= 2\int_0^{\frac{\pi}{2}} \frac{1+\cos 2t}{2}\mathrm{d}t + 0 = \frac{\pi}{2}$$

所以
$$\iint\limits_{D} y\mathrm{d}x\mathrm{d}y = 4 - \frac{\pi}{2}$$

方法 2 记直线 $x=0$ 与曲线 $x = -\sqrt{2y-y^2}$ 所围成的区域为 D_1（如图 8—31 所示），则区域 $D+D_1$ 为一正方形区域，于是

$$\iint\limits_{D} y\mathrm{d}x\mathrm{d}y = \iint\limits_{D+D_1} y\mathrm{d}x\mathrm{d}y - \iint\limits_{D_1} y\mathrm{d}x\mathrm{d}y$$

而
$$\iint\limits_{D+D_1} y\mathrm{d}x\mathrm{d}y = \int_{-2}^{0}\mathrm{d}x\int_{0}^{2} y\mathrm{d}y = \int_{-2}^{0}\left(\frac{1}{2}y^2\Big|_{0}^{2}\right)\mathrm{d}x = 4$$

在极坐标系下，$D_1 = \{(r,\theta) \mid 0 \leqslant r \leqslant 2\sin\theta, \frac{\pi}{2} \leqslant \theta \leqslant \pi\}$，所以

$$\iint\limits_{D_1} y\mathrm{d}x\mathrm{d}y = \int_{\frac{\pi}{2}}^{\pi}\mathrm{d}\theta\int_{0}^{2\sin\theta} r\sin\theta \cdot r\mathrm{d}r$$

$$= \frac{1}{3}\int_{\frac{\pi}{2}}^{\pi}\sin\theta \cdot \left(r^3\Big|_{0}^{2\sin\theta}\right)\mathrm{d}\theta = \frac{8}{3}\int_{\frac{\pi}{2}}^{\pi}\sin^4\theta\mathrm{d}\theta$$

$$= \frac{8}{12}\int_{\frac{\pi}{2}}^{\pi}\left(1 - 2\cos2\theta + \frac{1+\cos4\theta}{2}\right)\mathrm{d}\theta$$

$$= \frac{\pi}{2}$$

得
$$\iint\limits_{D} y\mathrm{d}x\mathrm{d}y = 4 - \frac{\pi}{2}$$

(B)

1. 设 $f(xy, x+y) = \left(\frac{1}{x^2} + \frac{1}{y^2}\right)\mathrm{e}^{x^2+y^2}$，则 $f(1,\sqrt{3}) = [\quad]$.

(A) $\frac{4}{3}\mathrm{e}^4$ （B）e （C）e^4 （D）$\frac{2}{3}\mathrm{e}^4$

解：设 $u = xy$，$v = x+y$，则

$$\frac{1}{x^2} + \frac{1}{y^2} = \frac{x^2+y^2}{(xy)^2} = \frac{(x+y)^2 - 2xy}{(xy)^2} = \frac{v^2 - 2u}{u^2}$$
$$\mathrm{e}^{x^2+y^2} = \mathrm{e}^{(x+y)^2 - 2xy} = \mathrm{e}^{v^2-2u}$$

所以，$f(u,v) = \frac{v^2-2u}{u^2} \cdot \mathrm{e}^{v^2-2u}$，即 $f(x,y) = \frac{y^2-2x}{x^2}\mathrm{e}^{y^2-2x}$. 于是 $f(1,\sqrt{3}) = \mathrm{e}$. 故本题应选(B).

2. 二元函数 $f(x,y) = \begin{cases} \dfrac{xy}{x^2+y^2}, & (x,y) \neq 0 \\ 0, & (x,y) = 0 \end{cases}$ 在点 $(0,0)$ 处 $[\quad]$.

(A) 连续、偏导数存在 　　　(B) 连续、偏导数不存在

(C) 不连续、偏导数存在 　　(D) 不连续、偏导数不存在

解：如果点 (x,y) 沿 x 轴趋于点 $(0,0)$，这时 y 恒为零，于是 $\lim\limits_{x\to0}f(x,0) = \lim\limits_{x\to0}0 = 0$；

如果点(x, y)沿y轴趋于$(0, 0)$,这时x恒为零,于是$\lim\limits_{y \to 0} f(0, y) = \lim\limits_{y \to 0} 0 = 0$. 然而,当点$(x, y)$沿直线$y = kx$趋于$(0, 0)$时,$\lim\limits_{x \to 0} f(x, kx) = \lim\limits_{x \to 0} \dfrac{kx^2}{x^2 + k^2 x^2} = \dfrac{k}{1 + k^2}$,这是依赖于$k$的一个数. 这表明当$(x, y)$以不同方式趋于$(0, 0)$时,函数$f(x, y)$的值不能趋于一个固定的常数$A$. 所以当$(x, y) \to (0, 0)$时,函数$f(x, y)$无极限. $f(x, y)$在点$(0, 0)$处不连续.

又 $\lim\limits_{\Delta x \to 0} \dfrac{f(0 + \Delta x, 0) - f(0, 0)}{\Delta x} = 0$,所以 $f'_x(0, 0) = 0$. 类似地,可知 $f'_y(0, 0) = 0$. 故本题应选(C).

3. 设 $z = x^y y^x$,则 $x \dfrac{\partial z}{\partial x} + y \dfrac{\partial z}{\partial y}$ 在点$(2, 2)$处的值为〔　　〕.

(A) $64(1 + \ln 2)$　　　　　(B) $16(1 + \ln 2)$

(C) $64(1 - \ln 2)$　　　　　(D) $32(1 + \ln 2)$

解: $\dfrac{\partial z}{\partial x} \Big|_{\substack{x=2 \\ y=2}} = (y x^{y-1} y^x + x^y y^x \ln y) \Big|_{\substack{x=2 \\ y=2}} = 16(1 + \ln 2)$

类似可得 $\dfrac{\partial z}{\partial y} \Big|_{\substack{x=2 \\ y=2}} = 16(1 + \ln 2)$. 所以

$$\left(x \dfrac{\partial z}{\partial x} + y \dfrac{\partial z}{\partial y} \right) \Big|_{\substack{x=2 \\ y=2}} = 64(1 + \ln 2)$$

故本题应选(A).

4. 设函数 $f(u)$ 可微,且 $f'(0) = \dfrac{1}{2}$,则 $z = f(4x^2 - y^2)$ 在点$(1, 2)$处的全微分 $\mathrm{d}z \Big|_{\substack{x=1 \\ y=2}} = $ 〔　　〕.

(A) $2\mathrm{d}x - 4\mathrm{d}y$　　　　　(B) $4\mathrm{d}x - 2\mathrm{d}y$

(C) $2\mathrm{d}x + 4\mathrm{d}y$　　　　　(D) $4\mathrm{d}x + 2\mathrm{d}y$

解: $z'_x = f'(4x^2 - y^2)(4x^2 - y^2)'_x = 8x f'(4x^2 - y^2)$

$z'_y = f'(4x^2 - y^2)(4x^2 - y^2)'_y = -2y f'(4x^2 - y^2)$

所以　　$\mathrm{d}z \Big|_{\substack{x=1 \\ y=2}} = \left[8x f'(4x^2 - y^2)\mathrm{d}x - 2y f'(4x^2 - y^2)\mathrm{d}y \right] \Big|_{\substack{x=1 \\ y=2}}$

$$= 4\mathrm{d}x - 2\mathrm{d}y$$

故本题应选(B).

5. 已知函数 $f(x, y)$ 存在二阶连续偏导数,且$\dfrac{\partial f}{\partial x} = \mathrm{e}^y + 2ay \mathrm{e}^x + \dfrac{1}{x}$,$\dfrac{\partial f}{\partial y} = \mathrm{e}^x + x \mathrm{e}^y + \dfrac{b}{y}$,则〔　　〕.

(A) $a = 1$,b 为任意常数　　　(B) a 为任意常数,$b = 1$

(C) $a = \dfrac{1}{2}$,b 为任意常数　　(D) a 为任意常数,$b = 2$

解: 因为 $f(x, y)$ 存在二阶连续偏导数,故必有 $\dfrac{\partial^2 f}{\partial x \partial y} = \dfrac{\partial^2 f}{\partial y \partial x}$,而

$$\frac{\partial^2 f}{\partial x \partial y} = e^y + 2ae^x, \qquad \frac{\partial^2 f}{\partial y \partial x} = e^x + e^y$$

由 $e^y + 2ae^x = e^x + e^y$，比较系数可知 $a = \dfrac{1}{2}$，b 为任意常数. 故本题应选(C).

6. 设当资本投入为 K、劳动投入为 L 时，某产品的产出量为 y，且 $y = AK^\alpha L^\beta$，其中，A, α, β 为常数，则 y 对资本的偏弹性 E_K 和对劳动的偏弹性 E_L 分别为 [ ].

(A) $\dfrac{1}{\alpha}, \dfrac{1}{\beta}$ (B) $\dfrac{1}{\beta}, \dfrac{1}{\alpha}$ (C) β, α (D) α, β

解：根据偏弹性的意义，产出量 y 对资本的偏弹性

$$E_K = y'_K \cdot \frac{K}{y} = A\alpha K^{\alpha-1} L^\beta \cdot \frac{K}{AK^\alpha L^\beta} = \alpha$$

产出量 y 对劳动的偏弹性

$$E_L = y'_L \cdot \frac{L}{y} = A\beta K^\alpha L^{\beta-1} \cdot \frac{L}{AK^\alpha L^\beta} = \beta$$

故本题应选(D).

7. 定义在开区域 D 上的函数 $f(x, y)$ 对 D 内的任意一点 (x, y) 都有 $f'_x(x, y) = a$，$f'_y(x, y) = b$，a, b 为非零常数，则 [ ].

(A) $f(x, y)$ 在 D 上可微
(B) $f(x, y)$ 在 D 上有极值
(C) $f(x, y)$ 在 D 上有最大值、最小值
(D) $f(x, y)$ 在 D 上为一常数

解：因为 $f(x, y)$ 的一阶偏导数 $f'_x(x, y) = a$，$f'_y(x, y) = b$ 在区域 D 内为连续函数，所以 $f(x, y)$ 在 D 内可微. 故本题应选(A).

本题其他选项均不正确. 例如，设 $f(x, y) = ax + by$，则 $f'_x(x, y) = a$，$f'_y(x, y) = b$，在开区域 D 上，(B)、(C)、(D) 均不正确.

8. 考虑二元函数 $f(x, y)$ 的下面 4 条性质：

① $f(x, y)$ 在点 (x_0, y_0) 处连续；
② $f(x, y)$ 在点 (x_0, y_0) 处的两个偏导数连续；
③ $f(x, y)$ 在点 (x_0, y_0) 处可微；
④ $f(x, y)$ 在点 (x_0, y_0) 处的两个偏导数存在.

若用"$P \Rightarrow Q$"表示可由性质 P 推出性质 Q，则有 [ ].

(A) ②⇒③⇒①   (B) ③⇒②⇒①
(C) ③⇒④⇒①   (D) ③⇒①⇒④

解：(A) $f(x, y)$ 在点 (x_0, y_0) 处的两个偏导数连续是 $f(x, y)$ 在点 (x_0, y_0) 处可微的充分条件，故 ②⇒③ 正确. 又 $f(x, y)$ 在点 (x_0, y_0) 处可微，则必有 $f(x, y)$ 在点 (x_0, y_0) 处连续，故 ③⇒① 正确. 因此本题应选(A).

由于 ③⇏②，故(B)错；由于 ④⇏①，故(C)错；由于 ①⇏④，故(D)错.

9. 设 $z = xyf\left(\dfrac{y}{x}\right)$，其中 $f(u)$ 可导，则 $xz'_x + yz'_y = $ [ ].

(A) 0   (B) 1   (C) z (D) $2z$

解：设 $u = \dfrac{y}{x}$，则

$$z'_x = yf(u) + xyf'(u) \cdot \left(-\frac{y}{x^2}\right) = yf(u) - \frac{y^2}{x}f'(u)$$

$$z'_y = xf(u) + xyf'(u) \cdot \frac{1}{x} = xf(u) + yf'(u)$$

所以 $xz'_x + yz'_y = 2xyf(u) = 2z$. 故本题应选(D).

10. 设 $f(x, y) = \displaystyle\int_0^{\sqrt{xy}} \mathrm{e}^{-t^2} \mathrm{d}t \ (x > 0, y > 0)$，则 $x\dfrac{\partial f}{\partial x} - y\dfrac{\partial f}{\partial y} = $ [　].

(A) 1　　　　(B) 0　　　　(C) $\sqrt{xy}\,\mathrm{e}^{-xy}$　　　　(D) $\sqrt{\dfrac{y}{x}}\,\mathrm{e}^{-xy}$

解：$\dfrac{\partial f}{\partial x} = \mathrm{e}^{-xy} \cdot (\sqrt{xy})'_x = \dfrac{1}{2}\sqrt{\dfrac{y}{x}} \cdot \mathrm{e}^{-xy}$

$$\frac{\partial f}{\partial y} = \mathrm{e}^{-xy} \cdot (\sqrt{xy})'_y = \frac{1}{2}\sqrt{\frac{x}{y}} \cdot \mathrm{e}^{-xy}$$

所以，$x\dfrac{\partial f}{\partial x} - y\dfrac{\partial f}{\partial y} = 0$. 故本题应选(B).

11. 设 $f(x, y)$ 在点 (x_0, y_0) 处可微，而 $f(x, y_0)$ 和 $f(x_0, y)$ 分别在 x_0, y_0 处取得极值，则 (x_0, y_0) 一定是 $f(x, y)$ 的 [　].

(A) 极大值点　　　　　　(B) 极小值点

(C) 驻点　　　　　　　　(D) 连续点

解：由题设条件可知，$f(x, y)$ 在点 (x_0, y_0) 处有偏导数 $f'_x(x_0, y_0)$ 和 $f'_y(x_0, y_0)$，又 $f(x, y_0)$ 在 x_0 处有极值，故 $f'_x(x_0, y_0) = 0$. 类似有 $f'_y(x_0, y_0) = 0$，所以 (x_0, y_0) 是 $f(x, y)$ 的驻点，故本题应选(C). 而(A)，(B) 未必成立.

对于(D)，由于 $f(x, y)$ 在点 (x_0, y_0) 有偏导数未必能得到 $f(x, y)$ 在该点连续，故(D) 不一定成立.

12. 设函数 $z = (1 + \mathrm{e}^y)\cos x - y\mathrm{e}^y$，则函数 z [　].

(A) 无极值　　　　　　　　(B) 有有限个极值

(C) 有无穷多个极小值　　　(D) 有无穷多个极大值

解：令

$$z'_x = -(1 + \mathrm{e}^y)\sin x = 0, \qquad z'_y = \mathrm{e}^y(\cos x - 1 - y) = 0$$

可得 $\sin x = 0$ 和 $\cos x = 1 + y$，故驻点为 $(k\pi, -1 + \cos k\pi)$ $(k = 0, \pm 1, \pm 2, \cdots)$. 又

$$z''_{xx} = -(1 + \mathrm{e}^y)\cos x, \qquad z''_{xy} = -\mathrm{e}^y\sin x, \qquad z''_{yy} = \mathrm{e}^y(\cos x - 2 - y)$$

故当 $k = \pm 1, \pm 3, \cdots$ 时，驻点为 $(k\pi, -2)$. 因为

$$z''_{xx}\Big|_{\substack{x = k\pi \\ y = -2}} = 1 + \mathrm{e}^{-2}, \qquad z''_{xy}\Big|_{\substack{x = k\pi \\ y = -2}} = 0, \qquad z''_{yy}\Big|_{\substack{x = k\pi \\ y = -2}} = -\mathrm{e}^{-2}$$

所以 $P(k\pi, -2) = 0 - (1 + \mathrm{e}^{-2})(-\mathrm{e}^{-2}) = \mathrm{e}^{-2}(1 + \mathrm{e}^{-2}) > 0$，可知驻点 $(k\pi, -2)$ $(k = \pm 1, \pm 3, \cdots)$ 不是极值点.

当 $k = 0, \pm 2, \pm 4, \cdots$ 时，驻点为 $(k\pi, 0)$，所以

$$z''_{xx}\Big|_{\substack{x=k\pi\\y=0}}=-2<0, \quad z''_{xy}\Big|_{\substack{x=k\pi\\y=0}}=0, \quad z''_{yy}\Big|_{\substack{x=k\pi\\y=0}}=-1$$

于是

$$P(k\pi,0)=0-(-2)\cdot(-1)=-2<0$$

故函数在$(k\pi,0)(k=0,\pm2,\pm4,\cdots)$处有极大值. 由此可知,本题应选(D).

13. 设$f(x,y)$与$\varphi(x,y)$均为可微函数,且$\varphi'_y(x,y)\neq0$. 已知(x_0,y_0)是$f(x,y)$在约束条件$\varphi(x,y)=0$下的一个极值点,下列选项正确的是[ ].

(A) 若$f'_x(x_0,y_0)=0$,则$f'_y(x_0,y_0)=0$

(B) 若$f'_x(x_0,y_0)=0$,则$f'_y(x_0,y_0)\neq0$

(C) 若$f'_x(x_0,y_0)\neq0$,则$f'_y(x_0,y_0)=0$

(B) 若$f'_x(x_0,y_0)\neq0$,则$f'_y(x_0,y_0)\neq0$

解: 记拉格朗日函数$F(x,y,\lambda)=f(x,y)+\lambda\varphi(x,y)$. 已知$(x_0,y_0)$是$f(x,y)$在约束条件$\varphi(x,y)=0$下的极值点,所以,存在$\lambda_0$,使

$$\begin{cases} F'_x\big|_{(x_0,y_0)}=f'_x(x_0,y_0)+\lambda_0\varphi'_x(x_0,y_0)=0 & \text{①}\\ F'_y\big|_{(x_0,y_0)}=f'_y(x_0,y_0)+\lambda_0\varphi'_y(x_0,y_0)=0 & \text{②}\\ F_\lambda\big|_{(x_0,y_0)}=\varphi(x_0,y_0)=0 & \text{③} \end{cases}$$

由$\varphi'_y(x_0,y_0)\neq0$及式②,得$\lambda_0=-\dfrac{f'_y(x_0,y_0)}{\varphi'_y(x_0,y_0)}$. 代入式①得

$$f'_x(x_0,y_0)-\frac{\varphi'_x(x_0,y_0)f'_y(x_0,y_0)}{\varphi'_y(x_0,y_0)}=0$$

即 $f'_x(x_0,y_0)\varphi'_y(x_0,y_0)=\varphi'_x(x_0,y_0)f'_y(x_0,y_0)$

若$\varphi'_y(x_0,y_0)\neq0$,$f'_x(x_0,y_0)\neq0$,则必有

$$f'_x(x_0,y_0)\varphi'_y(x_0,y_0)\neq0$$

可知$\varphi'_x(x_0,y_0)f'_y(x_0,y_0)\neq0$,从而$f'_y(x_0,y_0)\neq0$. 故本题应选(D).

14. 累次积分$\displaystyle\int_0^{\frac{\pi}{2}}d\theta\int_0^{\cos\theta}f(r\cos\theta,r\sin\theta)rdr$可以写成[ ].

(A) $\displaystyle\int_0^1dx\int_0^{\sqrt{x-x^2}}f(x,y)dy$ (B) $\displaystyle\int_0^1dx\int_0^{\sqrt{y-y^2}}f(x,y)dy$

(C) $\displaystyle\int_0^1dy\int_0^{\sqrt{y-y^2}}f(x,y)dx$ (D) $\displaystyle\int_0^1dy\int_0^{\sqrt{1-y^2}}f(x,y)dx$

解: 在极坐标系下,积分区域

$$D=\left\{(r,\theta)\mid 0\leqslant\theta\leqslant\frac{\pi}{2},0\leqslant r\leqslant\cos\theta\right\}$$

在直角坐标系中,该区域可记为

$$D=\{(x,y)\mid 0\leqslant x\leqslant1,0\leqslant y\leqslant\sqrt{x-x^2}\} \quad (\text{如图8—32所示})$$

所以,原累次积分可化为

$$\int_0^1dx\int_0^{\sqrt{x-x^2}}f(x,y)dy$$

故本题应选(A).

注意，在直角坐标系中，原累次积分还可以化为

$$\int_0^{\frac{1}{2}} dy \int_{\frac{1}{2}-\sqrt{\frac{1}{4}-y^2}}^{\frac{1}{2}+\sqrt{\frac{1}{4}-y^2}} f(x, y) dx$$

由此看出，(C)、(D) 均不正确.

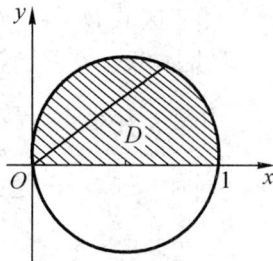

图 8—32

15. 设 $f(x)=g(x)=\begin{cases} a, & 0 \leqslant x \leqslant 1 \\ 0, & 其他 \end{cases}$ $(a>0)$，区域 D 表

示全平面，则 $\iint\limits_{D} f(x)g(y-x)dxdy = [\qquad]$.

(A) $2a^2$ (B) a^2 (C) $1-a^2$ (D) $1+a^2$

解：由已知条件，有

$$g(y-x)=\begin{cases} a, & 0 \leqslant y-x \leqslant 1 \\ 0, & 其他 \end{cases}$$

可见，$f(x)g(y-x)$ 仅当在区域

$$D_1 = \{(x, y) \mid 0 \leqslant x \leqslant 1, 0 \leqslant y-x \leqslant 1\}$$

(见图 8—33) 上时，有 $f(x)g(y-x)=a^2$，在 D 的其他各点处均为零. 所以

$$\iint\limits_{D} f(x)g(y-x)dxdy = \iint\limits_{D_1} a^2 dxdy = a^2 \iint\limits_{D_1} dxdy$$

而 $\iint\limits_{D_1} dxdy$ 恰为区域 D_1 的面积，不难计算区域 D_1 的面积为 1，故

$$\iint\limits_{D} f(x)g(y-x)dxdy = a^2. 故本题应选(B).$$

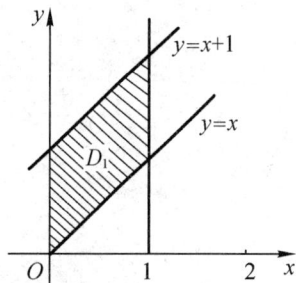

图 8—33

16. 设 D 是 xy 平面上以 $A(1, 1)$，$B(-1, 1)$ 和 $C(-1, -1)$ 为顶点的三角形区域，D_1 是 D 在第一象限的部分，则 $\iint\limits_{D}(xy + \cos x \sin y) dxdy = [\qquad]$.

(A) 0

(B) $2\iint\limits_{D_1} xy dxdy$

(C) $2\iint\limits_{D_1} \cos x \sin y dxdy$

(D) $4\iint\limits_{D_1}(xy + \cos x \sin y)dxdy$

解：区域 D 和 D_1 的图形如图 8—34所示. 连接 OB，区域 D 可以被划分为 D_1，D_2，D_3，D_4 四部分.

$$\iint\limits_{D}(xy + \cos x \sin y)dxdy$$

$$= \iint\limits_{D} xy dxdy + \iint\limits_{D} \cos x \sin y dxdy$$

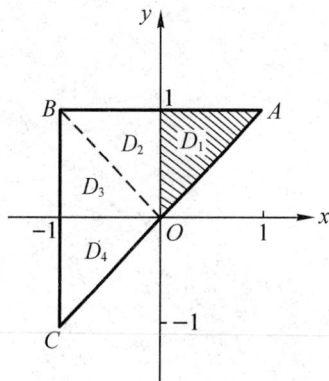

图 8—34

由于区域 D_1，D_2 关于 y 轴对称，D_3，D_4 关于 x 轴对称，而 xy 关于 x 或 y 均为奇函数，所以（见本章（一）习题解答与注释（A）中第 29 题的注释）

$$\iint\limits_{D} xy \mathrm{d}x\mathrm{d}y = \iint\limits_{D_1+D_2} xy \mathrm{d}x\mathrm{d}y + \iint\limits_{D_3+D_4} xy \mathrm{d}x\mathrm{d}y = 0$$

同时，$\cos x \sin y$ 是关于 x 的偶函数、关于 y 的奇函数，所以

$$\iint\limits_{D} \cos x \sin y \mathrm{d}x\mathrm{d}y = \iint\limits_{D_1+D_2} \cos x \sin y \mathrm{d}x\mathrm{d}y + \iint\limits_{D_3+D_4} \cos x \sin y \mathrm{d}x\mathrm{d}y$$

$$= 2\iint\limits_{D_1} \cos x \sin y \mathrm{d}x\mathrm{d}y + 0 = 2\iint\limits_{D_1} \cos x \sin y \mathrm{d}x\mathrm{d}y$$

故本题应选（C）.

第九章 微分方程与差分方程简介

（一）习题解答与注释

（A）

1. 验证下列各给定函数是其对应微分方程的解：

(1) $y'' - \dfrac{2}{x}y' + \dfrac{2y}{x^2} = 0$, $\quad y = C_1 x + C_2 x^2$

(2) $y'' - 7y' + 12y = 0$, $\quad y = C_1 e^{3x} + C_2 e^{4x}$

(3) $xy'' + 2y' - xy = 0$, $\quad xy = C_1 e^x + C_2 e^{-x}$

(4) $y'' + 3y' - 10y = 2x$, $\quad y = C_1 e^{2x} + C_2 e^{-5x} - \dfrac{x}{5} - \dfrac{3}{50}$

(5) $xyy'' + x(y')^2 - yy' = 0$, $\quad \dfrac{x^2}{C_1} + \dfrac{y^2}{C_2} = 1$

解：（1）由 $y = C_1 x + C_2 x^2$，可得
$$y' = C_1 + 2C_2 x, \quad y'' = 2C_2$$
将 y，y' 和 y'' 的表达式代入方程左端，有
$$
\begin{aligned}
y'' - \frac{2}{x}y' + \frac{2y}{x^2} &= 2C_2 - \frac{2}{x}(C_1 + 2C_2 x) + \frac{2}{x^2}(C_1 x + C_2 x^2) \\
&= 2C_2 - \frac{2C_1}{x} - 4C_2 + \frac{2C_1}{x} + 2C_2 \\
&= 0
\end{aligned}
$$
故 $y = C_1 x + C_2 x^2$ 是对应微分方程的解.

（2）由 $y = C_1 e^{3x} + C_2 e^{4x}$，可得
$$y' = 3C_1 e^{3x} + 4C_2 e^{4x}, \quad y'' = 9C_1 e^{3x} + 16C_2 e^{4x}$$
将 y，y' 和 y'' 的表达式代入方程左端，有
$$
\begin{aligned}
&y'' - 7y' + 12y \\
&= 9C_1 e^{3x} + 16C_2 e^{4x} - 7(3C_1 e^{3x} + 4C_2 e^{4x}) + 12(C_1 e^{3x} + C_2 e^{4x}) \\
&= 0
\end{aligned}
$$
故 $y = C_1 e^{3x} + C_2 e^{4x}$ 是对应微分方程的解.

（3）方程 $xy = C_1 e^x + C_2 e^{-x}$ 两边对 x 求导，得
$$y + xy' = C_1 e^x - C_2 e^{-x}$$
上式两边再对 x 求导，有
$$2y' + xy'' = C_1 e^x + C_2 e^{-x}$$

即 $\qquad xy'' + 2y' - xy = (C_1 e^x + C_2 e^{-x}) - (C_1 e^x + C_2 e^{-x}) = 0$

故 $xy = C_1 e^x + C_2 e^{-x}$ 是对应微分方程的解.

(4) 由 $y = C_1 e^{2x} + C_2 e^{-5x} - \dfrac{x}{5} - \dfrac{3}{50}$，可得

$$y' = 2C_1 e^{2x} - 5C_2 e^{-5x} - \frac{1}{5}, \qquad y'' = 4C_1 e^{2x} + 25C_2 e^{-5x}$$

将 y, y' 和 y'' 的表达式代入方程左端，有

$$y'' + 3y' - 10y$$
$$= 4C_1 e^{2x} + 25C_2 e^{-5x} + 3\left(2C_1 e^{2x} - 5C_2 e^{-5x} - \frac{1}{5}\right) - 10\left(C_1 e^{2x} + C_2 e^{-5x} - \frac{x}{5} - \frac{3}{50}\right)$$
$$= 2x$$

故 $y = C_1 e^{2x} + C_2 e^{-5x} - \dfrac{x}{5} - \dfrac{3}{50}$ 是对应微分方程的解.

(5) 方程 $\dfrac{x^2}{C_1} + \dfrac{y^2}{C_2} = 1$ 两边对 x 求导，得

$$\frac{2x}{C_1} + \frac{2yy'}{C_2} = 0, \quad 即 \ yy' = -\frac{C_2}{C_1}x$$

方程 $yy' = -\dfrac{C_2}{C_1}x$ 两边再对 x 求导，得

$$y' \cdot y' + yy'' = -\frac{C_2}{C_1}$$

即 $(y')^2 + yy'' = -\dfrac{C_2}{C_1}$. 将此式和 $yy' = -\dfrac{C_2}{C_1}x$ 代入方程左端，有

$$xyy'' + x(y')^2 - yy' = x[yy'' + (y')^2] - yy' = -\frac{C_2}{C_1}x + \frac{C_2}{C_1}x = 0$$

故 $\dfrac{x^2}{C_1} + \dfrac{y^2}{C_2} = 1$ 是对应微分方程的解.

2. 求下列各微分方程的通解或在给定初始条件下的特解：

(1) $(1+y)dx - (1-x)dy = 0$

(2) $xydx + \sqrt{1-x^2}dy = 0$

(3) $(1+2y)xdx + (1+x^2)dy = 0$

(4) $(xy^2 + x)dx + (y - x^2 y)dy = 0$

(5) $y\ln x dx + x\ln y dy = 0$

(6) $\dfrac{dx}{y} + \dfrac{dy}{x} = 0, \ y\Big|_{x=3} = 4$

(7) $\dfrac{x}{1+y}dx - \dfrac{y}{1+x}dy = 0, \ y\Big|_{x=0} = 1$

(8) $y'\sin x - y\cos x = 0, \ y\Big|_{x=\frac{\pi}{2}} = 1$

解： (1) 分离变量，得

$$\frac{1}{1+y}dy = \frac{1}{1-x}dx$$

两边积分，得
$$\ln(1+y) = -\ln(1-x) + \ln C$$
所以方程的通解为 $(1-x)(1+y) = C$（C 为任意常数）.

（2）分离变量，得
$$\frac{1}{y}dy = -\frac{x}{\sqrt{1-x^2}}dx$$

两边积分，得
$$\ln y = \sqrt{1-x^2} + \ln C$$

所以方程的通解为 $y = Ce^{\sqrt{1-x^2}}$（C 为任意常数）.

（3）分离变量，得
$$\frac{1}{1+2y}dy = -\frac{x}{1+x^2}dx$$

两边积分，得
$$\frac{1}{2}\ln(1+2y) = -\frac{1}{2}\ln(1+x^2) + \frac{1}{2}\ln C$$

所以方程的通解为 $(1+x^2)(1+2y) = C$（C 为任意常数）.

（4）分离变量，得
$$\frac{y}{1+y^2}dy = -\frac{x}{1-x^2}dx$$

两边积分，得
$$\frac{1}{2}\ln(1+y^2) = \frac{1}{2}\ln(1-x^2) + \frac{1}{2}\ln C$$

所以方程的通解为 $\dfrac{1+y^2}{1-x^2} = C$（C 为任意常数）.

（5）分离变量，得
$$\frac{\ln y}{y}dy = -\frac{\ln x}{x}dx$$

两边积分，得
$$\frac{1}{2}\ln^2 y = -\frac{1}{2}\ln^2 x + C_1$$

所以方程的通解为 $\ln^2 x + \ln^2 y = C$（$C = 2C_1$，C_1 为任意非负常数）.

（6）分离变量，得
$$ydy = -xdx$$

两边积分，得
$$\frac{1}{2}y^2 = -\frac{1}{2}x^2 + \frac{1}{2}C$$

所以方程的通解为 $x^2 + y^2 = C$（C 为任意非负常数）.

将 $x = 3$，$y = 4$ 代入通解表达式，得 $C = 25$，所以满足初始条件的特解为 $x^2 + y^2 = 25$.

（7）分离变量，得
$$y(1+y)dy = x(1+x)dx$$

两边积分，得方程的通解

$$\frac{1}{2}y^2 + \frac{1}{3}y^3 = \frac{1}{2}x^2 + \frac{1}{3}x^3 + C \quad (C \text{ 为任意常数})$$

将 $x=0$，$y=1$ 代入上式，得 $C=\frac{5}{6}$，所以满足初始条件 $y\Big|_{x=0}=1$ 的特解为 $\frac{1}{2}y^2 +$

$\frac{1}{3}y^3 - \frac{1}{2}x^2 - \frac{1}{3}x^3 = \frac{5}{6}$，即

$$2y^3 + 3y^2 - 2x^3 - 3x^2 = 5$$

(8) 分离变量，得

$$\frac{1}{y}dy = \frac{\cos x}{\sin x}dx$$

两边积分，得

$$\ln y = \ln\sin x + \ln C$$

所以方程的通解为 $y = C\sin x$（C 为任意常数）.

将 $x=\frac{\pi}{2}$，$y=1$ 代入通解表达式，得 $C=1$，所以满足初始条件 $y\Big|_{x=\frac{\pi}{2}}=1$ 的特解

为 $y=\sin x$.

3. 求下列各微分方程的通解或在给定初始条件下的特解：

(1) $y' = \dfrac{y}{y-x}$

(2) $(x+y)dx + xdy = 0$

(3) $xy' - y - \sqrt{x^2+y^2} = 0$

(4) $xy^2 dy = (x^3 + y^3)dx$

(5) $(y^2 - 3x^2)dy - 2xydx = 0$，$y\Big|_{x=0} = 1$

(6) $(x^2 + y^2)dx - xydy = 0$，$y\Big|_{x=1} = 0$

(7) $y' = \dfrac{y}{x} + \tan\dfrac{y}{x}$，$y\Big|_{x=1} = \dfrac{\pi}{4}$

解：(1) 原方程可写为 $y' = \dfrac{\dfrac{y}{x}}{\dfrac{y}{x}-1}$. 这是齐次微分方程. 设 $v=\dfrac{y}{x}$，则 $y=xv$，且

$$\frac{dy}{dx} = v + x\frac{dv}{dx}$$

原方程化为 $v + x\dfrac{dv}{dx} = \dfrac{v}{v-1}$，即

$$\frac{v-1}{2v-v^2}dv = \frac{1}{x}dx$$

两边积分，有

$$-\frac{1}{2}\int\frac{d(2v-v^2)}{2v-v^2}dv = \int\frac{1}{x}dx - \frac{1}{2}\ln C$$

即 $\qquad -\dfrac{1}{2}\ln(2v-v^2) = \ln x - \dfrac{1}{2}\ln C$

所以 $x^2(2v-v^2) = C.$ 将 $v = \dfrac{y}{x}$ 代入，得

$$x^2\left(\dfrac{2y}{x} - \dfrac{y^2}{x^2}\right) = C$$

所以方程的通解为

$$2xy - y^2 = C \quad (C \text{ 为任意常数})$$

注释： 对于齐次微分方程 $\dfrac{\mathrm{d}y}{\mathrm{d}x} = f\left(\dfrac{y}{x}\right)$，可设 $v = \dfrac{y}{x}$，将方程化为 $x\dfrac{\mathrm{d}v}{\mathrm{d}x} = f(v) - v.$ 从而分离变量化为

$$\dfrac{1}{f(v)-v}\mathrm{d}v = \dfrac{1}{x}\mathrm{d}x$$

两边积分，得到左端的一个原函数后，再将 $v = \dfrac{y}{x}$ 代入，从而可求得原方程的通解.

但应注意，如果数 α 是方程 $f(v) - v = 0$ 的根，则 $v = \alpha$，即 $y = \alpha x$ 也是原方程的解.

(2) 原方程可写为 $\dfrac{\mathrm{d}y}{\mathrm{d}x} = -1 - \dfrac{y}{x}.$ 设 $v = \dfrac{y}{x}$，则 $\dfrac{\mathrm{d}y}{\mathrm{d}x} = x\dfrac{\mathrm{d}v}{\mathrm{d}x} + v.$ 原方程可化为

$$x\dfrac{\mathrm{d}v}{\mathrm{d}x} + v = -1 - v$$

即 $\qquad \dfrac{1}{2v+1}\mathrm{d}v = \dfrac{-1}{x}\mathrm{d}x$

两边积分，得

$$\dfrac{1}{2}\ln(2v+1) = -\ln x + \dfrac{1}{2}\ln C$$

所以 $(2v+1)x^2 = C.$ 将 $v = \dfrac{y}{x}$ 代入，得原方程的通解为

$$2xy + x^2 = C \quad (C \text{ 为任意常数})$$

(3) 原方程可写成 $y' = \dfrac{y + \sqrt{x^2+y^2}}{x}$，即

$$\dfrac{\mathrm{d}y}{\mathrm{d}x} = \dfrac{y}{x} + \sqrt{1 + \left(\dfrac{y}{x}\right)^2}$$

设 $v = \dfrac{y}{x}$，则 $\dfrac{\mathrm{d}y}{\mathrm{d}x} = x\dfrac{\mathrm{d}v}{\mathrm{d}x} + v$，原方程可化为

$$x\dfrac{\mathrm{d}v}{\mathrm{d}x} + v = v + \sqrt{1+v^2}$$

即 $\qquad \dfrac{\mathrm{d}v}{\sqrt{1+v^2}} = \dfrac{1}{x}\mathrm{d}x$

两边积分，得

$$\ln(v + \sqrt{1+v^2}) = \ln x + \ln C$$

所以 $v + \sqrt{1+v^2} = Cx$，将 $v = \dfrac{y}{x}$ 代入，得原方程的通解为

$$y + \sqrt{x^2 + y^2} = Cx^2 \quad (C \text{ 为任意常数})$$

（4）原方程可写成 $\dfrac{\mathrm{d}y}{\mathrm{d}x} = \dfrac{x^3 + y^3}{xy^2}$，即

$$\frac{\mathrm{d}y}{\mathrm{d}x} = \frac{1}{\left(\dfrac{y}{x}\right)^2} + \frac{y}{x}$$

设 $v = \dfrac{y}{x}$，则 $\dfrac{\mathrm{d}y}{\mathrm{d}x} = x\dfrac{\mathrm{d}v}{\mathrm{d}x} + v$. 原方程可化为

$$x\frac{\mathrm{d}v}{\mathrm{d}x} + v = \frac{1}{v^2} + v$$

即
$$v^2 \mathrm{d}v = \frac{1}{x}\mathrm{d}x$$

两边积分，得 $\dfrac{1}{3}v^3 = \ln x + \dfrac{1}{3}\ln C$，即 $\mathrm{e}^{v^3} = Cx^3$.

将 $v = \dfrac{y}{x}$ 代入上式，得原方程的通解为

$$\mathrm{e}^{\frac{y^3}{x^3}} = Cx^3 \quad (C \text{ 为任意常数})$$

（5）原方程可写为 $\dfrac{\mathrm{d}y}{\mathrm{d}x} = \dfrac{2xy}{y^2 - 3x^2}$，即

$$\frac{\mathrm{d}y}{\mathrm{d}x} = \frac{2\left(\dfrac{y}{x}\right)}{\left(\dfrac{y}{x}\right)^2 - 3}$$

设 $v = \dfrac{y}{x}$，即 $y = vx$，则 $\dfrac{\mathrm{d}y}{\mathrm{d}x} = x\dfrac{\mathrm{d}v}{\mathrm{d}x} + v$. 原方程可化为

$$x\frac{\mathrm{d}v}{\mathrm{d}x} + v = \frac{2v}{v^2 - 3}$$

分离变量，得

$$\frac{v^2 - 3}{5v - v^3}\mathrm{d}v = \frac{1}{x}\mathrm{d}x \quad \text{或} \quad \left[-\frac{3}{5v} + \frac{2v}{5(5 - v^2)}\right]\mathrm{d}v = \frac{1}{x}\mathrm{d}x$$

两边积分，得

$$-\frac{3}{5}\ln v - \frac{1}{5}\ln(5 - v^2) = \ln x - \frac{1}{5}\ln C$$

即 $x^5(5 - v^2)v^3 = C$. 将 $v = \dfrac{y}{x}$ 代入，化简得原方程的通解为

$$5x^2y^3 - y^5 = C \quad (C \text{ 为任意常数})$$

将初始条件 $y\Big|_{x=0} = 1$ 代入通解表达式，得 $C = -1$，故原方程在初始条件 $y\Big|_{x=0} = 1$ 下的特解为

$$y^5 - 5x^2y^3 = 1$$

（6）原方程可写成 $\dfrac{\mathrm{d}y}{\mathrm{d}x} = \dfrac{x}{y} + \dfrac{y}{x}$. 设 $v = \dfrac{y}{x}$，即 $y = vx$，则 $\dfrac{\mathrm{d}y}{\mathrm{d}x} = x\dfrac{\mathrm{d}v}{\mathrm{d}x} + v$，原方程可

化为

$$x\frac{\mathrm{d}v}{\mathrm{d}x}+v=\frac{1}{v}+v$$

即 $v\mathrm{d}v=\frac{1}{x}\mathrm{d}x.$ 两边积分，得

$$\frac{1}{2}v^2=\ln x+\frac{1}{2}\ln C$$

即 $v^2=2\ln x+\ln C.$ 将 $v=\frac{y}{x}$ 代入，得原方程的通解为

$$\mathrm{e}^{\frac{y^2}{x^2}}=Cx^2 \quad （C\text{ 为任意常数}）$$

将初始条件 $y\Big|_{x=1}=0$ 代入上式，得 $C=1$，故满足初始条件的特解为

$$x^2=\mathrm{e}^{\frac{y^2}{x^2}}$$

(7) 设 $v=\frac{y}{x}$，即 $y=vx$，则 $\frac{\mathrm{d}y}{\mathrm{d}x}=x\frac{\mathrm{d}v}{\mathrm{d}x}+v.$ 原方程化为

$$x\frac{\mathrm{d}v}{\mathrm{d}x}+v=v+\tan v$$

化简，并分离变量，得 $\cot v\mathrm{d}v=\frac{1}{x}\mathrm{d}x.$ 两边积分，得

$$\ln\sin v=\ln x+\ln C$$

即 $\sin v=Cx.$ 将 $v=\frac{y}{x}$ 代入，可得原方程的通解为

$$\sin\frac{y}{x}=Cx \quad （C\text{ 为任意常数}）$$

将初始条件 $y\Big|_{x=1}=\frac{\pi}{4}$ 代入上式，得 $C=\frac{\sqrt{2}}{2}$，所以原方程满足初始条件 $y\Big|_{x=1}=\frac{\pi}{4}$ 的特解为

$$\sin\frac{y}{x}=\frac{\sqrt{2}}{2}x$$

4. 求下列各微分方程的通解或在给定初始条件下的特解：

(1) $\dfrac{\mathrm{d}y}{\mathrm{d}x}+y=\mathrm{e}^{-x}$

(2) $\dfrac{\mathrm{d}y}{\mathrm{d}x}-\dfrac{ny}{x}=\mathrm{e}^x x^n$

(3) $\dfrac{\mathrm{d}y}{\mathrm{d}x}-\dfrac{2y}{x+1}=(x+1)^3$

(4) $(x^2+1)\dfrac{\mathrm{d}y}{\mathrm{d}x}+2xy=4x^2$

(5) $\dfrac{\mathrm{d}y}{\mathrm{d}x}-2xy=x\mathrm{e}^{-x^2}$

(6) $x\dfrac{\mathrm{d}y}{\mathrm{d}x}-2y=x^3\mathrm{e}^x,\ y\Big|_{x=1}=0$

(7) $xy'+y=3,\ y\Big|_{x=1}=0$

(8) $(x^2-1)\mathrm{d}y+(2xy-\cos x)\mathrm{d}x=0$, $y\Big|_{x=0}=1$

解:(1) 对应的齐次线性方程为 $\dfrac{\mathrm{d}y}{\mathrm{d}x}+y=0$,其通解为 $y=C\mathrm{e}^{-x}$.

令 $y=u(x)\mathrm{e}^{-x}$,则 $y'=u'\mathrm{e}^{-x}-u\mathrm{e}^{-x}$,代入原方程,得
$$u'\mathrm{e}^{-x}-u\mathrm{e}^{-x}+u\mathrm{e}^{-x}=\mathrm{e}^{-x}$$

化简得 $u'=1$,即 $\mathrm{d}u=\mathrm{d}x$. 两边积分,得 $u(x)=x+C$. 所以原方程的通解为
$$y=\mathrm{e}^{-x}(x+C) \quad (C \text{ 为任意常数})$$

(2) 对应的齐次线性方程为 $\dfrac{\mathrm{d}y}{\mathrm{d}x}-\dfrac{ny}{x}=0$,其通解为 $y=Cx^n$.

令 $y=u(x)x^n$,则 $\dfrac{\mathrm{d}y}{\mathrm{d}x}=x^n\dfrac{\mathrm{d}u}{\mathrm{d}x}+nx^{n-1}u$. 代入原方程,得

$$x^n\frac{\mathrm{d}u}{\mathrm{d}x}+nx^{n-1}u-\frac{n\cdot ux^n}{x}=\mathrm{e}^x x^n$$

即 $\dfrac{\mathrm{d}u}{\mathrm{d}x}=\mathrm{e}^x$. 两边积分,得 $u(x)=\mathrm{e}^x+C$. 所以原方程的通解为

$$y=x^n(\mathrm{e}^x+C) \quad (C \text{ 为任意常数})$$

(3) 对应的齐次线性方程 $\dfrac{\mathrm{d}y}{\mathrm{d}x}-\dfrac{2y}{x+1}=0$ 的通解为 $y=C(x+1)^2$.

令 $y=u(x)(x+1)^2$,则
$$\frac{\mathrm{d}y}{\mathrm{d}x}=(x+1)^2\frac{\mathrm{d}u}{\mathrm{d}x}+2(x+1)u$$

代入原方程,得
$$(x+1)^2\frac{\mathrm{d}u}{\mathrm{d}x}+2(x+1)u-2(x+1)u=(x+1)^3$$

即 $\dfrac{\mathrm{d}u}{\mathrm{d}x}=x+1$. 两边积分,得 $u(x)=\dfrac{1}{2}(x+1)^2+C$.

所以原方程的通解为
$$y=\frac{1}{2}(x+1)^4+C(x+1)^2 \quad (C \text{ 为任意常数})$$

(4) 对应的齐次线性方程为 $(x^2+1)\dfrac{\mathrm{d}y}{\mathrm{d}x}+2xy=0$,其通解为 $y=\dfrac{C}{1+x^2}$.

令 $y=\dfrac{u(x)}{1+x^2}$,则 $\dfrac{\mathrm{d}y}{\mathrm{d}x}=\dfrac{1}{1+x^2}\cdot\dfrac{\mathrm{d}u}{\mathrm{d}x}-\dfrac{2xu}{(1+x^2)^2}$. 代入原方程,得

$$\frac{x^2+1}{1+x^2}\cdot\frac{\mathrm{d}u}{\mathrm{d}x}-\frac{2xu}{1+x^2}+2x\cdot\frac{u}{1+x^2}=4x^2$$

即 $\dfrac{\mathrm{d}u}{\mathrm{d}x}=4x^2$. 两边积分,得 $u(x)=\dfrac{4}{3}x^3+C$. 所以原方程的通解为

$$y=\frac{4x^3+3C}{3(x^2+1)} \quad (C \text{ 为任意常数})$$

(5) 对应的齐次线性方程为 $\dfrac{\mathrm{d}y}{\mathrm{d}x}-2xy=0$,其通解为 $y=C\mathrm{e}^{x^2}$.

令 $y = u(x)\mathrm{e}^{x^2}$，则 $\dfrac{\mathrm{d}y}{\mathrm{d}x} = \mathrm{e}^{x^2}\dfrac{\mathrm{d}u}{\mathrm{d}x} + 2x\mathrm{e}^{x^2}u$. 代入原方程，得

$$\mathrm{e}^{x^2}\frac{\mathrm{d}u}{\mathrm{d}x} + 2x\mathrm{e}^{x^2}u - 2xu\mathrm{e}^{x^2} = x\mathrm{e}^{-x^2}$$

即 $\dfrac{\mathrm{d}u}{\mathrm{d}x} = x\mathrm{e}^{-2x^2}$. 两边积分，得 $u(x) = -\dfrac{1}{4}\mathrm{e}^{-2x^2} + C$. 所以原方程的通解为 $y = \left(-\dfrac{1}{4}\mathrm{e}^{-2x^2} + C\right)\mathrm{e}^{x^2}$，即

$$y = -\frac{1}{4}\mathrm{e}^{-x^2} + C\mathrm{e}^{x^2} \quad (C\text{ 为任意常数})$$

(6) 对应的齐次线性方程为 $x\dfrac{\mathrm{d}y}{\mathrm{d}x} - 2y = 0$，其通解为 $y = Cx^2$.

令 $y = u(x)x^2$，则 $\dfrac{\mathrm{d}y}{\mathrm{d}x} = x^2\dfrac{\mathrm{d}u}{\mathrm{d}x} + 2xu$. 代入原方程，有

$$x^3\frac{\mathrm{d}u}{\mathrm{d}x} + 2x^2u - 2ux^2 = x^3\mathrm{e}^x$$

即 $\dfrac{\mathrm{d}u}{\mathrm{d}x} = \mathrm{e}^x$. 两边积分，得 $u(x) = \mathrm{e}^x + C$. 所以原方程的通解为

$$y = x^2(\mathrm{e}^x + C) \quad (C\text{ 为任意常数})$$

将初始条件 $y\big|_{x=1} = 0$ 代入上式，得 $C = -\mathrm{e}$. 所以原方程满足初始条件 $y\big|_{x=1} = 0$ 的特解为

$$y = x^2(\mathrm{e}^x - \mathrm{e})$$

(7) **方法 1** 原方程可写成

$$y' + \frac{1}{x}y = \frac{3}{x} \tag{$*$}$$

解对应的齐次线性方程 $y' + \dfrac{1}{x}y = 0$，可得其通解为 $y = C\dfrac{1}{x}$.

令 $y = u(x) \cdot \dfrac{1}{x}$，则 $\dfrac{\mathrm{d}y}{\mathrm{d}x} = \dfrac{1}{x} \cdot \dfrac{\mathrm{d}u}{\mathrm{d}x} - \dfrac{u}{x^2}$. 代入式($*$)，得

$$\frac{1}{x} \cdot \frac{\mathrm{d}u}{\mathrm{d}x} - \frac{u}{x^2} + \frac{1}{x} \cdot \frac{u}{x} = \frac{3}{x}$$

即 $\dfrac{\mathrm{d}u}{\mathrm{d}x} = 3$，所以 $u(x) = 3x + C$. 原方程的通解为

$$y = \frac{3x + C}{x} \quad (C\text{ 为任意常数})$$

将 $x = 1$，$y = 0$ 代入上式，得 $C = -3$. 所以原方程在初始条件 $y\big|_{x=1} = 0$ 下的特解为

$y = \dfrac{3x-3}{x}$，即 $y = 3 - \dfrac{3}{x}$.

方法 2 将原方程改写为式($*$)，则

$$p(x) = \frac{1}{x}, \quad q(x) = \frac{3}{x}$$

且 $\int p(x)\mathrm{d}x = \ln x$(只取一个原函数).

应用一阶非齐次线性方程的通解公式, 有

$$y = \mathrm{e}^{-\int p(x)\mathrm{d}x}\left[\int q(x)\mathrm{e}^{\int p(x)\mathrm{d}x}\mathrm{d}x + C\right] = \frac{1}{x}\left[\int \frac{3}{x}\cdot x\mathrm{d}x + C\right]$$

即 $y = \dfrac{3x+C}{x}$ (C 为任意常数).

将 $x=1$, $y=0$ 代入通解表达式, 得 $C = -3$, 所以原方程在初始条件 $y\big|_{x=1} = 0$ 下的特解为

$$y = 3 - \frac{3}{x}$$

(8) **方法 1** 原方程可化为

$$\frac{\mathrm{d}y}{\mathrm{d}x} + \frac{2x}{x^2-1}y = \frac{\cos x}{x^2-1} \qquad (*)$$

这是一阶非齐次线性方程. 对应的齐次线性方程为

$$\frac{\mathrm{d}y}{\mathrm{d}x} + \frac{2x}{x^2-1}y = 0$$

可求得其通解为 $y = C\cdot\dfrac{1}{x^2-1}$.

令 $y = u(x)\cdot\dfrac{1}{x^2-1}$, 则 $\dfrac{\mathrm{d}y}{\mathrm{d}x} = \dfrac{1}{x^2-1}\cdot\dfrac{\mathrm{d}u}{\mathrm{d}x} - \dfrac{2xu}{(x^2-1)^2}$, 代入方程($*$), 得

$$\frac{1}{x^2-1}\cdot\frac{\mathrm{d}u}{\mathrm{d}x} - \frac{2xu}{(x^2-1)^2} + \frac{2x}{x^2-1}\cdot\frac{u}{x^2-1} = \frac{\cos x}{x^2-1}$$

即 $\dfrac{\mathrm{d}u}{\mathrm{d}x} = \cos x$. 两边积分, 得 $u(x) = \sin x + C$. 所以原方程的通解为

$$y = \frac{\sin x + C}{x^2-1} \qquad (C \text{ 为任意常数})$$

将初始条件 $y\big|_{x=0} = 1$ 代入上式, 得 $C = -1$, 所以原方程满足初始条件 $y\big|_{x=0} = 1$ 的特解为

$$y = \frac{\sin x - 1}{x^2-1}$$

方法 2 直接应用一阶非齐次线性方程的通解公式. 先将原方程化为式($*$), 则

$$p(x) = \frac{2x}{x^2-1}, \quad q(x) = \frac{\cos x}{x^2-1}$$

$$\int p(x)\mathrm{d}x = \ln(x^2-1) \qquad (\text{只取一个原函数})$$

所以, 原方程的通解

$$y = \mathrm{e}^{-\int p(x)\mathrm{d}x}\left[\int q(x)\mathrm{e}^{\int p(x)\mathrm{d}x}\mathrm{d}x + C\right]$$

$$= \frac{1}{x^2-1}\left[\int \frac{\cos x}{x^2-1}\cdot(x^2-1)\mathrm{d}x + C\right]$$

$$= \frac{\sin x + C}{x^2 - 1}$$

由初始条件 $y\big|_{x=0} = 1$，得 $C = -1$，故原方程在初始条件 $y\big|_{x=0} = 1$ 下的特解为

$y = \dfrac{\sin x - 1}{x^2 - 1}$.

注释：一阶微分方程的一般形式是

$$F(x, y, y') = 0$$

在求解时，应首先判断该方程是否可分离变量，如果它是可分离变量的方程，则分离变量后两边积分，就可求出方程的通解.

如果它是一阶齐次微分方程，则可化为 $\dfrac{\mathrm{d}y}{\mathrm{d}x} = f\left(\dfrac{y}{x}\right)$ 或 $\dfrac{\mathrm{d}x}{\mathrm{d}y} = f\left(\dfrac{x}{y}\right)$ 的形式，利用变换 $v = \dfrac{y}{x}$ 或 $v = \dfrac{x}{y}$，原方程必可化为可分离变量的方程.

如果它是一阶非齐次线性方程，则可利用"参数变易法"或"公式法"求得方程的通解.

本书配套教材要求读者掌握可分离变量的微分方程、齐次微分方程和一阶线性微分方程的解法.

5. 求下列各微分方程的通解或在给定初始条件下的特解：

(1) $\dfrac{\mathrm{d}^2 y}{\mathrm{d}x^2} = x^2$ 　　　　(2) $y'' = \mathrm{e}^{2x}$

(3) $y'' - y' = x$ 　　　　(4) $xy'' + y' = 0$

(5) $yy'' - (y')^2 - y' = 0$ 　(6) $y'' + \sqrt{1 - (y')^2} = 0$

(7) $y''' = y''$ 　　　　(8) $y'' = 3\sqrt{y}$，$y\big|_{x=0} = 1$，$y'\big|_{x=0} = 2$

解：(1) 在方程 $\dfrac{\mathrm{d}^2 y}{\mathrm{d}x^2} = x^2$ 两边积分，得

$$\frac{\mathrm{d}y}{\mathrm{d}x} = \frac{1}{3}x^3 + C_1$$

上式两边再积分一次，得原方程的通解

$$y = \frac{1}{12}x^4 + C_1 x + C_2 \quad (C_1, C_2 \text{ 为任意常数})$$

(2) 在方程 $y'' = \mathrm{e}^{2x}$ 两边积分，得

$$y' = \frac{1}{2}\mathrm{e}^{2x} + C_1$$

上式两边再积分一次，得原方程的通解

$$y = \int \left(\frac{1}{2}\mathrm{e}^{2x} + C_1\right)\mathrm{d}x$$

即 　　　$y = \dfrac{1}{4}\mathrm{e}^{2x} + C_1 x + C_2 \quad (C_1, C_2 \text{ 为任意常数})$

(3) 令 $y' = p$，则 $y'' = p'$. 原方程化为

$$p' - p = x$$

这是关于 p 的一阶线性微分方程，利用公式法，可得

$$p = e^{\int dx}\left(\int x e^{-\int dx} dx + C_1\right) = e^x\left(\int x e^{-x} dx + C_1\right)$$
$$= e^x\left[(-x-1)e^{-x} + C_1\right]$$

即 $\qquad y' = -x - 1 + C_1 e^x$

两边再积分一次，得原方程的通解

$$y = -\frac{1}{2}x^2 - x + C_1 e^x + C_2 \quad (C_1, C_2 \text{ 为任意常数})$$

(4) 令 $y' = p$，则 $y'' = p'$，原方程可化为

$$xp' + p = 0$$

分离变量得 $\dfrac{dp}{p} = -\dfrac{1}{x}dx$，由此可得

$$y' = p = \frac{C_1}{x}$$

两边再积分，得原方程的通解

$$y = C_1 \ln x + C_2 \quad (C_1, C_2 \text{ 为任意常数})$$

(5) 令 $y' = p$，则 $y'' = \dfrac{dp}{dx} = \dfrac{dp}{dy} \cdot \dfrac{dy}{dx} = p\dfrac{dp}{dy}$. 原方程化为

$$yp\frac{dp}{dy} - p^2 - p = 0$$

分离变量得 $\dfrac{dp}{p+1} = \dfrac{1}{y}dy$. 两边积分，有

$$\ln(p+1) = \ln y + \ln C_1$$

即 $p + 1 = C_1 y$. 因为 $y' = p$，故 $y' = C_1 y - 1$. 分离变量，有

$$\frac{dy}{C_1 y - 1} = dx$$

两边积分得 $\dfrac{1}{C_1}\ln(C_1 y - 1) = x + \bar{C}$，即

$$C_1 y - 1 = e^{C_1 x + C_1 \bar{C}}$$

记 $C_2 = e^{C_1 \bar{C}}$，则原方程的通解为

$$C_1 y - 1 = C_2 e^{C_1 x} \quad (C_1, C_2 \text{ 为任意常数})$$

(6) 令 $p = y'$，则 $y'' = \dfrac{dp}{dx} = \dfrac{dp}{dy} \cdot \dfrac{dy}{dx} = p\dfrac{dp}{dy}$. 原方程可化为

$$p\frac{dp}{dy} + \sqrt{1 - p^2} = 0$$

分离变量，有 $\dfrac{p\,dp}{\sqrt{1-p^2}} = -dy$. 两边积分，得

$$\sqrt{1 - p^2} = y + C_1$$

由此解得 $p = \pm\sqrt{1 - (y + C_1)^2}$，即

$$\frac{dy}{dx} = \pm\sqrt{1 - (y + C_1)^2} \quad \text{或} \quad \pm\frac{dy}{\sqrt{1 - (y + C_1)^2}} = dx$$

两边积分，得原方程的通解为

$$x = \pm \arcsin(y + C_1) + C_2$$

（7）令 $p = y''$，则原方程化为 $\dfrac{\mathrm{d}p}{\mathrm{d}x} = p$．解得 $p = C_1 \mathrm{e}^x$，即 $y'' = C_1 \mathrm{e}^x$．两边积分，得

$$y' = C_1 \mathrm{e}^x + C_2$$

两边再积分，得原方程的通解

$$y = C_1 \mathrm{e}^x + C_2 x + C_3 \quad (C_1, C_2, C_3 \text{ 为任意常数})$$

（8）令 $p = y'$，则 $y'' = \dfrac{\mathrm{d}p}{\mathrm{d}x} = \dfrac{\mathrm{d}p}{\mathrm{d}y} \cdot \dfrac{\mathrm{d}y}{\mathrm{d}x} = p \dfrac{\mathrm{d}p}{\mathrm{d}y}$．原方程化为

$$p \frac{\mathrm{d}p}{\mathrm{d}y} = 3\sqrt{y}$$

解得 $\dfrac{1}{2} p^2 = 2 y^{\frac{3}{2}} + C_1$．由初始条件：当 $x = 0$ 时，$y = 1$，$y' = 2$，可得 $C_1 = 0$．所以 $p = 2 y^{\frac{3}{4}}$，即

$$\frac{1}{2} y^{-\frac{3}{4}} \mathrm{d}y = \mathrm{d}x$$

两边积分，得

$$2 y^{\frac{1}{4}} = x + C_2$$

由初始条件 $y \big|_{x=0} = 1$，可得 $C_2 = 2$．所以原方程满足初始条件的特解为 $2 y^{\frac{1}{4}} = x + 2$．

注释： 二阶微分方程的一般形式为 $F(x, y, y', y'') = 0$．教材及习题中仅讨论几种简单的二阶微分方程，其共同特点是通过适当的变换可化为一阶微分方程．

（ⅰ）最简单的二阶微分方程：一般形式为

$$y'' = f(x)$$

积分两次就可求得方程的通解．

（ⅱ）不显含未知函数 y 的二阶微分方程：一般形式为

$$y'' = f(x, y')$$

为求得方程的通解，令 $y' = p$，则 $y'' = p'$．原方程化为一阶微分方程

$$p' = f(x, p)$$

（ⅲ）不显含自变量 x 的二阶微分方程：一般形式为

$$y'' = f(y, y')$$

为求得方程的通解，令 $y' = p(y)$，即 y' 是 y 的函数，则 $y'' = \dfrac{\mathrm{d}p}{\mathrm{d}x} = \dfrac{\mathrm{d}p}{\mathrm{d}y} \cdot \dfrac{\mathrm{d}y}{\mathrm{d}x} = p \dfrac{\mathrm{d}p}{\mathrm{d}y}$，把原方程化为一阶微分方程

$$p \frac{\mathrm{d}p}{\mathrm{d}y} = f(y, p)$$

读者应熟悉这几种方程的特点，掌握这几类方程的解法．

6. 储存苹果经常有腐烂情况．根据经验，一个月内腐烂苹果的增长速度为好苹果数目的三十分之一．若储存 A 个好苹果，求描述在某时刻腐烂苹果数目的表达式．

解： 设一个月内某时刻 t 腐烂苹果数目为 $Q(t)$．此时好苹果数目为 $A - Q(t)$．由题意，

有

$$Q' = \frac{1}{30}(A - Q), \; Q(0) = 0$$

分离变量，得

$$\frac{\mathrm{d}Q}{A - Q} = \frac{1}{30}\mathrm{d}t$$

两边积分，得 $-\ln(A - Q) = \frac{1}{30}t + C_1$，即

$$A - Q = \mathrm{e}^{-\frac{t}{30}} \cdot \mathrm{e}^{-C_1}$$

记 $C = \mathrm{e}^{-C_1}$，得 $Q = A - C\mathrm{e}^{-\frac{t}{30}}$（$C$ 为常数）. 由初始条件 $Q(0) = 0$，有 $0 = A - C$，得 $C = A$. 故所求表达式为 $Q(t) = A(1 - \mathrm{e}^{-\frac{t}{30}})$.

7. 某林区现有木材 10 万米^3，如果在每一瞬时木材的变化率与当时的木材数成正比，假设 10 年内该林区有木材 20 万米^3，试确定木材数 P 与时间 t 的关系.

解： 由题设条件，有

$$\frac{\mathrm{d}P}{\mathrm{d}t} = kP（k 为常数），且 \; P\Big|_{t=0} = 10, \; P\Big|_{t=10} = 20$$

解得方程的通解为 $P = C\mathrm{e}^{kt}$（C 为任意常数）.

由初始条件，有

$$10 = C\mathrm{e}^0 \quad 且 \quad 20 = C\mathrm{e}^{10k}$$

所以 $C = 10$，$k = \frac{1}{10}\ln 2$，即所求木材数与 t 的关系为 $P = 10\mathrm{e}^{\frac{\ln 2}{10}t} = 10 \cdot 2^{\frac{t}{10}}$（万米^3）.

8. 加热后的物体在空气中冷却的速度与每一瞬时物体温度 T 和空气温度 T_0 之差成正比，比例系数为 k，试确定物体温度 T 与时间 t 的关系.

解： 设在时刻 t 物体的温度为 $T = T(t)$. 由题意可得

$$\frac{\mathrm{d}T}{\mathrm{d}t} = -k(T - T_0)$$

分离变量，得 $\frac{\mathrm{d}T}{T - T_0} = -k\mathrm{d}t$. 两边积分，有

$$\ln(T - T_0) = -kt + \ln C$$

所以 $T = T_0 + C\mathrm{e}^{-kt}$（$C$ 为任意正常数）.

注意，当 $t \to +\infty$ 时，$T \to T_0$，即充分长时间后，物体温度将与空气温度一致.

9. 某商品的需求量 Q 对价格 P 的弹性为 $-P\ln 3$. 已知该商品的最大需求量为 1 200（即当 $P = 0$ 时，$Q = 1\,200$），求需求量 Q 对价格 P 的函数关系.

解： 由需求弹性的定义，有

$$\frac{P}{Q} \cdot \frac{\mathrm{d}Q}{\mathrm{d}P} = -P\ln 3，且 \; Q\Big|_{P=0} = 1\,200$$

分离变量，得 $\frac{\mathrm{d}Q}{Q} = -\ln 3\mathrm{d}P$. 两边积分，有

$$\ln Q = -P\ln 3 + \ln C$$

所以 $Q = C\mathrm{e}^{-P\ln 3} = C \cdot 3^{-P}$. 由初始条件 $Q\Big|_{P=0} = 1\,200$，得 $C = 1\,200$. 于是该商品需求量

与价格的关系为

$$Q = 1\,200 \cdot 3^{-P}$$

10. 在某池塘内养鱼，该池塘最多能养鱼 1 000 条. 在时刻 t，鱼数 y 是时间 t 的函数 $y = y(t)$，其变化率与鱼数 y 及 $1\,000 - y$ 成正比. 已知在池塘内放养鱼 100 条，三个月后池塘内有鱼 250 条，求放养 t 月后池塘内鱼数 $y(t)$ 的公式.

解：由题意，有

$$y' = ky(1\,000 - y)，且 \ y\Big|_{t=0} = 100, \ y\Big|_{t=3} = 250$$

方程可分离变量，化为 $\dfrac{\mathrm{d}y}{y(1\,000 - y)} = k\mathrm{d}t$，即

$$\left[\frac{1}{1\,000y} + \frac{1}{1\,000(1\,000 - y)}\right]\mathrm{d}y = k\mathrm{d}t$$

两边积分，得 $\dfrac{1}{1\,000}[\ln y - \ln(1\,000 - y)] = kt + \dfrac{1}{1\,000}\ln C$，所以

$$\frac{y}{1\,000 - y} = C\mathrm{e}^{1\,000kt}$$

将初始条件 $y\Big|_{t=0} = 100, \ y\Big|_{t=3} = 250$ 代入，得

$$C = \frac{1}{9}, \ k = \frac{\ln 3}{3\,000}$$

所以放养 t 个月后池塘内鱼数满足关系

$$\frac{y}{1\,000 - y} = \frac{1}{9} \cdot 3^{\frac{t}{3}}$$

即

$$y = \frac{1\,000 \cdot 3^{\frac{t}{3}}}{9 + 3^{\frac{t}{3}}}$$

注释：微分方程的理论和方法在自然科学及经济管理中具有广泛的应用，本习题的第 6～10 题是较简单的微分方程应用题. 求解这类问题的一般步骤是：先假设问题中的未知函数，建立关于未知函数的微分方程，并确定初始条件，最后求出方程的通解或满足初始条件的特解.

11. 求下列各微分方程的通解或在给定初始条件下的特解：

(1) $y'' - 4y' + 3y = 0$ (2) $y'' - y' - 6y = 0$

(3) $y'' - 6y' - 9y = 0$ (4) $y'' + 4y = 0$

(5) $y'' - 5y' + 6y = 0, \quad y'\Big|_{x=0} = 1, \quad y\Big|_{x=0} = \dfrac{1}{2}$

(6) $y'' + y' - 2y = 0, \quad y'\Big|_{x=0} = 0, \quad y\Big|_{x=0} = 3$

(7) $y'' - 6y' + 9y = 0, \quad y'\Big|_{x=0} = 2, \quad y\Big|_{x=0} = 0$

(8) $y'' + 3y' + 2y = 0, \quad y'\Big|_{x=0} = 1, \quad y\Big|_{x=0} = 1$

解：(1) 特征方程为 $r^2 - 4r + 3 = 0$，解得 $r_1 = 1, r_2 = 3$. 所以原方程的通解为

$$y = C_1\mathrm{e}^x + C_2\mathrm{e}^{3x} \quad (C_1, C_2 \text{ 为任意常数})$$

(2) 特征方程为 $r^2 - r - 6 = 0$，解得 $r_1 = -2$，$r_2 = 3$. 所以原方程的通解为
$$y = C_1 e^{-2x} + C_2 e^{3x} \quad (C_1, C_2 \text{ 为任意常数})$$

(3) 特征方程为 $r^2 - 6r - 9 = 0$. 由求根公式，有
$$r = \frac{6 \pm \sqrt{36 + 36}}{2} = 3 \pm 3\sqrt{2}$$

得特征方程的根 $r_1 = 3 + 3\sqrt{2}$，$r_2 = 3 - 3\sqrt{2}$，所以原方程的通解为
$$y = C_1 e^{(3+3\sqrt{2})x} + C_2 e^{(3-3\sqrt{2})x}$$
$$= e^{3x}(C_1 e^{3\sqrt{2}x} + C_2 e^{-3\sqrt{2}x}) \quad (C_1, C_2 \text{ 为任意常数})$$

(4) 特征方程为 $r^2 + 4 = 0$. 该方程有共轭复根 $r_1 = 2i$，$r_2 = -2i$. 所以原方程的通解为
$$y = C_1 \cos 2x + C_2 \sin 2x \quad (C_1, C_2 \text{ 为任意常数})$$

(5) 特征方程为 $r^2 - 5r + 6 = 0$，解得 $r_1 = 2$，$r_2 = 3$. 所以原方程的通解为
$$y = C_1 e^{2x} + C_2 e^{3x} \quad (C_1, C_2 \text{ 为任意常数})$$

又 $y' = 2C_1 e^{2x} + 3C_2 e^{3x}$. 将 $y\big|_{x=0} = \frac{1}{2}$，$y'\big|_{x=0} = 1$ 代入上述两式，得
$$C_1 + C_2 = \frac{1}{2}, \quad 2C_1 + 3C_2 = 1$$

解得 $C_1 = \frac{1}{2}$，$C_2 = 0$. 故原方程在给定初始条件下的特解为 $y = \frac{1}{2} e^{2x}$.

(6) 特征方程为 $r^2 + r - 2 = 0$，解得 $r_1 = 1$，$r_2 = -2$. 所以原方程的通解为
$$y = C_1 e^{x} + C_2 e^{-2x} \quad (C_1, C_2 \text{ 为任意常数})$$

又 $y' = C_1 e^{x} - 2C_2 e^{-2x}$. 将 $y\big|_{x=0} = 3$，$y'\big|_{x=0} = 0$，代入上述两式，得
$$C_1 + C_2 = 3, \quad C_1 - 2C_2 = 0$$

解得 $C_1 = 2$，$C_2 = 1$. 故原方程在给定初始条件下的特解为 $y = 2e^{x} + e^{-2x}$.

(7) 特征方程为 $r^2 - 6r + 9 = 0$，方程有相等实根 $r_1 = r_2 = 3$. 所以原方程的通解为
$$y = (C_1 + C_2 x) e^{3x}$$

又 $y' = [3C_1 + C_2(1 + 3x)] e^{3x}$. 将 $y\big|_{x=0} = 0$，$y'\big|_{x=0} = 2$ 代入上述两式，得
$$C_1 = 0, \quad 3C_1 + C_2 = 2$$

所以 $C_1 = 0$，$C_2 = 2$. 故原方程在给定初始条件下的特解为 $y = 2x e^{3x}$.

(8) 特征方程为 $r^2 + 3r + 2 = 0$，解得 $r_1 = -1$，$r_2 = -2$. 所以原方程的通解为
$$y = C_1 e^{-x} + C_2 e^{-2x} \quad (C_1, C_2 \text{ 为任意常数})$$

又 $y' = -C_1 e^{-x} - 2C_2 e^{-2x}$. 将 $y\big|_{x=0} = 1$，$y'\big|_{x=0} = 1$ 代入上述两式，得
$$C_1 + C_2 = 1, \quad -C_1 - 2C_2 = 1$$

解得 $C_1 = 3$，$C_2 = -2$. 故原方程在给定初始条件下的特解为 $y = 3e^{-x} - 2e^{-2x}$.

注释：二阶常系数齐次线性微分方程的一般形式为
$$y'' + py' + qy = 0$$

对应的特征方程为 $r^2 + pr + q = 0$. 为求得此微分方程的通解,可先解对应的特征方程 $r^2 + pr + q = 0$,其根记为 r_1, r_2.

(ⅰ) 如果 r_1, r_2 为两个不等实根,则原微分方程的通解为

$$y = C_1 e^{r_1 x} + C_2 e^{r_2 x} \quad (C_1, C_2 \text{ 为任意常数})$$

(ⅱ) 如果 $r_1 = r_2 = r$ 为两个相等实根,则原微分方程的通解为

$$y = (C_1 + C_2 x) e^{rx} \quad (C_1, C_2 \text{ 为任意常数})$$

(ⅲ) 如果 $r_1 = \alpha + i\beta$, $r_2 = \alpha - i\beta$ 为一对共轭复根,则原微分方程的通解为

$$y = e^{\alpha x}(C_1 \cos\beta x + C_2 \sin\beta x) \quad (C_1, C_2 \text{ 为任意常数})$$

12. 求下列微分方程的通解或在给定初始条件下的特解:

(1) $y'' - 6y' + 13y = 14$ 　　　　(2) $y'' - 2y' - 3y = 2x + 1$

(3) $y'' + 2y' - 3y = e^{2x}$ 　　　　(4) $y'' - y' - 2y = e^{2x}$

(5) $y'' + 4y = 8\sin 2x$

(6) $y'' - 4y = 4$, $\left. y' \right|_{x=0} = 0$, $\left. y \right|_{x=0} = 1$

(7) $y'' + 4y = 8x$, $\left. y' \right|_{x=0} = 4$, $\left. y \right|_{x=0} = 0$

(8) $y'' - 5y' + 6y = 2e^x$, $\left. y' \right|_{x=0} = 1$, $\left. y \right|_{x=0} = 1$

解:(1) 方法 1(待定系数法)　先解原方程对应的齐次方程 $y'' - 6y' + 13y = 0$. 由于特征方程为 $r^2 - 6r + 13 = 0$,得其根为 $r_1 = 3 + 2i$, $r_2 = 3 - 2i$. 所以,对应的齐次方程的通解为

$$y^* = e^{3x}(C_1 \cos 2x + C_2 \sin 2x) \quad (C_1, C_2 \text{ 为任意常数})$$

再求原方程的一个特解,设 $\tilde{y} = A$,并代入原方程,得 $A = \dfrac{14}{13}$. 故原方程的通解为 $y = y^* + \tilde{y}$,即

$$y = (C_1 \cos 2x + C_2 \sin 2x) e^{3x} + \frac{14}{13}$$

方法 2(参数变易法)　原方程对应的齐次方程的通解为

$$y^* = e^{3x}(C_1 \cos 2x + C_2 \sin 2x) \quad (C_1, C_2 \text{ 为任意常数})$$

设原方程的一个特解为

$$\tilde{y} = v_1(x) e^{3x} \cos 2x + v_2(x) e^{3x} \sin 2x$$

其中 $v_1(x)$, $v_2(x)$ 需满足:

$$\begin{cases} e^{3x} \cos 2x \cdot v_1' + e^{3x} \sin 2x \cdot v_2' = 0 \\ (e^{3x} \cos 2x)' \cdot v_1' + (e^{3x} \sin 2x)' \cdot v_2' = 14 \end{cases}$$

化简得 $\begin{cases} \cos 2x \cdot v_1' + \sin 2x \cdot v_2' = 0 \\ -\sin 2x \cdot v_1' + \cos 2x \cdot v_2' = 7e^{-3x} \end{cases}$

解得　$v_1' = -7e^{-3x} \sin 2x$, $v_2' = 7e^{-3x} \cos 2x$

所以　$v_1(x) = -7\displaystyle\int e^{-3x} \sin 2x \, dx = \frac{7}{13}(2\cos 2x + 3\sin 2x) e^{-3x}$

$$v_2(x) = 7\int e^{-3x}\cos 2x \mathrm{d}x = \frac{7}{13}(-3\cos 2x + 2\sin 2x)e^{-3x}$$

于是 $\tilde{y} = \dfrac{14}{13}$. 故原方程的通解为

$$y = (C_1\cos 2x + C_2\sin 2x)e^{3x} + \frac{14}{13} \quad (C_1,\ C_2\ \text{为任意常数})$$

注释: 二阶常系数非齐次线性方程的一般形式为

$$y'' + py' + qy = f(x), \quad \text{其中}\ f(x) \neq 0$$

其通解可按以下步骤进行.

（ⅰ）先解对应的齐次方程 $y'' + py' + q = 0$，得齐次方程的通解

$$y^* = C_1u_1 + C_2u_2 \quad (C_1,\ C_2\ \text{为任意常数})$$

（ⅱ）求原方程 $y'' + py' + q = f(x)$ 的一个特解 $\tilde{y}$. 一般可用以下两种方法：

（a）待定系数法. 假设待定特解 $\tilde{y}$ 与 $f(x)$ 的形式类似但含有待定系数(这时，称 $\tilde{y}$ 为试解)，将 $\tilde{y}$ 代入原方程，并确定各待定系数，从而求得原方程的特解 $\tilde{y}$. 为说明取试解的条件和形式，可列表如下(见表 9—1，表中 $P_m(x) = a_0 + a_1x + \cdots + a_mx^m$，根据 $f(x)$ 可能的不同形式，给出了试解应取的形式)：

表 9—1

$f(x)$ 的形式	取待定特解的条件	所取试解的形式
$f(x) = P_m(x)$	零不是特征方程的根	$\tilde{y} = Q_m(x) = A_0 + A_1x + \cdots + A_mx^m$ $A_0, A_1, A_2, \cdots, A_m$ 为待定常数
	零是特征方程的单根	$\tilde{y} = xQ_m(x)$
	零是特征方程的二重根	$\tilde{y} = x^2Q_m(x)$
$f(x) = e^{\alpha x}P_m(x)$ α 为实常数	α 不是特征方程的根	$\tilde{y} = e^{\alpha x}Q_m(x)$
	α 是特征方程的单根	$\tilde{y} = xe^{\alpha x}Q_m(x)$
	α 是特征方程的二重根	$\tilde{y} = x^2e^{\alpha x}Q_m(x)$
$f(x) = e^{\alpha x}(a_1\cos\beta x$ $+ a_2\sin\beta x)$	$\alpha \pm \mathrm{i}\beta$ 不是特征方程的根	$\tilde{y} = e^{\alpha x}[A_1\cos\beta x + A_2\sin\beta x]$ A_1, A_2 为待定常数
α, a_1, a_2, β 均为实常数	$\alpha \pm \mathrm{i}\beta$ 是特征方程的根	$\tilde{y} = xe^{\alpha x}[A_1\cos\beta x + A_2\sin\beta x]$

（b）参数变易法. 设原方程的一个特解为

$$\tilde{y} = v_1(x)u_1 + v_2(x)u_2$$

解方程组
$$\begin{cases} u_1v_1' + u_2v_2' = 0 \\ u_1'v_1' + u_2'v_2' = f(x) \end{cases}$$

求得 v_1' 和 v_2'，积分后可求得 v_1 和 v_2. 从而得到特解

$$\tilde{y} = v_1(x)u_1 + v_2(x)u_2$$

（ⅲ）由步骤（ⅰ），（ⅱ）可得原方程的通解

$$y = y^* + \tilde{y} = C_1u_1 + C_2u_2 + \tilde{y} \quad (C_1,\ C_2\ \text{为任意常数})$$

一般地说，求特解的两种方法各有优劣，但是当 $f(x)$ 的形式较简单时，用待定系数法计算量较小，故以下各题求特解时，均采用待定系数法.

（2）原方程对应的齐次方程为 $y'' - 2y' - 3y = 0$，其特征方程为 $r^2 - 2r - 3 = 0$，解之

得 $r_1 = -1$，$r_2 = 3$，所以对应的齐次方程的通解为

$$y^* = C_1 e^{-x} + C_2 e^{3x} \quad (C_1, C_2 \text{ 为任意常数})$$

设原方程的一个特解为 $\tilde{y} = A_0 + A_1 x$．将 $\tilde{y}$ 代入原方程，得

$$-2A_1 - 3(A_0 + A_1 x) = 2x + 1$$

解得 $A_0 = \dfrac{1}{9}$，$A_1 = -\dfrac{2}{3}$．所以 $\tilde{y} = \dfrac{1}{9} - \dfrac{2}{3}x$，于是原方程的通解为

$$y = C_1 e^{-x} + C_2 e^{3x} - \frac{2}{3}x + \frac{1}{9} \quad (C_1, C_2 \text{ 为任意常数})$$

（3）原方程对应的齐次方程为 $y'' + 2y' - 3y = 0$，其特征方程为 $r^2 + 2r - 3 = 0$，解得 $r_1 = -3$，$r_2 = 1$，所以原方程对应的齐次方程的通解为

$$y^* = C_1 e^{-3x} + C_1 e^{x} \quad (C_1, C_2 \text{ 为任意常数})$$

由于 $f(x) = e^{2x}$，可设原方程的一个特解为 $\tilde{y} = Ae^{2x}$，将 $\tilde{y}$ 代入原方程，得

$$4Ae^{2x} + 4Ae^{2x} - 3Ae^{2x} = e^{2x}$$

解得 $A = \dfrac{1}{5}$．所以 $\tilde{y} = \dfrac{1}{5} e^{2x}$．于是原方程的通解为

$$y = C_1 e^{-3x} + C_2 e^{x} + \frac{1}{5} e^{2x} \quad (C_1, C_2 \text{ 为任意常数})$$

（4）原方程对应的齐次方程为 $y'' - y' - 2y = 0$，其特征方程 $r^2 - r - 2 = 0$，解得 $r_1 = -1$，$r_2 = 2$，所以原方程对应的齐次方程的通解为

$$y^* = C_1 e^{-x} + C_1 e^{2x} \quad (C_1, C_2 \text{ 为任意常数})$$

由于 $f(x) = e^{2x}$，可设原方程的一个特解 $\tilde{y} = Axe^{2x}$．将 $\tilde{y}$ 代入原方程，有

$$4Ae^{2x} + 4Axe^{2x} - (Ae^{2x} + 2Axe^{2x}) - 2Axe^{2x} = e^{2x}$$

可得 $A = \dfrac{1}{3}$．所以 $\tilde{y} = \dfrac{1}{3}xe^{2x}$．于是原方程的通解为

$$y = C_1 e^{-x} + C_2 e^{2x} + \frac{x}{3}e^{2x} \quad (C_1, C_2 \text{ 为任意常数})$$

（5）原方程对应的齐次方程为 $y'' + 4y = 0$，其特征方程为 $r^2 + 4 = 0$，可得 $r_1 = -2i$，$r_2 = 2i$，所以对应的齐次方程的通解为

$$y^* = C_1 \cos 2x + C_2 \sin 2x \quad (C_1, C_2 \text{ 为任意常数})$$

由于 $f(x) = 8\sin 2x$，可设原方程的一个特解为 $\tilde{y} = x(A_1 \cos 2x + A_2 \sin 2x)$．将 $\tilde{y}$ 代入原方程，有

$$4(A_2 - A_1 x)\cos 2x - 4(A_1 + A_2 x)\sin 2x$$
$$+ 4x(A_1 \cos 2x + A_2 \sin 2x) = 8\sin 2x$$

可得 $A_1 = -2$，$A_2 = 0$，所以 $\tilde{y} = -2x\cos 2x$．

于是，原方程的通解为

$$y = C_1 \cos 2x + C_2 \sin 2x - 2x\cos 2x$$
$$= (C_1 - 2x)\cos 2x + C_2 \sin 2x$$

(6) 原方程对应的齐次方程为 $y'' - 4y = 0$，其特征方程 $r^2 - 4 = 0$ 的根为 $r_1 = -2$，$r_2 = 2$，所以对应的齐次方程的通解为

$$y^* = C_1 e^{-2x} + C_2 e^{2x} \quad (C_1, C_2 \text{ 为任意常数})$$

由于 $f(x) = 4$，可设原方程的一个特解为 $\tilde{y} = A$. 将 $\tilde{y}$ 代入原方程，有 $0 - 4A = 4$，得 $A = -1$. 所以，$\tilde{y} = -1$.

于是，原方程的通解为

$$y = C_1 e^{-2x} + C_2 e^{2x} - 1 \quad (C_1, C_2 \text{ 为任意常数})$$

将初始条件 $y'\big|_{x=0} = 0$，$y\big|_{x=0} = 1$ 代入上式，有

$$C_1 + C_2 - 1 = 1, \quad -2C_1 + 2C_2 = 0$$

解得 $C_1 = 1$，$C_2 = 1$. 所以，原方程在所给初始条件下的特解为

$$y = e^{-2x} + e^{2x} - 1$$

(7) 原方程对应的齐次方程为 $y'' + 4y = 0$，其特征方程 $r^2 + 4 = 0$ 的根为 $r_1 = -2i$，$r_2 = 2i$. 所以，对应的齐次方程的通解为

$$y^* = C_1 \cos 2x + C_2 \sin 2x \quad (C_1, C_2 \text{ 为任意常数})$$

由于 $f(x) = 8x$，可设原方程的一个特解为 $\tilde{y} = A_0 + A_1 x$. 将 $\tilde{y}$ 代入原方程，有

$$4(A_0 + A_1 x) = 8x$$

得 $A_0 = 0$，$A_1 = 2$，所以 $\tilde{y} = 2x$，原方程的通解为

$$y = C_1 \cos 2x + C_2 \sin 2x + 2x \quad (C_1, C_2 \text{ 为任意常数})$$

又 $\quad y' = -2C_1 \sin 2x + 2C_2 \cos 2x + 2$

将初始条件 $y'\big|_{x=0} = 4$，$y\big|_{x=0} = 0$ 代入上述两式，有

$$C_1 = 0, \quad 2C_2 + 2 = 4$$

所以 $C_1 = 0$，$C_2 = 1$. 于是，原方程在给定初始条件下的特解为

$$y = \sin 2x + 2x$$

(8) 原方程对应的齐次方程为 $y'' - 5y' + 6y = 0$，其特征方程 $r^2 - 5r + 6 = 0$ 的根为 $r_1 = 2$，$r_2 = 3$，所以对应的齐次方程的通解为

$$y^* = C_1 e^{2x} + C_2 e^{3x} \quad (C_1, C_2 \text{ 为任意常数})$$

由于 $f(x) = 2e^x$，可设原方程的一个特解为 $\tilde{y} = Ae^x$. 将 $\tilde{y}$ 代入原方程，有

$$Ae^x - 5Ae^x + 6Ae^x = 2e^x$$

得 $A = 1$，所以 $\tilde{y} = e^x$，原方程的通解为

$$y = C_1 e^{2x} + C_2 e^{3x} + e^x \quad (C_1, C_2 \text{ 为任意常数})$$

又 $\quad y' = 2C_1 e^{2x} + 3C_2 e^{3x} + e^x$

将初始条件 $y'\big|_{x=0} = 1$，$y\big|_{x=0} = 1$ 代入上述两式，有

$$C_1 + C_2 + 1 = 1, \quad 2C_1 + 3C_2 + 1 = 1$$

解得 $C_1 = 0$，$C_2 = 0$. 于是，原方程在给定初始条件下的特解为 $y = e^x$.

13. 求下列函数的差分:

(1) $y_x = c$（c 为常数），求 Δy_x.

(2) $y_x = x^2 + 2x$，求 $\Delta^2 y_x$.

(3) $y_x = a^x (a > 0, a \neq 1)$，求 $\Delta^2 y_x$.

(4) $y_x = \log_a x (a > 0, a \neq 1)$，求 $\Delta^2 y_x$.

(5) $y_x = \sin ax$，求 Δy_x.

(6) $y_x = x^3 + 3$，求 $\Delta^3 y_x$.

解: (1) $\Delta y_x = y_{x+1} - y_x = c - c = 0$

(2) $\Delta y_x = y_{x+1} - y_x = (x+1)^2 + 2(x+1) - x^2 - 2x$
$$= 2x + 3$$

所以 $\quad \Delta^2 y_x = \Delta(\Delta y_x) = \Delta(2x+3)$
$$= [2(x+1)+3] - (2x+3) = 2$$

(3) $\Delta y_x = y_{x+1} - y_x = a^{x+1} - a^x = (a-1)a^x$

$\Delta^2 y_x = \Delta(\Delta y_x) = \Delta[(a-1)a^x]$
$$= (a-1)\Delta(a^x) = (a-1)^2 a^x$$

(4) $\Delta y_x = y_{x+1} - y_x = \log_a(x+1) - \log_a x = \log_a\left(1 + \frac{1}{x}\right)$

$$\Delta^2 y_x = \Delta(\Delta y_x) = \Delta\left[\log_a\left(1 + \frac{1}{x}\right)\right]$$

$$= \log_a\left(1 + \frac{1}{x+1}\right) - \log_a\left(1 + \frac{1}{x}\right)$$

$$= \log_a \frac{x(x+2)}{(x+1)^2}$$

$$= \log_a\left(1 - \frac{1}{(x+1)^2}\right)$$

(5) $\Delta y_x = y_{x+1} - y_x = \sin a(x+1) - \sin ax$
$$= 2\cos a\left(x + \frac{1}{2}\right) \cdot \sin \frac{a}{2}$$

(6) $\Delta y_x = y_{x+1} - y_x = (x+1)^3 + 3 - x^3 - 3 = 3x^2 + 3x + 1$

$\Delta^2 y_x = \Delta(\Delta y_x) = [3(x+1)^2 + 3(x+1) + 1] - [3x^2 + 3x + 1]$
$$= 6x + 6$$

$\Delta^3 y_x = \Delta(\Delta^2 y_x) = 6(x+1) + 6 - 6x - 6 = 6$

14. 证明下列各等式:

(1) $\Delta(u_x v_x) = u_{x+1}\Delta v_x + v_x \Delta u_x$

(2) $\Delta\left(\dfrac{u_x}{v_x}\right) = \dfrac{v_x \Delta u_x - u_x \Delta v_x}{v_x v_{x+1}}$

证: (1) 由差分定义，有
$$\Delta(u_x v_x) = u_{x+1}v_{x+1} - u_x v_x$$

$$= u_{x+1}(v_{x+1} - v_x) + v_x(u_{x+1} - u_x)$$
$$= u_{x+1}\Delta v_x + v_x\Delta u_x$$

$(2)\ \Delta\left(\dfrac{u_x}{v_x}\right) = \dfrac{u_{x+1}}{v_{x+1}} - \dfrac{u_x}{v_x} = \dfrac{u_{x+1}v_x - u_xv_{x+1}}{v_xv_{x+1}}$

$$= \dfrac{u_{x+1}v_x - u_xv_x + u_xv_x - u_xv_{x+1}}{v_xv_{x+1}}$$

$$= \dfrac{v_x(u_{x+1} - u_x) - u_x(v_{x+1} - v_x)}{v_xv_{x+1}}$$

$$= \dfrac{v_x\Delta u_x - u_x\Delta v_x}{v_xv_{x+1}}$$

注释:求函数 y_x 的一阶差分,可直接利用定义: $\Delta y_x = y_{x+1} - y_x$.

求函数 y_x 的高阶差分,可直接利用定义、性质或其展开式. 例如,第 13(6) 题中, $y_x = x^3 + 3$,除上面题解中给出的解法外,也可按下面的求解方法计算:

$$\Delta y_x = \Delta(x^3 + 3) = \Delta(x^3) + \Delta(3) = \Delta(x^3)$$
$$= (x+1)^3 - x^3 = 3x^2 + 3x + 1$$
$$\Delta^2 y_x = y_{x+2} - 2y_{x+1} + y_x$$
$$= [(x+2)^3 + 3] - 2[(x+1)^3 + 3] + (x^3 + 3)$$
$$= 6x + 6$$
$$\Delta^3 y_x = y_{x+3} - 3y_{x+2} + 3y_{x+1} - y_x$$
$$= [(x+3)^3 + 3] - 3[(x+2)^3 + 3]$$
$$\quad + 3[(x+1)^3 + 3] - (x^3 + 3)$$
$$= 6$$

15. 确定下列方程的阶:

(1) $y_{x+3} - x^2 y_{x+1} + 3y_x = 2$

(2) $y_{x-2} - y_{x-4} = y_{x+2}$

解:(1) 方程中含未知函数附标的最大值与最小值的差为 $(x+3) - x = 3$,故该方程为 3 阶差分方程.

(2) 类似于(1),由 $(x+2) - (x-4) = 6$,可知该方程为 6 阶差分方程.

16. 验证函数 $y_x = C_1 + C_2 2^x$ 是差分方程

$$y_{x+2} - 3y_{x+1} + 2y_x = 0$$

的解,并求 $y_0 = 1$, $y_1 = 3$ 时方程的特解.

解:将 $y_x = C_1 + C_2 2^x$ 代入方程左端,有

$$y_{x+2} - 3y_{x+1} + 2y_x = C_1 + C_2 2^{x+2} - 3(C_1 + C_2 2^{x+1}) + 2(C_1 + C_2 2^x)$$
$$= C_2 2^x(2^2 - 3\cdot 2 + 2) = 0$$

所以 $y_x = C_1 + C_2 2^x$ 是方程的解.

将初始条件 $y_0 = 1$, $y_1 = 3$ 代入上式,有

$$1 = C_1 + C_2, \quad 3 = C_1 + 2C_2$$

解得 $C_1 = -1$，$C_2 = 2$. 所以满足所给初始条件的特解为 $y_x = -1 + 2^{x+1}$.

17. 设 Y_x，Z_x，U_x 分别是下列差分方程的解：

$$y_{x+1} + ay_x = f_1(x)，\ y_{x+1} + ay_x = f_2(x)，\ y_{x+1} + ay_x = f_3(x)$$

求证：$W_x = Y_x + Z_x + U_x$ 是差分方程

$$y_{x+1} + ay_x = f_1(x) + f_2(x) + f_3(x)$$

的解.

证： 将 $W_x = Y_x + Z_x + U_x$ 代入方程

$$y_{x+1} + ay_x = f_1(x) + f_2(x) + f_3(x)$$

的左端，有

$$
\begin{aligned}
y_{x+1} + ay_x &= W_{x+1} + aW_x \\
&= Y_{x+1} + Z_{x+1} + U_{x+1} + a(Y_x + Z_x + U_x) \\
&= (Y_{x+1} + aY_x) + (Z_{x+1} + aZ_x) + (U_{x+1} + aU_x) \\
&= f_1(x) + f_2(x) + f_3(x)
\end{aligned}
$$

即 W_x 为方程 $y_{x+1} + ay_x = f_1(x) + f_2(x) + f_3(x)$ 的解.

注释： 本题的结论可以作为定理使用，称为差分方程的叠加原理.

18. 求下列差分方程的通解及特解：

(1) $y_{x+1} - 5y_x = 3$ $\qquad\qquad \left(y_0 = \dfrac{7}{3} \right)$

(2) $y_{x+1} + y_x = 2^x$ $\qquad\qquad (y_0 = 2)$

(3) $y_{x+1} + 4y_x = 2x^2 + x - 1$ $\qquad (y_0 = 1)$

(4) $y_{x+2} + 3y_{x+1} - \dfrac{7}{4}y_x = 9$ $\qquad (y_0 = 6,\ y_1 = 3)$

(5) $y_{x+2} - 4y_{x+1} + 16y_x = 0$ $\qquad (y_0 = 0,\ y_1 = 1)$

(6) $y_{x+2} - 2y_{x+1} + 2y_x = 0$ $\qquad (y_0 = 2,\ y_1 = 2)$

解：(1) 原方程对应的齐次方程为 $y_{x+1} - 5y_x = 0$，其中 $a - 5$，所以齐次方程的通解为

$$y_x^* = A5^x \quad (A \text{ 为任意常数})$$

由于 $f(x) = 3$，设原方程的一个特解为 $\tilde{y}_x = k$，将 $\tilde{y}_x$ 代入原方程，有 $k - 5k = 3$，得 $k = -\dfrac{3}{4}$，即 $\tilde{y}_x = -\dfrac{3}{4}$. 因此原方程的通解为

$$y_x = -\frac{3}{4} + A5^x \quad (A \text{ 为任意常数})$$

将 $y_0 = \dfrac{7}{3}$ 代入上式，得 $A = \dfrac{37}{12}$，故原方程在给定初始条件下的特解为

$$y_x = -\frac{3}{4} + \frac{37}{12} \times 5^x$$

(2) 原方程对应的齐次方程为 $y_{x+1} + y_x = 0$，其中 $a = -1$，所以齐次方程的通解为

$$y_x^* = A(-1)^x \quad (A \text{ 为任意常数})$$

由 $f(x) = 2^x$，设原方程的一个特解为 $\tilde{y}_x = k2^x$，将 $\tilde{y}_x$ 代入原方程，有 $k2^{x+1} + k2^x =$

2^x，得 $k=\dfrac{1}{3}$，即 $\tilde{y}=\dfrac{1}{3}\cdot 2^x$，所以原方程的通解为

$$y_x=\frac{1}{3}\cdot 2^x+A(-1)^x \quad (A\text{ 为任意常数})$$

将 $y_0=2$ 代入上式，有 $2=\dfrac{1}{3}+A$，得 $A=\dfrac{5}{3}$. 因此原方程满足所给初始条件的特解为

$$y_x=\frac{1}{3}\cdot 2^x+\frac{5}{3}(-1)^x$$

(3) 原方程对应的齐次方程为 $y_{x+1}+4y_x=0$，其中 $a=-4$，所以齐次方程的通解为

$$y_x^*=A(-4)^x \quad (A\text{ 为任意常数})$$

由于 $f(x)=2x^2+x-1$，可设原方程的一个特解为 $\tilde{y}_x=B_0+B_1 x+B_2 x^2$. 将 $\tilde{y}_x$ 代入原方程，有

$$B_0+B_1(x+1)+B_2(x+1)^2+4(B_0+B_1 x+B_2 x^2)=2x^2+x-1$$

对比等式两边同次项系数，得

$$\begin{cases}5B_2=2\\5B_1+2B_2=1\\5B_0+B_1+B_2=-1\end{cases}$$

解得 $B_0=-\dfrac{36}{125}$，$B_1=\dfrac{1}{25}$，$B_2=\dfrac{2}{5}$. 因此 $\tilde{y}_x=-\dfrac{36}{125}+\dfrac{1}{25}x+\dfrac{2}{5}x^2$，原方程的通解为

$$y_x=-\frac{36}{125}+\frac{1}{25}x+\frac{2}{5}x^2+A(-4)^x \quad (A\text{ 为任意常数})$$

将初始条件 $y_0=1$ 代入上式，得 $A=\dfrac{161}{125}$，故原方程满足所给初始条件的特解为

$$y_x=-\frac{36}{125}+\frac{1}{25}x+\frac{2}{5}x^2+\frac{161}{125}(-4)^x$$

注释： 一阶常系数线性差分方程的一般形式为

$$y_{x+1}-ay_x=f(x) \quad (a\neq 0,\text{常数}) \tag{①}$$

对应的齐次方程为

$$y_{x+1}-ay_x=0 \tag{②}$$

可以证明：如果 y_x^* 是齐次差分方程 ② 的通解，$\tilde{y}_x$ 是非齐次差分方程 ① 的一个特解，则非齐次差分方程 ① 的通解为

$$y_x=y_x^*+\tilde{y}_x$$

一阶常系数线性差分方程 ① 的通解的求解步骤如下：

(i) 求对应的齐次方程 ② 的通解，可以得到方程 ② 的通解为

$$y_x^*=Aa^x \quad (A\text{ 为任意常数})$$

(ii) 求原方程 ① 的一个特解 $\tilde{y}_x$. 一般地，可根据 $f(x)$ 的形式，设定特解 $\tilde{y}$ 的形式（称为试解），代入原方程 ① 后，确定 $\tilde{y}_x$. 这一方法称为待定系数法(比较系数法).

非齐次差分方程 ① 的特解 $\widetilde{y}_x$ 所取试解的形式见表 9—2 [表中 $P_n(x)=b_0+b_1x+\cdots+b_nx^n(b_0,b_1,\cdots,b_n$ 均为已知常数); $Q_n(x)=B_0+B_1x+\cdots+B_nx^n(B_0,B_1,\cdots,B_n$ 均为待定常数)]:

表 9—2

方程 ① 中 $f(x)$ 的形式	试取特解的条件	试取特解的形式
$f(x)=P_n(x)$	$a\neq 1$	$\widetilde{y}_x=Q_n(x)$
	$a=1$	$\widetilde{y}_x=xQ_n(x)$
$f(x)=b^x\cdot P_n(x)$	$-a+b\neq 0$	$\widetilde{y}_x=b^xQ_n(x)$
（$b\neq 0$，常数）	$-a+b=0$	$\widetilde{y}_x=xb^xQ_n(x)$

在经济管理应用中，常见的一阶常系数线性差分方程大多取表中的两种形式，而 $f(x)$ 的其他形式已超出了本书配套教材的要求.

(4) 对应的齐次方程为 $y_{x+2}+3y_{x+1}-\dfrac{7}{4}y_x=0$，特征方程为 $\lambda^2+3\lambda-\dfrac{7}{4}=0$，特征根 $\lambda_1=-\dfrac{7}{2}$，$\lambda_2=\dfrac{1}{2}$. 因此对应齐次方程的通解为

$$y_x^*=A_1\left(-\frac{7}{2}\right)^x+A_2\left(\frac{1}{2}\right)^x\quad (A_1,A_2\ \text{为任意常数})$$

由于 $f(x)=9$，可设原方程的一个特解为 $\widetilde{y}_x=k$. 将 $\widetilde{y}_x$ 代入原方程，有 $k+3k-\dfrac{7}{4}k=9$，得 $k=4$. 因此 $\widetilde{y}_x=4$，原方程的通解为

$$y_x=A_1\left(-\frac{7}{2}\right)^x+A_2\left(\frac{1}{2}\right)^x+4\quad (A_1,A_2\ \text{为任意常数})$$

将初始条件 $y_0=6$，$y_1=3$ 代入上式，有

$$\begin{cases} 6=A_1+A_2+4 \\ 3=-\dfrac{7}{2}A_1+\dfrac{1}{2}A_2+4 \end{cases}$$

解得 $A_1=\dfrac{1}{2}$，$A_2=\dfrac{3}{2}$，所以原方程在所给初始条件下的特解为

$$y_x=\frac{1}{2}\left(-\frac{7}{2}\right)^x+\frac{3}{2}\left(\frac{1}{2}\right)^x+4$$

(5) 原方程对应的特征方程为 $\lambda^2-4\lambda+16=0$，其特征根 $\lambda_1=2+2\sqrt{3}\mathrm{i}$，$\lambda_2=2-2\sqrt{3}\mathrm{i}$. 又

$$r=\sqrt{16}=4,\qquad \tan\theta=\frac{\sqrt{4\times 16-4^2}}{4}=\sqrt{3}$$

故 $\theta=\dfrac{\pi}{3}$. 因此原方程的通解为

$$y_x=4^x\left(A_1\cos\frac{\pi x}{3}+A_2\sin\frac{\pi x}{3}\right)\quad (A_1,A_2\ \text{为任意常数})$$

将初始条件 $y_0=0$，$y_1=1$ 代入上式，有

$$A_1=0,\qquad 1=4\left(\frac{1}{2}A_1+\frac{\sqrt{3}}{2}A_2\right)$$

解得 $A_1=0$，$A_2=\dfrac{1}{2\sqrt{3}}$. 所以原方程在所给初始条件下的特解为

$$y_x=\frac{4^x}{2\sqrt{3}}\sin\frac{\pi x}{3}$$

(6) 原方程对应的特征方程为 $\lambda^2-2\lambda+2=0$，其特征根 $\lambda_1=1+\mathrm{i}$，$\lambda_2=1-\mathrm{i}$. 又

$$r=\sqrt{2},\quad \tan\theta=\frac{\sqrt{4\times2-2^2}}{2}=1$$

故 $\theta=\dfrac{\pi}{4}$. 因此原方程的通解为

$$y_x=(\sqrt{2})^x\Big(A_1\cos\frac{\pi x}{4}+A_2\sin\frac{\pi x}{4}\Big)\quad(A_1,A_2\text{ 为任意常数})$$

将初始条件 $y_0=2$，$y_1=2$ 代入上式，有

$$2=A_1,\quad 2=\sqrt{2}\Big(A_1\cos\frac{\pi}{4}+A_2\sin\frac{\pi}{4}\Big)$$

解得 $A_1=2$，$A_2=0$. 因此原方程在所给初始条件下的特解为

$$y_x=2(\sqrt{2})^x\cos\frac{\pi x}{4}$$

19. 设某产品在时期 t 的价格、总供给与总需求分别为 P_t、S_t 与 D_t，并设对于 $t=0,1,2,\cdots$，有

(1) $S_t=2P_t+1$　　(2) $D_t=-4P_{t-1}+5$　　(3) $S_t=D_t$

（Ⅰ）求证：由(1)、(2)、(3)可推出差分方程 $P_{t+1}+2P_t=2$；

（Ⅱ）已知 P_0 时，求上述方程的解.

（Ⅰ）证：由条件(1)、(2)、(3)，有

$$2P_t+1=-4P_{t-1}+5$$

即 $P_t+2P_{t-1}=2$. 将 t 改写为 $t+1$，得

$$P_{t+1}+2P_t=2$$

（Ⅱ）解：（Ⅰ）中方程对应的齐次方程为 $P_{t+1}+2P_t=0$，其中 $a=-2$. 因此齐次方程的通解为

$$P_t^*=A(-2)^t\quad(A\text{ 为任意常数})$$

由 $f(t)=2$，设原方程的一个特解为 $\widetilde{P}_t=k$. 将 $\widetilde{P}_t$ 代入原方程，有 $k+2k=2$，得 $k=\dfrac{2}{3}$. 所以原方程的通解为

$$P_t=\frac{2}{3}+A(-2)^t\quad(A\text{ 为任意常数})$$

将初始条件 $P\big|_{t=0}=P_0$ 代入上式，得 $A=P_0-\dfrac{2}{3}$. 于是原方程满足给定初始条件的特解为

$$P_t=\frac{2}{3}+\Big(P_0-\frac{2}{3}\Big)(-2)^t$$

(B)

1. 关于微分方程 $\dfrac{d^2 y}{dx^2} + 2\dfrac{dy}{dx} + y = e^x$ 的下列结论：

① 该方程是齐次微分方程　　　　② 该方程是线性微分方程

③ 该方程是常系数微分方程　　　④ 该方程为二阶微分方程

其中正确的是[　　].

(A) ①，②，③　　　　　　　(B) ①，②，④

(C) ①，③，④　　　　　　　(D) ②，③，④

解：因为 $f(x) = e^x$，未知函数的一阶、二阶导数的系数均为常数，且次数为 1，所以该方程是二阶常系数线性微分方程，结论 ②，③，④ 正确. 故本题应选(D).

2. 微分方程 $x\ln x \cdot y'' = y'$ 的通解是[　　].

(A) $y = C_1 x\ln x + C_2$　　　　(B) $y = C_1 x(\ln x - 1) + C_2$

(C) $y = x\ln x$　　　　　　　　(D) $y = C_1 x(\ln x - 1) + 2$

解：本题中的微分方程为二阶微分方程，故其通解中应含有两个独立的任意常数. 由此可排除选项中的(C) 和(D).

对于(A) 和(B)，可直接计算验证(A) 不是方程的解，而(B) 是方程的通解. 事实上，对于(B)

$$y' = C_1(\ln x - 1) + C_1 = C_1 \ln x, \quad y'' = \frac{C_1}{x}$$

所以 $x\ln x \cdot y'' = C_1 \ln x = y'$，即 $y = C_1 x(\ln x - 1) + C_2$ 是原方程的通解.

综上分析，本题应选(B).

3. 下列方程中有一个是一阶微分方程，它是[　　].

(A) $(y - xy')^2 = x^2 yy''$

(B) $(y'')^2 + 5(y')^4 - y^5 + x^7 = 0$

(C) $(x^2 - y^2)dx + (x^2 + y^2)dy = 0$

(D) $xy'' + y' + y = 0$

解：微分方程中出现的未知函数导数的最高阶数，称为微分方程的阶. 由此可知，(A)，(B)，(D) 均为二阶微分方程，(C) 为一阶微分方程，故本题应选(C).

4. 下列等式中有一个是微分方程，它是[　　].

(A) $u'v + uv' = (uv)'$　　　　(B) $\dfrac{u'v - uv'}{v^2} = \left(\dfrac{u}{v}\right)'$　$(v \neq 0)$

(C) $\dfrac{dy}{dx} + e^x = \dfrac{d(y + e^x)}{dx}$　　　(D) $y'' + 3y' + 4y = 0$

解：(A)，(B) 分别是两个函数乘积和商的求导公式，不是微分方程.

(C) 中，右端 $= \dfrac{d(y + e^x)}{dx} = \dfrac{dy + e^x dx}{dx} = \dfrac{dy}{dx} + e^x$，这是一个恒等式. 只有(D) 是微分方程，故本题应选(D).

5. 微分方程 $yy'' - 2(y')^2 = 0$ 的通解是[　　].

(A) $y = \dfrac{1}{C_1 - C_2 x}$ (B) $y = \dfrac{1}{C_1 - C_2 x^2}$

(C) $y = \dfrac{1}{C - x}$ (D) $y = \dfrac{1}{1 - Cx}$

解：二阶微分方程的通解中应含有两个任意常数，故可排除（C），（D），只需验证（A），（B）.

(A) $y' = \dfrac{C_2}{(C_1 - C_2 x)^2}$, $y'' = \dfrac{2C_2^2}{(C_1 - C_2 x)^3}$

将 y', y'' 代入原方程，有

$$yy'' - 2(y')^2 = \dfrac{1}{C_1 - C_2 x} \cdot \dfrac{2C_2^2}{(C_1 - C_2 x)^3} - 2\left(\dfrac{C_2}{(C_1 - C_2 x)^2} \right)^2 = 0$$

故本题应选（A）.

6. 用待定系数法求方程 $y'' + 2y' = 5$ 的特解时，应设特解[   ].

(A) $\tilde{y} = a$ (B) $\tilde{y} = ax^2$

(C) $\tilde{y} = ax$ (D) $\tilde{y} = ax^2 + bx$

解：微分方程为二阶常系数线性微分方程. 对应的齐次方程 $y'' + 2y' = 0$ 的特征方程为 $r^2 + 2r = 0$，得特征根 $r_1 = -2$，$r_2 = 0$. 由于零是特征方程的单根，原方程中 $f(x) = 5$，所以应设特解 $\tilde{y} = ax$. 故本题应选（C）.

7. 下列等式中有一个是差分方程，它是[   ].

(A) $-3\Delta y_x = 3y_x + a^x$ (B) $2\Delta y_x = y_x + x$

(C) $\Delta^2 y_x = y_{x+2} - 2y_{x+1} + y_x$ (D) $\Delta(u_x v_x) = u_{x+1}\Delta v_x + v_x \Delta u_x$

解：（A）由于 $-3\Delta y_x = -3(y_{x+1} - y_x)$，因此原式化为

$$-3y_{x+1} + 3y_x = 3y_x + a^x$$

即 $-3y_{x+1} = a^x$. 它不是差分方程.

(B) 可改写为 $2(y_{x+1} - y_x) = y_x + x$，即

$$2y_{x+1} - 3y_x = x$$

这是一阶差分方程，故本题应选（B）.

(C)，（D) 均为恒等式，不是差分方程.

8. 下列差分方程中，不是二阶差分方程的是[   ].

(A) $y_{x+3} - 3y_{x+2} - y_{x+1} = 2$ (B) $\Delta^2 y_x - \Delta y_x = 0$

(C) $\Delta^3 y_x + y_x + 3 = 0$ (D) $\Delta^2 y_x + \Delta y_x = 0$

解：（A) 方程中未知函数附标的最大值与最小值的差为 $(x+3) - (x+1) = 2$，故（A) 是二阶差分方程.

(B) 方程中所含差分的最高阶数是二阶，并且，由

$$\Delta^2 y_x - \Delta y_x = (y_{x+2} - 2y_{x+1} + y_x) - (y_{x+1} - y_x)$$
$$= y_{x+2} - 3y_{x+1} + 2y_x$$

可知（B) 为二阶差分方程.

(C) 从形式上看所含差分的最高阶数是三阶. 但是，由于

$$\Delta^3 y_x + y_x + 3 = (y_{x+3} - 3y_{x+2} + 3y_{x+1} - y_x) + y_x + 3$$

$$= y_{x+3} - 3y_{x+2} + 3y_{x+1} + 3$$

可以看出，(C) 仍是二阶差分方程.

由上面分析，本题应选(D). 实际上，由

$$\Delta^2 y_x + \Delta y_x = (y_{x+2} - 2y_{x+1} + y_x) + (y_{x+1} - y_x)$$
$$= y_{x+2} - y_{x+1}$$

可看出(D) 不是二阶差分方程，故本题应选(D).

9. 差分方程 $y_x - 3y_{x-1} - 4y_{x-2} = 0$ 的通解是[　　].

(A) $y_x = (-1)^x A + B4^x$　　　　　(B) $y_x = B(-1)^x$

(C) $y_x = (-1)^x + B4^x$　　　　　　(D) $y_x = A4^x$

解：原方程可改写为 $y_{x+2} - 3y_{x+1} - 4y_x = 0$，这是二阶常系数齐次差分方程，其通解中应含有两个任意常数，由此可排除(B)，(C)，(D). 故本题应选(A).

10. 函数 $y_x = A2^x + 8$ 是下面某一差分方程的通解，这个方程是[　　].

(A) $y_{x+2} - 3y_{x+1} + 2y_x = 0$　　　　(B) $y_x - 3y_{x-1} + 2y_{x-2} = 0$

(C) $y_{x+1} - 2y_x = -8$　　　　　　　(D) $y_{x+1} - 2y_x = 8$

解：不难看出，(A)，(B) 均为二阶差分方程，$y_x = A2^x + 8$ 仅含一个任意常数，故可排除(A)，(B).

对于(C)，由于 $f(x) = -8$，$a = 2$，可设原方程的一个特解为 $\tilde{y}_x = k$，代入原方程，有 $k - 2k = -8$，得 $k = 8$，可见 $y_x = A2^x + 8$ 必为(C) 的通解. 故本题应选(C).

（二）参考题（附解答）

（A）

1. 求下列微分方程的通解或在给定初始条件下的特解：

(1) $e^y(1+x^2)dy - 2x(1+e^y)dx = 0$，$y\big|_{x=1} = 0$

(2) $xy' = y + \sqrt{y^2 - x^2}$

(3) $x^2 y' + xy = y^2$，$y\big|_{x=1} = 1$

(4) $(x\cos y + \sin 2y)dy - dx = 0$

解：(1) 分离变量，原方程可化为

$$\frac{e^y}{1+e^y}dy = \frac{2x}{1+x^2}dx$$

两边积分，得

$$\ln(1+e^y) = \ln(1+x^2) + \ln C$$

即　　$1 + e^y = C(1+x^2)$　或　$e^y = C(1+x^2) - 1$

将 $y\big|_{x=1} = 0$ 代入上式，可得 $C = 1$，所以原方程满足所给初始条件的特解为 $e^y = x^2$.

（2）原方程可化为

$$y' = \frac{y}{x} + \sqrt{\left(\frac{y}{x}\right)^2 - 1}$$

这是一个齐次微分方程.

令 $u = \frac{y}{x}$ 或 $y = ux$，则 $y' = u + xu'$. 于是原微分方程化为

$$xu' = \sqrt{u^2 - 1}$$

分离变量，得

$$\frac{\mathrm{d}u}{\sqrt{u^2 - 1}} = \frac{1}{x}\mathrm{d}x$$

两边积分，可得

$$\ln(u + \sqrt{u^2 - 1}) = \ln x + \ln C$$

即　　　　$u + \sqrt{u^2 - 1} = Cx$

把 $u = \frac{y}{x}$ 代入，上式化为

$$\frac{y}{x} + \sqrt{\left(\frac{y}{x}\right)^2 - 1} = Cx$$

所以原方程的通解为

$$y + \sqrt{y^2 - x^2} = Cx^2 \quad (C \text{ 为任意常数})$$

注意，在分离变量时，两边曾除以 $x\sqrt{u^2 - 1}$，这样原方程可能丢失 $x\sqrt{u^2 - 1} = 0$ 的解. 令 $x = 0$ 和 $\sqrt{u^2 - 1} = 0$，可得 $x = 0$ 或 $y = \pm x$. 由于 $u = \frac{y}{x}$，$x \neq 0$，可知 $x = 0$ 不是微分方程的解. 把 $y = x$ 和 $y = -x$ 代入原方程两边可知，$y = \pm x$ 是方程的解. 因此，原方程的全部解为

$$y + \sqrt{y^2 - x^2} = Cx^2 \quad (C \text{ 为任意常数})$$
$$y = \pm x$$

（3）原方程可以化为 $y' = \frac{y^2 - xy}{x^2}$，即

$$y' = \left(\frac{y}{x}\right)^2 - \frac{y}{x}$$

令 $u = \frac{y}{x}$，即 $y = ux$，则 $y' = u + xu'$. 原方程化为 $u + xu' = u^2 - u$，即 $xu' = u^2 - 2u$. 分离变量，得

$$\frac{\mathrm{d}u}{u^2 - 2u} = \frac{1}{x}\mathrm{d}x$$

两边积分，得

$$\frac{1}{2}\big[\ln(u-2)-\ln u\big]=\ln x+C_1$$

即 $\dfrac{u-2}{u}=Cx^2\ (C=\mathrm{e}^{2C_1})$. 将 $u=\dfrac{y}{x}$ 代入，得原方程的通解

$$\frac{y-2x}{y}=Cx^2$$

将 $y\big|_{x=1}=1$ 代入上式，得 $C=-1$，所以原方程在所给初始条件下的特解为 $\dfrac{y-2x}{y}=-x^2$，即

$$y=\frac{2x}{1+x^2}$$

（4）把 x 看作 y 的函数，原方程可化为

$$\frac{\mathrm{d}x}{\mathrm{d}y}-x\cos y=\sin 2y$$

这是以 x 为未知函数的一阶非齐次线性方程，其通解为

$$
\begin{aligned}
x&=\mathrm{e}^{\int\cos y\mathrm{d}y}\Big[\int\mathrm{e}^{-\int\cos y\mathrm{d}y}\cdot\sin 2y\mathrm{d}y+C\Big]\\
&=\mathrm{e}^{\sin y}\Big[2\int\mathrm{e}^{-\sin y}\cdot\sin y\cdot\cos y\mathrm{d}y+C\Big]\\
&=\mathrm{e}^{\sin y}\Big[2\int\sin y\mathrm{d}(-\mathrm{e}^{-\sin y})+C\Big]\\
&=\mathrm{e}^{\sin y}\big[-2(\sin y\mathrm{e}^{-\sin y}+\mathrm{e}^{-\sin y})+C\big]
\end{aligned}
$$

即　　　$x=C\mathrm{e}^{\sin y}-2(1+\sin y)$　（C 为任意常数）

2. 求下列微分方程的通解或在给定条件下的特解：

（1）$y''-2y'-\mathrm{e}^{2x}=0,\qquad y\big|_{x=0}=1,\qquad y'\big|_{x=0}=1$

（2）$y''+2y'+2y=\sin 2x$

（3）$y''+2y'+y=x\mathrm{e}^x$

（4）$y''+y=\mathrm{e}^x\sin x$

解：（1）原方程对应的齐次方程为 $y''-2y'=0$，其特征方程 $r^2-2r=0$ 的根为 $r_1=0$，$r_2=2$. 因此，对应的齐次方程的通解为

$$y^*=C_1+C_2\mathrm{e}^{2x}\quad（C_1,C_2\text{ 为任意常数}）$$

由于 $f(x)=\mathrm{e}^{2x}$，可设原方程的一个特解为 $\widetilde{y}=Ax\mathrm{e}^{2x}$，则

$$\widetilde{y}'=(A+2Ax)\mathrm{e}^{2x},\qquad \widetilde{y}''=4A(1+x)\mathrm{e}^{2x}$$

将 $\widetilde{y}'$，$\widetilde{y}''$ 代入原方程，有

$$4A(1+x)\mathrm{e}^{2x}-2(A+2Ax)\mathrm{e}^{2x}=\mathrm{e}^{2x}$$

解得 $A=\dfrac{1}{2}$，所以 $\widetilde{y}=\dfrac{1}{2}x\mathrm{e}^{2x}$. 于是，原方程的通解为

$$y=y^*+\widetilde{y}=C_1+\Big(C_2+\frac{1}{2}x\Big)\mathrm{e}^{2x}\quad（C_1,C_2\text{ 为任意常数}）$$

将 $y\big|_{x=0}=1$ 和 $y'\big|_{x=0}=1$ 代入通解，可得 $C_1=\dfrac{3}{4}$，$C_2=\dfrac{1}{4}$，故原方程在所给初始条件下的特解为

$$y=\frac{3}{4}+\frac{1}{4}(1+2x)\mathrm{e}^{2x}$$

(2) 原方程对应的齐次方程为 $y''+2y'+2y=0$，其特征方程 $r^2+2r+2=0$ 的根为 $r_1=-1-\mathrm{i}$，$r_2=-1+\mathrm{i}$. 因此，对应的齐次方程的通解为

$$y^*=(C_1\cos x+C_2\sin x)\mathrm{e}^{-x}\quad (C_1,C_2\ 为任意常数)$$

由 $f(x)=\sin 2x$，设原方程的一个特解为

$$\widetilde{y}=A_1\cos 2x+A_2\sin 2x$$

则 $\widetilde{y}'=-2A_1\sin 2x+2A_2\cos 2x$，$\widetilde{y}''=-4A_1\cos 2x-4A_2\sin 2x$

代入原方程，有

$$(-2A_1+4A_2)\cos 2x-(4A_1+2A_2)\sin 2x=\sin 2x$$

所以 $-2A_1+4A_2=0$，$-4A_1-2A_2=1$，解得 $A_1=-\dfrac{1}{5}$，$A_2=-\dfrac{1}{10}$，故 $\widetilde{y}=-\dfrac{1}{5}\cos 2x-\dfrac{1}{10}\sin 2x$. 从而原方程的通解为

$$y=-\frac{1}{5}\cos 2x-\frac{1}{10}\sin 2x+(C_1\cos x+C_2\sin x)\mathrm{e}^{-x}\quad (C_1,C_2\ 为任意常数)$$

(3) 原方程对应的齐次方程为 $y''+2y'+y=0$，其特征方程 $r^2+2r+1=0$ 的根为 $r_1=r_2=-1$. 因此对应的齐次方程的通解为

$$y^*=(C_1+C_2x)\mathrm{e}^{-x}\quad (C_1,C_2\ 为任意常数)$$

又 $f(x)=x\mathrm{e}^x$，设原方程的一个特解为 $\widetilde{y}=(A_0+A_1x)\mathrm{e}^x$，则

$$\widetilde{y}'=(A_0+A_1+A_1x)\mathrm{e}^x,\qquad \widetilde{y}''=(A_0+2A_1+A_1x)\mathrm{e}^x$$

代入原方程，有 $(4A_0+4A_1+4A_1x)\mathrm{e}^x=x\mathrm{e}^x$，解得 $A_0=-\dfrac{1}{4}$，$A_1=\dfrac{1}{4}$，所以 $\widetilde{y}=\left(-\dfrac{1}{4}+\dfrac{1}{4}x\right)\mathrm{e}^x$. 于是原方程的通解为

$$y=(C_1+C_2x)\mathrm{e}^{-x}-\frac{1}{4}(1-x)\mathrm{e}^x\quad (C_1,C_2\ 为任意常数)$$

(4) 原方程对应的齐次方程为 $y''+y=0$. 其特征方程 $r^2+1=0$ 的根为 $r_1=-\mathrm{i}$，$r_2=\mathrm{i}$，所以对应的齐次方程的通解为

$$y^*=C_1\cos x+C_2\sin x\quad (C_1,C_2\ 为任意常数)$$

由 $f(x)=\mathrm{e}^x\sin x$，设原方程的一个特解为 $\widetilde{y}=\mathrm{e}^x(A_1\cos x+A_2\sin x)$，则

$$\widetilde{y}'=\mathrm{e}^x[(A_1+A_2)\cos x+(-A_1+A_2)\sin x]$$

$$\widetilde{y}''=\mathrm{e}^x(2A_2\cos x-2A_1\sin x)$$

代入原方程，有

$$\mathrm{e}^x[(A_1+2A_2)\cos x+(-2A_1+A_2)\sin x]=\mathrm{e}^x\sin x$$

解得 $A_1 = -\dfrac{2}{5}$，$A_2 = \dfrac{1}{5}$，所以 $\tilde{y} = \mathrm{e}^x\left(-\dfrac{2}{5}\cos x + \dfrac{1}{5}\sin x\right)$.

故原方程的通解为

$$y = C_1\cos x + C_2\sin x + \mathrm{e}^x\left(-\frac{2}{5}\cos x + \frac{1}{5}\sin x\right) \quad (C_1, C_2 \text{ 为任意系数})$$

3. 已知连续函数 $f(x)$ 满足条件

$$f(x) = \int_0^{3x} f\left(\frac{t}{3}\right)\mathrm{d}t + \mathrm{e}^{2x}$$

求 $f(x)$.

解：在已知等式两边对 x 求导，得

$$f'(x) = 3f(x) + 2\mathrm{e}^{2x}$$

即 $f'(x) - 3f(x) = 2\mathrm{e}^{2x}$. 解此一阶线性微分方程，得

$$f(x) = \mathrm{e}^{\int 3\mathrm{d}x}\left[\int 2\mathrm{e}^{2x} \cdot \mathrm{e}^{-\int 3\mathrm{d}x}\mathrm{d}x + C\right]$$

$$= \mathrm{e}^{3x}\left(2\int \mathrm{e}^{-x}\mathrm{d}x + C\right) = \mathrm{e}^{3x}(C - 2\mathrm{e}^{-x})$$

所以 $f(x) = C\mathrm{e}^{3x} - 2\mathrm{e}^{2x}$（$C$ 为任意常数）.

在已知等式中，令 $x = 0$，可知 $f(0) = 1$，代入上式，得 $C = 3$，所以 $f(x) = 3\mathrm{e}^{3x} - 2\mathrm{e}^{2x}$.

4. 设 $f(x) = \sin x - \int_0^x (x-t)f(t)\mathrm{d}t$，其中 $f(x)$ 为连续函数，求 $f(x)$.

解：$f(x) = \sin x - x\int_0^x f(t)\mathrm{d}t + \int_0^x tf(t)\mathrm{d}t$

两边对 x 求导，得

$$f'(x) = \cos x - \int_0^x f(t)\mathrm{d}t - xf(x) + xf(x)$$

$$= \cos x - \int_0^x f(t)\mathrm{d}t$$

$$f''(x) = -\sin x - f(x)$$

即 　　　　$f''(x) + f(x) = -\sin x$

这是二阶常系数非齐次线性微分方程，设 $y = f(x)$，则初始条件为

$$y\Big|_{x=0} = f(0) = 0, \quad y'\Big|_{x=0} = f'(0) = 1$$

对应的齐次方程为 $f''(x) + f(x) = 0$，不难求得其通解为

$$y^* = C_1\cos x + C_2\sin x \quad (C_1, C_2 \text{ 为任意常数})$$

设非齐次方程的一个特解为 $\tilde{y} = x(A_1\cos x + A_2\sin x)$，用待定系数法可得 $A_1 = \dfrac{1}{2}$，$A_2 = 0$. 于是

$$\tilde{y} = \frac{1}{2}x\cos x$$

所以非齐次方程的通解为

$$y = C_1\cos x + C_2\sin x + \frac{1}{2}x\cos x$$

将 $y\big|_{x=0}=0$，$y'\big|_{x=0}=1$ 代入通解表达式中，得 $C_1=0$，$C_2=\dfrac{1}{2}$．

所以 $f(x)=\dfrac{1}{2}\sin x+\dfrac{x}{2}\cos x$．

5. 设函数 $y=y(x)$ 满足微分方程 $y''-3y'+2y=2\mathrm{e}^x$，且其图形在点 $(0,1)$ 处的切线与曲线 $y=x^2-x+1$ 在该点的切线重合，求函数 $y=y(x)$．

解： 方程 $y''-3y'+2y=2\mathrm{e}^x$ 对应的齐次方程为
$$y''-3y'+2y=0$$
其通解为 $y^*=C_1\mathrm{e}^x+C_2\mathrm{e}^{2x}$（$C_1$，$C_2$ 为任意常数）．

设原方程的一个特解为 $\tilde{y}=Ax\mathrm{e}^x$，代入原方程，有
$$A\mathrm{e}^x(2+x)-3A\mathrm{e}^x(1+x)+2Ax\mathrm{e}^x=2\mathrm{e}^x$$
可得 $A=-2$，所以 $\tilde{y}=-2x\mathrm{e}^x$，则原方程的通解为
$$y=C_1\mathrm{e}^x+C_2\mathrm{e}^{2x}-2x\mathrm{e}^x$$

又 $y=y(x)$ 与曲线 $y=x^2-x+1$ 在点 $(0,1)$ 处有公切线，可知 $y\big|_{x=0}=1$，$y'\big|_{x=0}=-1$．代入通解表达式，得
$$C_1+C_2=1,\quad C_1+2C_2=1$$
解得 $C_1=1$，$C_2=0$，故所求函数 $y=(1-2x)\mathrm{e}^x$．

6. 已知某品牌一款智能手机的净利润 P 与广告费支出 x（单位：十万元）有如下关系：
$$P'=b-a(x+P)$$
其中 $a>0$，$b>0$ 为常数，且 $P(0)=P_0>0$．求 $P=P(x)$．

解： 原方程可化为
$$P'+aP=b-ax$$
这是一阶非齐次线性微分方程，其中，$p(x)=a$，$q(x)=b-ax$，所以，此微分方程的通解为
$$\begin{aligned}P=P(x)&=\mathrm{e}^{-\int a\mathrm{d}x}\left[\int(b-ax)\mathrm{e}^{\int a\mathrm{d}x}\mathrm{d}x+C\right]\\&=\mathrm{e}^{-ax}\left[\int(b-ax)\mathrm{e}^{ax}\mathrm{d}x+C\right]\\&=\frac{b+1}{a}-x+C\mathrm{e}^{-ax}\end{aligned}$$

由于初始条件 $P(0)=P_0$，所以
$$P_0=\frac{b+1}{a}-0+C$$
得 $\quad C=P_0-\dfrac{b+1}{a}$．于是
$$P(x)=\left(P_0-\frac{b+1}{a}\right)\mathrm{e}^{-ax}-x+\frac{b+1}{a}$$

7. 设某商品的需求量 D 和供给量 S 对价格 P 的函数分别为
$$D(P)=\frac{a}{P^2},\quad S(P)=bP$$

且 P 是时间 t 的函数,并满足方程

$$\frac{\mathrm{d}P}{\mathrm{d}t} = k[D(P) - S(P)]$$

其中,a,b,k 为常数. 求:

(1) 需求量与供给量相等时的均衡价格 P_e;

(2) 当 $t = 0$,$P = 1$ 时的价格函数 $P(t)$;

(3) $\lim\limits_{t \to +\infty} P(t)$.

解:(1) 令 $D(P) = S(P)$,即

$$\frac{a}{P^2} = bP$$

则均衡价格 $P_e = \sqrt[3]{\dfrac{a}{b}}$.

(2) 将 $D(P)$ 与 $S(P)$ 的表达式代入方程,得

$$\frac{\mathrm{d}P}{\mathrm{d}t} = k\left(\frac{a}{P^2} - bP\right) = \frac{k(a - bP^3)}{P^2}$$

分离变量并两边积分,得

$$\int \frac{P^2 \mathrm{d}P}{a - bP^3} = \int k \mathrm{d}t$$

$$-\frac{1}{3b} \ln|a - bP^3| = kt + C_1$$

$$a - bP^3 = \pm \mathrm{e}^{-3b(kt + C_1)} = C\mathrm{e}^{-3bkt}$$

将 $t = 0$,$P = 1$ 代入上式求得 $C = a - b$. 将 $C = a - b$ 代入通解并求出 P,即得

$$P(t) = \sqrt[3]{\frac{a}{b} + \left(1 - \frac{a}{b}\right)\mathrm{e}^{-3bkt}} = \sqrt[3]{P_e^3 + (1 - P_e^3)\mathrm{e}^{-3bkt}}$$

(3) $\lim\limits_{t \to +\infty} P(t) = \lim\limits_{t \to +\infty} \sqrt[3]{P_e^3 + (1 - P_e^3)\mathrm{e}^{-3bkt}} = P_e$

8. 求下列差分方程的通解或在给定条件下的特解:

(1) $2y_{x+1} - y_x = 3\left(\dfrac{1}{2}\right)^x$ ($y_0 = 1$)

(2) $3y_{x+1} - 2y_x = \left(-\dfrac{1}{4}\right)^x + 3x^2$

(3) $y_{x+2} - 4y_{x+1} + 4y_x = 3^x$ ($y_0 = 2$,$y_1 = 5$)

解:(1) 原方程可化简为

$$y_{x+1} - \frac{1}{2}y_x = \frac{3}{2}\left(\frac{1}{2}\right)^x$$

即 $a = \dfrac{1}{2}$,$f(x) = \dfrac{3}{2}\left(\dfrac{1}{2}\right)^x$,则对应的齐次方程的通解为

$$y_x^* = A\left(\frac{1}{2}\right)^x$$

因为 $-a + b = \left(-\dfrac{1}{2}\right) + \left(\dfrac{1}{2}\right) = 0$,非齐次方程的特解应具有的形式为

$$\tilde{y}_x = Bx\left(\frac{1}{2}\right)^x$$

代入原方程, 可得 $B = 3$. 于是, 原方程的通解为

$$y_x = A\left(\frac{1}{2}\right)^x + 3x\left(\frac{1}{2}\right)^x \quad (A \text{ 为任意常数})$$

将 $y_0 = 1$ 代入上式, 得 $A = 1$. 因此, 原方程在所给初始条件下的特解为

$$y_x = (1 + 3x)\left(\frac{1}{2}\right)^x$$

(2) 方程可化简为

$$y_{x+1} - \frac{2}{3}y_x = \frac{1}{3}\left(-\frac{1}{4}\right)^x + x^2$$

即 $a = \frac{2}{3}$, $f(x) = \frac{1}{3}\left(-\frac{1}{4}\right)^x + x^2$, 则对应的齐次方程的通解为

$$y_x^* = A\left(\frac{2}{3}\right)^x$$

由差分方程的叠加原理, 在求原方程的特解时, 可以分别求方程

$$y_{x+1} - \frac{2}{3}y_x = \frac{1}{3}\left(-\frac{1}{4}\right)^x, \quad y_{x+1} - \frac{2}{3}y_x = x^2$$

的特解. 分别设两个方程的特解为

$$\tilde{y}_x = B_0\left(-\frac{1}{4}\right)^x, \quad \bar{y}_x = B_1 + B_2 x + B_3 x^2$$

分别代入上述两个方程, 求得

$$B_0 = -\frac{4}{11}, \quad B_1 = 45, \quad B_2 = -18, \quad B_3 = 3$$

从而原方程的通解为

$$y_x = A\left(\frac{2}{3}\right)^x - \frac{4}{11}\left(-\frac{1}{4}\right)^x + 3x^2 - 18x + 45$$

(3) 原方程对应的齐次方程为 $y_{x+2} - 4y_{x+1} + 4y_x = 0$, 其特征方程 $\lambda^2 - 4\lambda + 4 = 0$ 有特征根 $\lambda_1 = \lambda_2 = 2$, 所以对应的齐次方程的通解为

$$y_x^* = (C_1 + C_2 x)2^x$$

设原方程的一个特解为 $\tilde{y}_x = A3^x$. 将 $\tilde{y}_x$ 代入原方程, 可得 $A = 1$, 即 $\tilde{y}_x = 3^x$. 于是, 原方程的通解为

$$y_x = y_x^* + \tilde{y}_x = (C_1 + C_2 x)2^x + 3^x \quad (C_1, C_2 \text{ 为任意常数})$$

将 $y_0 = 2$, $y_1 = 5$ 代入上式, 可得 $C_1 = 1$, $C_2 = 0$, 所以原方程在所给初始条件下的特解为

$$y_x = 2^x + 3^x$$

(B)

1. 微分方程 $y'' + \frac{2}{1-y}(y')^2 = 0$ 的通解是 [   ].

(A) $y = 1 + \frac{1}{Cx - 1}$ (B) $y = 1 + \frac{1}{x + C}$

(C) $y = 1 + \dfrac{1}{C_1 + C_2 x}$　　　　(D) $y = 1 + \dfrac{1}{C_1 - C_2 x}$

解：二阶微分方程的通解中应含有两个任意常数，故可排除(A)，(B)．

对于(C)，有

$$y' = -\frac{C_2}{(C_1 + C_2 x)^2}, \qquad y'' = \frac{2C_2^2}{(C_1 + C_2 x)^3}$$

将 y，y'，y'' 代入原方程，有

$$\frac{2C_2^2}{(C_1 + C_2 x)^3} - 2(C_1 + C_2 x) \cdot \frac{C_2^2}{(C_1 + C_2 x)^4} = 0$$

即 $y = 1 + \dfrac{1}{C_1 + C_2 x}$ 是方程的通解．故本题应选(C)．

2. 设 $y = f(x)$ 是方程 $y'' + 2y' + 2y = 0$ 的一个解，若 $f(x_0) > 0$，且 $f'(x_0) = 0$，则函数 $f(x)$ 在点 x_0 处 [　　]．

(A) 取得极大值　　　　　　(B) 取得极小值

(C) 某个领域内单调增加　　(D) 某个领域内单调减少

解：由 $f'(x_0) = 0$ 可知，$x = x_0$ 是 $f(x)$ 的驻点，又

$$f''(x_0) + 2f'(x_0) + 2f(x_0) = 0, \qquad f(x_0) > 0$$

所以 $f''(x_0) = -2f(x_0) < 0$．可知 $x = x_0$ 是 $f(x)$ 的极大值点．故本题应选(A)．

3. 微分方程 $y \ln x \, dx + x \ln y \, dy = 0$ 满足初始条件 $y \big|_{x=e} = e$ 的特解是 [　　]．

(A) $\ln x^2 + \ln y^2 = 0$　　　　(B) $\ln x^2 + \ln y^2 = 2$

(C) $\ln^2 x - \ln^2 y = 0$　　　　(D) $\ln^2 x + \ln^2 y = 2$

解：由初始条件 $y \big|_{x=e} = e$ 可知，(A)，(B) 不满足此条件，应排除，故只考虑(C)和(D)．

对于(C)，在 $\ln^2 x - \ln^2 y = 0$ 两边求微分，得

$$\frac{2}{x} \ln x \, dx - \frac{2}{y} \ln y \, dy = 0$$

即 　　　　$y \ln x \, dx - x \ln y \, dy = 0$

所以(C) 不是方程的解．

对于(D)，在 $\ln^2 x + \ln^2 y = 2$ 两边求微分，得

$$\frac{2}{x} \ln x \, dx + \frac{2}{y} \ln y \, dy = 0$$

即 　　　　$y \ln x \, dx + x \ln y \, dy = 0$

且满足初始条件，故(D) 是微分方程在初始条件下的特解．故本题应选(D)．

4. 设某商品的需求量 Q 对价格 P 的弹性为 $\dfrac{1}{2} P$．当价格 $P = 2$ 时，该商品的需求量为 $Q = 4$，则该商品的需求函数为 $Q(P) = $ [　　]．

(A) $4e^{-\frac{1}{2}P - 1}$　　　　　　(B) $4e^{-\frac{1}{2}P + 1}$

(C) $4e^{\frac{1}{2}P - 1}$　　　　　　(D) $4e^{\frac{1}{2}P + 1}$

解：需求弹性 $\eta = -Q'(P)\dfrac{P}{Q}$. 由已知有 $\eta = \dfrac{1}{2}P$，于是可得微分方程

$$\frac{1}{Q}Q' = -\frac{1}{2}$$

两边积分，可得此微分方程的通解 $Q = Ce^{-\frac{1}{2}P}$. 由 $Q\big|_{P=2} = 4$ 可确定 $C = 4e$，所求需求函数为

$$Q = 4e^{-\frac{1}{2}P+1}$$

故本题应选(B).

5. 设 $y_1(x)$ 和 $y_2(x)$ 是二阶常系数线性方程 $y'' + py' + qy = 0$ 的两个特解，而 $C_1y_1 + C_2y_2$（其中，C_1，C_2 为任意常数）是该方程的通解，其充分条件是［　　　］.

(A) $y_1y_2' - y_2y_1' = 0$ (B) $y_1y_2' - y_2y_1' \neq 0$

(C) $y_1y_2' + y_2y_1' = 0$ (D) $y_1y_2' + y_2y_1' \neq 0$

解：因为 $C_1y_1 + C_2y_2$ 可成为 $y'' + py' + qy = 0$ 的通解的充分条件是 y_1，y_2 线性无关，即 $\dfrac{y_1}{y_2} \neq$ 常数. 由此可知 $\left(\dfrac{y_1}{y_2}\right)' \neq 0$，也就是

$$\frac{y_1'y_2 - y_1y_2'}{y_2^2} \neq 0$$

即 $y_1y_2' - y_2y_1' \neq 0$. 故本题应选(B).

6. 设连续函数 $f(x)$ 满足方程 $f(x) = \displaystyle\int_0^x f(t)\mathrm{d}t + e^x$，则 $f(x) = $［　　　］.

(A) $(1-x)e^x$ (B) xe^x

(C) $(1+x)e^x$ (D) $(1+x)e^{-x}$

解：在方程 $f(x) = \displaystyle\int_0^x f(t)\mathrm{d}t + e^x$ 两边求导，得

$$f'(x) - f(x) = e^x$$

这是一阶非齐次线性方程，可求得其通解为 $f(x) = (C+x)e^x$（C 为任意常数）. 又

$$f(0) = \int_0^0 f(t)\mathrm{d}t + 1 = 1$$

可得 $C = 1$. 因此，$f(x) = (1+x)e^x$. 故本题应选(C).

7. 已知 $y = e^{2x} + (x+1)e^x$ 是二阶常系数非齐次线性方程 $y'' + ay' + by = ce^x$ 的一个特解，则常数 a，b，c 的值分别为［　　　］.

(A) $-3, 2, -1$ (B) $3, -2, 1$

(C) $3, -2, -1$ (D) $-3, -2, 1$

解：将 $y = e^{2x} + (x+1)e^x$ 代入原方程，有

$$(4+2a+b)e^{2x} + (3+2a+b)e^x + (1+a+b)xe^x = ce^x$$

比较等式两端同类项系数，得

$$\begin{cases} 4+2a+b = 0 \\ 3+2a+b = c \\ 1+a+b = 0 \end{cases}$$

解此方程组，得 $a=-3$，$b=2$，$c=-1$. 故本题应选(A).

8. 微分方程 $y''+y=x^2+1+\sin x$ 的特解形式可设为[　].

(A) $\tilde{y}=ax^2+bx+c+A\sin x$

(B) $\tilde{y}=ax^2+bx+c+A\cos x$

(C) $\tilde{y}=x(ax^2+bx+c+A_1\sin x+A_2\cos x)$

(D) $\tilde{y}=ax^2+bx+c+x(A_1\sin x+A_2\cos x)$

解： 原方程对应的齐次方程为 $y''+y=0$，其特征方程 $r^2+1=0$ 的根为 $r_1=-i$，$r_2=i$. 因此对应的齐次方程 $y''+y=0$ 的通解为

$$y^*=C_1\cos x+C_2\sin x \quad (C_1，C_2 \text{ 为任意常数})$$

记 $f_1(x)=x^2+1$，$f_2(x)=\sin x$，则方程 $y''+y=f_1(x)$ 的特解形式应取为 ax^2+bx+c；而方程 $y''+y=f_2(x)$ 的特解形式应取为 $x(A_1\sin x+A_2\cos x)$. 利用叠加原理，原方程的特解形式应设为(D).

9. 已知 $y_1(x)=4x^3$，$y_2(x)=3x^2$ 是差分方程

$$y_{x+2}+a(x)y_{x+1}=f(x)$$

的两个解，则该差分方程的通解为[　].

(A) $4A_1x^3+3A_2x^2$ 　　　(B) $4Ax^3-3x^2$

(C) $A(4x^3-3x^2)+3x^2$ 　　(D) $A(4x^3-3x^2)$

解： 由已知条件，该差分方程对应的齐次差分方程 $y_{x+2}+a(x)y_{x+1}=0$ 的一个解为

$$y_x=4x^3-3x^2$$

所以对应的齐次差分方程的通解是

$$y_x=A(4x^3-3x^2) \quad (A \text{ 为任意常数})$$

而原差分方程的通解应为

$$y_x=A(4x^3-3x^2)+3x^2$$

故本题应选(C).

10. $y_x=C_1(-3)^x+C_2 2^x (C_1，C_2 \text{ 为任意常数})$ 是差分方程

$$y_{x+2}+ay_{x+1}+by_x=0$$

的通解的充分必要条件是[　].

(A) $a=1$，$b=-6$ 　　　(B) $a=-6$，$b=1$

(C) $a=-1$，$b=6$ 　　　(D) $a=1$，$b=6$

解： (A) 若 $a=1$，$b=-6$，则差分方程 $y_{x+2}+y_{x+1}-6y_x=0$ 的特征方程 $\lambda^2+\lambda-6=0$ 的根为 $\lambda_1=-3$，$\lambda_2=2$. 因此，差分方程 $y_{x+2}+y_{x+1}-6y_x=0$ 的通解为 $C_1(-3)^x+C_2 2^x$，即(A)是充分条件. 反之，若 $y_x=C_1(-3)^x+C_2 2^x$ 为差分方程 $y_{x+2}+ay_{x+1}+by_x=0$ 的通解. 将通解代入该方程，有

$$C_1(-3)^x(9-3a+b)+C_2 2^x(4+2a+b)=0$$

得
$$\begin{cases} 9-3a+b=0 \\ 4+2a+b=0 \end{cases}$$

解得 $a=1$，$b=-6$，即(A)也是必要条件. 故本题应选(A).

图书在版编目（CIP）数据

微积分(第四版)学习参考/赵树嫄等编著. —北京：中国人民大学出版社，2018.7
(经济应用数学基础)
ISBN 978-7-300-25851-5

Ⅰ. ①微… Ⅱ. ①赵… Ⅲ.①微积分-高等学校-教学参考资料 Ⅳ. ①O172

中国版本图书馆 CIP 数据核字（2018）第 114814 号

经济应用数学基础（一）
微积分(第四版)学习参考
赵树嫄　胡显佑
陆启良　褚永增　编著
Weijifen (Di-si Ban) Xuexi Cankao

出版发行	中国人民大学出版社				
社　　址	北京中关村大街 31 号		**邮政编码**	100080	
电　　话	010 - 62511242（总编室）		010 - 62511770（质管部）		
	010 - 82501766（邮购部）		010 - 62514148（门市部）		
	010 - 62515195（发行公司）		010 - 62515275（盗版举报）		
网　　址	http://www.crup.com.cn				
经　　销	新华书店				
印　　刷	中煤（北京）印务有限公司				
规　　格	185 mm×260 mm　16 开本		**版　　次**	2018 年 7 月第 1 版	
印　　张	27 插页 1		**印　　次**	2019 年 11 月第 4 次印刷	
字　　数	637 000		**定　　价**	58.00 元	